高等代数与解析几何

(下册)

主　编　盛为民　李　方

副主编　韩　刚　吴　洁　王　枫

科 学 出 版 社

北　京

内 容 简 介

在现代数学的观点下，将代数与几何这两大领域，融合起来教学和学习，会帮助我们从本质上更好地理解它们，并产生更多方法. 本书的特色是让代数与几何融为一个整体，力求做到“代数为几何提供研究工具，几何为代数提供直观背景”，让读者从代数“抽象的”高度，理解高维几何的意义. 全书分为上、下两册. 本书为下册，内容包括一元多项式理论、多元多项式理论、直和理论与方程组的通解公式、线性映射与线性变换初步、线性映射(续)、等距变换与几何变换、Jordan 标准形理论、线性函数与欧氏空间的推广、射影几何初步，且以二维码的形式链接了部分视频作为教材的拓展或补充.

本书可作为高等院校数学专业类、对数学要求较高的理工科类专业以及实行理科大类招生的一年级本科生的高等代数和解析几何课程的教材，也可作为高校数学教师的教学参考书，还可作为科研工作者的参考书.

图书在版编目(CIP)数据

高等代数与解析几何. 下册 / 盛为民，李方主编. -- 北京 : 科学出版社，2024. 8. -- ISBN 978-7-03-079239-6

Ⅰ. O15; O182

中国国家版本馆 CIP 数据核字第 2024HB6146 号

责任编辑：胡海霞　李香叶 / 责任校对：杨聪敏
责任印制：赵　博 / 封面设计：无极书装

科学出版社 出版
北京东黄城根北街 16 号
邮政编码: 100717
http://www.sciencep.com

三河市骏杰印刷有限公司印刷
科学出版社发行　各地新华书店经销
*
2024 年 8 月第　一　版　　开本: 720 × 1000 1/16
2025 年 1 月第二次印刷　　印张: 20 1/4
字数：408 000

定价: 65.00 元

(如有印装质量问题，我社负责调换)

前　言

数学的两大基本任务，其一是解决各类方程的求解；其二是对几何空间的数学刻画. 通常，前者涉及代数方程的问题是代数学的任务，而后者被认为是几何学的初始动机. 自从笛卡儿以其天才的思想，通过坐标系将代数的方法用于几何的刻画，从此代数成为几何研究的基本工具. 反过来，对类似解方程这类代数问题，几何学给我们提供了实例和直观的认识. 所以，在现代数学的观点下，将几何与代数这两大领域，融合起来教学和学习，会帮助我们从本质上更好地理解它们，并产生更多的方法，往往可以起到“$1+1>2$”的作用.

但这样的认识，往往受制于各种原因，并不容易在具体的教学实践中贯彻. 在具体做法上，常常出现反复左右摇摆的现象.

大学代数学教学的初级课程是高等代数 (在非数学专业的课程中则为线性代数)，大学几何学的初级课程则是解析几何. 从 20 世纪 50 年代以来，大部分高校采用分开授课的形式. 从时间节点上说，高等代数和线性代数课程，总是放在新生入学的第一个学期就开始授课，而解析几何的课程何时授课，往往取决于该学校教学理念上对该课程的重视程度. 有些高校会把解析几何课程排在第二、三学年，或者不开设. 比较重视的高校，就把该课程排在第一学年甚至第一学期. 这样体现对几何学重视的安排当然是好事. 不过问题又来了，当解析几何课程需要行列式、内积空间、二次型等概念或工具的时候，高等代数或线性代数课程却往往没有教学到这些相关的内容，因为作为独立的课程，代数学有它自身的逻辑，体现在教学进度上，就是两个课程的进度的不协调.

有些名家的专著在代数与几何融合的处理上做得不错，这当然是因为他们对数学有很高的整体理解和把握能力. 如华罗庚的《高等数学引论》、席南华的《基础代数》等. 但这些好的范例，要贯彻到某个具体学校的课程中，并不是直接就可以采用的. 这主要还涉及课时的限制、授课对象的不同层次以及培养目标的不同需求等各种因素.

基于上述的认识，我们从 2021 年开始认真考虑有必要为浙江大学数学科学学院编撰一本能把高等代数与解析几何融为一个整体的教材，这就是现在呈现在大家面前的这本教材. 我们这本教材的授课对象是数学科学学院的一年级新生或其他院系有意愿选择数学作为他/她最终专业的新生.

浙江大学在代数课程建设和几何课程建设上，都有着很好的传统. 作为本书的主要参考文献之一, 代数方面是李方等编著的《高等代数 (上下册)》(第二版). 该教材已经使用十多年, 为浙江大学数学科学学院在每一届理科大类新生中选拔出主修数学专业的优秀学生做出了它应有的贡献. 近年来选择以数学为主修专业的理科大类新生, 其踊跃程度常常超越其他专业, 不得不说, 这一教材, 也起到了一定的作用. 该书的一个特点就是适合理科大类的新生使用, 充分考虑到了新生在第二学期开始将分别选择不同主修专业的需要, 并在此基础上丝毫不降低对选择数学作为主修专业的同学的代数学专业要求.

几何学历来是浙江大学的特色课程, 其历史渊源可追溯到苏步青先生在原浙江大学开设的立体解析几何学、坐标几何学课程. 白正国先生在原杭州大学指导几何教研组教师丰宁欣等编写了适合当时教学需要的教材《空间解析几何》. 随着我国高等教育改革的进一步深化, 沈一兵先生带领部分教师编写了既适应理科大类招生需求, 又能初步满足拔尖人才培养的教材《解析几何学》, 于 2008 年出版. 该书是本书几何学内容的主要参考资料.

上述两种参考资料在分层教学分类培养上的特点, 在很大程度上也应用到了本教材上. 事实上, 这也是国内同类教材中, 目前比较成熟的适用于理科大类教学的为数不多的教材. 数学是强调逻辑的学科, 切入点非常关键. 这就类似于围棋的布局, 看似只差高低一线的落子, 可以影响、决定后面棋局的风格和走向. 所以我们教材的切入点, 是从线性方程组的研究入手, 这是我们认真思考后的决定, 也贯彻了我们教材的风格特色. 首先这符合人类历史上对于代数学乃至整个数学领域的认知规律, 它是人类面对的最早的数学问题之一, 也是至今为止最基本的数学问题之一. 其次, 方程组也是学生从中学开始就已经接触的数学内容之一, 于学生不陌生, 有助于他们更好地完成从中学到大学的数学知识的衔接. 通过研究方程组的需要, 引入矩阵这一看似抽象、实为具体的概念和工具, 是最容易被学生接受的. 在此基础上, 需要将研究方程组的结构理论作为一个动机来引入本课程最核心的概念“线性空间”, 这让整个课程的内容显得自然流畅, 更易接受.

本书的关键是让代数与几何融合为一个整体, 做到“代数为几何提供研究工具, 几何为代数提供直观背景”, 而避免出现“代数把几何吃掉”的现象. 例如, 简化 (特别是对角化) 矩阵及其对应的线性变换, 用于分类二次曲面 (几何对象). 这是本书在代数与几何方法上融合的一个范例. 希望读者能在这方面加深对理论的理解, 并熟练掌握解决具体问题的方法.

本书中所描述的几何空间大多数是指二维平面和三维立体空间, 这也是解析几何涉及的几何研究的基本范围. 但作为将代数和几何作为一个整体的教材, 我们希望读者能从代数“抽象的”角度, 理解所谓高维空间的实际的数学意义乃至它的几何意义, 也就是我们需要从更高的维度上来理解几何学, 而不是仅限于现实空间. 好的几何直觉不是天生的, 需要培养和磨砺. 代数与几何的有机结合, 有利于学生数学能力的培养. 本书还特别注重体现我国数学家的工作, 书中不仅介绍了中国数学家的成就, 讲好数学发展史中的中国故事, 也反映了前辈们的家国情怀. 希望借此培养出为社会发展和进步所需要的合格的拔尖人才.

本书由盛为民和李方担任主编, 韩刚、吴洁和王枫担任副主编. 感谢浙江大学数学科学学院代数与几何教研组的部分老师提供的宝贵资料和建议, 特别感谢黄正达、温道伟、汪国军, 以及沈一兵、夏巧玲、张希等, 在本教材主要参考资料中所做的贡献, 也感谢 2021 年以来历届学生在使用本教材的讲义过程中指出问题并提出修改建议. 感谢科学出版社胡海霞老师对本教材的出版给予的支持和修改建议.

由于编者水平有限, 书中难免存在不足之处, 恳请同行专家与广大读者提出宝贵意见.

编　者

2024 年 3 月

目　录

第 1 章　一元多项式理论

线性代数和多项式是代数学的最基本的研究对象和工具之一, 虽然方法上不同, 但相互联系.

多项式这个词, 我们是不陌生的, 中学里就有了, 并已知道有关多项式因式分解的一些基本方法. 比如 x^3+x^2-x-1, 它可分解为 $(x+1)^2(x-1)$.

但我们现在要上升到一般的多项式理论来讨论, 对于多项式所处的数域也不再限于实数域或有理数域.

从方法上来说, 多项式理论可类比于整数理论 (附录 B.2). 这其实不是偶然的, 读者若学过近世代数, 就会发现它们是统一在所谓的唯一分解整环下的.

解多项式方程是数学中最基本的课题之一. 自 17 世纪以来, 对它的研究几乎从未中断过. 要想获得解任意次多项式方程的较好方法, 就需要建立完整的关于多项式的理论, 比如证明复数域上每个多项式方程必有根, 实数域上怎样的多项式才是不可分解的, 等等. 本章将逐次展开这些相关内容的讨论.

1.1　一元多项式

首先给出一元多项式的抽象定义.

给定一个数域 $\mathbb{F}, x$ 为一符号 (或称文字), 形如

$$f(x)=a_0+a_1x+\cdots+a_nx^n+a_{n+1}x^{n+1}+\cdots \tag{1.1.1}$$

的形式表达式称为**系数在数域 $\mathbb{F}$ 上的一元多项式** (或简称 **$\mathbb{F}$ 上的一元多项式**), 其中对 $i=0,1,\cdots,n,\cdots$, 所有 $a_i\in\mathbb{F}$ 至多有限个不等于 0. 我们把 a_ix^i 称为 $f(x)$ 的 **i 次单项** (或 **i 次项**), a_i 称为 i 次项的**系数**. 用连加符号可表示为

$$f(x)=\sum_{i=0}^{+\infty}a_ix^i.$$

在上式中, 若 $a_n\neq 0$ 但是对所有 $s>n$ 有 $a_s=0$, 就称 a_nx^n 为**首项**, 称 a_n 为**首项系数**, 称 n 为 $f(x)$ 的**次数**, 并表示为 $\deg(f(x))$. 若一个多项式的所有系数全为 0, 则称之为**零多项式**, 并记作 0. 零多项式的次数规定为 $-\infty$.

注　(1) 这里的运算 "+" 仅是一个 "形式加法", 只是将不同单项 "连接" 在一起.

(2) 系数 a_i 与 x^i 之间的关系 a_ix^i 仅表示“形式数乘”, 只是说明将两者“放在一起”.

(3) 我们约定, 一个多项式 $f(x)$ 中系数为 0 的单项可以写出来, 也可以不写出来. 比如, 设 $\deg(f(x)) = n$, 可以写

$$f(x) = a_0 + a_1x + \cdots + a_nx^n + 0x^{n+1} + 0x^{n+2} + \cdots ,$$

也可以写

$$f(x) = a_0 + a_1x + \cdots + a_nx^n.$$

(4) 这里 x 通常称为未定元.

设

$$f(x) = a_0 + a_1x + \cdots + a_nx^n + \cdots ,$$

$$g(x) = b_0 + b_1x + \cdots + b_nx^n + \cdots$$

是数域 $\mathbb{F}$ 上的两个多项式.

(a) 若对 $i = 0, 1, \cdots$, 有 $a_i = b_i$, 则称 $f(x)$ 与 $g(x)$ 是**相等**的, 表示为 $f(x) = g(x)$.

由于零多项式的系数全为零, 因此它不与任何一个非零多项式相等.

(b) 定义 $f(x)$ 与 $g(x)$ 的**和**为如下的一个新的多项式:

$$f(x) + g(x) = (a_0 + b_0) + (a_1 + b_1)x + \cdots + (a_n + b_n)x^n + \cdots .$$

(c) $f(x)$ 与 $g(x)$ 的**乘积**为如下的一个新的多项式:

$$f(x)g(x) = c_0 + c_1x + \cdots + c_sx^s + \cdots ,$$

其中 s 次单项的系数是

$$c_s = a_sb_0 + a_{s-1}b_1 + \cdots + a_1b_{s-1} + a_0b_s = \sum_{i+j=s} a_ib_j.$$

因此, 当 $f(x)\neq 0, g(x)\neq 0$ 时, 令 $\deg(f(x))=n, \deg(g(x))=m$, 那么 $f(x) = g(x)$ 当且仅当 $n = m$ 且对 $i = 0, 1, \cdots, n$, 有 $a_i = b_i$. 若 $n \geqslant m$, 则有

$$\begin{aligned} f(x) + g(x) &= (a_0 + a_1x + \cdots + a_mx^m + a_{m+1}x^{m+1} + \cdots + a_nx^n) \\ &\quad + (b_0 + b_1x + \cdots + b_mx^m + 0x^{m+1} + \cdots + 0x^n) \\ &= (a_0 + b_0) + (a_1 + b_1)x + \cdots + (a_m + b_m)x^m \end{aligned}$$

$$+(a_{m+1}+0)x^{m+1}+\cdots+(a_n+0)x^n.$$

这时, 由上面多项式乘积的定义, 对 $t>n+m$, 易见 $c_t=0$. 因而

$$f(x)g(x)=c_0+c_1x+\cdots+c_sx^s,$$

其中 $s=n+m$. 对 $0\leqslant i\leqslant s, i$ 次项的系数是

$$c_i=a_ib_0+a_{i-1}b_1+\cdots+a_1b_{i-1}+a_0b_i.$$

特别地, $c_s=a_nb_m$.

零多项式起到的作用就是线性空间中零元的作用, 这是因为

(1) $0+f(x)=f(x)$. 事实上,

$$\begin{aligned}0+f(x)&=(0+0x+\cdots+0x^n)+(a_0+a_1x+\cdots+a_nx^n)\\&=(0+a_0)+(0+a_1)x+\cdots+(0+a_n)x^n\\&=a_0+a_1x+\cdots+a_nx^n\\&=f(x).\end{aligned}$$

(2) 同理, $f(x)+0=f(x)$.

(3) 再由乘法定义可证 $f(x)0=0f(x)=0$.

定义 $f(x)$ 的**负多项式**为

$$-f(x)=(-a_0)+(-a_1)x+\cdots+(-a_n)x^n.$$

定义 $f(x)$ 与 $g(x)$ 的**减法**为

$$f(x)-g(x)=f(x)+(-g(x)).$$

那么

$$f(x)-f(x)=0.$$

定义数 c 在多项式 $f(x)$ 上的**数乘**为

$$cf(x)=ca_0+ca_1x+\cdots+ca_nx^n,$$

这也就是把 c 看作常数项多项式时与 $f(x)$ 的多项式乘法得到的结果.

显然, 数域 $\mathbb{F}$ 上两个多项式经加、减、乘运算后, 所得结果仍是 $\mathbb{F}$ 上的多项式.

由多项式的次数定义, 我们有如下性质.

性质 1.1.1　对于任意两个非零多项式 $f(x)=\sum a_ix^i, g(x)=\sum b_jx^j$, 若 $\deg(f(x))=n$ 和 $\deg(g(x))=m$, 则

(1) $\deg(f(x)+g(x))\leqslant \max\{\deg(f(x)),\deg(g(x))\}$;

(2) $\deg(f(x)g(x))=\deg(f(x))+\deg(g(x))$.

证明　(1) 不妨设 $n\geqslant m$, 即 $\deg(f(x))\geqslant\deg(g(x))$, 则由前面给出的两个多项式和的公式, 当 $n>m$ 时, $f(x)+g(x)$ 的首项是 $(a_n+0)x^n=a_nx^n\neq 0$, 故这时

$$\deg(f(x)+g(x))=n=\deg(f(x))=\max\{\deg(f(x)),\deg(g(x))\};$$

当 $n=m$ 时, 若 $a_n+b_n\neq 0$, 则 $f(x)+g(x)$ 的首项是 $(a_n+b_n)x^n$ 且

$$\deg(f(x)+g(x))=n=\deg(f(x))=\deg(g(x))=n;$$

若 $a_n+b_n=0$, 则 $\deg(f(x)+g(x))\leqslant n-1$.

因此总有 $\deg(f(x)+g(x))\leqslant\max\{\deg(f(x)),\deg(g(x))\}$.

(2) 由多项式乘积的定义可得

$$f(x)g(x)=\sum_{t=0}^{n+m}\left(\sum_{i+j=t}a_ib_j\right)x^t,$$

其中 $a_nb_m\neq 0$. 所以它的首项是 $a_nb_mx^{n+m}$, 因此

$$\deg(f(x)g(x))=n+m=\deg(f(x))+\deg(g(x)).$$ □

利用性质 1.1.2, 不难将上面的结论推广到多个多项式的情形.

多项式的运算与数的运算有类似的规律, 即

性质 1.1.2　对数域 $\mathbb{F}$ 上的多项式 $f(x),g(x),h(x)$, 有

(i) 加法交换律: $f(x)+g(x)=g(x)+f(x)$.

(ii) 乘法交换律: $f(x)g(x)=g(x)f(x)$.

(iii) 加法结合律: $(f(x)+g(x))+h(x)=f(x)+(g(x)+h(x))$.

(iv) 乘法结合律: $(f(x)g(x))h(x)=f(x)(g(x)h(x))$.

(v) 乘法对加法的 (左、右) 分配律:

$$f(x)(g(x)+h(x))=f(x)g(x)+f(x)h(x),$$

$$(g(x)+h(x))f(x)=g(x)f(x)+h(x)f(x).$$

(vi) 乘法的 (左、右) 消去律: 若 $f(x)g(x)=f(x)h(x)$ (或 $g(x)f(x)=h(x)f(x)$) 且 $f(x)\neq 0$, 则 $g(x)=h(x)$.

证明 (i) 设 $f(x)=\sum\limits_{i=0}^{n}a_ix^i, g(x)=\sum\limits_{i=0}^{m}b_ix^i$, 且 $n\geqslant m$. 那么, 由加法定义可得

$$\begin{aligned}f(x)+g(x)&=(a_0+b_0)+(a_1+b_1)x+\cdots+(a_m+b_m)x^m\\&\quad+(a_{m+1}+0)x^{m+1}+\cdots+(a_n+0)x^n\\&=(b_0+a_0)+(b_1+a_1)x+\cdots+(b_m+a_m)x^m\\&\quad+(0+a_{m+1})x^{m+1}+\cdots+(0+a_n)x^n\\&=g(x)+f(x).\end{aligned}$$

(ii) 对 $0\leqslant i\leqslant n+m$, 有

$$c_i=a_ib_0+a_{i-1}b_1+\cdots+a_1b_{i-1}+a_0b_i=b_ia_0+b_{i-1}a_1+\cdots+b_1a_{i-1}+b_0a_i.$$

于是

$$f(x)g(x)=c_0+c_1x+\cdots+c_{n+m}x^{n+m}=g(x)f(x).$$

(iii) 由加法定义即可得.

(iv) 令 $f(x)=\sum\limits_{i=0}^{n}a_ix^i, g(x)=\sum\limits_{i=0}^{m}b_ix^i, h(x)=\sum\limits_{i=0}^{l}c_ix^i$, 由乘法定义可知

$$\begin{aligned}(f(x)g(x))h(x)&=\left(\sum_{s=0}^{n+m}\left(\sum_{i+j=s}a_ib_j\right)x^s\right)\left(\sum_{i=0}^{l}c_ix^i\right)\\&=\sum_{t=0}^{n+m+l}\left(\sum_{s+k=t}\left(\sum_{i+j=s}a_ib_j\right)c_k\right)x^t\\&=\sum_{t=0}^{n+m+l}\left(\sum_{i+j+k=t}a_ib_jc_k\right)x^t\\&=\sum_{t=0}^{n+m+l}\left(\sum_{i+p=t}a_i\left(\sum_{j+k=p}b_jc_k\right)\right)x^t\\&=f(x)(g(x)h(x)).\end{aligned}$$

(v) 由加法定义和乘法定义可证得, 请读者自证.

(vi) 由 $f(x)g(x)=f(x)h(x)$, 得 $f(x)(g(x)-h(x))=0$.
由 $f(x)\neq 0$ 得 $\deg(f(x))\geqslant 0$.

若 $g(x)-h(x)\neq 0$, 则 $\deg(g(x)-h(x))\geqslant 0$, 进而

$$\deg(f(x)(g(x)-h(x)))=\deg(f(x))+\deg(g(x)-h(x))\geqslant 0\neq -\infty.$$

但 $\deg(0)=-\infty$, 这与 $f(x)(g(x)-h(x))=0$ 矛盾. 所以 $g(x)-h(x)=0$, 即 $g(x)=h(x)$. □

由上面 (i), 当 $i\neq j$ 时, $a_ix^i+b_jx^j=b_jx^j+a_ix^i$, 因而, 对任一多项式

$$f(x)=a_0+a_1x+\cdots+a_nx^n,$$

我们可以有另一表达式

$$f(x)=a_nx^n+\cdots+a_1x+a_0.$$

更多地, 我们会用这一降次排序写法, 这也就是为何称 a_nx^n $(a_n\neq 0)$ 是 $f(x)$ 的首项的原因.

我们把数域 $\mathbb{F}$ 上的所有一元多项式全体表示为集合 $\mathbb{F}[x]$. 综上, $\mathbb{F}[x]$ 中已有加法、乘法和数乘, 由它们的定义和多项式相等的条件, 以及上面的讨论, 特别是性质 1.1.2(i) 和 (iii) 可知, **$\mathbb{F}[x]$ 是 $\mathbb{F}$ 上的线性空间**, 且若令

$$\mathbb{F}[x]_n=\{f(x)\in\mathbb{F}[x]:\deg(f(x))<n\},$$

则 $\mathbb{F}[x]_n$ 是一个以 $1,x,\cdots,x^{n-1}$ 为基的 $\mathbb{F}$ 上 n 维线性空间. 由此, 有子空间链:

$$\{0\}=\mathbb{F}[x]_0\subset\mathbb{F}[x]_1\subset\cdots\subset\mathbb{F}[x]_n\subset\mathbb{F}[x]_{n+1}\subset\cdots\subset\mathbb{F}[x].$$

而 $\mathbb{F}[x]$ 本身是 $\mathbb{F}$ 上**无限维**的线性空间, $\{1,x,\cdots,x^n,\cdots\}$ 是 $\mathbb{F}[x]$ 的一组无限基.

又由性质 1.1.2 (iv) 和 (v), 我们将这个 $\mathbb{F}$ 上线性空间 $\mathbb{F}[x]$ 称为 **$\mathbb{F}$ 上的一元多项式代数**. 一般的代数概念来自近世代数课程, 它是一个有乘法的线性空间, 这里不再涉及.

我们在这里定义多项式的抽象概念, 目的是统一不同现实情况下出现的多项式的共性. 比如, 当符号 x 具体到中学数学里的未知数时, $f(x)=a_nx^n+\cdots+a_2x^2+a_1x+a_0$ 就代表一个未知数 x 的数字表达式, 加法和数乘就恢复到数的加、乘; 当 x 可以在数的一定范围内变动时, 那么 $f(x)$ 就成为 x 上的一个函数, 称为**多项式函数**. 当符号 x 具体到一个方阵 $\boldsymbol{A}$ 时, $f(x)$ 就变成 $f(\boldsymbol{A})=a_n\boldsymbol{A}^n+\cdots+a_2\boldsymbol{A}^2+a_1\boldsymbol{A}+a_0\boldsymbol{E}$, 这是一个矩阵表达式, 加法和数乘就具体到矩阵的加法和数乘. 根据实际需要, 这个符号 x 还可以表示其他待定事物. 进一步, 我们就引入了形式化的多项式的运算来统一研究各类待定事物所满足的运算规律, 以得到它们普遍的共同的性质.

1.2 整除理论

在一元多项式代数 $\mathbb{F}[x]$ 中, 1.1 节已定义了加法、减法、数乘三种运算, 但乘法的逆运算——除法——通常是不可行的. 因为对某个多项式 $f(x)\in\mathbb{F}[x]$, 若 $\deg(f(x))\geqslant 1$, 则对任一非零多项式 $g(x)\in\mathbb{F}[x]$, 必有

$$\deg(f(x)g(x))=\deg(f(x))+\deg(g(x))\geqslant\deg(f(x))\geqslant 1.$$

因此 $f(x)g(x)\neq 1$, 故 $\mathbb{F}[x]$ 中不存在 $f(x)^{-1}$. 这说明除法是不可行的. 因此, 整除就成了某些多项式之间的特殊的重要关系.

数域 $\mathbb{F}$ 上的多项式 $g(x)$ 称为**整除** $f(x)$ 的, 若存在 $\mathbb{F}$ 上的多项式 $h(x)$ 使得

$$f(x)=g(x)h(x)$$

成立. 我们用 $g(x)\mid f(x)$ 表示 $g(x)$ 整除 $f(x)$. 当 $g(x)$ 不能整除 $f(x)$ 时, 用 $g(x)\nmid f(x)$ 表示. 当 $g(x)\mid f(x)$ 时, 称 $g(x)$ 是 $f(x)$ 的**因式**, $f(x)$ 是 $g(x)$ 的**倍式**.

下面介绍整除性的几个常用性质.

性质 1.2.1 若 $f(x)|g(x), g(x)|f(x)$, 则存在非零常数 c 使得 $f(x)=cg(x)$ 成立.

证明 由 $f(x)|g(x), g(x)|f(x)$ 知, 分别存在 $h_1(x), h_2(x)$ 使得

$$g(x)=h_1(x)f(x)\quad 且\quad f(x)=h_2(x)g(x)$$

成立. 于是

$$f(x)=h_1(x)h_2(x)f(x).$$

如果 $f(x)=0$, 则 $g(x)=0$, 结论显然成立.

如果 $f(x)\neq 0$, 则由性质 1.1.2 (vi) 得 $h_1(x)h_2(x)=1$, 从而 $\deg(h_1(x))+\deg(h_2(x))=0$. 特别地,

$$\deg(h_2(x))=0,$$

故 $h_2(x)=c$, 其中 $c\in\mathbb{F}$ 是一个非零常数. □

性质 1.2.2 (整除的传递性) 若 $f(x)|g(x), g(x)|h(x)$, 则 $f(x)|h(x)$.

证明 存在 $g_1(x), h_1(x)$, 使得

$$g(x)=g_1(x)f(x),\quad h(x)=h_1(x)g(x)$$

成立, 从而 $h(x)=h_1(x)g_1(x)f(x)$, 即 $f(x)|h(x)$. □

性质 1.2.3　若 $f(x)|g_i(x)(i=1,2,\cdots,r)$, 则对任意多项式 $u_i(x)$ $(i=1,2,\cdots,r)$, 有 $f(x)|(u_1(x)g_1(x)+u_2(x)g_2(x)+\cdots+u_r(x)g_r(x))$.

证明　由题设, 存在 $h_i(x)(i=1,2,\cdots,r)$ 使得 $g_i(x)=h_i(x)f(x)$ 成立. 从而

$$\sum_{i=1}^{r}u_i(x)g_i(x)=\left(\sum_{i=1}^{r}u_i(x)h_i(x)\right)f(x),$$

故

$$f(x)|(u_1(x)g_1(x)+u_2(x)g_2(x)+\cdots+u_r(x)g_r(x)).$$ □

推论 1.2.4　任一多项式 $f(x)$ 与它的任一非零常数倍 $cf(x)(c\neq 0)$ 有相同的因式和倍式.

因此, 在多项式整除性讨论中, 不妨假设 $f(x)$ 的首项系数为 1.

显然, 对任一 $\mathbb{F}$ 上多项式 $f(x)$ 和 $a(\neq 0)\in\mathbb{F}$, 必有 $f(x)=1\cdot f(x)$, $0=0\cdot f(x), f(x)=a(a^{-1}f(x))$, 因此总有

$$f(x)|f(x),\quad f(x)|0,\quad a|f(x).$$

由中学代数我们已经知道, 对两个具体的多项式, 可用一个去除另一个, 求得商和余式. 例如, 设 $f(x)=3x^3+4x^2-5x+6, g(x)=x^2-3x+1$, 可以按下面的格式来作除法:

$$\begin{array}{r|l}
 & 3x+13 \\ \hline
x^2-3x+1 & 3x^3+4x^2-5x+6 \\
 & 3x^3-9x^2+3x \\ \cline{2-2}
 & \qquad 13x^2-8x+6 \\
 & \qquad 13x^2-39x+13 \\ \cline{2-2}
 & \qquad\qquad 31x-7
\end{array}$$

即所得商为 $3x+13$, 余式为 $31x-7$. 上述竖式也可写为如下表达式:

$$f(x)=(3x+13)g(x)+31x-7.$$

显然上述算式是对数字运算下的数字多项式进行的, 但不难看出, 事实上, 把上述多项式看作 1.1 节中定义的 “形式” 多项式时, 算式一样成立. 也就是说, 我们可将此求商式和除式的方法用到 “形式” 多项式上. 这不是偶然的, 它建立在如下的结论上.

定理 1.2.5 (带余除法) 对于 $\mathbb{F}[x]$ 中的任意两个多项式 $f(x)$ 与 $g(x)$, 其中 $g(x)\neq 0$, 必存在唯一的 $q(x), r(x)\in\mathbb{F}[x]$ 使得

$$f(x)=q(x)g(x)+r(x) \tag{1.2.1}$$

成立, 且或者 $r(x)=0$ 或者 $\deg(r(x))<\deg(g(x))$.

证明 先证 $q(x), r(x)$ 的存在性.

当 $f(x)=0$ 时, 取 $q(x)=r(x)=0$ 即可.

当 $f(x)\neq 0$ 时, 对 $\deg(f(x))=n$ 用归纳法.

当 $\partial(f(x))=0$ 时, 若 $\deg(g(x))=0$, 令 $g(x)=c\in\mathbb{F}$, 取 $q(x)=c^{-1}f(x)$, $r(x)=0$ 即可. 若 $\deg(g(x))>0$, 取 $q(x)=0, r(x)=f(x)$ 即可.

假设当 $\deg(f(x))<n$ 时结论成立, 考虑 $\deg(f(x))=n$ 的情况.

事实上, 当 $\deg(g(x))>n$ 时, 取 $q(x)=0, r(x)=f(x)$ 即可.

当 $\deg(g(x))=m\leqslant n$ 时, 令 $f(x)$ 和 $g(x)$ 的首项分别是 ax^n 和 bx^m, 则 $b^{-1}ag(x)x^{n-m}$ 的首项也是 ax^n, 故多项式 $f_1(x)=f(x)-b^{-1}ax^{n-m}g(x)$ 的次数小于 $f(x)$ 的次数 n 或 $f_1(x)=0$.

若 $f_1(x)=0$, 取 $q(x)=b^{-1}a^{n-m}, r(x)=0$ 即可;

若 $f_1(x)\neq 0$, 则 $\deg(f_1(x))<n$. 由归纳假设, 对 $f_1(x)$ 和 $g(x)$, 存在 $q_1(x)$, $r_1(x)$ 使得

$$f_1(x)=q_1(x)g(x)+r_1(x)$$

成立, 其中 $\deg(r_1(x))<\deg(g(x))$ 或 $r_1(x)=0$. 于是

$$\begin{aligned}f(x)&=f_1(x)+b^{-1}ax^{n-m}g(x)\\&=(q_1(x)+b^{-1}ax^{n-m})g(x)+r_1(x)\\&=q(x)g(x)+r(x),\end{aligned}$$

其中 $q(x)=q_1(x)+b^{-1}ax^{n-m}$, $r(x)=r_1(x)$. 自然地, $\deg(r(x))<\deg(g(x))$.

由归纳法知, $q(x), r(x)$ 的存在性成立.

再证上述 $q(x), r(x)$ 的唯一性.

若存在另一组 $q'(x), r'(x)$ 使得

$$f(x)=q'(x)g(x)+r'(x) \tag{1.2.2}$$

成立, 且 $\deg(r'(x))<\deg(g(x))$ 或 $r'(x)=0$. 将 (1.2.1) 与 (1.2.2) 两式相减, 得

$$(q(x)-q'(x))g(x)=r'(x)-r(x).$$

若 $q(x) \neq q'(x)$, 则

$$\deg((q(x)-q'(x))g(x)) \geqslant \deg(g(x)) > \deg(r'(x)-r(x)).$$

这与上述等式矛盾.

因此必有 $q(x)=q'(x)$. 由此, 又得 $r(x)=r'(x)$. □

如果把定理 1.2.5 前面的具体例子中的 $f(x)$ 和 $g(x)$ 代入公式 (1.2.1), 那么它们计算后的表达式恰符合由形式多项式获得的公式 (1.2.1). 这说明我们由抽象多项式的方法导出的结论能覆盖非抽象定义的多项式的相应结论.

上述定理中所得到的 $q(x)$ 称为 $g(x)$ 除 $f(x)$ 的**商**, $r(x)$ 称为 $g(x)$ 除 $f(x)$ 的**余式**. 由定理 1.2.5 和整除的定义我们不难得出下面的引理.

引理 1.2.6 当 $g(x) \neq 0$ 时, $g(x) \mid f(x)$ 当且仅当 $g(x)$ 除 $f(x)$ 时的余式为 0.

当 $g(x)|f(x)$, 且 $g(x) \neq 0$ 时, $g(x)$ 除 $f(x)$ 所得的商 $q(x)$ 有时也用 $\dfrac{f(x)}{g(x)}$ 来表示.

需要指出的是, 两个多项式之间的整除性不会因为系数域的扩大而改变, 即得如下定理.

定理 1.2.7 设 $\mathbb{F},\bar{\mathbb{F}}$ 是两个数域, 且 $\mathbb{F} \subseteq \bar{\mathbb{F}}$. 并设 $f(x), g(x) \in \mathbb{F}[x]$, 那么在 $\mathbb{F}$ 中 $g(x)|f(x)$ 当且仅当在 $\bar{\mathbb{F}}$ 中 $g(x)|f(x)$.

证明 若 $g(x)=0$, 则在 $\mathbb{F}$ 中 $g(x)|f(x)$ 当且仅当 $f(x)=0$, 从而当且仅当在 $\bar{\mathbb{F}}$ 中 $g(x)|f(x)$.

若 $g(x) \neq 0$, 则由定理 1.2.5 的带余除法, 存在唯一的 $q(x), r(x) \in \mathbb{F}[x]$, 使得

$$f(x)=q(x)g(x)+r(x)$$

(即定理 1.2.5 中的 (1.2.1) 式) 成立, 且 $\deg(r(x)) < \deg(g(x))$ 或 $r(x)=0$.

显然上述等式在 $\bar{\mathbb{F}}[x]$ 中也成立.

因此, 由引理 1.2.6, 在 $\mathbb{F}[x]$ 中 $g(x)|f(x)$ 当且仅当 $r(x)=0$, 从而当且仅当在 $\bar{\mathbb{F}}[x]$ 中 $g(x)|f(x)$. □

例 1.2.1 设 $g(x)=ax+b, a,b \in \mathbb{F}, a \neq 0, f(x) \in \mathbb{F}[x]$, 求证: $g(x)|f^2(x)$ 的充要条件是 $g(x)|f(x)$.

证明 充分性显然成立, 只需证明必要性也成立.

由带余除法, 存在 $r \in \mathbb{F}$, 使得 $f(x)=g(x)q(x)+r$ 成立. 所以

$$f^2(x)=g^2(x)q^2(x)+2rg(x)q(x)+r^2.$$

由 $g(x)|f^2(x)$ 得 $g(x)|r^2$, 故 $r^2=0, r=0$, 即 $g(x)|f(x)$. □

例 1.2.2 设 $f(x), g(x)$ 及 $h(x) \neq 0$ 为三个多项式. 证明: $h(x)|(f(x)-g(x))$ 当且仅当 $f(x)$ 与 $g(x)$ 除以 $h(x)$ 所得的余式相等.

证明 由带余除法, 可设

$$f(x) = h(x)q_1(x) + r_1(x), \quad g(x) = h(x)q_2(x) + r_2(x),$$

其中 $r_i(x) = 0$ 或 $\deg(r_i(x)) < \deg(h(x)), i = 1, 2$. 上面两式相减, 得

$$f(x) - g(x) = h(x)[q_1(x) - q_2(x)] + r_1(x) - r_2(x). \tag{1.2.3}$$

由于 $\deg(r_i(x)) < \deg(h(x))$, 故 $\deg(r_1(x) - r_2(x)) < \deg(h(x))$. 所以 $h(x)$ 除 $f(x) - g(x)$ 的商为 $q_1(x) - q_2(x)$, 余式为 $r_1(x) - r_2(x)$.

若 $r_1(x) = r_2(x)$, 则由 (1.2.3) 式得

$$f(x) - g(x) = h(x)[q_1(x) - q_2(x)],$$

从而

$$h(x)|[f(x) - g(x)].$$

反之, 若 $h(x)|(f(x) - g(x))$, 则由引理 1.2.6 知 $r_1(x) - r_2(x) = 0$, 即 $r_1(x) = r_2(x)$. □

习 题 1.2

1. 用带余除法, 求 $g(x)$ 除 $f(x)$ 所得的商 $q(x)$ 与余式 $r(x)$:
(1) $f(x) = x^5 - x^3 + 3x^2 - 1,\ g(x) = x^3 - 3x + 2$;
(2) $f(x) = x^3 - 3x^2 - x - 1,\ g(x) = 3x^2 - 2x + 1$;
(3) $f(x) = x^5 - x^3 - 1,\ g(x) = x - 2$.
2. 求 a, b 是什么数时, 下列各题中的 $f(x)$ 能被 $g(x)$ 整除:
(1) $f(x) = x^4 - 3x^3 + 6x^2 + ax + b,\ g(x) = x^2 - 1$;
(2) $f(x) = ax^4 + bx^3 + 1,\ g(x) = (x-1)^2$.
3. 试给出 $x^3 - 3px + 2q$ 被 $x^2 + 2ax + a^2$ 整除的条件.
4. 设 $a \in \mathbb{F}$. 证明: 对任意的正整数 n, 有 $(x-a) \mid (x^n - a^n)$.
5. 设 $f(x) \in \mathbb{F}[x]$, k 是任一正整数. 证明: $x \mid f^k(x)$ 当且仅当 $x \mid f(x)$.
6. 把 $f(x)$ 表示成 $x - x_0$ 的方幂的和的形式, 即 $f(x) = \sum\limits_{i=0}^{+\infty} a_i(x - x_0)^i$:
(1) $f(x) = 5x^4 - 6x^3 + x^2 + 4,\ x_0 = 1$;
(2) $f(x) = 2x^5 + 5x^4 - x^3 + 10x - 6,\ x_0 = -2$.

1.3　最大公因式

定义 1.3.1　设 $f(x), g(x), \varphi(x), d(x) \in \mathbb{F}[x]$.

(i) 若 $\varphi(x)|f(x)$ 且 $\varphi(x)|g(x)$, 则称 $\varphi(x)$ 是 $f(x), g(x)$ 的一个**公因式**;

(ii) 若 $d(x)$ 是 $f(x), g(x)$ 的一个公因式, 且对 $f(x), g(x)$ 的任一公因式 $\varphi(x)$ 均有 $\varphi(x)|d(x)$, 则称 $d(x)$ 是 $f(x), g(x)$ 的一个**最大公因式**.

例 1.3.1　(1) 设 $f(x) = 2(x-1)^3(x^2+1), g(x) = 4(x-1)^2(x+1)$, 则 $f(x)$ 和 $g(x)$ 的首项系数为 1 的公因式有 $1, x-1, (x-1)^2$, 其中 $(x-1)^2$ 是一个最大公因式.

(2) 任一多项式 $f(x)$ 总是它自身和零多项式的一个最大公因式.

(3) 两个零多项式的最大公因式就是 0, 但任一非零多项式都是这两个零多项式的公因式.

注　通常, 最大公因式是不唯一的, 比如例 1.3.1(1) 中, 最大公因式可以是 $(x-1)^2$, 也可以是 $2(x-1)^2$, 这两个最大公因式相差一个常数倍. 这不是偶然的, 事实上, 我们有如下结论.

命题 1.3.1 (唯一性)　两个多项式的最大公因式在可以相差非零常数倍的意义下是唯一确定的.

证明　设 $f(x), g(x)$ 有两个最大公因式 $d_1(x)$ 和 $d_2(x)$, 由最大公因式定义知

$$d_1(x)|d_2(x), \quad d_2(x)|d_1(x).$$

故由性质 1.2.1 知, 存在非零常数 c, 使得 $d_1(x) = cd_2(x)$ 成立. □

据此, $f(x), g(x)$ 的最大公因式或者等于零 (当 $f(x) = g(x) = 0$), 或者都不等于零 (当 $f(x) \neq 0$ 或 $g(x) \neq 0$ 时), 我们**约定**用 $(f(x), g(x))$ 表示这一零多项式或其中首项系数为 1 的那个最大公因式.

上面我们讨论了在最大公因式存在时的唯一性问题, 但更重要的是最大公因式的存在性. 事实上, 任两个多项式的最大公因式是必然存在的. 我们的证明将提供最大公因式的一个具体的求法. 由于方法上依赖于带余除法, 首先我们提出下述事实.

引理 1.3.2　若有等式 $f(x) = q(x)g(x) + r(x)$ 成立, 则 $f(x)$ 和 $g(x)$ 的 (最大) 公因式与 $g(x)$ 和 $r(x)$ 的 (最大) 公因式一致.

证明　若 $\varphi(x)|f(x)$ 且 $\varphi(x)|g(x)$, 由已知等式得 $r(x) = f(x) - q(x)g(x)$. 从而 $\varphi(x)$ 整除 $r(x)$, 即 $\varphi(x)$ 是 $g(x), r(x)$ 的公因式. 反之, 若 $\varphi(x)|g(x)$ 且 $\varphi(x)|r(x)$, 由已知等式得 $\varphi(x)$ 整除 $f(x)$, 即 $\varphi(x)$ 是 $f(x), g(x)$ 的公因子. 因此, 两组多项式的公因式是一致的.

再由最大公因式的定义, 即有 $(f(x),g(x))=(g(x),r(x))$. □

定理 1.3.3 (存在性) 对于 $\mathbb{F}[x]$ 中任意两个多项式 $f(x)$ 及 $g(x)$, 均存在最大公因式 $d(x)=(f(x),g(x))\in\mathbb{F}[x]$, 且存在 $u(x),v(x)\in\mathbb{F}[x]$ 使

$$d(x)=u(x)f(x)+v(x)g(x).$$

这个等式被称为 Bezout (贝祖) 等式, 其中 $u(x)$ 和 $v(x)$ 被称为 Bezout 多项式.

证明 当 $f(x),g(x)$ 中至少有一个为零多项式时, 不妨设 $g(x)=0$, 那么 $f(x)$ 就是它们的一个最大公因式. 设 $f(x)$ 的首项系数 a_0, 则有

$$d(x)=\frac{1}{a_0}f(x)=\frac{1}{a_0}f(x)+1\cdot 0.$$

当 $f(x),g(x)$ 均非零时, 由带余除法, 存在商 $q_1(x)$, 余式 $r_1(x)$ 使得

$$f(x)=q_1(x)g(x)+r_1(x).$$

若 $r_1(x)=0$, 则 $f(x)=q_1(x)g(x)$, 这时 $g(x)$ 就是 $f(x)$ 和 $g(x)$ 的最大公因式, 且

$$g(x)=f(x)+(1-q_1(x))g(x).$$

若 $r_1(x)\neq 0$, 用 $r_1(x)$ 除 $g(x)$, 存在商 $q_2(x)$, 余式 $r_2(x)$ 使得

$$g(x)=q_2(x)r_1(x)+r_2(x).$$

若 $r_2(x)=0$, 则 $r_1(x)|g(x)$, 从而 $r_1(x)$ 是 $g(x)$ 和 $r_1(x)$ 的最大公因式. 由引理 1.3.2, 它也是 $f(x),g(x)$ 的最大公因式.

若 $r_2(x)\neq 0$, 用 $r_2(x)$ 除 $r_1(x)$, 存在商 $q_3(x)$, 余式 $r_3(x)$, 如此辗转相除下去, 由带余除法知, 所得余式链 $r_1(x),r_2(x),\cdots$ 的次数不断降低, 即

$$\deg(g(x))>\deg(r_1(x))>\deg(r_2(x))>\cdots,$$

因此, 有限次之后, 必有余式 $r_{s+1}(x)=0$, 从而得

$$f(x)=q_1(x)g(x)+r_1(x), \tag{1.3.1}$$

$$g(x)=q_2(x)r_1(x)+r_2(x), \tag{1.3.2}$$

$$r_1(x)=q_3(x)r_2(x)+r_3(x), \tag{1.3.3}$$

$$\cdots\cdots \qquad \vdots$$

$$r_{i-2}(x)=q_i(x)r_{i-1}(x)+r_i(x), \tag{1.3.i}$$

$$\cdots\cdots \qquad \vdots$$

$$r_{s-3}(x)=q_{s-1}(x)r_{s-2}(x)+r_{s-1}(x), \tag{1.3.(s–1)}$$

$$r_{s-2}(x)=q_s(x)r_{s-1}(x)+r_s(x), \tag{1.3.s}$$

$$r_{s-1}(x)=q_{s+1}(x)r_s(x)+0, \tag{1.3.(s+1)}$$

由此, $r_s(x)|r_{s-1}(x)$, 故 $r_s(x)$ 是 $r_s(x)$ 和 $r_{s-1}(x)$ 的一个公因式. 据引理 1.3.2, $r_s(x)$ 也是 $r_{s-1}(x)$ 和 $r_{s-2}(x)$ 的公因式, 依次倒推上去, $r_s(x)$ 是 $f(x)$ 和 $g(x)$ 的公因式.

又若 $h(x)$ 是 $f(x)$ 和 $g(x)$ 的一个最大公因式, 则由 (1.3.1) 式得 $h(x)|r_1(x)$; 由 (1.3.2) 式得 $h(x)|r_2(x)$; 依次下去, 由 (1.3.s) 式得 $h(x)|r_s(x)$. 故 $r_s(x)$ 是 $f(x)$ 和 $g(x)$ 的最大公因式.

另一方面,

$$\begin{aligned}r_s(x)&=r_{s-2}(x)-q_s(x)r_{s-1}(x)\\&=r_{s-2}(x)-q_s(x)(r_{s-3}(x)-q_{s-1}(x)r_{s-2}(x))\\&=-q_s(x)r_{s-3}(x)+(1+q_s(x)q_{s-1}(x))r_{s-2}(x)\\&=\cdots\\&=u(x)f(x)+v(x)g(x),\end{aligned}$$

上述过程是用 (1.3.(s–1)), $\cdots$, (1.3.2), (1.3.1) 逐个地消去 $r_{s-2}(x),\cdots,r_2(x)$, $r_1(x)$ 等, 再合并同类项得到 $u(x)$ 和 $v(x)$.

令 $r_s(x)$ 的首项系数为 $c\neq 0$, 则

$$(f(x),g(x))=\frac{1}{c}r_s(x),\quad \frac{1}{c}r_s(x)=\frac{1}{c}u(x)f(x)+\frac{1}{c}v(x)g(x). \qquad \square$$

上述定理证明中通过 (1.3.1), $\cdots$, (1.3.s), (1.3.($s+1$)) 式, 求出最大公因式 $r_s(x)$ 的方法称为**辗转相除法**. 可按下面格式来操作.

例 1.3.2 设 $f(x)=x^4+3x^3-x^2-4x-3$, $g(x)=3x^3+10x^2+2x-3$. 求 $(f(x),g(x))$, 并求 $u(x),v(x)$ 使得 $(f(x),g(x))=u(x)f(x)+v(x)g(x)$ 成立.

用辗转相除法的格式来操作, 可写为

$$
\begin{array}{r|r|r|l}
 & g(x) & f(x) & \\
q_2(x)= & 3x^3+10x^2+2x-3 & x^4+\ \ 3x^3-x^2-4x-\ \ 3 & \dfrac{1}{3}x-\dfrac{1}{9} \\
-\dfrac{27}{5}x+9 & 3x^3+15x^2+18x & x^4+\dfrac{10}{3}x^3+\dfrac{2}{3}x^2-\ \ x & =q_1(x) \\
\cline{2-3}
 & -5x^2-16x-3 & -\dfrac{1}{3}x^3-\dfrac{5}{3}x^2-3x-3 & \\
 & -5x^2-25x-30 & -\dfrac{1}{3}x^3-\dfrac{10}{9}x^2-\dfrac{2}{9}x+\dfrac{1}{3} & \\
\cline{2-3}
 & r_2(x)=9x+27 & r_1(x)=-\dfrac{5}{9}x^2-\dfrac{25}{9}x-\dfrac{10}{3} & -\dfrac{5}{81}x-\dfrac{10}{81} \\
 & & -\dfrac{5}{9}x^2-\ \ \dfrac{5}{3}x\phantom{-\dfrac{10}{3}} & =q_3(x) \\
 & & -\dfrac{10}{9}x-\dfrac{10}{3} & \\
 & & -\dfrac{10}{9}x-\dfrac{10}{3} & \\
 & & 0 &
\end{array}
$$

用等式写出来, 为

$$
\begin{aligned}
f(x)&=\left(\frac{1}{3}x-\frac{1}{9}\right)g(x)+\left(-\frac{5}{9}x^2-\frac{25}{9}x-\frac{10}{3}\right),\\
g(x)&=\left(-\frac{27}{5}x+9\right)\left(-\frac{5}{9}x^2-\frac{25}{9}x-\frac{10}{3}\right)+(9x+27),\\
-\frac{5}{9}x^2-\frac{25}{9}x-\frac{10}{3}&=\left(-\frac{5}{81}x-\frac{10}{81}\right)(9x+27).
\end{aligned}
$$

因此, $9x+27$ 是 $f(x)$, $g(x)$ 的最大公因式, 故 $(f(x),g(x))=x+3$. 又由

$$
\begin{aligned}
9x+27&=g(x)-\left(-\frac{27}{5}x+9\right)\left(-\frac{5}{9}x^2-\frac{25}{9}x-\frac{10}{3}\right)\\
&=g(x)-\left(-\frac{27}{5}x+9\right)\left(f(x)-\left(\frac{1}{3}x-\frac{1}{9}\right)g(x)\right)\\
&=\left(\frac{27}{5}x-9\right)f(x)+\left(-\frac{9}{5}x^2+\frac{18}{5}x\right)g(x),
\end{aligned}
$$

得

$$
(f(x),g(x))=\left(\frac{3}{5}x-1\right)f(x)+\left(-\frac{1}{5}x^2+\frac{2}{5}x\right)g(x).
$$

推论 1.3.4 对 $f(x),g(x),d(x)\in\mathbb{F}[x]$, 其中 $d(x)$ 是首项系数为 1 的, 那么

$$
(f(x),g(x))=d(x),
$$

当且仅当 $d(x)$ 是 $f(x),g(x)$ 的公因式且存在 $u(x),v(x)\in\mathbb{F}[x]$ 满足

$$d(x)=u(x)f(x)+v(x)g(x).$$

证明 **必要性** 由定理 1.3.3 即可得.

充分性 由于 $d(x)$ 是 $f(x),g(x)$ 的公因式, 我们只需证明对 $f(x),g(x)$ 的任意公因式 $d_0(x)$, 均有 $d_0(x)\mid d(x)$. 不妨设 $f(x)=p(x)d_0(x)$, $g(x)=q(x)d_0(x)$, 则

$$d(x)=u(x)p(x)d_0(x)+v(x)q(x)d_0(x),$$

因此可知 $d_0(x)\mid d(x)$, 由 $d_0(x)$ 的任意性可知 $d(x)$ 为 $f(x),g(x)$ 的最大公因式. □

定义 1.3.2 $\mathbb{F}[x]$ 中两个多项式 $f(x),g(x)$ 称为**互素** (或**互质**) 的, 若

$$(f(x),g(x))=1.$$

由定义知, 两个多项式互素当且仅当它们除零次多项式外没有其他的公因式.

令推论 1.3.4 中的 $d(x)=1$, 即可直接给出两个多项式互素的一个刻画.

推论1.3.5 $\mathbb{F}[x]$ 中两个多项式 $f(x),g(x)$ 互素的充要条件是存在 $u(x),v(x)\in\mathbb{F}[x]$, 使得 $u(x)f(x)+v(x)g(x)=1$ 成立.

注 在一般情况下, 对于多项式 $f(x),g(x)\in\mathbb{F}[x]$, 即使存在多项式 $u(x),v(x),d(x)\in\mathbb{F}[x]$ 使得 $u(x)f(x)+v(x)g(x)=d(x)$ 成立, 我们也不能断定 $d(x)$ 是 $f(x),g(x)$ 的一个最大公因式. 但是, 如果此时已知 $d(x)$ 是 $f(x),g(x)$ 的一个公因式, 那么 $d(x)$ 一定是 $f(x),g(x)$ 的一个最大公因式.

现在给出与最大公因式有关的一些基本结论.

命题 1.3.6 若 $(f(x),g(x))=1$ 且 $f(x)|(g(x)h(x))$, 则 $f(x)|h(x)$.

证明 由定理 1.3.3, 存在 $u(x),v(x)\in\mathbb{F}[x]$ 使得 $u(x)f(x)+v(x)g(x)=1$ 成立, 从而

$$u(x)f(x)h(x)+v(x)g(x)h(x)=h(x).$$

因为 $f(x)|(g(x)h(x))$, 所以

$$f(x)|(u(x)f(x)h(x)+v(x)g(x)h(x)),$$

从而 $f(x)|h(x)$. □

命题 1.3.7 若 $(f_1(x),f_2(x))=1$ 且 $f_1(x)|g(x),f_2(x)|g(x)$, 则

$$(f_1(x)f_2(x))|g(x).$$

证明 由 $f_1(x)|g(x)$ 知, 存在 $h_1(x)$ 使得 $g(x)=f_1(x)h_1(x)$; 又由 $f_2(x)|g(x)$ 知, $f_2(x)|(f_1(x)h_1(x))$. 由命题 1.3.6 知 $f_2(x)|h_1(x)$, 所以存在 $h_2(x)$, 使得 $h_1(x)=f_2(x)h_2(x)$ 成立. 于是将此式代入前式可得 $g(x)=f_1(x)f_2(x)h_2(x)$, 故

$$(f_1(x)f_2(x))|g(x).$$ □

与最大公因式对偶的一个概念是最小公倍式. 多项式 $m(x)$ 称为多项式 $f(x)$ 和 $g(x)$ 的**最小公倍式**, 如果

(1) $m(x)$ 是 $f(x),\ g(x)$ 的公倍式, 即 $f(x)|m(x), g(x)|m(x)$;

(2) $f(x),\ g(x)$ 的任一个公倍式 $h(x)$ 都是 $m(x)$ 的倍式, 即 $m(x)|h(x)$.

在不考虑首项系数的情况下, 由定义直接可得最小公倍式的唯一性. 关于存在性, 我们由下面叙述即可得知.

事实上, 当 $f(x),\ g(x)$ 不全为 0 时, 则 $(f(x),\ g(x))\neq 0$ 且

$$(f(x),g(x))|(f(x)g(x)).$$

这时可证明 $\dfrac{f(x)g(x)}{(f(x),g(x))}$ 是 $f(x),\ g(x)$ 的最小公倍式 (本节习题第 4 题, 请读者自己完成证明). 据此, 我们以 $[f(x),g(x)]$ 表示 $f(x)$ 和 $g(x)$ 或为零或为首项系数为 1 的那个唯一的最小公倍式. 从而, 我们知道, 当 $f(x),\ g(x)$ 的首项系数为 1 时,

$$[f(x),g(x)]=\frac{f(x)g(x)}{(f(x),g(x))}.$$

对于多个多项式 $f_1(x),f_2(x),\cdots,f_s(x)(s\geqslant 2)$, 从最大公因式的定义到性质刻画, 都是类似的. 我们下面仅列出, 但这里不给出证明.

称 $\varphi(x)\in\mathbb{F}[x]$ 为 $f_1(x),f_2(x),\cdots,f_s(x)$ 的**公因式**, 若 $\varphi(x)|f_i(x)(i=1,2,\cdots,s)$; 设 $d(x)$ 是 $f_1(x),f_2(x),\cdots,f_s(x)$ 的公因式, 且对任一其他公因式 $\varphi(x)$ 都有 $\varphi(x)|d(x)$, 那么就称 $d(x)$ 是 $f_1(x),f_2(x),\cdots,f_s(x)$ 的**最大公因式**. 当 $d(x)$ 是零多项式或首项系数为 1 的多项式时, 表示为

$$d(x)=(f_1(x),f_2(x),\cdots,f_s(x)).$$

求多个多项式的最大公因式的关键是有下面的递推关系:

$$(f_1(x),\cdots,f_{s-1}(x),f_s(x))=((f_1(x),\cdots,f_{s-1}(x)),f_s(x)).$$

事实上, 令

$$(f_1(x),f_2(x),\ \cdots,f_{s-1}(x))=d(x),\quad (d(x),f_s(x))=h(x),$$

那么

$$h(x)|f_s(x),\quad h(x)|d(x),\quad \text{而}\quad d(x)|f_i(x),\ i=1,2,\cdots,s-1,$$

从而

$$h(x)|f_i(x) \ \ (i=1,\cdots,s-1,s).$$

设 $\varphi(x)$ 是 $f_1(x),f_2(x),\cdots,f_s(x)$ 的公因式, 那么 $\varphi(x)|f_i(x)$ $(i=1,\cdots,s-1,s)$, 从而 $\varphi(x)|d(x)$. 又 $\varphi(x)|f_s(x)$, 故 $\varphi(x)|h(x)$. 因此, $h(x)=(f_1(x),\cdots,f_s(x))$.

由此递推关系, 即可得到多个多项式的最大公因式的存在性以及存在多项式 $u_1(x),u_2(x),\cdots,u_s(x)\in\mathbb{F}[x]$, 使得

$$u_1(x)f_1(x)+u_2(x)f_2(x)+\cdots+u_s(x)f_s(x)=(f_1(x),f_2(x),\cdots,f_s(x))$$

成立.

一般地, 对满足 $1<t_1<t_2<\cdots<t_l<s$ 的正整数 $t_1,t_2,\cdots,t_l$, 有

$$\begin{aligned}&((f_1(x),\cdots,f_{t_1}(x)),(f_{t_1+1}(x),\cdots,f_{t_2}(x)),\cdots,(f_{t_l+1}(x),\cdots,f_s(x)))\\=&(f_1(x),\cdots,f_{s-1}(x),f_s(x)).\end{aligned}$$

当 $(f_1(x),\cdots,f_s(x))=1$ 时, 称 $f_1(x),\cdots,f_s(x)$ 是**互素** (或**互质**) 的.

注 当 $f_1(x),\cdots,f_s(x)$ 互素时, 它们未必两两互素. 反之, 当 $f_1(x),\cdots,f_s(x)$ 两两互素时, $f_1(x),\cdots,f_s(x)$ 必然是互素的.

对多个多项式的情况, 类似于推论 1.3.5 的结论也成立, 请读者自证.

例 1.3.3 若 $f(x)$ 和 $g(x)$ 互素, 求证: $f(x^m)$ 和 $g(x^m)$ 也互素.

证明 因 $f(x)$ 和 $g(x)$ 互素, 存在多项式 $u(x),v(x)$, 使得

$$f(x)u(x)+g(x)v(x)=1$$

成立, 故 $f(x^m)u(x^m)+g(x^m)v(x^m)=1$, 即 $f(x^m)$ 和 $g(x^m)$ 互素. □

例 1.3.4 若 $(f(x),g(x))=d(x)$, 求证: $(f(x^m),g(x^m))=d(x^m)$.

证明 因 $(f(x),g(x))=d(x)$, 存在多项式 $u(x),v(x)$, 使得

$$f(x)u(x)+g(x)v(x)=d(x),\quad d(x)|f(x),\quad d(x)|g(x)$$

成立, 故

$$f(x^m)u(x^m)+g(x^m)v(x^m)=d(x^m),\quad d(x^m)|f(x^m),\quad d(x^m)|g(x^m),$$

即 $(f(x^m),g(x^m))=d(x^m)$. □

例 1.3.5 (i) 对 $f(x),g(x),h(x)\in\mathbb{F}[x]$, 设有 $(f(x),g(x))=1$, $(f(x),h(x))=1$, 则

$$(f(x),g(x)h(x))=1;$$

(ii) 设 $f_1(x), f_2(x), \cdots, f_m(x), g_1(x), g_2(x), \cdots, g_n(x) \in \mathbb{F}[x]$, 则

$$(f_1(x)f_2(x)\cdots f_m(x),\ g_1(x)g_2(x)\cdots g_n(x)) = 1$$

当且仅当对任意 $i = 1, 2, \cdots, m$; $j = 1, 2, \cdots, n$ 均有 $(f_i(x), g_j(x)) = 1$.

证明 (i) 由已知, 存在 $u(x), v(x), s(x), t(x) \in \mathbb{F}[x]$ 使得

$$u(x)f(x) + v(x)g(x) = 1, \quad s(x)f(x) + t(x)h(x) = 1$$

成立, 两式相乘, 得

$$\big(u(x)s(x)f(x) + v(x)g(x)s(x) + u(x)t(x)h(x)\big)f(x) + \big(v(x)t(x)\big)\big(g(x)h(x)\big) = 1.$$

由推论 1.3.5, $(f(x), g(x)h(x)) = 1$.

(ii) 先证必要性. 因为

$$(f_1(x)f_2(x)\cdots f_m(x),\ g_1(x)g_2(x)\cdots g_n(x)) = 1,$$

所以存在 $u(x), v(x) \in \mathbb{F}[x]$, 使得

$$u(x)f_1(x)f_2(x)\cdots f_m(x) + v(x)g_1(x)g_2(x)\cdots g_n(x) = 1$$

成立. 可得

$$f_i(x)p_i(x) + g_j(x)q_j(x) = 1,$$

其中

$$p_i(x) = u(x)f_1(x)\cdots f_{i-1}(x)f_{i+1}(x)\cdots f_m(x),$$

$$q_j(x) = v(x)g_1(x)\cdots g_{j-1}(x)g_{j+1}(x)\cdots g_n(x).$$

这意味着

$$(f_i(x), g_j(x)) = 1 \quad (i = 1, 2, \cdots, m;\ j = 1, 2, \cdots, n).$$

再证充分性.

因为 $(f_1(x), g_j(x)) = 1$ $(j = 1, 2, \cdots, n)$, 所以由 (i) 得

$$(f_1(x), g_1(x)g_2(x)\cdots g_n(x)) = 1.$$

同理

$$(f_2(x), g_1(x)g_2(x)\cdots g_n(x)) = 1, \cdots, (f_m(x), g_1(x)g_2(x)\cdots g_n(x)) = 1.$$

所以

$$(f_1(x)f_2(x)\cdots f_m(x), g_1(x)g_2(x)\cdots g_n(x)) = 1.$$

□

习　题　1.3

1. 设 $f(x)=4x^4-2x^3-16x^2+5x+9, g(x)=2x^3-x^2-5x+4$. 求 $(f(x),g(x))$, 并求出 $u(x)$, $v(x)$, 使得 $u(x)f(x)+v(x)g(x)=(f(x),g(x))$ 成立.

2. 设 $f(x)=x^3+(1+t)x^2+2x+2u, g(x)=x^3+tx+u$ 的最大公因式是二次多项式, 求 t,u.

3. 设 $(f_1(x),f_2(x))=d(x)\neq 0$. 证明: $\left(\dfrac{f_1(x)}{d(x)},\dfrac{f_2(x)}{d(x)}\right)=1$.

4. 用最小公倍式的定义证明: 如果 $f(x)$ 与 $g(x)$ 都是首项系数为 1 的多项式, 那么

$$[f(x),g(x)](f(x),g(x))=f(x)g(x).$$

5. 设 $\mathbb{F}[x]$ 中两个非零多项式 $f(x)$ 及 $g(x)$ 互素, 证明存在唯一的 $u(x),v(x)\in\mathbb{F}[x]$, 满足 $\deg(u(x))<\deg(g(x)),\deg(v(x))<\deg(f(x))$, 使

$$u(x)f(x)+v(x)g(x)=1.$$

1.4　因 式 分 解

多项式的一个核心问题, 就是讨论因式分解, 即将一个多项式表达为同样数域上的若干个多项式的乘积. 在这方面, 我们在中学代数中已学过一些具体方法, 使得一个多项式分解为“不能再分”的因式的乘积. 但那时对这个问题的讨论是不深入的, 所谓的“不能再分”, 常常只是看不出怎样“分”下去的意思, 而不是严格地论证确实“不可再分”的. 其实是否能再分解常常是相对于所在数域而言的, 例如 x^4-4, 在 $\mathbb{Q}$ 上, $x^4-4=(x^2-2)(x^2+2)$ 就不能再分了; 但在数域 $\mathbb{F}=\mathbb{Q}(\sqrt{2})$, 或更大的数域 $\mathbb{R}$ 上, 可再分解为 $x^4-4=(x-\sqrt{2})(x+\sqrt{2})(x^2+2)$, 进一步, 在 $\mathbb{C}$ 上, 还可再分解为 $x^4-4=(x-\sqrt{2})(x+\sqrt{2})(x-\sqrt{2}\mathrm{i})(x+\sqrt{2}\mathrm{i})$.

因此, 只有明确所在系数域后, 才能确定是否可再分解.

在下面讨论中, 我们选定一个数域 $\mathbb{F}$ 作为系数域, 然后研究 $\mathbb{F}[x]$ 中多项式的因式分解.

定义 1.4.1　*设 $p(x)\in\mathbb{F}[x]$ 且 $\deg(p(x))\geqslant 1$, 若 $p(x)$ 不能表示成 $\mathbb{F}[x]$ 中两个次数小于 $p(x)$ 的多项式之积, 就称 $p(x)$ 是 $\mathbb{F}$ 上的***不可约多项式***. 常数项多项式排除在不可约多项式之外.*

比如, $\mathbb{F}$ 上的一次多项式总是不可约的. x^2+2 是 $\mathbb{R}$ 上不可约多项式, 但在 $\mathbb{C}$ 上不是不可约的. 从例子看出, 一个多项式是否不可约依赖于它所在的系数域.

由定义可见, 一个多项式是不可约的当且仅当它的因式只有非零常数和它自身的非零常数倍. 据此可得

性质 1.4.1　*若 $p(x)\in\mathbb{F}[x]$ 是不可约多项式, 则对任一 $f(x)\in\mathbb{F}[x]$, 或者 $(p(x),f(x))=1$ 或者 $p(x)|f(x)$.*

证明 令 $(p(x),\ f(x)) = d(x)$, 则 $d(x)|p(x)$, 从而 $d(x)$ 或者是 1 或者是 $cp(x)$, 这里 $c \in \mathbb{F}$ 是一个非零常数.

若 $d(x) = 1$, 则 $(p(x),\ f(x)) = 1$ 成立.

若 $d(x) \neq 1$, 则 $d(x) = cp(x)$, 故 $p(x)|d(x)$, 而 $d(x)|f(x)$, 于是 $p(x)|f(x)$. □

性质 1.4.2 设 $p(x) \in \mathbb{F}[x]$ 是不可约的, $f(x), g(x) \in \mathbb{F}[x]$, 那么当 $p(x)|f(x)g(x)$ 时, 必有 $p(x)|f(x)$ 或 $p(x)|g(x)$.

证明 若 $p(x) \nmid f(x)$, 由性质 1.4.1 知, $(p(x), f(x)) = 1$; 由命题 1.3.6 知, $p(x)|g(x)$. □

推论 1.4.3 设 $p(x) \in \mathbb{F}[x]$ 是不可约的, $f_i(x) \in \mathbb{F}[x](i = 1, 2, \cdots, s)$, 那么当 $p(x)$ 整除 $f_1(x)f_2(x)\cdots f_s(x)$ 时, 必存在某个 i 使得 $p(x)|f_i(x)$ 成立.

关于多项式因式分解的最关键性质是如下的主要结论.

定理 1.4.4 (因式分解及唯一性定理) 设 $f(x)$ 是数域 $\mathbb{F}$ 上的多项式且其次数 $\geqslant 1$, 则

(i) $f(x)$ 可以分解成数域 $\mathbb{F}$ 上的有限个不可约多项式的乘积;

(ii) 如果不计零次因式的差异, $f(x)$ 分解成数域 $\mathbb{F}$ 上的有限个不可约多项式的乘积时, 那么其分解式是唯一的, 即如果

$$f(x) = p_1(x)p_2(x)\cdots p_s(x) = q_1(x)q_2(x)\cdots q_t(x),$$

其中 $p_i(x), q_j(x)\ (i = 1, 2, \cdots, s; j = 1, 2, \cdots, t)$ 均为不可约的, 那么 $s = t$ 且适当排列因式的次序后有 $p_i(x) = c_i q_i(x)\ (i = 1, 2, \cdots, s)$, 其中 $c_i \in \mathbb{F}, c_i \neq 0\ (i = 1, 2, \cdots, s)$.

证明 (i) 对 $\deg(f(x)) = k$ 作数学归纳法. 当 $\deg(f(x)) = 1$ 时, $f(x)$ 是一次多项式, 故 $f(x)$ 是不可约的.

假设 $\deg(f(x)) < k$ 时, 结论成立. 下面考虑 $\deg(f(x)) = k$ 时的情况.

如果 $f(x)$ 已是不可约的, 那么结论自然成立.

如果 $f(x)$ 不是不可约的, 那么存在 $f_1(x), f_2(x) \in \mathbb{F}[x]$ 使得 $f(x) = f_1(x)f_2(x)$ 成立, 且满足 $\deg(f_1(x)) < k, \deg(f_2(x)) < k$. 由归纳假设, $f_1(x)$ 和 $f_2(x)$ 分别可分解为 $\mathbb{F}$ 上不可约多项式之积, 从而得到 $f(x)$ 的分解.

(ii) 设

$$f(x) = p_1(x)p_2(x)\cdots p_s(x) = q_1(x)q_2(x)\cdots q_t(x),$$

其中 $p_i(x), q_j(x) \in \mathbb{F}[x](i = 1, 2, \cdots, s; j = 1, 2, \cdots, t)$ 均为不可约多项式. 对 s 作归纳法证明.

当 $s = 1$ 时, $f(x)$ 是不可约多项式, 由不可约多项式定义, 必有 $t = 1$, 从而

$$f(x) = p_1(x) = q_1(x).$$

假设 $s=l-1$ 时结论成立. 考虑当 $s=l$ 时的情况, 即

$$f(x)=p_1(x)p_2(x)\cdots p_{l-1}(x)p_l(x)=q_1(x)q_2(x)\cdots q_t(x).$$

这时 $p_l(x)|(q_1(x)q_2(x)\cdots q_t(x))$, 由推论 1.4.3, 不妨设 $p_l(x)|q_t(x)$, 但 $q_t(x)$ 也不可约, 故存在 $c_t\in\mathbb{F}(c_t\neq 0)$ 使得 $p_l(x)=c_tq_t(x)$ 成立. 于是

$$p_1(x)p_2(x)\cdots p_{l-1}(x)=c_t^{-1}q_1(x)q_2(x)\cdots q_{t-1}(x).$$

由归纳假设知, $l-1=t-1$ 即 $l=t$, 并且适当排列次序后有非零常数 $c_1,c_2,\cdots,c_{l-1}$ 使得

$$p_1(x)=c_1c_t^{-1}q_1(x),p_2(x)=c_2q_2(x),\cdots,p_{l-1}(x)=c_{l-1}q_{l-1}(x)$$

成立. □

在上述定理的不可约分解式中, 某些不可约因式相互间可能仅差一个常数项. 把它的首项系数提出, 那么它们就成为相等的首项系数为 1 的因式. 再把相同的不可约因式合并, 于是 $f(x)$ 的分解式可写成

$$f(x)=cp_1^{r_1}(x)p_2^{r_2}(x)\cdots p_s^{r_s}(x),$$

其中 $0\neq c\in\mathbb{F}$ 是 $f(x)$ 的首项系数, $p_i(x)(i=1,2,\cdots,s)$ 均为不同的首项系数为 1 的不可约多项式, $r_1,r_2,\cdots,r_s$ 是正整数. 上述分解式称为 $f(x)$ 的**标准分解式**.

如果我们已知多项式 $f(x)$ 和 $g(x)$ 的标准分解式, 则可以直接写出它们的最大公因式和最小公倍式. 事实上, 令

$$f(x)=ap_1^{r_1}(x)p_2^{r_2}(x)\cdots p_u^{r_u}(x),\quad g(x)=bp_1^{s_1}(x)p_2^{s_2}(x)\cdots p_u^{s_u}(x),$$

其中 $p_i(x)$ 是不可约的, $r_i,s_i\geqslant 0\ (i=1,2,\cdots,u)$ 且 r_i,s_i 至少有一个是非零的. 那么

$$(f(x),g(x))=p_1^{t_1}(x)p_2^{t_2}(x)\cdots p_u^{t_u}(x),$$

$$[f(x),g(x)]=p_1^{k_1}(x)p_2^{k_2}(x)\cdots p_u^{k_u}(x),$$

其中 $t_i=\min\{r_i,s_i\},k_i=\max\{r_i,s_i\},\ i=1,2,\cdots,u$.

于是, 得关系式

$$(f(x),g(x))[f(x),g(x)]=f(x)g(x).$$

这恰好是前面提到过的两个多项式的最大公因式和最小公倍式的关系.

下面讨论不可约多项式为重因式的刻画问题.

定义 1.4.2 (i) 对 $f(x), p(x) \in \mathbb{F}[x]$, 其中 $p(x)$ 是不可约的, 若 $p^k(x)|f(x)$ 且 $p^{k+1}(x) \nmid f(x)$, 则称 $p(x)$ 是 $f(x)$ 的 k-**重因式**.

(ii) 上述 k 的情形: 若 $k=0$, 则 $p(x)$ 不是 $f(x)$ 的因式; 若 $k=1$, 则称 $p(x)$ 是 $f(x)$ 的**单因式**; 若 $k>1$, 则称 $p(x)$ 是 $f(x)$ 的**重因式**.

如果能直接写出 $f(x)$ 的标准分解式 $f(x) = cp_1^{r_1}(x)p_2^{r_2}(x)\cdots p_s^{r_s}(x)$, 就知道 $p_i(x)$ 是否重因式了. 但问题是, 通常未必有办法写出标准分解式. 因此有必要在没给出分解式的情况下, 给出判别某不可约因式是否重因式的方法.

为此, 我们需引入多项式微分 (或称导数) 的概念.

设

$$f(x) = a_n x^n + a_{n-1}x^{n-1} + \cdots + a_1 x + a_0 \in \mathbb{F}[x],$$

则定义

$$f'(x) = a_n n x^{n-1} + a_{n-1}(n-1)x^{n-2} + \cdots + a_1,$$

称 $f'(x)$ 是 $f(x)$ 的**微商** (也称**导数**). 进一步, 我们可定义**高阶微商**,

$$f''(x) = (f'(x))', \cdots, f^{(k)}(x) = (f^{(k-1)}(x))'.$$

显然, 当 $\deg(f(x)) = n$, 则

$$\deg(f'(x)) = n-1, \deg(f''(x)) = n-2, \cdots, \deg(f^{(n)}(x)) = 0, \deg(f^{(n+1)}(x)) = -\infty,$$

即 $f(x)$ 的 n 阶微商为常数, $n+1$ 阶微商为 0.

由定义直接看出, 把 $f(x)$ 看作一个可导函数, 那么 $f'(x)$ 和微积分中由导数的定义导出的公式是一致的. 但它的定义的意义和可导函数的微商意义是不同的, 在这里只能看作是一个形式的定义. 即使如此, 由于微分定义的形式的一致, 由此导出的一些关系也是一样的. 比如, 直接验证即可得出如下基本公式:

$$(f(x)+g(x))' = f'(x) + g'(x);$$

$$(cf(x))' = cf'(x);$$

$$(f(x)g(x))' = f'(x)g(x) + f(x)g'(x);$$

$$(f^m(x))' = mf^{m-1}(x)f'(x).$$

有意思的是, 虽然微商定义对多项式只是形式的, 但是却可用于刻画多项式的实际问题, 比如下面刻画是否有重因式的问题.

定理 1.4.5 (i) 在 $\mathbb{F}[x]$ 中, 若不可约多项式 $p(x)$ 是 $f(x)$ 的 k-重因式 $(k \geqslant 1)$, 则它是微商 $f'(x)$ 的 $(k-1)$-重因式;

(ii) 反之, 若不可约多项式 $p(x)$ 是 $f'(x)$ 的 $(k-1)$-重因式同时也是 $f(x)$ 的因式, 则 $p(x)$ 是 $f(x)$ 的 k-重因式.

证明　(i) 由假设, 存在 $g(x)\in\mathbb{F}[x]$ 使得 $f(x)=p^k(x)g(x)$, 但 $p(x)\nmid g(x)$. 于是

$$f'(x)=p^{k-1}(x)\big(kg(x)p'(x)+p(x)g'(x)\big),$$

从而

$$p^{k-1}(x)|f'(x).$$

又因为 $p(x)\nmid g(x)$ 且 $p(x)\nmid p'(x)$, 所以 $p(x)\nmid g(x)p'(x)$, 从而

$$p(x)\nmid(kg(x)p'(x)+p(x)g'(x)).$$

因此 $p^k(x)\nmid f'(x)$, 即 $p(x)$ 是 $f'(x)$ 的 $(k-1)$-重因式.

(ii) 因为 $p(x)$ 是 $f(x)$ 的因式, 可设 $p(x)$ 是 s-重因式, $s\geqslant 1$. 那么由 (i), $p(x)$ 是 $f'(x)$ 的 $(s-1)$-重因式. 于是, $s-1=k-1$, 从而 $s=k$. □

推论 1.4.6　*如果不可约多项式 $p(x)$ 是 $f(x)$ 的 k-重因式 $(k\geqslant 1)$, 则 $p(x)$ 分别是 $f(x), f'(x), \cdots, f^{(k-1)}(x)$ 的 k-重因式, $(k-1)$-重因式, $\cdots$, 1-重因式, 但不是 $f^{(k)}(x)$ 的因式.*

说明: 定理 1.4.5 (ii) 中若没有条件 "$p(x)$ 同时也是 $f(x)$ 的因式", 一般是导不出 "$p(x)$ 是 $f(x)$ 的 k-重因式" 的. 例如, $f(x)=(x+1)^2(x-1), f'(x)=(3x-1)(x+1)$, 其中 $3x-1$ 是 $f'(x)$ 的单重因式, 但不是 $f(x)$ 的因式, 更不是 2-重因式.

推论 1.4.7　*不可约多项式 $p(x)$ 是多项式 $f(x)$ 的重因式当且仅当 $p(x)$ 是 $f(x)$ 和 $f'(x)$ 的公因式.*

证明　当 $p(x)$ 是 $f(x)$ 的 k-重因式 $(k>1)$ 时, $p(x)$ 是 $f'(x)$ 的 $(k-1)$-重因式, 从而 $p(x)$ 是 $f(x)$ 和 $f'(x)$ 的公因式.

反之, 若 $p(x)|(f(x),f'(x))$, 设 $p(x)$ 是 $f(x)$ 的 k-重因式, 则 $f'(x)$ 的 $(k-1)$-重因式. 于是 $k-1\geqslant 1$, 故 $k\geqslant 2$. □

推论 1.4.8　*多项式 $f(x)$ 没有重因式当且仅当 $f(x)$ 与 $f'(x)$ 互素.*

证明　由推论 1.4.7 直接得出. □

由推论 1.4.8 知, 判别多项式 $f(x)$ 有无重因式, 只需通过辗转相除法求出 $f(x)$ 和 $f'(x)$ 的最大公因式即可. 这是机械的方法.

另一方面, 用这种方法可以由一个多项式找出和它有相同因式但没有重因式的对应多项式. 事实上, 令

$$f(x)=cp_1^{r_1}(x)p_2^{r_2}(x)\cdots p_s^{r_s}(x)\quad(c\in\mathbb{F}, r_1,r_2,\cdots,r_s\geqslant 1).$$

由定理 1.4.5 可得

$$(f(x),f'(x))=p_1^{r_1-1}(x)p_2^{r_2-1}(x)\cdots p_s^{r_s-1}(x),$$

于是

$$\frac{f(x)}{(f(x),f'(x))}=cp_1(x)p_2(x)\cdots p_s(x)$$

是无重因式的.

习 题 1.4

1. 设在 $\mathbb{F}[x]$ 中有不全为零的多项式 $g_1(x),g_2(x),\cdots,g_s(x)$, $d(x)$ 是这些多项式的一个公因式, 且在 $\mathbb{F}[x]$ 中有分解式

$$g_j(x)=d(x)h_j(x),\quad j=1,2,\cdots,s.$$

证明: $d(x)$ 是 $g_1(x),g_2(x),\cdots,g_s(x)$ 的一个最大公因式当且仅当 $h_1(x),h_2(x),\cdots,h_s(x)$ 互素.

2. 证明: $(f(x),g(x))=1$ 的充要条件是 $(f(x)g(x),f(x)+g(x))=1$.

3. 设 $f(x),g(x),h(x)$ 是任意多项式, 且 $f(x)\neq 0$.

(1) 证明: 若 $(f(x),g(x))=1$, 则 $(f(x),g(x)h(x))=(f(x),h(x))$.

(2) 问: 上述结论的逆命题是否成立?

4. 设 $f(x),g(x),h(x)\in\mathbb{F}[x]$, 且 $(f(x),g(x))=1$. 用于多项式的因式分解证明: 若 $f(x)$ 与 $g(x)$ 都整除 $h(x)$, 则 $f(x)g(x)$ 也整除 $h(x)$. 此结论能推广吗? 为什么?

5. 证明: 两个非零多项式的一个公因式是最大公因式当且仅当这个公因式是次数最大的公因式.

1.5 重根和多项式函数

对于 $f(x)=a_nx^n+\cdots+a_1x+a_0\in\mathbb{F}[x]$, 我们可定义 $\mathbb{F}$ 上的函数 $f:\mathbb{F}\to\mathbb{F}$ 使得 $\alpha\mapsto f(\alpha)=a_n\alpha^n+\cdots+a_1\alpha+a_0$, 称之为 $\mathbb{F}$ 上的一个**多项式函数**. 当 $\mathbb{F}$ 是实数域或复数域时, 此多项式函数 f 分别是实分析和复分析研究的对象. 注意: $f(x)=\sum a_ix^i$ 中的加法和数乘是形式的; 但 $f(\alpha)=\sum a_i\alpha^i$ 中的加法、乘法和数乘都是 $\mathbb{F}$ 的加法和乘法.

虽然 $f(x)$ 是抽象定义的多项式, x 只是一个文字, 但与此多项式函数 f 有着非常密切的关系. 我们可以借助此 $\mathbb{F}$ 上函数 f 来刻画说明多项式 $f(x)$ 的结构. 首先, 我们有如下结论.

引理 1.5.1 对 $f(x),g(x)\in\mathbb{F}[x]$, 若 $f(x)=g(x)$, 则作为 $\mathbb{F}$ 上函数, $f=g$.

证明 只要证明当 $f(x)=0$ 时, $\mathbb{F}$ 上函数 $f=0$.

令 $f(x)=a_nx^n+\cdots+a_1x+a_0$. 由 $f(x)=0$, 则 $a_i=0$, 对 $i=0,1,\cdots,n$. 从而对任何 $\alpha\in\mathbb{F},f(\alpha)=\sum a_i\alpha=0$, 即 $f=0$. □

因此, 当 $h_1(x)=f(x)+g(x), h_2(x)=f(x)g(x)$ 时, 自然有对 $\alpha\in\mathbb{F}$,

$$h_1(\alpha)=f(\alpha)+g(\alpha),\quad h_2(\alpha)=f(\alpha)g(\alpha).$$

对一个多项式, 一次因式如果存在当然是最简单的不可约因式. 它们直接和多项式的根联系在一起. 首先, 我们有如下结论.

定理 1.5.2 (余数定理) 对任一 $f(x)\in\mathbb{F}[x],\alpha\in\mathbb{F}$, 用 $x-\alpha$ 去除多项式 $f(x)$, 所得余式必为常数, 且此常数等于函数值 $f(\alpha)$.

证明 由带余除法, 存在 $q(x),r(x)\in\mathbb{F}[x]$, 使得 $f(x)=(x-\alpha)q(x)+r(x)$ 成立, 其中 $\deg(r(x))<\deg(x-\alpha)=1$, 从而 $r(x)=c$ 为一个常数项多项式. 于是, 由引理 1.5.1,

$$f(\alpha)=(\alpha-\alpha)q(\alpha)+c=c.$$ □

据此, 我们得

推论 1.5.3 对 $f(x)\in\mathbb{F}[x],\alpha\in\mathbb{F}$, $(x-\alpha)|f(x)$ 当且仅当 $f(\alpha)=0$.

当多项式函数 f 在 α 处值为 0, 即 $f(\alpha)=0$ 时, 我们称 α 是多项式 $f(x)$ 的一个**根**或**零点**.

对一般不可约多项式, 前面已经有重因式的概念. 对一次因式是重因式的情况, 我们就有重根的概念, 即当 $x-\alpha$ 是 $f(x)$ 的 k-重因式, 称 α 是 $f(x)$ 的k-**重根**. 当 $k=1$ 时, 称 α 是**单根**; 当 $k\geqslant 2$ 时, α 称为**重根**.

例 1.5.1 设 u 是复数域中的某个数, 若 u 是某个有理系数多项式 (或整系数多项式) $f(x)=a_nx^n+a_{n-1}x^{n-1}+\cdots+a_1x+a_0$ 的根, 则称 u 是**一个代数数**. 证明: 对任一代数数 u, 存在唯一的次数最小的首一有理不可约多项式 $g(x)$, 使得 $g(u)=0$. 这时, $g(x)$ 被称为 u 的**最小多项式**或**极小多项式**.

证明 存在性显然, 只需证明唯一性. 若 $h(x)$ 是另一个最小多项式, 假设

$$h(x)=g(x)q(x)+r(x),\quad \deg(r(x))<\deg(g(x)),$$

则由 $h(u)=g(u)=0$, 可知 $r(u)=0$. 若 $r(x)\neq 0$, 则与 $g(x)$ 是最小多项式矛盾 (u 适合一个次数比 $g(x)$ 更小的多项式 $r(x)$). 因此 $r(x)=0$, 即 $g(x)|h(x)$. 再因为 $h(x)$ 也是最小多项式, $h(x)$ 和 $g(x)$ 次数相等且只差一个常数, 而它们又都是首一的, 所以只能相等, 唯一性得证. □

正如前面已经提到, 求解一元多项式的根是多项式理论发展的基本动力. 关于根的存在性, 1.6 节我们会再讨论. 现在先给出根的个数的一个估计.

定理 1.5.4 $\mathbb{F}[x]$ 中 n 次多项式 $f(x)(n\geqslant 0)$ 在数域 $\mathbb{F}$ 中的根不可能多于 n 个 (重根按重数计算).

证明 当 $\deg(f(x))=0$, 根的个数当然是零个.

当 $\deg(f(x))\neq 0$, 设 $\alpha_1,\alpha_2,\cdots,\alpha_s$ 分别是 $f(x)$ 的 $r_1,r_2,\cdots,r_s$-重根且 $\alpha_i\neq\alpha_j$, 对任意 $i\neq j$, 则对任意 i, $(x-\alpha_i)^{r_i}\mid f(x)$. 于是, 由 $((x-\alpha_i)^{r_i},(x-\alpha_j)^{r_j})=1$ 对任意 i,j, 导出

$$(x-\alpha_1)^{r_1}\cdots(x-\alpha_s)^{r_s}\mid f(x),$$

这意味着 $r_1+r_2+\cdots+r_s\leqslant\deg(f(x))$. □

再回到多项式与它的多项式函数的关系, 考虑引理 1.5.1 的逆命题, 即当 $f=g$ 时, 是否有 $f(x)=g(x)$?

作为准备, 下面定理以 $n+1$ 个数代替所有的数取值, 在讨论问题中具有很强的可操作性.

定理 1.5.5 若多项式 $f(x),g(x)\in\mathbb{F}[x]$ 的次数都不超过正整数 n, 而函数 f,g 在 $n+1$ 个不同的数 $\alpha_1,\alpha_2,\cdots,\alpha_{n+1}$ 上有相同的值, 即 $f(\alpha_i)=g(\alpha_i)$ $(i=1,2,\cdots,n+1)$, 那么 $f(x)=g(x)$.

证明 令 $h(x)=f(x)-g(x)$, 则 $\deg(h(x))\leqslant\max\{\deg(f(x)),\deg(g(x))\}\leqslant n$, 且

$$h(\alpha_i)=f(\alpha_i)-g(\alpha_i)=0\quad(i=1,2,\cdots,n+1),$$

即 $h(x)$ 有 $n+1$ 个不同的根, 由定理 1.5.4, $h(x)=0$, 从而 $f(x)=g(x)$. □

由定理 1.5.5, 容易证明著名的 Lagrange (拉格朗日) 插值定理 (留作练习).

推论 1.5.6 (Lagrange 插值定理) 对于数域 $\mathbb{F}$ 上给定的 $2(n+1)$ 个数

$$\alpha_1,\alpha_2,\cdots,\alpha_{n+1},\beta_1,\beta_2,\cdots,\beta_{n+1},$$

其中 $\alpha_i\neq\alpha_j$ $(\forall i\neq j)$. 构造多项式

$$f(x)=\beta_1f_1(x)+\beta_2f_2(x)+\cdots+\beta_{n+1}f_{n+1}(x),$$

称之为 **Lagrange 插值公式**, 其中, 对 $j=1,2,\cdots,n+1$,

$$f_j(x)=\frac{(x-\alpha_1)\cdots(x-\alpha_{j-1})(x-\alpha_{j+1})\cdots(x-\alpha_{n+1})}{(\alpha_j-\alpha_1)\cdots(\alpha_j-\alpha_{j-1})(\alpha_j-\alpha_{j+1})\cdots(\alpha_j-\alpha_{n+1})}.$$

则

(1) 多项式 $f(x)$ 的次数不超过 n 且满足 $f(\alpha_i)=\beta_i$ $(i=1,2,\cdots,n+1)$;

(2) Lagrange 插值公式中 $f(x)$ 是满足 (1) 的唯一多项式.

推论 1.5.7 对 $f(x),g(x)\in\mathbb{F}[x]$, 当它们的多项式函数 $f=g$ 时, 有 $f(x)=g(x)$.

证明　设 $\deg(f(x)),\deg(g(x))$ 都小于 n. $f=g$ 意味着对任何 $\alpha\in\mathbb{F}, f(\alpha)=g(\alpha)$, 当然能找到 $n+1$ 个不同的 $\alpha_1,\cdots,\alpha_{n+1}\in\mathbb{F}$ 使得 $f(\alpha_i)=g(\alpha_i)$, 再由定理 1.5.5 即可. □

由引理 1.5.1 和推论 1.5.7 知, 对 $f(x),g(x)\in\mathbb{F}[x]$, 作为 $\mathbb{F}$ 上函数, $f=g$ 当且仅当 $f(x)=g(x)$.

例 1.5.2　设 $f(x)=a_nx^n+a_{n-1}x^{n-1}+\cdots+a_1x+a_0$ 是实系数多项式, 求证:

(1) 若 $(-1)^ia_i$ 全是正数或全是负数, 则 $f(x)$ 没有负实根;

(2) 若 a_i 全是正数或全是负数, 则 $f(x)$ 没有正实根.

证明　(1) 若 $f(x)$ 有负实根 $-c(c>0)$, 代入后得

$$f(-c)=a_n(-c)^n+a_{n-1}(-c)^{n-1}+\cdots+a_1(-c)+a_0,$$

则当 $(-1)^ia_i$ 全是正数, 有 $f(-c)>0$; 当 $(-1)^ia_i$ 全是负数, 有 $f(-c)<0$, 这和 $-c$ 是根矛盾. 因此 $f(x)$ 无负实根.

同理可证 (2). □

例 1.5.3　设 $h(x),k(x),f(x),g(x)$ 是实系数多项式, 且

$$(x^2+1)h(x)+(x+1)f(x)+(x-2)g(x)=0, \tag{1.5.1}$$

$$(x^2+1)k(x)+(x-1)f(x)+(x+2)g(x)=0, \tag{1.5.2}$$

则 $f(x),g(x)$ 能被 x^2+1 整除.

证明　将 $x=\mathrm{i}$, 这里 $\mathrm{i}^2=-1$, 代入 (1.5.1) 和 (1.5.2), 得

$$(\mathrm{i}+1)f(\mathrm{i})+(\mathrm{i}-2)g(\mathrm{i})=0,$$

$$(\mathrm{i}-1)f(\mathrm{i})+(\mathrm{i}+2)g(\mathrm{i})=0,$$

解得 $f(\mathrm{i})=g(\mathrm{i})=0$, 所以 $(x-\mathrm{i})|f(x),(x-\mathrm{i})|g(x)$.

类似将 $x=-\mathrm{i}$ 代入, 可得 $f(-\mathrm{i})=g(-\mathrm{i})=0$, 故 $(x+\mathrm{i})|f(x),(x+\mathrm{i})|g(x)$.

从而

$$(x^2+1)|f(x),\quad (x^2+1)|g(x).$$ □

习　题　1.5

1. 证明:

(1) $(8x^9-6x^7+4x-7)^3(2x^5-3)^7$ 的展开式中各项系数之和为 1.

(2) $\left(6-\dfrac{1}{\sqrt{2}}x-5x^2-x^3\right)^{97}(1-6x^2+5x^4+\sqrt{2}x^6)^{99}$ 的展开式各项系数之和为 -2.

2. 证明: 多项式

$$f(x)=(x^{50}-x^{49}+x^{48}-x^{47}+\cdots+x^2-x+1)(x^{50}+x^{49}+\cdots+x+1)$$

的展开式中无奇数次项.

(提示: $f(x)$ 对应的多项式函数是偶函数.)

3. 若复系数非零多项式 $f(x)$ 没有重因式, 证明: $(f(x)+f'(x),f(x))=1$.

4. 求下列多项式的公共根:

$$f(x)=x^4+2x^2+9 \text{ 与 } g(x)=x^4-4x^3+4x^2-9.$$

5. (1) 证明: a 是 $f(x)$ 的 $k+1$ 重根的充分必要条件是

$$f(a)=f'(a)=\cdots=f^{(k)}(a)=0, \quad \text{而} \quad f^{(k+1)}(a)\neq 0.$$

(2) 举例说明断言 "若 a 是 $f'(x)$ 的 m 重根, 则 a 是 $f(x)$ 的 $m+1$ 重根" 是不对的.

6. 判断 $f(x)=x^5-10x^2+15x-6$ 有无重根, 若有, 试求它的所有根并确定重数.

7. 问 p,q 取何值时, 多项式 $f(x)=x^3+px+q$ 有重根?

8. 证明: 多项式 $f(x)=x^n+ax^{n-m}+b$ 不存在重数大于 2 的非零根.

9. 问当正整数 n 取何值时, 多项式 $f(x)=(x+1)^n-x^n-1$ 有重因式?

10. 证明: 下列多项式没有重根.

(1) $f(x)=1+x+\dfrac{x^2}{2!}+\cdots+\dfrac{x^n}{n!}$;

(2) $g(x)=x^n+nx^{n-1}+n(n-1)x^{n-2}+\cdots+n(n-1)\cdots 3\cdot 2x+n!$.

一元多项式求根的历史

1.6 代数基本定理与复、实多项式因式分解

以后对于 $\mathbb{F}=\mathbb{C}$, $\mathbb{R}$, $\mathbb{Q}$ 的情况, 多项式分别称为**复多项式**、**实多项式**、**有理数多项式**.

1.5 节给出了一般数域 $\mathbb{F}$ 上多项式的根的个数估计, 即根的个数不能超过它的次数. 另一方面, 对于根的存在性, 我们可以看到, 比如: $f(x)=x^2+1$, 它在 $\mathbb{Q}$ 上和 $\mathbb{R}$ 上都不可能有根, 但在 $\mathbb{C}$ 上是有根 $\pm\mathrm{i}$ 的, 由此可见, 数域 $\mathbb{F}$ 越大, 多项式的根越可能存在且个数也可能越多. 事实上, 我们有

定理 1.6.1 (代数基本定理) *任一次数 $\geqslant 1$ 的复多项式在复数域中至少有一个根.*

这一定理体现了复数域作为一个数系是完善的, 也是讨论具体数域 $\mathbb{C}$ 和 $\mathbb{R}$ 上多项式因式分解的出发点. 它的证明可以在复函数论课程中由复函数的性质很简洁地给出, 而其完全的代数方法证明则较为复杂, 所以本书省略这一证明. 代数基本定理的第一个实质性证明是德国数学家高斯 (Gauss) 在他的博士学位论文中给出的.

由前面根与一次因式的关系, 即推论 1.5.3, 代数基本定理等价于: 每个次数 $\geqslant 1$ 的多项式在复数域上必有一次因式 (或次数 $\geqslant 2$ 的多项式在复数域上都是可约的).

设 $f(x) \in \mathbb{C}[x]$ 且 $\deg(f(x)) \geqslant 1$, 那么 $f(x)$ 有一次因式, 设为 $x-\alpha_1$. 令 $x-\alpha_1$ 在 $f(x)$ 中是 l_1-重因式, 则 $(x-\alpha_1)^{l_1}|f(x)$. 令

$$f_1(x)=\frac{f(x)}{(x-\alpha_1)^{l_1}}.$$

若 $\deg(f_1(x)) \geqslant 1$, 则同理, $f_1(x)=\dfrac{f(x)}{(x-\alpha_1)^{l_1}}$ 也有一次因式 $x-\alpha_2$, 设其重数为 l_2. 则 $(x-\alpha_2)^{l_2}|f_1(x)$, 依次得

$$f(x), f_1(x)=\frac{f(x)}{(x-\alpha_1)^{l_1}}, \cdots, f_t(x)=\frac{f_{t-1}(x)}{(x-\alpha_t)^{l_t}},$$

使得

$$\deg(f_t(x))=0.$$

因此

$$f(x)=a_n(x-\alpha_1)^{l_1}(x-\alpha_2)^{l_2}\cdots(x-\alpha_t)^{l_t},$$

其中 $\alpha_1, \alpha_2, \cdots, \alpha_t$ 是不同的复数, $l_1, l_2, \cdots, l_t$ 是正整数, 且 $l_1+l_2+\cdots+l_t=\deg(f(x))$. 这是 $f(x)$ 的标准分解, 从而得如下定理.

定理 1.6.2 (i) 复数域上每个次数 $\geqslant 1$ 的多项式都可以唯一地分解成一次因式的乘积;

(ii) 复数域上每个 n 次多项式恰有 n 个复根 (重根按重数计算).

下面讨论实多项式的因式分解.

设 $f(x)=a_nx^n+\cdots+a_1x+a_0 \in \mathbb{R}[x]$. 当然 $f(x)$ 也是 $\mathbb{C}[x]$ 中的多项式. 由代数基本定理, $f(x)$ 至少有一个复根, 设为 α, 即

$$f(\alpha)=a_n\alpha^n+\cdots+a_1\alpha+a_0=0.$$

上式两边取复数共轭, 因为 $a_i=\bar{a}_i$, 所以

$$f(\bar{\alpha})=a_n\bar{\alpha}^n+\cdots+a_1\bar{\alpha}+a_0=0.$$

这说明 $\bar{\alpha}$ 也是 $f(x)$ 的一个根.

如果 α 是一个实数, 那么 $\alpha=\bar{\alpha}$ 且 $x-\alpha$ 是 $f(x)$ 的一个一次因式.

如果 $\alpha \in \mathbb{C}$ 不是实数, 那么 $\alpha \neq \bar{\alpha}$, 从而 $x-\alpha$ 和 $x-\bar{\alpha}$ 是 $f(x)$ 的两个不同的复一次因式. 因为

$$(x-\alpha, x-\bar{\alpha})=1,$$

所以, 在 $\mathbb{C}[x]$ 上,

$$(x-\alpha)(x-\bar{\alpha}) \mid f(x).$$

因为

$$(x-\alpha)(x-\bar{\alpha})=x^2-(\alpha+\bar{\alpha})x+\alpha\bar{\alpha}$$

是一个实二次多项式, 所以在 $\mathbb{R}[x]$ 上也有 $(x^2-(\alpha+\bar{\alpha})x+\alpha\bar{\alpha})|f(x)$ 成立. 又由因式分解的唯一性知,

$$x^2-(\alpha+\bar{\alpha})x+\alpha\bar{\alpha}$$

是实不可约多项式. 据此, 我们得如下结论.

命题 1.6.3 一个实多项式 $f(x)$ 的非实复根总是成对出现的, 即当非实复数 α 是 $f(x)$ 的根时, $\bar{\alpha}$ 也是 $f(x)$ 的根, 并且 $x^2-(\alpha+\bar{\alpha})x+\alpha\bar{\alpha}$ 是 $f(x)$ 在实数域上的不可约二次因式.

对于 $f(x) \in \mathbb{R}[x]$, 把它看作 $\mathbb{C}[x]$ 中的多项式, 由命题 1.6.3, 不妨设 $f(x)$ 在 $\mathbb{C}$ 中的不同根有

$$\alpha_1, \cdots, \alpha_r, \beta_1, \cdots, \beta_s, \bar{\beta}_1, \cdots, \bar{\beta}_s,$$

其中 $\alpha_1, \cdots, \alpha_r \in \mathbb{R}, \beta_1, \cdots, \beta_s \in \mathbb{C}$ 是非实的. 那么 $f(x)$ 的标准分解式可以写为

$$\begin{aligned} f(x) &= a_n\left(\prod_{i=1}^{r}(x-\alpha_i)^{l_i}\right)\left(\prod_{j=1}^{s}(x-\beta_j)^{k_j}(x-\bar{\beta}_j)^{k_j}\right) \\ &= a_n\left(\prod_{i=1}^{r}(x-\alpha_i)^{l_i}\right)\left(\prod_{j=1}^{s}(x^2-(\beta_j+\bar{\beta}_j)x+\beta_j\bar{\beta}_j)^{k_j}\right), \end{aligned}$$

其中 $x-\alpha_i\ (i=1,2,\cdots,r)$ 是实一次因式, $x^2-(\beta_j+\bar{\beta}_j)x+\beta_j\bar{\beta}_j\ (j=1,2,\cdots,s)$ 是实二次不可约因式.

综上所述, 即有如下结论.

定理 1.6.4 每个次数 $\geqslant 1$ 的实多项式在实数域上总可以唯一地分解为一次因式和二次不可约因式的乘积.

习　题　1.6

1. 分别写出下列多项式在实数域 $\mathbb{R}$ 和复数域 $\mathbb{C}$ 上的因式分解.

(1) $f(x)=x^4-4x^3+2x^2+x+6$;

(2) $g(x)=x^3+x^2+x+1$.

2. 设复系数多项式

$$f(x)=a_nx^n+a_{n-1}x^{n-1}+\cdots+a_2x^2+a_1x+a_0$$

(其中 $a_n\neq 0$, $a_0\neq 0$) 的 n 个复根为 $\alpha_1,\alpha_2,\cdots,\alpha_n$, 求复系数多项式

$$g(x)=a_0x^n+a_1x^{n-1}+\cdots+a_{n-2}x^2+a_{n-1}x+a_n$$

的所有复根.

1.7　有理多项式的因式分解

作为一种特殊情形, 我们当然可以说, 每个次数 $\geqslant 1$ 的有理多项式总能唯一地分解为有理不可约多项式的乘积, 这里有理不可约多项式是指它是有理多项式且在 $\mathbb{Q}[x]$ 上是不可约的.

由前面可知, 复不可约多项式是一次的, 实不可约多项式是一次或二次的, 那么有理不可约多项式如何呢? 本节我们将证明, 有理不可约多项式的次数可以是任意的.

本节的另一个主要任务是讨论有理多项式的有理根判别问题.

我们的方法是将有理多项式的因式分解归结为整系数多项式的因式分解问题.

对于整系数多项式, 我们有如下概念.

定义 1.7.1　一个非零的整系数多项式

$$g(x)=b_nx^n+\cdots+b_1x+b_0$$

的系数 $b_n,\cdots,b_1,b_0$ 如果是互素的, 即

$$(b_0,b_1,\cdots,b_n)=1,$$

那么称 $g(x)$ 是一个**本原多项式**.

命题 1.7.1　任一非零有理多项式 $f(x)$ 可表示成一个有理数 r 与一个本原多项式 $g(x)$ 之积, 且这样的分解在允许差一个正负号的情况下是唯一的.

证明　令 $f(x)=a_nx^n+\cdots+a_1x+a_0$, 其中 $a_i=\dfrac{b_i}{c_i}\in\mathbb{Q}, b_i, c_i\neq 0$ 是整数, $a_n\neq 0$. 则

$$f(x)=\frac{1}{c_0c_1\cdots c_n}(c_0c_1\cdots c_{n-1}b_nx^n+c_0c_1\cdots c_{n-2}c_nb_{n-1}x^{n-1}+\cdots$$

$$+ c_0c_2c_3\cdots c_nb_1x^1 + c_1\cdots c_nb_0).$$

令

$$c_0c_1\cdots c_n = c,\ c_0c_1\cdots c_{n-1}b_n = d_n,\ c_0c_1\cdots c_{n-2}c_nb_{n-1} = d_{n-1},\ \cdots,$$
$$c_0c_2c_3\cdots c_nb_1 = d_1,\ c_1c_2c_3\cdots c_nb_0 = d_0.$$

再令 $(d_0, d_1, \cdots, d_n) = d, \dfrac{d_i}{d} = t_i$. 则

$$f(x) = \frac{d}{c}\left(\sum_{i=0}^{n} t_ix^i\right),$$

其中 $(t_0, t_1, \cdots, t_n) = 1$, 即

$$f_1(x) \triangleq \sum_{i=0}^{n} t_ix^i$$

是本原的.

假设有另一个分解 $f(x) = \dfrac{d'}{c'}f_2(x)$, 其中

$$f_2(x) = \sum_{i=0}^{n} t'_ix^i$$

是本原的, d', c' 是整数, 则

$$c'df_1(x) = cd'f_2(x).$$

因为 $f_1(x)$ 与 $f_2(x)$ 都是本原的, 所以整系数多项式 $c'df_1(x)$ 与 $cd'f_2(x)$ 的系数的最大公因数分别是 $c'd$ 与 cd', 但它们其实是同一个多项式. 故

$$c'd = \pm cd', \quad t_i = \pm t'_i \quad (i = 0, 1, \cdots, n).$$

从而结论成立. □

由命题 1.7.1, 我们可以将有理多项式的因式分解归结为本原多项式的因式分解. 进一步的关键是我们将证明, 一个本原多项式能否分解为两个次数较低的有理多项式之积, 与它能否分解为两个次数较低的整系数多项式之积是一致的 (定理 1.7.3). 这样我们就把问题完全转化到了整系数多项式的范围内的因式分解了. 作为准备, 首先证明:

引理 1.7.2 (Gauss 引理) *两个本原多项式的积仍为本原多项式.*

证明 设

$$f(x) = a_n x^n + \cdots + a_1 x + a_0,$$

$$g(x) = b_m x^m + \cdots + b_1 x + b_0$$

是两个本原多项式, 则

$$h(x) \triangleq f(x)g(x) = d_{n+m} x^{n+m} + \cdots + d_1 x + d_0,$$

其中 $d_l = \sum\limits_{s+t=l} a_s b_t$ 对于 $l = 0, 1, \cdots, n+m$.

令 $(d_0, d_1, \cdots, d_{n+m}) = d$. 假如 $h(x)$ 不是本原多项式, 则整数 $d \neq 1$, 从而 d 至少有一个素因数, 设为 p, 那么 $p \mid d_i \quad (i = 0, 1, \cdots, n+m)$.

但 $f(x)$ 和 $g(x)$ 是本原的, 故 p 不能整除它们所有的系数, 从而存在 i 和 j, 使得

$$p \mid a_0, \cdots, p \mid a_{i-1} \text{ 但 } p \nmid a_i;$$

$$p \mid b_0, \cdots, p \mid b_{j-1} \text{ 但 } p \nmid b_j.$$

考虑

$$\begin{aligned} d_{i+j} = a_i b_j &+ (a_{i+1} b_{j-1} + a_{i+2} b_{j-2} + \cdots + a_{i+j} b_0) \\ &+ (a_{i-1} b_{j+1} + a_{i-2} b_{j+2} + \cdots + a_0 b_{i+j}), \end{aligned}$$

其中 $p \mid d_{i+j}$, 从而也整除右边. 但 p 实际上整除右边除了 $a_i b_j$ 外的所有项, 所以 p 不能整除右边. 这是矛盾.

所以 $h(x)$ 是本原多项式. □

定理 1.7.3 一个非零的整系数多项式若能分解为两个较低次有理多项式之积, 也必能分解为两个较低次整系数多项式之积.

证明 设整系数多项式

$$f(x) = g(x)h(x),$$

其中 $g(x), h(x) \in \mathbb{Q}[x]$ 且 $\deg(g(x)) < \deg(f(x)), \deg(h(x)) < \deg(f(x))$, 则存在本原多项式 $f_1(x), g_1(x), h_1(x)$ 使得

$$f(x) = a f_1(x), \quad g(x) = r g_1(x), \quad h(x) = s h_1(x),$$

其中 $a \in \mathbb{Z}, r, s \in \mathbb{Q}$, 从而 $af_1(x) = rsg_1(x)h_1(x)$. 由 Gauss 引理, $g_1(x)h_1(x)$ 是本原多项式, 由命题 1.7.1, $f_1(x) = \pm g_1(x)h_1(x)$, $a = \mp rs$, 即 $rs \in \mathbb{Z}$. 于是

$$f(x) = (rsg_1(x))h_1(x),$$

其中 $rsg_1(x)$ 是整系数多项式. □

用证明此定理的同样方法, 易得

命题 1.7.4 设 $f(x), g(x)$ 是整系数多项式且 $g(x)$ 是本原的. 若 $f(x) = g(x)h(x)$, 其中 $h(x)$ 是有理多项式, 则 $h(x)$ 必为整系数的.

请读者作为练习自己完成上述命题的证明.

由这一命题我们可以得到求整系数多项式全部有理根的方法. 即, 我们有如下结论.

定理 1.7.5 设 $f(x) = a_nx^n + \cdots + a_1x + a_0$ 是一个整系数多项式, $\alpha = \dfrac{r}{s}$ 是 $f(x)$ 的一个有理根, 其中 r 与 s 是互素的整数, 那么必有 $r \mid a_0, s \mid a_n$.

证明 因为 $f(\alpha) = 0$, 所以在 $\mathbb{Q}$ 上有 $(x - \alpha) \mid f(x)$. 从而 $(sx - r) \mid f(x)$. 由 r 与 s 互素知, $sx - r$ 是本原多项式, 故由命题 1.7.4 知存在整系数多项式 $b_{n-1}x^{n-1} + \cdots + b_1x + b_0$, 使得

$$f(x) = (sx - r)(b_{n-1}x^{n-1} + \cdots + b_1x + b_0).$$

比较上式两边的整系数, 得

$$a_n = sb_{n-1}, \quad a_0 = -rb_0.$$

因此有 $r \mid a_0$, $s \mid a_n$. □

直接考虑定理 1.7.5 中 $a_n = 1$, 易得

推论 1.7.6 若 $f(x) = x^n + a_{n-1}x^{n-1} + \cdots + a_0$ 是一个首项系数为 1 的整系数多项式, 则 $f(x)$ 可能的有理根必为整数且均为 a_0 的因子.

根据上述定理, 我们可以给出求任一有理多项式 $f(x)$ 的有理根的步骤如下:

(1) 分解

$$f(x) = af_1(x),$$

其中 $a \in \mathbb{Q}, f_1(x) = a_nx^n + \cdots + a_1x + a_0$ 是本原多项式.

(2) 给出 a_n 与 a_0 的完全素数分解, 找出 a_n 和 a_0 的所有整数因子, 分别设为

$$s_1, \cdots, s_p; \quad r_1, \cdots, r_q.$$

(3) 满足

$$f_1\left(\frac{r_i}{s_j}\right) = 0$$

的 $\dfrac{r_i}{s_j}$ 就是 $f(x)$ 的所有有理根.

例 1.7.1 求多项式 $f(x)=3x^4+5x^3+x^2+5x-2$ 的所有有理根.

解 $a_4=3$, 所有因子是 $\pm1,\pm3$; $a_0=-2$, 所有因子是 $\pm1,\pm2$. 因此 $f(x)$ 的所有可能的有理根是 $\pm1,\pm\dfrac{1}{3},\pm2,\pm\dfrac{2}{3}$. 将它们分别代入 $f(x)$ 中, 或者用带余除法, 求出 $f(x)$ 的值, 可得

$$f(1)=12,\qquad f(-1)=-8,\qquad f\left(\frac{1}{3}\right)=0,\qquad f\left(-\frac{1}{3}\right)=-\frac{100}{27},$$

$$f(2)=100,\qquad f(-2)=0,\qquad f\left(\frac{2}{3}\right)=\frac{104}{27},\qquad f\left(-\frac{2}{3}\right)=-\frac{156}{27}.$$

因此 $f(x)$ 共有两个有理根 $\dfrac{1}{3}$ 和 -2.

例 1.7.2 证明 $f(x)=x^3+2x^2+x+1$ 在有理数域上是不可约的.

证明 若 $f(x)$ 可约, 因 $\deg(f(x))=3$, 故至少有一个一次因式, 即 $f(x)$ 有有理根. 由定理 1.7.5, $f(x)$ 的有理根只能是 ±1, 但 $f(\pm1)\neq0$. 所以实际上 $f(x)$ 没有有理根, 因此 $f(x)$ 是不可约的. □

需要指出的是, 上述方法只是给出可能的有理根, 也就是有理一次因式. 当 $f(x)$ 没有有理根时, 不能说 $f(x)$ 就是不可约的, 即可能有次数大于 1 的有理因式.

上面我们解决了有理多项式的有理根求解问题. 下面讨论有理不可约多项式的判别问题.

定理 1.7.7 (Eisenstein 判别法) 设 $f(x)=a_nx^n+\cdots+a_1x+a_0$ 是一个整系数多项式. 如果存在素数 p 使得

(1) $p\nmid a_n$;

(2) $p\mid a_{n-1},a_{n-2},\cdots,a_0$;

(3) $p^2\nmid a_0$,

那么 $f(x)$ 在有理数域上是不可约多项式.

证明 用反证法. 若 $f(x)$ 在 $\mathbb{Q}$ 上是可约的, 即由定理 1.7.3, $f(x)$ 可分解为两个次数较低次整系数多项式之积, 设为

$$f(x)=(b_sx^s+\cdots+b_1x+b_0)(c_tx^t+\cdots+c_1x+c_0).$$

那么, $a_n=b_sc_t, a_0=b_0c_0$. 一般地, 对 $0\leqslant k\leqslant n$, 有

$$a_k=b_kc_0+b_{k-1}c_1+\cdots+b_0c_k.$$

因为 $p \mid a_0$, 所以 $p \mid b_0$ 或 $p \mid c_0$, 但 $p^2 \nmid a_0$. 故不能同时有 $p \mid b_0$ 和 $p \mid c_0$, 不妨设 $p \mid b_0$ 但 $p \nmid c_0$.

另一方面, $p \nmid a_n$. 故 $p \nmid b_s$, 假设 $b_0, b_1, \cdots, b_s$ 中第一个不能被 p 整除的是 b_i, 那么 $0 \leqslant i \leqslant s < n$. 但是

$$a_i = b_i c_0 + b_{i-1} c_1 + \cdots + b_0 c_i,$$

其中 $a_i, b_0, \cdots, b_{i-1}$ 均可被 p 整除, 故 $p \mid b_i c_0$, 得 $p \mid b_i$ 或 $p \mid c_0$, 这与假设矛盾. □

例 1.7.3 证明下述多项式在 $\mathbb{Q}$ 中是不可约的:

(i) $f(x) = 2x^4 + 3x^3 - 9x^2 - 3x + 6$;

(ii) $f(x) = x^n + 2x + 2$;

(iii) $f(x) = x^n + 2$,

其中 (ii) 和 (iii) 中的 n 可取任意正整数.

证明 (i) 用 Eisenstein 判别法. 取 $p = 3$, 则

$$3 \nmid 2, 3^2 \nmid 6, 3 \mid 3, 3 \mid (-9), 3 \mid (-3), 3 \mid 6.$$

所以 $f(x)$ 在 $\mathbb{Q}$ 上是不可约的.

(ii) 和 (iii) 取 $p = 2$, 由 Eisenstein 判别法即可. □

例 1.7.4 多项式 $x^p + px + 1$ (p 为奇素数) 在有理数域上是否可约?

解 令 $x = y - 1$, 则

$$\begin{aligned} f(x) &= x^p + px + 1 \\ &= (y^p - py^{p-1} + \mathrm{C}_p^2 y^{p-2} + \cdots + \mathrm{C}_p^{p-1} y - 1) + (py - p) + 1 \\ &= y^p - py^{p-1} + \mathrm{C}_p^2 y^{p-2} - \cdots - \mathrm{C}_p^{p-2} y^2 + 2py - p \\ &\triangleq g(y), \end{aligned}$$

这里

$$\mathrm{C}_n^i = \frac{n!}{(n-i)!i!}.$$

显然 $f(x)$ 的可约性等价于 $g(y)$ 的可约性. 但对素数 p, 用 Eisenstein 判别法知, $g(y)$ 是不可约的, 从而 $f(x)$ 也是不可约的.

需要注意的是, Eisenstein 判别法只是给出了多项式不可约的一个充分而非必要的条件. 即如果找不到适当的 p 使条件成立, 也不能说多项式一定是可约的.

习　题　1.7

1. 若已知多项式 $f(x)$ 为本原多项式, 证明: 多项式 $f(x+1)$ 也为本原多项式.

2. 判断下列多项式是否有有理根, 若有, 请求之:

(1) $2x^5-4x^4-5x^3+10x^2-3x+6$;

(2) $5x^4+3x^3-x^2+2x+14$;

(3) $12x^4-20x^3-11x^2+5x+2$.

3. 判断下列多项式在有理数域上是否可约.

(1) $5x^4-6x^3+12x+6$;

(2) x^6+x^3+1;

(3) $f(x)=x^p+px+2p-1, p$ 为素数;

(4) $f(x)=1+x+\dfrac{x^2}{2!}+\cdots+\dfrac{x^p}{p!}, p$ 为素数.

4. 证明：如果一个本原多项式写成两个整系数多项式的乘积, 则每个整系数多项式都是本原的.

5. 证明：x^3-9 在 $\mathbb{Q}$ 上不可约.

本章拓展题

1. 设 $f_0(x), f_1(x), \cdots, f_{n-1}(x)\in\mathbb{F}[x]$, 并且在 $\mathbb{F}$ 上, x^n-a 整除 $\sum\limits_{i=0}^{n-1}f_i(x^n)x^i$. 证明: $x-a$ 整除 $f_i(x), i=0,1,2,\cdots,n-1$.

(提示: 设 $f_i(x)=(x-a)q_i(x)+r_i, i=0,1,2,\cdots,n-1$. 由此可得

$$\sum_{i=0}^{n-1}f_i(x^n)x^i=(x^n-a)\sum_{i=0}^{n-1}q_i(x^n)x^i+\sum_{i=0}^{n-1}r_ix^i,$$

再利用已知条件即可.)

2. 设 d,n 是两个正整数, 证明: $(x^d-1)\mid(x^n-1)$ 当且仅当 $d\mid n$.

3. 设 $f_1(x)=af(x)+bg(x)$, $g_1(x)=cf(x)+dg(x)$, 且 $ad-bc\neq 0$, 证明:

$$(f(x),g(x))=(f_1(x),g_1(x)).$$

4. 设 m,n 为大于 1 的整数. 证明: 多项式

$$f(x)=x^{m-1}+x^{m-2}+\cdots+x+1, g(x)=x^{n-1}+x^{n-2}+\cdots+x+1$$

互素当且仅当 m 与 n 互素.

5. 设 $f_1(x), f_2(x), g_1(x), g_2(x)$ 为非零多项式, 且 $(f_i(x),g_j(x))=1, i,j=1,2$, 证明:

$$(f_1(x)g_1(x), f_2(x)g_2(x))=(f_1(x),f_2(x))(g_1(x),g_2(x)).$$

6. 设 m 为任一自然数, 证明: $g^m(x)|f^m(x)$ 当且仅当 $g(x)|f(x)$.

7. 证明: 多项式 $f(x)$ 与 $g(x)$ 互素的充要条件是, 对任意正整数 n, $f^n(x)$ 与 $g^n(x)$ 都互素.

8. 证明: 设 $f(x)\in\mathbb{F}[x]$, 且 $\deg(f(x))=n\geqslant 1$, 则如下陈述等价.

(1) $f'(x)|f(x)$;

(2) $f'(x)$ 中不含 $f(x)$ 中没有的不可约因式;

(3) $f(x)$ 有 n 重根.

9. 证明: 如果 n 次多项式 $f(x)$ 的根为 $x_1,x_2,\cdots,x_n$, 而数 c 不是 $f(x)$ 的根, 则

$$\sum_{i=1}^{n}\frac{1}{x_i-c}=-\frac{f'(c)}{f(c)}.$$

10. 设 $f_1(x),f_2(x),\cdots,f_n(x)$ 都是实多项式. 证明: 存在实多项式 $f(x)$ 和 $g(x)$, 使得

$$\sum_{i=1}^{n}f_i^2(x)=f^2(x)+g^2(x).$$

11. 证明: 三次实多项式 $f(x)=x^3+a_1x^2+a_2x+a_3$ 的根都在左半复平面内 (即根的实部为负数) 当且仅当 a_1,a_2,a_3 均为正数, 且 $a_3<a_2a_1$.

12. 设 n 次整系数多项式函数 $f(x)$ 在多于 n 个整数 x 处取值 1 或 -1, 这里 $n\geqslant 1$. 证明: 多项式 $f(x)$ 在有理数域上不可约.

第 2 章 多元多项式理论

2.1 多元多项式

设 $\mathbb{F}$ 是一个数域, $x_1, x_2, \cdots, x_n$ 是 n 个文字, 形式为

$$\sum_{k_1, k_2, \cdots, k_n} a_{k_1 k_2 \cdots k_n} x_1^{k_1} x_2^{k_2} \cdots x_n^{k_n}$$

的式子被称为一个 n **元多项式**, 其中和是形式和, 不同文字间的乘积是可换的, $a_{k_1 k_2 \cdots k_n} \in \mathbb{F}$ 是 $x_1^{k_1} x_2^{k_2} \cdots x_n^{k_n}$ 的系数, 且和式中至多有限个系数非零, $a_{k_1 k_2 \cdots k_n} \cdot x_1^{k_1} x_2^{k_2} \cdots x_n^{k_n}$ 被称为一个**单项式** (或**单项**). 我们通常用 $f(x_1, x_2, \cdots, x_n)$ 表示上述 n 元多项式, 有时也表示为 $f(x)$, 其中 $\boldsymbol{x} = (x_1, x_2, \cdots, x_n)^{\mathrm{T}}$. 如果两个单项式中相同文字的幂完全一样, 就称它们是**同类项**, 它们相加将系数相加即可.

n 元多项式的**相等**、**相加**、**相减**、**相乘**与一元多项式一样可以类似定义. 例如

$$(5x_1^3 x_2 x_3^2 + 4x_1^2 x_2^2 x_3) + (2x_1^2 x_2^2 x_3 - x_1^4 x_2 x_3) = 5x_1^3 x_2 x_3^2 + 6x_1^2 x_2^2 x_3 - x_1^4 x_2 x_3;$$

$$\begin{aligned}(5x_1^3 x_2 x_3^2 + 4x_1^2 x_2^2 x_3)(2x_1^2 x_2^2 x_3 - x_1^4 x_2 x_3) &= 10x_1^5 x_2^3 x_3^3 - 5x_1^7 x_2^2 x_3^3 \\ &\quad + 8x_1^4 x_2^4 x_3^2 - 4x_1^6 x_2^3 x_3^2.\end{aligned}$$

所有系数在 $\mathbb{F}$ 中的 n 元多项式的全体被称为 $\mathbb{F}$ 上的 n **元多项式环**, 记为 $\mathbb{F}[x_1, x_2, \cdots, x_n]$.

每个单项式 $ax_1^{k_1} x_2^{k_2} \cdots x_n^{k_n}$ 由一个对应的 n 元数组 $(k_1, k_2, \cdots, k_n)$ 唯一决定, 其中 $k_i \geqslant 0$. 这样的对应是 1–1 的, 若令 $\boldsymbol{\alpha} = (k_1, k_2, \cdots, k_n)$, 则 $ax_1^{k_1} x_2^{k_2} \cdots x_n^{k_n}$ 可以表示为 $ax^{\boldsymbol{\alpha}} = ax_1^{k_1} x_2^{k_2} \cdots x_n^{k_n}$. 对于此单项式, 当 $a \neq 0$ 时, $k_1 + k_2 + \cdots + k_n$ 称为其**次数**.

当一个多项式 $f(x_1, x_2, \cdots, x_n)$ 表示成一些不同类的单项式之和时, 系数不为零的单项式的最高次数被称为此**多项式的次数**, 表示为 $\deg(f(x_1, x_2, \cdots, x_n))$. 例如, $\deg(3x_1^2 x_2^2 + 2x_1 x_2^2 x_3 + x_3^3) = 4$.

一元多项式中的单项依照各单项的次数自然地排出了一个顺序, 但这种顺序法对多元多项式中的单项就不适用了, 因为不同类的单项式可能有相同的次数. 正如一元多项式单项的降幂排法给问题的讨论带来方便, 也有必要在多元多项式

的单项间引入一种适当的排序法, 最常用的就是模仿字典中单词排列原则给出的所谓**字典排序法**.

前面已提到, 每一类单项式 $x_1^{k_1}x_2^{k_2}\cdots x_n^{k_n}$ 对应于一个 n 元数组 $(k_1,k_2,\cdots,k_n)$. 因此, 要定义两类单项式间的排序, 只要定义这样的 n 元数组间的一种序就可以了, 具体如下:

对两个 n 元数组 $(k_1,k_2,\cdots,k_n)$ 和 $(l_1,l_2,\cdots,l_n)$, 如果数列

$$k_1-l_1,k_2-l_2,\cdots,k_n-l_n$$

中第一个不为零的数是正的, 即存在 $i\leqslant n$ 使得

$$k_1-l_1=0,\cdots,k_{i-1}-l_{i-1}=0,k_i-l_i>0,$$

就称 $(k_1,k_2,\cdots,k_n)$ 先于 $(l_1,l_2,\cdots,l_n)$, 表示为

$$(k_1,k_2,\cdots,k_n)>(l_1,l_2,\cdots,l_n).$$

这时, 就说单项 $x_1^{k_1}x_2^{k_2}\cdots x_n^{k_n}$ 排在单项 $x_1^{l_1}x_2^{l_2}\cdots x_n^{l_n}$ 之前.

例如, 多项式 $2x_2^2x_3^4-x_1x_2^2x_3^4+x_2x_3^5+x_3^7+3x_1x_2^3x_3^2$ 的对应数组按大小排列为

$$(1,3,\ 2)>(1,2,4)>(0,2,4)>(0,1,5)>(0,0,7).$$

因此这个多项式按字典排序法写为

$$3x_1x_2^3x_3^2-x_1x_2^2x_3^4+2x_2^2x_3^4+x_2x_3^5+x_3^7.$$

按字典排序法写出来的第一个系数不为零的单项式称为多项式的**首项**, 例如, 上面的多项式的首项是 $3x_1x_2^3x_3^2$. 应该注意的是: 首项的次数未必是所有单项式中最大的, 比如上面的多项式的首项的次数是 6, 小于末项 x_3^7 的次数 7. 这与一元多项式是不同的.

当 $n=1$ 时, 字典排序法就是一元多项式中的降幂排序法.

由定义易见, 对任意两个不同的 n 元数组 $(k_1,k_2,\cdots,k_n)$ 和 $(l_1,l_2,\cdots,l_n)$, 必有

$$(k_1,k_2,\cdots,k_n)>(l_1,l_2,\cdots,l_n)$$

或者

$$(l_1,l_2,\cdots,l_n)>(k_1,k_2,\cdots,k_n)$$

其一成立. 而且排序具有传递性, 即若

$$(k_1,k_2,\cdots,k_n)>(l_1,l_2,\cdots,l_n),\quad (l_1,l_2,\cdots,l_n)>(m_1,m_2,\cdots,m_n),$$

则必有

$$(k_1,k_2,\cdots,k_n)>(m_1,m_2,\cdots,m_n).$$

因此, 这种排序法保证了任一多元多项式均可据此对各单项式进行排序.

引理 2.1.1 设 n 元数组

$$(p_1,p_2,\cdots,p_n)\geqslant(l_1,l_2,\cdots,l_n),\quad (q_1,q_2,\cdots,q_n)\geqslant(k_1,k_2,\cdots,k_n).$$

则有

$$(p_1+q_1,p_2+q_2,\cdots,p_n+q_n)\geqslant(l_1+k_1,l_2+k_2,\cdots,l_n+k_n).$$

证明 当 $(p_1,p_2,\cdots,p_n)=(l_1,l_2,\cdots,l_n),(q_1,q_2,\cdots,q_n)>(k_1,k_2,\cdots,k_n)$ 时, 必存在 i 使得 $q_1=k_1,\cdots,q_{i-1}=k_{i-1},q_i>k_i$. 从而 $p_1+q_1=k_1+l_1,\cdots,p_{i-1}+q_{i-1}=k_{i-1}+l_{i-1},p_i+q_i>k_i+l_i$, 即

$$(p_1+q_1,p_2+q_2,\cdots,p_n+q_n)\geqslant(l_1+k_1,l_2+k_2,\cdots,l_n+k_n).$$

当 $(p_1,p_2,\cdots,p_n)>(l_1,l_2,\cdots,l_n),(q_1,q_2,\cdots,q_n)=(k_1,k_2,\cdots,k_n)$ 时, 同理可得结论成立.

当 $(p_1,p_2,\cdots,p_n)>(l_1,l_2,\cdots,l_n)$, $(q_1,q_2,\cdots,q_n)>(k_1,k_2,\cdots,k_n)$ 时, 存在 i,j 使得

$$p_1=l_1,\cdots,p_{i-1}=l_{i-1},p_i>l_i;$$

$$q_1=k_1,\cdots,q_{j-1}=k_{j-1},q_j>k_j.$$

不妨设 $i\geqslant j$, 那么

$$p_1+q_1=l_1+k_1,\ \cdots,\ p_{j-1}+q_{j-1}=l_{j-1}+k_{j-1},\ p_j+q_j>l_j+k_j,$$

从而

$$(p_1+q_1,p_2+q_2,\cdots,p_n+q_n)\geqslant(l_1+k_1,l_2+k_2,\cdots,l_n+k_n).$$ □

字典排序法的一个重要的性质是如下的定理.

定理 2.1.2 设 $f(x_1,x_2,\cdots,x_n),g(x_1,x_2,\cdots,x_n)$ 是两个非零 n 元多项式. 则它们的乘积 $f(x_1,x_2,\cdots,x_n)g(x_1,x_2,\cdots,x_n)$ 的首项等于 $f(x_1,x_2,\cdots,x_n)$ 的首项与 $g(x_1,x_2,\cdots,x_n)$ 的首项乘积.

证明 由 n 元多项式的首项的定义和引理 2.1.1 易得. □

由定理 2.1.2, 不难得如下推论.

推论 2.1.3 若 $f(x_1,x_2,\cdots,x_n)\neq 0$, $g(x_1,x_2,\cdots,x_n)\neq 0$, 则

$$f(x_1,x_2,\cdots,x_n)g(x_1,x_2,\cdots,x_n)\neq 0.$$

用归纳法进一步可得如下结论.

推论 2.1.4 若 $f_1(x),f_2(x),\cdots,f_m(x)$ 是 n 元非零多项式, 则 $f_1(x)f_2(x)\cdots f_m(x)$ 是非零多项式且它的首项是 $f_1(x),f_2(x),\cdots,f_m(x)$ 的首项之积.

多元多项式的众多单项式的次数看起来没有次序而难以把握, 但我们可以依次数的大小而把多项式分解为若干多项式之和, 其中每个作为加法项的多项式中所有单项式的次数是一致的. 这样分解后, 可以让多项式的性质讨论变得容易.

首先, 一个多项式

$$r(x_1,x_2,\cdots,x_n)=\sum_{k_1,k_2,\cdots,k_n}a_{k_1k_2\cdots k_n}x_1^{k_1}x_2^{k_2}\cdots x_n^{k_n}$$

中, 若每个单项式的次数都相等, 设为 m, 即总有 $k_1+k_2+\cdots+k_n=m$, 则称此多项式 $r(x_1,x_2,\cdots,x_n)$ 是一个m **次齐次多项式**. 例如,

$$f(x_1,x_2,x_3)=2x_1x_2x_3^2+x_1^2x_2^2+3x_1^4$$

是一个 4 次齐次多项式.

显然, 两个齐次多项式之积仍是齐次多项式, 其次数是原两个齐次多项式的次数之和.

任取一个 m 次多项式 $f(x_1,x_2,\cdots,x_n)$. 对 $0\leqslant i\leqslant m$, 把 $f(x_1,x_2,\cdots,x_n)$ 中所有 i 次单项式之和记为 $f_i(x_1,x_2,\cdots,x_n)$, 那么 $f_i(x_1,x_2,\cdots,x_n)$ 是一个 i 次齐次多项式且

$$f(x_1,x_2,\cdots,x_n)=\sum_{i=0}^{m}f_i(x_1,x_2,\cdots,x_n). \tag{2.1.1}$$

这一关于加法的分解称为 $f(x_1,x_2,\cdots,x_n)$ 的**齐次分解**, 称 $f_i(x_1,x_2,\cdots,x_n)$ 是 $f(x_1,x_2,\cdots,x_n)$ 的 i **次齐次成分**. 其中, 若 $f(x_1,x_2,\cdots,x_n)$ 没有 i 次单项式, 则 $f_i(x_1,x_2,\cdots,x_n)=0$.

设另一个 l 次多项式

$$g(x_1,x_2,\cdots,x_n)=\sum_{j=0}^{l}g_j(x_1,x_2,\cdots,x_n),$$

其中 $g_j(x_1,x_2,\cdots,x_n)$ 是其 j 次齐次成分. 那么

$$f(x_1,x_2,\cdots,x_n)g(x_1,x_2,\cdots,x_n)=\sum_{k=0}^{m+l}\sum_{i+j=k}f_i(x_1,x_2,\cdots,x_n)g_j(x_1,x_2,\cdots,x_n),$$

其中

$$h_k(x_1,x_2,\cdots,x_n)\triangleq\sum_{i+j=k}f_i(x_1,x_2,\cdots,x_n)g_j(x_1,x_2,\cdots,x_n)$$

是此乘积的 k 次齐次成分, 其最高次齐次成分为

$$h_{m+l}(x_1,x_2,\cdots,x_n)=f_m(x_1,x_2,\cdots,x_n)g_l(x_1,x_2,\cdots,x_n).$$

从而我们得如下结论.

定理 2.1.5 多元多项式的乘积的次数等于各因式次数的和.

最后, 与一元多项式一样, 由一个多元多项式我们可以定义一个多元**多项式函数**. 设 $\mathbb{F}$ 上的 n 元多项式:

$$f(x_1,x_2,\cdots,x_n)=\sum_{k_1,k_2,\cdots,k_n}a_{k_1k_2\cdots k_n}x_1^{k_1}x_2^{k_2}\cdots x_n^{k_n}.$$

定义 $f:\mathbb{F}^n\longrightarrow\mathbb{F}$ 使得

$$(c_1,c_2,\cdots,c_n)\longmapsto f(c_1,c_2,\cdots,c_n)=\sum_{k_1,k_2,\cdots,k_n}a_{k_1k_2\cdots k_n}c_1^{k_1}c_2^{k_2}\cdots c_n^{k_n}.$$

那么 f 是一个 $\mathbb{F}^n$ 到 $\mathbb{F}$ 的 n 元函数. 显然, 当

$$f(x_1,x_2,\cdots,x_n)+g(x_1,x_2,\cdots,x_n)=h(x_1,x_2,\cdots,x_n),$$
$$f(x_1,x_2,\cdots,x_n)g(x_1,x_2,\cdots,x_n)=p(x_1,x_2,\cdots,x_n)$$

时, 对任一 $(c_1,c_2,\cdots,c_n)\in\mathbb{F}^n$, 有下列等式:

$$f(c_1,c_2,\cdots,c_n)+g(c_1,c_2,\cdots,c_n)=h(c_1,c_2,\cdots,c_n),$$
$$f(c_1,c_2,\cdots,c_n)g(c_1,c_2,\cdots,c_n)=p(c_1,c_2,\cdots,c_n).$$

习 题 2.1

1. 按多元多项式的字典排序法改写以下两个多项式, 指出它们的乘积的首项和最高次项, 并写出各自的齐次分解:

$$f(x_1,x_2,x_3,x_4)=3x_2^6x_4^3-\frac{1}{2}x_1^3x_2x_3^2+5x_2^3x_4+7x_3^2+2x_1^3x_2x_3^4-8+6x_2x_4^2,$$

$$g(x_1,x_2,x_3,x_4)=x_3^2x_4+x_3x_4^2+x_1^2x_2+x_1x_2^2.$$

2.2 对称多项式

对称多项式是多元多项式中常用的而且重要的一类. 本节专门讨论对称多项式. 我们首先从一元多项式的求根问题入手.

设

$$f(x) = x^n + a_1 x^{n-1} + \cdots + a_n$$

是 $\mathbb{F}[x]$ 中的一个多项式, 并假设 $f(x)$ 在 $\mathbb{F}$ 中恰有 n 个根 $\alpha_1, \alpha_2, \cdots, \alpha_n$, 那么

$$f(x) = (x - \alpha_1)(x - \alpha_2) \cdots (x - \alpha_n),$$

展开, 得

$$\begin{aligned} f(x) = {} & x^n - (\alpha_1 + \alpha_2 + \cdots + \alpha_n) x^{n-1} + (\alpha_1\alpha_2 + \alpha_1\alpha_3 + \cdots + \alpha_{n-1}\alpha_n) x^{n-2} \\ & - \cdots + (-1)^i \left(\sum_{k_1 < k_2 < \cdots < k_i} \alpha_{k_1} \alpha_{k_2} \cdots \alpha_{k_i} \right) x^{n-i} + \cdots + (-1)^n \alpha_1 \alpha_2 \cdots \alpha_n. \end{aligned}$$

与 $f(x)$ 的原表示式比较, 得

$$\begin{cases} -a_1 = \alpha_1 + \alpha_2 + \cdots + \alpha_n, \\ a_2 = \sum\limits_{k_1 < k_2} \alpha_{k_1} \alpha_{k_2}, \\ \qquad \cdots\cdots \\ (-1)^i a_i = \sum\limits_{k_1 < k_2 < \cdots < k_i} \alpha_{k_1} \alpha_{k_2} \cdots \alpha_{k_i}, \\ \qquad \cdots\cdots \\ (-1)^n a_n = \alpha_1 \alpha_2 \cdots \alpha_n. \end{cases} \tag{2.2.1}$$

上述各式对于各个 α_i 是对称的. 因此, 可以说, $f(x)$ 的系数对称地依赖于方程的根.

(2.2.1) 式表达了 $f(x)$ 的**根与系数的关系**, 又称为 Vieta (韦达) **定理**.

易见, (2.2.1) 式中右边事实上是如下的 n 个 n 元多项式的多项式函数, 这些多项式是

$$\begin{cases} \sigma_1 = x_1 + x_2 + \cdots + x_n, \\ \sigma_2 = \sum\limits_{k_1 < k_2} x_{k_1} x_{k_2}, \\ \qquad \cdots\cdots \\ \sigma_i = \sum\limits_{k_1 < k_2 < \cdots < k_i} x_{k_1} x_{k_2} \cdots x_{k_i}, \\ \qquad \cdots\cdots \\ \sigma_n = x_1 x_2 \cdots x_n. \end{cases} \tag{2.2.2}$$

它们对称地依赖于文字 $x_1, x_2, \cdots, x_n$, 因此是一种特殊的 "对称" 多项式. 对于一般的对称多项式, 可以按照如下的方式定义.

定义 2.2.1　如果 n 元多项式 $f(x_1, x_2, \cdots, x_n)$ 对于任意的 $i, j\ (1 \leqslant i < j \leqslant n)$, 都有

$$f(x_1, \cdots, x_i, \cdots, x_j, \cdots, x_n) = f(x_1, \cdots, x_j, \cdots, x_i, \cdots, x_n),$$

就称 $f(x_1, x_2, \cdots, x_n)$ 是一个**对称多项式**.

从定义可知, 所谓 "对称" 的意义就是, 任换两个文字得到的多项式仍是原来的多项式.

据定义 2.2.1, (2.2.2) 式中的多项式 $\sigma_1, \sigma_2, \cdots, \sigma_n$ 都是关于 $x_1, x_2, \cdots, x_n$ 的对称多项式. 下面定理 2.2.2 将说明, 它们是最基本的, 称为**初等对称多项式**.

当然, 绝大多数对称多项式都是非初等的, 比如

$$f(x_1, x_2, x_3) = x_1^2 x_2 + x_2^2 x_1 + x_1^2 x_3 + x_3^2 x_1 + x_2^2 x_3 + x_3^2 x_2.$$

由对称多项式的定义 2.2.1 直接可得如下结论.

引理 2.2.1　(i) 对称多项式的和、差、积还是对称多项式;

(ii) 对称多项式的多项式还是对称多项式, 即若 $f_1(x_1, x_2, \cdots, x_n), \cdots, f_m(x_1, x_2, \cdots, x_n)$ 是 n 元对称多项式, 而 $g(y_1, y_2, \cdots, y_m)$ 是任一多项式, 那么

$$g(f_1(x_1, x_2, \cdots, x_n), \cdots, f_m(x_1, x_2, \cdots, x_n)) = h(x_1, x_2, \cdots, x_n)$$

仍是 n 元对称多项式.

注意, 上面 $g(f_1(x), f_2(x), \cdots, f_m(x))$ 相当于函数的复合, 称为**复合多项式**.

特别地, 虽然初等对称多项式的多项式还是对称多项式, 但不一定是初等对称的.

对称多项式的基本事实是: 任一对称多项式都能表示成初等对称多项式的多项式, 即

定理 2.2.2　设 $f(x_1, x_2, \cdots, x_n)$ 是 n 元对称多项式, 那么存在唯一的 n 元多项式 $\varphi(y_1, y_2, \cdots, y_n)$, 使得

$$f(x_1, x_2, \cdots, x_n) = \varphi(\sigma_1, \sigma_2, \cdots, \sigma_n).$$

证明　首先用构造法证明存在性.

设 $f(x_1, x_2, \cdots, x_n)$ 的首项是 $a x_1^{l_1} x_2^{l_2} \cdots x_n^{l_n} (a \neq 0)$, 则必有

$$l_1 \geqslant l_2 \geqslant \cdots \geqslant l_n \geqslant 0.$$

否则, 设有 $l_i < l_{i+1}$, 因为 $f(x_1,x_2,\cdots,x_n)$ 是对称的, 所以在包含 $ax_1^{l_1}x_2^{l_2}\cdots x_n^{l_n}$ 的同时必包含 $ax_1^{l_1}x_2^{l_2}\cdots x_i^{l_{i+1}}x_{i+1}^{l_i}\cdots x_n^{l_n}$, 但此项按字典排序法应先于 $ax_1^{l_1}x_2^{l_2}\cdots x_n^{l_n}$, 与首项要求不符.

作多项式

$$\varphi_1 = a\sigma_1^{l_1-l_2}\sigma_2^{l_2-l_3}\cdots\sigma_n^{l_n},$$

由引理 2.2.1, φ_1 是对称多项式, 而 $\sigma_1,\sigma_2,\cdots,\sigma_n$ 的首项分别是 $x_1,x_1x_2,\cdots,x_1x_2\cdots x_n$. 所以由推论 2.1.4, φ_1 的首项是

$$ax_1^{l_1-l_2}(x_1x_2)^{l_2-l_3}\cdots(x_1x_2\cdots x_n)^{l_n} = ax_1^{l_1}x_2^{l_2}\cdots x_n^{l_n},$$

即 φ_1 与 $f(x_1,x_2,\cdots,x_n)$ 的首项相同, 从而对称多项式

$$f_1(x) = f(x) - \varphi_1$$

的首项比 $f(x)=f(x_1,x_2,\cdots,x_n)$ 的首项要排后.

对 $f_1(x)$ 重复对 $f(x)$ 的做法, 并继续做下去, 得到一系列的对称多项式:

$$f(x), f_1(x) = f(x)-\varphi_1, f_2(x) = f_1(x)-\varphi_2, \cdots,$$

其中 $f_i(x)$ 的首项随 i 越排越后, 而 φ_i 是 $\sigma_1,\sigma_2,\cdots,\sigma_n$ 的多项式.

但因为排在 $ax_1^{l_1}x_2^{l_2}\cdots x_n^{l_n}$ 后面的指标有上界的单项式只有有限多个, 所以 $f_i(x)$ 只能有有限个非零, 即存在 $h>0$, 使得 $f_h(x)=f_{h-1}(x)-\varphi_h=0$. 于是,

$$f(x) = \varphi_1+\varphi_2+\cdots+\varphi_h$$

是 $\sigma_1,\sigma_2,\cdots,\sigma_n$ 的多项式.

要证明唯一性, 只需证明: 对多项式 $\varphi(y_1,y_2,\cdots,y_n)$, 若 $\varphi(\sigma_1,\sigma_2,\cdots,\sigma_n) = 0$, 则有 $\varphi(y_1,y_2,\cdots,y_n)=0$.

若否, 因为 $\varphi(\sigma_1,\sigma_2,\cdots,\sigma_n)=0$, 所以 $\varphi(y_1,y_2,\cdots,y_n)$ 必不是单项式. 设 $ay_1^{k_1}y_2^{k_2}\cdots y_n^{k_n}$ 与 $by_1^{l_1}y_2^{l_2}\cdots y_n^{l_n}$ 是 $\varphi(y_1,y_2,\cdots,y_n)$ 的两个非零单项, 则 $a\sigma_1^{k_1}\sigma_2^{k_2}\cdots\sigma_n^{k_n}$ 的首项为

$$ax_1^{k_1+k_2+\cdots+k_n}x_2^{k_2+\cdots+k_n}\cdots x_n^{k_n},$$

而 $b\sigma_1^{l_1}\sigma_2^{l_2}\cdots\sigma_n^{l_n}$ 的首项为

$$bx_1^{l_1+l_2+\cdots+l_n}x_2^{l_2+\cdots+l_n}\cdots x_n^{l_n}.$$

显然, 这两个首项是同类项当且仅当

$$k_1=l_1, k_2=l_2, \cdots, k_n=l_n,$$

即 $ay_1^{k_1}y_2^{k_2}\cdots y_n^{k_n}$ 与 $by_1^{l_1}y_2^{l_2}\cdots y_n^{l_n}$ 也是同类项. 所以对于 $\varphi(y_1,y_2,\cdots,y_n)$ 的所有互异非零单项 $ay_1^{k_1}y_2^{k_2}\cdots y_n^{k_n}$, 多项式 $a\sigma_1^{k_1}\sigma_2^{k_2}\cdots\sigma_n^{k_n}$ 的首项互不相同. 而这些首项按字典排序法重新排序后的首项即为 $\varphi(\sigma_1,\sigma_2,\cdots,\sigma_n)$ 的首项, 从而有 $\varphi(\sigma_1,\sigma_2,\cdots,\sigma_n)\neq 0$. 此为矛盾. □

上述用构造法证明存在性的过程也是把一个对称多项式具体表示为初等对称多项式的多项式的过程.

例 2.2.1 把对称多项式 $f(x_1,x_2,x_3)=x_1^3+x_2^3+x_3^3$ 表示成初等对称多项式 $\sigma_1,\sigma_2,\sigma_3$ 的多项式.

解 方法一 $f(x_1,x_2,x_3)$ 的首项 x_1^3, 其三元数组为 $(3,0,0)$, 因此

$$\varphi_1=\sigma_1^{3-0}\sigma_2^{0-0}\sigma_3^0=\sigma_1^3=(x_1+x_2+x_3)^3,$$

$$f_1(x_1,x_2,x_3)=f(x_1,x_2,x_3)-\varphi_1=-3(x_1^2x_2+x_2^2x_3+\cdots)-6x_1x_2x_3.$$

因 $f_1(x_1,x_2,x_3)$ 的首项 $-3x_1^2x_2$, 其三元数组为 $(2,1,0)$, 故

$$\varphi_2=-3\sigma_1^{2-1}\sigma_2^{1-0}\sigma_3^0=-3\sigma_1\sigma_2=-3(x_1^2x_2+x_2^2x_1+\cdots)-9x_1x_2x_3.$$

于是

$$f_2(x_1,x_2,x_3)=f_1(x_1,x_2,x_3)-\varphi_2=3x_1x_2x_3=3\sigma_3,$$

从而

$$\begin{aligned}f(x_1,x_2,x_3)&=f_1(x_1,x_2,x_3)+\varphi_1=f_2(x_1,x_2,x_3)+\varphi_2+\varphi_1\\&=3\sigma_3-3\sigma_1\sigma_2+\sigma_1^3.\end{aligned}$$

方法二 (待定系数法) 因为多项式 $f(x_1,x_2,x_3)$ 的首项是 x_1^3, 所以所有可能的指数组有

指数组	对应 σ 的方幂的乘积
$(3,0,0)$	σ_1^3
$(2,1,0)$	$\sigma_1\sigma_2$
$(1,1,1)$	σ_3

故可设 $f(x_1,x_2,x_3)=\sigma_1^3+a\sigma_1\sigma_2+b\sigma_3$.

令 $x_1=x_2=1,x_3=0$, 则 $f(x_1,x_2,x_3)=2,\sigma_1=2,\sigma_2=1,\sigma_3=0$. 所以 $8+2a=2$, 即 $a=-3$.

令 $x_1=x_2=x_3=1$, 则 $f(x_1,x_2,x_3)=3,\sigma_1=\sigma_2=3,\sigma_3=1$. 所以 $27-27+b=3$, 即 $b=3$.

所以 $f(x_1,x_2,x_3)=\sigma_1^3-3\sigma_1\sigma_2+3\sigma_3$.

最后, 作为对称多项式理论的一个应用, 我们介绍一元高次多项式的重根存在性的判别法.

设 $f(x)=x^n+a_1x^{n-1}+\cdots+a_n\in\mathbb{C}[x]$, 那么在 $\mathbb{C}$ 中 , $f(x)$ 可表示为

$$f(x)=(x-\alpha_1)(x-\alpha_2)\cdots(x-\alpha_n),$$

其中 $\alpha_i(i=1,2,\cdots,n)$ 是 $f(x)$ 在 $\mathbb{C}$ 上的 n 个根. 令

$$g(x_1,x_2,\cdots,x_n)=\prod_{1\leqslant i<j\leqslant n}(x_i-x_j)^2\in\mathbb{C}[x_1,x_2,\cdots,x_n],$$

那么, $D(f)\triangleq g(\alpha_1,\alpha_2,\cdots,\alpha_n)=\prod\limits_{1\leqslant i<j\leqslant n}(\alpha_i-\alpha_j)^2$ 是关于 $\alpha_1,\alpha_2,\cdots,\alpha_n$ 的对称多项式. 从而 $f(x)$ 在 $\mathbb{C}$ 中有重根当且仅当 $D(f)=0$.

但要讨论 $D(f)$ 是否为零, 不可能通过直接求出 $\alpha_1,\alpha_2,\cdots,\alpha_n$ 再代入 $g(x_1,x_2,\cdots,x_n)$ 算出 D 来进行. 我们的办法是将 $D(f)$ 表示为 $f(x)$ 的系数 $a_1,a_2,\cdots,a_n$ 的函数, 从而可算出 $D(f)$.

事实上, $g(x_1,x_2,\cdots,x_n)$ 显然是 $x_1,x_2,\cdots,x_n$ 的对称多项式, 故由定理 2.2.2 知, $g(x_1,x_2,\cdots,x_n)$ 可表示为 $\sigma_1,\sigma_2,\cdots,\sigma_n$ 的多项式. 但是, 由 Vieta 定理,

$$\begin{cases}a_1=-\sigma_1(\alpha_1,\alpha_2,\cdots,\alpha_n),\\ a_2=\sigma_2(\alpha_1,\alpha_2,\cdots,\alpha_n),\\ \qquad\cdots\cdots\\ a_k=(-1)^k\sigma_k(\alpha_1,\alpha_2,\cdots,\alpha_n),\\ \qquad\cdots\cdots\\ a_n=(-1)^n\sigma_n(\alpha_1,\alpha_2,\cdots,\alpha_n).\end{cases}$$

于是, $D(f)=g(\alpha_1,\alpha_2,\cdots,\alpha_n)$ 可表示为 $a_1,a_2,\cdots,a_n$ 的一个多项式函数, 写为 $D(f)=D(a_1,a_2,\cdots,a_n)$, 从而直接计算即可得 $D(f)$ 的值. 这样求得的 $D(f)=D(a_1,a_2,\cdots,a_n)$ 称为 $f(x)$ 的**判别式**. 从而, $f(x)$ 有重根当且仅当

$$D(f)=D(a_1,a_2,\cdots,a_n)=0\ .$$

例 2.2.2 求多项式 $f(x)=x^2+px+q$ 的判别式.

解　设 $g(x_1,x_2)=(x_1-x_2)^2$, 首项是 x_1^2, 则

$$\varphi_1=\sigma_1^{2-0}\sigma_2^0=\sigma_1^2=(x_1+x_2)^2,$$

于是得

$$f_1(x_1,x_2)=g(x_1,x_2)-\varphi_1=(x_1-x_2)^2-(x_1+x_2)^2=-4x_1x_2.$$

又有

$$\varphi_2=-4\sigma_1^{1-1}\sigma_2^1=-4\sigma_2,$$

故

$$f_2(x_1,x_2)=f_1(x_1,x_2)-\varphi_2=0,$$

从而

$$g(x_1,x_2)=\varphi_1+\varphi_2=\sigma_1^2-4\sigma_2.$$

于是

$$D(f)=g(\alpha_1,\alpha_2)=\sigma_1(\alpha_1,\alpha_2)^2-4\sigma_2(\alpha_1,\alpha_2).$$

由 Vieta 定理, $\sigma_1(\alpha_1,\alpha_2)=-p,\sigma_2(\alpha_1,\alpha_2)=q$. 因此

$$D(f)=p^2-4q.$$

进一步, 请读者自己用类似方法证明三次多项式

$$x^3+a_1x^2+a_2x+a_3$$

的判别式是

$$D(f)=a_1^2a_2^2-4a_2^3-4a_1^3a_3-27a_3^2+18a_1a_2a_3.$$

上面描述的是多项式判别式求解的一般原则, 具体的计算方法常常是利用 2.3 节的结式理论.

习　题　2.2

1. 用初等对称多项式表示出下列对称多项式:

(1) $f(x_1,x_2,x_3,x_4)=(x_1x_2+x_3x_4)(x_1x_3+x_2x_4)(x_1x_4+x_2x_3)$;

(2) $f(x_1,x_2,x_3)=(x_1+x_2)(x_1+x_3)(x_2+x_3)$;

(3) $f(x_1,x_2,x_3)=(x_1-x_2)^2(x_2-x_3)^2+(x_2-x_3)^2(x_3-x_1)^2+(x_3-x_1)^2(x_1-x_2)^2$.

2. 用初等对称多项式表示出下列 n 元对称多项式:

(1) $\sum x_1^2x_2$ $(n\geqslant 3)$;

(2) $\sum x_1^2x_2^2x_3$ $(n\geqslant 5)$;

(3) $\sum x_1^3x_2^2x_3$ $(n\geqslant 3)$;

(4) $\sum x_1^3x_2x_3$ $(n\geqslant 5)$.

(提示: 这里 $\sum x_1^{l_1}x_2^{l_2}\cdots x_n^{l_n}$ 表示所有由 $x_1^{l_1}x_2^{l_2}\cdots x_n^{l_n}$ 经过对换得到的项的和.)

3. 证明: 若方程 $x^3+px^2+qx+r=0$ 的三个根成等比数列, 则 $q^3=p^3r$.

4. 证明: 如果多项式 $f(x)=x^3+px+q$ 的根为 x_1,x_2,x_3, 那么以

$$y_1=(x_1-x_2)^2,\quad y_2=(x_1-x_3)^2,\quad y_3=(x_2-x_3)^2$$

为根的首一多项式为 $g(y)=y^3+6py^2+9p^2y+4p^3+27q^2$.

5. 已知方程 $2x^3-5x^2-4x+12=0$ 有一个二重根, 解此方程.

6. 证明: 四次方程 $a_0x^4+a_1x^3+a_2x^2+a_3x+a_4=0$ $(a_0\neq 0)$ 有两根之和为零的充要条件是

$$a_1^2a_4+a_0a_3^2-a_1a_2a_3=0.$$

7. 证明: 三次多项式 $x^3+a_1x^2+a_2x+a_3$ 的判别式是

$$D(f)=a_1^2a_2^2-4a_2^3-4a_1^3a_3-27a_3^2+18a_1a_2a_3.$$

8. 证明: 多项式 $f(x)=x^4+px+q$ 有重因子的充要条件是 $27p^4=256q^3$.

2.3 结式及二元高次方程组的求解

本节的目的是利用多项式理论和线性方程组求解, 给出二元高次方程组的求解方法. 我们的基本工具是所谓的结式.

首先, 讨论两个一元多项式有非常数公因式的条件.

引理2.3.1 设 $f(x)=a_0x^n+a_1x^{n-1}+\cdots+a_n$ 和 $g(x)=b_0x^m+b_1x^{m-1}+\cdots+b_m$ 是数域 $\mathbb{F}$ 上的两个非零多项式, 且 a_0,b_0 均不为 0, 那么 $f(x)$ 和 $g(x)$ 非互素的充要条件是在 $\mathbb{F}[x]$ 中存在 $u(x),v(x)$ 满足 $0\leqslant\deg(u(x))<m, 0\leqslant\deg(v(x))<n$, 并且 $u(x)f(x)=v(x)g(x)$.

证明 **必要性** 令 $(f(x),g(x))=d(x)\neq 1$, 那么, 存在 $f_1(x),g_1(x)\in\mathbb{F}[x]$, 使得

$$f(x)=d(x)f_1(x),\quad g(x)=d(x)g_1(x),$$

其中, $\deg(f_1(x))<\deg(f(x))\leqslant n, \deg(g_1(x))<\deg(g(x))\leqslant m$.

取 $u(x)=g_1(x),v(x)=f_1(x)$, 则

$$u(x)f(x)=g_1(x)d(x)f_1(x)=g(x)v(x).$$

充分性　因 $a_0 \neq 0$, 故 $\deg(f(x)) = n$. 由条件, 存在 $u(x), v(x) \in \mathbb{F}[x]$, 满足 $\deg(u(x)) < m, \deg(v(x)) < n$, 使得 $u(x)f(x) = v(x)g(x)$.

如果 $(f(x), g(x)) = 1$, 则由 $f(x) \mid v(x)g(x)$ 可得 $f(x) \mid v(x)$, 这与 $\deg(v(x)) < \deg(f(x))$ 矛盾. 故 $f(x)$ 和 $g(x)$ 非互素. □

由上述引理条件, $\deg(u(x)) < m, \deg(v(x)) < n$, 故不妨设

$$u(x) = u_0 x^{m-1} + u_1 x^{m-2} + \cdots + u_{m-1},$$

$$v(x) = v_0 x^{n-1} + v_1 x^{n-2} + \cdots + v_{n-1},$$

其中 u_0, v_0 可能为零.

对 $u(x)f(x) = v(x)g(x)$ 两边乘法展开, 比较等式两边对应的多项式系数,

$$\begin{cases} a_0 u_0 = b_0 v_0 (x^{n+m-1} \text{ 的系数}), \\ a_1 u_0 + a_0 u_1 = b_1 v_0 + b_0 v_1 (x^{n+m-2} \text{ 的系数}), \\ a_2 u_0 + a_1 u_1 + a_0 u_2 = b_2 v_0 + b_1 v_1 + b_0 v_2 (x^{n+m-2} \text{ 的系数}), \\ \qquad \cdots\cdots \\ a_n u_{m-2} + a_{n-1} u_{m-1} = b_m v_{n-2} + b_{m-1} v_{n-1} (x \text{ 的系数}), \\ a_n u_{m-1} = b_m v_{n-1} (1 \text{ 常数项}). \end{cases} \tag{2.3.1}$$

把这 $n+m$ 个等式看作 $n+m$ 个未知数 $u_0, u_1, \cdots, u_{m-1}, v_0, v_1, \cdots, v_{n-1}$ 的方程组. 令

$$\boldsymbol{A} = \begin{pmatrix} a_0 & a_1 & a_2 & \cdots & a_{n-1} & a_n & 0 & \cdots & 0 \\ 0 & a_0 & a_1 & \cdots & a_{a-2} & a_{n-1} & a_n & \cdots & 0 \\ \vdots & \vdots & \vdots & & \vdots & \vdots & \vdots & & \vdots \\ 0 & 0 & 0 & \cdots & a_0 & a_1 & a_2 & \cdots & a_n \end{pmatrix}_{m\times(n+m)},$$

$$\boldsymbol{B} = \begin{pmatrix} b_0 & b_1 & b_2 & \cdots & b_{m-1} & b_m & 0 & \cdots & 0 \\ 0 & b_0 & b_1 & \cdots & b_{m-2} & b_{m-1} & b_m & \cdots & 0 \\ \vdots & \vdots & \vdots & & \vdots & \vdots & \vdots & & \vdots \\ 0 & 0 & 0 & \cdots & b_0 & b_1 & b_2 & \cdots & b_m \end{pmatrix}_{n\times(m+n)}.$$

不难看出, 此线性方程组的系数矩阵 $\boldsymbol{C}$ 的转置是 $\boldsymbol{C}^{\mathrm{T}} = \begin{pmatrix} \boldsymbol{A} \\ -\boldsymbol{B} \end{pmatrix}$.

显然 $|\boldsymbol{C}^{\mathrm{T}}|=0$ 当且仅当行列式

$$R(f,g)\triangleq\begin{vmatrix}\boldsymbol{A}\\\boldsymbol{B}\end{vmatrix}=0.$$

因此 $R(f,g)=0$, 当且仅当 $|\boldsymbol{C}^{\mathrm{T}}|=0$, 当且仅当方程组 (2.3.1) 有非零解, 当且仅当存在非零的 $u(x),v(x)$, 满足 $\deg(u(x))<m,\deg(v(x))<n$, 使得 $u(x)f(x)=v(x)g(x)$. 又由引理 2.3.1, 当且仅当 $f(x)$ 和 $g(x)$ 在 $\mathbb{F}[x]$ 中有非常数的公因式.

称 $R(f,g)$ 是 $f(x)$ 与 $g(x)$ 的**结式**.

综上可得如下结论.

定理 2.3.2 设

$$f(x)=a_0x^n+a_1x^{n-1}+\cdots+a_n,$$

$$g(x)=b_0x^m+b_1x^{m-1}+\cdots+b_m$$

是 $\mathbb{F}[x]$ 中的两个多项式, 且 $a_0\neq0,b_0\neq0,m,n>0$. 那么, $f(x)$ 和 $g(x)$ 有非常数的公因式当且仅当结式 $R(f,g)=0$.

由于当 $\mathbb{F}=\mathbb{C}$ 时, $f(x)$ 和 $g(x)$ 有非常数的公因式当且仅当它们有公共根, 因此有如下结论.

推论 2.3.3 设

$$f(x)=a_0x^n+a_1x^{n-1}+\cdots+a_n,$$

$$g(x)=b_0x^m+b_1x^{m-1}+\cdots+b_m$$

是 $\mathbb{C}[x]$ 中的两个多项式, 且 $a_0\neq0,b_0\neq0$, 则 $f(x)$ 和 $g(x)$ 有公共根当且仅当 $R(f,g)=0$.

由此推论, 我们可进一步给出解二元高次方程组的方法, 即假设 $f(x,y)$, $g(x,y)\in\mathbb{C}[x,y]$, 求解方程组

$$\begin{cases}f(x,y)=0,\\g(x,y)=0\end{cases}\tag{2.3.2}$$

在 $\mathbb{C}$ 中的全部解.

事实上, $f(x,y)$ 和 $g(x,y)$ 可以分别写成

$$F_y(x)=f(x,y)=a_0(y)x^n+a_1(y)x^{n-1}+\cdots+a_n(y),$$

$$G_y(x) = g(x,y) = b_0(y)x^m + b_1(y)x^{m-1} + \cdots + b_m(y),$$

其中 $a_i(y), b_j(y)$ $(i = 0,1,\cdots,n; j = 0,1,\cdots,m)$ 是 y 的多项式, 且 $a_0(y) \neq 0, b_0(y) \neq 0$.

考虑上述方程组的解时, 实际上是将 $f(x,y)$ 和 $g(x,y)$ 看作 $x, y \in \mathbb{C}$ 的多项式函数. 因此, 将 y 看作一个固定值时, $f(x,y)$ 和 $g(x,y)$ 就成为 x 的一元多项式函数. 令

$$\boldsymbol{A} = \begin{pmatrix} a_0(y) & a_1(y) & a_2(y) & \cdots & a_{n-1}(y) & a_n(y) & 0 & \cdots & 0 \\ 0 & a_0(y) & a_1(y) & \cdots & a_{n-2}(y) & a_{n-1}(y) & a_n(y) & \cdots & 0 \\ \vdots & \vdots & \vdots & & \vdots & \vdots & \vdots & & \vdots \\ 0 & 0 & 0 & \cdots & a_0(y) & a_1(y) & a_2(y) & \cdots & a_n(y) \end{pmatrix}_{m \times (n+m)},$$

$$\boldsymbol{B} = \begin{pmatrix} b_0(y) & b_1(y) & b_2(y) & \cdots & b_{m-1}(y) & b_m(y) & 0 & \cdots & 0 \\ 0 & b_0(y) & b_1(y) & \cdots & b_{m-2}(y) & b_{m-1}(y) & b_m(y) & \cdots & 0 \\ \vdots & \vdots & \vdots & & \vdots & \vdots & \vdots & & \vdots \\ 0 & 0 & 0 & \cdots & b_0(y) & b_1(y) & b_2(y) & \cdots & b_m(y) \end{pmatrix}_{n \times (m+n)}.$$

则

$$R_x(f,g) \triangleq R(F_y, G_y) = \begin{vmatrix} \boldsymbol{A} \\ \boldsymbol{B} \end{vmatrix}$$

是一个关于 y 的复系数多项式函数.

令 (x_0, y_0) 是方程组 (2.3.2) 的一个复数解, 那么 x_0 就是一元多项式 $F_{y_0}(x)$ 和 $G_{y_0}(x)$ 的一个公共根. 由推论 2.3.3, 有 $R(F_{y_0}, G_{y_0}) = 0$, 从而 y_0 是 $R(F_y, G_y) = 0$ 的一个根. 由此可得

定理 2.3.4 给定 $f(x,y), g(x,y) \in \mathbb{C}[x,y]$. 若 (x_0, y_0) 是方程组

$$\begin{cases} f(x,y) = 0, \\ g(x,y) = 0 \end{cases}$$

的一个复数解, 则 y_0 是 $R_x(f,g)$ 的一个根. 反之, 若 y_0 是 $R_x(f,g)$ 的一个根, 则或者 $a_0(y_0) = b_0(y_0) = 0$, 或者存在一个复数 x_0, 使 (x_0, y_0) 是该方程组的一个解.

证明 第一部分结论由前面讨论即得.

第二部分的证明: 反之, 假设 y_0 是 $R_x(f,g)$ 的一个根.

当 $a_0(y_0)=b_0(y_0)=0$ 时, 总有 $R_x(f,g)=0$, 这与 y_0 是 $R_x(f,g)$ 的根的条件符合. 但这时定理 2.3.2 的条件不满足, 所以可以看出, 未必有 x_0 使得 (x_0,y_0) 是该方程组的解.

当 $a_0(y_0)\neq 0, b_0(y_0)\neq 0$ 时, 由定理 2.3.2 知, $F_{y_0}(x)=f(x,y_0)$ 与 $G_{y_0}(x)=g(x,y_0)$ 有关于 x 的非常数的公因式, 从而存在复数 x_0, 使 (x_0,y_0) 是方程组 (2.3.2) 的一个解.

当 $a_0(y_0)\neq 0$, $b_0(y_0)=0$ 时, 若 $b_0(y_0),\cdots,b_m(y_0)$ 均为 0, 则只要求出

$$F_{y_0}(x)=f(x,y_0)=a_0(y_0)x^n+a_1(y_0)x^{n-1}+\cdots+a_n(y_0)$$

的根 x_0, 则 (x_0,y_0) 就是方程组 (2.3.2) 的一个解.

若存在 l 使得 $b_0(y_0)=\cdots=b_{l-1}(y_0)=0$ 但 $b_l(y_0)\neq 0$, 令 $g_1(x)=b_l(y_0)x^{m-l}+\cdots+b_m(y_0)$, 则

$$R(f(x,y_0),\ g_1(x))=R(F_{y_0}(x),G_{y_0}(x))=R_x(f,g)(y_0)=0.$$

于是, 由定理 2.3.2 知, 存在一个复数 x_0 使 (x_0,y_0) 是方程组

$$\begin{cases} f(x,y)=0, \\ g_1(x)=0 \end{cases}$$

的一个解, 从而也是方程组 (2.3.2) 的一个解.

$a_0(y_0)=0$, $b_0(y_0)\neq 0$ 的情形同理. □

此定理后半部分说明, 只要先由 $R_x(f,g)=0$ 求解出 $y=y_0$, 将 $y=y_0$ 代入方程组

$$\begin{cases} f(x,y)=0, \\ g(x,y)=0 \end{cases}$$

就成为求两个一元多项式公共根的问题. 若能求出其公共根 $x=x_0$, 就可求得方程组的解 (x_0,y_0).

例 2.3.1 解方程组

$$\begin{cases} y^2-7xy+4x^2+13x-2y-3=0, \\ y^2-14xy+9x^2+28x-4y-5=0. \end{cases}$$

解 原方程组改写为

$$\begin{cases} F_x(y)=f(x,y)=y^2-(7x+2)y+(4x^2+13x-3)=0, \\ G_x(y)=g(x,y)=y^2-(14x+4)y+(9x^2+28x-5)=0, \end{cases} \tag{2.3.3}$$

于是

$$R_y(f,g)=\begin{vmatrix}1 & -7x-2 & 4x^2+13x-3 & 0\\ 0 & 1 & -7x-2 & 4x^2+13x-3\\ 1 & -14x-4 & 9x^2+28x-5 & 0\\ 0 & 1 & -14x-4 & 9x^2+28x-5\end{vmatrix}$$

$$=\begin{vmatrix}1 & -7x-2 & 4x^2+13x-3 & 0\\ 0 & 1 & -7x-2 & 4x^2+13x-3\\ 0 & -7x-2 & 5x^2+15x-2 & 0\\ 0 & 0 & -7x-2 & 5x^2+15x-2\end{vmatrix}$$

$$=(5x^2+15x-2)^2+(7x+2)^2(4x^2+13x-3)$$

$$\quad-(7x+2)^2(5x^2+15x-2)$$

$$=(5x^2+15x-2)^2-(7x+2)^2(x+1)^2$$

$$=(5x^2+15x-2-7x^2-9x-2)(5x^2+15x-2+7x^2+9x+2)$$

$$=-24(x^2-3x+2)(x^2+2x)$$

$$=-24x(x-1)(x-2)(x+2),$$

从而, 得 $R_y(f,g)$ 的 4 个根是 $x=0,1,\ 2,-2$.

将 $x=0$ 代入原方程组, 得

$$\begin{cases}y^2-2y-3=0,\\ y^2-4y-5=0.\end{cases}$$

这个方程组中两个方程的根分别是 $y=3,-1$ 和 $y=5,-1$, 故有公共根 $y=-1$, 于是得到原方程组的解是 $(0,-1)$. 另外, 分别代入 $x=1,2,-2$, 依次可得方程组的解是 $(1,2),(2,3),(-2,1)$. 这四个解是方程组的全部解.

本节最后给出结式的计算公式和用于求解一元多项式判别式的公式.

定理 2.3.5 设 $\mathbb{C}[x]$ 中多项式

$$f(x)=a_0x^n+\cdots+a_{n-1}x+a_n,\quad g(x)=b_0x^m+\cdots+b_{m-1}x+b_m,$$

其中 $a_0\neq0,\ b_0\neq0$. 令 $\alpha_1,\alpha_2,\cdots,\alpha_n$ 和 $\beta_1,\beta_2,\cdots,\beta_m$ 分别是 $f(x)$ 和 $g(x)$ 的所有复根, 那么

$$R(f,g)=a_0^m\prod_{i=1}^n g(\alpha_i)=(-1)^{mn}b_0^n\prod_{j=1}^m f(\beta_j)$$
$$=a_0^m b_0^n\prod_{i=1}^n\prod_{j=1}^m(\alpha_i-\beta_j).$$

证明 对 $g(x)$ 的次数进行归纳.

当 $\deg(g(x))=1$, 即 $g(x)=b_0x+b_1$ 时, $g(x)$ 有唯一根 $\beta=-\dfrac{b_1}{b_0}$. 此时多项式 $f(x)$ 与 $g(x)$ 的结式是

$$R(f,g)=\begin{vmatrix} a_0 & a_1 & a_2 & \cdots & a_{n-1} & a_n \\ b_0 & b_1 & 0 & \cdots & 0 & 0 \\ 0 & b_0 & b_1 & \cdots & 0 & 0 \\ \vdots & \vdots & \vdots & & \vdots & \vdots \\ 0 & 0 & 0 & \cdots & b_1 & 0 \\ 0 & 0 & 0 & \cdots & b_0 & b_1 \end{vmatrix}$$

$$\xlongequal[i=1,2,\cdots,n]{C_{i+1}+\beta C_i}\begin{vmatrix} a_0 & a_1+a_0\beta & \cdots & a_{n-1}+a_{n-2}\beta+\cdots+a_0\beta^{n-1} & f(\beta) \\ b_0 & 0 & \cdots & 0 & 0 \\ 0 & b_0 & \cdots & 0 & 0 \\ \vdots & \vdots & & \vdots & \vdots \\ 0 & 0 & \cdots & 0 & 0 \\ 0 & 0 & \cdots & b_0 & 0 \end{vmatrix}$$

$$=(-1)^n b_0^n f(\beta)=(-1)^n a_0 b_0^n(\beta-\alpha_1)\cdots(\beta-\alpha_n)=a_0\prod_{i=1}^n g(\alpha_i).$$

假设 $\deg(g(x))=m-1$ 时结论成立, 下证 $\deg(g(x))=m$ 时结论也成立.

当 $g(x)=b_0x^m+\cdots+b_{m-1}x+b_m$ 时, 令 $g(x)=(x-\beta_m)g_1(x)$, 其中 $g_1(x)=c_0x^{m-1}+\cdots+c_{m-2}x+c_{m-1}$, 则有

$$b_0=c_0, b_1=c_1-c_0\beta_m,\cdots,b_{m-1}=c_{m-1}-c_{m-2}\beta_m, b_m=-c_{m-1}\beta_m.$$

此时 $f(x)$ 与 $g(x)$ 的结式是

$R(f,g)$

$$
= \begin{vmatrix}
a_0 & a_1 & a_2 & \cdots & a_{n-1} & a_n & 0 & \cdots & 0 \\
0 & a_0 & a_1 & \cdots & a_{n-2} & a_{n-1} & a_n & \cdots & 0 \\
\vdots & \vdots & \vdots & & \vdots & \vdots & \vdots & & \vdots \\
0 & 0 & 0 & \cdots & a_0 & a_1 & a_2 & \cdots & a_n \\
b_0 & b_1 & b_2 & \cdots & b_{m-1} & b_m & 0 & \cdots & 0 \\
0 & b_0 & b_1 & \cdots & b_{m-2} & b_{m-1} & b_m & \cdots & 0 \\
\vdots & \vdots & \vdots & & \vdots & \vdots & \vdots & & \vdots \\
0 & 0 & 0 & \cdots & b_0 & b_1 & b_2 & \cdots & b_m
\end{vmatrix}
$$

$$
\overline{\overline{\underset{i=1,2,\cdots,n+m-1}{C_{i+1}+\beta_m C_i}}}
\begin{vmatrix}
a_0 & a_0\beta_m + a_1 & \cdots & f(\beta_m) & \beta_m f(\beta_m) & \cdots & \beta_m^{m-1} f(\beta_m) \\
0 & a_0 & a_0\beta_m + a_1 & \cdots & f(\beta_m) & \cdots & \beta_m^{m-2} f(\beta_m) \\
\vdots & \vdots & \ddots & \ddots & & \ddots & \vdots \\
0 & 0 & \cdots & a_0 & a_0\beta_m + a_1 & \cdots & f(\beta_m) \\
c_0 & c_1 & \cdots & 0 & 0 & \cdots & 0 \\
0 & c_0 & c_1 & \cdots & 0 & \cdots & 0 \\
\vdots & \vdots & \ddots & \ddots & & \ddots & \vdots \\
0 & 0 & \cdots & c_0 & c_1 & \cdots & 0
\end{vmatrix}
$$

$$
\overline{\overline{\underset{i=1,2,\cdots,m-1}{R_i-\beta_m R_{i+1}}}}
\begin{vmatrix}
a_0 & a_1 & a_2 & \cdots & a_{n-1} & a_n & 0 & \cdots & 0 \\
0 & a_0 & a_1 & \cdots & a_{n-2} & a_{n-1} & a_n & \cdots & 0 \\
\vdots & \vdots & \vdots & & \vdots & \vdots & \vdots & & \vdots \\
0 & 0 & 0 & \cdots & a_n & a_0\beta_m + a_1 & & \cdots & f(\beta_m) \\
c_0 & c_1 & c_2 & \cdots & c_{n-1} & c_n & 0 & \cdots & 0 \\
0 & c_0 & c_1 & \cdots & c_{n-2} & c_{n-1} & c_n & \cdots & 0 \\
\vdots & \vdots & \vdots & & \vdots & \vdots & \vdots & & \vdots \\
0 & 0 & 0 & \cdots & c_0 & c_1 & c_2 & \cdots & c_n
\end{vmatrix}
$$

$$
= (-1)^n f(\beta_m) R(f, g_1)
$$

$$
= (-1)^n f(\beta_m)(-1)^{(m-1)n} b_0^n \prod_{j=1}^{m-1} f(\beta_j)
$$

$$
= (-1)^{mn} b_0^n \prod_{j=1}^{m} f(\beta_j)
$$

$$
= a_0^m b_0^n \prod_{i=1}^{n} \prod_{j=1}^{m} (\alpha_i - \beta_j)
$$

$$= a_0^m \prod_{i=1}^{n} g(\alpha_i).$$

从而结论成立. □

定理 2.3.6 设 $\mathbb{C}[x]$ 中多项式

$$f(x) = a_0x^n + \cdots + a_{n-1}x + a_n,$$

其中 $a_0 \neq 0$, 那么, $f(x)$ 的判别式

$$D(f) = (-1)^{\frac{n(n-1)}{2}} a_0^{-(2n-1)} R(f, f').$$

证明 设 $f(x)$ 的所有复根是 $\alpha_1, \alpha_2, \cdots, \alpha_n$, 那么由定理 2.3.5, 可得

$$R(f, f') = a_0^{n-1} \prod_{i=1}^{n} f'(\alpha_i). \tag{2.3.4}$$

由 $f(x) = a_0(x - \alpha_1)\cdots(x - \alpha_n)$ 易得

$$f'(\alpha_i) = a_0 \prod_{j \neq i} (\alpha_i - \alpha_j), \quad i = 1, 2, \cdots, n.$$

将此代入 (2.3.4) 式, 得

$$R(f, f') = a_0^{2n-1} \prod_{i=1}^{n} \prod_{j \neq i} (\alpha_i - \alpha_j). \tag{2.3.5}$$

对于任意 i 和 j $(i < j)$, 在 (2.3.5) 式中, $\alpha_i - \alpha_j$ 和 $\alpha_j - \alpha_i$ 这两个因子都出现了一次, 它们的乘积为 $-(\alpha_i - \alpha_j)^2$. 由于满足 $1 \leqslant i < j \leqslant n$ 的指标对 (i, j) 共有 $\dfrac{n(n-1)}{2}$ 对, 所以由 (2.3.5) 式可得

$$R(f, f') = (-1)^{\frac{n(n-1)}{2}} a_0^{2n-1} \prod_{1 \leqslant i < j \leqslant n} (\alpha_i - \alpha_j)^2 = (-1)^{\frac{n(n-1)}{2}} a_0^{2n-1} D(f). \quad \square$$

例 2.3.2 求二次多项式 $f(x) = ax^2 + bx + c$ 的判别式.

解 $f'(x) = 2ax + b$, 于是

$$\begin{vmatrix} a & b & c \\ 2a & b & 0 \\ 0 & 2a & b \end{vmatrix} = -a(b^2 - 4ac).$$

由定理 2.3.6 得

$$D(f)=(-1)^{\frac{2(2-1)}{2}}a^{-(2\times 2-1)}R(f,f')=a^{-2}(b^2-4ac).$$

注　例 2.3.2 所得的二次多项式的判别式与在通常二次函数观点下所定义的判别式差一个常数 a^{-2}, 这并不影响我们关于是否有重根的判别. 关键是本书的判别式定义对任意阶多项式而言是完全自然的.

习　题　2.3

1. 求下列各题中 $f(x)$ 与 $g(x)$ 的结式:

(1) $f(x)=x^2-3x+2, g(x)=x^n+1$;

(2) $f(x)=\dfrac{x^5-1}{x-1}, g(x)=\dfrac{x^7-1}{x-1}$;

(3) $f(x)=x^n+x+1, g(x)=x^2-3x+2$;

(4) $f(x)=a_0x^n+a_1x^{n-1}+\cdots+a_{n-1}x+a_n, g(x)=a_0x^{n-1}+a_1x^{n-2}+\cdots+a_{n-2}x+a_{n-1}$, 其中 $a_0\neq 0, a_n\neq 0$.

2. 解下列各方程组:

(1) $\begin{cases}5y^2-6xy+5x^2-16=0,\\ y^2-xy+2x^2-y-x-4=0;\end{cases}$

(2) $\begin{cases}x^2+y^2+4x-2y+3=0,\\ x^2+4xy-y^2+10y-9=0;\end{cases}$

(3) $\begin{cases}x^2y+x^2+2xy+y^3=0,\\ x^2-3y^2-6x=0.\end{cases}$

3. k 取何值时, 多项式 $f(x)=x^4-4x+k$ 有重根?

4. 求下列多项式的判别式:

(1) x^n+2x+1;

(2) x^n+2;

(3) $x^{n-1}+x^{n-2}+\cdots+x+1$.

5. 设多项式

$$f(x)=a_0x^m+a_1x^{m-1}+\cdots+a_{m-1}x+a_m,$$

$$g(x)=b_0x^n+b_1x^{n-1}+\cdots+b_{n-1}x+b_n.$$

证明: $R(f,g)=0$ 的充要条件是: “$a_0=b_0=0$” 与 “$f(x)$ 和 $g(x)$ 在复数域 $\mathbb{C}$ 上有公共根” 至少有一条成立.

6. 设 $f(x),g_1(x),g_2(x)$ 分别为 m 次、s 次和 t 次多项式, 证明:

$$R(f,g_1g_2)=R(f,g_1)R(f,g_2).$$

7. 设 $f(x)=a_0x^n+a_1x^{n-1}+\cdots+a_n$, $g(x)=b_0x^m+b_1x^{m-1}+\cdots+b_m$. 证明:

(1) $R(f,g)=(-1)^{mn}R(g,f)$;

(2) 若 a,b 为常数, 则 $R(af,bg)=a^mb^nR(f,g)$.

2.4* 多元多项式的几何

欧氏空间 $\mathbb{R}^3$ 中的平面可以用一个线性函数的零点表示, 直线可以用两个线性函数的公共零点表示. 给定数域 $\mathbb{F}$, 一个非零的 n 变量的线性函数的零点集可以看作 $\mathbb{F}^n$ 中的“超平面”, 而若干个线性函数的公共零点集可以看成低维的“平面”. 从而我们可以把一些欧氏空间中的几何结论推广到 $\mathbb{F}^n$ 中, 例如, 平面束可以推广为如下命题.

命题 2.4.1 设 $l_i = \sum\limits_{j=1}^{n} a_{ij}x_j + b_i (1 \leqslant i \leqslant 2)$ 是两个线性函数, 且 $v_1 := (a_{11}, a_{12}, \cdots, a_{1n})$ 与 $v_2 := (a_{21}, a_{22}, \cdots, a_{2n})$ 线性无关, 则线性函数 $l = \sum\limits_{j=1}^{n} t_i x_j + s_i$ 经过 l_1, l_2 的公共零点集当且仅当存在 $k_1, k_2 \in \mathbb{F}$ 使得 $l = k_1 l_1 + k_2 l_2$.

证明 若 $l = k_1 l_1 + k_2 l_2$, 则显然 l 经过 l_1, l_2 的公共零点集. 为了证明另一半, 首先把一般情况约化到 $b_1 = b_2 = 0$ 的情形. 任取 $(c_1, c_2, \cdots, c_n)$ 满足 $l_1(c_1, c_2, \cdots, c_n) = l_2(c_1, c_2, \cdots, c_n) = 0$. 定义坐标变换 $x_i' = x_i - c_i$, l_1, l_2 变换后为 $l_i'(x_1', x_2', \cdots, x_n') = l_i(x_1' + c_1, x_2' + c_2, \cdots, x_n' + c_n)(i = 1, 2)$, 则 l_1', l_2' 均经过原点, 即此时的 $b_1' = b_2' = 0$. 记变换后的 l 为 l', 不妨设 $l' \neq 0$. 只需证明存在 $k_1, k_2 \in \mathbb{F}$ 使得 $l' = k_1 l_1' + k_2 l_2'$. 因为 v_1, v_2 线性无关, 此时 l_1', l_2' 的公共零点集是 $n-2$ 维的子空间 L, 由于 l' 非零, l' 的零点集是包含 L 的 $n-1$ 维子空间. 在 l' 的零点集中取一个不在 L 中的点 $u := (u_1, u_2, \cdots, u_n)$, 则 $l_1'(u), l_2'(u)$ 不全为零. 故非零线性函数 $l'' := l_2'(u)l_1' - l_1'(u)l_2'$ 的零点集包含 L 且经过 u, 从而 l'' 的零点集和 l' 的零点集相同. 因此存在非零元素 $k \in \mathbb{F}$, 使得 $l' = kl'' = kl_2'(u)l_1' + (-kl_1'(u))l_2'$. 命题得证. □

以上命题当然可以看作线性方程组的结论, 但是几何的证明更加方便.

一般的多元多项式的零点对应了更复杂的几何对象, 比如实变量的多项式 $x^2 + yz - 1$ 的零点就是一个单叶双曲面, 而且多元多项式组和其公共零点集的对应关系也远比线性方程组复杂. 我们引入一些术语来说明在代数几何中如何研究这些对象.

定义 2.4.1 设 $f_1, f_2, \cdots, f_m \in \mathbb{F}[x_1, x_2, \cdots, x_n]$, 记它们的公共零点集为 $Z(\{f_1, f_2, \cdots, f_m\})$, 即 $Z(\{f_1, f_2, \cdots, f_m\}) = \{(a_1, a_2, \cdots, a_n) | f_i(a_1, a_2, \cdots, a_n) = 0, i = 1, 2, \cdots, m\}$. 更一般地, 对 $T \subseteq \mathbb{F}[x_1, x_2, \cdots, x_n]$, 定义

$$Z(T) = \{(a_1, a_2, \cdots, a_n) | \forall f \in T, f(a_1, a_2, \cdots, a_n) = 0\}.$$

所有形如 $Z(T)$ 的集合称为 $\mathbb{F}^n$ 中的**代数集**.

明显有 $Z(\{1\}) = \varnothing, Z(\{0\}) = \mathbb{F}^n$, 因此 $\mathcal{F} = \{Z(T) | T \subseteq \mathbb{F}[x_1, x_2, \cdots, x_n]\}$ 定义了 $\mathbb{F}^n$ 上的拓扑, 称为 Zariski (扎里斯基) 拓扑, 该拓扑中的闭集就是代数集.

单点集是代数集: 任给 $(a_1, a_2, \cdots, a_n) \in \mathbb{F}^n$, 取 $T = \{x_1 - a_1, x_2 - a_2, \cdots, x_n - a_n\}$, 则 $Z(T) = (a_1, a_2, \cdots, a_n)$. 以上讨论的超平面是线性函数的零点集, 所以也是代数集.

命题 2.4.1 可以推广到多项式情形吗? 如果 $f = \sum\limits_{i=1}^{n} f_i g_i$, 其中 $g_i \in \mathbb{F}[x_1, x_2, \cdots, x_n]$, 那么 $Z(\{f_1, f_2, \cdots, f_m\}) \subseteq Z(\{f\})$. 反过来, 如果 $Z(\{f_1, f_2, \cdots, f_m\}) \subseteq Z(f)$, f 一定可以写成 $f = \sum\limits_{i=1}^{n} f_i g_i$ 的形式吗? 为了更好地表述这个问题, 我们引入以下定义.

定义 2.4.2 若非空子集 $I \subseteq \mathbb{F}[x_1, x_2, \cdots, x_n]$ 满足

(1) $\forall f, g \in I$, $f - g \in I$, 即 I 在多项式加法下是群;

(2) $\forall f \in I, \forall g \in \mathbb{F}[x_1, x_2, \cdots, x_n], fg \in I$,

则称 I 是**理想**.

Hilbert零点定理

设 $f_1, f_2, \cdots, f_m \in \mathbb{F}[x_1, x_2, \cdots, x_n]$, 由以上定义容易看出

$$I := \left\{ \sum_{i=1}^{n} f_i g_i \middle| g_i \in \mathbb{F}[x_1, x_2, \cdots, x_n] \right\}$$

是理想, 称为由 $f_1, f_2, \cdots, f_m$ **生成的理想**, 记为 $(f_1, f_2, \cdots, f_m)$. 易知 $Z(\{f_1, f_2, \cdots, f_m\}) = Z((f_1, f_2, \cdots, f_m))$, 所以以上问题等价于

问题 2.4.1 如果 $Z((f_1, f_2, \cdots, f_m)) \subseteq Z(\{f\})$, 那么 $f \in (f_1, f_2, \cdots, f_m)$ 吗?

我们先看一种最简单的情况.

引理 2.4.2 给定 $(a_1, a_2, \cdots, a_n) \in \mathbb{F}^n$, 记 $m = (x_1 - a_1, x_2 - a_2, \cdots, x_n - a_n)$, 则 $Z(m) \subseteq Z(\{f\})$ 当且仅当 $f \in m$.

证明 通过坐标变换不妨设 $a_i = 0$, 则 $Z(m) \subseteq Z(\{f\})$ 等价于 $f(0, 0, \cdots, 0) = 0$. 若 $f = \sum\limits_{i=1}^{n} x_i g_i$, 则显然 $f(0, 0, \cdots, 0) = 0$. 反过来, 若 $f(0, 0, \cdots, 0) = 0$, 则 f 的常数项为 0, 依次将含有 $x_1, x_2, \cdots, x_n$ 的项合并, 可得 $f = \sum\limits_{i=1}^{n} x_i g_i(x_i, x_{i+1}, \cdots, x_n)$, 从而 $f \in m$. □

一般而言, 问题 2.4.1 的结论是否定的, 一个直接的原因就是对任意 $k \in \mathbb{N}^*$, f^k 的零点集和 f 的零点集相同, 所以我们能够期望成立的结论是对某个 $k \in \mathbb{N}^*$, $f^k \in (f_1, f_2, \cdots, f_m)$. 在今后的交换代数课程中, 我们会知道当数域为 $\mathbb{C}$ (或一般的代数封闭域) 时, 这是 Hilbert (希尔伯特) 零点定理的推论. $f = 1$ 的特殊情况称为 Hilbert 零点定理的弱形式, 这和多项式的结式密切相关. 下面对复数域上 2 元多项式的情形加以讨论, 一般情况可以用归纳法证明.

命题 2.4.3 设 $f, g \in \mathbb{C}[x, y]$, 则 $f(x, y) = g(x, y) = 0$ 无解的充要条件是存在 $h_1, h_2 \in \mathbb{C}[x, y]$, 使得 $fh_1 + gh_2 = 1$.

证明 如上讨论, 充分性是显然的. 下面证明必要性. 设 $f(x,y)$ 中次数最高项为 $\sum\limits_{i=0}^{m} a_i x^i y^{m-i}$, 其中 a_i 不全为零; $g(x,y)$ 中次数最高项为 $\sum\limits_{i=0}^{n} b_i x^i y^{n-i}$, 其中 b_i 不全为零. 考虑变量替换 $x'=x, y'=y-cx$, 则 $\sum\limits_{i=0}^{m} a_i x^i y^{m-i} = \sum\limits_{i=0}^{m} a_i x'^i (y'+cx')^{m-i}$, $\sum\limits_{i=0}^{n} b_i xiy^{n-i} = \sum\limits_{i=0}^{n} b_i x'^i (y'+cx')^{n-i}$, 从而可选择 c 使得 f 中 x'^m 和 g 中 x'^n 的系数均非零, 即

$$f'(x',y')=f(x,y)=x'^n+\cdots, \quad g'(x',y')=g(x,y)=x^m+\cdots.$$

易知 $f(x,y)=g(x,y)=0$ 等价于 $f'(x',y')=g'(x',y')=0$ 无解, 而 $f'=g'=0$ 的充要条件是 $R_y(f,g)=0$ 有解, 其中 R_y 是 f',g' 作为 x 的多项式的结式. 所以 $f'(x',y')=g'(x',y')=0$ 无解等价于结式 R_y 是非零常值多项式, 记为 k. 又存在 h_1',h_2' 使得 $R_y=f'h_1'+g'h_2'$, 从而存在 $h_1,h_2\in\mathbb{C}[x,y]$, 使得 $f'h_1+g'h_2=k$, 两边除以 k 即得 $fh_1+gh_2=1$. □

例 2.4.1 $f=x+y, g=x^2-y^2-1$, 此时 $f\cdot(x-y)-g=1$, 所以 $f=g=0$ 无解.

关于 $Z(T)$ 还有如下的基本问题:

(1) 对任意子集 T, 总存在有限个多项式 $f_1,f_2,\cdots,f_m$ 使得 $Z(T)=Z(\{f_1,f_2,\cdots,f_m\})$ 吗?

(2) 代数集的交是代数集吗? 代数集的并是代数集吗?

对 $T\subseteq\mathbb{F}[x_1,x_2,\cdots,x_n]$, 包含 T 的所有理想的交称为 T 生成的理想, 记为 (T), 则 $Z(T)=Z((T))$. 根据交换代数中的结论, (T) 可由有限个多项式生成, 从而第一个问题的回答是肯定的, 这里我们就不给出证明了. 关于第二个问题, 我们可以证明下面的结论:

命题 2.4.4 设 $Z(T_\alpha),\alpha\in J$ 是一族代数集, 则

(i) $\bigcap\limits_{\alpha\in J} Z(T_\alpha)$ 是代数集;

(ii) 对有限个代数集 $Z(T_i), 1\leqslant i\leqslant k$, 有 $\bigcup\limits_{i=1}^{k} Z(T_i)$ 是代数集.

证明 (i) 令 $T=\bigcup\limits_{\alpha\in J} T_\alpha$, 则易见 $Z(T)=\bigcap\limits_{\alpha\in J} Z(T_\alpha)$. 从而由定义, $\bigcap\limits_{\alpha\in J} Z(T_\alpha)$ 为代数集.

(ii) 对有限个代数集的并, 我们对 k 用数学归纳法.

若 $k=2$, 令 $T=\{fg\mid f\in T_1, g\in T_2\}$, 我们断言 $Z(T_1)\cup Z(T_2)=Z(T)$ 成立. 首先若 $(a_1,a_2,\cdots,a_n)\in Z(T_1)\cup Z(T_2)$, 不妨设 $(a_1,a_2,\cdots,a_n)\in Z(T_1)$, 则 $\forall f\in T_1, f(a_1,a_2,\cdots,a_n)=0$, 从而 $(fg)(a_1,a_2,\cdots,a_n)$ 也均为 0 . 反过来, 若 $(a_1,a_2,\cdots,a_n)\notin Z(T_1)\cup Z(T_2)$, 则有某个 $f_0\in T_1$ 和某个 $g_0\in T_2$ 使得

$f_0(a_1,a_2,\cdots,a_n), g_0(a_1,a_2,\cdots,a_n)$ 均不为 0, 从而 $(f_0g_0)(a_1,a_2,\cdots,a_n)$ 不为 0, 所以

$$(a_1,a_2,\cdots,a_n)\notin Z(T).$$

设对 $k-1$ 个代数集的并已证, 由 $\bigcup\limits_{i=1}^{k} Z(T_i)=\bigcup\limits_{i=1}^{k-1} Z(T_i)\bigcup Z(T_k)$ 知 k 个代数集的并也是代数集. 从而由归纳法知, 所需结论成立. □

习 题 2.4

1. $l_i\in\mathbb{F}[x_1,x_2,\cdots,x_n](1\leqslant i\leqslant m)$ 为若干个线性函数, 假设它们的公共零点集是空集, 证明存在 $k_i\in\mathbb{F}$, 使得 $\sum\limits_{i=1}^{m}k_il_i=1$.

2. 对 $1\leqslant i<j\leqslant 4$, 定义 $W_{ij}\in\mathbb{F}[x_1,x_2,x_3,x_4,y_1,y_2,y_3,y_4]$ 为 $W_{ij}=x_iy_j-x_jy_i$, 证明 $W_{14}^2\in(W_{12},W_{13},W_{24},W_{34},W_{14}+W_{23})$, 并由此推出

$$Z(\{W_{12},W_{13},W_{14},W_{23}.W_{24},W_{34}\})=Z(\{W_{12},W_{13},W_{24},W_{34},W_{14}+W_{23}\}).$$

2.5* 多元高次方程组的消元法简介

宋元之交的杰出数学家朱世杰, 在《四元玉鉴》中以天元、地元、人元、物元为未知数, 建立了高次联立方程组求解的消元法. 多元多项式方程组求解理论的研究促进了代数几何这个重要的理论分支的产生和发展.

本节我们仅介绍求解多元高次方程组的初步理论①. 该理论通常被称为吴文俊-Ritt 方法 (简称吴-Ritt 方法), 是吴文俊关于数学机械化工作的核心, 是方程求解、几何定理机器证明的基础. 这一方法是吴文俊基于中国古代数学的求解代数方程组消元法的思想并借鉴 Ritt 关于微分代数的工作 (J. F. Ritt. *Differential Algebra. Amer. Math. Soc. Colloquium.*, 1950) 提出的.

本节中, 为书写方便, 总假设

$$p(x)=p(x_1,x_2,\cdots,x_n)\in\mathbb{F}[x_1,x_2,\cdots,x_n]$$

是数域 $\mathbb{F}$ 上关于变元 $x_1,x_2,\cdots,x_n$ 的一个 n 元多项式. 如果 $p(x)$ 中实际出现的变元的最大下标为 i $(1\leqslant i\leqslant n)$, 那么称 x_i 为 $p(x)$ 的**主变元**. 我们有

$$p(x)=I(x)\cdot x_i^{d_i}+(x_i \text{ 的低次项}),$$

其中 d_i 是 $p(x)$ 对主元 x_i 的最高次幂, 记作

$$d_i=\deg_{x_i}(p(x)),$$

而 $I(x)$ 是数域 $\mathbb{F}$ 上关于变元 $x_1,x_2,\cdots,x_{i-1}$ 的多项式, 一般称为 $p(x)$ 的**初式**.

① 本节材料来源于文献 (石赫, 1998; 关蔼雯, 1990).

设 $p(x)$ 与 $q(x)$ 均为 $\mathbb{F}[x_1,x_2,\cdots,x_n]$ 中的多项式, $p(x)$ 的主变元为 x_i, 初式为 $I(x)=I(x_1,x_2,\cdots,x_{i-1})$, 则与一元多项式相类似, 成立如下**余式公式**:

$$I^s(x)q(x)=\lambda(x)p(x)+R(x), \qquad \deg_{x_i}(R(x))<\deg_{x_i}(p(x)), \tag{2.5.1}$$

这里 s 是某个非负整数, $R(x)\in\mathbb{F}[x_1,x_2,\cdots,x_n]$ 为多项式. 类似地, 我们称 $R(x)$ 为多项式 $q(x)$ 对 $p(x)$ 的**余式**.

定义 2.5.1 设 $p(x)$ 与 $q(x)$ 都是 $\mathbb{F}[x_1,x_2,\cdots,x_n]$ 中的多项式, 它们的主元分别为 x_i 与 x_j, 若 $p(x)$ 中出现的 x_j 的最高次幂 $\deg_{x_j}(p(x))<\deg_{x_j}(q(x))$, 则称多项式 $p(x)$ 对 $q(x)$ **已经约化**.

定义 2.5.2 称 $\mathbb{F}[x_1,x_2,\cdots,x_n]$ 中的一个多项式组

$$(\mathrm{I}): p_1(x),p_2(x),\cdots,p_r(x)$$

为一个**升列**, 如果它们满足

(1) $\forall 1\leqslant i\leqslant r$, $p_i(x)$ 的主变元为 x_i, 此时, 我们称 (I) 是**三角化**的;

(2) $\forall 1\leqslant j<i\leqslant r, p_i(x)$ 对 $p_j(x)$ 已经约化, 即

$$\deg_{x_j}(p_i(x))<\deg_{x_j}(p_j(x)).$$

依定义 2.5.2, 数域 $\mathbb{F}$ 中任一非零常数构成一类特殊的升列. 通常, 我们称之为**矛盾升列**.

设 $p(x)\in\mathbb{F}[x_1,x_2,\cdots,x_r]$, $p_1(x),p_2(x),\cdots,p_r(x)$ 是 $\mathbb{F}[x_1,x_2,\cdots,x_r]$ 中的升列多项式, 则依余式公式 (2.5.1) 可得

$$\begin{aligned}
&I_r^{s_r}(x)p(x)=\lambda_r(x)p_r(x)+R_{r-1}(x), && \deg_{x_r}(R_{r-1}(x))<\deg_{x_r}(p_r(x)).\\
&I_{r-1}^{s_{r-1}}(x)R_{r-1}(x)=\lambda_{r-1}(x)p_{r-1}(x)+R_{r-2}(x), && \deg_{x_{r-1}}(R_{r-2}(x))<\deg_{x_{r-1}}(R_{r-1}(x)).\\
&\qquad\qquad\cdots\cdots\\
&I_2^{s_2}(x)R_2(x)=\lambda_2(x)p_2(x)+R_1(x), && \deg_{x_2}(R_1(x))<\deg_{x_2}(R_2(x)).\\
&I_1^{s_1}(x)R_1(x)=\lambda_1(x)p_1(x)+R_0(x), && \deg_{x_1}(R_0(x))<\deg_{x_1}(R_1(x)).
\end{aligned}$$

从而有

$$\begin{aligned}
&I_1^{s_1}(x)I_2^{s_2}(x)\cdots I_r^{s_r}(x)p(x)\\
=&Q_r(x)p_r(x)+Q_{r-1}(x)p_{r-1}(x)+\cdots+Q_1(x)p_1(x)+R_0(x),
\end{aligned}\tag{2.5.2}$$

这里 $I_1(x), I_2(x), \cdots, I_r(x)$ 由上述余式公式所确定, $Q_1(x), Q_2(x), \cdots, Q_r(x)$ 由这些余式公式中的多项式经过乘法及加法运算所确定. 一般地, 我们称公式 (2.5.2) 为多项式 $p(x)$ **关于升列** $p_1(x), p_2(x), \cdots, p_r(x)$ **的余式公式**, 称 $\mathbb{F}$ 上关于 $x_1, x_2, \cdots, x_r$ 的多项式 $R_0(x)$ 为多项式 $p(x)$ **关于升列** $p_1(x), p_2(x), \cdots, p_r(x)$ **的余项**, 它满足

$$\deg_{x_i}(R_0(x)) < \deg_{x_i}(p_i(x)), \quad i = 1, 2, \cdots, r.$$

设 (PS) : $p_1(x), p_2(x), \cdots, p_r(x)$ 是数域 $\mathbb{F}$ 上关于变元 $x_1, x_2, \cdots, x_n$ 的一个多项式组, 将它们按主变元进行分类, 主变元为 x_i 的类记作 (x_i). 取出 (x_i) 中一个关于 x_i 的幂最低的多项式, 则这些多项式形成 PS 的一个部分组, 记这个部分组为 PPS.

定义 2.5.3 若 PPS 中的多项式构成一个升列, 即其任意两个多项式之间都已约化, 则称 PPS 为 PS 的一组**基列**. PS 的一组基列通常记作 BS.

基列 BS 是一个升列. 多项式组 PS 的一组基列可以通过如下步骤寻找. 将 (PS) 的类 (x_i) 排序如下:

$$(x_{i_1}), (x_{i_2}), \cdots, (x_{i_k}), \quad 1 \leqslant i_1 \leqslant i_2 \leqslant \cdots \leqslant i_k \leqslant r.$$

在 (x_{i_1}) 中选出 x_{i_1} 的一个最低次幂的多项式 $B_1(x)$, 这样的 $B_1(x)$ 总是存在的. 在 (x_{i_2}) 中寻找 x_{i_2} 的最低次幂多项式 $B_2(x)$, 使 $B_1(x)$ 与 $B_2(x)$ 约化. 若这样的 $B_2(x)$ 存在, 则记 $B = \{B_1(x), B_2(x)\}$. 若 (x_{i_2}) 中不存在这样的 $B_2(x)$, 则记 $B = \{B_1(x)\}$. 在 (x_{i_3}) 中寻找 x_{i_3} 的最低次幂多项式 $B_3(x)$, 使之与 B 中的多项式均约化. 若这样的 $B_3(x)$ 存在, 则记 $B = \{B_1(x), B_2(x), B_3(x)\}$, 否则 B 不变. 依次选遍所有的类, 所得的 B 中多项式便构成多项式组 PS 的一个基列.

吴-Ritt 方法的主要目的就是将一个多元多项式方程组转化为一个"梯形"形式的多元多项式方程组. 从这点看, 它类似于求解线性方程组的 Gauss 消元法. 利用上述所建立的概念, 以下我们介绍吴-Ritt 消元法.

设 $f_i(x) \in \mathbb{F}[x]$ $(i = 1, 2, \cdots, m)$ 为 $\mathbb{F}$ 上关于变元 $x_1, x_2, \cdots, x_n$ 的多项式组, 记

$$\text{PS} = \{f_1(x), f_2(x), \cdots, f_m(x)\}.$$

消元法分为三步.

第一步: 选出 PS 的一组基列 BS, 将 PS 中的每一个多项式 $f_i(x)(i = 1, 2, \cdots, m)$ 对 BS 求余, 所得的非零余式的全体记为 RS.

第二步: 把 RS 中的所有多项式添加到 PS 中得到新的一多项式组 PS_1, 取出其一组基列 BS_1, 将 PS_1 中的每一个多项式对 BS_1 求余, 所得的非零多项式的全体记为 RS_1.

第三步: 若已得多项式组 $\mathrm{PS}_{i-1}(i>1)$, 选出其一组基列 BS_{i-1}, 把 PS_{i-1} 中的每一个多项式对 BS_{i-1} 求余, 将所有不为零的余式添入 PS_{i-1} 中得到新的多项式组 BS_i. 由于 PS 中多项式是给定的, 变元个数及其相应的次幂都是有限的, 每经过一次对升列的求余, 余式的主变元次幂都要减少或降低. 因此, 经过有限次重复求余后, 可得多项式组 PS_k 及其一组基列 BS_k, 使得 PS_k 中的任何多项式对 BS_k 的余式 RS_k 均为零.

这里 BS_k 是一组升列, 为"梯形"形式的多项式方程组. 上述通过求余得到的 BS_k 的过程称为**吴-Ritt 消元过程**, 也称为**整序过程**.

假设

$$RS_k=\{R_1^k(x)=0,R_2^k(x),\cdots,R_s^k(x)\},$$

吴-Ritt 理论证明了多项式方程组

$$\begin{cases} f_1(x)=0,\\ f_2(x)=0,\\ \quad\cdots\cdots\\ f_m(x)=0 \end{cases}$$

的零点集与上述 BS_k 中多项式所形成的方程组

$$\begin{cases} R_1^k(x)=0,\\ R_2^k(x)=0,\\ \quad\cdots\cdots\\ R_s^k(x)=0 \end{cases}$$

的零点集有着非常紧密的联系 (吴-Ritt 零点分解定理).

例 2.5.1 试利用吴-Ritt 方法简化下列多项式方程组

$$\begin{cases} -x_2^2+x_1x_2+1=0,\\ -2x_3+x_1^2=0,\\ -x_3^2+x_1x_2-1=0. \end{cases}$$

解 为了书写的方便, 本例简记

$$\mathrm{PS}=\{p_1,p_2,p_3\},$$

其中

$$p_1=-x_2^2+x_1x_2+1,\quad p_2=-2x_3+x_1^2,\quad p_3=-x_3^2+x_1x_2-1.$$

显然

$$(x_1)=\varnothing, \quad (x_2)=\{p_1\}, \quad (x_3)=\{p_2,p_3\}.$$

在这里以及整本书中, $\varnothing$ 都表示空集. 从而

$$\mathrm{PPS}=\{p_1,p_2\}.$$

由于 PPS 中的两个多项式已经约化, 故

$$\mathrm{BS}=\mathrm{PPS}.$$

将 PS 中的每一个多项式对 BS 求余:

$$p_1=1\cdot p_1+0p_2+0,\ \ p_2=0p_1+1\cdot p_2+0,\ \ 4p_3=0p_1+(x_3+x_1^2)p_2+r_1,$$

这里 $r_1=4(x_2x_1-1)-x_1^4$. 因此

$$\mathrm{RS}=\{r_1\}.$$

令

$$\mathrm{PS}_1=\{p_1,p_2,p_3,r_1\},$$

对于 PS_1, 我们有

$$(x_1)=\varnothing, \quad (x_2)=\{p_1,r_1\}, \ \ (x_3)=\{p_2,p_3\}.$$

易知

$$\mathrm{PPS}_1=\{p_2,r_1\}, \quad \mathrm{BS}_1=\mathrm{PPS}_1.$$

将 PS_1 中的每一个多项式对 BS_1 求余, 可得 p_2,p_3,r_1 所对应余项均为 0 而 p_1 所对应余式为

$$r_2=x_1^8+4x_1^6-8x_1^4-16x_1^2+16,$$

故

$$\mathrm{RS}_1=\{r_2\}.$$

令

$$\mathrm{PS}_2=\{p_1,p_2,p_3,r_1,r_2\},$$

则

$$(x_1)=\{r_2\}, \quad (x_2)=\{p_1,r_1\}, \ \ (x_3)=\{p_2,p_3\}.$$

仿前可得

$$\mathrm{PPS}_2=\{p_2,r_1,r_2\}, \quad \mathrm{BS}_2=\mathrm{PPS}_2.$$

由于 PS_2 中的每个多项式对 BS_2 求余所得的余式均为 0, 故所得的与原方程组零点相关的"梯形"形式方程组为

$$\begin{cases} r_2 = 0, \\ r_1 = 0, \\ p_2 = 0 \end{cases} \quad \text{或} \quad \begin{cases} x_1^8 + 4x_1^6 - 8x_1^4 - 16x_1^2 + 16 = 0, \\ 4(x_2x_1 - 1) - x_1^4 = 0, \\ -2x_3 + x_1^2 = 0. \end{cases}$$

对本节内容感兴趣的读者可进一步参看数学机械化方面的书籍, 比如文献 (陈志杰, 2008; 石赫, 1998; 关蔼雯, 1990).

本章拓展题

1. 求下列曲线的直角坐标方程:

$$x = t^2 - t + 1, \quad y = 2t^2 + t - 3.$$

2. 求参数曲线

$$\begin{cases} x = \dfrac{2(t+1)}{t^2+1}, \\ y = \dfrac{t^2}{2t-1} \end{cases}$$

的直角坐标方程.

3. 设 x_1, x_2, x_3 为 $f(x) = 2x^3 + x^2 - 3x + 2$ 的根, 求

$$\varphi = \frac{x_2}{x_1} + \frac{x_1}{x_2} + \frac{x_3}{x_2} + \frac{x_2}{x_3} + \frac{x_1}{x_3} + \frac{x_3}{x_1}$$

的值.

4. (本题针对具备"置换群"初步知识的读者) 设 $\sigma = \begin{pmatrix} 1 & 2 & 3 & 4 & 5 \\ 3 & 4 & 1 & 5 & 2 \end{pmatrix} \in S_5$. 将 σ 表示成一些不相交的圈, 并将它写成几个对换的乘积.

5*. (本题针对具备"群的作用"初步知识的读者) 利用性质"任意 $\sigma \in S_n$ 可写成若干对换的乘积", 证明: $f(x_1, x_2, \cdots, x_n) \in \mathbb{F}[x_1, x_2, \cdots, x_n]$ 是对称多项式 $\Leftrightarrow \sigma \cdot f(x_1, x_2, \cdots, x_n) = f(x_1, x_2, \cdots, x_n), \forall \sigma \in S_n$.

6. 证明: 映射 $\phi : \mathbb{F}[x_1, x_2, \cdots, x_n] \to V = \{f : \mathbb{F}^n \to \mathbb{F}\}, f(x_1, x_2, \cdots, x_n) \mapsto f$, 保持乘法.

7. (1) 已知当 $y = x$ 时, 二元多项式 $h(x, y) = 0$, 即 $h(x, x) = 0$ (零多项式). 证明: $(y - x) | h(x, y)$ (比如 $x^n - y^n$ 就是一个例子).

(2) 已知当 $y = ax + b$ 时, 二元多项式 $h(x, y) = 0$. 证明: $(y - ax - b) | h(x, y)$.

第 3 章　直和理论与方程组的通解公式

3.1　子空间的交与和

请读者自己先回顾一下上册中已建立的线性空间概念, 它是本课程最核心的概念之一. 作为线性空间的子结构, 我们有子空间的概念, 即若线性空间 V 的非空子集 W 在 V 的原有加法和数乘之下也成为一个线性空间, 则 W 是 V 的一个**子空间**. 这等价于说, W 关于 V 中的加法和数乘是封闭的.

一般线性空间反映了向量间的线性关系, 没有反映出某种度量性质, 而这是研究实际问题所需要的. 所以针对实数域 $\mathbb{R}$ 上的线性空间 V, 在上册中, 我们就有了内积和欧氏空间的概念. 欧氏空间作为线性空间的子空间在原空间的内积下显然也是一个欧氏空间.

本章的观点是基于对各类子空间结构的研究来反映整体空间的性质. 本节我们从子空间的交与和出发来展开.

本册中线性空间的零向量通常用 $\boldsymbol{\theta}$ 表示.

定理 3.1.1　*若 V_1, V_2 是数域 $\mathbb{F}$ 上线性空间 V 的两个子空间, 那么它们作为集合的交 $V_1 \cap V_2$ 也是 V 的子空间.*

证明　因为零向量 $\boldsymbol{\theta} \in V_1, \boldsymbol{\theta} \in V_2$, 所以 $\boldsymbol{\theta} \in V_1 \cap V_2$, 即 $V_1 \cap V_2$ 非空. 对 $k, l \in \mathbb{F}$, $\boldsymbol{\alpha}, \boldsymbol{\beta} \in V_1 \cap V_2$, 有 $\boldsymbol{\alpha}, \boldsymbol{\beta} \in V_1, \boldsymbol{\alpha}, \boldsymbol{\beta} \in V_2$. 由 V_1, V_2 是子空间, 得 $k\boldsymbol{\alpha}, l\boldsymbol{\beta} \in V_1$, $k\boldsymbol{\alpha}, l\boldsymbol{\beta} \in V_2$, 进而 $k\boldsymbol{\alpha}+l\boldsymbol{\beta} \in V_1, k\boldsymbol{\alpha}+l\boldsymbol{\beta} \in V_2$, 所以 $k\boldsymbol{\alpha}+l\boldsymbol{\beta} \in V_1 \cap V_2$, 即 $V_1 \cap V_2$ 是子空间. □

由集合的交的性质, 我们知道

(交换律)　　$V_1 \cap V_2 = V_2 \cap V_1$;

(结合律)　　$(V_1 \cap V_2) \cap V_3 = V_1 \cap (V_2 \cap V_3)$.

从而可以定义多个子空间的交:

$$V_1 \cap V_2 \cap \cdots \cap V_s = \bigcap_{i=1}^{s} V_i,$$

甚至无穷多个子空间 V_λ $(\lambda \in \Lambda)$ 的交 $\bigcap\limits_{\lambda \in \Lambda} V_\lambda$, 其中指标集 Λ 是无穷集, 用定理 3.1.1 的同样证明方法可证, $\bigcap\limits_{\lambda \in \Lambda} V_\lambda$ 是 V 的子空间.

定义 3.1.1 设 V_1, V_2 是 $\mathbb{F}$ 上线性空间 V 的子空间. 定义

$$V_1 + V_2 = \{\boldsymbol{\alpha}_1 + \boldsymbol{\alpha}_2 : \boldsymbol{\alpha}_1 \in V_1, \boldsymbol{\alpha}_2 \in V_2\},$$

称之为 V_1 与 V_2 的**和**.

显然 $V_1 + V_2$ 是 V 的非空子集.

定理 3.1.2 若 V_1, V_2 是 V 的子空间, 则 $V_1 + V_2$ 也是 V 的子空间.

证明 对 $k, l \in \mathbb{F}, \boldsymbol{\alpha}, \boldsymbol{\beta} \in V_1 + V_2$. 由 $V_1 + V_2$ 的定义, 存在 $\boldsymbol{\alpha}_1, \boldsymbol{\beta}_1 \in V_1$, $\boldsymbol{\alpha}_2, \boldsymbol{\beta}_2 \in V_2$ 使 $\boldsymbol{\alpha} = \boldsymbol{\alpha}_1 + \boldsymbol{\alpha}_2, \boldsymbol{\beta} = \boldsymbol{\beta}_1 + \boldsymbol{\beta}_2$. 因为 V_1, V_2 是 V 的子空间, 所以 $k\boldsymbol{\alpha}_1 + l\boldsymbol{\beta}_1 \in V_1$, $k\boldsymbol{\alpha}_2 + l\boldsymbol{\beta}_2 \in V_2$. 于是, $k\boldsymbol{\alpha} + l\boldsymbol{\beta} = (k\boldsymbol{\alpha}_1 + l\boldsymbol{\beta}_1) + (k\boldsymbol{\alpha}_2 + l\boldsymbol{\beta}_2) \in V_1 + V_2$. □

由 V 的元素对加法的交换律和结合律, 可以在唯一意义下定义多个子空间的**和**

$$\sum_{i=1}^{s} V_i = V_1 + \cdots + V_s = \{\boldsymbol{\alpha}_1 + \cdots + \boldsymbol{\alpha}_s : \boldsymbol{\alpha}_1 \in V_1, \cdots, \boldsymbol{\alpha}_s \in V_s\},$$

甚至无限多个子空间的**和**可以定义为

$$\sum_{\lambda \in \Lambda} V_\lambda = \{\boldsymbol{\alpha}_{\lambda_1} + \cdots + \boldsymbol{\alpha}_{\lambda_s} : \forall s \in \mathbb{N}, \forall 1 \leqslant i \leqslant s, \boldsymbol{\alpha}_{\lambda_i} \in V_{\lambda_i}, \lambda_i \in \Lambda\},$$

其中 Λ 是指标集, $\mathbb{N}$ 表示自然数集. 无限和中的每个元素其实是定义为至多有限个非零元之和, 其 “无限性” 体现在子空间选择范围的 “无限性”.

与定理 3.1.2 的证明相同, 易证这样定义的和空间均为 V 的子空间.

下面性质由定义直接可得:

(1) 设 V_1, V_2, W 是 V 的子空间.

(a) 若 $W \subseteq V_1, W \subseteq V_2$, 则 W 是 $V_1 \bigcap V_2$ 的子空间, 即 $V_1 \bigcap V_2$ 是同时包含于 V_1 和 V_2 的最大子空间;

(b) 若 $W \supseteq V_1$, $W \supseteq V_2$, 则 $V_1 + V_2$ 是 W 的子空间, 即 $V_1 + V_2$ 是包含 V_1 和 V_2 的最小子空间;

(c) $V_1 + V_2$ 等于由 V_1 和 V_2 的所有元素生成的 V 的子空间, 即

$$V_1 + V_2 = L(V_1 \cup V_2).$$

(2) 设 V_1, V_2 是 V 的子空间, 以下三个论断等价:

(a) $V_1 \subset V_2$; (b) $V_1 \bigcap V_2 = V_1$; (c) $V_1 + V_2 = V_2$.

上述 (1) 中的 (c) 由 (b) 及生成子空间的定义直接可得. 特别地, 对给定的有限个向量 $\boldsymbol{\alpha}_1, \boldsymbol{\alpha}_2, \cdots, \boldsymbol{\alpha}_s$, $\boldsymbol{\beta}_1, \boldsymbol{\beta}_2, \cdots, \boldsymbol{\beta}_t \in V$, 有

$$L(\boldsymbol{\alpha}_1, \boldsymbol{\alpha}_2, \cdots, \boldsymbol{\alpha}_s) + L(\boldsymbol{\beta}_1, \cdots, \boldsymbol{\beta}_t) = L(\boldsymbol{\alpha}_1, \boldsymbol{\alpha}_2, \cdots, \boldsymbol{\alpha}_s, \boldsymbol{\beta}_1, \boldsymbol{\beta}_2, \cdots, \boldsymbol{\beta}_t).$$

例 3.1.1　在 $V=\mathbb{R}^3$ 中, 设 V_1, V_2 是过原点的两个平面, 那么 V_1, V_2 是 V 的子空间. 由 V 中向量的加法易知, 当 V_1 与 V_2 不重合时, $V_1+V_2=\mathbb{R}^3, V_1\cap V_2$ 是 $\mathbb{R}^3$ 中过原点的一条直线; 设 L_1, L_2 是 $\mathbb{R}^3$ 中过原点的两条直线, 当它们不重合时, L_1+L_2 是由 L_1 和 L_2 确定的一个平面, $L_1\cap L_2=\{\boldsymbol{\theta}\}$.

对一般数域 $\mathbb{F}$, 若 $V=\mathbb{F}^n$, 则可以用线性方程组解空间的关系来理解子空间的关系.

由上册第 6 章补充题 10 题知, $\mathbb{F}^n$ 的任一子空间总可看作是 $\mathbb{F}$ 上一个 n 元齐次线性方程组的解空间. 对子空间 V_1, V_2, 设它们分别是齐次线性方程组

$$\begin{cases} a_{11}x_1+a_{12}x_2+\cdots+a_{1n}x_n=0, \\ a_{21}x_1+a_{22}x_2+\cdots+a_{2n}x_n=0, \\ \qquad\cdots\cdots \\ a_{s1}x_1+a_{s2}x_2+\cdots+a_{sn}x_n=0 \end{cases}$$

与

$$\begin{cases} b_{11}x_1+b_{12}x_2+\cdots+b_{1n}x_n=0, \\ b_{21}x_1+b_{22}x_2+\cdots+b_{2n}x_n=0, \\ \qquad\cdots\cdots \\ b_{t1}x_1+b_{t2}x_2+\cdots+b_{tn}x_n=0 \end{cases}$$

的解空间, 那么 $V_1\bigcap V_2$ 是齐次方程组

$$\begin{cases} a_{11}x_1+a_{12}x_2+\cdots+a_{1n}x_n=0, \\ a_{21}x_1+a_{22}x_2+\cdots+a_{2n}x_n=0, \\ \qquad\cdots\cdots \\ a_{s1}x_1+a_{s2}x_2+\cdots+a_{sn}x_n=0, \\ b_{11}x_1+b_{12}x_2+\cdots+b_{1n}x_n=0, \\ b_{21}x_1+b_{22}x_2+\cdots+b_{2n}x_n=0, \\ \qquad\cdots\cdots \\ b_{t1}x_1+b_{t2}x_2+\cdots+b_{tn}x_n=0 \end{cases}$$

的解空间.

关于两个子空间的交与和的维数, 可以统一到下面的重要公式中.

定理 3.1.3 (维数公式)　如果 V_1, V_2 是线性空间 V 的两个有限维子空间, 那么

$$\dim V_1+\dim V_2=\dim(V_1+V_2)+\dim(V_1\cap V_2).$$

证明 令 $\dim V_1=n_1$, $\dim V_2=n_2$, $\dim(V_1\cap V_2)=m$. 取 $V_1\bigcap V_2$ 的一组基 $\boldsymbol{\alpha}_1,\boldsymbol{\alpha}_2,\cdots,\boldsymbol{\alpha}_m$. 由 $V_1\cap V_2$ 是 V_1 和 V_2 的子空间知 $\boldsymbol{\alpha}_1,\boldsymbol{\alpha}_2,\cdots,\boldsymbol{\alpha}_m$ 可分别扩充为 V_1 和 V_2 的基, 分别设为 $\boldsymbol{\alpha}_1,\boldsymbol{\alpha}_2,\cdots,\boldsymbol{\alpha}_m,\boldsymbol{\beta}_1,\boldsymbol{\beta}_2,\cdots,\boldsymbol{\beta}_{n_1-m}$ 和 $\boldsymbol{\alpha}_1,\boldsymbol{\alpha}_2,\cdots,\boldsymbol{\alpha}_m,\boldsymbol{\gamma}_1,\boldsymbol{\gamma}_2,\cdots,\boldsymbol{\gamma}_{n_2-m}$. 下面证明 $\boldsymbol{\alpha}_1,\boldsymbol{\alpha}_2,\cdots,\boldsymbol{\alpha}_m,\boldsymbol{\beta}_1,\boldsymbol{\beta}_2,\cdots,\boldsymbol{\beta}_{n_1-m},\boldsymbol{\gamma}_1,\boldsymbol{\gamma}_2,\cdots,\boldsymbol{\gamma}_{n_2-m}$ 恰为 V_1+V_2 的基, 从而

$$\begin{aligned}\dim(V_1+V_2)&=n_1+n_2-m\\&=\dim V_1+\dim V_2-\dim(V_1\cap V_2).\end{aligned}$$

因为

$$V_1=L(\boldsymbol{\alpha}_1,\boldsymbol{\alpha}_2,\cdots,\boldsymbol{\alpha}_m,\boldsymbol{\beta}_1,\boldsymbol{\beta}_2,\cdots,\boldsymbol{\beta}_{n_1-m}),$$
$$V_2=L(\boldsymbol{\alpha}_1,\boldsymbol{\alpha}_2,\cdots,\boldsymbol{\alpha}_m,\boldsymbol{\gamma}_1,\boldsymbol{\gamma}_2,\cdots,\boldsymbol{\gamma}_{n_2-m}),$$

所以

$$V_1+V_2=L(\boldsymbol{\alpha}_1,\boldsymbol{\alpha}_2,\cdots,\boldsymbol{\alpha}_m,\boldsymbol{\beta}_1,\boldsymbol{\beta}_2,\cdots,\boldsymbol{\beta}_{n_1-m},\boldsymbol{\gamma}_1,\boldsymbol{\gamma}_2,\cdots,\boldsymbol{\gamma}_{n_2-m}).$$

只需再证明 $\boldsymbol{\alpha}_1,\boldsymbol{\alpha}_2,\cdots,\boldsymbol{\alpha}_m,\boldsymbol{\beta}_1,\boldsymbol{\beta}_2,\cdots,\boldsymbol{\beta}_{n_1-m},\boldsymbol{\gamma}_1,\boldsymbol{\gamma}_2,\cdots,\boldsymbol{\gamma}_{n_2-m}$ 是线性无关的. 假设存在 $k_i,p_j,q_l\in\mathbb{F}$ $(i=1,2,\cdots,m,\ j=1,2,\cdots,n_1-m,\ l=1,2,\cdots,n_2-m)$ 使得

$$\begin{aligned}&k_1\boldsymbol{\alpha}_1+k_2\boldsymbol{\alpha}_2+\cdots+k_m\boldsymbol{\alpha}_m+p_1\boldsymbol{\beta}_1+p_2\boldsymbol{\beta}_2\cdots\\&+p_{n_1-m}\boldsymbol{\beta}_{n_1-m}+q_1\boldsymbol{\gamma}_1+\cdots+q_{n_2-m}\boldsymbol{\gamma}_{n_2-m}=\boldsymbol{\theta},\end{aligned}$$

则

$$k_1\boldsymbol{\alpha}_1+k_2\boldsymbol{\alpha}_2+\cdots+k_m\boldsymbol{\alpha}_m+p_1\boldsymbol{\beta}_1+\cdots+p_{n_1-m}\boldsymbol{\beta}_{n_1-m}=-q_1\boldsymbol{\gamma}_1-\cdots-q_{n_2-m}\boldsymbol{\gamma}_{n_2-m}.$$

上式左边可看作 V_1 中的向量, 右边可看作 V_2 中的向量, 从而左、右边均为 $V_1\bigcap V_2$ 中的向量. 于是存在 $l_1,l_2,\cdots,l_m\in\mathbb{F}$ 使得

$$-q_1\boldsymbol{\gamma}_1-q_2\boldsymbol{\gamma}_2-\cdots-q_{n_2-m}\boldsymbol{\gamma}_{n_2-m}=l_1\boldsymbol{\alpha}_1+l_2\boldsymbol{\alpha}_2+\cdots+l_m\boldsymbol{\alpha}_m,$$

即

$$l_1\boldsymbol{\alpha}_1+l_2\boldsymbol{\alpha}_2+\cdots+l_m\boldsymbol{\alpha}_m+q_1\boldsymbol{\gamma}_1+q_2\boldsymbol{\gamma}_2+\cdots+q_{n_2-m}\boldsymbol{\gamma}_{n_2-m}=\boldsymbol{\theta}.$$

但已知 $\boldsymbol{\alpha}_1,\boldsymbol{\alpha}_2,\cdots,\boldsymbol{\alpha}_m,\boldsymbol{\gamma}_1,\boldsymbol{\gamma}_2,\cdots,\boldsymbol{\gamma}_{n_2-m}$ 是线性无关的, 故 $q_1=q_2=\cdots=q_{n_2-m}=0$, 从而

$$k_1\boldsymbol{\alpha}_1+k_2\boldsymbol{\alpha}_2+\cdots+k_m\boldsymbol{\alpha}_m+p_1\boldsymbol{\beta}_1+p_2\boldsymbol{\beta}_2+\cdots+p_{n_1-m}\boldsymbol{\beta}_{n_1-m}=\boldsymbol{\theta}.$$

由 $\boldsymbol{\alpha}_1,\boldsymbol{\alpha}_2,\cdots,\boldsymbol{\alpha}_m,\boldsymbol{\beta}_1,\boldsymbol{\beta}_2,\cdots,\boldsymbol{\beta}_{n_1-m}$ 是线性无关的, 又得 $k_1=k_2=\cdots=k_m=p_1=p_2=\cdots=p_{n_1-m}=0$.

因此 $\boldsymbol{\alpha}_1,\boldsymbol{\alpha}_2,\cdots,\boldsymbol{\alpha}_m,\boldsymbol{\beta}_1,\boldsymbol{\beta}_2,\cdots,\boldsymbol{\beta}_{n_1-m},\boldsymbol{\gamma}_1,\boldsymbol{\gamma}_2,\cdots,\boldsymbol{\gamma}_{n_2-m}$ 是线性无关组, 从而是 V_1+V_2 的基. □

从维数公式知, 两个子空间之和的维数比它们的维数之和往往要小, 这是因为它们可能有非零的公共元. 例如, 在 $\mathbb{R}^3$ 中, 过原点的两个平面之和是整个 $\mathbb{R}^3$, 维数为 3, 但两个平面各自维数是 2, 其和为 4. 由此说明, 此两个平面的交的维数是 1 维的, 是一条直线. 一般地, 有如下结论.

推论 3.1.4　若 n 维线性空间 V 的子空间 V_1,V_2 的维数之和大于 n, 则 V_1,V_2 必含非零的公共向量.

证明　由已知, $\dim(V_1+V_2)+\dim(V_1\cap V_2)=\dim V_1+\dim V_2>n$. 但 V_1+V_2 是 V 的子空间, 所以 $\dim(V_1+V_2)\leqslant n$, 故 $\dim(V_1\cap V_2)>0$, 即 $V_1\cap V_2\neq\{\boldsymbol{\theta}\}$. □

例 3.1.2　设 $V=\mathbb{F}^4, W_1=L(\boldsymbol{\alpha}_1,\boldsymbol{\alpha}_2,\boldsymbol{\alpha}_3), W_2=L(\boldsymbol{\beta}_1,\boldsymbol{\beta}_2)$, 其中 $\boldsymbol{\alpha}_1=(1,2,-1,-3)$, $\boldsymbol{\alpha}_2=(-1,-1,2,1)$, $\boldsymbol{\alpha}_3=(-1,-3,0,5)$, $\boldsymbol{\beta}_1=(-1,0,4,-2)$, $\boldsymbol{\beta}_2=(0,5,9,-14)$, 求 W_1 与 W_2 的和与交的一组基与维数.

解　因为 $W_1+W_2=L(\boldsymbol{\alpha}_1,\boldsymbol{\alpha}_2,\boldsymbol{\alpha}_3,\boldsymbol{\beta}_1,\boldsymbol{\beta}_2)$, 所以 $\boldsymbol{\alpha}_1,\boldsymbol{\alpha}_2,\boldsymbol{\alpha}_3,\boldsymbol{\beta}_1,\boldsymbol{\beta}_2$ 的一个极大线性无关组就是 W_1+W_2 的一组基. 按照上册第 6 章的方法, 把 $\boldsymbol{\alpha}_1,\boldsymbol{\alpha}_2,\boldsymbol{\alpha}_3,\boldsymbol{\beta}_1,\boldsymbol{\beta}_2$ 写成列向量, 组成矩阵 $\boldsymbol{A}$, 对 $\boldsymbol{A}$ 作初等行变换化成阶梯阵:

$$\boldsymbol{A}=\underset{\begin{matrix}\boldsymbol{\alpha}_1 & \boldsymbol{\alpha}_2 & \boldsymbol{\alpha}_3 & \boldsymbol{\beta}_1 & \boldsymbol{\beta}_2\end{matrix}}{\begin{pmatrix}1&-1&-1&-1&0\\2&-1&-3&0&5\\-1&2&0&4&9\\-3&1&5&-2&-14\end{pmatrix}}\longrightarrow\underset{\begin{matrix}\boldsymbol{\alpha}_1' & \boldsymbol{\alpha}_2' & \boldsymbol{\alpha}_3' & \boldsymbol{\beta}_1' & \boldsymbol{\beta}_2'\end{matrix}}{\begin{pmatrix}1&0&-2&0&1\\0&1&-1&0&-3\\0&0&0&1&4\\0&0&0&0&0\end{pmatrix}}.$$

由此得出 $\boldsymbol{\alpha}_1,\boldsymbol{\alpha}_2,\boldsymbol{\beta}_1$ 是 W_1+W_2 的一组基, $\boldsymbol{\alpha}_1,\boldsymbol{\alpha}_2$ 是 W_1 的一组基, 而易见 $\boldsymbol{\beta}_1',\boldsymbol{\beta}_2'$ 线性无关. 所以 $\boldsymbol{\beta}_1,\boldsymbol{\beta}_2$ 是 W_2 的一组基. 因此 $\dim(W_1+W_2)=3$, $\dim W_1=\dim W_2=2$, 故由维数公式得 $\dim(W_1\bigcap W_2)=1$.

由上述简化阵易见, $\boldsymbol{\beta}_2'=\boldsymbol{\alpha}_1'-3\boldsymbol{\alpha}_2'+4\boldsymbol{\beta}_1'$, 故 $\boldsymbol{\beta}_2=\boldsymbol{\alpha}_1-3\boldsymbol{\alpha}_2+4\boldsymbol{\beta}_1$, 从而

$$\boldsymbol{\theta}\neq\boldsymbol{\gamma}=\boldsymbol{\alpha}_1-3\boldsymbol{\alpha}_2=-4\boldsymbol{\beta}_1+\boldsymbol{\beta}_2=(4,5,-7,-6)\in W_1\cap W_2,$$

则 $\boldsymbol{\gamma}$ 是 $W_1\bigcap W_2$ 的一组基.

习　题　3.1

1. 在 $\mathbb{F}$ 中, $W_1=L(\boldsymbol{\alpha}_1,\boldsymbol{\alpha}_2)$, $W_2=L(\boldsymbol{\beta}_1,\boldsymbol{\beta}_2)$, 求 W_1 与 W_2 的和与交的基和维数:

(1) $\boldsymbol{\alpha}_1=(1,2,1,0),\boldsymbol{\alpha}_2=(-1,1,1,1),\boldsymbol{\beta}_1=(2,-1,0,1),\boldsymbol{\beta}_2=(1,-1,3,7)$;

(2) $\boldsymbol{\alpha}_1=(1,1,0,0),\boldsymbol{\alpha}_2=(1,0,1,1),\boldsymbol{\beta}_1=(0,0,1,1),\boldsymbol{\beta}_2=(0,1,1,0)$.

2. 设 V 为 n 维线性空间, V_1,V_2 为其子空间, 且有等式

$$\dim(V_1+V_2)=\dim(V_1\cap V_2)+1$$

成立, 则必有 $V_1\subseteq V_2$ 或者 $V_2\subseteq V_1$.

3. 设 $W_1,W_2,\cdots,W_s$ 是 n 维向量空间 V 的真子空间, 则存在 V 的一个基使得基中的每一个向量均不在 $W_1,W_2,\cdots,W_s$ 中.

4. 设 V 为 n 维线性空间, 其中 $n>1$. 证明: 对任意的 $1\leqslant r<n$, V 的 r 维子空间有无穷多个.

3.2 直和与正交

3.1 节的维数公式给出了两个有限维子空间的和空间与交空间之间的维数互补关系, 即当和空间维数越大时, 交空间越小; 反之亦然. 这说明, 两个子空间只有在它们的公共部分越少时, 即相互越独立, 它们的和空间才能越大. 特别地, 当交空间为零空间时, 我们来看看它们的和空间有什么特点.

定义 3.2.1 对线性空间 V 的子空间 V_1 和 V_2, 当 $V_1\bigcap V_2=\{\boldsymbol{\theta}\}$ 时, 称它们的和空间 V_1+V_2 是 V_1 和 V_2 的**直和**, 表示为 $V_1\oplus V_2$.

由维数公式即得:

命题 3.2.1 设 V_1,V_2 是 $\mathbb{F}$ 上线性空间 V 的有限维子空间, 则 V_1 与 V_2 构成直和 $V_1\oplus V_2$ 当且仅当 $\dim_{\mathbb{F}}(V_1+V_2)=\dim V_1+\dim V_2$.

上面我们是通过两个子空间 V_1 与 V_2 之间的整体关系来定义它们的直和的. 现在我们给出以元素的局部性质来刻画它们的直和的条件, 即有如下结论.

定理 3.2.2 设有 $\mathbb{F}$ 上线性空间 V 的子空间 V_1 与 V_2, 那么有如下等价条件:

(i) V_1 与 V_2 的和 V_1+V_2 是直和;

(ii) 若存在 $\boldsymbol{\alpha}_1\in V_1$, $\boldsymbol{\alpha}_2\in V_2$ 使 $\boldsymbol{\alpha}_1+\boldsymbol{\alpha}_2=\boldsymbol{\theta}$, 则 $\boldsymbol{\alpha}_1=\boldsymbol{\theta}$, $\boldsymbol{\alpha}_2=\boldsymbol{\theta}$;

(iii) V_1+V_2 中任一向量可唯一地分解为 V_1 和 V_2 中的向量之和.

证明 (i) $\Rightarrow$ (ii): 若存在 $\boldsymbol{\alpha}_1\in V_1,\boldsymbol{\alpha}_2\in V_2$ 使 $\boldsymbol{\alpha}_1+\boldsymbol{\alpha}_2=\boldsymbol{\theta}$, 则 $\boldsymbol{\alpha}_1=-\boldsymbol{\alpha}_2\in V_1\cap V_2$. 但已知 $V_1\cap V_2=\{\boldsymbol{\theta}\}$, 故 $\boldsymbol{\alpha}_1=\boldsymbol{\alpha}_2=\boldsymbol{\theta}$.

(ii) $\Rightarrow$ (iii): 设 $\boldsymbol{\alpha}=\boldsymbol{\alpha}_1+\boldsymbol{\alpha}_2=\boldsymbol{\alpha}_1'+\boldsymbol{\alpha}_2'$, 其中 $\boldsymbol{\alpha}_1,\boldsymbol{\alpha}_1'\in V_1,\boldsymbol{\alpha}_2,\boldsymbol{\alpha}_2'\in V_2$. 则有 $(\boldsymbol{\alpha}_1-\boldsymbol{\alpha}_1')+(\boldsymbol{\alpha}_2-\boldsymbol{\alpha}_2')=\boldsymbol{\theta}$, 由 (ii) 知, $\boldsymbol{\alpha}_1-\boldsymbol{\alpha}_1'=\boldsymbol{\theta},\boldsymbol{\alpha}_2-\boldsymbol{\alpha}_2'=\boldsymbol{\theta}$, 故 $\boldsymbol{\alpha}_1=\boldsymbol{\alpha}_1',\boldsymbol{\alpha}_2=\boldsymbol{\alpha}_2'$.

(iii) $\Rightarrow$ (i) : 设 $\boldsymbol{\alpha}\in V_1\cap V_2$, 则 $\boldsymbol{\alpha}\in V_1,-\boldsymbol{\alpha}\in V_2$. 因为 $\boldsymbol{\alpha}+(-\boldsymbol{\alpha})=\boldsymbol{\theta}\in V_1+V_2$, 由 (iii) 知 $\boldsymbol{\alpha}=\boldsymbol{\theta}$. □

定理 3.2.3　设 U 是有限维线性空间 V 的一个子空间, 那么一定存在子空间 W 使得

$$V = U \oplus W$$

成立. 这时, 称 W 是 U 在 V 中的**直和补**, 反之亦然; 称 U 和 W 互为**补空间**.

证明　设 $\boldsymbol{\alpha}_1, \boldsymbol{\alpha}_2, \cdots, \boldsymbol{\alpha}_m$ 是 U 的一组基, 因为 U 是有限维线性空间 V 的一个子空间, 所以可以扩充为 V 的一组基 $\boldsymbol{\alpha}_1, \cdots, \boldsymbol{\alpha}_m, \boldsymbol{\alpha}_{m+1}, \cdots, \boldsymbol{\alpha}_n$, 令 $W = L(\boldsymbol{\alpha}_{m+1}, \cdots, \boldsymbol{\alpha}_n)$, 则 $V = U + W$. 若有 $\boldsymbol{\alpha} \in U \cap W$, 则存在 $k_i \in \mathbb{F}$ $(i = 1, 2, \cdots, n)$, 使得

$$\boldsymbol{\alpha} = k_1\boldsymbol{\alpha}_1 + k_2\boldsymbol{\alpha}_2 + \cdots + k_m\boldsymbol{\alpha}_m = k_{m+1}\boldsymbol{\alpha}_{m+1} + \cdots + k_n\boldsymbol{\alpha}_n.$$

但由于 $\boldsymbol{\alpha}_1, \boldsymbol{\alpha}_2, \cdots, \boldsymbol{\alpha}_n$ 是线性无关的, 所以 $k_1 = k_2 = \cdots = k_n = 0$. 从而, $\boldsymbol{\alpha} = \boldsymbol{\theta}$. 这说明 $V = U \oplus W$. □

例 3.2.1　令 W_1 是数域 $\mathbb{F}$ 上所有 n 阶对称方阵构成的子空间, W_2 是 $\mathbb{F}$ 上所有 n 阶反对称方阵构成的子空间. 那么 $\mathbb{F}$ 上所有 n 阶方阵关于矩阵的加法和数乘运算作成的线性空间 $\mathbb{F}^{n\times n}$ 是子空间 W_1 与 W_2 的直和, 即

$$\mathbb{F}^{n\times n} = W_1 \oplus W_2.$$

证明　显然, 对任何一个 n 阶方阵 $\boldsymbol{A}$, 都有

$$\boldsymbol{A} = \frac{1}{2}(\boldsymbol{A} + \boldsymbol{A}^{\mathrm{T}}) + \frac{1}{2}(\boldsymbol{A} - \boldsymbol{A}^{\mathrm{T}}),$$

这里, $\frac{1}{2}(\boldsymbol{A} + \boldsymbol{A}^{\mathrm{T}})$ 是对称方阵, $\frac{1}{2}(\boldsymbol{A} - \boldsymbol{A}^{\mathrm{T}})$ 是反对称方阵. 因此, $\mathbb{F}^{n\times n} = W_1 + W_2$. 又若 $\boldsymbol{B} \in W_1 \cap W_2$, 则 $\boldsymbol{B}$ 既是对称方阵, 又是反对称方阵, 易见 $\boldsymbol{B}$ 只能是零矩阵, 从而 $W_1 \cap W_2 = \{\boldsymbol{O}\}$. □

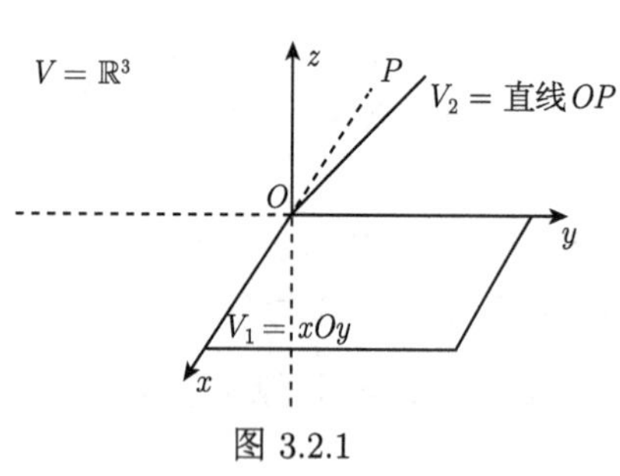

图 3.2.1

值得注意的是, 一个子空间的补空间通常是不唯一的, 因为 $\boldsymbol{\alpha}_1, \boldsymbol{\alpha}_2, \cdots, \boldsymbol{\alpha}_m$ 扩充为 V 的一组基 $\boldsymbol{\alpha}_1, \boldsymbol{\alpha}_2, \cdots, \boldsymbol{\alpha}_m, \boldsymbol{\alpha}_{m+1}, \cdots, \boldsymbol{\alpha}_n$ 的方式可以是不唯一的.

比如, 设 $V = \mathbb{R}^3$, V_1 是平面 xOy (图 3.2.1), 那么当取 V_2 是过原点但不在 xOy 面上的直线时 (比如图 3.2.1 中的直线 OP), 都有 $V_1 \cap V_2 = \{(0, 0, 0)\}$, 从而 $\mathbb{R}^3 = V_1 \oplus V_2$.

上面关于两个子空间直和的讨论都可以推广到多个子空间的情形.

定义 3.2.2 设 $V_1, V_2, \cdots, V_s$ 是线性空间 V 的子空间, 如果有

$$V_i \bigcap \left(\sum_{j \neq i} V_j \right) = \{\boldsymbol{\theta}\}, \quad i = 1, 2, \cdots, s$$

成立, 那么称 $V_1, V_2, \cdots, V_s$ 的和 $V_1 + V_2 + \cdots + V_s$ 是**直和**, 表示为

$$V_1 \oplus V_2 \oplus \cdots \oplus V_s.$$

与两个子空间的情况一样, 有

定理 3.2.4 设 $V_1, V_2, \cdots, V_s$ 是 $\mathbb{F}$ 上线性空间 V 的子空间, 令 $W = V_1 + V_2 + \cdots + V_s$, 则下述论断等价:

(i) $W = V_1 \oplus V_2 \oplus \cdots \oplus V_s$;

(ii) 零向量在 $W = V_1 + V_2 + \cdots + V_s$ 中的表示法唯一;

(iii) $W = V_1 + V_2 + \cdots + V_s$ 的任一向量 $\boldsymbol{\alpha}$ 分解为 V_i 中向量之和的分解式 $\boldsymbol{\alpha} = \boldsymbol{\alpha}_1 + \boldsymbol{\alpha}_2 + \cdots + \boldsymbol{\alpha}_s$ 是唯一的;

当 $\dim W < +\infty$ 时, 则上述各论断又分别等价于

(iv) $\dim W = \dim V_1 + \dim V_2 + \cdots + \dim V_s$.

该定理的证明与 $s = 2$ 时的情形的证明类似, 请读者自证.

注 定义 3.2.2 中直和定义为"任一子空间 V_i 与其他所有 V_j 之和的交为零", 而不定义为"任两个 V_i, V_j 的交 $V_i \cap V_j = \{\boldsymbol{\theta}\}$". 这是因为, 后者的条件要弱于前者的条件. 比如, 设三条不同的直线都过原点而且共面, 则三条直线各自决定的三个一维线性空间的两两交均为零空间. 它们的和空间就是它们所在的平面决定的二维线性空间. 于是, 和空间维数 2 不等于这三个一维线性空间的维数之和 3, 这说明这三个一维线性空间的和不是直和, 虽然它们的两两交均为零空间.

这节的最后, 我们讨论特殊线性空间——内积空间——的子空间的直和, 考虑在这种情况下直和的特殊类型——**正交和**. 这里内积空间包括 $\mathbb{C}$ 上的酉空间和 $\mathbb{R}$ 上的欧氏空间.

定义 3.2.3 设 V 是数域 $\mathbb{F}(\mathbb{F} = \mathbb{C}$或$\mathbb{R})$ 上以 $(\ \ ,\ \ )$ 为内积的内积空间.

(i) 设 V_1, V_2 是 V 的两个子空间, 若对任意 $\boldsymbol{\alpha} \in V_1$, $\boldsymbol{\beta} \in V_2$, 有 $(\boldsymbol{\alpha}, \boldsymbol{\beta}) = 0$, 即 $\boldsymbol{\alpha} \perp \boldsymbol{\beta}$, 则称 V_1 与 V_2 是**正交**的, 记为 $V_1 \perp V_2$;

(ii) 对向量 $\boldsymbol{\alpha} \in V$, 若对任一 $\boldsymbol{\beta} \in V_2$ 有 $(\boldsymbol{\alpha}, \boldsymbol{\beta}) = 0$, 则称 $\boldsymbol{\alpha}$ 与 V_2 **正交**, 记为 $\boldsymbol{\alpha} \perp V_2$;

(iii) 设 $V_1, V_2, \cdots, V_s$ 是 V 的 s 个子空间, 若对任何 $i, j\ (i \neq j)$ 均有 $V_i \perp V_j$, 则称它们的和 $V_1 + V_2 + \cdots + V_s$ 为**正交和**.

关于正交性的基本性质有

性质 3.2.5 设 V 是内积空间, 向量 $\boldsymbol{\alpha} \in V$, V_1 和 V_2 是 V 的子空间, 那么

(i) $\boldsymbol{\alpha} \perp \boldsymbol{\alpha}$ 当且仅当 $\boldsymbol{\alpha} = \boldsymbol{\theta}$;

(ii) 若 $\boldsymbol{\alpha} \perp V_1$ 且 $\boldsymbol{\alpha} \in V_1$, 则 $\boldsymbol{\alpha} = \boldsymbol{\theta}$;

(iii) 当 $V_1 \perp V_2$ 时, 必有 $V_1 \cap V_2 = \{\boldsymbol{\theta}\}$.

这些是很容易理解的结论, 由内积性质和正交的定义直接可得到. 其中 (iii) 说明了两个子空间的正交和必为直和. 事实上, 进一步对有限个子空间的情况, 同样有

定理 3.2.6 对内积空间 V 的子空间 $V_1, V_2, \cdots, V_s$, 当 $V_1 + V_2 + \cdots + V_s$ 是正交和时, $V_1 + V_2 + \cdots + V_s$ 必是直和.

证明 由定理 3.2.4, 只需证明: 对 $\boldsymbol{\alpha}_i \in V_i$ $(i = 1, 2, \cdots, s)$, 当 $\boldsymbol{\alpha}_1 + \boldsymbol{\alpha}_2 + \cdots + \boldsymbol{\alpha}_s = \boldsymbol{\theta}$ 时, 对每个 i, 有 $\boldsymbol{\alpha}_i = \boldsymbol{\theta}$.

事实上, 当 $\boldsymbol{\alpha}_1 + \boldsymbol{\alpha}_2 + \cdots + \boldsymbol{\alpha}_s = \boldsymbol{\theta}$ 时, 等式两边与 $\boldsymbol{\alpha}_i$ 作内积, 得

$$0 = (\boldsymbol{\theta}, \boldsymbol{\alpha}_i) = (\boldsymbol{\alpha}_1 + \boldsymbol{\alpha}_2 + \cdots + \boldsymbol{\alpha}_s, \boldsymbol{\alpha}_i) = \sum_{j=1}^{s} (\boldsymbol{\alpha}_j, \boldsymbol{\alpha}_i) = (\boldsymbol{\alpha}_i, \boldsymbol{\alpha}_i),$$

从而对 $i = 1, 2, \cdots, s$, 有 $\boldsymbol{\alpha}_i = \boldsymbol{\theta}$. 注意, 其中用到了: 由于 $V_1, V_2, \cdots, V_s$ 两两正交, 故对任意 $j \neq i$, 有 $(\boldsymbol{\alpha}_j, \boldsymbol{\alpha}_i) = 0$. □

在内积空间 V 中, 若有子空间 V_1, V_2 满足 $V = V_1 + V_2$ 且 $V_1 \perp V_2$, 则称 V_1 与 V_2 互为**正交补**.

由于这时 $V = V_1 + V_2$ 是正交和, 故也是直和. 因此, V_1 与 V_2 互为前面直和意义下的补空间. 我们已提到, 一个子空间 V_1 的补空间可以是不唯一的. 那么对于更强条件下的正交补是否有可能是唯一的呢? 回答是肯定的, 即

定理 3.2.7 有限维内积空间 V 的每个子空间 V_1 有唯一的正交补空间 V_2.

证明 首先证明正交补的存在性.

当 $V_1 = \{\boldsymbol{\theta}\}$ 时, $V_2 = V$ 就是 V_1 的正交补.

当 $V_1 \neq \{\boldsymbol{\theta}\}$ 时, 由于 V_1 在 V 的内积下也是内积空间, 故可取 V_1 的一组正交基, 设为 $\boldsymbol{\varepsilon}_1, \boldsymbol{\varepsilon}_2, \cdots, \boldsymbol{\varepsilon}_m$. 由上册第 7 章, $\boldsymbol{\varepsilon}_1, \boldsymbol{\varepsilon}_2, \cdots, \boldsymbol{\varepsilon}_m$ 可以扩充为 V 的一组正交基

$$\boldsymbol{\varepsilon}_1, \boldsymbol{\varepsilon}_2, \cdots, \boldsymbol{\varepsilon}_m, \boldsymbol{\varepsilon}_{m+1}, \cdots, \boldsymbol{\varepsilon}_n,$$

那么 $V_2 = L(\boldsymbol{\varepsilon}_{m+1}, \cdots, \boldsymbol{\varepsilon}_n)$ 与 V_1 是正交的且 $V = V_1 + V_2$, 从而 V_2 是 V_1 的正交补.

再来证明正交补的唯一性.

设子空间 V_1 有正交补 V_2 和 V_3, 即 $V = V_1 \oplus V_2 = V_1 \oplus V_3$ 且 $V_1 \perp V_2, V_1 \perp V_3$. 任取 $\boldsymbol{\alpha} \in V_2$, 则 $\boldsymbol{\alpha} \in V_2 \subseteq V_1 \oplus V_2 = V_1 \oplus V_3$, 从而存在 $\boldsymbol{\alpha}_1 \in V_1, \boldsymbol{\alpha}_3 \in V_3$, 使得

$\boldsymbol{\alpha}=\boldsymbol{\alpha}_1+\boldsymbol{\alpha}_3$. 因为 $\boldsymbol{\alpha}\perp\boldsymbol{\alpha}_1,\boldsymbol{\alpha}_3\perp\boldsymbol{\alpha}_1$, 所以

$$0=(\boldsymbol{\alpha},\boldsymbol{\alpha}_1)=(\boldsymbol{\alpha}_1+\boldsymbol{\alpha}_3,\boldsymbol{\alpha}_1)=(\boldsymbol{\alpha}_1,\boldsymbol{\alpha}_1)+(\boldsymbol{\alpha}_3,\boldsymbol{\alpha}_1)=(\boldsymbol{\alpha}_1,\boldsymbol{\alpha}_1).$$

于是 $\boldsymbol{\alpha}_1=\boldsymbol{\theta}$, 得 $\boldsymbol{\alpha}=\boldsymbol{\alpha}_3\in V_3$, 因此 $V_2\subseteq V_3$. 同理 $V_3\subseteq V_2$. 这说明 $V_2=V_3$. □

由此, 我们将 V_1 的唯一正交补记为 $V_1^{\perp}$, 从而 $V=V_1\oplus V_1^{\perp}$. 由于总有 $V_1\cap V_1^{\perp}=\{\boldsymbol{\theta}\}$, 因此 $\dim V_1+\dim V_1^{\perp}=\dim V$, 即任一子空间与其正交补的维数之和恰为整个空间的维数. 这时, 对任一向量 $\boldsymbol{\alpha}\in V$, 都可唯一地分解为 $\boldsymbol{\alpha}=\boldsymbol{\alpha}_1+\boldsymbol{\alpha}_2$, 其中 $\boldsymbol{\alpha}_1\in V_1$, $\boldsymbol{\alpha}_2\in V_1^{\perp}$, 即 $(\boldsymbol{\alpha}_1,\ \boldsymbol{\alpha}_2)=0$. 我们称 $\boldsymbol{\alpha}_1$ 为向量 $\boldsymbol{\alpha}$ 在子空间 V_1 上的**内射影**, 或称**投影**. 这一称法来源于如下的几何例子:

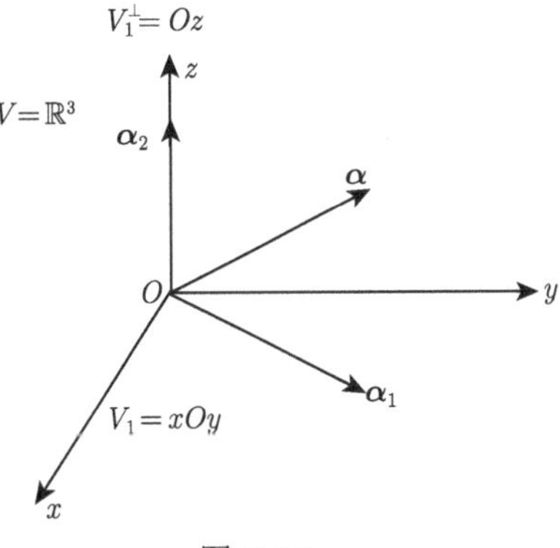

图 3.2.2

设 $V=\mathbb{R}^3$, 子空间 V_1 就是平面 xOy, 则 $V_1^{\perp}$ 就是轴线 Oz 所在的一维子空间. 任取一个向量 $\boldsymbol{\alpha},\boldsymbol{\alpha}=\boldsymbol{\alpha}_1+\boldsymbol{\alpha}_2,\boldsymbol{\alpha}_1\in V_1,\boldsymbol{\alpha}_2\in V_1^{\perp}$, 那么 $\boldsymbol{\alpha}_1$ 就是从原点到由 $\boldsymbol{\alpha}$ 的顶端作垂线所得的垂足的向量, 称之为 $\boldsymbol{\alpha}$ 的**投影** (图 3.2.2).

例 3.2.2 设 $\boldsymbol{\alpha}_1=(1,1,0),\boldsymbol{\alpha}_2=(1,0,0),\boldsymbol{\alpha}_3=(0,0,1),\boldsymbol{\alpha}=(1,2,3)\in\mathbb{R}^3,W_1=L(\boldsymbol{\alpha}_1,\boldsymbol{\alpha}_2)$. 易知 $\boldsymbol{\alpha}=2\boldsymbol{\alpha}_1-\boldsymbol{\alpha}_2+3\boldsymbol{\alpha}_3$, 而 $2\boldsymbol{\alpha}_1-\boldsymbol{\alpha}_2\in W_1,3\boldsymbol{\alpha}_3\in W_1^{\perp}$, 因此 $\boldsymbol{\alpha}$ 在 W_1 上的投影为 $2\boldsymbol{\alpha}_1-\boldsymbol{\alpha}_2$.

由定义可知, $V_1^{\perp}$ 中的所有向量与 V_1 或说与 V_1 中的所有向量是正交的. 但一个问题是, 是否还会有不在 $V_1^{\perp}$ 中但也和 V_1 正交的向量呢?

事实上, 不会有了, 即我们有

命题 3.2.8 $V_1^{\perp}$ 恰由所有与 V_1 正交的向量组成, 即

$$V_1^{\perp}=\{\boldsymbol{\alpha}\in V:\ \boldsymbol{\alpha}\perp V_1\}.$$

证明 令 $W=\{\boldsymbol{\alpha}\in V:\boldsymbol{\alpha}\perp V_1\}$, 我们要证明 $V_1^{\perp}=W$.

由于 $V_1\perp V_1^{\perp}$, 故 $V_1^{\perp}\subseteq W$.

反之, 设 $\boldsymbol{\alpha}\in W$, 即有 $\boldsymbol{\alpha}\perp V_1$. 因为 $V=V_1\oplus V_1^{\perp}$, 所以有 $\boldsymbol{\alpha}=\boldsymbol{\alpha}_1+\boldsymbol{\alpha}_2$, 其中 $\boldsymbol{\alpha}_1\in V_1$, $\boldsymbol{\alpha}_2\in V_1^{\perp}$. 于是

$$(\boldsymbol{\alpha}_1,\boldsymbol{\alpha}_1)=(\boldsymbol{\alpha}-\boldsymbol{\alpha}_2,\boldsymbol{\alpha}_1)=(\boldsymbol{\alpha},\boldsymbol{\alpha}_1)-(\boldsymbol{\alpha}_2,\boldsymbol{\alpha}_1)=0-0=0,$$

则 $\boldsymbol{\alpha}_1=\boldsymbol{\theta}$. 因此, $\boldsymbol{\alpha}=\boldsymbol{\alpha}_2\in V_1^{\perp}$. 这说明 $W\subseteq V_1^{\perp}$.

综上, $V_1^{\perp}=W$. □

习 题 3.2

1. 证明: 如果有子空间直和分解 $V = V_1 \oplus V_2, V_1 = V_{11} \oplus V_{12}$, 则有子空间直和分解 $V = V_{11} \oplus V_{12} \oplus V_2$.

2. 证明: 每一个 n 维线性空间都可以表示成 n 个一维子空间的直和.

3. 设 $\boldsymbol{A}, \boldsymbol{B}$ 是 n 阶实对称矩阵, 定义 $(\boldsymbol{A}, \boldsymbol{B}) = \mathrm{tr}(\boldsymbol{AB})$.

(1) 证明: 所有 n 阶实对称矩阵所组成的线性空间 V 关于 (,) 成为一个欧氏空间.

(2) 求 V 的维数.

(3) 求使得 $\mathrm{tr}(\boldsymbol{A}) = 0$ 的所有 $\boldsymbol{A}$ 构成的子空间 W 的维数.

(4) 求 $W^{\perp}$ 的一个基.

4. 次数小于 4 的所有一元多项式以 $(f, g) = \displaystyle\int_0^1 f(x)g(x)\mathrm{d}x$ 为内积构成欧氏空间 $\mathbb{R}[x]_4$, $\mathbb{R}$ 成为该空间的常数多项式组成的子空间. 求 $\mathbb{R}^{\perp}$ 以及它的一个基.

5. 设 V 是一个 n 维欧氏空间.

(1) 设向量 $\boldsymbol{\alpha}, \boldsymbol{\beta} \in V$ 等长, 证明: $\boldsymbol{\alpha} + \boldsymbol{\beta}$ 与 $\boldsymbol{\alpha} - \boldsymbol{\beta}$ 正交.

(2) 设 W 是 V 的子空间, 证明: $\dim(W) + \dim(W^{\perp}) = n$, $(W^{\perp})^{\perp} = W$.

6. 设 W_1, W_2 是欧氏空间 V 的两个子空间. 证明:

(1) $(W_1 + W_2)^{\perp} = W_1^{\perp} \cap W_2^{\perp}$;

(2) $(W_1 \cap W_2)^{\perp} = W_1^{\perp} + W_2^{\perp}$.

7. 在立体几何中, 所有自原点引出的向量添加零向量构成了三维线性空间 $\mathbb{R}^3$.

(1) 问: 所有终点都在一个平面上的向量是否为 $\mathbb{R}^3$ 的子空间?

(2) 设有过原点的三条直线, 这三条直线上的全部向量分别成为三个子空间 L_1, L_2, L_3, 问: 用 $L_1 + L_2$, $L_1 + L_2 + L_3$ 能构成哪些类型的子空间? 试全部列出来.

(3) 就用几何空间 $\mathbb{R}^3$ 中的例子来说明: 若 U, V, X, Y 是子空间, 且满足 $U \oplus V = X$, $X \supset Y$, 是否一定有 $Y = (Y \cap U) \oplus (Y \cap V)$?

(**注** 一定有 $X = (X \cap U) \oplus (X \cap V)$.)

3.3 矛盾方程组的最小二乘解

在一般情况下, 数域 $\mathbb{F}$ 上的线性方程组

$$\begin{cases} a_{11}x_1 + a_{12}x_2 + \cdots + a_{1s}x_s = b_1, \\ a_{21}x_1 + a_{22}x_2 + \cdots + a_{2s}x_s = b_2, \\ \qquad \cdots\cdots \\ a_{n_1}x_1 + a_{n2}x_2 + \cdots + a_{ns}x_s = b_n \end{cases} \tag{3.3.1}$$

可能无解. 如果方程组 (3.3.1) 无解, 则称其为一个**矛盾方程组**. 现在设数域 $\mathbb{F} = \mathbb{R}$ 或 $\mathbb{C}$. 显然, 方程组 (3.3.1) 无解当且仅当找不到一组 $x_1, x_2, \cdots, x_s \in \mathbb{F}$, 使得

$$d \triangleq \sum_{i=1}^{n}(a_{i1}x_1 + a_{i2}x_2 + \cdots + a_{is}x_s - b_i)\overline{(a_{i1}x_1 + a_{i2}x_2 + \cdots + a_{is}x_s - b_i)} = 0. \tag{3.3.2}$$

而无论方程组 (3.3.1) 是否有解, 都可以设法找一组 $x_1^0, x_2^0, \cdots, x_s^0 \in \mathbb{F}$ 使得 d 最小, 我们称这种问题为**最小二乘解问题**, 称这样的 $x_1^0, x_2^0, \cdots, x_s^0$ 为该方程组的**最小二乘解**.

由上述定义可见, 当且仅当方程组 $\boldsymbol{AX}=\boldsymbol{b}$ 有解时, 最小的 $d=0$, 此时, 最小二乘解 $\boldsymbol{X}^0$ 就是方程组的解; 当 $\boldsymbol{AX}=\boldsymbol{b}$ 无解时, 最小二乘解 $\boldsymbol{X}^0$ 是使得 $\boldsymbol{AX}=\boldsymbol{b}$ 最接近成立的数值.

最小二乘解

为了更好地刻画最小二乘解问题, 下面先给出内积空间中的距离和投影等概念.

设 V 是一个内积空间. 令 $\boldsymbol{\alpha}, \boldsymbol{\beta} \in V$, 称

$$|\,\boldsymbol{\alpha}-\boldsymbol{\beta}\,| = \sqrt{(\boldsymbol{\alpha}-\boldsymbol{\beta}, \boldsymbol{\alpha}-\boldsymbol{\beta})}$$

为 $\boldsymbol{\alpha}$ **与** $\boldsymbol{\beta}$ **的距离**, 记为 $d(\boldsymbol{\alpha}, \boldsymbol{\beta})$.

由内积的定义和 Cauchy-Schwarz 不等式不难证明:

(1) $d(\boldsymbol{\alpha}, \boldsymbol{\beta}) = d(\boldsymbol{\beta}, \boldsymbol{\alpha})$;

(2) $d(\boldsymbol{\alpha}, \boldsymbol{\beta}) \geqslant 0$, 并且当且仅当 $\boldsymbol{\alpha}=\boldsymbol{\beta}$ 时等号才成立;

(3) $d(\boldsymbol{\alpha}, \boldsymbol{\beta}) \leqslant d(\boldsymbol{\alpha}, \boldsymbol{\gamma}) + d(\boldsymbol{\beta}, \boldsymbol{\gamma})$ (三角形不等式).

设 W 是 V 的一个子空间, $\boldsymbol{\beta}$ 是 V 中的一个向量, 定义

$$d(\boldsymbol{\beta}, W) = \min\{d(\boldsymbol{\alpha}, \boldsymbol{\beta}) : \boldsymbol{\alpha} \in W\},$$

称 $d(\boldsymbol{\beta}, W)$ 是 $\boldsymbol{\beta}$ **到** W **的距离**.

由定义易知, $d(\boldsymbol{\beta}, W) = 0$ 当且仅当 $\boldsymbol{\beta} \in W$. 那么, 如果 $\boldsymbol{\beta} \notin W$, 如何来确定 $d(\boldsymbol{\beta}, W)$ 呢?

我们知道, 在几何空间 $\mathbb{R}^3$ 中, 一个点到一个平面的距离以垂线最短. 类似地, 在内积空间中也可以定义向量 $\boldsymbol{\beta}$ 到子空间 W 的 "垂线", 而且 $d(\boldsymbol{\beta}, W)$ 就等于 "垂线" 的长度.

设 $W = L(\boldsymbol{\alpha}_1, \boldsymbol{\alpha}_2, \cdots, \boldsymbol{\alpha}_k)$, 向量 $\boldsymbol{\beta} \in V \backslash W$. 那么 W 是 $V_1 = L(\boldsymbol{\alpha}_1, \boldsymbol{\alpha}_2, \cdots, \boldsymbol{\alpha}_k, \boldsymbol{\beta})$ 的真子空间. 由定理 3.2.7, W 在 V_1 中有唯一正交补 $W^{\perp}$, 使得

$$V_1 = W \oplus W^{\perp},$$

且 $\dim W^{\perp} = 1$. 这时有唯一分解

$$\boldsymbol{\beta} = \boldsymbol{\gamma} + \boldsymbol{\rho},$$

其中 $\boldsymbol{\gamma} \in W, \boldsymbol{\rho} \in W^{\perp}$ 且 $W^{\perp} = L(\boldsymbol{\rho})$, 那么 $\boldsymbol{\rho} \perp W$, 即 $\boldsymbol{\rho}$ 与 W 中所有元素 "垂直", 称 $\boldsymbol{\rho}$ 是 $\boldsymbol{\beta}$ 到 W 的**垂线**, 而 $\boldsymbol{\gamma}$ 就是 $\boldsymbol{\beta}$ 在 W 上的内射影 (投影).

显然, 向量 $\boldsymbol{\beta}$ 在 W 上的投影和 $\boldsymbol{\beta}$ 到 W 的垂线均是由 $\boldsymbol{\beta}$ 和 W 所唯一确定的.

定理 3.3.1　设 W 是内积空间 V 的一个有限维子空间, $\boldsymbol{\beta}\in V\backslash W$, $\boldsymbol{\gamma}$ 是 $\boldsymbol{\beta}$ 在 W 上的投影, $\boldsymbol{\rho}$ 是 $\boldsymbol{\beta}$ 到 W 的垂线. 那么 $\boldsymbol{\beta}$ 到 W 中各向量的距离以到投影的距离为最短, 等于垂线的长度, 即对于任一 $\boldsymbol{\delta}\in W$, 有

$$|\boldsymbol{\rho}|=|\boldsymbol{\beta}-\boldsymbol{\gamma}|\leqslant|\boldsymbol{\beta}-\boldsymbol{\delta}|,$$

于是

$$d(\boldsymbol{\beta},W)=|\boldsymbol{\rho}|=|\boldsymbol{\beta}-\boldsymbol{\gamma}|.$$

证明　由定义, $\boldsymbol{\rho}=\boldsymbol{\beta}-\boldsymbol{\gamma}$. 因为 $\boldsymbol{\beta}-\boldsymbol{\delta}=(\boldsymbol{\beta}-\boldsymbol{\gamma})+(\boldsymbol{\gamma}-\boldsymbol{\delta})=\boldsymbol{\rho}+(\boldsymbol{\gamma}-\boldsymbol{\delta})$, 其中 $\boldsymbol{\gamma}-\boldsymbol{\delta}\in W$, 所以 $\boldsymbol{\rho}\perp(\boldsymbol{\gamma}-\boldsymbol{\delta})$. 由上册第 7 章勾股定理,

$$|\boldsymbol{\beta}-\boldsymbol{\delta}|^2=|\boldsymbol{\rho}|^2+|\boldsymbol{\gamma}-\boldsymbol{\delta}|^2=|\boldsymbol{\beta}-\boldsymbol{\gamma}|^2+|\boldsymbol{\gamma}-\boldsymbol{\delta}|^2,$$

因此 $|\boldsymbol{\beta}-\boldsymbol{\gamma}|\leqslant|\boldsymbol{\beta}-\boldsymbol{\delta}|$. □

下面我们回到最小二乘解问题. 令

$$\boldsymbol{A}=\begin{pmatrix}a_{11}&\cdots&a_{1s}\\ \vdots&&\vdots\\ a_{n1}&\cdots&a_{ns}\end{pmatrix},\quad \boldsymbol{b}=\begin{pmatrix}b_1\\ \vdots\\ b_n\end{pmatrix},\quad \boldsymbol{X}=\begin{pmatrix}x_1\\ \vdots\\ x_s\end{pmatrix},$$

$$\boldsymbol{Y}=\boldsymbol{AX}=\begin{pmatrix}\sum\limits_{j=1}^{s}a_{1j}x_j\\ \vdots\\ \sum\limits_{j=1}^{s}a_{nj}x_j\end{pmatrix}.$$

那么 (3.3.2) 式中的 $d=|\boldsymbol{Y}-\boldsymbol{b}|^2$ 就是内积空间 $V=\mathbb{F}^n$ 中向量 $\boldsymbol{Y}$ 和 $\boldsymbol{b}$ 的距离的平方, 最小二乘解问题就是找 $\boldsymbol{X}=\boldsymbol{X}^0=\begin{pmatrix}x_1^0\\ \vdots\\ x_s^0\end{pmatrix}$, 使得 $\boldsymbol{Y}$ 与 $\boldsymbol{b}$ 的距离最短. 此时, 可记方程组 (3.3.1) 为 $\boldsymbol{AX}=\boldsymbol{b}$.

令

$$\boldsymbol{A}=(\boldsymbol{\alpha}_1,\boldsymbol{\alpha}_2,\cdots,\boldsymbol{\alpha}_s),$$

其中 $\boldsymbol{\alpha}_1,\boldsymbol{\alpha}_2,\cdots,\boldsymbol{\alpha}_s$ 是列向量, 则

$$\boldsymbol{Y}=\boldsymbol{AX}=x_1\boldsymbol{\alpha}_1+x_2\boldsymbol{\alpha}_2+\cdots+x_s\boldsymbol{\alpha}_s\in L(\boldsymbol{\alpha}_1,\boldsymbol{\alpha}_2,\cdots,\boldsymbol{\alpha}_s)\overset{\triangle}{=}W.\tag{3.3.3}$$

设 $\boldsymbol{Y}^0 \in W$ 是 $\boldsymbol{b}$ 在 W 上的投影. 由定理 3.3.1 知, 当 $\boldsymbol{Y} = \boldsymbol{Y}^0$ 时, $\boldsymbol{Y}$ 与 $\boldsymbol{b}$ 的距离最短. 从而, 使得

$$\boldsymbol{Y}^0 = \boldsymbol{A}\boldsymbol{X}^0 \tag{3.3.4}$$

成立的 $\boldsymbol{X}^0$ 就是方程组 (3.3.1) 的最小二乘解.

由投影的定义, $\boldsymbol{b}$ 在 W 上的投影 $\boldsymbol{Y}^0$ 一定存在. 又由 $\boldsymbol{Y}^0 \in W$, 满足 (3.3.4) 式的 $\boldsymbol{X}^0$ 也一定存在. 所以方程组 (3.3.1) 一定有最小二乘解. 要注意的是, 虽然投影 $\boldsymbol{Y}^0$ 是唯一确定的, 但方程组 (3.3.1) 的最小二乘解未必是唯一的. 虽然我们利用投影证明了最小二乘解的存在性, 但是利用投影求最小二乘解一般比较复杂. 接下来我们继续讨论最小二乘解的求法. 我们用 $\boldsymbol{A}^{\mathrm{H}}$ 表示矩阵 $\boldsymbol{A}$ 的共轭转置, 即 $\boldsymbol{A}^{\mathrm{H}} = \overline{(\boldsymbol{A}^{\mathrm{T}})}$, 则由 (3.3.3) 式和 (3.3.4) 式可得

$$\begin{aligned}
&\boldsymbol{X}^0 \text{ 是方程组}\boldsymbol{A}\boldsymbol{X} = \boldsymbol{b}\text{的一个最小二乘解}\\
\Longleftrightarrow\ & \boldsymbol{Y}^0 \triangleq \boldsymbol{A}\boldsymbol{X}^0 \text{ 是 } \boldsymbol{b} \text{ 在} W = L(\boldsymbol{\alpha}_1, \boldsymbol{\alpha}_2, \cdots, \boldsymbol{\alpha}_s)\text{上的投影}\\
\Longleftrightarrow\ & (\boldsymbol{b} - \boldsymbol{Y}^0) \perp W\\
\Longleftrightarrow\ & (\boldsymbol{b} - \boldsymbol{Y}^0) \perp \boldsymbol{\alpha}_i \ (i = 1, 2, \cdots, s)\\
\Longleftrightarrow\ & \boldsymbol{\alpha}_i^{\mathrm{H}}(\boldsymbol{b} - \boldsymbol{Y}^0) = 0 \ (i = 1, 2, \cdots, s)\\
\Longleftrightarrow\ & \boldsymbol{A}^{\mathrm{H}}(\boldsymbol{b} - \boldsymbol{Y}^0) = 0\\
\Longleftrightarrow\ & \boldsymbol{A}^{\mathrm{H}}\boldsymbol{Y}^0 = \boldsymbol{A}^{\mathrm{H}}\boldsymbol{b}\\
\Longleftrightarrow\ & \boldsymbol{A}^{\mathrm{H}}\boldsymbol{A}\boldsymbol{X}^0 = \boldsymbol{A}^{\mathrm{H}}\boldsymbol{b}\\
\Longleftrightarrow\ & \boldsymbol{X}^0 \text{ 是方程组 } \boldsymbol{A}^{\mathrm{H}}\boldsymbol{A}\boldsymbol{X} = \boldsymbol{A}^{\mathrm{H}}\boldsymbol{b} \text{ 的一个解.}
\end{aligned}$$

称方程组

$$\boldsymbol{A}^{\mathrm{H}}\boldsymbol{A}\boldsymbol{X} = \boldsymbol{A}^{\mathrm{H}}\boldsymbol{b}$$

是由 $\boldsymbol{A}\boldsymbol{X} = \boldsymbol{b}$ 导出的**正规方程组**.

综上, 可得

定理3.3.2 *对于任一方程组 $\boldsymbol{A}\boldsymbol{X} = \boldsymbol{b}$, 导出的正规方程组 $\boldsymbol{A}^{\mathrm{H}}\boldsymbol{A}\boldsymbol{X} = \boldsymbol{A}^{\mathrm{H}}\boldsymbol{b}$ 必然是有解的, 其解 $\boldsymbol{X}^0$ 就是方程组 $\boldsymbol{A}\boldsymbol{X} = \boldsymbol{b}$ 的最小二乘解. 反之, 当 $\boldsymbol{X}^0$ 是 $\boldsymbol{A}\boldsymbol{X} = \boldsymbol{b}$ 的最小二乘解时, 必是其正规方程组的解.*

由这个定理知, 最小二乘解问题实际上就是正规方程组的求解问题.

注 我们还可以利用线性方程组的求解理论来证明正规方程组

$$\boldsymbol{A}^{\mathrm{H}}\boldsymbol{A}\boldsymbol{X} = \boldsymbol{A}^{\mathrm{H}}\boldsymbol{b}$$

总是有解的, 即 $\boldsymbol{A}\boldsymbol{X} = \boldsymbol{b}$ 的最小二乘解总是存在的.

令 $L(\boldsymbol{A}^{\mathrm{H}})$ 和 $L(\boldsymbol{A}^{\mathrm{H}}\boldsymbol{A})$ 分别表示 $\boldsymbol{A}^{\mathrm{H}}$ 和 $\boldsymbol{A}^{\mathrm{H}}\boldsymbol{A}$ 的列空间, 那么总有

$$L(\boldsymbol{A}^{\mathrm{H}}\boldsymbol{A}) \subseteq L(\boldsymbol{A}^{\mathrm{H}}).$$

对于一个复矩阵 $\boldsymbol{A}$, 总有 $r(\boldsymbol{A}^{\mathrm{H}}\boldsymbol{A}) = r(\boldsymbol{A})$. 于是

$$\dim L(\boldsymbol{A}^{\mathrm{H}}\boldsymbol{A}) = r(\boldsymbol{A}^{\mathrm{H}}\boldsymbol{A}) = r(\boldsymbol{A}) = r(\boldsymbol{A}^{\mathrm{H}}) = \dim L(\boldsymbol{A}^{\mathrm{H}}),$$

所以

$$L(\boldsymbol{A}^{\mathrm{H}}\boldsymbol{A}) = L(\boldsymbol{A}^{\mathrm{H}}).$$

于是

$$\boldsymbol{A}^{\mathrm{H}}\boldsymbol{b} \in L(\boldsymbol{A}^{\mathrm{H}}) = L(\boldsymbol{A}^{\mathrm{H}}\boldsymbol{A}),$$

即存在 $\boldsymbol{X} = \boldsymbol{X}^0$ 使得 $\boldsymbol{A}^{\mathrm{H}}\boldsymbol{A}\boldsymbol{X}^0 = \boldsymbol{A}^{\mathrm{H}}\boldsymbol{b}$.

下面给出最小二乘解问题的一个应用.

例 3.3.1　已知某种材料在生产过程中的废品率 y 与某种化学成分 x 有关, 下列表中记载的是某工厂中 y 与相应 x 的实际数值:

$y/\%$	1.00	0.9	0.9	0.81	0.60	0.56	0.35
$x/\%$	3.6	3.7	3.8	3.9	4.0	4.1	4.2

据此找出 y 对 x 的一个近似公式.

解　如何取近似公式, 首先取决于对实际数值在坐标系中分布规律的认识. 把表中数值画出图来看, 发现它的变化趋势近似于一条直线. 因此我们有理由选取一条直线的函数式来表达 y 对 x 的近似公式. 设要求的该直线是 $y = ax + b$, 即选取适当的 a, b 使得

$$\begin{aligned}
3.6a + b &= 1.00, \\
3.7a + b &= 0.90, \\
3.8a + b &= 0.90, \\
3.9a + b &= 0.81, \\
4.0a + b &= 0.60, \\
4.1a + b &= 0.56, \\
4.2a + b &= 0.35.
\end{aligned}$$

但实际上, 这是不可能的, 因为将上述各式看作组成关于 a,b 的线性方程组, 它是无解的, 或说是矛盾方程组. 比如第 2 个方程减去第 3 个方程得 $a=0$, 代入第 1 个方程得 $b=1.00$, 代入第 2 个方程得 $b=0.9$, 矛盾.

所以用一条直线的函数式来完全精确表达上述数值变化是不可能的. 据此, 我们可以去找 a,b 使得代入上面方程组后各式左右边的误差最小. 而方程组各式两边的误差, 可以用各式两边的差的平方和来表达. 由此所谓的误差最小, 就可以用误差的平方和的最小值来代替. 即求出 a,b, 使得

$$
\begin{aligned}
&(3.6a+b-1.00)^2+(3.7a+b-0.9)^2+(3.8a+b-0.9)^2+(3.9a+b-0.81)^2\\
&+(4.0a+b-0.60)^2+(4.1a+b-0.56)^2+(4.2a+b-0.35)^2
\end{aligned}
$$

的值最小. 这样的方法, 就是最小二乘解.

易见, 它的方程组是 $\boldsymbol{AX}=\boldsymbol{b}$, 其中

$$
\boldsymbol{A}=\begin{pmatrix}3.6&1\\3.7&1\\3.8&1\\3.9&1\\4.0&1\\4.1&1\\4.2&1\end{pmatrix},\quad \boldsymbol{b}=\begin{pmatrix}1.00\\0.90\\0.90\\0.81\\0.60\\0.56\\0.35\end{pmatrix},
$$

对应的正规方程组是 $\boldsymbol{A}^{\mathrm{T}}\boldsymbol{A}\begin{pmatrix}a\\b\end{pmatrix}=\boldsymbol{A}^{\mathrm{T}}\boldsymbol{b}$, 即

$$
\begin{cases}106.75a+27.3b=19.675,\\27.3a+7b=5.12.\end{cases}
$$

解得 $a=-1.05, b=4.81$(取三位有效数字) 就是它的最小二乘解, 即这样的 a,b 确定的直线给出了试验数据 y 对 x 的最好的近似公式.

习 题 3.3

1. 设 $\boldsymbol{A}=\begin{pmatrix}1&0&0&1\\2&1&-1&2\\0&2&3&0\\1&0&2&1\end{pmatrix}$, $\boldsymbol{b}=\begin{pmatrix}0\\1\\-1\\2\end{pmatrix}$, 求 $\boldsymbol{AX}=\boldsymbol{b}$ 的所有最小二乘解.

3.4* 广义逆矩阵及对方程组解的应用

在上册中我们已经知道, 当 $\boldsymbol{A}$ 为可逆方阵时, 线性方程组 $\boldsymbol{AX}=\boldsymbol{b}$ 有唯一解 $\boldsymbol{X}=\boldsymbol{A}^{-1}\boldsymbol{b}$. 当 $\boldsymbol{A}$ 为不可逆阵时, $\boldsymbol{AX}=\boldsymbol{b}$ 有解的充要条件是 $r(\boldsymbol{A},\boldsymbol{b})=r(\boldsymbol{A})$. 问题是, 当其有解时, 是否也有某个矩阵 $\boldsymbol{G}$ 使得其解可以表示为 $\boldsymbol{X}=\boldsymbol{Gb}$ 或类似的形式呢？亦即, 是否能给出通解的公式表达？

另一方面, 当 $\boldsymbol{A}$ 不可逆时, 由 3.3 节我们可由最小二乘解作为此最佳近似解, 同样的问题, 是否可给出最小二乘解的通解的公式表达？

我们现在讨论广义逆矩阵理论, 它是解决上述问题的有力工具. 该理论于 20 世纪 20 年代由美国数学家 Moore 提出, 在计算机作为工具的推动下, 于 20 世纪五六十年代起逐渐形成完整的理论, 现已成为众多学科研究领域的重要工具. 在这里, 我们只介绍一种最常用的广义逆.

定义 3.4.1　对于数域 $\mathbb{F}$ 上一个 $m\times n$ 矩阵 $\boldsymbol{A}$, 若存在 $n\times m$ 矩阵 $\boldsymbol{G}$, 使得

$$\boldsymbol{AGA}=\boldsymbol{A},$$

则称 $\boldsymbol{G}$ 是 $\boldsymbol{A}$ 的一个**广义逆矩阵**, 简称**广义逆**.

当 $m=n$ 且 $\boldsymbol{A}$ 是可逆阵时, 由 $\boldsymbol{AGA}=\boldsymbol{A}$ 得 $\boldsymbol{AG}=\boldsymbol{E}$, 即 $\boldsymbol{G}=\boldsymbol{A}^{-1}$ 就是 $\boldsymbol{A}$ 的矩阵. 因此, 可逆方阵的广义逆就是它的逆矩阵.

我们首先给出广义逆的存在以及某个矩阵的广义逆的构作方式, 它的讨论体现了上册中矩阵的标准形和分块阵乘法的典型运用.

定理 3.4.1　设 $m\times n$ 矩阵 $\boldsymbol{A}$ 的秩为 r, 令

$$\boldsymbol{A}=\boldsymbol{P}\begin{pmatrix}\boldsymbol{E}_r & \boldsymbol{O}\\ \boldsymbol{O} & \boldsymbol{O}\end{pmatrix}\boldsymbol{Q},$$

其中 $\boldsymbol{P},\boldsymbol{Q}$ 分别为 $m\times m, n\times n$ 可逆阵, 则 $\boldsymbol{A}$ 的全部广义逆是

$$\boldsymbol{G}=\boldsymbol{Q}^{-1}\begin{pmatrix}\boldsymbol{E}_r & \boldsymbol{C}\\ \boldsymbol{D} & \boldsymbol{F}\end{pmatrix}\boldsymbol{P}^{-1},$$

这里 $\boldsymbol{C},\boldsymbol{D},\boldsymbol{F}$ 分别为任意的 $r\times(m-r),(n-r)\times r,(n-r)\times(m-r)$ 矩阵.

证明　首先证明这样的 $\boldsymbol{G}$ 都是 $\boldsymbol{A}$ 的广义逆. 实际上,

$$\boldsymbol{AGA}=\boldsymbol{P}\begin{pmatrix}\boldsymbol{E}_r & \boldsymbol{O}\\ \boldsymbol{O} & \boldsymbol{O}\end{pmatrix}\boldsymbol{QQ}^{-1}\begin{pmatrix}\boldsymbol{E}_r & \boldsymbol{C}\\ \boldsymbol{D} & \boldsymbol{F}\end{pmatrix}\boldsymbol{P}^{-1}\boldsymbol{P}\begin{pmatrix}\boldsymbol{E}_r & \boldsymbol{O}\\ \boldsymbol{O} & \boldsymbol{O}\end{pmatrix}\boldsymbol{Q}$$

$$= \boldsymbol{P}\begin{pmatrix} \boldsymbol{E}_r & \boldsymbol{O} \\ \boldsymbol{O} & \boldsymbol{O} \end{pmatrix}\begin{pmatrix} \boldsymbol{E}_r & \boldsymbol{C} \\ \boldsymbol{D} & \boldsymbol{F} \end{pmatrix}\begin{pmatrix} \boldsymbol{E}_r & \boldsymbol{O} \\ \boldsymbol{O} & \boldsymbol{O} \end{pmatrix}\boldsymbol{Q}$$

$$= \boldsymbol{P}\begin{pmatrix} \boldsymbol{E}_r & \boldsymbol{O} \\ \boldsymbol{O} & \boldsymbol{O} \end{pmatrix}\boldsymbol{Q} = \boldsymbol{A}.$$

其次, $\boldsymbol{A}$ 的任一广义逆都有这样的形式. 设 $\boldsymbol{G}$ 是 $\boldsymbol{A}$ 的任一广义逆, 且设

$$\boldsymbol{QGP} = \begin{pmatrix} \boldsymbol{B} & \boldsymbol{C} \\ \boldsymbol{D} & \boldsymbol{F} \end{pmatrix},$$

其中 $\boldsymbol{B}$ 是 r 阶方阵, $\boldsymbol{F}$ 是 $(m-r)\times(n-r)$ 矩阵.

于是,

$$\boldsymbol{AGA} = \boldsymbol{P}\begin{pmatrix} \boldsymbol{E}_r & \boldsymbol{O} \\ \boldsymbol{O} & \boldsymbol{O} \end{pmatrix}\boldsymbol{Q}\boldsymbol{Q}^{-1}\begin{pmatrix} \boldsymbol{B} & \boldsymbol{C} \\ \boldsymbol{D} & \boldsymbol{F} \end{pmatrix}\boldsymbol{P}^{-1}\boldsymbol{P}\begin{pmatrix} \boldsymbol{E}_r & \boldsymbol{O} \\ \boldsymbol{O} & \boldsymbol{O} \end{pmatrix}\boldsymbol{Q}$$

$$= \boldsymbol{P}\begin{pmatrix} \boldsymbol{B} & \boldsymbol{O} \\ \boldsymbol{O} & \boldsymbol{O} \end{pmatrix}\boldsymbol{Q},$$

由

$$\boldsymbol{A} = \boldsymbol{P}\begin{pmatrix} \boldsymbol{E}_r & \boldsymbol{O} \\ \boldsymbol{O} & \boldsymbol{O} \end{pmatrix}\boldsymbol{Q}, \boldsymbol{AGA} = \boldsymbol{A},$$

得 $\boldsymbol{B} = \boldsymbol{E}_r$, 进而

$$\boldsymbol{G} = \boldsymbol{Q}^{-1}\begin{pmatrix} \boldsymbol{E}_r & \boldsymbol{C} \\ \boldsymbol{D} & \boldsymbol{F} \end{pmatrix}\boldsymbol{P}^{-1}.$$ □

由此定理我们知, 一个矩阵的广义逆通常是不唯一的.

现在用广义逆给出方程组有解的充要条件和通解的公式.

引理 3.4.2 设 $\boldsymbol{A}$ 是 $m\times n$ 矩阵, $\boldsymbol{G}$ 是 $n\times m$ 矩阵, 那么 $\boldsymbol{AGA}=\boldsymbol{A}$ 当且仅当对任一列向量 $\boldsymbol{X}_0$ 及 $\boldsymbol{b}=\boldsymbol{AX}_0$ (亦即, 对 $\boldsymbol{A}$ 的列空间中的任一个向量 $\boldsymbol{b}$), 有 $\boldsymbol{AGb}=\boldsymbol{b}$.

证明 若 $\boldsymbol{AGA}=\boldsymbol{A}$, 则 $\boldsymbol{AGAX}_0=\boldsymbol{AX}_0$, 即 $\boldsymbol{AGb}=\boldsymbol{b}$.

反之, 若 $\boldsymbol{AGb}=\boldsymbol{b}$, 则 $(\boldsymbol{AGA}-\boldsymbol{A})\boldsymbol{X}_0=\boldsymbol{\theta}$, 特别地, 令

$$\boldsymbol{X}_0 = \boldsymbol{e}_i = \begin{pmatrix} 0 \\ \vdots \\ 1 \\ \vdots \\ 0 \end{pmatrix} \quad (i=1,2,\cdots,n),$$

那么

$$\boldsymbol{AGA}-\boldsymbol{A}=(\boldsymbol{AGA}-\boldsymbol{A})\boldsymbol{E}=((\boldsymbol{AGA}-\boldsymbol{A})e_1,\cdots,(\boldsymbol{AGA}-\boldsymbol{A})e_n)=\boldsymbol{O}. \quad \square$$

引理 3.4.3 设 $\boldsymbol{G}$ 是矩阵 $\boldsymbol{A}$ 的广义逆, 则线性方程组 $\boldsymbol{AX}=\boldsymbol{b}$ 有解当且仅当 $\boldsymbol{AGb}=\boldsymbol{b}$.

证明 当 $\boldsymbol{AGb}=\boldsymbol{b}$ 时, 则 $\boldsymbol{X}=\boldsymbol{Gb}$ 就是 $\boldsymbol{AX}=\boldsymbol{b}$ 的解.

反之, 设 $\boldsymbol{X}=\boldsymbol{X}_0$ 是 $\boldsymbol{AX}=\boldsymbol{b}$ 的解; 因为 $\boldsymbol{G}$ 是 $\boldsymbol{A}$ 的广义逆, 由引理 3.4.2, 有 $\boldsymbol{AGb}=\boldsymbol{b}$. □

定理 3.4.4 设 $\boldsymbol{G}$ 是 $m\times n$ 矩阵 $\boldsymbol{A}$ 的任一个取定的广义逆, 那么当 $\boldsymbol{AX}=\boldsymbol{b}$ 有解时, 通解可表示为

$$\boldsymbol{X}=\boldsymbol{Gb}+(\boldsymbol{E}_n-\boldsymbol{GA})\boldsymbol{Y},$$

其中 $\boldsymbol{Y}$ 是任一个 n 维向量.

证明 因 $\boldsymbol{AX}=\boldsymbol{b}$ 有解, 故由引理 3.4.3, $\boldsymbol{AGb}=\boldsymbol{b}$, 于是

$$\boldsymbol{A}(\boldsymbol{Gb}+(\boldsymbol{E}_n-\boldsymbol{GA})\boldsymbol{Y})=\boldsymbol{AGb}+(\boldsymbol{A}-\boldsymbol{AGA})\boldsymbol{Y}=\boldsymbol{b}+\boldsymbol{O}\cdot\boldsymbol{Y}=\boldsymbol{b},$$

即 $\boldsymbol{X}=\boldsymbol{Gb}+(\boldsymbol{E}_n-\boldsymbol{GA})\boldsymbol{Y}$ 是 $\boldsymbol{AX}=\boldsymbol{b}$ 的解.

另一方面, 要证 $\boldsymbol{AX}=\boldsymbol{b}$ 的任一解均可表示为这一形式. 设 $\widetilde{\boldsymbol{X}}$ 是 $\boldsymbol{AX}=\boldsymbol{b}$ 的任一解, 则

$$\widetilde{\boldsymbol{X}}=\boldsymbol{Gb}+\widetilde{\boldsymbol{X}}-\boldsymbol{Gb}=\boldsymbol{Gb}+\widetilde{\boldsymbol{X}}-\boldsymbol{GA}\widetilde{\boldsymbol{X}}=\boldsymbol{Gb}+(\boldsymbol{E}_n-\boldsymbol{GA})\widetilde{\boldsymbol{X}}. \quad \square$$

当 $\boldsymbol{b}=\boldsymbol{\theta}$ 时, 即得

推论 3.4.5 设 $\boldsymbol{G}$ 是 $m\times n$ 矩阵 $\boldsymbol{A}$ 的任一广义逆, 那么齐次方程组 $\boldsymbol{AX}=\boldsymbol{\theta}$ 的通解可表示为

$$\boldsymbol{X}=(\boldsymbol{E}_n-\boldsymbol{GA})\boldsymbol{Y},$$

其中 $\boldsymbol{Y}$ 是任一 n 维向量.

进一步地, 我们再讨论当实线性方程组 $\boldsymbol{AX}=\boldsymbol{b}$ 不可解, 即为矛盾方程组时, 其最小二乘解的通解的公式表达.

由定理 3.3.2, $\boldsymbol{AX}=\boldsymbol{b}$ 的最小二乘解就是对应的正规方程组 $\boldsymbol{A}^{\mathrm{T}}\boldsymbol{AX}=\boldsymbol{A}^{\mathrm{T}}\boldsymbol{b}$ 的解, 因此由定理 3.4.4, 其通解公式可以表示为

$$\boldsymbol{X}=\boldsymbol{GA}^{\mathrm{T}}\boldsymbol{b}+(\boldsymbol{E}_n-\boldsymbol{GA}^{\mathrm{T}}\boldsymbol{A})\boldsymbol{Y},$$

其中 $\boldsymbol{G}$ 是 $\boldsymbol{A}^{\mathrm{T}}\boldsymbol{A}$ 的取定广义逆, $\boldsymbol{Y}$ 是任意向量. 但事实上, 我们可以利用实方程组的条件以及由 $\boldsymbol{A}$ 的广义逆, 给出这一通解表达式的简化形式.

为此, 下面将利用一类特殊的广义逆, 来给出简化的通解形式, 并给出具有唯一性的"极小"最小二乘解. 这里, 设数域 $\mathbb{F}=\mathbb{C}$.

定义 3.4.2 设 $\boldsymbol{A}$ 是复数域 $\mathbb{C}$ 上 $m\times n$ 矩阵, 如果存在 $\mathbb{C}$ 上 $n\times m$ 矩阵 $\boldsymbol{G}$ 满足

(1) $\boldsymbol{AGA}=\boldsymbol{A}$;

(2) $\boldsymbol{GAG}=\boldsymbol{G}$;

(3) $(\boldsymbol{AG})^{\mathrm{H}}=\boldsymbol{AG}$;

(4) $(\boldsymbol{GA})^{\mathrm{H}}=\boldsymbol{GA}$,

Moore-Penrose 广义逆

则称 $\boldsymbol{G}$ 是 $\boldsymbol{A}$ 的 **Moore-Penrose 广义逆**, 简称 **M-P 逆**.

由可逆矩阵性质知, 当 $\boldsymbol{A}$ 可逆时, $\boldsymbol{A}^{-1}$ 亦是 $\boldsymbol{A}$ 的 M-P 逆.

由定义 3.4.2 (1) 可见, $\boldsymbol{G}$ 是 $\boldsymbol{A}$ 的广义逆, 所以 $\boldsymbol{A}$ 的 M-P 逆必为 $\boldsymbol{A}$ 的广义逆, 反之不然.

在广义逆理论中, 除 M-P 逆外, 还有许多重要的特殊广义逆, 在此不再介绍.

M-P 逆作为特殊的广义逆, 其特点是

(i) 对称性, 即当 $\boldsymbol{G}$ 是 $\boldsymbol{A}$ 的 M-P 逆, 则 $\boldsymbol{A}$ 也是 $\boldsymbol{G}$ 的 M-P 逆. 这由定义直接可以看出来;

(ii) M-P 逆不但总存在而且是唯一存在的, 对此下面即给出证明.

首先给出矩阵的满秩分解. 设 $\boldsymbol{A}\in\mathbb{C}^{m\times n}$ 的秩为 r, 取

$$\boldsymbol{\beta}_1,\boldsymbol{\beta}_2,\cdots,\boldsymbol{\beta}_r$$

为 $\boldsymbol{A}$ 的列极大线性无关组, 或等价地, 为 $\boldsymbol{A}$ 的列空间中的任一组基, 则

$$\boldsymbol{A}=(\boldsymbol{\alpha}_1,\ \boldsymbol{\alpha}_2,\ \cdots,\ \boldsymbol{\alpha}_n)$$

的任一列可表示为 $\boldsymbol{\beta}_1,\boldsymbol{\beta}_2,\cdots,\boldsymbol{\beta}_r$ 的线性组合, 令

$$\boldsymbol{\alpha}_i=\sum_{j=1}^{r}c_{ji}\boldsymbol{\beta}_j,$$

其中 $c_{ij}\in\mathbb{C}, i=1,2,\cdots,n$, 那么

$$\begin{aligned}\boldsymbol{A}&=(\boldsymbol{\alpha}_1,\quad \boldsymbol{\alpha}_2,\quad \cdots,\quad \boldsymbol{\alpha}_n)\\&=(\boldsymbol{\beta}_1,\quad \boldsymbol{\beta}_2,\quad \cdots,\quad \boldsymbol{\beta}_r)\begin{pmatrix}c_{11}&\cdots&c_{1n}\\ \vdots&&\vdots\\ c_{r1}&\cdots&c_{rn}\end{pmatrix}=\boldsymbol{BC},\end{aligned}$$

其中

$$\boldsymbol{B}=(\boldsymbol{\beta}_1,\ \boldsymbol{\beta}_2,\ \cdots,\ \boldsymbol{\beta}_r),\ \boldsymbol{C}=\begin{pmatrix} c_{11} & \cdots & c_{1n} \\ \vdots & & \vdots \\ c_{r1} & \cdots & c_{rn} \end{pmatrix}.$$

由定义, $r(\boldsymbol{B})=r$. 又

$$r=r(\boldsymbol{A})=r(\boldsymbol{BC})\leqslant r(\boldsymbol{C})\leqslant \min\{r,n\}\leqslant r,$$

故 $r(\boldsymbol{C})=r$. 因此, 分解式

$$\boldsymbol{A}=\boldsymbol{BC}$$

中, $\boldsymbol{B},\boldsymbol{C}$ 分别是列、行满秩矩阵. 这样的分解式 $\boldsymbol{A}=\boldsymbol{BC}$ 称为 $\boldsymbol{A}$ 的**满秩分解**.

由习题 3.4 第 4 题有

$$r(\boldsymbol{B}^{\mathrm{H}}\boldsymbol{B})=r(\boldsymbol{C}\boldsymbol{C}^{\mathrm{H}})=r,$$

因此 $\boldsymbol{B}^{\mathrm{H}}\boldsymbol{B},\boldsymbol{C}\boldsymbol{C}^{\mathrm{H}}$ 是 r 阶可逆方阵. 令

$$\boldsymbol{G}=\boldsymbol{C}^{\mathrm{H}}(\boldsymbol{C}\boldsymbol{C}^{\mathrm{H}})^{-1}(\boldsymbol{B}^{\mathrm{H}}\boldsymbol{B})^{-1}\boldsymbol{B}^{\mathrm{H}}.$$

可逐条验证, M-P 逆定义中的各条对 $\boldsymbol{G}$ 都成立, 比如

$$\begin{aligned}
&\boldsymbol{AGA}=\boldsymbol{BC}\cdot\boldsymbol{C}^{\mathrm{H}}(\boldsymbol{C}\boldsymbol{C}^{\mathrm{H}})^{-1}(\boldsymbol{B}^{\mathrm{H}}\boldsymbol{B})^{-1}\boldsymbol{B}^{\mathrm{H}}\cdot\boldsymbol{BC}=\boldsymbol{BC}=\boldsymbol{A},\\
&\boldsymbol{GA}=\boldsymbol{C}^{\mathrm{H}}(\boldsymbol{C}\boldsymbol{C}^{\mathrm{H}})^{-1}(\boldsymbol{B}^{\mathrm{H}}\boldsymbol{B})^{-1}\boldsymbol{B}^{\mathrm{H}}\cdot\boldsymbol{BC}=\boldsymbol{C}^{\mathrm{H}}(\boldsymbol{C}\boldsymbol{C}^{\mathrm{H}})^{-1}\boldsymbol{C}=(\boldsymbol{GA})^{\mathrm{H}}.
\end{aligned}$$

因此, $\boldsymbol{G}$ 是 $\boldsymbol{A}$ 的 M-P 逆. 还可证 $\boldsymbol{G}$ 是 $\boldsymbol{A}$ 的唯一 M-P 逆. 事实上, 设 $\boldsymbol{X}$ 是 $\boldsymbol{A}$ 的另一 M-P 逆, 则

$$\begin{aligned}
\boldsymbol{X}&=\boldsymbol{XAX}=\boldsymbol{X}(\boldsymbol{AX})^{\mathrm{H}}=\boldsymbol{X}\boldsymbol{X}^{\mathrm{H}}\boldsymbol{A}^{\mathrm{H}}=\boldsymbol{X}\boldsymbol{X}^{\mathrm{H}}(\boldsymbol{AGA})^{\mathrm{H}}\\
&=\boldsymbol{X}\boldsymbol{X}^{\mathrm{H}}\boldsymbol{A}^{\mathrm{H}}(\boldsymbol{AG})^{\mathrm{H}}=\boldsymbol{X}(\boldsymbol{AX})^{\mathrm{H}}(\boldsymbol{AG})^{\mathrm{H}}=\boldsymbol{XAXAG}\\
&=\boldsymbol{XAG}=\boldsymbol{X}(\boldsymbol{AGA})\boldsymbol{G}=(\boldsymbol{XA})^{\mathrm{H}}(\boldsymbol{GA})^{\mathrm{H}}\boldsymbol{G}\\
&=(\boldsymbol{GAXA})^{\mathrm{H}}\boldsymbol{G}=(\boldsymbol{GA})^{\mathrm{H}}\boldsymbol{G}=(\boldsymbol{GA})\boldsymbol{G}\\
&=\boldsymbol{G}.
\end{aligned}$$

综上, 得

定理 3.4.6 设 $\boldsymbol{A}\in\mathbb{C}^{m\times n},r(\boldsymbol{A})=r,\boldsymbol{A}=\boldsymbol{BC}$ 是 $\boldsymbol{A}$ 的满秩分解, 那么 $\boldsymbol{A}$ 有唯一的 M-P 逆

$$\boldsymbol{A}^{+}=\boldsymbol{C}^{\mathrm{H}}(\boldsymbol{C}\boldsymbol{C}^{\mathrm{H}})^{-1}(\boldsymbol{B}^{\mathrm{H}}\boldsymbol{B})^{-1}\boldsymbol{B}^{\mathrm{H}}.$$

注 (1) 当 $\boldsymbol{A}\in\mathbb{R}^{m\times n}$ 时, $\boldsymbol{A}^{+}$ 存在且在 $\mathbb{R}^{n\times m}$ 中.
(2) 与可逆矩阵运算不同的是, 一般地

$$(\boldsymbol{AB})^{+}\neq\boldsymbol{B}^{+}\boldsymbol{A}^{+}.$$

M-P 逆的一些基本性质见习题 3.4 第 2, 5, 6 题 (请读者自证).

例 3.4.1 求 $\boldsymbol{A}=\begin{pmatrix}1&0&-1\\1&2&0\\0&2&1\end{pmatrix}$ 的 M-P 逆.

解 先求出 $r(\boldsymbol{A})=2$ 及满秩分解 $\boldsymbol{A}=\boldsymbol{BC}$, 其中

$$\boldsymbol{B}=\begin{pmatrix}1&0\\1&1\\0&1\end{pmatrix},\quad \boldsymbol{C}=\begin{pmatrix}1&0&-1\\0&2&1\end{pmatrix},$$

于是可得

$$\begin{aligned}\boldsymbol{A}^{+}&=(\boldsymbol{C}^{\mathrm{H}})(\boldsymbol{C}\boldsymbol{C}^{\mathrm{H}})^{-1}(\boldsymbol{B}^{\mathrm{H}}\boldsymbol{B})^{-1}\boldsymbol{B}^{\mathrm{H}}\\&=\frac{1}{9}\begin{pmatrix}5&1\\2&4\\-4&1\end{pmatrix}\cdot\frac{1}{3}\begin{pmatrix}2&1&-1\\-1&1&2\end{pmatrix}=\frac{1}{9}\begin{pmatrix}3&2&-1\\0&2&2\\-3&-1&2\end{pmatrix}.\end{aligned}$$

例 3.4.2 由 M-P 逆的定义, 可验证, 对 $\boldsymbol{A}\in\mathbb{C}^{m\times n},\boldsymbol{B}\in\mathbb{C}^{s\times t}$, 有

(i) $(k\boldsymbol{A})^{+}=k^{+}\boldsymbol{A}^{+}$, 其中 $k^{+}=\begin{cases}\dfrac{1}{k}, & k\neq 0,\\ 0, & k=0.\end{cases}$

(ii) $\left(\boldsymbol{A}\,\vdots\,\boldsymbol{O}\right)^{+}=\begin{pmatrix}\boldsymbol{A}^{+}\\ \hdashline \boldsymbol{O}\end{pmatrix},\begin{pmatrix}\boldsymbol{A}\\ \hdashline \boldsymbol{O}\end{pmatrix}^{+}=\left(\boldsymbol{A}^{+}\,\vdots\,\boldsymbol{O}\right).$

(iii) $\begin{pmatrix}\boldsymbol{A}&\\&\boldsymbol{B}\end{pmatrix}^{+}=\begin{pmatrix}\boldsymbol{A}^{+}&\\&\boldsymbol{B}^{+}\end{pmatrix}.$

最后讨论用 M-P 逆给出矛盾方程组的最小二乘解的公式刻画.

定理 3.4.7 令 $\mathbb{F}=\mathbb{C}$ 或 $\mathbb{R}$, 设 $\boldsymbol{A}\in\mathbb{F}^{m\times n}$, 那么

(i) $\boldsymbol{AX}=\boldsymbol{b}$ 的最小二乘解的通式可表示为

$$\boldsymbol{X}=\boldsymbol{A}^{+}\boldsymbol{b}+(\boldsymbol{E}_n-\boldsymbol{A}^{+}\boldsymbol{A})\boldsymbol{Y},$$

其中 $\boldsymbol{Y} \in \mathbb{F}^n$;

(ii) $\boldsymbol{A}^+\boldsymbol{b}$ 是唯一的极小最小二乘解, 即作为向量其长度在最小二乘解中是最小的.

证明 (i) 由定理 3.3.2 知, $\boldsymbol{X} = \boldsymbol{X}_0$ 是 $\boldsymbol{AX} = \boldsymbol{b}$ 的最小二乘解当且仅当 $\boldsymbol{X}_0$ 是其正规方程组 $\boldsymbol{A}^{\mathrm{H}}\boldsymbol{AX} = \boldsymbol{A}^{\mathrm{H}}\boldsymbol{b}$ 的解, 而由定理 3.4.4,

$$\boldsymbol{X}_0 = (\boldsymbol{A}^{\mathrm{H}}\boldsymbol{A})^+\boldsymbol{A}^{\mathrm{H}}\boldsymbol{b} + (\boldsymbol{E}_n - (\boldsymbol{A}^{\mathrm{H}}\boldsymbol{A})^+(\boldsymbol{A}^{\mathrm{H}}\boldsymbol{A}))\boldsymbol{Y} = \boldsymbol{A}^+\boldsymbol{b} + (\boldsymbol{E}_n - \boldsymbol{A}^+\boldsymbol{A})\boldsymbol{Y},$$

其中利用了习题 3.4 第 6 题 (5), $\boldsymbol{A}^+ = (\boldsymbol{A}^{\mathrm{H}}\boldsymbol{A})^+\boldsymbol{A}^{\mathrm{H}}$; $\boldsymbol{Y}$ 是任一 n 维实向量.

(ii) 当 $\boldsymbol{Y} = \boldsymbol{\theta}$ 时, 由 (i) 即得 $\boldsymbol{X}_0 = \boldsymbol{A}^+\boldsymbol{b}$ 是 $\boldsymbol{AX} = \boldsymbol{b}$ 的一个最小二乘解. 比较任一最小二乘解 $\boldsymbol{X} = \boldsymbol{A}^+\boldsymbol{b} + (\boldsymbol{E}_n - \boldsymbol{A}^+\boldsymbol{A})\boldsymbol{Y}$, 则

$$\boldsymbol{X} - \boldsymbol{X}_0 = (\boldsymbol{E}_n - \boldsymbol{A}^+\boldsymbol{A})\boldsymbol{Y}.$$

于是

$$\begin{aligned}
(\boldsymbol{X} - \boldsymbol{X}_0, \boldsymbol{X}_0) &= \boldsymbol{X}_0^{\mathrm{H}}(\boldsymbol{X} - \boldsymbol{X}_0) = (\boldsymbol{A}^+\boldsymbol{b})^{\mathrm{H}}(\boldsymbol{E}_n - \boldsymbol{A}^+\boldsymbol{A})\boldsymbol{Y} \\
&= \boldsymbol{b}^{\mathrm{H}}(\boldsymbol{A}^+)^{\mathrm{H}}\boldsymbol{Y} - \boldsymbol{b}^{\mathrm{H}}(\boldsymbol{A}^+)^{\mathrm{H}}\boldsymbol{A}^+\boldsymbol{AY} \\
&= \boldsymbol{b}^{\mathrm{H}}(\boldsymbol{A}^+)^{\mathrm{H}}\boldsymbol{Y} - \boldsymbol{b}^{\mathrm{H}}((\boldsymbol{A}^+\boldsymbol{A})^{\mathrm{H}}\boldsymbol{A}^+)^{\mathrm{H}}\boldsymbol{Y} \\
&= \boldsymbol{b}^{\mathrm{H}}(\boldsymbol{A}^+)^{\mathrm{H}}\boldsymbol{Y} - \boldsymbol{b}^{\mathrm{H}}(\boldsymbol{A}^+\boldsymbol{A}\boldsymbol{A}^+)^{\mathrm{H}}\boldsymbol{Y} \\
&= \boldsymbol{b}^{\mathrm{H}}(\boldsymbol{A}^+)^{\mathrm{H}}\boldsymbol{Y} - \boldsymbol{b}^{\mathrm{H}}(\boldsymbol{A}^+)^{\mathrm{H}}\boldsymbol{Y} \\
&= 0,
\end{aligned}$$

即 $\boldsymbol{X}_0 \perp (\boldsymbol{X} - \boldsymbol{X}_0)$. 由勾股定理, 得

$$|\boldsymbol{X}|^2 = |\boldsymbol{X}_0 + (\boldsymbol{X} - \boldsymbol{X}_0)|^2 = |\boldsymbol{X}_0|^2 + |\boldsymbol{X} - \boldsymbol{X}_0|^2 \geqslant |\boldsymbol{X}_0|^2.$$

从而 $\boldsymbol{X}_0$ 是最小二乘解中长度最小的.

假设 $\boldsymbol{X}_0'$ 是另一个极小最小二乘解. 由极小性的定义, $|\boldsymbol{X}_0| = |\boldsymbol{X}_0'|$. 又由 (i), 存在向量 $\boldsymbol{Y}_0$ 使得 $\boldsymbol{X}_0' = \boldsymbol{X}_0 + (\boldsymbol{E}_n - \boldsymbol{A}^+\boldsymbol{A})\boldsymbol{Y}_0$ 并且 $\boldsymbol{X}_0 \perp (\boldsymbol{E}_n - \boldsymbol{A}^+\boldsymbol{A})\boldsymbol{Y}_0$, 由此得 $\boldsymbol{X}_0' = \boldsymbol{X}_0$, 即极小的最小二乘解是唯一的. □

比较定理 3.4.4 与定理 3.4.7, 在 $\boldsymbol{AX} = \boldsymbol{b}$ 有解和无解的情况下, 其解与最小二乘解的通式有相同的形式. 这说明最小二乘解是方程组一般解的推广, 在有解时二者是一致的.

由最小二乘解的定义, 对 $\boldsymbol{AX} = \boldsymbol{b}$ 的任意最小二乘解 $\boldsymbol{X}_1$, 有 $\boldsymbol{AX}_1$ 是不变的, 且

$$|\boldsymbol{AX}_1 - \boldsymbol{b}| = \min\{|\boldsymbol{AX} - \boldsymbol{b}| : \boldsymbol{X} \in \mathbb{F}^n\}.$$

此值越小, 说明 $\boldsymbol{X}_1$ 越接近 $\boldsymbol{AX}=\boldsymbol{b}$ 的一般解, 即体现了最小二乘解的"误差". 我们称 $\boldsymbol{AX}_1-\boldsymbol{b}$ 为方程组 $\boldsymbol{AX}=\boldsymbol{b}$ 的**残差向量**, $|\boldsymbol{AX}_1-\boldsymbol{b}|$ 为**残差**.

当 $\boldsymbol{X}_1$ 是 $\boldsymbol{AX}=\boldsymbol{b}$ 的解时, 残差和残差向量分别退化为数零和零向量.

例 3.4.3 设 $\boldsymbol{A}=\begin{pmatrix}1&0&-1\\1&2&0\\0&2&1\end{pmatrix}, \boldsymbol{b}=\begin{pmatrix}0\\2\\3\end{pmatrix}$, 求 $\boldsymbol{AX}=\boldsymbol{b}$ 的极小最小二乘解 $\boldsymbol{X}_0$ 及其残差, 并求出全部最小二乘解.

解 由例 3.4.1 已得

$$\boldsymbol{A}^+=\frac{1}{9}\begin{pmatrix}3&2&-1\\0&2&2\\-3&-1&2\end{pmatrix}.$$

于是极小最小二乘解是

$$\boldsymbol{X}_0=\boldsymbol{A}^+\boldsymbol{b}=\frac{1}{9}\begin{pmatrix}3&2&-1\\0&2&2\\-3&-1&2\end{pmatrix}\begin{pmatrix}0\\2\\3\end{pmatrix}=\frac{1}{9}\begin{pmatrix}1\\10\\4\end{pmatrix},$$

残差向量是

$$\boldsymbol{AX}_0-\boldsymbol{b}=\begin{pmatrix}1&0&-1\\1&2&0\\0&2&1\end{pmatrix}\cdot\frac{1}{9}\begin{pmatrix}1\\10\\4\end{pmatrix}-\begin{pmatrix}0\\2\\3\end{pmatrix}=\begin{pmatrix}-\frac{1}{3}\\\frac{1}{3}\\-\frac{1}{3}\end{pmatrix},$$

残差为

$$|\boldsymbol{AX}_0-\boldsymbol{b}|=\frac{1}{\sqrt{3}}.$$

进一步,

$$\boldsymbol{E}_3-\boldsymbol{A}^+\boldsymbol{A}=\frac{1}{9}\begin{pmatrix}4&-2&4\\-2&1&-2\\4&-2&4\end{pmatrix},$$

则最小二乘解的通解是

$$\boldsymbol{X}=\boldsymbol{X}_0+(\boldsymbol{E}_3-\boldsymbol{A}^+\boldsymbol{A})\boldsymbol{Y}$$

$$= \frac{1}{9}\begin{pmatrix} 1 \\ 10 \\ 4 \end{pmatrix} + \frac{1}{9}\begin{pmatrix} 4 & -2 & 4 \\ -2 & 1 & -2 \\ 4 & -2 & 4 \end{pmatrix}\boldsymbol{Y}$$

$$= \frac{1}{9}\begin{pmatrix} 1 \\ 10 \\ 4 \end{pmatrix} + k\begin{pmatrix} 2 \\ -1 \\ 2 \end{pmatrix},$$

其中 $k = \frac{1}{9}(2y_1 - y_2 + 2y_3)$ 可取 $\mathbb{R}$ 中任一值.

习 题 3.4

1. 用广义逆方法给出线性方程组:

$$\begin{cases} 4x_1 - x_2 - 3x_3 + x_4 = 7, \\ -2x_1 + 5x_2 - x_3 - 3x_4 = 3, \\ 2x_1 + 13x_2 - 9x_3 - 5x_4 = 20 \end{cases}$$

的最小二乘解的通解公式.

2. 设 $\boldsymbol{A} = (\boldsymbol{a}_1, \boldsymbol{a}_2, \cdots, \boldsymbol{a}_n) \neq \boldsymbol{\theta}$, 求 $\boldsymbol{A}^+$ 及 $(\boldsymbol{A}^{\mathrm{H}})^+$.

3. 设 $\boldsymbol{A} = \begin{pmatrix} 0 & 0 & 1 \\ 0 & 0 & 2 \\ 1 & 1 & 0 \\ 1 & 1 & 1 \end{pmatrix}$, 求 $\boldsymbol{A}$ 的 M-P 逆.

4. 对于 $\boldsymbol{B} \in \mathbb{C}^{m\times r}$, $\boldsymbol{C} \in \mathbb{C}^{r\times n}$, 当 $\boldsymbol{B}, \boldsymbol{C}$ 分别是列满秩和行满秩时, 证明:

$$r(\boldsymbol{B}^{\mathrm{H}}\boldsymbol{B}) = r(\boldsymbol{C}\boldsymbol{C}^{\mathrm{H}}) = r.$$

5. 设 $\boldsymbol{A} \in \mathbb{C}^{m\times n}$. 证明:

(1) 当 $\boldsymbol{A}$ 是列满秩时, $\boldsymbol{A}^+ = (\boldsymbol{A}^{\mathrm{H}}\boldsymbol{A})^{-1}\boldsymbol{A}^{\mathrm{H}}$ 且 $\boldsymbol{A}^+\boldsymbol{A} = \boldsymbol{E}_n$;

(2) 当 $\boldsymbol{A}$ 是行满秩时, $\boldsymbol{A}^+ = \boldsymbol{A}^{\mathrm{H}}(\boldsymbol{A}\boldsymbol{A}^{\mathrm{H}})^{-1}$ 且 $\boldsymbol{A}\boldsymbol{A}^+ = \boldsymbol{E}_m$.

6. 证明: 设 $\boldsymbol{A} \in \mathbb{C}^{m\times n}$, 则

(1) $(\boldsymbol{A}^+)^+ = \boldsymbol{A}$;

(2) $(\boldsymbol{A}^+)^{\mathrm{T}} = (\boldsymbol{A}^{\mathrm{T}})^+$, $(\boldsymbol{A}^+)^{\mathrm{H}} = (\boldsymbol{A}^{\mathrm{H}})^+$;

(3) $\boldsymbol{A}^{\mathrm{H}} = \boldsymbol{A}^{\mathrm{H}}\boldsymbol{A}\boldsymbol{A}^+ = \boldsymbol{A}^+\boldsymbol{A}\boldsymbol{A}^{\mathrm{H}}$;

(4) $(\boldsymbol{A}^{\mathrm{H}}\boldsymbol{A})^+ = \boldsymbol{A}^+(\boldsymbol{A}^{\mathrm{H}})^+$, $(\boldsymbol{A}\boldsymbol{A}^{\mathrm{H}})^+ = (\boldsymbol{A}^{\mathrm{H}})^+\boldsymbol{A}^+$;

(5) $\boldsymbol{A}^+ = (\boldsymbol{A}^{\mathrm{H}}\boldsymbol{A})^+\boldsymbol{A}^{\mathrm{H}} = \boldsymbol{A}^{\mathrm{H}}(\boldsymbol{A}\boldsymbol{A}^{\mathrm{H}})^+$.

本章拓展题

1. 已知平面上四个点 $(0,1), (1,2.1), (2,2.9)$ 和 $(3,3.2)$. 求直线 l 的方程, 使得这四个点到直线 l 的距离平方和最小.

第 4 章　线性映射与线性变换初步

线性映射是数学的基本概念之一, 线性变换是它的一个重要特例. 本章中, 我们仅讨论线性映射以及线性变换的基本性质, 更深刻的相关理论请见后面的章节.

4.1　线性映射的定义及运算

定义 4.1.1　设 V, W 是数域 $\mathbb{F}$ 上的线性空间, $\varphi: V \longrightarrow W$ 是从 V 到 W 的映射, 若

(1) $\varphi(\boldsymbol{\alpha}+\boldsymbol{\beta})=\varphi(\boldsymbol{\alpha})+\varphi(\boldsymbol{\beta}), \forall \boldsymbol{\alpha}, \boldsymbol{\beta} \in V$;

(2) $\varphi(k\boldsymbol{\alpha})=k\varphi(\boldsymbol{\alpha}), \forall k \in \mathbb{F}, \forall \boldsymbol{\alpha} \in V$,

则称 φ 是一个定义在 V 上取值于 W 中的**线性映射**, 或简称 φ 是一个线性映射.

由定义 4.1.1 知, 显然 (1), (2) 与下列关系式等价.

(3) $\varphi(k\boldsymbol{\alpha}+l\boldsymbol{\beta})=k\varphi(\boldsymbol{\alpha})+l\varphi(\boldsymbol{\beta}), \forall k, l \in \mathbb{F}, \forall \boldsymbol{\alpha}, \boldsymbol{\beta} \in V$.

例 4.1.1　(1) 设

$$\varphi_1: \mathbb{R}^3 \longrightarrow \mathbb{R}^2,$$

$$\begin{pmatrix} x \\ y \\ z \end{pmatrix} \mapsto \begin{pmatrix} x \\ y \end{pmatrix}, \quad \forall x, y, z \in \mathbb{R},$$

则 φ_1 是定义在 $\mathbb{R}^3$ 上取值于 $\mathbb{R}^2$ 中的一个线性映射.

(2) 设

$$\varphi_2: \mathbb{R}^3 \longrightarrow \mathbb{R}^3.$$

$$\begin{pmatrix} x \\ y \\ z \end{pmatrix} \mapsto \begin{pmatrix} x \\ y \\ 0 \end{pmatrix}, \quad \forall x, y, z \in \mathbb{R},$$

则 φ_2 是定义在 $\mathbb{R}^3$ 上取值于 $\mathbb{R}^3$ 中的一个线性映射.

例 4.1.2　设 $\mathbb{F}[x]$ 为数域 $\mathbb{F}$ 上的多项式函数所成的线性空间,

$$\mathcal{D}: \mathbb{F}[x] \longrightarrow \mathbb{F}[x],$$

$$\mathcal{D}f(x) = f'(x), \qquad \forall f(x) \in \mathbb{F}[x],$$

即 $\mathcal{D}$ 为 $\mathbb{F}[x]$ 上的求导运算, 则 $\mathcal{D}$ 是定义在 $\mathbb{F}[x]$ 上的一个线性映射. 通常我们称为**微分映射**.

例 4.1.3 设 V 是一个欧氏空间, $\boldsymbol{\alpha}_0 \in V$ 为一取定的向量, 令

$$\varphi: \ V \longrightarrow \mathbb{R},$$

$$\varphi(\boldsymbol{\alpha}) = (\boldsymbol{\alpha}_0, \boldsymbol{\alpha}), \quad \forall \boldsymbol{\alpha} \in V,$$

则 φ 是定义在 V 上取值于 $\mathbb{R}$ 中的一个线性映射.

依据定义 4.1.1, 若 $\boldsymbol{\alpha}_1, \boldsymbol{\alpha}_2, \cdots, \boldsymbol{\alpha}_s$ 在 V 中线性相关, 则 $\varphi(\boldsymbol{\alpha}_1), \varphi(\boldsymbol{\alpha}_2), \cdots, \varphi(\boldsymbol{\alpha}_s)$ 在 W 中也线性相关. (请思考: 若 $\boldsymbol{\alpha}_1, \boldsymbol{\alpha}_2, \cdots, \boldsymbol{\alpha}_s$ 在 V 中线性无关, 则 $\varphi(\boldsymbol{\alpha}_1), \varphi(\boldsymbol{\alpha}_2), \cdots, \varphi(\boldsymbol{\alpha}_s)$ 在 W 中也线性无关吗?)

记 $\mathrm{Hom}_{\mathbb{F}}(V, W)$ 为定义在 V 上取值于 W 中线性映射的全体所形成的集合. 以下我们讨论 $\mathrm{Hom}_{\mathbb{F}}(V, W)$ 中线性映射的运算理论.

设 $\varphi \in \mathrm{Hom}_{\mathbb{F}}(V, W)$, $\sigma \in \mathrm{Hom}_{\mathbb{F}}(V, W)$, 即它们是定义在 V 上取值于 W 中的线性映射. 构造 V 与 W 中元素的对应规则如下:

$$\begin{aligned} &\varphi_1 \ : \ V \longrightarrow W, \quad \varphi_1(\boldsymbol{\alpha}) = \varphi(\boldsymbol{\alpha}) + \sigma(\boldsymbol{\alpha}), \quad \forall \boldsymbol{\alpha} \in V, \\ &\varphi_2 \ : \ V \longrightarrow W, \quad \varphi_2(\boldsymbol{\alpha}) = k\boldsymbol{\alpha}, \quad \boldsymbol{\alpha} \in V, \text{ 而 } k \text{ 在 } \mathbb{F} \text{ 上取定数}. \end{aligned} \tag{4.1.1}$$

则不难验证 φ_1, φ_2 均是定义在 V 上取值于 W 中的线性映射, 或者说 $\varphi_1 \in \mathrm{Hom}_{\mathbb{F}}(V, W)$, $\varphi_2 \in \mathrm{Hom}_{\mathbb{F}}(V, W)$. 不难验证

$$\vartheta_1 : \mathrm{Hom}_{\mathbb{F}}(V, W) \times \mathrm{Hom}_{\mathbb{F}}(V, W) \to \mathrm{Hom}_{\mathbb{F}}(V, W),$$

$$\vartheta_1(\varphi, \sigma) = \varphi_1, \quad \text{如果 } \varphi, \sigma, \varphi_1 \text{ 满足 (4.1.1) 式}$$

及

$$\vartheta_2 : \mathbb{F} \times \mathrm{Hom}_{\mathbb{F}}(V, W) \to \mathrm{Hom}_{\mathbb{F}}(V, W),$$

$$\vartheta_2(k, \varphi) = \varphi_2, \quad \text{如果 } k, \varphi, \varphi_2 \text{ 满足 (4.1.1) 式}$$

为 $\mathrm{Hom}_{\mathbb{F}}(V, W)$ 上的运算. 通常, 我们分别称它们为 $\mathrm{Hom}_{\mathbb{F}}(V, W)$ 上的加法运算和数乘运算, 并记作 $\varphi + \sigma = \vartheta_1(\varphi, \sigma)$ 及 $k\varphi = \vartheta_2(k, \varphi)$.

请读者自行验证, $\mathrm{Hom}_{\mathbb{F}}(V, W)$ 关于上述加法运算以及数乘运算构成数域 $\mathbb{F}$ 上的线性空间.

若 U 也是数域 $\mathbb{F}$ 上的线性空间, $\psi \in \mathrm{Hom}_{\mathbb{F}}(W,U)$, 即 ψ 是定义在 W 上取值于 U 中的线性映射, 则不难验证线性映射的**复合** $\varphi_3 = \psi\sigma \in \mathrm{Hom}_{\mathbb{F}}(V,U)$. 习惯上, 我们称 φ_3 是线性映射 φ 与 ψ 的积, 记作 $\psi \circ \varphi = \varphi_3$, 所定义的求积过程实际上确定了从 $\mathrm{Hom}_{\mathbb{F}}(V,W), \mathrm{Hom}_{\mathbb{F}}(W,U)$ 到 $\mathrm{Hom}_{\mathbb{F}}(V,U)$ 的一个二元运算, 通常我们称这个运算为线性映射的**乘法运算**.

下例说明线性映射的乘法如同矩阵的乘法一样不具备交换律.

例 4.1.4 *设 $V=\mathbb{R}^3$, $\varphi \in \mathrm{Hom}_{\mathbb{F}}(V,V), \psi \in \mathrm{Hom}_{\mathbb{F}}(V,V)$, 其中对于 V 中的任一个 $\boldsymbol{\alpha}$, $\varphi(\boldsymbol{\alpha})$ 为将 $\boldsymbol{\alpha}$ 绕 x 轴旋转 90° 所得. $\psi(\boldsymbol{\alpha})$ 为将 $\boldsymbol{\alpha}$ 绕 y 轴旋转 90° 所得. 我们假定旋转均符合右手螺旋法则, 则 $\varphi\psi(\boldsymbol{e}_3)=\boldsymbol{e}_1$, 而 $\psi\varphi(\boldsymbol{e}_3)=-\boldsymbol{e}_2$.*

可以验证, 线性映射的乘法满足结合律, 也满足对线性映射加法的左 (右) 分配律.

定义 4.1.2 *设 $f: V \to W$ 是一个线性映射, 如果 f 作为映射是双射, 则称 f 是线性空间 V 到 W 的一个***同构映射***, 简称***同构***. 这时称 V 与 W 关于 f 是***同构***的, 表示为 $V \overset{f}{\cong} W$.*

同构在代数学中有着重要的地位, 它常常体现了某种所谓的“同构不变量”, 我们将在后面的章节中逐步展开详细的讨论.

习 题 4.1

1. 试证明数域 $\mathbb{F}$ 上有限维线性空间 V,W 间的线性映射 $\varphi: V \longrightarrow W$ 由 V 中的一组基在 φ 下的像所唯一确定.

2. 设 V,W 是数域 $\mathbb{F}$ 上的线性空间, $\dim V = n < +\infty, \boldsymbol{\alpha}_1, \boldsymbol{\alpha}_2, \cdots, \boldsymbol{\alpha}_n$ 为 V 的一组基, $\boldsymbol{\gamma}_1, \boldsymbol{\gamma}_2, \cdots, \boldsymbol{\gamma}_n$ 为 W 中的任意 n 个向量 (可重复), 试证明存在唯一 $\varphi \in \mathrm{Hom}_{\mathbb{F}}(V,W)$ 使得 $\varphi(\boldsymbol{\alpha}_1)=\boldsymbol{\gamma}_1, \varphi(\boldsymbol{\alpha}_2)=\boldsymbol{\gamma}_2, \cdots, \varphi(\boldsymbol{\alpha}_n)=\boldsymbol{\gamma}_n$.

3. 判别下面所定义的映射中, 哪些是线性映射, 哪些是线性变换? 哪些既不是线性变换也不是线性映射?

(1) 在线性空间 V 中, $\mathcal{A}(\boldsymbol{v}) = \boldsymbol{v}+\boldsymbol{a}, \forall \boldsymbol{v} \in V$, 其中 $\boldsymbol{a} \in V$ 是一固定向量.

(2) 在 $\mathbb{F}[x]$ 中, $\mathcal{A}(f(x)) = f(x_0), \forall f(x) \in \mathbb{F}[x]$, 其中 $x_0 \in \mathbb{F}$ 是一固定的数.

(3) 在 $\mathbb{F}^2$ 中, $\mathcal{A}\big((a,b)\big) = (a^2, a-b), \forall (a,b) \in \mathbb{F}^2$.

(4) 在 $\mathbb{F}^{m\times n}$ 中, $\mathcal{A}(\boldsymbol{X}) = \boldsymbol{AXB}+\boldsymbol{C}, \forall \boldsymbol{X} \in \mathbb{F}^{m\times n}$, 这里, $\boldsymbol{A}, \boldsymbol{B}$ 和 $\boldsymbol{C}$ 分别是取定的 $\mathbb{F}$ 上的 m 阶方阵、n 阶方阵和 $m\times n$ 矩阵.

(5) 把复数域 $\mathbb{C}$ 看作自身上的线性空间, 定义 $\mathcal{A}(\boldsymbol{x}) = \overline{\boldsymbol{x}}, \forall \boldsymbol{x} \in \mathbb{C}$.

4. 设 $\boldsymbol{\varepsilon}_1, \boldsymbol{\varepsilon}_2, \cdots, \boldsymbol{\varepsilon}_n$ 是线性空间 V 的一组基, $\mathcal{A}$ 是 V 上的线性变换, 则 $\mathcal{A}$ 可逆当且仅当 $\mathcal{A}(\boldsymbol{\varepsilon}_1), \mathcal{A}(\boldsymbol{\varepsilon}_2), \cdots, \mathcal{A}(\boldsymbol{\varepsilon}_n)$ 线性无关.

5. 设 $\mathcal{A}$, $\mathcal{B}$ 是无限维线性空间 V 上的线性变换, 如果 $\mathcal{AB}-\mathcal{BA}=\mathcal{I}$, 试证明对任意的正整数 k 都有

$$\mathcal{A}^k\mathcal{B}-\mathcal{B}\mathcal{A}^k = k\mathcal{A}^{k-1}.$$

6. 设 $\mathcal{A}$ 是线性空间 V 上的线性变换, 如果对 $\forall\boldsymbol{\alpha}\neq\boldsymbol{\theta}$, $\mathcal{A}^{k-1}(\boldsymbol{\alpha})\neq\boldsymbol{\theta}$ 但 $\mathcal{A}^{k}(\boldsymbol{\alpha})=\boldsymbol{\theta}$, 这里 $k>1$ 为正整数, 则 $\boldsymbol{\alpha}$, $\mathcal{A}(\boldsymbol{\alpha})$, $\cdots$, $\mathcal{A}^{k-1}(\boldsymbol{\alpha})$ 线性无关.

7. 设 $\phi\in\mathrm{Hom}_{\mathbb{F}}(V,W)$. 证明: $\phi(\boldsymbol{\theta})=\boldsymbol{\theta};\phi(-\boldsymbol{v})=-\phi(\boldsymbol{v}),\forall\boldsymbol{v}\in V$.

4.2　线性映射的矩阵

本节中, 我们仅研究有限维线性空间之间线性映射的表示方式. 我们知道线性空间中一组基可以是线性表示空间中的所有向量, 欧氏空间中基向量之间的内积所形成的度量矩阵确定了内积的计算方式, 自然要问线性映射的确定是否也与基相关?

设 V 与 W 都是数域 $\mathbb{F}$ 上的有限维线性空间, $\dim V=n$, $\dim W=m$, $\boldsymbol{\alpha}_1$, $\boldsymbol{\alpha}_2,\cdots$, $\boldsymbol{\alpha}_n$ 与 $\boldsymbol{\beta}_1,\boldsymbol{\beta}_2,\cdots,\boldsymbol{\beta}_m$ 分别为 V 与 W 的一组基, $\varphi\in\mathrm{Hom}_{\mathbb{F}}(V,W)$, 则

$$\varphi(V)=\{x_1\varphi(\boldsymbol{\alpha}_1)+x_2\varphi(\boldsymbol{\alpha}_2)+\cdots+x_n\varphi(\boldsymbol{\alpha}_n)\mid\forall x_i\in\mathbb{F},i=1,2,\cdots,n\}\tag{4.2.1}$$

是 W 的一个子空间. 从 (4.2.1) 可以推出, $\forall\boldsymbol{\alpha}\in V,\varphi(\boldsymbol{\alpha})$ 可以经基在线性映射 φ 下的像 $\varphi(\boldsymbol{\alpha}_1)$, $\varphi(\boldsymbol{\alpha}_2)$, $\cdots$, $\varphi(\boldsymbol{\alpha}_n)$ 线性表示. 由于 $\varphi(\boldsymbol{\alpha}_i)$ $(i=1,2,\cdots,n)$ 是 W 中的元素, 故它们可经 $\boldsymbol{\beta}_1$, $\boldsymbol{\beta}_2$, $\cdots$, $\boldsymbol{\beta}_m$ 线性表示, 即成立下列关系式:

$$\begin{cases}\varphi(\boldsymbol{\alpha}_1)=a_{11}\boldsymbol{\beta}_1+a_{21}\boldsymbol{\beta}_2+\cdots+a_{m1}\boldsymbol{\beta}_m,\\ \varphi(\boldsymbol{\alpha}_2)=a_{12}\boldsymbol{\beta}_1+a_{22}\boldsymbol{\beta}_2+\cdots+a_{m2}\boldsymbol{\beta}_m,\\ \qquad\cdots\cdots\\ \varphi(\boldsymbol{\alpha}_n)=a_{1n}\boldsymbol{\beta}_1+a_{2n}\boldsymbol{\beta}_2+\cdots+a_{mn}\boldsymbol{\beta}_m,\end{cases}\tag{4.2.2}$$

这里 $a_{ij}\in\mathbb{F}$ $(i=1,2,\cdots,m;\ j=1,2,\cdots,n)$. (4.2.2) 常写成如下形式矩阵的乘法关系:

$$\varphi(\boldsymbol{\alpha}_1,\boldsymbol{\alpha}_2,\cdots,\boldsymbol{\alpha}_n)\triangleq(\varphi(\boldsymbol{\alpha}_1),\varphi(\boldsymbol{\alpha}_2),\cdots,\varphi(\boldsymbol{\alpha}_n))=(\boldsymbol{\beta}_1,\boldsymbol{\beta}_2,\cdots,\boldsymbol{\beta}_m)\boldsymbol{A},\tag{4.2.3}$$

这里 $\boldsymbol{A}=(a_{ij})_{m\times n}$, 其第 $\boldsymbol{j}$ 个列向量即是 $\boldsymbol{\varphi}(\boldsymbol{\alpha}_j)$ 在基 $\boldsymbol{\beta}_1,\boldsymbol{\beta}_2,\cdots,\boldsymbol{\beta}_m$ 下的坐标 $(j=1,2,\cdots,n)$. 由于线性空间中任意一个向量在某组基下的坐标是唯一的, 故上述分析过程实际上陈述了如下事实.

性质4.2.1　设 V 和 W 分别是数域 $\mathbb{F}$ 上的 n 维和 m 维线性空间, $\boldsymbol{\alpha}_1,\boldsymbol{\alpha}_2,\cdots$, $\boldsymbol{\alpha}_n$ 及 $\boldsymbol{\beta}_1,\boldsymbol{\beta}_2,\cdots,\boldsymbol{\beta}_m$ 分别为 V 和 W 上的一组取定的基, $\varphi\in\mathrm{Hom}_{\mathbb{F}}(V,W)$, 则存在 $\mathbb{F}$ 中的唯一一个矩阵 $\boldsymbol{A}$ 满足 (4.2.3).

反之, 我们有

性质 4.2.2 设 $\boldsymbol{\alpha}_1,\boldsymbol{\alpha}_2,\cdots,\boldsymbol{\alpha}_n$ 及 $\boldsymbol{\beta}_1,\boldsymbol{\beta}_2,\cdots,\boldsymbol{\beta}_m$ 分别是数域 $\mathbb{F}$ 上的有限维线性空间 V 和 W 中的一组基, $\boldsymbol{A}=(a_{ij})_{m\times n}\in\mathbb{F}^{m\times n}$, 则存在 $\mathrm{Hom}_{\mathbb{F}}(V,W)$ 中唯一的线性映射 φ 使得 (4.2.3) 成立, 或者等价地有

$$\varphi(\boldsymbol{\alpha}_j)=\boldsymbol{\gamma}_j,\quad j=1,2,\cdots,n,$$

这里

$$\begin{aligned}\boldsymbol{\gamma}_j&=a_{1j}\boldsymbol{\beta}_1+a_{2j}\boldsymbol{\beta}_2+\cdots+a_{mj}\boldsymbol{\beta}_m\\&=(\boldsymbol{\beta}_1,\boldsymbol{\beta}_2,\cdots,\boldsymbol{\beta}_m)\begin{pmatrix}a_{1j}\\a_{2j}\\\vdots\\a_{mj}\end{pmatrix},\quad j=1,2,\cdots,n.\end{aligned}$$

证明 构造 V 和 W 间元素的对应规则 $\varphi:\ V\longrightarrow W$ 如下:

$$\varphi(\boldsymbol{\alpha})=x_1\boldsymbol{\gamma}_1+x_2\boldsymbol{\gamma}_2+\cdots+x_n\boldsymbol{\gamma}_n\Longleftrightarrow\boldsymbol{\alpha}=x_1\boldsymbol{\alpha}_1+x_2\boldsymbol{\alpha}_2+\cdots+x_n\boldsymbol{\alpha}_n,\ \forall\boldsymbol{\alpha}\in V,\tag{4.2.4}$$

这里 $x_1,x_2,\cdots,x_n$ 为 $\mathbb{F}$ 中的数, 则显然 $\varphi(\boldsymbol{\alpha}_j)=\boldsymbol{\gamma}_j\ (j=1,2,\cdots,n)$ 且 (4.2.3) 式成立. 以下说明所定义的 $\varphi:\ V\longrightarrow W$ 是定义在 V 上取值于 W 中的一个线性映射. 首先, $\forall\ \boldsymbol{\alpha}\in V$, $\varphi(\boldsymbol{\alpha})$ 均有意义. 又若 $\boldsymbol{\alpha},\boldsymbol{\beta}\in V$, $\boldsymbol{\alpha}=\boldsymbol{\beta}$, 则 $\boldsymbol{\alpha},\boldsymbol{\beta}$ 在基 $\boldsymbol{\alpha}_1,\boldsymbol{\alpha}_2,\cdots,\boldsymbol{\alpha}_n$ 下的坐标唯一, 故依 (4.2.4) 式, $\varphi(\boldsymbol{\alpha})=\varphi(\boldsymbol{\beta})$, 从而 $\varphi:V\longrightarrow V$ 是从 V 到 W 中的一个映射. 其次, $\forall\boldsymbol{\alpha},\boldsymbol{\beta}\in V$, 若 $\boldsymbol{\alpha},\boldsymbol{\beta}$ 在基 $\boldsymbol{\alpha}_1,\boldsymbol{\alpha}_2,\cdots,\boldsymbol{\alpha}_n$ 下的坐标分别是 $(x_1,x_2,\cdots,x_n)^{\mathrm{T}}$ 及 $(y_1,y_2,\cdots,y_n)^{\mathrm{T}}$, 则 $\forall k,l\in\mathbb{F}$, 有 $k\boldsymbol{\alpha}+l\boldsymbol{\beta}$ 在 $\boldsymbol{\alpha}_1,\boldsymbol{\alpha}_2,\cdots,\boldsymbol{\alpha}_n$ 下的坐标为 $(kx_1+ly_1,\ kx_2+ly_2,\ \cdots,\ kx_n+ly_n)^{\mathrm{T}}$, 故

$$\begin{aligned}\varphi(k\boldsymbol{\alpha}+l\boldsymbol{\beta})&=(kx_1+ly_1)\boldsymbol{\gamma}_1+(kx_2+ly_2)\boldsymbol{\gamma}_2+\cdots+(kx_n+ly_n)\boldsymbol{\gamma}_n\\&=k(x_1\boldsymbol{\gamma}_1+x_2\boldsymbol{\gamma}_2+\cdots+x_n\boldsymbol{\gamma}_n)+l(y_1\boldsymbol{\gamma}_1+y_2\boldsymbol{\gamma}_2+\cdots+y_n\boldsymbol{\gamma}_n)\\&=k\varphi(\boldsymbol{\alpha})+l\varphi(\boldsymbol{\beta}),\end{aligned}$$

即 φ 保持了映射前后的向量之间的线性关系, 故所定义的 $\varphi:V\longrightarrow W$ 是定义在 V 上取值于 W 中的一个线性映射, 或者 $\varphi\in\mathrm{Hom}_{\mathbb{F}}(V,W)$.

假设 $\psi\in\mathrm{Hom}_{\mathbb{F}}(V,W)$ 也满足 (4.2.3) 式, 则有

$$\varphi(\boldsymbol{\alpha}_i)=\boldsymbol{\gamma}_i=\psi(\boldsymbol{\alpha}_i),\quad i=1,2,\cdots,\ n,$$

于是, $\forall\boldsymbol{\alpha}\in V$, 由于存在 $\mathbb{F}$ 中的数 $x_1,x_2,\cdots,x_n$ 使得 $\boldsymbol{\alpha}=x_1\boldsymbol{\alpha}_1+x_2\boldsymbol{\alpha}_2+\cdots+x_n\boldsymbol{\alpha}_n$, 有

$$\varphi(\boldsymbol{\alpha})=x_1\varphi(\boldsymbol{\alpha}_1)+x_2\varphi(\boldsymbol{\alpha}_2)+\cdots+x_n\varphi(\boldsymbol{\alpha}_n)$$

$$= x_1\psi(\boldsymbol{\alpha}_1) + x_2\psi(\boldsymbol{\alpha}_2) + \cdots + x_n\psi(\boldsymbol{\alpha}_n)$$
$$= \psi(\boldsymbol{\alpha}),$$

故 $\varphi = \psi$, 即上述定义的 $\varphi \in \mathrm{Hom}_{\mathbb{F}}(V, W)$ 是唯一的. □

引理 4.2.3 设 $\boldsymbol{\alpha}_1, \boldsymbol{\alpha}_2, \cdots, \boldsymbol{\alpha}_n$ 与 $\boldsymbol{\beta}_1, \boldsymbol{\beta}_2, \cdots, \boldsymbol{\beta}_m$ 分别是数域 $\mathbb{F}$ 上的有限维线性空间 V 与 W 上的一组基, 则 $\mathrm{Hom}_{\mathbb{F}}(V, W)$ 中的线性映射与 $\mathbb{F}^{m\times n}$ 中的矩阵在关系 (4.2.3) 下一一对应.

证明 令

$$\Omega : \mathrm{Hom}_{\mathbb{F}}(V, W) \to \mathbb{F}^{m\times n},\ \Omega(\varphi) = \boldsymbol{A} \Longleftrightarrow \boldsymbol{A} \text{ 满足 (4.2.3) 式},$$

这里 (4.2.4) 式中的基为所给定的两组基 $\boldsymbol{\alpha}_1, \boldsymbol{\alpha}_2, \cdots, \boldsymbol{\alpha}_n$ 与 $\boldsymbol{\beta}_1, \boldsymbol{\beta}_2, \cdots, \boldsymbol{\beta}_m$. 由性质 4.2.1 得 Ω 为一个映射, 由性质 4.2.2 得它既是满射又是单射. 因此, Ω 为从 $\mathrm{Hom}_{\mathbb{F}}(V, W)$ 到 $\mathbb{F}^{m\times n}$ 上的双射, 引理得证. □

通常我们称 (4.2.3) 式中的矩阵 $\boldsymbol{A}$ 为线性映射 φ **在基对** $\boldsymbol{\alpha}_1, \boldsymbol{\alpha}_2, \cdots, \boldsymbol{\alpha}_n$ **及** $\boldsymbol{\beta}_1, \boldsymbol{\beta}_2, \cdots, \boldsymbol{\beta}_m$ **下的矩阵**.

引理 4.2.4 设 V, W 是数域 $\mathbb{F}$ 上的有限维线性空间, φ, ψ 是定义在 V 上取值于 W 中的线性映射, $\boldsymbol{\alpha}_1, \boldsymbol{\alpha}_2, \cdots, \boldsymbol{\alpha}_n$ 与 $\boldsymbol{\beta}_1, \boldsymbol{\beta}_2, \cdots, \boldsymbol{\beta}_m$ 分别是 V 与 W 的一组基. $\boldsymbol{A}, \boldsymbol{B} \in \mathbb{F}^{m\times n}$ 分别是 φ 与 ψ 在基对 $\boldsymbol{\alpha}_1, \boldsymbol{\alpha}_2, \cdots, \boldsymbol{\alpha}_n$ 及 $\boldsymbol{\beta}_1, \boldsymbol{\beta}_2, \cdots, \boldsymbol{\beta}_m$ 下的矩阵, 则

(1) $\varphi + \psi$ 在基对 $\boldsymbol{\alpha}_1, \boldsymbol{\alpha}_2, \cdots, \boldsymbol{\alpha}_n$ 及 $\boldsymbol{\beta}_1, \boldsymbol{\beta}_2, \cdots, \boldsymbol{\beta}_m$ 下的矩阵是 $\boldsymbol{A} + \boldsymbol{B}$.

(2) $k\varphi$(k 为 $\mathbb{F}$ 中常数) 在基对 $\boldsymbol{\alpha}_1, \boldsymbol{\alpha}_2, \cdots, \boldsymbol{\alpha}_n$ 及 $\boldsymbol{\beta}_1, \boldsymbol{\beta}_2, \cdots, \boldsymbol{\beta}_m$ 下的矩阵是 $k\boldsymbol{A}$.

请读者自行完成引理 4.2.4 的证明 (习题 4.2 的习题 3). 根据上述两个引理, 由线性映射的定义, 我们有

定理 4.2.5 设 $\boldsymbol{\alpha}_1, \boldsymbol{\alpha}_2, \cdots, \boldsymbol{\alpha}_n$ 与 $\boldsymbol{\beta}_1, \boldsymbol{\beta}_2, \cdots, \boldsymbol{\beta}_m$ 分别是数域 $\mathbb{F}$ 上的有限维线性空间 V 与 W 上的一组基, 则映射

$$\Omega : \mathrm{Hom}_{\mathbb{F}}(V, W) \to \mathbb{F}^{m\times n},\ \text{使得 } \Omega(\varphi) = \boldsymbol{A} \text{当且仅当满足 (4.2.3) 式}$$

是从线性空间 $\mathrm{Hom}_{\mathbb{F}}(V, W)$ 到线性空间 $\mathbb{F}^{m\times n}$ 上的一个同构.

下面定理说明了线性映射的合成与矩阵乘法的关系, 它的证明也请读者自己完成 (习题 4.2 的习题 3).

定理 4.2.6 设 V, W, U 分别是数域 $\mathbb{F}$ 上的有限维线性空间, $\boldsymbol{\alpha}_1, \boldsymbol{\alpha}_2, \cdots, \boldsymbol{\alpha}_n$; $\boldsymbol{\beta}_1, \boldsymbol{\beta}_2, \cdots, \boldsymbol{\beta}_m$ 以及 $\gamma_1, \gamma_2, \cdots, \gamma_s$ 分别是 V, W, U 的一组基, $\varphi \in \mathrm{Hom}_{\mathbb{F}}(V, W)$, $\psi \in \mathrm{Hom}_{\mathbb{F}}(W, U)$, 若 φ, ψ 在基对 $\boldsymbol{\alpha}_1, \boldsymbol{\alpha}_2, \cdots, \boldsymbol{\alpha}_n$ 及 $\boldsymbol{\beta}_1, \boldsymbol{\beta}_2, \cdots, \boldsymbol{\beta}_m$ 与基对 $\boldsymbol{\beta}_1, \boldsymbol{\beta}_2, \cdots, \boldsymbol{\beta}_m$ 及 $\gamma_1, \gamma_2, \cdots, \gamma_s$ 下的矩阵分别是 $\boldsymbol{A}$ 与 $\boldsymbol{B}$, 则 $\psi\varphi$ 在基对 $\boldsymbol{\alpha}_1, \boldsymbol{\alpha}_2, \cdots, \boldsymbol{\alpha}_n$ 及 $\gamma_1, \gamma_2, \cdots, \gamma_s$ 下的矩阵为 $\boldsymbol{BA}$.

例 4.2.1 设 V 是 n 维欧氏空间, $(\cdot,\cdot)$ 为其内积, $\boldsymbol{\alpha}_0\in V$ 为取定的向量, 则

$$\varphi:\ V\longrightarrow\mathbb{R},$$

$$\varphi(\boldsymbol{\alpha})=(\boldsymbol{\alpha},\boldsymbol{\alpha}_0)$$

为定义在 V 上取值于 $\mathbb{R}$ 中的一个线性映射. 取 V 的一组基为 $\boldsymbol{\alpha}_1,\boldsymbol{\alpha}_2,\cdots,\boldsymbol{\alpha}_n$, 取 $r\in\mathbb{R}$ 为非零常数, 则 r 是 $\mathbb{R}$ 的一组基. 由于

$$\varphi(\boldsymbol{\alpha}_i)=(\boldsymbol{\alpha}_i,\boldsymbol{\alpha}_0)=\left(\frac{1}{r}\boldsymbol{\alpha}_i,\boldsymbol{\alpha}_0\right)r,\quad i=1,2,\cdots,n,$$

因此相应的 (4.2.3) 式为

$$\begin{aligned}&(\varphi(\boldsymbol{\alpha}_1),\varphi(\boldsymbol{\alpha}_2),\cdots,\varphi(\boldsymbol{\alpha}_n))\\=&\left(\left(\frac{1}{r}\boldsymbol{\alpha}_1,\boldsymbol{\alpha}_0\right),\left(\frac{1}{r}\boldsymbol{\alpha}_2,\boldsymbol{\alpha}_0\right),\ \cdots,\ \left(\frac{1}{r}\boldsymbol{\alpha}_n,\boldsymbol{\alpha}_0\right)\right)r,\end{aligned}$$

故 φ 在基对 $\boldsymbol{\alpha}_1,\boldsymbol{\alpha}_2,\cdots,\boldsymbol{\alpha}_n$; r 下的矩阵为

$$\begin{aligned}\boldsymbol{A}&=\left(\left(\frac{1}{r}\boldsymbol{\alpha}_1,\boldsymbol{\alpha}_0\right),\ \left(\frac{1}{r}\boldsymbol{\alpha}_2,\boldsymbol{\alpha}_0\right),\ \cdots,\ \left(\frac{1}{r}\boldsymbol{\alpha}_n,\boldsymbol{\alpha}_0\right)\right)\\&=\frac{1}{r}((\boldsymbol{\alpha}_1,\boldsymbol{\alpha}_0),(\boldsymbol{\alpha}_2,\boldsymbol{\alpha}_0),\ \cdots,\ (\boldsymbol{\alpha}_n,\boldsymbol{\alpha}_0)).\end{aligned}$$

习 题 4.2

1. 求下列线性变换在指定基下的矩阵:

(1) 在 $\mathbb{F}[x]_n$ 中, 线性变换 $\mathcal{A}$ 为 $f(x)\longrightarrow f(x+1)-f(x)$, 基为

$$\boldsymbol{\varepsilon}_0=1,\quad \boldsymbol{\varepsilon}_i=\frac{x(x-1)\cdots(x-i+1)}{i!}\quad(i=1,\ 2,\ \cdots,\ n-1).$$

(2) 在 $\mathbb{F}^{2\times2}$ 中, 定义 $\mathcal{A}(\boldsymbol{X})=\begin{pmatrix}a&b\\c&d\end{pmatrix}\boldsymbol{X}\begin{pmatrix}a&b\\c&d\end{pmatrix}$, 基取为 $\boldsymbol{E}_{11},\ \boldsymbol{E}_{12},\ \boldsymbol{E}_{21},\ \boldsymbol{E}_{22}$.

(3) 在 $\mathbb{F}^3$ 中, $\mathcal{A}\big((a,b,c)\big)=(2b+c,a-4b,3a)$, 基为 $\boldsymbol{\alpha}_1=(1,1,1),\ \ \boldsymbol{\alpha}_2=(1,1,0),\boldsymbol{\alpha}_3=(1,0,0)$.

(4) 在 $\mathbb{F}^{2\times2}$ 中, $\mathcal{A}(\boldsymbol{X})=\boldsymbol{X}\boldsymbol{N}$, $\mathcal{B}(\boldsymbol{X})=\boldsymbol{M}\boldsymbol{X}$, 其中, $\boldsymbol{M}=\begin{pmatrix}1&0\\-2&0\end{pmatrix}$, $\boldsymbol{N}=\begin{pmatrix}1&1\\1&-1\end{pmatrix}$, 求 $\mathcal{AB}$ 与 $\mathcal{A}+\mathcal{B}$ 在基 $\boldsymbol{E}_{11},\ \boldsymbol{E}_{12},\ \boldsymbol{E}_{21},\ \boldsymbol{E}_{22}$ 下的矩阵.

2. 对 $\boldsymbol{A}\in\mathbb{F}^{m\times n}$, 定义 $l_{\boldsymbol{A}}:\mathbb{F}^n\to\mathbb{F}^m,\ \boldsymbol{X}\mapsto\boldsymbol{AX}$. 证明:

(1) $l_{\boldsymbol{A}}\in\mathrm{Hom}_{\mathbb{F}}(\mathbb{F}^n,\mathbb{F}^m)$; (2) 任意 $\varphi\in\mathrm{Hom}_{\mathbb{F}}(\mathbb{F}^n,\mathbb{F}^m),\exists\boldsymbol{A}\in\mathbb{F}^{m\times n},\varphi=l_{\boldsymbol{A}}$.

3. 试详细证明引理 4.2.4、定理 4.2.5 与定理 4.2.6.

4.3 线性变换及其矩阵

设 V 是数域 $\mathbb{F}$ 上的线性空间, 称 $\varphi \in \mathrm{Hom}_{\mathbb{F}}(V,V)$ 是 V 上的**线性变换**或**线性算子**. 通常, 我们用花体的大写英文字母如 $\mathcal{A},\mathcal{B},\mathcal{C}$ 来表示线性空间上的线性变换; 也用 $\mathrm{End}_{\mathbb{F}}(V)$ 表示线性空间 V 上的线性变换全体所形成的集合. $\mathrm{End}_{\mathbb{F}}(V)$ 关于线性变换的加法和数乘运算构成数域 $\mathbb{F}$ 上的线性空间.

4.1 节中的例 4.1.2 的 $\mathcal{D}$ 及例 4.1.1 中的 φ_2 均是相应空间上的线性变换.

例 4.3.1 设 V 是数域 $\mathbb{F}$ 上的线性空间, 令

$$\begin{aligned}\mathcal{A}:\ & V \longrightarrow V,\\ & \mathcal{A}(\boldsymbol{\alpha}) = \boldsymbol{\theta}, \quad \forall \boldsymbol{\alpha} \in V,\end{aligned}$$

则 $\mathcal{A} \in \mathrm{End}_{\mathbb{F}}(V)$. 通常, 我们称之为零变换并记作 $\mathcal{O}$.

例4.3.2 设 V 是数域 $\mathbb{F}$ 上的有限维线性空间, $\boldsymbol{\alpha}_1,\boldsymbol{\alpha}_2,\cdots,\boldsymbol{\alpha}_n$ 与 $\boldsymbol{\beta}_1,\boldsymbol{\beta}_2,\cdots,\boldsymbol{\beta}_n$ 为其两组基, 定义对应规则如下:

$$\begin{aligned}\mathcal{A}: V &\longrightarrow V,\\ \boldsymbol{\alpha} &\mapsto (\boldsymbol{\beta}_1,\boldsymbol{\beta}_2,\cdots,\boldsymbol{\beta}_n)\boldsymbol{X}\end{aligned}$$

$\mathcal{A}(\boldsymbol{\alpha}) = (\boldsymbol{\beta}_1,\boldsymbol{\beta}_2,\cdots,\boldsymbol{\beta}_n)\boldsymbol{X}$, $\forall \boldsymbol{\alpha} \in V$, 当 $\boldsymbol{\alpha} = (\boldsymbol{\alpha}_1,\boldsymbol{\alpha}_2,\cdots,\boldsymbol{\alpha}_n)\boldsymbol{X}$ 时, 对 $\boldsymbol{X} \in \mathbb{F}^n$, 则 $\mathcal{A} \in \mathrm{End}_{\mathbb{F}}(V)$.

不难知平面解析几何中的坐标变换是本例的一个特殊情形. 事实上, 令 $(\boldsymbol{\beta}_1,\boldsymbol{\beta}_2,\cdots,\boldsymbol{\beta}_n) = (\boldsymbol{\alpha}_1,\boldsymbol{\alpha}_2,\cdots,\boldsymbol{\alpha}_n)\boldsymbol{M}$, 则 $\boldsymbol{M} \in \mathbb{F}^{n\times n}$ 是可逆的, 又令 $\mathcal{A}(\boldsymbol{\alpha}) = (\boldsymbol{\alpha}_1,\boldsymbol{\alpha}_2,\cdots,\boldsymbol{\alpha}_n)\boldsymbol{Y}, \boldsymbol{Y} \in \mathbb{F}^n$, 则 $\boldsymbol{Y} = \boldsymbol{M}\boldsymbol{X}$.

例 4.3.3 设 $\boldsymbol{\eta}$ 为欧氏空间 V 中一单位向量. 令

$$\begin{aligned}\mathcal{A}:\ & V \longrightarrow V,\\ & \mathcal{A}(\boldsymbol{\alpha}) = \boldsymbol{\alpha} - 2(\boldsymbol{\eta},\boldsymbol{\alpha})\boldsymbol{\eta}, \quad \forall \boldsymbol{\alpha} \in V,\end{aligned}$$

则 $\mathcal{A} \in \mathrm{End}_{\mathbb{F}}(V)$. 通常我们称之为 V 上的一个**镜面反射**.

可以验证线性变换的乘法如同矩阵的乘法一样不具有交换律 (本章例 4.1.4).

可以验证线性变换的乘法满足结合律, 也满足对线性变换加法的左 (右) 分配律.

如果 $\mathcal{A} \in \mathrm{End}_{\mathbb{F}}(V)$ 是 V 上的一个双射, 则其逆 $\mathcal{A}^{-1} \in \mathrm{End}_{\mathbb{F}}(V)$, 且

$$\mathcal{A}\mathcal{A}^{-1} = \mathcal{A}^{-1}\mathcal{A} = \mathcal{I},$$

这里 $\mathcal{I}$ 表示 V 上的单位映射所成的线性变换 (通常称之为**恒等变换**).

以下, 我们讨论线性变换的表示方式. 为此, 我们总假定线性空间 V 是有限维的, 或者说总假定 $\dim V = n < \infty$. 对于线性变换 $\mathcal{A} \in \mathrm{End}_{\mathbb{F}}(V)$ 来说, 由于其所定义的空间与其取值的空间是一样的, 所以, 如果将 (4.2.3) 式中所涉及的两组基取成一样, 比如, 取成 $\boldsymbol{\alpha}_1, \boldsymbol{\alpha}_2, \cdots, \boldsymbol{\alpha}_n$, 则 (4.2.3) 式可简写为

$$\mathcal{A}(\boldsymbol{\alpha}_1,\ \boldsymbol{\alpha}_2,\ \cdots,\ \boldsymbol{\alpha}_n) \triangleq (\mathcal{A}(\boldsymbol{\alpha}_1),\ \mathcal{A}(\boldsymbol{\alpha}_2),\ \cdots,\ \mathcal{A}(\boldsymbol{\alpha}_n)) = (\boldsymbol{\alpha}_1,\ \boldsymbol{\alpha}_2,\ \cdots,\ \boldsymbol{\alpha}_n)\ \boldsymbol{A}, \tag{4.3.1}$$

这里 $\boldsymbol{A} \in \mathbb{F}^{n\times n}$, 通常, 我们称之为**线性变换 $\mathcal{A}$ 在基 $\boldsymbol{\alpha}_1, \boldsymbol{\alpha}_2, \cdots, \boldsymbol{\alpha}_n$ 下的矩阵**.

为了符号上的简便, 令 $\boldsymbol{B} = \{\boldsymbol{\alpha}_1,\ \boldsymbol{\alpha}_2,\ \cdots,\ \boldsymbol{\alpha}_n\}$ 为这组基向量组成的集合. 若线性变换 $\mathcal{A}$ 在这组基 $\boldsymbol{B}$ 下的矩阵为 $\boldsymbol{A}$, 可以简记为

$$\{\mathcal{A}\}_{\boldsymbol{B}} = \boldsymbol{A}.$$

对于线性变换来说, 与性质 4.2.1 和性质 4.2.2 相对应的分别是如下的性质 4.3.1 和性质 4.3.2.

性质 4.3.1 设 $\boldsymbol{\alpha}_1, \boldsymbol{\alpha}_2, \cdots, \boldsymbol{\alpha}_n$ 为数域 $\mathbb{F}$ 上 n 维线性空间 V 中的一组取定的基, $\mathcal{A} \in \mathrm{End}_{\mathbb{F}}(V)$, 则存在数域 $\mathbb{F}$ 上的唯一的 n 阶矩阵 $\boldsymbol{A}$ 满足 (4.3.1) 式.

性质 4.3.2 设 $\boldsymbol{\alpha}_1, \boldsymbol{\alpha}_2, \cdots, \boldsymbol{\alpha}_n$ 是数域 $\mathbb{F}$ 上的 n 维线性空间 V 中的一组基, $\boldsymbol{A} = (a_{ij})_{n\times n} \in \mathbb{F}^{n\times n}$, 令

$$\boldsymbol{\beta}_i = a_{1i}\boldsymbol{\alpha}_1 + a_{2i}\boldsymbol{\alpha}_2 + \cdots + a_{ni}\boldsymbol{\alpha}_n, \quad i = 1, 2, \cdots, n,$$

则存在 $\mathrm{End}_{\mathbb{F}}(V)$ 中唯一的线性变换 $\mathcal{A}$ 使得

$$\mathcal{A}(\boldsymbol{\alpha}_1) = \boldsymbol{\beta}_1,\ \mathcal{A}(\boldsymbol{\alpha}_2) = \boldsymbol{\beta}_2, \cdots,\ \mathcal{A}(\boldsymbol{\alpha}_n) = \boldsymbol{\beta}_n.$$

这个结果告诉我们, 给定一个 n 维线性空间 V 和它的一组基后, 一个 n 阶方阵唯一对应一个 V 上的线性变换. 很多时候, 人们会以如下方式把 n 阶方阵对应到线性空间 $\mathbb{F}^n$ 上的线性变换. 对任意 $\boldsymbol{A} \in \mathbb{F}^{n\times n}$, 定义

$$l_{\boldsymbol{A}} : \mathbb{F}^n \to \mathbb{F}^n,$$

$$\boldsymbol{\beta} \mapsto \boldsymbol{A}\boldsymbol{\beta}.$$

容易验证, $l_{\boldsymbol{A}}$ 是 $\mathbb{F}^n$ 上的线性变换.

与引理 4.2.3、引理 4.2.4 与引理 4.2.6 相对应的是如下的引理 4.3.3 和引理 4.3.4 中的 (1)—(3).

引理 4.3.3 设 $\boldsymbol{\alpha}_1, \boldsymbol{\alpha}_2, \cdots, \boldsymbol{\alpha}_n$ 是数域 $\mathbb{F}$ 上 n 维线性空间 V 上的一组基, 则线性空间 $\mathrm{End}_{\mathbb{F}}(V)$ 中的线性变换与线性空间 $\mathbb{F}^{n\times n}$ 中的矩阵在关系 (4.3.1) 下一一对应.

引理 4.3.4 设数域 $\mathbb{F}$ 上线性空间 V 上的线性变换 $\mathcal{A},\mathcal{B}$ 在基 $\boldsymbol{\alpha}_1,\boldsymbol{\alpha}_2,\cdots,\boldsymbol{\alpha}_n$ 下的矩阵分别为 $\boldsymbol{A}$ 与 $\boldsymbol{B}$, 则

(1) $\mathcal{A}+\mathcal{B}$ 在基 $\boldsymbol{\alpha}_1,\boldsymbol{\alpha}_2,\cdots,\boldsymbol{\alpha}_n$ 下的矩阵是 $\boldsymbol{A}+\boldsymbol{B}$.

(2) $\mathcal{A}\mathcal{B}$ 在基 $\boldsymbol{\alpha}_1,\boldsymbol{\alpha}_2,\cdots,\boldsymbol{\alpha}_n$ 下的矩阵是 $\boldsymbol{AB}$.

(3) $k\mathcal{A}$ (k 为 $\mathbb{F}$ 中常数) 在基 $\boldsymbol{\alpha}_1,\boldsymbol{\alpha}_2,\cdots,\boldsymbol{\alpha}_n$ 下的矩阵是 $k\boldsymbol{A}$.

(4) 若 $\mathcal{A}$ 可逆, 则 $\mathcal{A}^{-1}$ 在基 $\boldsymbol{\alpha}_1,\boldsymbol{\alpha}_2,\cdots,\boldsymbol{\alpha}_n$ 下的矩阵为 $\boldsymbol{A}^{-1}$.

与定理 4.2.5 相对应的是如下的定理 4.3.5.

定理 4.3.5 设 $\boldsymbol{\alpha}_1,\boldsymbol{\alpha}_2,\cdots,\boldsymbol{\alpha}_n$ 是数域 $\mathbb{F}$ 上的有限维线性空间 V 的一组基, 则映射

$$\varOmega:\mathrm{End}_{\mathbb{F}}(V)\to\mathbb{F}^{n\times n},\ \varOmega(\varphi)=\boldsymbol{A}\Longleftrightarrow\boldsymbol{A}\text{ 满足 (4.3.1) 式}$$

是从线性空间 $\mathrm{End}_{\mathbb{F}}(V)$ 到线性空间 $\mathbb{F}^{n\times n}$ 上的一个同构.

例 4.3.4 设 $\mathcal{A}\in\mathrm{End}_{\mathbb{F}}(\mathbb{F}^n)$ 满足

$$\mathcal{A}(\boldsymbol{\alpha})=(x_1+x_2+\cdots+x_n,\ x_2+x_3+\cdots+x_n,\ \cdots,\ x_n)^{\mathrm{T}},$$

$$\forall\boldsymbol{\alpha}=(x_1,x_2,\cdots,x_n)^{\mathrm{T}}\in\mathbb{F}^n,$$

试分别求出 $\mathcal{A}$ 在常用基和基

$$\boldsymbol{\beta}_1=(1,1,\cdots,1)^{\mathrm{T}},\ \boldsymbol{\beta}_2=(0,1,1,\cdots,1)^{\mathrm{T}},\ \ \cdots,\ \ \boldsymbol{\beta}_n=(0,0,\cdots,0,1)^{\mathrm{T}}$$

下的矩阵.

解 由于 $\mathbb{F}^n$ 的常用基为

$$\boldsymbol{e}_1=(1,0,\cdots,0)^{\mathrm{T}},\ \boldsymbol{e}_2=(0,1,0,\cdots,0)^{\mathrm{T}},\ \ \cdots,\ \ \boldsymbol{e}_n=(0,0,\cdots,1)^{\mathrm{T}},$$

故

$$\mathcal{A}(\boldsymbol{e}_1)=(1,0,\cdots,0)^{\mathrm{T}}=\boldsymbol{e}_1+0\boldsymbol{e}_2+\cdots+0\boldsymbol{e}_n,$$

$$\mathcal{A}(\boldsymbol{e}_2)=(1,1,0,\cdots,0)^{\mathrm{T}}=\boldsymbol{e}_1+\boldsymbol{e}_2+0\boldsymbol{e}_3+\cdots+0\boldsymbol{e}_n,$$

$$\mathcal{A}(\boldsymbol{e}_3)=(1,1,1,0,\cdots,0)^{\mathrm{T}}=\boldsymbol{e}_1+\boldsymbol{e}_2+\boldsymbol{e}_3+0\boldsymbol{e}_4+\cdots+0\boldsymbol{e}_n,$$

$$\cdots\cdots$$

$$\mathcal{A}(\boldsymbol{e}_n)=(1,1,1,\cdots,1)^{\mathrm{T}}=\boldsymbol{e}_1+\boldsymbol{e}_2+\cdots+\boldsymbol{e}_n,$$

所以, $\mathcal{A}$ 在基 $\boldsymbol{e}_1,\boldsymbol{e}_2,\cdots,\boldsymbol{e}_n$ 下的矩阵为

$$\boldsymbol{A}=\begin{pmatrix}1&1&\cdots&1\\0&1&\cdots&1\\\vdots&\vdots&&\vdots\\0&0&\cdots&1\end{pmatrix}.$$

因为

$$\mathcal{A}(\boldsymbol{\beta}_1)=(n,n-1,\cdots,1)^{\mathrm{T}}=n\boldsymbol{\beta}_1-\boldsymbol{\beta}_2-\boldsymbol{\beta}_3-\cdots-\boldsymbol{\beta}_n,$$

$$\mathcal{A}(\boldsymbol{\beta}_2)=(n-1,n-1,n-2,\cdots,1)^{\mathrm{T}}=(n-1)\boldsymbol{\beta}_1+0\boldsymbol{\beta}_2-\boldsymbol{\beta}_3-\cdots-\boldsymbol{\beta}_n,$$

$$\cdots\cdots$$

$$\mathcal{A}(\boldsymbol{\beta}_n)=(1,1,1,\cdots,1)^{\mathrm{T}}=\boldsymbol{\beta}_1+0\boldsymbol{\beta}_2+\cdots+0\boldsymbol{\beta}_n,$$

所以, $\mathcal{A}$ 在基 $\{\boldsymbol{\beta}_1,\boldsymbol{\beta}_2,\cdots,\boldsymbol{\beta}_n\}$ 下的矩阵为

$$\boldsymbol{B}=\begin{pmatrix} n & n-1 & \cdots & 1\\ -1 & 0 & \cdots & 0\\ -1 & -1 & \cdots & 0\\ \vdots & \vdots & & \vdots\\ -1 & -1 & \cdots & 0\end{pmatrix}.$$

下述性质告诉我们例 4.3.4 中的矩阵 $\boldsymbol{A}$ 与 $\boldsymbol{B}$ 是相似的.

性质 4.3.6 设 $\mathcal{A}\in\mathrm{End}_{\mathbb{F}}(V)$, 数域 $\mathbb{F}$ 上的 n 阶矩阵 $\boldsymbol{A}$ 与 $\boldsymbol{B}$ 分别是 $\mathcal{A}$ 在基 $B_1=\{\boldsymbol{\alpha}_1,\boldsymbol{\alpha}_2,\cdots,\boldsymbol{\alpha}_n\}$ 与基 $B_2=\{\boldsymbol{\beta}_1,\boldsymbol{\beta}_2,\cdots,\boldsymbol{\beta}_n\}$ 下的矩阵, 设 B_1 到 B_2 的过渡矩阵为 $\boldsymbol{M}$, 则

$$\boldsymbol{B}=\boldsymbol{M}^{-1}\boldsymbol{A}\boldsymbol{M},$$

于是 $\boldsymbol{A}$ 与 $\boldsymbol{B}$ 相似.

证明 由假设有

$$(\mathcal{A}(\boldsymbol{\alpha}_1),\mathcal{A}(\boldsymbol{\alpha}_2),\cdots,\mathcal{A}(\boldsymbol{\alpha}_n))=(\boldsymbol{\alpha}_1,\boldsymbol{\alpha}_2,\cdots,\boldsymbol{\alpha}_n)\boldsymbol{A} \tag{4.3.2}$$

及

$$(\mathcal{A}(\boldsymbol{\beta}_1),\mathcal{A}(\boldsymbol{\beta}_2),\cdots,\mathcal{A}(\boldsymbol{\beta}_n))=(\boldsymbol{\beta}_1,\boldsymbol{\beta}_2,\cdots,\boldsymbol{\beta}_n)\boldsymbol{B}. \tag{4.3.3}$$

因为

$$(\boldsymbol{\beta}_1,\boldsymbol{\beta}_2,\cdots,\boldsymbol{\beta}_n)=(\boldsymbol{\alpha}_1,\boldsymbol{\alpha}_2,\cdots,\boldsymbol{\alpha}_n)\boldsymbol{M},$$

这里 $\boldsymbol{M}\in\mathbb{F}^{n\times n}$ 为从基 $\boldsymbol{\beta}_1,\boldsymbol{\beta}_2,\cdots,\boldsymbol{\beta}_n$ 到基 $\boldsymbol{\alpha}_1,\boldsymbol{\alpha}_2,\cdots,\boldsymbol{\alpha}_n$ 的过渡矩阵, 所以有

$$(\mathcal{A}(\boldsymbol{\beta}_1),\mathcal{A}(\boldsymbol{\beta}_2),\cdots,\mathcal{A}(\boldsymbol{\beta}_n))=(\mathcal{A}(\boldsymbol{\alpha}_1),\mathcal{A}(\boldsymbol{\alpha}_2),\cdots,\mathcal{A}(\boldsymbol{\alpha}_n))\boldsymbol{M}.$$

由 (4.3.2) 式及 (4.3.3) 式得

$$(\mathcal{A}(\boldsymbol{\beta}_1),\mathcal{A}(\boldsymbol{\beta}_2),\cdots,\mathcal{A}(\boldsymbol{\beta}_n))=(\mathcal{A}(\boldsymbol{\alpha}_1),\mathcal{A}(\boldsymbol{\alpha}_2),\cdots,\mathcal{A}(\boldsymbol{\alpha}_n))\boldsymbol{M}$$

$$= (\boldsymbol{\alpha}_1, \boldsymbol{\alpha}_2, \cdots, \boldsymbol{\alpha}_n)\boldsymbol{BM}$$
$$= (\boldsymbol{\beta}_1, \boldsymbol{\beta}_2, \cdots, \boldsymbol{\beta}_n)\boldsymbol{M}^{-1}\boldsymbol{BM}. \tag{4.3.4}$$

比较 (4.3.2) 式和 (4.3.4) 式得

$$\boldsymbol{B} = \boldsymbol{M}^{-1}\boldsymbol{AM} \quad \text{或} \quad \boldsymbol{A} = \boldsymbol{MBM}^{-1},$$

即 $\boldsymbol{A}$ 与 $\boldsymbol{B}$ 相似. □

进一步, 我们还有

性质 4.3.7 设 V 是数域 $\mathbb{F}$ 上的 n 维线性空间, $\mathbb{F}$ 上的两个不同的 n 阶矩阵 $\boldsymbol{A}$ 与 $\boldsymbol{B}$ 相似, 则 $\boldsymbol{A}$ 与 $\boldsymbol{B}$ 一定是定义在 V 上的某个线性变换在不同基下的矩阵.

证明 因为 $\boldsymbol{A}$ 与 $\boldsymbol{B}$ 相似, 所以存在可逆矩阵 $\boldsymbol{M}$ 使得 $\boldsymbol{B} = \boldsymbol{M}^{-1}\boldsymbol{AM}$. 任取 V 的一组基 $\boldsymbol{\alpha}_1, \boldsymbol{\alpha}_2, \cdots, \boldsymbol{\alpha}_n$, 则可定义一个 V 上的线性变换 $\mathcal{A}: V \longrightarrow V$, 使得 $\boldsymbol{A}$ 为 $\mathcal{A}$ 在基 $\boldsymbol{\alpha}_1, \boldsymbol{\alpha}_2, \cdots, \boldsymbol{\alpha}_n$ 下的矩阵, 即

$$(\mathcal{A}(\boldsymbol{\alpha}_1), \mathcal{A}(\boldsymbol{\alpha}_2), \cdots, \mathcal{A}(\boldsymbol{\alpha}_n)) = (\boldsymbol{\alpha}_1, \boldsymbol{\alpha}_2, \cdots, \boldsymbol{\alpha}_n)\boldsymbol{A}. \tag{4.3.5}$$

令 $\boldsymbol{\beta}_1, \boldsymbol{\beta}_2, \cdots, \boldsymbol{\beta}_n$ 为如下确定的向量组

$$(\boldsymbol{\beta}_1, \boldsymbol{\beta}_2, \cdots, \boldsymbol{\beta}_n) = (\boldsymbol{\alpha}_1, \boldsymbol{\alpha}_2, \cdots, \boldsymbol{\alpha}_n)\boldsymbol{M}, \tag{4.3.6}$$

则 $\boldsymbol{\beta}_i$ 在 $\boldsymbol{\alpha}_1, \boldsymbol{\alpha}_2, \cdots, \boldsymbol{\alpha}_n$ 下的坐标是 $\boldsymbol{M}$ 的第 i 列 $(i = 1, 2, \cdots, n)$, 因此, $\boldsymbol{\beta}_1, \boldsymbol{\beta}_2, \cdots, \boldsymbol{\beta}_n$ 线性无关, 从而, 它也是 V 上的一组基. 由 (4.3.4) 式和 (4.3.5) 式得

Jacobi
矩阵与微分

$$\begin{aligned}(\mathcal{A}(\boldsymbol{\beta}_1), \mathcal{A}(\boldsymbol{\beta}_2), \cdots, \mathcal{A}(\boldsymbol{\beta}_n)) &= \mathcal{A}(\boldsymbol{\alpha}_1, \boldsymbol{\alpha}_2, \cdots, \boldsymbol{\alpha}_n)\boldsymbol{M} \\ &= (\mathcal{A}(\boldsymbol{\alpha}_1), \mathcal{A}(\boldsymbol{\alpha}_2), \cdots, \mathcal{A}(\boldsymbol{\alpha}_n))\boldsymbol{M} \\ &= (\boldsymbol{\alpha}_1, \boldsymbol{\alpha}_2, \cdots, \boldsymbol{\alpha}_n)\boldsymbol{AM} \\ &= (\boldsymbol{\beta}_1, \boldsymbol{\beta}_2, \cdots, \boldsymbol{\beta}_n)\boldsymbol{M}^{-1}\boldsymbol{AM} \\ &= (\boldsymbol{\beta}_1, \boldsymbol{\beta}_2, \cdots, \boldsymbol{\beta}_n)\boldsymbol{B}.\end{aligned}$$

故 $\boldsymbol{B}$ 是 $\mathcal{A}$ 在基 $\boldsymbol{\beta}_1, \boldsymbol{\beta}_2, \cdots, \boldsymbol{\beta}_n$ 下的矩阵, 得证. □

综合性质 4.3.6 与性质 4.3.7, 有

定理 4.3.8 设 $\mathbb{F}$ 为数域, V 为 $\mathbb{F}$ 上的 n 维线性空间, $\boldsymbol{A}, \boldsymbol{B}$ 为 $\mathbb{F}$ 上的 n 阶方阵, 则 $\boldsymbol{A}$ 与 $\boldsymbol{B}$ 相似的充分必要条件为 $\boldsymbol{A}$ 与 $\boldsymbol{B}$ 是 V 上的同一个线性变换在不同基下的矩阵.

基于此, 我们也说线性变换所对应的矩阵在相似意义下是唯一的.

有兴趣的读者可以考虑有限维线性空间之间的线性映射由基的变换所带来的矩阵的变化情况.

定义 4.3.1 设 $\mathcal{A}$ 是欧氏空间 V 上的一个线性变换, 如果

$$(\mathcal{A}(\boldsymbol{\alpha}),\mathcal{A}(\boldsymbol{\beta}))=(\boldsymbol{\alpha},\boldsymbol{\beta}),\quad \forall\boldsymbol{\alpha},\boldsymbol{\beta}\in V,$$

则称线性变换 $\mathcal{A}$ 是 V 上的一个**正交变换**或**保 (内) 积变换**.

正交变换保持变换前后向量的长度以及夹角不变 (更详细的相关理论请见第 5 章).

当 V 是一个有限维的欧氏空间时, 则可以证明任意一个 V 上的正交变换 $\mathcal{A}$ 在 V 中任何一组标准正交基下的矩阵 $\boldsymbol{A}$ 是一个正交矩阵. 此时, $|\boldsymbol{A}|=\pm1$. 当 $|\boldsymbol{A}|=1$ 时, 我们称此正交变换为**旋转**或**第一类的**; 当 $|\boldsymbol{A}|=-1$ 时, 我们称该正交变换是**第二类的**.

例 4.3.5 设 $\boldsymbol{\varepsilon}_1$, $\boldsymbol{\varepsilon}_2$, $\cdots$, $\boldsymbol{\varepsilon}_n$ 是 n 维欧氏空间 V 中的一组标准正交基, 定义 $\mathcal{A}:V\longrightarrow V$ 使得

$$\mathcal{A}(\boldsymbol{\varepsilon}_1)=-\boldsymbol{\varepsilon}_1,\ \ \mathcal{A}(\boldsymbol{\varepsilon}_i)=\boldsymbol{\varepsilon}_i\ \ (i=2,\cdots,\ n).$$

则

$$\mathcal{A}(\boldsymbol{\varepsilon}_1,\boldsymbol{\varepsilon}_2,\cdots,\boldsymbol{\varepsilon}_n)=(\boldsymbol{\varepsilon}_1,\boldsymbol{\varepsilon}_2,\cdots,\boldsymbol{\varepsilon}_n)\boldsymbol{A},$$

其中

$$\boldsymbol{A}=\begin{pmatrix}-1&&&\\&1&&\\&&\ddots&\\&&&1\end{pmatrix}.$$

$\mathcal{A}$ 是正交变换. 由于 $|\boldsymbol{A}|=-1$, 故 $\mathcal{A}$ 是第二类的. 事实上, 这也是一个镜面反射.

由空间的直和概念可以定义线性变换的直和概念. 设 $V_1,V_2,\cdots,V_s$ 是线性空间 V 的子空间且 $V=V_1\oplus V_2\oplus\cdots\oplus V_s$ 是直和. 设 $f_1,f_2,\cdots,f_s$ 分别是 $V_1,V_2,\cdots,V_s$ 上的线性变换. 定义映射 $f:V\to V$ 如下:

$$f\left(\bigoplus_{i=1}^{s}v_i\right)=\bigoplus_{i=1}^{s}f_i(v_i),\quad 其中\quad v_i\in V_i\ (i=1,2,\cdots,s),$$

则 f 是 V 上的线性变换 (留作练习). 我们称 f 是线性变换 $f_1,f_2,\cdots,f_s$ 的**直和**.

习　题　4.3

1. 设 $\mathbb{F}$ 上三维线性空间 V 上的线性变换 $\mathcal{A}$ 在基 $\boldsymbol{\varepsilon}_1$, $\boldsymbol{\varepsilon}_2$, $\boldsymbol{\varepsilon}_3$ 下的矩阵为

$$\begin{pmatrix} a_{11} & a_{12} & a_{13} \\ a_{21} & a_{22} & a_{23} \\ a_{31} & a_{32} & a_{33} \end{pmatrix} \in \mathbb{F}^{3\times 3},$$

求 $\mathcal{A}$ 在

(1) 基 $\boldsymbol{\varepsilon}_3$, $\boldsymbol{\varepsilon}_2$, $\boldsymbol{\varepsilon}_1$ 下的矩阵.

(2) 基 $\boldsymbol{\varepsilon}_1$, $k\boldsymbol{\varepsilon}_2$ $(k\neq 0)$, $\boldsymbol{\varepsilon}_3$ 下的矩阵.

(3) 基 $\boldsymbol{\varepsilon}_1+\boldsymbol{\varepsilon}_2$, $\boldsymbol{\varepsilon}_2$, $\boldsymbol{\varepsilon}_3$ 下的矩阵.

2. 设线性空间 $\mathbb{R}^3$ 的线性变换 $\mathcal{A}$ 定义如下:

$$\mathcal{A}(a_1,a_2,a_3)=(2a_1-a_2,a_2-a_3,a_2+a_3).$$

(1) 求 $\mathcal{A}$ 在基 $\boldsymbol{\varepsilon}_1=(1,0,0)$, $\boldsymbol{\varepsilon}_2=(0,1,0)$, $\boldsymbol{\varepsilon}_3=(0,0,1)$ 下的矩阵.

(2) 求 $\mathcal{A}$ 在基 $\boldsymbol{\eta}_1=(1,1,0)$, $\boldsymbol{\eta}_2=(0,1,1)$, $\boldsymbol{\eta}_3=(0,0,1)$ 下的矩阵.

(3) 求由基 $\boldsymbol{\varepsilon}_1,\boldsymbol{\varepsilon}_2$, $\boldsymbol{\varepsilon}_3$ 到 $\boldsymbol{\eta}_1,\boldsymbol{\eta}_2,\boldsymbol{\eta}_3$ 的过渡矩阵 $\boldsymbol{M}$, 并验证 $\boldsymbol{B}=\boldsymbol{M}^{-1}\boldsymbol{A}\boldsymbol{M}$.

3. $\mathcal{A}$ 是数域 $\mathbb{F}$ 上 n 维线性空间 V 的一个线性变换. 证明如果 $\mathcal{A}$ 在 V 的任意一组基下矩阵都相同, 那么 $\mathcal{A}$ 是 V 上的数乘变换.

4. 在线性空间 $\mathbb{R}^3$ 中, 给定两组基

(I) $\boldsymbol{\varepsilon}_1=(1,0,1)^{\mathrm{T}}$, $\boldsymbol{\varepsilon}_2=(2,1,0)^{\mathrm{T}}$, $\boldsymbol{\varepsilon}_3=(1,1,1)^{\mathrm{T}}$;

(II) $\boldsymbol{\eta}_1=(1,2,-1)^{\mathrm{T}}$, $\boldsymbol{\eta}_2=(2,2,-1)^{\mathrm{T}}$, $\boldsymbol{\eta}_3=(2,-1,-1)^{\mathrm{T}}$.

设线性变换 $\mathcal{A}$ 满足 $\mathcal{A}(\boldsymbol{\varepsilon}_i)=\boldsymbol{\eta}_i, i=1,2,3$. 试写出

(1) 从基 (I) 到基 (II) 的过渡矩阵;

(2) $\mathcal{A}$ 在基 (I) 下的矩阵;

(3) $\mathcal{A}$ 在基 (II) 下的矩阵.

5. 求线性空间 $\mathbb{F}^3$ 的一个线性变换, 满足 $\mathcal{A}(1,-1,-3)=(1,0,-1),\mathcal{A}(2,1,1)=(2,-1,1),\mathcal{A}(1,0,-1)=(1,0,-1)$.

6. 在线性空间 $\mathbb{R}^3$ 中, 已知线性变换 $\mathcal{A}$ 在基 $\boldsymbol{\varepsilon}_1=(8,-1,7)^{\mathrm{T}}$, $\boldsymbol{\varepsilon}_2=(16,7,13)^{\mathrm{T}}$, $\boldsymbol{\varepsilon}_3=(9,-3,7)^{\mathrm{T}}$ 下的矩阵为

$$\boldsymbol{A}=\begin{pmatrix} -1 & -18 & 15 \\ -1 & -22 & 20 \\ 1 & -25 & 22 \end{pmatrix},$$

求 $\mathcal{A}$ 在基

$$\boldsymbol{\eta}_1=(1,-2,1)^{\mathrm{T}},\quad \boldsymbol{\eta}_2=(3,-1,2)^{\mathrm{T}},\quad \boldsymbol{\eta}_3=(2,1,2)^{\mathrm{T}}$$

下的矩阵.

7. 设 $B=\{\boldsymbol{\alpha}_1,\boldsymbol{\alpha}_2,\cdots,\boldsymbol{\alpha}_n\}$ 是 V 的一组基, 设 $\varphi\in\mathrm{End}_{\mathbb{F}}(V)$, φ 在基 B 下的矩阵为 $A\in\mathbb{F}^{n\times n}$. 求 φ^2, $2\varphi+I$ 及 $g(\varphi)$ 在基 B 下的矩阵, 这里 I 是恒等映射.

8. 设 $\boldsymbol{A}\in\mathbb{F}^{m\times n}$, 则 $l_{\boldsymbol{A}}\in\mathrm{Hom}_{\mathbb{F}}(\mathbb{F}^n,\mathbb{F}^m)$.

(1) 证明 $l_{\boldsymbol{A}}$ 在 $\mathbb{F}^n$ 和 $\mathbb{F}^m$ 的标准基下的矩阵为 $\boldsymbol{A}$.

(2) 设 $m=n$, $k\geqslant 1$, 证明 $(l_{\boldsymbol{A}})^k=l_{\boldsymbol{A}^k}$.

(3) 设 $m=n, g(x)\in\mathbb{F}[x]$, 证明 $g(l_{\boldsymbol{A}})=l_{g(\boldsymbol{A})}$.

(4) 请问: $g(l_{\boldsymbol{A}})$ 在 $\mathbb{F}^n$ 的标准基下的矩阵是什么?

9. 设 $f(x),g(x),h(x)\in\mathbb{F}[x]$, $h(x)=f(x)g(x),\mathcal{A}\in\mathrm{End}_{\mathbb{F}}(\mathbb{F}^n)$, 证明: $h(\mathcal{A})=f(\mathcal{A})g(\mathcal{A})$.

10. 设线性空间 $V=V_1\oplus V_2$, V_i 是 V 的子空间, B_i 是 V_i 的一组基, $i=1,2$. 设 $f_i:V_i\to V_i$ 是线性变换, f_i 在 B_i 下的矩阵为 A_i, $i=1,2$. 证明:

(1) $B_1\cup B_2$ 是 V 的一组基;

(2) $f:V\to V$ 为 f_1,f_2 的直和, 则它在 $B_1\cup B_2$ 下的矩阵为 $\mathrm{diag}(A_1,A_2)$.

11. 设 V 是数域 $\mathbb{F}$ 上的有限维线性空间, B 是 V 的一组基, 假设 B_i 是 B 的非空子集且 $B=\bigcup\limits_{i=1}^{k}B_i$ 是无交并, 证明: $V=\bigoplus\limits_{i=1}^{k}L(B_i)$.

4.4 线性变换的特征理论

当有限维线性空间上的线性变换给定时, 一般地, 其在基下的矩阵随着基的不同而不同, 自然要问, 能否找到线性空间的一组基, 使得线性变换在该基下的矩阵“最简单”? 对这个问题的彻底回答与上册第 8 章中化矩阵为最简相似矩阵一样需要用到更深刻的理论. 本节中, 我们仅讨论能否找到一组基使得给定的线性变换在该基下的矩阵是对角阵. 若能, 则称 $\mathcal{A}$ 可 (相似) 对角化. 为此, 我们引入

定义 4.4.1 设 V 是数域 $\mathbb{F}$ 上的线性空间, $\mathcal{A}\in\mathrm{End}_{\mathbb{F}}(V)$, 若 $\lambda\in\mathbb{F}$, $\boldsymbol{\xi}\in V$ $(\boldsymbol{\xi}\neq\boldsymbol{\theta})$ 满足

$$\mathcal{A}(\boldsymbol{\xi})=\lambda\boldsymbol{\xi},$$

则称 λ 为 $\mathcal{A}$ 的一个**特征值**, 称 $\boldsymbol{\xi}$ 为 $\mathcal{A}$ 的属于 λ 的**特征向量**.

与矩阵的特征向量类似, 我们有

(1) V 中的任意一个非零向量不可能同时成为属于两个不同特征值的特征向量.

(2) 属于不同特征值的特征向量线性无关.

(3) $V_\lambda\triangleq\{$属于λ的特征向量全体$\}\cup\{\boldsymbol{\theta}\}$ 是 V 的一个子空间, 称为 $\mathcal{A}$ 的关于 λ 的**特征子空间**.

若 $\boldsymbol{A}$ 是数域 $\mathbb{F}$ 上的 n 阶方阵, 则由上述定义可知, $\mathbb{F}^n$ 上的线性变换 $\mathcal{A}$ 的特征值和特征向量就是方阵 $\boldsymbol{A}$ 的特征值和特征向量.

定理 4.4.1 设 V 是数域 $\mathbb{F}$ 上的线性空间, V 上的线性变换 $\mathcal{A}$ 在基 $\boldsymbol{\alpha}_1,\boldsymbol{\alpha}_2,\cdots,\boldsymbol{\alpha}_n$ 下的矩阵为 $\boldsymbol{A}$, $\lambda\in\mathbb{F}$, V 中非零向量 $\boldsymbol{\xi}$ 在基 $\boldsymbol{\alpha}_1,\boldsymbol{\alpha}_2,\cdots,\boldsymbol{\alpha}_n$ 下的坐标是 $\boldsymbol{X}$, 则

$$\mathcal{A}(\boldsymbol{\xi})=\lambda\boldsymbol{\xi}\Longleftrightarrow \boldsymbol{AX}=\lambda\boldsymbol{X}.$$

证明 依定理的条件有

$$\boldsymbol{\xi}=(\boldsymbol{\alpha}_1,\boldsymbol{\alpha}_2,\cdots,\boldsymbol{\alpha}_n)\boldsymbol{X},$$

且

$$\mathcal{A}(\boldsymbol{\alpha}_1,\boldsymbol{\alpha}_2,\cdots,\boldsymbol{\alpha}_n)=(\boldsymbol{\alpha}_1,\boldsymbol{\alpha}_2,\cdots,\boldsymbol{\alpha}_n)\boldsymbol{A}.$$

由于

$$\mathcal{A}(\boldsymbol{\xi})=\mathcal{A}(\boldsymbol{\alpha}_1,\boldsymbol{\alpha}_2,\cdots,\boldsymbol{\alpha}_n)\boldsymbol{X}=(\boldsymbol{\alpha}_1,\boldsymbol{\alpha}_2,\cdots,\boldsymbol{\alpha}_n)\boldsymbol{A}\boldsymbol{X}.$$

而

$$\lambda\boldsymbol{\xi}=(\boldsymbol{\alpha}_1,\boldsymbol{\alpha}_2,\cdots,\boldsymbol{\alpha}_n)(\lambda\boldsymbol{X}).$$

故

$$\mathcal{A}(\boldsymbol{\xi})=\lambda\boldsymbol{\xi}\Longleftrightarrow(\boldsymbol{\alpha}_1,\boldsymbol{\alpha}_2,\cdots,\boldsymbol{\alpha}_n)\boldsymbol{A}\boldsymbol{X}=(\boldsymbol{\alpha}_1,\boldsymbol{\alpha}_2,\cdots,\boldsymbol{\alpha}_n)\lambda\boldsymbol{X}\Longleftrightarrow\boldsymbol{A}\boldsymbol{X}=\lambda\boldsymbol{X}.$$

定理 4.4.1 说明, $\mathcal{A}$ 的特征值与特征向量的讨论完全可以经由 $\mathcal{A}$ 在基下的矩阵的特征值与特征向量的讨论来完成, 反之亦然. 由于有限维线性空间 V 上, 一个线性变换在 V 上的任何一组基下的矩阵是相似的, 因而, 这些矩阵的特征多项式均相同. 通常, 我们称这个特征多项式为该**线性变换的特征多项式**.

接下来, 我们来回答本节开头提出的问题. 如果在 n 维线性空间 V 中, 定义在其上的线性变换 $\mathcal{A}$ 在某组基 $\boldsymbol{\alpha}_1,\boldsymbol{\alpha}_2,\cdots,\boldsymbol{\alpha}_n$ 下的矩阵为对角阵 $\mathrm{diag}(\lambda_1,\lambda_2,\cdots,\lambda_n)$, 即

$$(\mathcal{A}(\boldsymbol{\alpha}_1),\mathcal{A}(\boldsymbol{\alpha}_2),\cdots,\mathcal{A}(\boldsymbol{\alpha}_n))=(\boldsymbol{\alpha}_1,\boldsymbol{\alpha}_2,\cdots,\boldsymbol{\alpha}_n)\begin{pmatrix}\lambda_1&&&\\&\lambda_2&&\\&&\ddots&\\&&&\lambda_n\end{pmatrix},$$

则

$$\mathcal{A}(\boldsymbol{\alpha}_i)=\lambda_i\boldsymbol{\alpha}_i,\quad i=1,2,\cdots,n,$$

即 $\boldsymbol{\alpha}_1,\boldsymbol{\alpha}_2,\cdots,\boldsymbol{\alpha}_n$ 为 $\mathcal{A}$ 的一组由特征向量所组成的基. 不难验证, 反之亦然. 故依定理 4.4.1 得

定理 4.4.2　设 V 是数域 $\mathbb{F}$ 上的有限维线性空间, $\mathcal{A}\in\mathrm{End}_{\mathbb{F}}(V)$, 则 $\mathcal{A}$ 在某组基下的矩阵为对角阵当且仅当存在 V 的某组基由 $\mathcal{A}$ 的特征向量组成, 亦当且仅当 $\mathcal{A}$ 在任一组基下的矩阵均与对角阵相似.

例 4.4.1　设 V 是数域 $\mathbb{F}$ 上的三维线性空间, V 上的线性变换 $\mathcal{A}$ 在基 $\boldsymbol{\varepsilon}_1$, $\boldsymbol{\varepsilon}_2$, $\boldsymbol{\varepsilon}_3$ 下的矩阵是

$$\boldsymbol{A}=\begin{pmatrix}6&2&4\\2&3&2\\4&2&6\end{pmatrix},$$

由上册例 8.1.1 知, 线性变换 $\mathcal{A}$ 的特征值是 2, 2, 11, 而属于 2, 2, 11 的特征向量分别是

$$\boldsymbol{\xi}_1=(\boldsymbol{\varepsilon}_1,\boldsymbol{\varepsilon}_2,\boldsymbol{\varepsilon}_3)\begin{pmatrix}1\\-2\\0\end{pmatrix},\ \boldsymbol{\xi}_2=(\boldsymbol{\varepsilon}_1,\boldsymbol{\varepsilon}_2,\boldsymbol{\varepsilon}_3)\begin{pmatrix}0\\-2\\1\end{pmatrix},\ \boldsymbol{\xi}_3=(\boldsymbol{\varepsilon}_1,\boldsymbol{\varepsilon}_2,\boldsymbol{\varepsilon}_3)\begin{pmatrix}2\\1\\2\end{pmatrix},$$

又由上册例 8.4.1, 存在 $\boldsymbol{M}=\begin{pmatrix}1&0&2\\-2&-2&1\\0&1&2\end{pmatrix}$ 满足

$$\boldsymbol{M}^{-1}\boldsymbol{A}\boldsymbol{M}=\begin{pmatrix}2&0&0\\0&2&0\\0&0&11\end{pmatrix},$$

故 $\mathcal{A}$ 在其 $\boldsymbol{\xi}_1,\boldsymbol{\xi}_2,\boldsymbol{\xi}_3$ 下的矩阵为

$$\boldsymbol{M}^{-1}\boldsymbol{A}\boldsymbol{M}=\begin{pmatrix}2&0&0\\0&2&0\\0&0&11\end{pmatrix}.$$

习 题 4.4

1. 求实数域上的线性空间 V 上的线性变换 $\mathcal{A}$ 的所有特征值与特征向量, 已知 $\mathcal{A}$ 在某一组基下的矩阵为

$$(1)\begin{pmatrix}0&0&1\\0&1&0\\1&0&0\end{pmatrix};\quad (2)\begin{pmatrix}3&1&0\\-4&-1&0\\4&-8&-2\end{pmatrix};\quad (3)\begin{pmatrix}1&1&1&1\\1&1&-1&-1\\1&-1&1&-1\\1&-1&-1&1\end{pmatrix}.$$

2. 上题中哪些线性变换在适当的基下的矩阵为对角阵? 可以的话, 试写出相应基的过渡矩阵 $\boldsymbol{M}$, 并验算 $\boldsymbol{M}^{-1}\boldsymbol{A}\boldsymbol{M}$ 为对角阵.

3. 在 $\mathbb{F}[x]_n(n>0)$ 中, 求微分变换 $\mathcal{D}$ 的特征多项式, 并证明 $\mathcal{D}$ 在任意一组基下的矩阵都不可能是对角矩阵.

4. 设 $\boldsymbol{\varepsilon}_1$, $\boldsymbol{\varepsilon}_2$, $\boldsymbol{\varepsilon}_3$, $\boldsymbol{\varepsilon}_4$ 是四维线性空间 V 的一组基, V 上线性变换 $\mathcal{A}$ 在这组基下的矩阵为

$$\boldsymbol{A}=\begin{pmatrix}5&-2&-4&3\\3&-1&-3&2\\-3&\frac{1}{2}&\frac{9}{2}&-\frac{5}{2}\\-10&3&11&-7\end{pmatrix}.$$

求: (1) $\mathcal{A}$ 在基 $\boldsymbol{\eta}_1=\boldsymbol{\varepsilon}_1+2\boldsymbol{\varepsilon}_2+\boldsymbol{\varepsilon}_3+\boldsymbol{\varepsilon}_4$, $\boldsymbol{\eta}_2=2\boldsymbol{\varepsilon}_1+3\boldsymbol{\varepsilon}_2+\boldsymbol{\varepsilon}_3$, $\boldsymbol{\eta}_3=\boldsymbol{\varepsilon}_3$, $\boldsymbol{\eta}_4=\boldsymbol{\varepsilon}_4$ 下的矩阵.

(2) $\mathcal{A}$ 的特征值与特征向量.

(3) 一个可逆矩阵 $\boldsymbol{M}$, 使 $\boldsymbol{M}^{-1}\boldsymbol{A}\boldsymbol{M}$ 成对角形.

5. 设 $\varphi \in \mathrm{End}_{\mathbb{R}}(V)$, φ 在 V 的基 $B=\{\boldsymbol{v}_1,\boldsymbol{v}_2,\boldsymbol{v}_3\}$ 下的矩阵为

$$\boldsymbol{A}=\begin{pmatrix}-1 & 1 & 0\\ 0 & 3 & 0\\ 1 & 0 & 2\end{pmatrix},$$

问: 是否存在 V 的基 B' 使得 φ 在 B' 下的矩阵为对角阵 $\boldsymbol{\Lambda}$? 若存在, 求出 B' 和 $\boldsymbol{\Lambda}$.

6. 设 $\boldsymbol{A}=(a_{ij})\in\mathbb{F}^{n\times n}$, 满足当 $i\leqslant j$ 时 $a_{ij}=0$, 这样的矩阵称为严格下三角阵.

(1) 通过计算, 证明 $\boldsymbol{A}^n=\boldsymbol{O}$;

(2) 用另一种方法证明 $\boldsymbol{A}^n=\boldsymbol{O}$.

7. 设 $\varphi:\mathbb{R}^2\to\mathbb{R}^2$ 是关于直线 $y=2x$ 的反射.

(1) 写出 φ 的矩阵表达式, 该矩阵记为 $\boldsymbol{A}$.

(2) 求 $\mathbb{R}^2$ 的一组单位正交基 $\boldsymbol{B}$, 使得 φ 在 $\boldsymbol{B}$ 下的矩阵为对角阵 $\boldsymbol{\Lambda}$.

(3) 求 $\boldsymbol{M}\in\mathbb{R}^{2\times 2}$, 使 $\boldsymbol{\Lambda}=\boldsymbol{M}^{-1}\boldsymbol{A}\boldsymbol{M}$.

(4) 求 φ 的特征值与特征子空间.

本章拓展题

1. 设 $\mathcal{A},\mathcal{B}$ 是线性变换, $\mathcal{A}^2=\mathcal{A},\mathcal{B}^2=\mathcal{B}$, 试证明

(1) 如果 $(\mathcal{A}+\mathcal{B})^2=\mathcal{A}+\mathcal{B}$, 那么 $\mathcal{A}\mathcal{B}=\mathcal{O}$.

(2) 如果 $\mathcal{A}\mathcal{B}=\mathcal{B}\mathcal{A}$, 那么 $(\mathcal{A}+\mathcal{B}-\mathcal{A}\mathcal{B})^2=\mathcal{A}+\mathcal{B}-\mathcal{A}\mathcal{B}$.

2. 设 $\mathcal{A}$ 是数域 $\mathbb{F}$ 上 n 维空间 V 上的线性变换.

(1) 试利用哈密顿-凯莱定理证明, 如果 $f(\lambda)$ 是 $\mathcal{A}$ 的特征多项式, 那么 $f(\mathcal{A})=\mathcal{O}$.

(2) 不用哈密顿-凯莱定理, 证明在 $\mathbb{F}[x]$ 中有一次数小于或者等于 n^2 的多项式 $g(x)$ 使得 $g(\mathcal{A})=\mathcal{O}$.

(3) $\mathcal{A}$ 可逆的充要条件是存在 $\mathbb{F}$ 上的一个常数项不为 0 的多项式 $g(x)$ 使得 $g(\mathcal{A})=\mathcal{O}$.

3. 设 W_1 和 W_2 是 n 维空间 V 上的两个子空间, 其维数之和等于 n, 证明存在 V 的线性变换 $\mathcal{A}$, 使 $\mathcal{A}^{-1}(\boldsymbol{\theta})=W_1,\mathcal{A}(V)=W_2$.

4. 设 $\boldsymbol{A}=(a_{ij})$ 是一个 n 阶下三角阵, 证明

(1) 若 $a_{ii}\neq a_{jj}$ $(i\neq j;i,j=1,2,\cdots,n)$, 则 $\boldsymbol{A}$ 相似于对角阵.

(2) 若 $a_{11}=a_{22}=\cdots=a_{nn}$, 而至少有一个 $a_{i_0j_0}\neq 0$ $(i_0>j_0)$, 则 $\boldsymbol{A}$ 不与对角阵相似.

5. V 为数域 $\mathbb{F}$ 上的 n 维线性空间, 证明 V 上的任意一个线性变换均可表示为一个可逆变换和一个**幂等变换** (即 V 上满足 $\mathcal{A}^2=\mathcal{A}$ 的线性变换 $\mathcal{A}$) 的乘积.

6. 设 m,n 为正整数 ,V,W 分别是数域 $\mathbb{F}$ 上的 m 维和 n 线性空间, 则 $\dim\mathrm{Hom}_{\mathbb{F}}(V,W)=mn$.

7. 设 $W=\{aI|a\in\mathbb{F}\}\subseteq\mathrm{End}_{\mathbb{F}}(V)$, $\mathrm{End}_{\mathbb{F}}(V)$ 中有加、减、乘三种运算, 证明:

(1) W 在加、减、乘运算下封闭.

(2) W 上定义除法: $(aI)/(bI)=\dfrac{a}{b}I$, $b\neq 0$, 则 $\varphi:\mathbb{F}\to W$, $a\mapsto aI$ 是保持四则运算的双射.

第 5 章　线性映射 (续)

5.1　像集与核　同构映射

上册中我们已知道线性映射, 即从一个线性空间 V 到另一个线性空间 W 保持加法和数乘的映射 φ, 其中 V 称为 φ 的定义域, W 称为 φ 的值域. 这些线性映射的全体构成数域 $\mathbb{F}$ 上一个新的线性空间. 当线性空间 V 和 W 相同时, 就称这个线性映射为一个线性变换. 那么, 决定一个线性映射或线性变换的是什么呢? 事实上, 它很大程度上取决于由该映射产生的如下两个子空间.

定义 5.1.1　设 f 是由线性空间 V 到 W 的线性映射. f 的全体像组成的集合称为 f 的**像集**, 表示为 $f(V)$ 或 $\operatorname{Im} f$, 即 $\operatorname{Im} f=\{f(\boldsymbol{\xi}):\boldsymbol{\xi}\in V\}$; V 中所有被 f 变成零向量的向量组成的集合称为 f 的**核**, 表为 $f^{-1}(\boldsymbol{\theta})$ 或 $\operatorname{Ker} f$, 即 $\operatorname{Ker} f=\{\boldsymbol{\xi}\in V: f(\boldsymbol{\xi})=\boldsymbol{\theta}\}$.

首先, 我们有

命题 5.1.1　设 V 和 W 是数域 $\mathbb{F}$ 上的线性空间, $f:V\to W$ 是一个线性映射, 则 $\operatorname{Ker} f$ 是 V 的子空间, $\operatorname{Im} f$ 是 W 的子空间.

证明　设 $\boldsymbol{\alpha},\boldsymbol{\beta}\in\operatorname{Ker} f, k\in\mathbb{F}$, 则 $f(\boldsymbol{\alpha}+\boldsymbol{\beta})=f(\boldsymbol{\alpha})+f(\boldsymbol{\beta})=\boldsymbol{\theta}+\boldsymbol{\theta}=\boldsymbol{\theta}, f(k\boldsymbol{\alpha})=kf(\boldsymbol{\alpha})=k\boldsymbol{\theta}=\boldsymbol{\theta}$. 故 $\boldsymbol{\alpha}+\boldsymbol{\beta}, k\boldsymbol{\alpha}\in\operatorname{Ker} f$, 所以 $\operatorname{Ker} f$ 是 V 的子空间. 请读者自证 $\operatorname{Im} f$ 是 W 的子空间. □

由此, 我们亦称 f 的核 $\operatorname{Ker} f$ 为**核空间**, f 的像集 $\operatorname{Im} f$ 为**像空间**.

命题 5.1.2　设 f 如上, 那么

(i) f 是满线性映射当且仅当 $\operatorname{Im} f=W$;

(ii) f 是单线性映射当且仅当 $\operatorname{Ker} f=\{\boldsymbol{\theta}\}$.

证明　(i) 由 $\operatorname{Im} f$ 定义直接可得.

(ii) 当 f 是单射时, 设 $\boldsymbol{\alpha}\in\operatorname{Ker} f$, 则 $f(\boldsymbol{\alpha})=\boldsymbol{\theta}=f(\boldsymbol{\theta})$, 得 $\boldsymbol{\alpha}=\boldsymbol{\theta}$.

反之, 当 $\operatorname{Ker} f=\{\boldsymbol{\theta}\}$ 时, 设对 $\boldsymbol{\alpha},\boldsymbol{\beta}\in V$, 有 $f(\boldsymbol{\alpha})=f(\boldsymbol{\beta})$, 则 $f(\boldsymbol{\alpha}-\boldsymbol{\beta})=\boldsymbol{\theta}$, 得 $\boldsymbol{\alpha}-\boldsymbol{\beta}\in\operatorname{Ker} f$. 故 $\boldsymbol{\alpha}-\boldsymbol{\beta}=\boldsymbol{\theta}$, 即 $\boldsymbol{\alpha}=\boldsymbol{\beta}$. □

称 $\dim(\operatorname{Im} f)$ 是 f 的**秩**, $\dim(\operatorname{Ker} f)$ 是 f 的**零度**.

显然, $V\overset{f}{\cong}W$ 当且仅当 $\operatorname{Im} f=W, \operatorname{Ker} f=\{\boldsymbol{\theta}\}$.

例 5.1.1 对数域 $\mathbb{F}$ 和 $n\in\mathbb{N}$, 线性空间 $V=\mathbb{F}[x]_n$, 对任一 $f(x)\in\mathbb{F}[x]_n$, 令

$$\mathcal{D}(f(x))=f'(x),$$

那么 $\mathcal{D}$ 是 $\mathbb{F}[x]_n$ 到 $\mathbb{F}[x]_{n-1}$ 的线性映射, 且 $\operatorname{Im}\mathcal{D}=\mathbb{F}[x]_{n-1}$, 即 $\mathcal{D}$ 是满的, $\operatorname{Ker}\mathcal{D}=\mathbb{F}$, 从而 $\operatorname{Ker}\mathcal{D}\neq\{0\}$, 即 $\mathcal{D}$ 不是单的.

例 5.1.2 设 $a_0,a_1,\cdots,a_n$ 是数域 $\mathbb{F}$ 上 $n+1$ 个不同的数, φ 是线性空间 $\mathbb{F}[x]_{n+1}$ 到 $n+1$ 维行向量空间 U 的映射, 满足

$$\varphi(f)=(f(a_0),f(a_1),\cdots,f(a_n)),$$

这里 $f=f(x)$ 是 $\mathbb{F}[x]_{n+1}$ 中的一个多项式. 求证: φ 是同构映射.

证明 不难验证 φ 是一个线性映射 (请读者自证), 现只需证明它是个双射. 若 $f(x)\in\operatorname{Ker}\varphi$, 则 $f(a_i)=0$ $(i=0,1,\cdots,n)$. 而 $f(x)$ 的次数不超过 n, 因此在 $\mathbb{F}$ 上只有不超过 n 的不同个根. 而现在 $f(a_i)=0$ 对 $n+1$ 个不同的数成立, 于是 $f(x)=0$, 即 $\operatorname{Ker}\varphi=\{0\}$, 这证明了映射 φ 是单映射.

对任一 $\boldsymbol{Y}\in\mathbb{F}^n,\boldsymbol{Y}=(y_0,y_1,\cdots,y_n)$, 由 Lagrange 插值公式, 存在唯一 $f\in\mathbb{F}[x]_{n+1}$ 使得 $f(a_i)=y_i,i=0,1,\cdots,n$, 故 $\varphi(f)=\boldsymbol{Y}$. □

作为特殊的线性映射, 同构当然满足线性映射的所有的基本性质 (见上册), 进一步地, 它还有如下的:

性质 5.1.3 设有数域 $\mathbb{F}$ 上线性空间同构 $V\overset{f}{\cong}W$, 则 $\boldsymbol{\alpha}_1,\boldsymbol{\alpha}_2,\cdots,\boldsymbol{\alpha}_r\in V$ 线性相关当且仅当 $f(\boldsymbol{\alpha}_1),f(\boldsymbol{\alpha}_2),\cdots,f(\boldsymbol{\alpha}_r)$ 在 W 中线性相关.

证明 必要性是对所有线性映射都成立的. 下面证明充分性成立.

设存在不全为零的数 $k_1,k_2,\cdots,k_r\in\mathbb{F}$ 使

$$k_1f(\boldsymbol{\alpha}_1)+k_2f(\boldsymbol{\alpha}_2)+\cdots+k_rf(\boldsymbol{\alpha}_r)=\boldsymbol{\theta},$$

则 $f(k_1\boldsymbol{\alpha}_1+k_2\boldsymbol{\alpha}_2+\cdots+k_r\boldsymbol{\alpha}_r)=\boldsymbol{\theta}$. 因 $\operatorname{Ker}f=\{\boldsymbol{\theta}\}$, 故

$$k_1\boldsymbol{\alpha}_1+k_2\boldsymbol{\alpha}_2+\cdots+k_r\boldsymbol{\alpha}_r=\boldsymbol{\theta},$$

即 $\boldsymbol{\alpha}_1,\boldsymbol{\alpha}_2,\cdots,\boldsymbol{\alpha}_r$ 也是线性相关的. □

性质 5.1.4 同构映射的逆映射以及两个同构映射的乘积还是同构映射.

证明 设 $V\overset{f}{\cong}W,W\overset{g}{\cong}U$.

f 作为双射总有逆映射 f^{-1}, 它当然也是双射, 所以只要证明 f^{-1} 是 W 到 V 的线性映射. 事实上, 任取 $\boldsymbol{\omega}_1,\boldsymbol{\omega}_2\in W,k\in\mathbb{F}$, 有

$$ff^{-1}(\boldsymbol{\omega}_1+\boldsymbol{\omega}_2)=\boldsymbol{\omega}_1+\boldsymbol{\omega}_2=ff^{-1}(\boldsymbol{\omega}_1)+ff^{-1}(\boldsymbol{\omega}_2)=f(f^{-1}(\boldsymbol{\omega}_1)+f^{-1}(\boldsymbol{\omega}_2)).$$

两边用 f^{-1} 作用, 得

$$f^{-1}(\boldsymbol{\omega}_1+\boldsymbol{\omega}_2)=f^{-1}(\boldsymbol{\omega}_1)+f^{-1}(\boldsymbol{\omega}_2).$$

同理可证

$$f^{-1}(k\boldsymbol{\omega}_1)=kf^{-1}(\boldsymbol{\omega}_1).$$

所以 f^{-1} 是 W 到 V 的线性映射, 从而是同构映射.

因 f,g 都是双射, 故 gf 也是双射. 由于 gf 仍为线性映射, 故 gf 是 V 到 U 的同构. □

因为任一线性空间的恒等映射总是一个同构映射, 所以由性质 5.1.4 知, 同构作为线性空间之间的一种关系, 具有反身性、对称性和传递性, 是一种等价关系. 在这种等价关系之下, 我们可以给出有限维线性空间根据维数的一种分类. 首先, 我们有:

定理 5.1.5 设 V 是数域 $\mathbb{F}$ 上的线性空间且 $\dim V=n$, 那么 $V\overset{f}{\cong}\mathbb{F}^n$, 其中 f 是在一组固定基下 V 的向量与它的坐标之间的对应.

证明 取 $\boldsymbol{\varepsilon}_1,\boldsymbol{\varepsilon}_2,\cdots,\boldsymbol{\varepsilon}_n$ 是 V 的一组基, 定义 $f:V\to\mathbb{F}^n$ 使得

$$\boldsymbol{\alpha}=\sum x_i\boldsymbol{\varepsilon}_i\mapsto\begin{pmatrix}x_1\\x_2\\\vdots\\x_n\end{pmatrix}.$$

由于坐标总是唯一的, 所以 f 作为映射的定义是合理的. 假设 $\boldsymbol{\beta}=\sum y_i\boldsymbol{\varepsilon}_i\in V, k\in\mathbb{F}$, 则

$$f(\boldsymbol{\alpha}+\boldsymbol{\beta})=f\left(\sum(x_i+y_i)\boldsymbol{\varepsilon}_i\right)=\begin{pmatrix}x_1+y_1\\x_2+y_2\\\vdots\\x_n+y_n\end{pmatrix}=f(\boldsymbol{\alpha})+f(\boldsymbol{\beta}),$$

$$f(k\boldsymbol{\alpha})=f\left(\sum kx_i\boldsymbol{\varepsilon}_i\right)=\begin{pmatrix}kx_1\\kx_2\\\vdots\\kx_n\end{pmatrix}=k\begin{pmatrix}x_1\\x_2\\\vdots\\x_n\end{pmatrix}=kf(\boldsymbol{\alpha}),$$

即 f 是线性映射.

又对任一 $\begin{pmatrix} x_1 \\ x_2 \\ \vdots \\ x_n \end{pmatrix} \in \mathbb{F}^n$, 有 $f(\sum x_i\boldsymbol{\varepsilon}_i) = \begin{pmatrix} x_1 \\ x_2 \\ \vdots \\ x_n \end{pmatrix}$, 即 f 是满的.

若 $f(\sum y_i\boldsymbol{\varepsilon}_i) = \begin{pmatrix} 0 \\ 0 \\ \vdots \\ 0 \end{pmatrix}$, 则 $\begin{pmatrix} y_1 \\ y_2 \\ \vdots \\ y_n \end{pmatrix} = \begin{pmatrix} 0 \\ 0 \\ \vdots \\ 0 \end{pmatrix}$, 得 $\sum y_i\boldsymbol{\varepsilon}_i = \boldsymbol{\theta}$, 即 f 是单的.

综上, f 是 V 到 $\mathbb{F}^n$ 的同构. □

进一步地, 我们可得:

定理 5.1.6 设 V, W 是数域 $\mathbb{F}$ 的两个线性空间且 $\dim V = n, \dim W = m$, 那么 $V \cong W$ 当且仅当 $n = m$.

证明　充分性 当 $n = m$, 由定理 5.1.5, $V \cong \mathbb{F}^n, W \cong \mathbb{F}^n$, 再由同构关系的等价性知, $V \cong W$.

必要性 设 $V \overset{f}{\cong} W, \boldsymbol{\varepsilon}_1, \boldsymbol{\varepsilon}_2, \cdots, \boldsymbol{\varepsilon}_n$ 是 V 的基. 由性质 5.1.3, $f(\boldsymbol{\varepsilon}_1), f(\boldsymbol{\varepsilon}_2), \cdots, f(\boldsymbol{\varepsilon}_n)$ 在 W 中线性无关, 这说明 $n \leqslant \dim W = m$. 同理可证, $m \leqslant n$. 因此 $n = m$. □

由此, 我们可以把有限维线性空间根据其维数进行分类, 具有相同维数的线性空间看作同一类, 不然就在不同类. 对于在同一类中的线性空间, 即彼此同构的线性空间, 因为它们的向量组的线性关系在同构映射之下是不变的, 所以在只涉及向量运算下的代数性质而不考虑空间中向量具体是什么时, 这两个同构的线性空间可以不加区别. 因此, 任一有限维线性空间都等同于某个 $\mathbb{F}^n$, 其维数 n 是有限维线性空间的唯一的代数特征.

一个线性空间上的线性变换和它在一组基下的矩阵之间的关系由下面的定理给出. 回顾如下定义: 对一个 n 阶方阵 $\boldsymbol{A}, l_{\boldsymbol{A}} : \mathbb{F}^n \to \mathbb{F}^n, \boldsymbol{v} \mapsto \boldsymbol{A}\boldsymbol{v}$ 是 $\mathbb{F}^n$ 上由左乘矩阵 $\boldsymbol{A}$ 诱导的线性变换.

定理 5.1.7 设 V 是数域 $\mathbb{F}$ 上的 n 维线性空间, $\boldsymbol{B} = \{\boldsymbol{\alpha}_1, \boldsymbol{\alpha}_2, \cdots, \boldsymbol{\alpha}_n\}$ 是 V 的一组基. 设 $\phi : V \to V$ 是线性变换, $\boldsymbol{A}$ 是 ϕ 在这组基 $\boldsymbol{B}$ 下的矩阵, 令 $f : V \to \mathbb{F}^n$ 是定理 5.1.5 中定义的线性同构, 则

$$f \cdot \phi = l_{\boldsymbol{A}} \cdot f,$$

即有下面的**交换图**.

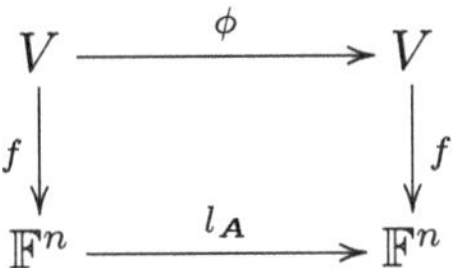

证明 对任意 $\boldsymbol{\alpha}\in V$, 设 $\boldsymbol{\alpha}$ 与 $\phi(\boldsymbol{\alpha})$ 在基 $\boldsymbol{B}$ 下的坐标分为 $\boldsymbol{X}$ 和 $\boldsymbol{Y}$, 则由上册中关于线性变换的知识可知 $\boldsymbol{Y}=\boldsymbol{AX}$. 于是 $f(\phi(\alpha))=\boldsymbol{Y}=\boldsymbol{AX}=l_{\boldsymbol{A}}(f(\boldsymbol{\alpha}))$. 由 $\boldsymbol{\alpha}$ 的任意性, $f\cdot\phi=l_{\boldsymbol{A}}\cdot f$. 这个等式的含义可以用上面的交换图清楚地表示出来. □

用交换图来表示一些映射之间的关系非常直观, 所以它们在当今的代数学中经常出现, 大家在今后的学习中还会遇到更多的交换图.

习 题 5.1

1. 设 $\mathbb{R}^{2\times 2}$ 是实数域 $\mathbb{R}$ 上全体二阶方阵所构成的空间, 令 $\boldsymbol{M}=\begin{pmatrix}1&2\\0&3\end{pmatrix}$, 在 $\mathbb{R}^{2\times 2}$ 中定义线性变换 τ 为 $\tau(\boldsymbol{A})=\boldsymbol{AM}-\boldsymbol{MA}$, 试求 τ 的核和像集.

2. 设 V 是一个线性空间, σ,τ 是 V 到 V 的线性映射, 满足 $\sigma^2=\sigma,\tau^2=\tau$. 证明:

(1) σ 与 τ 有相同的像集 $\Longleftrightarrow \sigma\tau=\tau,\tau\sigma=\sigma$;

(2) σ 与 τ 有相同的核 $\Longleftrightarrow \sigma\tau=\sigma,\tau\sigma=\tau$.

3. 将复数集合 $\mathbb{C}$ 看成实数域上的线性空间 $\mathbb{C}_{\mathbb{R}}$. 求 $\mathbb{C}_{\mathbb{R}}$ 与实数域上二维数组空间 $\mathbb{R}^2=\{(x,y):\ x,y\in\mathbb{R}\}$ 之间的同构映射 σ, 将 $1+\mathrm{i},1-\mathrm{i}$ 分别映到 $(1,0),(0,1)$.

4. 设 $\mathbb{R}^+$ 为全体正实数对运算 $a\oplus b=ab, k\circ a=a^k$ 所作成的空间. 证明: 实数域 $\mathbb{R}$ 作为它自身上的线性空间与 $\mathbb{R}^+$ 同构, 并找出同构映射.

5. 设 $\mathbb{F}$ 为数域. 对任意的 $\mathbb{F}$ 中的两个数 $\boldsymbol{\alpha},\boldsymbol{\beta}$, 定义

$$V_{\boldsymbol{\alpha}}=\{f(x)\in\mathbb{F}[x]:\ f(\boldsymbol{\alpha})=0\},\quad V_{\boldsymbol{\beta}}=\{g(x)\in\mathbb{F}[x]:\ g(\boldsymbol{\beta})=0\}.$$

证明: 对于多项式的加法及数与多项式的乘法, $V_{\boldsymbol{\alpha}},V_{\boldsymbol{\beta}}$ 分别成为 $\mathbb{F}$ 上的线性空间, 且 $V_{\boldsymbol{\alpha}}$ 与 $V_{\boldsymbol{\beta}}$ 同构.

6. 设 V 是实数域 $\mathbb{R}$ 上 n 阶对称矩阵所成的线性空间; W 是数域 $\mathbb{R}$ 上 n 阶上三角矩阵所成的线性空间, 给出 V 到 W 的一个同构映射.

7. 设 V 是数域 $\mathbb{F}$ 上的线性空间, 证明:

$$\gamma:\mathrm{End}_{\mathbb{F}}(V)\to\mathbb{F}^{n\times n},\quad \phi\mapsto\{\phi\}_{\boldsymbol{B}}$$

是线性空间同构 ($\{\phi\}_{\boldsymbol{B}}$ 表示 ϕ 在基 $\boldsymbol{B}$ 下的矩阵), 且

$$\gamma(\phi\psi)=\gamma(\phi)\gamma(\psi).$$

8. 证明: $\mu:\mathbb{F}^{n\times n}\to\mathrm{End}_{\mathbb{F}}(\mathbb{F}^n),\boldsymbol{A}\mapsto l_{\boldsymbol{A}}$ 是线性空间同构, 且

$$l_{\boldsymbol{AB}}=l_{\boldsymbol{A}}l_{\boldsymbol{B}}.$$

9. W 是 V 的子空间, $\mathrm{End}(V)_W=\{\phi: V\to V \mid \phi$ 是线性变换, $\phi(W)\subseteq W\}$, 证明: $\mathrm{End}(V)_W$ 是 $\mathrm{End}(V)$ 的子空间, $\tau:\mathrm{End}(V)_W\to\mathrm{End}(W), \phi\mapsto\phi|_W$ 是线性映射, 且 $\tau(\phi\psi)=\tau(\phi)\tau(\psi)$.

5.2 像集与核的关系

5.1 节已引入了线性映射的像集与核, 本节我们对它作进一步讨论.

令 $f: V\to W$ 是数域 $\mathbb{F}$ 上的一个线性映射, $\dim V=n, \dim W=m$. 设 $\boldsymbol{\varepsilon}_1, \boldsymbol{\varepsilon}_2,\cdots,\boldsymbol{\varepsilon}_n$ 是 V 的一组基, $\boldsymbol{\eta}_1,\boldsymbol{\eta}_2,\cdots,\boldsymbol{\eta}_m$ 是 W 的一组基, 令

$$f(\boldsymbol{\varepsilon}_i)=a_{1i}\boldsymbol{\eta}_1+a_{2i}\boldsymbol{\eta}_2+\cdots+a_{mi}\boldsymbol{\eta}_m,$$

其中 $a_{1i},a_{2i},\cdots,a_{mi}\in\mathbb{F}\ (i=1,2,\cdots,n)$, 那么

$$f(\boldsymbol{\varepsilon}_1,\boldsymbol{\varepsilon}_2,\cdots,\boldsymbol{\varepsilon}_n)=(f(\boldsymbol{\varepsilon}_1),f(\boldsymbol{\varepsilon}_2),\cdots,f(\boldsymbol{\varepsilon}_n))=(\boldsymbol{\eta}_1,\boldsymbol{\eta}_2,\cdots,\boldsymbol{\eta}_m)\boldsymbol{A},$$

其中 $\boldsymbol{A}=(a_{ij})_{m\times n}$.

对于任一 $\boldsymbol{\xi}\in\mathrm{Im}\, f$, 存在 $\boldsymbol{\alpha}\in V$, 使 $f(\boldsymbol{\alpha})=\boldsymbol{\xi}$. 设

$$\boldsymbol{\alpha}=x_1\boldsymbol{\varepsilon}_1+x_2\boldsymbol{\varepsilon}_2+\cdots+x_n\boldsymbol{\varepsilon}_n,$$

其中 $x_i\in\mathbb{F}\ (i=1,2,\cdots,n)$, 那么

$$\begin{aligned}\boldsymbol{\xi}&=f(x_1\boldsymbol{\varepsilon}_1+x_2\boldsymbol{\varepsilon}_2+\cdots+x_n\boldsymbol{\varepsilon}_n)\\&=x_1f(\boldsymbol{\varepsilon}_1)+x_2f(\boldsymbol{\varepsilon}_2)+\cdots+x_nf(\boldsymbol{\varepsilon}_n)\in L(f(\boldsymbol{\varepsilon}_1),f(\boldsymbol{\varepsilon}_2),\cdots,f(\boldsymbol{\varepsilon}_n)).\end{aligned}$$

从而得

命题 5.2.1 设 $f: V\to W$ 是一个线性映射, $\boldsymbol{\varepsilon}_1,\boldsymbol{\varepsilon}_2,\cdots,\boldsymbol{\varepsilon}_n$ 是 V 的任一组基, 那么 $\mathrm{Im}\, f=L(f(\boldsymbol{\varepsilon}_1),f(\boldsymbol{\varepsilon}_2),\cdots,f(\boldsymbol{\varepsilon}_n))$.

再来看 $f(\boldsymbol{\varepsilon}_1,\boldsymbol{\varepsilon}_2,\cdots,\boldsymbol{\varepsilon}_n)=(\boldsymbol{\eta}_1,\boldsymbol{\eta}_2,\cdots,\boldsymbol{\eta}_m)\boldsymbol{A}$. 由第 4 章知, f 由矩阵 $\boldsymbol{A}$ 唯一决定, 并且线性映射 f 与 $m\times n$ 矩阵 $\boldsymbol{A}$ 是 1-1 对应的.

下面讨论像空间的维数刻画:

定理 5.2.2 设 $f: V\to W$ 是数域 $\mathbb{F}$ 上的一个线性映射, 在 V 和 W 的某对基下, f 的对应矩阵是 $\boldsymbol{A}$. 那么, $\dim(\mathrm{Im}\, f)=r(\boldsymbol{A})$.

证明 设 f 在 V 的基 $\boldsymbol{\varepsilon}_1,\boldsymbol{\varepsilon}_2,\cdots,\boldsymbol{\varepsilon}_n$ 与 W 的基 $\boldsymbol{\eta}_1,\boldsymbol{\eta}_2,\cdots,\boldsymbol{\eta}_m$ 下的矩阵是 $\boldsymbol{A}$. 由命题 5.2.1,

$$\mathrm{Im}\, f=L(f(\boldsymbol{\varepsilon}_1),f(\boldsymbol{\varepsilon}_2),\cdots,f(\boldsymbol{\varepsilon}_n)),$$

从而

$$\dim(\text{Im } f) = r(f(\boldsymbol{\varepsilon}_1), f(\boldsymbol{\varepsilon}_2), \cdots, f(\boldsymbol{\varepsilon}_n)) = r((\boldsymbol{\eta}_1, \boldsymbol{\eta}_2, \cdots, \boldsymbol{\eta}_m)\boldsymbol{A}).$$

设 $\boldsymbol{A} = (\boldsymbol{\alpha}_1, \boldsymbol{\alpha}_2, \cdots, \boldsymbol{\alpha}_n), r(\boldsymbol{A}) = r$, 则 $\boldsymbol{A}$ 的列秩也是 r, 即 $\boldsymbol{A}$ 的一个极大线性无关列向量组含有 r 个向量, 不妨设为 $\boldsymbol{\alpha}_1, \boldsymbol{\alpha}_2, \cdots, \boldsymbol{\alpha}_r$. 那么, 对于任一 $i = 1, 2, \cdots, n$, 有

$$\boldsymbol{\alpha}_i = k_1^{(i)}\boldsymbol{\alpha}_1 + k_2^{(i)}\boldsymbol{\alpha}_2 + \cdots + k_r^{(i)}\boldsymbol{\alpha}_r, \quad \text{其中} \quad k_j^{(i)} \in \mathbb{F}\ (j = 1, 2, \cdots, r).$$

进而可得

$$\begin{aligned} f(\boldsymbol{\varepsilon}_i) &= (\boldsymbol{\eta}_1, \boldsymbol{\eta}_2, \cdots, \boldsymbol{\eta}_m)\begin{pmatrix} a_{1i} \\ a_{2i} \\ \vdots \\ a_{mi} \end{pmatrix} \\ &= (\boldsymbol{\eta}_1, \boldsymbol{\eta}_2, \cdots, \boldsymbol{\eta}_m)\boldsymbol{\alpha}_j \\ &= (\boldsymbol{\eta}_1, \boldsymbol{\eta}_2, \cdots, \boldsymbol{\eta}_m)(k_1^{(i)}\boldsymbol{\alpha}_1 + k_2^{(i)}\boldsymbol{\alpha}_2 + \cdots + k_r^{(i)}\boldsymbol{\alpha}_r) \\ &= \sum_{j=1}^{r} k_j^{(i)}(\boldsymbol{\eta}_1, \boldsymbol{\eta}_2, \cdots, \boldsymbol{\eta}_m)\boldsymbol{\alpha}_j = \sum_{j=1}^{r} k_j^{(i)} f(\boldsymbol{\varepsilon}_j), \end{aligned}$$

即 Im f 可由 $f(\boldsymbol{\varepsilon}_1), f(\boldsymbol{\varepsilon}_2), \cdots, f(\boldsymbol{\varepsilon}_r)$ 生成.

设存在 $x_1, x_2, \cdots, x_r \in \mathbb{F}$, 使 $x_1 f(\boldsymbol{\varepsilon}_1) + x_2 f(\boldsymbol{\varepsilon}_2) + \cdots + x_r f(\boldsymbol{\varepsilon}_r) = \boldsymbol{\theta}$, 则

$$(\boldsymbol{\eta}_1, \boldsymbol{\eta}_2, \cdots, \boldsymbol{\eta}_m)(x_1\boldsymbol{\alpha}_1 + x_2\boldsymbol{\alpha}_2 + \cdots + x_r\boldsymbol{\alpha}_r) = \boldsymbol{\theta}.$$

由于 $\boldsymbol{\eta}_1, \boldsymbol{\eta}_2, \cdots, \boldsymbol{\eta}_m$ 是基且 $\boldsymbol{\alpha}_1, \boldsymbol{\alpha}_2, \cdots, \boldsymbol{\alpha}_r$ 线性无关, 从而 $x_1 = x_2 = \cdots = x_r = 0$, 因而 $f(\boldsymbol{\varepsilon}_1), f(\boldsymbol{\varepsilon}_2), \cdots, f(\boldsymbol{\varepsilon}_r)$ 构成 Im f 的基, 于是 $\dim(\text{Im } f) = r = r(\boldsymbol{A})$. □

另外, 像空间与核的维数有如下关系.

定理 5.2.3 设 $f: V \to W$ 是数域 $\mathbb{F}$ 上的线性映射. 那么, Im f 的任一组基的原像 (每个基向量选取一个原像) 与 Ker f 的任一组基合并就得到 V 的一组基, 从而

$$\dim(\text{Im } f) + \dim(\text{Ker } f) = \dim V.$$

证明 令 $\dim(\text{Im } f) = r$, 设 $\boldsymbol{\eta}_1, \boldsymbol{\eta}_2, \cdots, \boldsymbol{\eta}_r$ 是 Im f 的一组基, 它们的一组原像是 $\boldsymbol{\varepsilon}_1, \boldsymbol{\varepsilon}_2, \cdots, \boldsymbol{\varepsilon}_r$, 即 $f(\boldsymbol{\varepsilon}_i) = \boldsymbol{\eta}_i\ (i = 1, 2, \cdots, r)$. 又令 $\dim(\text{Ker } f) = t$, 设 $\boldsymbol{\varepsilon}_{r+1}, \boldsymbol{\varepsilon}_{r+2}, \cdots, \boldsymbol{\varepsilon}_{r+t}$ 是 Ker f 的一组基. 现在证明

$$\boldsymbol{\varepsilon}_1, \boldsymbol{\varepsilon}_2, \cdots, \boldsymbol{\varepsilon}_r, \boldsymbol{\varepsilon}_{r+1}, \boldsymbol{\varepsilon}_{r+2}, \cdots, \boldsymbol{\varepsilon}_{r+t}$$

是 V 的一组基, 从而

$$\dim V = r + t = \dim(\mathrm{Im}\ f) + \dim(\mathrm{Ker}\ f).$$

事实上, 若有 $l_1, l_2, \cdots, l_{r+t} \in \mathbb{F}$, 使

$$l_1\boldsymbol{\varepsilon}_1 + l_2\boldsymbol{\varepsilon}_2 + \cdots + l_r\boldsymbol{\varepsilon}_r + l_{r+1}\boldsymbol{\varepsilon}_{r+1} + l_{r+2}\boldsymbol{\varepsilon}_{r+2} + \cdots + l_{r+t}\boldsymbol{\varepsilon}_{r+t} = \boldsymbol{\theta}.$$

两边作用 f, 则

$$l_1 f(\boldsymbol{\varepsilon}_1) + l_2 f(\boldsymbol{\varepsilon}_2) + \cdots + l_r f(\boldsymbol{\varepsilon}_r) + l_{r+1} f(\boldsymbol{\varepsilon}_{r+1}) + l_{r+2} f(\boldsymbol{\varepsilon}_{r+2}) + \cdots + l_{r+t} f(\boldsymbol{\varepsilon}_{r+t}) = \boldsymbol{\theta}.$$

但 $f(\boldsymbol{\varepsilon}_{r+1}) = f(\boldsymbol{\varepsilon}_{r+2}) = \cdots = f(\boldsymbol{\varepsilon}_{r+t}) = \boldsymbol{\theta}$, 故 $l_1 f(\boldsymbol{\varepsilon}_1) + l_2 f(\boldsymbol{\varepsilon}_2) + \cdots + l_r f(\boldsymbol{\varepsilon}_r) = \boldsymbol{\theta}$. 即 $l_1\boldsymbol{\eta}_1 + l_2\boldsymbol{\eta}_2 + \cdots + l_r\boldsymbol{\eta}_r = \boldsymbol{\theta}$.

由于 $\boldsymbol{\eta}_1, \boldsymbol{\eta}_2, \cdots, \boldsymbol{\eta}_r$ 是线性无关的, 得 $l_1 = l_2 = \cdots = l_r = 0$. 于是, $l_{r+1}\boldsymbol{\varepsilon}_{r+1} + l_{r+2}\boldsymbol{\varepsilon}_{r+2} + \cdots + l_{r+t}\boldsymbol{\varepsilon}_{r+t} = \boldsymbol{\theta}$. 但 $\boldsymbol{\varepsilon}_{r+1}, \boldsymbol{\varepsilon}_{r+2}, \cdots, \boldsymbol{\varepsilon}_{r+t}$ 是线性无关的, 故 $l_{r+1} = l_{r+2} = \cdots = l_{r+t} = 0$. 因此 $\boldsymbol{\varepsilon}_1, \boldsymbol{\varepsilon}_2, \cdots, \boldsymbol{\varepsilon}_r, \boldsymbol{\varepsilon}_{r+1}, \boldsymbol{\varepsilon}_{r+2}, \cdots, \boldsymbol{\varepsilon}_{r+t}$ 是线性无关的.

再证明 V 中的任一向量 $\boldsymbol{\alpha}$ 是 $\boldsymbol{\varepsilon}_1, \boldsymbol{\varepsilon}_2, \cdots, \boldsymbol{\varepsilon}_r, \boldsymbol{\varepsilon}_{r+1}, \boldsymbol{\varepsilon}_{r+2}, \cdots, \boldsymbol{\varepsilon}_{r+t}$ 的线性组合. 因为 $f(\boldsymbol{\alpha}) \in \mathrm{Im}\ f$, 而 $\boldsymbol{\eta}_1, \boldsymbol{\eta}_2, \cdots, \boldsymbol{\eta}_r$ 是 $\mathrm{Im}\ f$ 的基, 所以

$$f(\boldsymbol{\alpha}) = l_1\boldsymbol{\eta}_1 + l_2\boldsymbol{\eta}_2 + \cdots + l_r\boldsymbol{\eta}_r = f(l_1\boldsymbol{\varepsilon}_1 + l_2\boldsymbol{\varepsilon}_2 + \cdots + l_r\boldsymbol{\varepsilon}_r),$$

对某些 $l_1, l_2, \cdots, l_r \in \mathbb{F}$. 于是

$$\boldsymbol{\alpha} - l_1\boldsymbol{\varepsilon}_1 - l_2\boldsymbol{\varepsilon}_2 - \cdots - l_r\boldsymbol{\varepsilon}_r \in \mathrm{Ker}\ f.$$

但 $\boldsymbol{\varepsilon}_{r+1}, \boldsymbol{\varepsilon}_{r+2}, \cdots, \boldsymbol{\varepsilon}_{r+t}$ 是 $\mathrm{Ker}\ f$ 的基, 从而有 $l_{r+1}, l_{r+2}, \cdots, l_{r+t} \in \mathbb{F}$, 使

$$\boldsymbol{\alpha} - l_1\boldsymbol{\varepsilon}_1 - l_2\boldsymbol{\varepsilon}_2 - \cdots - l_r\boldsymbol{\varepsilon}_r = l_{r+1}\boldsymbol{\varepsilon}_{r+1} + l_{r+2}\boldsymbol{\varepsilon}_{r+2} + \cdots + l_{r+t}\boldsymbol{\varepsilon}_{r+t},$$

即

$$\boldsymbol{\alpha} = l_1\boldsymbol{\varepsilon}_1 + l_2\boldsymbol{\varepsilon}_2 + \cdots + l_r\boldsymbol{\varepsilon}_r + l_{r+1}\boldsymbol{\varepsilon}_{r+1} + l_{r+2}\boldsymbol{\varepsilon}_{r+2} + \cdots + l_{r+t}\boldsymbol{\varepsilon}_{r+t}.$$

综上, $\boldsymbol{\varepsilon}_1, \boldsymbol{\varepsilon}_2, \cdots, \boldsymbol{\varepsilon}_t, \boldsymbol{\varepsilon}_{r+1}, \boldsymbol{\varepsilon}_{r+2}, \cdots, \boldsymbol{\varepsilon}_{r+t}$ 是 V 的一组基. □

单射和满射当然是两种不同的极端情形的映射, 但我们可以由定理 5.2.3 得到一个有趣的结论, 即

推论 5.2.4 设 $f: V \to W$ 是数域 $\mathbb{F}$ 上有限维线性空间 V 和 W 之间的一个线性映射, 且 $\dim V = \dim W$, 那么如下条件等价:

(i) f 是单射;

(ii) f 是满射;

(iii) f 是同构.

证明 只要证明 (i) $\Longleftrightarrow$ (ii).

事实上, 由定理 5.2.3, 有

$$\dim(\mathrm{Im}\ f) + \dim(\mathrm{Ker}\ f) = \dim V.$$

于是, f 是单射当且仅当 $\mathrm{Ker}\ f = \{\boldsymbol{\theta}\}$, 当且仅当 $\dim(\mathrm{Ker}\ f) = 0$, 当且仅当 $\dim(\mathrm{Im}\ f) = \dim V$, 当且仅当 $\mathrm{Im}\ f = W$, 即 f 是满射. □

事实上, 这个推论体现的结论只对有限维线性空间成立, 对无限维线性空间一般是不成立的. 比如, 设 $V = W = \mathbb{R}[x]$, $g(x) \in \mathbb{R}[x]$ 是一个固定的次数不小于 1 的多项式, 定义 $\mathcal{A}$ 使 $\mathcal{A}(f(x)) = f(x)g(x)$ 对任一 $f(x) \in \mathbb{R}[x]$, 那么易见 $\mathcal{A}$ 是一个线性变换且 $\mathcal{A}$ 是单的. 但是, $\mathcal{A}$ 不是满的.

一个是满射但不是单射的线性映射的例子, 就是 $V = \mathbb{F}[x]_n, W = \mathbb{F}[x]_{n-1}$, $\mathcal{D}(f(x)) = f'(x)$.

我们应该指出的是, 虽然定理 5.2.3 说明对任一线性映射有 $\dim(\mathrm{Im}\ f) + \dim(\mathrm{Ker} f) = \dim V$, 但一般没有 $\mathrm{Im}\ f + \mathrm{Ker}\ f = V$. 首先, 当 $W \neq V$ 时, $\mathrm{Im}\ f$ 与 $\mathrm{Ker}\ f$ 不在同一空间中, 所以不能相加. 即使当 $W = V$ 时, 虽然 $\mathrm{Im}\ f + \mathrm{Ker}\ f$ 有意义, 也未必等于 V. 比如, 当 $V = \mathbb{F}[x]_n$ 时, $\mathcal{D}(f(x)) = f'(x)$ 对任一 $f(x) \in \mathbb{F}[x]_n$, 有

$$\mathrm{Im}\ f = \mathbb{F}[x]_{n-1}, \quad \mathrm{Ker}\ f = \mathbb{F}, \quad \mathrm{Im}\ f + \mathrm{Ker}\ f = \mathbb{F}[x]_{n-1} \subsetneqq \mathbb{F}[x]_n.$$

原因是 $\mathbb{F} \subseteq \mathbb{F}[x]_{n-1}$, 即 $\mathrm{Im}\ f \cap \mathrm{Ker}\ f = \mathbb{F} \neq \{0\}$.

事实上, 当 $W = V$, 即 $f: V \to V$ 是线性变换时, 由维数定理, 总有

$$\begin{aligned}\dim V &= \dim(\mathrm{Im}\ f) + \dim(\mathrm{Ker}\ f) \\ &= \dim(\mathrm{Im}\ f + \mathrm{Ker}\ f) + \dim(\mathrm{Im}\ f \cap \mathrm{Ker}\ f),\end{aligned}$$

由此可见, $V = \mathrm{Im}\ f + \mathrm{Ker}\ f$ 当且仅当 $\mathrm{Im}\ f \cap \mathrm{Ker}\ f = \{\boldsymbol{\theta}\}$.

推论 5.2.5 设 $f: V \to W$ 是数域 $\mathbb{F}$ 上线性空间之间的一个满线性映射, 其中 $\dim V < +\infty$. 那么, W 也是有限维的且有 $\dim W \leqslant \dim V$.

证明 由定理 5.2.3, $\dim V = \dim(\mathrm{Im}\ f) + \dim(\mathrm{Ker}\ f)$, 这时 $W = \mathrm{Im}\ f$, 所以 $\dim W \leqslant \dim V$. □

下面给出用线性变换方法证明的一个关于矩阵的性质.

例 5.2.1 设 $\boldsymbol{A}$ 是一个 $n \times n$ 的幂等矩阵, 即 $\boldsymbol{A}^2 = \boldsymbol{A}$, 证明 $\boldsymbol{A}$ 相似于形状如下的一个对角矩阵:

$$\begin{pmatrix} 1 & & & & & \\ & \ddots & & & & \\ & & 1 & & & \\ & & & 0 & & \\ & & & & \ddots & \\ & & & & & 0 \end{pmatrix}.$$

证明　我们的方法就是将 $\boldsymbol{A}$ 转化为一个线性变换. 令 V 是 n 维线性空间, $\boldsymbol{\varepsilon}_1, \boldsymbol{\varepsilon}_2, \cdots, \boldsymbol{\varepsilon}_n$ 是 V 的一组基, 定义线性变换 $\mathcal{A}$ 满足

$$\mathcal{A}(\boldsymbol{\varepsilon}_1, \boldsymbol{\varepsilon}_2, \cdots, \boldsymbol{\varepsilon}_n) = (\boldsymbol{\varepsilon}_1, \boldsymbol{\varepsilon}_2, \cdots, \boldsymbol{\varepsilon}_n)\boldsymbol{A}.$$

那么由 $\boldsymbol{A}^2 = \boldsymbol{A}$, 有

$$\begin{aligned} \mathcal{A}^2(\boldsymbol{\varepsilon}_1, \boldsymbol{\varepsilon}_2, \cdots, \boldsymbol{\varepsilon}_n) &= \mathcal{A}((\boldsymbol{\varepsilon}_1, \boldsymbol{\varepsilon}_2, \cdots, \boldsymbol{\varepsilon}_n)\boldsymbol{A}) = (\boldsymbol{\varepsilon}_1, \boldsymbol{\varepsilon}_2, \cdots, \boldsymbol{\varepsilon}_n)\boldsymbol{A}^2 \\ &= (\boldsymbol{\varepsilon}_1, \boldsymbol{\varepsilon}_2, \cdots, \boldsymbol{\varepsilon}_n)\boldsymbol{A} = \mathcal{A}(\boldsymbol{\varepsilon}_1, \boldsymbol{\varepsilon}_2, \cdots, \boldsymbol{\varepsilon}_n), \end{aligned}$$

从而

$$\mathcal{A}^2 = \mathcal{A}.$$

取 $\operatorname{Im} \mathcal{A}$ 的一组基 $\boldsymbol{\eta}_1, \boldsymbol{\eta}_2, \cdots, \boldsymbol{\eta}_r$, 设 $\mathcal{A}\boldsymbol{\xi}_i = \boldsymbol{\eta}_i$, 对 $\boldsymbol{\xi}_i \in V, i = 1, 2, \cdots, r$, 那么 $\boldsymbol{\eta}_i = \mathcal{A}\boldsymbol{\xi}_i = \mathcal{A}\mathcal{A}\boldsymbol{\xi}_i = \mathcal{A}\boldsymbol{\eta}_i$, 即 $\boldsymbol{\eta}_1, \boldsymbol{\eta}_2, \cdots, \boldsymbol{\eta}_r$ 也是 $\boldsymbol{\eta}_1, \boldsymbol{\eta}_2, \cdots, \boldsymbol{\eta}_r$ 关于 $\mathcal{A}$ 的原像. 再取 $\boldsymbol{\eta}_{r+1}, \boldsymbol{\eta}_{r+2}, \cdots, \boldsymbol{\eta}_n$ 是 $\operatorname{Ker} \mathcal{A}$ 的一组基, 则由定理 5.2.3, $\boldsymbol{\eta}_1, \boldsymbol{\eta}_2, \cdots, \boldsymbol{\eta}_r, \boldsymbol{\eta}_{r+1}, \boldsymbol{\eta}_{r+2}, \cdots, \boldsymbol{\eta}_n$ 是 V 的一组基. 这时

$$\mathcal{A}\boldsymbol{\eta}_i = \begin{cases} \boldsymbol{\eta}_i, & i = 1, 2, \cdots, r, \\ \boldsymbol{\theta}, & i = r+1, r+2, \cdots, n, \end{cases}$$

故

$$\mathcal{A}(\boldsymbol{\eta}_1, \boldsymbol{\eta}_2, \cdots, \boldsymbol{\eta}_n) = (\boldsymbol{\eta}_1, \boldsymbol{\eta}_2, \cdots, \boldsymbol{\eta}_n)\boldsymbol{B},$$

其中

$$\boldsymbol{B} = \begin{pmatrix} 1 & & & & & \\ & \ddots & & & & \\ & & 1 & & & \\ & & & 0 & & \\ & & & & \ddots & \\ & & & & & 0 \end{pmatrix}.$$

因此, $\mathcal{A}$ 在基 $\boldsymbol{\eta}_1,\boldsymbol{\eta}_2,\cdots,\boldsymbol{\eta}_n$ 下的矩阵是 $\boldsymbol{B}$, 而已有 $\mathcal{A}$ 在基 $\boldsymbol{\varepsilon}_1,\boldsymbol{\varepsilon}_2,\cdots,\boldsymbol{\varepsilon}_n$ 下的矩阵是 $\boldsymbol{A}$, 所以 $\boldsymbol{A}$ 与 $\boldsymbol{B}$ 相似. □

习 题 5.2

1. 在线性空间中 $\mathbb{F}[x]_n$, 定义线性变换 τ 为

$$\text{对任意} f\in\mathbb{F}[x]_n,\quad \tau(f(x))=xf'(x)-f(x),$$

这里 $f'(x)$ 表示 $f(x)$ 的导数.

(1) 求 $\operatorname{Ker}\tau$ 及 $\operatorname{Im}\tau$;

(2) 证明: $\mathbb{F}[x]_n=\operatorname{Ker}\tau\oplus\operatorname{Im}\tau$.

2. 设 f 是从有限维线性空间 V 到 W 的一个线性映射, 则 f 是同构映射的充要条件是: 以下三个条件中的任意两个条件同时成立:

(1) $\dim V=\dim W=n$;

(2) $\operatorname{Ker} f=\{\boldsymbol{\theta}\}$;

(3) $\operatorname{Im} f=W$.

3. 设 V 是复数域上以 $\{\boldsymbol{e}_1,\boldsymbol{e}_2,\boldsymbol{e}_3,\boldsymbol{e}_4\}$ 为基底的线性空间 τ 为 V 上线性变换

$$\begin{cases}\tau(\boldsymbol{e}_i)=\boldsymbol{e}_1, & i=1,2,3,\\ \tau(\boldsymbol{e}_4)=\boldsymbol{e}_2.\end{cases}$$

试求 $\operatorname{Im}\tau,\operatorname{Ker}\tau,\operatorname{Im}\tau+\operatorname{Ker}\tau,\operatorname{Im}\tau\cap\operatorname{Ker}\tau$.

4. 设线性空间 V 是子空间 $W_1,W_2,\cdots,W_s$ 的直和, 即 $V=W_1\oplus W_2\oplus\cdots\oplus W_s$. 对任何 $\boldsymbol{\alpha}\in V$, 令 $\boldsymbol{\alpha}=\boldsymbol{\alpha}_1+\boldsymbol{\alpha}_2+\cdots+\boldsymbol{\alpha}_s$, 其中 $\boldsymbol{\alpha}_i\in W_i$ $(i=1,2,\cdots,s)$. 定义 V 到 W_k 的投影变换 f 为满足 $f(\boldsymbol{\alpha})=\boldsymbol{\alpha}_k$. 证明:

(1) f 是线性变换;

(2) $f^2=f$ (这时称 f 为**幂等线性变换**).

5. 设 V 是 n 维线性空间. 证明: V 中的任意线性变换必可表示为一个可逆线性变换与一个幂等线性变换的乘积.

5.3 商空间与积空间

5.3.1 商空间

下面, 我们引入 "商空间" 的概念. 设 W 是数域 $\mathbb{F}$ 上线性空间 V 的子空间. 对任一 $\boldsymbol{\alpha}\in V$, 定义 $\boldsymbol{\alpha}+W=\{\boldsymbol{\alpha}+\boldsymbol{\omega}:\boldsymbol{\omega}\in W\}$, 记为 $\overline{\boldsymbol{\alpha}}=\boldsymbol{\alpha}+W$, 用 V/W 表示集合 $\{\overline{\boldsymbol{\alpha}}:\boldsymbol{\alpha}\in V\}$. 对任一 $\overline{\boldsymbol{\alpha}},\overline{\boldsymbol{\beta}}\in V/W,k\in\mathbb{F}$, 定义

$$\overline{\boldsymbol{\alpha}}+\overline{\boldsymbol{\beta}}=\overline{\boldsymbol{\alpha}+\boldsymbol{\beta}},\quad k\cdot\overline{\boldsymbol{\alpha}}=\overline{k\boldsymbol{\alpha}}.$$

那么可以证明, V/W 上这样的加法和数乘是合理的, 并且 $(V/W,+,\cdot)$ 成为一个线性空间. 逐步地, 我们有

(1) $\overline{\boldsymbol{\alpha}}=\overline{\boldsymbol{\beta}}$ 当且仅当 $\boldsymbol{\alpha}-\boldsymbol{\beta}\in W$; 特别地, $\overline{\boldsymbol{\alpha}}=\overline{\boldsymbol{\theta}}$ 当且仅当 $\boldsymbol{\alpha}\in W$. 事实上, $\overline{\boldsymbol{\alpha}}=\overline{\boldsymbol{\beta}}$ 当且仅当 $\boldsymbol{\alpha}+W=\boldsymbol{\beta}+W$, 得 $\boldsymbol{\alpha}-\boldsymbol{\beta}\in W$; 反之, 若 $\boldsymbol{\alpha}-\boldsymbol{\beta}\in W$, 则 $\boldsymbol{\beta}+W=\boldsymbol{\beta}+[(\boldsymbol{\alpha}-\boldsymbol{\beta})+W]=\boldsymbol{\alpha}+W$, 其中 $(\boldsymbol{\alpha}-\boldsymbol{\beta})+W=W$.

(2) 加法和数乘的合理性 (即作为映射的像的唯一性), 即若 $\overline{\boldsymbol{\alpha}}=\overline{\boldsymbol{\alpha}'},\overline{\boldsymbol{\beta}}=\overline{\boldsymbol{\beta}'}$, 则 $\overline{\boldsymbol{\alpha}+\boldsymbol{\beta}}=\overline{\boldsymbol{\alpha}'+\boldsymbol{\beta}'},\overline{k\boldsymbol{\alpha}}=\overline{k\boldsymbol{\alpha}'}$. 事实上, 由结论 (1), $(\boldsymbol{\alpha}+\boldsymbol{\beta})-(\boldsymbol{\alpha}'+\boldsymbol{\beta}')=(\boldsymbol{\alpha}-\boldsymbol{\alpha}')+(\boldsymbol{\beta}-\boldsymbol{\beta}')\in W$, 所以 $\overline{\boldsymbol{\alpha}+\boldsymbol{\beta}}=\overline{\boldsymbol{\alpha}'+\boldsymbol{\beta}'}$. 同理可证 $\overline{k\boldsymbol{\alpha}}=\overline{k\boldsymbol{\alpha}'}$.

(3) $\overline{\boldsymbol{\theta}}$ 关于加法是 V/W 的零元. 即对任一 $\overline{\boldsymbol{\alpha}}\in V/W$, 有 $\overline{\boldsymbol{\alpha}}+\overline{\boldsymbol{\theta}}=\overline{\boldsymbol{\theta}}+\overline{\boldsymbol{\alpha}}=\overline{\boldsymbol{\alpha}}$; 又 $\overline{-\boldsymbol{\alpha}}$ 是 $\overline{\boldsymbol{\alpha}}$ 在 V/W 中关于加法的负元, 即 $\overline{\boldsymbol{\alpha}}+(\overline{-\boldsymbol{\alpha}})=\overline{\boldsymbol{\theta}}=(\overline{-\boldsymbol{\alpha}})+\overline{\boldsymbol{\alpha}}$. 证明由结论 (1) 和 (2) 即可得.

(4) $(V/W,+,\cdot)$ 是数域 $\mathbb{F}$ 上的线性空间. 这由上述结论 (1)—(3), 再直接验证各条公理即可.

上述给出的线性空间 V/W 称为 V **模去子空间 W 的商空间**.

这时, 可以定义

$$\eta:\ V\to V/W$$

满足 $\eta(\boldsymbol{\alpha})=\overline{\boldsymbol{\alpha}}=\boldsymbol{\alpha}+W$ 对任何 $\boldsymbol{\alpha}\in V$. 易见, η 是线性空间 V 到它的商空间 V/W 的满线性映射, 并且 $\mathrm{Ker}\ \eta=W$. 我们称 η 是 V 到商空间 V/W 的**自然映射**.

由定义我们知, 一个线性空间模去任一子空间都可得该空间的一个商空间. 另一方面, 一个线性空间的任一满线性映射的像空间都可以看作该空间的一个商空间, 即我们有

定理 5.3.1 设 $f:V\to W$ 是一个线性映射, 则有线性空间同构

$$V/\mathrm{Ker}\ f\cong \mathrm{Im}\ f.$$

证明 定义

$$\bar{f}:V/\mathrm{Ker}\ f\to \mathrm{Im}\ f,$$

$$\overline{\boldsymbol{\alpha}}=\boldsymbol{\alpha}+\mathrm{Ker}\ f\mapsto f(\boldsymbol{\alpha}).$$

若有 $\overline{\boldsymbol{\alpha}}=\overline{\boldsymbol{\alpha}'}$, 则 $\boldsymbol{\alpha}-\boldsymbol{\alpha}'\in \mathrm{Ker}\ f$, 从而 $f(\boldsymbol{\alpha}-\boldsymbol{\alpha}')=\boldsymbol{\theta}$, 得 $f(\boldsymbol{\alpha})=f(\boldsymbol{\alpha}')$, 这说明 $\bar{f}$ 是一个映射.

再逐条验证可知 $\bar{f}$ 是一个线性映射.

显然 $\bar{f}$ 是满射.

若有 $\bar{f}(\overline{\boldsymbol{\alpha}})=\bar{f}(\overline{\boldsymbol{\alpha}'})$, 即 $f(\boldsymbol{\alpha})=f(\boldsymbol{\alpha}')$, 得 $\boldsymbol{\alpha}-\boldsymbol{\alpha}'\in \mathrm{Ker}\ f$, 则 $\overline{\boldsymbol{\alpha}}=\overline{\boldsymbol{\alpha}'}$, 因此 $\bar{f}$ 是一个同构. □

这个定理非常重要, 在本书中, 我们将它称为**线性映射基本定理**. 在代数学的多个分支中都有类似的结论, 这些结论通常称为同态基本定理.

由定理的证明可知, 对任意 $\alpha \in V$, $\bar{f}(\eta(\alpha)) = \bar{f}(\bar{\alpha}) = f(\alpha)$, 所以

$$f = \bar{f}\eta,$$

于是有如下的交换图:

$$\begin{array}{ccc} V & \xrightarrow{\eta} & V/\text{Ker } f \\ & \searrow^{f} & \downarrow \bar{f} \\ & & \text{Im } f \end{array}$$

特别地, 当 $f: V \to W$ 是一个满线性映射, 则 $V/\text{Ker } f \cong W$, 即 W 可看作 V 的一个商空间.

由推论 5.2.5, 总有 $\dim W \leqslant \dim V$, 即商空间的维数总不大于原空间的维数. 由定理 5.2.3, $\dim(\text{Im } f) + \dim(\text{Ker } f) = \dim V$, 从而又由定理 5.3.1, 得

$$\dim(V/\text{Ker } f) + \dim(\text{Ker } f) = \dim V.$$

对 V 的任一子空间 U 及其自然映射 η: $V \to V/U$, 由于 $\text{Ker } \eta = U$, 因此得

推论 5.3.2 对线性空间 V 及其任一子空间 U, 总有

$$\dim(V/U) = \dim V - \dim U.$$

5.3.2 积空间

本节最后介绍一下积空间. 设 $V_1, V_2, \cdots, V_m$ 均为同一个数域 $\mathbb{F}$ 上的线性空间, $m \geqslant 2$. 令 $W = V_1 \times V_2 \times \cdots \times V_m$ 为这 m 个集合 $V_1, V_2, \cdots, V_m$ 的直积. 我们下面在 W 上定义加法和数乘运算, 使它也成为数域 $\mathbb{F}$ 上的线性空间.

对 W 中的任意两个元素 $(\boldsymbol{\alpha}_1, \boldsymbol{\alpha}_2, \cdots, \boldsymbol{\alpha}_m), (\boldsymbol{\beta}_1, \boldsymbol{\beta}_2, \cdots, \boldsymbol{\beta}_m)$, 令

$$(\boldsymbol{\alpha}_1, \boldsymbol{\alpha}_2, \cdots, \boldsymbol{\alpha}_m) + (\boldsymbol{\beta}_1, \boldsymbol{\beta}_2, \cdots, \boldsymbol{\beta}_m) = (\boldsymbol{\alpha}_1 + \boldsymbol{\beta}_1, \boldsymbol{\alpha}_2 + \boldsymbol{\beta}_2, \cdots, \boldsymbol{\alpha}_m + \boldsymbol{\beta}_m).$$

注意, 这里 $\boldsymbol{\alpha}_i, \boldsymbol{\beta}_i$ 均属于 V_i, $\boldsymbol{\alpha}_i + \boldsymbol{\beta}_i$ 是它们在 V_i 中的和 $(i = 1, 2, \cdots, m)$.

对任意 $(\boldsymbol{\alpha}_1, \boldsymbol{\alpha}_2, \cdots, \boldsymbol{\alpha}_m) \in W$, 任意 $\lambda \in \mathbb{F}$, 令

$$\lambda(\boldsymbol{\alpha}_1, \boldsymbol{\alpha}_2, \cdots, \boldsymbol{\alpha}_m) = (\lambda\boldsymbol{\alpha}_1, \lambda\boldsymbol{\alpha}_2, \cdots, \lambda\boldsymbol{\alpha}_m).$$

这里 $\boldsymbol{\alpha}_i$ 属于 V_i, $\lambda\boldsymbol{\alpha}_i$ 是 λ 与 $\boldsymbol{\alpha}_i$ 在 V_i 中的数乘 $(i = 1, 2, \cdots, m)$.

容易验证, $W = V_1 \times V_2 \times \cdots \times V_m$ 关于如上定义的加法和数乘运算, 构成数域 $\mathbb{F}$ 上的线性空间, 它称为这 m 个线性空间 $V_1, V_2, \cdots, V_m$ 的**积空间**. 也有些教材中将 W 称为 $V_1, V_2, \cdots, V_m$ 的**外直积**.

例 5.3.1 大家所熟悉的 $\mathbb{R}^n$ 就是 n 个 $\mathbb{R}^1$ 的积空间.

积空间 $V_1 \times V_2 \times \cdots \times V_m$ 到每个 V_i 的有一个自然的映射, 定义如下: 设 $1 \leqslant i \leqslant m$, 构造映射

$$p_i : V_1 \times \cdots \times V_m \to V_i,$$

$$(\alpha_1, \alpha_2, \cdots, \alpha_m) \mapsto \alpha_i,$$

则对任意向量 $(\alpha_1, \alpha_2, \cdots, \alpha_m) \in W, (\beta_1, \beta_2, \cdots, \beta_m) \in W$, 任意 $\lambda, \mu \in \mathbb{F}$,

$$\begin{aligned}
&p_i(\lambda(\alpha_1, \alpha_2, \cdots, \alpha_m) + \mu(\beta_1, \beta_2, \cdots, \beta_m)) \\
&= p_i(\lambda\alpha_1 + \mu\beta_1, \lambda\alpha_2 + \mu\beta_2, \cdots, \lambda\alpha_m + \mu\beta_m) \\
&= \lambda\alpha_i + \mu\beta_i \\
&= \lambda\, p_i(\alpha_1, \alpha_2, \cdots, \alpha_m) + \mu\, p_i(\beta_1, \beta_2, \cdots, \beta_m).
\end{aligned}$$

所以, $p_i : V_1 \times V_2 \times \cdots \times V_m \to V_i$ 是线性映射, 通常称之为 $V_1 \times V_2 \times \cdots \times V_m$ 到 V_i 的**投影映射**, 并且 $\operatorname{Ker} p_i = V_1 \times V_2 \times \cdots \times V_{i-1} \times O \times V_{i+1} \times \cdots \times V_m$, 从而 $V_1 \times V_2 \times \cdots \times V_m / \operatorname{Ker} p_i \cong V_i$.

每个 V_i 到积空间 $V_1 \times V_2 \times \cdots \times V_m$ 有一个嵌入映射:

$$q_i : V_i \to V_1 \times V_2 \times \cdots \times V_m,$$

$$\boldsymbol{\alpha}_i \mapsto (\boldsymbol{\theta}, \cdots, \boldsymbol{\theta}, \boldsymbol{\alpha}_i, \boldsymbol{\theta}, \cdots, \boldsymbol{\theta}).$$

令 $\widetilde{V}_i = \operatorname{Im}(q_i)$. q_i 显然是线性单射, 它诱导了 V_i 到 $\widetilde{V}_i$ 的同构. 这时每个 $\widetilde{V}_i$ 是 $V_1 \times V_2 \times \cdots \times V_m$ 的子空间, 且 $V_1 \times V_2 \times \cdots \times V_m = \widetilde{V}_1 \bigoplus \widetilde{V}_2 \bigoplus \cdots \bigoplus \widetilde{V}_m$, 参见习题 5.3 的习题 9.

有些时候, 人们也将 $V_1 \times V_2 \times \cdots \times V_m$ 简记为 $\prod\limits_{i=1}^{m} V_i$.

习 题 5.3

1. 设 V 为 n 维线性空间, $\boldsymbol{\beta}_1, \boldsymbol{\beta}_2, \cdots, \boldsymbol{\beta}_s$ 是 V 中向量, W 是以 $\boldsymbol{\alpha}_1, \boldsymbol{\alpha}_2, \cdots, \boldsymbol{\alpha}_m$ 为基的子空间. 证明: $\boldsymbol{\beta}_1 + W, \boldsymbol{\beta}_2 + W, \cdots, \boldsymbol{\beta}_s + W$ 在 V/W 中线性无关的充要条件是 $\boldsymbol{\alpha}_1, \boldsymbol{\alpha}_2, \cdots, \boldsymbol{\alpha}_m, \boldsymbol{\beta}_1, \boldsymbol{\beta}_2, \cdots, \boldsymbol{\beta}_s$ 在 V 中线性无关.

2. 设 $\mathbb{F}$ 是一个数域, $V = \mathbb{F}^5, \boldsymbol{\alpha}_1 = (1, 2, -1, 1, 2), \boldsymbol{\alpha}_2 = (-1, 0, 1, -1, -1), \boldsymbol{\alpha}_3 = (3, -1, 2, -1, -1), \boldsymbol{\alpha}_4 = (0, -1, 2, 1, 1), \boldsymbol{\alpha}_5 = (6, 3, -2, -5, -3)$. 令

$$W_1 = L(\boldsymbol{\alpha}_1, \boldsymbol{\alpha}_2), \quad W_2 = L(\boldsymbol{\alpha}_1, \boldsymbol{\alpha}_2, \boldsymbol{\alpha}_3), \quad W_3 = L(\boldsymbol{\alpha}_4, \boldsymbol{\alpha}_5).$$

判断:

(1) 在商空间 V/W_1 中, $\boldsymbol{\alpha}_3+W_1,\boldsymbol{\alpha}_4+W_1,\boldsymbol{\alpha}_5+W_1$ 是否相关?

(2) 在商空间 V/W_2 中, $\boldsymbol{\alpha}_4+W_2,\boldsymbol{\alpha}_5+W_2$ 是否相关?

(3) 在商空间 V/W_3 中, $\boldsymbol{\alpha}_1+W_3,\boldsymbol{\alpha}_2+W_3,\boldsymbol{\alpha}_3+W_3$ 是否相关?

3. 在线性空间 V 中取定一个基 $\boldsymbol{\varepsilon}_1,\boldsymbol{\varepsilon}_2,\cdots,\boldsymbol{\varepsilon}_n$. W 为任意子空间. 证明必有 $j_1,j_2,\cdots,j_m$, 使 $\boldsymbol{\varepsilon}_{j_1}+W,\boldsymbol{\varepsilon}_{j_2}+W,\cdots,\boldsymbol{\varepsilon}_{j_m}+W$ 为商空间 V/W 的基, 这里 $n=m+\dim W$. 举例说明在一般情况下 $j_1,j_2,\cdots,j_m$ 不是被 W 唯一确定的. 给出它们被 W 唯一确定的充要条件.

4. 条件同上, 给出子空间 $L(\boldsymbol{\varepsilon}_{j_1},\boldsymbol{\varepsilon}_{j_2},\cdots,\boldsymbol{\varepsilon}_{j_m})$ 到商空间 V/W 的一个同构映射.

5. 用商空间理论证明, 对有限维线性空间 V 及其子空间 W_1 和 W_2, 如果 $\dim W_1+\dim W_2=\dim V$, 那么存在 V 上的线性变换 $\mathcal{A}$ 使得 $\operatorname{Im}\mathcal{A}=W_2$, $\operatorname{Ker}\mathcal{A}=W_1$.

6. 设 W 是 V 的子空间, U 是 W 在 V 中的一个补空间, $\eta|_U:U\to V/W$ 是 $\eta:V\to V/W$ 限制在 U 上得到的线性映射, 证明: $\eta|_U$ 是同构 (可以利用 $\dim V/W=\dim V-\dim W$).

7. 设 $\phi:V\to V$ 是线性变换, 线性变换 $\phi:V\to V$ 可对角化, $V=\bigoplus_{i=1}^k V_i$, $\phi(V_i)\subseteq V_i$ 且 $\phi|_{V_i}=a_iI$ (这些 a_i 互不相同). 求 V 的所有的 ϕ-不变子空间 W. 并证明: 对任意的 ϕ-不变子空间 W, $\phi|_W$ 作为 W 上的线性变换仍然可对角化.

8. 设 $f:V\to W$ 是线性映射, f 的**余核** $\operatorname{Coker} f$ 定义为商空间 $W/f(V)$. 证明:

(1) f 是满射等价于 $\operatorname{Coker} f$ 是零空间;

(2) f 是线性同构的当且仅当 $\operatorname{Ker} f$ 是零空间且 $\operatorname{Coker} f$ 是零空间.

9. 设 $V_1,V_2,\cdots,V_m$ 均为数域 $\mathbb{F}$ 上的线性空间, $m\geqslant 2$. 令 $\prod\limits_{i=1}^m V_i$ 为它们的积空间, $\widetilde{V}_i=\operatorname{Im}(q_i)$, $i=1,2,\cdots,m$. 证明:

(1) $\prod\limits_{i=1}^m V_i=\bigoplus\limits_{i=1}^m \widetilde{V}_i$;

(2) 若 $\dim V_i=n_i,i=1,2,\cdots,m$, 则 $\dim\prod\limits_{i=1}^m V_i=\sum\limits_{i=1}^m n_i$;

(3) $\sum\limits_{i=1}^m q_ip_i:\prod\limits_{i=1}^m V_i\to\prod\limits_{i=1}^m V_i$, 为恒同映射; $p_iq_i:V_i\to V_i$ 也是恒同映射.

10. $f(x),g(x)\in\mathbb{F}[x]$, $f(x)=a_0x^n+a_1x^{n-1}+\cdots+a_n$ 和 $g(x)=b_0x^m+b_1x^{m-1}+\cdots+b_m$, 证明 $\phi:\mathbb{F}[x]_m\times\mathbb{F}[x]_n\to\mathbb{F}[x]_{m+n},(u(x),v(x))\mapsto u(x)f(x)+v(x)g(x)$ 是线性映射, 并写出该映射在 $\mathbb{F}[x]_m\times\mathbb{F}[x]_n$ 的基 $\{(x^i,0)|i=0,1,\cdots,m-1\}\cup\{(0,x^i)|i=0,1,\cdots,n-1\}$ 和 $\mathbb{F}[x]_{m+n}$ 的基 $\{x^i|i=0,1,\cdots,m+n-1\}$ 下的矩阵 (注: $\mathbb{F}[x]_m\times\mathbb{F}[x]_n$ 是线性空间的直积).

11. 设 V 为线性空间, W_1,W_2 为子空间. 则有一个由 $W_2/W_1\cap W_2$ 到 V/W_1 的映射 ϕ, 它是线性的而且为单射. 于是我们说 $W_2/W_1\cap W_2$ 可嵌入到 V/W_1 中. 证明 ϕ 为双射当且仅当 $V=W_1+W_2$.

12. V,W_1,W_2 同 11 题, 证明 $(W_1+W_2)/W_2$ 与 $W_1/(W_1\cap W_2)$ 同构.

13. 设 $\mathcal{A}$ 为 V 到自身的线性变换, $\boldsymbol{\varepsilon}_1,\boldsymbol{\varepsilon}_2,\cdots,\boldsymbol{\varepsilon}_n$ 为 V 的基. $W=L(\boldsymbol{\varepsilon}_1,\boldsymbol{\varepsilon}_2,\cdots,\boldsymbol{\varepsilon}_m)$ 为 V 的不变子空间. 在 $\boldsymbol{\varepsilon}_1,\boldsymbol{\varepsilon}_2,\cdots,\boldsymbol{\varepsilon}_m,\cdots,\boldsymbol{\varepsilon}_n$ 下 $\mathcal{A}$ 的矩阵为

$$\boldsymbol{A}=\begin{pmatrix}\boldsymbol{A}_1 & \boldsymbol{B}\\ \boldsymbol{O} & \boldsymbol{A}_2\end{pmatrix},$$

其中 $\boldsymbol{A}_1$ 为 $m\times m$ 的矩阵.

(1) 定义 V/W 到自身映射: $\bar{A}:\boldsymbol{\xi}+W\mapsto\mathcal{A}\boldsymbol{\xi}+W$, 证明 $\bar{A}$ 为 V/W 的线性变换.

(2) 证明 $\boldsymbol{\varepsilon}_{m+1}+W,\boldsymbol{\varepsilon}_{m+2}+W,\cdots,\boldsymbol{\varepsilon}_n+W$ 为 V/W 的基, 并且在此基下 $\bar{\mathcal{A}}$ 的矩阵恰为 $\boldsymbol{A}_2$.

5.4　正交映射　欧氏空间的同构

设 V 和 W 是欧氏空间, 那么它们比一般线性空间多的结构就是它们的内积. 如果一个线性映射 $f:V\to W$ 不能反映 V 与 W 的内积结构的联系, 那么, V 与 W 对于 f 只能如同一个非欧氏的线性空间, 内积就成为多余的了. 所以, f 还得附带加上保持内积的条件.

定义 5.4.1　设 V 和 W 是欧氏空间, f 是 V 到 W 的线性映射. 如果 f 保持向量的内积不变, 即对任意的 $\boldsymbol{\alpha},\boldsymbol{\beta}\in V$, 有

$$(f(\boldsymbol{\alpha}),f(\boldsymbol{\beta}))=(\boldsymbol{\alpha},\boldsymbol{\beta}),$$

则称 f 是 V 到 W 的**正交映射**.

正交映射可以从几个不同方面来加以刻画, 即我们有:

定理 5.4.1　设 f 是有限维欧氏空间 V 到 W 的线性映射, 那么下面的条件等价:

(i) f 是正交映射;

(ii) f 保持向量长度不变, 即对任一 $\boldsymbol{\alpha}\in V$, 有 $|f(\boldsymbol{\alpha})|=|\boldsymbol{\alpha}|$;

(iii) 若 $\boldsymbol{\varepsilon}_1,\boldsymbol{\varepsilon}_2,\cdots,\boldsymbol{\varepsilon}_n$ 是 V 的一组标准正交基, 则 $f(\boldsymbol{\varepsilon}_1),f(\boldsymbol{\varepsilon}_2),\cdots,f(\boldsymbol{\varepsilon}_n)$ 是 $\mathrm{Im}\,f$ 的一组标准正交基.

证明　(i) $\Longleftrightarrow$ (ii): 当 f 是正交映射, 有 $(f(\boldsymbol{\alpha}),f(\boldsymbol{\alpha}))=(\boldsymbol{\alpha},\boldsymbol{\alpha})$, 从而 $|f(\boldsymbol{\alpha})|=|\boldsymbol{\alpha}|$.

反之, 当对任一 $\boldsymbol{\alpha}\in V$, 有 $|f(\boldsymbol{\alpha})|=|\boldsymbol{\alpha}|$, 那么对任意 $\boldsymbol{\alpha},\boldsymbol{\beta}\in V$, 有

$$(f(\boldsymbol{\alpha}),f(\boldsymbol{\alpha}))=(\boldsymbol{\alpha},\boldsymbol{\alpha}),\quad (f(\boldsymbol{\beta}),f(\boldsymbol{\beta}))=(\boldsymbol{\beta},\boldsymbol{\beta}),$$
$$(f(\boldsymbol{\alpha}+\boldsymbol{\beta}),f(\boldsymbol{\alpha}+\boldsymbol{\beta}))=(\boldsymbol{\alpha}+\boldsymbol{\beta},\boldsymbol{\alpha}+\boldsymbol{\beta}).$$

于是,

$$(f(\boldsymbol{\alpha}),f(\boldsymbol{\alpha}))+(f(\boldsymbol{\beta}),\ f(\boldsymbol{\beta}))+2(f(\boldsymbol{\alpha}),f(\boldsymbol{\beta}))=(\boldsymbol{\alpha},\boldsymbol{\alpha})+(\boldsymbol{\beta},\boldsymbol{\beta})+2(\boldsymbol{\alpha},\boldsymbol{\beta}),$$

得

$$(f(\boldsymbol{\alpha}),f(\boldsymbol{\beta}))=(\boldsymbol{\alpha},\boldsymbol{\beta}).$$

(i) $\Longleftrightarrow$ (iii): 设 $\boldsymbol{\varepsilon}_1,\boldsymbol{\varepsilon}_2,\cdots,\boldsymbol{\varepsilon}_n$ 是 V 的标准正交基, 即 $(\boldsymbol{\varepsilon}_i,\boldsymbol{\varepsilon}_j)=\begin{cases}1, & i=j,\\ 0, & i\neq j,\end{cases}$ 对 $i,j=1,2,\cdots,n$.

当 f 是正交映射时, 那么 $(f(\boldsymbol{\varepsilon}_i),\ f(\boldsymbol{\varepsilon}_j)) = (\boldsymbol{\varepsilon}_i, \boldsymbol{\varepsilon}_j) = \begin{cases} 1, & i = j, \\ 0, & i \neq j. \end{cases}$ 因此, $f(\boldsymbol{\varepsilon}_1), f(\boldsymbol{\varepsilon}_2), \cdots, f(\boldsymbol{\varepsilon}_n)$ 是 $\operatorname{Im} f$ 中的一组标准正交组.

但对任一 $\boldsymbol{\beta} \in \operatorname{Im} f$, 设 $\boldsymbol{\alpha} \in V$ 使 $f(\boldsymbol{\alpha}) = \boldsymbol{\beta}$, 那么 $\boldsymbol{\alpha} = k_1\boldsymbol{\varepsilon}_1 + k_2\boldsymbol{\varepsilon}_2 + \cdots + k_n\boldsymbol{\varepsilon}_n$, 得 $\boldsymbol{\beta} = f(\boldsymbol{\alpha}) = k_1 f(\boldsymbol{\varepsilon}_1) + k_2 f(\boldsymbol{\varepsilon}_2) + \cdots + k_n f(\boldsymbol{\varepsilon}_n)$. 这说明 $f(\boldsymbol{\varepsilon}_1), f(\boldsymbol{\varepsilon}_2), \cdots, f(\boldsymbol{\varepsilon}_n)$ 是 $\operatorname{Im} f$ 的一组标准正交基.

反之, 当 $f(\boldsymbol{\varepsilon}_1), f(\boldsymbol{\varepsilon}_2), \cdots, f(\boldsymbol{\varepsilon}_n)$ 是 $\operatorname{Im} f$ 的标准正交基时, 任取 $\boldsymbol{\alpha}, \boldsymbol{\beta} \in V$, 令

$$\boldsymbol{\alpha} = \sum_{i=1}^{n} x_i \boldsymbol{\varepsilon}_i, \quad \boldsymbol{\beta} = \sum_{i=1}^{n} y_i \boldsymbol{\varepsilon}_i,$$

则

$$(\boldsymbol{\alpha}, \boldsymbol{\beta}) = \sum_{i,j} x_i y_j (\boldsymbol{\varepsilon}_i, \boldsymbol{\varepsilon}_j) = x_1 y_1 + x_2 y_2 + \cdots + x_n y_n,$$

$$(f(\boldsymbol{\alpha}), f(\boldsymbol{\beta})) = \sum_{i,j} x_i y_j (f(\boldsymbol{\varepsilon}_i), f(\boldsymbol{\varepsilon}_j)) = x_1 y_1 + x_2 y_2 + \cdots + x_n y_n,$$

进而可得

$$(\boldsymbol{\alpha}, \boldsymbol{\beta}) = (f(\boldsymbol{\alpha}), f(\boldsymbol{\beta})).$$

从而, f 是正交映射. □

推论 5.4.2 设 f 是有限维欧氏空间 V 到 W 的正交映射, 那么 f 必为单射, 即 V 在 f 作用下嵌入 W.

证明 任取 $\boldsymbol{\alpha} \in \operatorname{Ker} f$, 因为正交映射是保持向量长度的, 所以

$$|\boldsymbol{\alpha}| = |f(\boldsymbol{\alpha})| = |\boldsymbol{\theta}| = 0.$$

于是

$$\boldsymbol{\alpha} = \boldsymbol{\theta},$$

所以 f 是单射. □

现在我们讨论特殊的正交映射.

定义 5.4.2 设 V 和 W 是欧氏空间, f 是 V 到 W 作为线性空间的同构. 如果 f 同时是正交映射, 则称 f 是欧氏空间 V 和 W 的**同构映射**, 称欧氏空间 V 与 W 关于 f 是**同构的**.

命题 5.4.3 设 f 是从有限维欧氏空间 V 到 W 的一个线性映射, 那么 f 是欧氏空间 V 到 W 的同构映射当且仅当 f 是 V 到 W 的正交映射且 f 是一个满射.

证明　必要性　由定义 5.4.2 即得.

充分性　由推论 5.4.2, f 是单射, 所以 f 是一个同构, 再由定义 5.4.2 即可. □

由定义知, 欧氏空间的同构映射恰是保持内积不变的线性空间同构. 而内积不变显然是一种具有反身性、传递性和对称性的欧氏空间之间的一种关系, 即恒等映射是内积不变的; 两个内积不变的映射的积仍是内积不变的; 一个从 V 到 W 的内积不变的线性空间同构映射 σ 的逆映射也是内积不变的, 因为对任意 $\boldsymbol{\alpha},\boldsymbol{\beta}\in W$,

$$(\boldsymbol{\alpha},\boldsymbol{\beta})=(\sigma(\sigma^{-1}(\boldsymbol{\alpha})),\sigma(\sigma^{-1}(\boldsymbol{\beta})))=(\sigma^{-1}(\boldsymbol{\alpha}),\sigma^{-1}(\boldsymbol{\beta})).$$

因此, 欧氏空间的同构映射是欧氏空间之间的一个等价关系, 即欧氏空间之间的同构关系具有反身性、对称性和传递性的.

由于线性空间同构当且仅当它们有相同的维数, 欧氏空间同构当然意味着它们有相同的维数. 但反之如何呢? 即有相同维数的欧氏空间是否为欧氏空间同构的?

首先, 我们考虑 n 维欧氏空间 V 和 $\mathbb{R}^n$ 之间的关系. 令 $\boldsymbol{\varepsilon}_1,\boldsymbol{\varepsilon}_2,\cdots,\boldsymbol{\varepsilon}_n$ 是 V 的一组标准正交基, $\boldsymbol{\alpha}\in V$, 有

$$\boldsymbol{\alpha}=x_1\boldsymbol{\varepsilon}_1+x_2\boldsymbol{\varepsilon}_2+\cdots+x_n\boldsymbol{\varepsilon}_n=(\boldsymbol{\varepsilon}_1,\boldsymbol{\varepsilon}_2,\cdots,\boldsymbol{\varepsilon}_n)\begin{pmatrix}x_1\\x_2\\\vdots\\x_n\end{pmatrix},$$

其中 $\begin{pmatrix}x_1\\x_2\\\vdots\\x_n\end{pmatrix}\in\mathbb{R}^n$ 是 $\boldsymbol{\alpha}$ 在 $\mathbb{R}^n$ 中的唯一坐标向量. 定义 $\sigma:V\to\mathbb{R}^n$ 使得

$$\boldsymbol{\alpha}=\sum x_i\boldsymbol{\varepsilon}_i\mapsto\begin{pmatrix}x_1\\x_2\\\vdots\\x_n\end{pmatrix},$$

即 $\sigma(\boldsymbol{\alpha})=\begin{pmatrix}x_1\\x_2\\\vdots\\x_n\end{pmatrix}$. 那么 σ 是 V 到 $\mathbb{R}^n$ 的一个双射. 由定理 5.1.5, σ 是 V 到

$\mathbb{R}^n$ 的线性空间同构; 又对 $\boldsymbol{\beta}=\sum y_i\boldsymbol{\varepsilon}_i$, 有

$$(\boldsymbol{\alpha},\boldsymbol{\beta})=\sum_{i,j}x_iy_j(\boldsymbol{\varepsilon}_i,\boldsymbol{\varepsilon}_j)=\sum_{i=1}^{n}x_iy_i=(\sigma(\boldsymbol{\alpha}),\sigma(\boldsymbol{\beta})),$$

即 σ 是内积不变的. 因此 σ 是欧氏空间 V 到 $\mathbb{R}^n$ 的一个同构映射. 这说明, 任一 n 维欧氏空间都与 $\mathbb{R}^n$ 是欧氏空间同构的. 上面又已知欧氏空间同构是等价关系, 因而任意两个 n 维欧氏空间都同构. 综上, 得

定理 5.4.4 (i) 任一 n 维欧氏空间都同构于 $\mathbb{R}^n$;

(ii) 两个有限维欧氏空间同构当且仅当它们的维数相同.

这个定理说明, 从抽象观点看, 欧氏空间结构完全被它的维数决定. 或者说, 如果 V 是一个欧氏空间, 在同构意义下, 我们可以认为 V"="$\mathbb{R}^n$.

最后再讨论另一个特殊的正交映射——正交变换.

定义 5.4.3 设 f 是欧氏空间 V 到自身的正交映射, 称 f 是 V 的**正交变换**.

当 V 是有限维时, 由推论 5.4.2 知, 正交变换 $f:V\to V$ 必为单射. 又由推论 5.2.4 知, 这时 f 也是 V 到自身的线性空间同构. 因此由定义 5.4.2, f 为欧氏空间 V 的自同构映射, 所以有限维欧氏空间 V 上的正交变换是 V 到自身的欧氏空间自同构. 有限维欧氏空间上三类线性映射的关系是

$$\text{正交映射类}\supset\text{欧氏空间同构映射类}\supset\text{正交变换类}.$$

作为特殊的正交映射, 定理 5.4.1 的结论对正交变换当然成立. 但是, 这时 (iii) 中的 $f(\boldsymbol{\varepsilon}_1),f(\boldsymbol{\varepsilon}_2),\cdots,f(\boldsymbol{\varepsilon}_n)$ 成为 V 的标准正交基, 与原标准正交基 $\boldsymbol{\varepsilon}_1,\boldsymbol{\varepsilon}_2,\cdots,\boldsymbol{\varepsilon}_n$ 的过渡矩阵同时成为 f 在标准正交基下的矩阵, 这一矩阵的性质决定了 f 的性质. 因此在这一特殊情形下, 我们由定理 5.4.1 得到了下面的定理.

定理 5.4.5 设 f 是 n 维欧氏空间 V 的一个线性变换, 那么下述条件等价:

(i) f 是正交变换;

(ii) f 保持向量长度不变;

(iii) 若 $\boldsymbol{\varepsilon}_1,\boldsymbol{\varepsilon}_2,\cdots,\boldsymbol{\varepsilon}_n$ 是 V 的标准正交基, 则 $f(\boldsymbol{\varepsilon}_1),f(\boldsymbol{\varepsilon}_2),\cdots,f(\boldsymbol{\varepsilon}_n)$ 也是 V 的标准正交基;

(iv) f 在 V 的任一标准正交基下的矩阵是正交矩阵.

证明 由定理 5.4.1, (i)—(iii) 的等价性成立. 这里只需证明 (iii) $\Longleftrightarrow$ (iv).

令 f 在 $\boldsymbol{\varepsilon}_1,\boldsymbol{\varepsilon}_2,\cdots,\boldsymbol{\varepsilon}_n$ 下的矩阵是 $\boldsymbol{A}$, 即

$$f(\boldsymbol{\varepsilon}_1,\boldsymbol{\varepsilon}_2,\cdots,\boldsymbol{\varepsilon}_n)=(\boldsymbol{\varepsilon}_1,\boldsymbol{\varepsilon}_2,\cdots,\boldsymbol{\varepsilon}_n)\boldsymbol{A}.$$

当 (iii) 成立时, 则 $f(\boldsymbol{\varepsilon}_1,\boldsymbol{\varepsilon}_2,\cdots,\boldsymbol{\varepsilon}_n)=(f(\boldsymbol{\varepsilon}_1),f(\boldsymbol{\varepsilon}_2),\cdots,f(\boldsymbol{\varepsilon}_n))$ 是 V 的标准正交基, 上述 $\boldsymbol{A}$ 同时也是两个标准正交基 $\boldsymbol{\varepsilon}_1,\boldsymbol{\varepsilon}_2,\cdots,\boldsymbol{\varepsilon}_n$ 和 $f(\boldsymbol{\varepsilon}_1),f(\boldsymbol{\varepsilon}_2),\cdots,f(\boldsymbol{\varepsilon}_n)$ 之间的过渡矩阵, 因而 $\boldsymbol{A}$ 是正交矩阵.

反之, 若 $\boldsymbol{A}$ 是正交矩阵, 则由 $(f(\boldsymbol{\varepsilon}_1),f(\boldsymbol{\varepsilon}_2),\cdots,f(\boldsymbol{\varepsilon}_n))=(\boldsymbol{\varepsilon}_1,\boldsymbol{\varepsilon}_2,\cdots,\boldsymbol{\varepsilon}_n)\boldsymbol{A}$, 得 $f(\boldsymbol{\varepsilon}_i)=a_{1i}\boldsymbol{\varepsilon}_1+a_{2i}\boldsymbol{\varepsilon}_2+\cdots+a_{ni}\boldsymbol{\varepsilon}_n$. 于是

$$\begin{aligned}(f(\boldsymbol{\varepsilon}_i),f(\boldsymbol{\varepsilon}_j))&=(a_{1i}\boldsymbol{\varepsilon}_1+a_{2i}\boldsymbol{\varepsilon}_2+\cdots+a_{ni}\boldsymbol{\varepsilon}_n,\ a_{1j}\boldsymbol{\varepsilon}_1+a_{2j}\boldsymbol{\varepsilon}_2+\cdots+a_{nj}\boldsymbol{\varepsilon}_n)\\&=a_{1i}a_{1j}+a_{2i}a_{2j}+\cdots+a_{ni}a_{nj}\\&=\begin{cases}1, & i=j,\\0, & i\neq j.\end{cases}\end{aligned}$$

这是因为 $\boldsymbol{A}^{\mathrm{T}}\boldsymbol{A}=\boldsymbol{E}_n$, 所以 $f(\boldsymbol{\varepsilon}_1),f(\boldsymbol{\varepsilon}_2),\cdots,f(\boldsymbol{\varepsilon}_n)$ 是 V 的标准正交基. □

注　该定理的一个先决条件是: f 首先是一个线性变换, 才能有定理中的等价条件. 例如, 设在 $\mathbb{R}^2$ 中向量平移 $\mathcal{A}$ 满足 $\mathcal{A}(x,y)=(x+1,y+1)$, 则对 $\boldsymbol{\alpha}=(x_1,y_1)$, $\boldsymbol{\beta}=(x_2,y_2)$, 有

$$\mathcal{A}\boldsymbol{\alpha}=(x_1+1,y_1+1),\quad \mathcal{A}\boldsymbol{\beta}=(x_2+1,y_2+1).$$

于是

$$\begin{aligned}d(\mathcal{A}(\boldsymbol{\alpha}),\mathcal{A}(\boldsymbol{\beta}))&=|\mathcal{A}(\boldsymbol{\alpha})-\mathcal{A}(\boldsymbol{\beta})|=|x_1-x_2,y_1-y_2|=\sqrt{(x_1-x_2)^2+(y_1-y_2)^2}\\&=d(\boldsymbol{\alpha},\boldsymbol{\beta}).\end{aligned}$$

因此, $\mathcal{A}$ 保持距离不变. 但因为

$$\mathcal{A}(0,0)\neq(0,0),$$

这说明 $\mathcal{A}$ 不是线性变换, 当然更不是正交变换.

由正交矩阵的定义易见, 正交矩阵的逆矩阵是正交矩阵, 两个正交矩阵的乘积仍是正交矩阵. 于是, 相对应地, 正交变换的逆变换是正交变换, 两个正交变换的合成是正交变换.

习　题　5.4

1. 欧氏空间中保持向量长度不变的映射是否一定是正交映射? 如果是, 试证明之; 如果不是, 试给出一个反例.

2. 设 U,V,W 是欧氏空间, f 是 U 到 V 的正交映射, g 是 V 到 W 的正交映射, 证明 gf 是 U 到 W 的正交映射.

3. 设 f 是有限维欧氏空间 V 到 W 的一个正交映射. 当 f 将 V 的标准正交基映射到 W 的标准正交基时, 问 f 的对应矩阵是怎样的?

4. 设 $\boldsymbol{\alpha}_1,\boldsymbol{\alpha}_2,\cdots,\boldsymbol{\alpha}_m$ 与 $\boldsymbol{\beta}_1,\boldsymbol{\beta}_2,\cdots,\boldsymbol{\beta}_m$ 为 n 维欧氏空间中的两个向量组. 证明存在一正交变换 $\mathcal{A}$, 使得 $\mathcal{A}\boldsymbol{\alpha}_i=\boldsymbol{\beta}_i, i=1,2,\cdots,m$ 的充分必要条件为 $(\boldsymbol{\alpha}_i,\boldsymbol{\alpha}_j)=(\boldsymbol{\beta}_i,\boldsymbol{\beta}_j), i,j=1,2,\cdots,m$.

5. 设 f 为 n 维欧氏空间 V 的一个正交变换, $\boldsymbol{\alpha}_1,\boldsymbol{\alpha}_2,\cdots,\boldsymbol{\alpha}_n$ 为 V 的任意一组基, 此基的格拉姆矩阵 (上册第 7 章习题) 为 $\boldsymbol{G}$, f 在此基下的矩阵为 $\boldsymbol{A}$. 证明: $\boldsymbol{A}^{\mathrm{T}}\boldsymbol{G}\boldsymbol{A}=\boldsymbol{G}$.

6. 证明: 正交变换的特征值的模等于 1.

7. 证明: 任何二阶正交阵 $\boldsymbol{A}$ 都可表示为以下形式:

$$\begin{pmatrix}\cos\theta & -\sin\theta\\ \sin\theta & \cos\theta\end{pmatrix} \quad 或 \quad \begin{pmatrix}\cos\theta & \sin\theta\\ \sin\theta & -\cos\theta\end{pmatrix},$$

并且若 $|\boldsymbol{A}|=-1$, 则 $\boldsymbol{A}$ 相似于 $\begin{pmatrix}1 & 0\\ 0 & -1\end{pmatrix}$.

8. 设 $\boldsymbol{\alpha}_1,\boldsymbol{\alpha}_2,\cdots,\boldsymbol{\alpha}_m$ 与 $\boldsymbol{\beta}_1,\boldsymbol{\beta}_2,\cdots,\boldsymbol{\beta}_m$ 为欧氏空间 V 的两组向量. 证明: 如果对 $i,j=1,2,\cdots,m$, 有 $(\boldsymbol{\alpha}_i,\boldsymbol{\alpha}_j)=(\boldsymbol{\beta}_i,\boldsymbol{\beta}_j)$, 则子空间 $V_1=L(\boldsymbol{\alpha}_1,\boldsymbol{\alpha}_2,\cdots,\boldsymbol{\alpha}_m)$ 与 $V_2=L(\boldsymbol{\beta}_1,\boldsymbol{\beta}_2,\cdots,\boldsymbol{\beta}_m)$ 作为欧氏空间是同构的.

9. 设 f,g 为欧氏空间 V 的两个线性变换, 且对于 V 中任意向量 $\boldsymbol{\alpha}$, 均有 $(f(\boldsymbol{\alpha}),f(\boldsymbol{\alpha}))=(g(\boldsymbol{\alpha}),g(\boldsymbol{\alpha}))$. 证明: 像空间 $V_1=f(V)$ 与 $V_2=g(V)$ 作为欧氏空间是同构的.

5.5 镜 面 反 射

这一节我们专门介绍一类特殊的正交变换——镜面反射. 这是一类有着明确的几何意义, 在群论和李代数理论中有重要作用, 在物理、化学等领域有着广泛应用的线性变换.

设 $\boldsymbol{\eta}$ 是以 $(\ ,\ )$ 为内积的欧氏空间 V 中的一个单位向量, 对于 V 中任一向量 $\boldsymbol{\alpha}$, 定义映射 $\mathcal{A}:V\to V$ 满足

$$\mathcal{A}\boldsymbol{\alpha}=\boldsymbol{\alpha}-2(\boldsymbol{\eta},\boldsymbol{\alpha})\boldsymbol{\eta}.$$

对 V 中任意元素 $\boldsymbol{\alpha},\boldsymbol{\beta}$ 和实数 k_1,k_2, 有

$$\mathcal{A}(k_1\boldsymbol{\alpha}+k_2\boldsymbol{\beta})=k_1\boldsymbol{\alpha}+k_2\boldsymbol{\beta}-2(\boldsymbol{\eta},k_1\boldsymbol{\alpha}+k_2\boldsymbol{\beta})\boldsymbol{\eta}=k_1\mathcal{A}\boldsymbol{\alpha}+k_2\mathcal{A}\boldsymbol{\beta},$$

即 $\mathcal{A}$ 是一个线性变换. 又有

$$\begin{aligned}(\mathcal{A}\boldsymbol{\alpha},\mathcal{A}\boldsymbol{\beta})&=(\boldsymbol{\alpha}-2(\boldsymbol{\eta},\boldsymbol{\alpha})\boldsymbol{\eta},\boldsymbol{\beta}-2(\boldsymbol{\eta},\boldsymbol{\beta})\boldsymbol{\eta})\\&=(\boldsymbol{\alpha},\boldsymbol{\beta})-4(\boldsymbol{\eta},\boldsymbol{\alpha})(\boldsymbol{\eta},\boldsymbol{\beta})+4(\boldsymbol{\eta},\boldsymbol{\alpha})(\boldsymbol{\eta},\boldsymbol{\beta})(\boldsymbol{\eta},\boldsymbol{\eta}),\end{aligned}$$

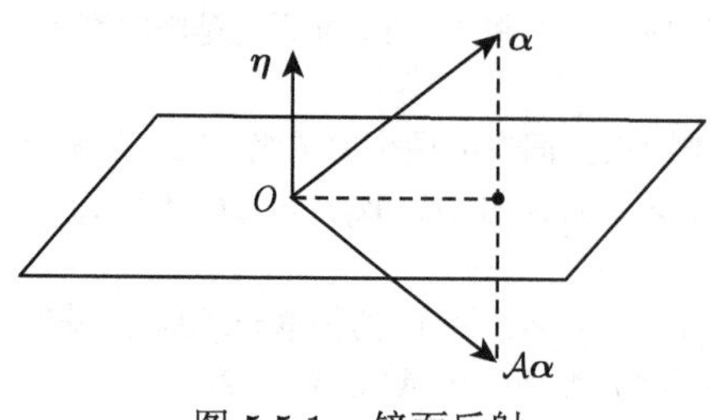

图 5.5.1　镜面反射

但 $(\boldsymbol{\eta},\boldsymbol{\eta})=1$, 故 $(\mathcal{A}\boldsymbol{\alpha},\mathcal{A}\boldsymbol{\beta})=(\boldsymbol{\alpha},\boldsymbol{\beta})$, 从而由定义, $\mathcal{A}$ 是一个正交变换. 我们把这样的正交变换称为**镜面反射** (图 5.5.1).

由于 $\boldsymbol{\eta}$ 是单位向量, 可将它扩充成 V 的一组标准正交基 $\boldsymbol{\eta},\boldsymbol{\varepsilon}_2,\cdots,\boldsymbol{\varepsilon}_n$, 则有

$$\mathcal{A}\boldsymbol{\eta}=\boldsymbol{\eta}-2(\boldsymbol{\eta},\boldsymbol{\eta})\boldsymbol{\eta}=-\boldsymbol{\eta},$$

$$\mathcal{A}\boldsymbol{\varepsilon}_i=\boldsymbol{\varepsilon}_i-2(\boldsymbol{\eta},\boldsymbol{\varepsilon}_i)\boldsymbol{\eta}=\boldsymbol{\varepsilon}_i,$$

于是, 我们有

$$\mathcal{A}(\boldsymbol{\eta},\boldsymbol{\varepsilon}_2,\cdots,\boldsymbol{\varepsilon}_n)=(\boldsymbol{\eta},\boldsymbol{\varepsilon}_2,\cdots,\boldsymbol{\varepsilon}_n)\boldsymbol{A},$$

其中 $\boldsymbol{A}=\begin{pmatrix}-1&&&\\&1&&\\&&\ddots&\\&&&1\end{pmatrix}$. 因为 $|\boldsymbol{A}|=-1$, 所以 $\mathcal{A}$ 总是第二类正交变换.

当 $V=\mathbb{R}^3$ 时, 设 $\boldsymbol{\eta},\boldsymbol{\varepsilon}_2,\boldsymbol{\varepsilon}_3$ 分别是 $\mathbb{R}^3$ 中的 x 轴、y 轴、z 轴上的单位向量, 那么正交变换 $\mathcal{A}$ 事实上就是 $\mathbb{R}^3$ 中把向量以 yOz 为对称面作对称变化的一种行为.

由上面讨论可见, 由于对应矩阵是 $\boldsymbol{A}$, 镜面反射 $\mathcal{A}$ 的特征值是 -1 (1 重) 和 1 ($n-1$ 重), 它们的对应特征子空间分别是 1 维和 $n-1$ 维的. 实际上, 这个事实的逆命题也是成立的, 即我们有:

定理 5.5.1　*对 n 维欧氏空间 V 中的正交变换 $\mathcal{A}$, 如下两个陈述等价:*

(i) $\mathcal{A}$ 以 1 为一个特征值, 且其对应特征子空间 V_1 的维数为 $n-1$;

(ii) $\mathcal{A}$ 是 V 的一个镜面反射.

证明　(ii) $\Rightarrow$ (i): 由上述讨论即得.

(i) $\Rightarrow$ (ii): 设 $\boldsymbol{\varepsilon}_2,\boldsymbol{\varepsilon}_3,\cdots,\boldsymbol{\varepsilon}_n$ 是 V_1 的一组标准正交基, 则可扩充为 V 的一组标准正交基 $\boldsymbol{\varepsilon}_1,\boldsymbol{\varepsilon}_2,\cdots,\boldsymbol{\varepsilon}_n$. 由已知条件, $\mathcal{A}\boldsymbol{\varepsilon}_2=\boldsymbol{\varepsilon}_2,\cdots,\mathcal{A}\boldsymbol{\varepsilon}_n=\boldsymbol{\varepsilon}_n$. 令 $\mathcal{A}\boldsymbol{\varepsilon}_1=k_1\boldsymbol{\varepsilon}_1+k_2\boldsymbol{\varepsilon}_2+\cdots+k_n\boldsymbol{\varepsilon}_n$, 那么

$$\mathcal{A}(\boldsymbol{\varepsilon}_1,\boldsymbol{\varepsilon}_2,\cdots,\boldsymbol{\varepsilon}_n)=(\boldsymbol{\varepsilon}_1,\boldsymbol{\varepsilon}_2,\cdots,\boldsymbol{\varepsilon}_n)\boldsymbol{A},$$

其中矩阵 $\boldsymbol{A}=\begin{pmatrix}k_1&&&\\k_2&1&&\\\vdots&&\ddots&\\k_n&&&1\end{pmatrix}$. 因为 $\mathcal{A}$ 是正交变换, $\boldsymbol{\varepsilon}_1,\boldsymbol{\varepsilon}_2,\cdots,\boldsymbol{\varepsilon}_n$ 是标准正交基, 所以 $\boldsymbol{A}$ 是正交矩阵, 于是 $k_1=-1,k_2=\cdots=k_n=0$.

这时 $\mathcal{A}\boldsymbol{\varepsilon}_1=-\boldsymbol{\varepsilon}_1$, 即 $\boldsymbol{\varepsilon}_1\in V_{-1}$, $\dim V_{-1}\geqslant 1$. 因不同特征值对应的特征向量是线性无关的, 故 $V_{-1}\oplus V_1=V$, $V_{-1}=L(\boldsymbol{\varepsilon}_1)$.

对任一 $\boldsymbol{\alpha}\in V$, 令 $\boldsymbol{\alpha}=x_1\boldsymbol{\varepsilon}_1+x_2\boldsymbol{\varepsilon}_2+\cdots+x_n\boldsymbol{\varepsilon}_n$, 则

$$\begin{aligned}\mathcal{A}\boldsymbol{\alpha}&=x_1\mathcal{A}\boldsymbol{\varepsilon}_1+x_2\mathcal{A}\boldsymbol{\varepsilon}_2+\cdots+x_n\mathcal{A}\boldsymbol{\varepsilon}_n\\&=-x_1\boldsymbol{\varepsilon}_1+x_2\boldsymbol{\varepsilon}_2+\cdots+x_n\boldsymbol{\varepsilon}_n\\&=-2x_1\boldsymbol{\varepsilon}_1+x_1\boldsymbol{\varepsilon}_1+x_2\boldsymbol{\varepsilon}_2+\cdots+x_n\boldsymbol{\varepsilon}_n\\&=-2x_1\boldsymbol{\varepsilon}_1+\boldsymbol{\alpha}\\&=\boldsymbol{\alpha}-2(\boldsymbol{\varepsilon}_1,\boldsymbol{\alpha})\boldsymbol{\varepsilon}_1,\end{aligned}$$

这说明 $\mathcal{A}$ 是镜面反射. □

下面我们要介绍的结论, 能充分地说明镜面反射的普遍性和重要性.

定理 5.5.2 设 V 是一个 n 维欧氏空间. 那么,

(1) 对 V 中任两个不同的单位向量 $\boldsymbol{\alpha},\boldsymbol{\beta}$, 存在一个镜面反射 $\mathcal{A}$, 使 $\mathcal{A}\boldsymbol{\alpha}=\boldsymbol{\beta}$;

(2) V 中任一正交变换都可以表示成一系列镜面反射的乘积.

证明 (1) 对 V 中某一单位向量 $\boldsymbol{\eta}$, 可以定义一个镜面反射 $\mathcal{A}$ 满足

$$\mathcal{A}\boldsymbol{\gamma}=\boldsymbol{\gamma}-2(\boldsymbol{\eta},\boldsymbol{\gamma})\boldsymbol{\eta},\quad \forall\boldsymbol{\gamma}\in V.$$

下面我们假定有 $\mathcal{A}(\boldsymbol{\alpha})=\boldsymbol{\beta}$, 看是否能找出满足这一要求的 $\boldsymbol{\eta}$.

由于 $\mathcal{A}\boldsymbol{\alpha}=\boldsymbol{\alpha}-2(\boldsymbol{\eta},\boldsymbol{\alpha})\boldsymbol{\eta}$, 因此 $\boldsymbol{\alpha}-2(\boldsymbol{\eta},\boldsymbol{\alpha})\boldsymbol{\eta}=\boldsymbol{\beta}$, 得 $\boldsymbol{\alpha}-\boldsymbol{\beta}=2(\boldsymbol{\eta},\boldsymbol{\alpha})\boldsymbol{\eta}$.

因为 $\boldsymbol{\alpha}\neq\boldsymbol{\beta}$, 所以 $(\boldsymbol{\eta},\boldsymbol{\alpha})\neq 0$, 从而

$$\boldsymbol{\eta}=\frac{\boldsymbol{\alpha}-\boldsymbol{\beta}}{2(\boldsymbol{\eta},\boldsymbol{\alpha})}. \tag{5.5.1}$$

于是

$$\begin{aligned}(\boldsymbol{\eta},\boldsymbol{\alpha})&=\left(\frac{\boldsymbol{\alpha}-\boldsymbol{\beta}}{2(\boldsymbol{\eta},\boldsymbol{\alpha})},\boldsymbol{\alpha}\right)=\frac{1}{2(\boldsymbol{\eta},\boldsymbol{\alpha})}((\boldsymbol{\alpha},\boldsymbol{\alpha})-(\boldsymbol{\alpha},\boldsymbol{\beta}))\\&=\frac{1}{2(\boldsymbol{\eta},\boldsymbol{\alpha})}(1-(\boldsymbol{\alpha},\boldsymbol{\beta})),\end{aligned}$$

得 $(\boldsymbol{\eta},\boldsymbol{\alpha})=\pm\sqrt{\frac{1}{2}(1-(\boldsymbol{\alpha},\boldsymbol{\beta}))}$. 代入 (5.5.1), 得

$$\boldsymbol{\eta}=\pm\frac{\boldsymbol{\alpha}-\boldsymbol{\beta}}{\sqrt{2[1-(\boldsymbol{\alpha},\boldsymbol{\beta})]}}.$$

不难验证, 无论上式中 $\boldsymbol{\eta}$ 取 “ + ” 号还是 “ − ” 号, 都有 $(\boldsymbol{\eta},\boldsymbol{\eta})=1$, 而且由这个 $\boldsymbol{\eta}$ 确定的镜面反射 $\mathcal{A}$ 满足 $\mathcal{A}\boldsymbol{\alpha}=\boldsymbol{\beta}$.

(2) 设 $\mathcal{A}$ 是 V 的正交变换, $\boldsymbol{\varepsilon}_1,\boldsymbol{\varepsilon}_2,\cdots,\boldsymbol{\varepsilon}_n$ 是 V 的一组标准正交基, 令

$$\boldsymbol{\eta}_i=\mathcal{A}\boldsymbol{\varepsilon}_i\quad(i=1,2,\cdots,n).$$

因为 $\mathcal{A}$ 是正交变换, 所以 $\boldsymbol{\eta}_1,\boldsymbol{\eta}_2,\cdots,\boldsymbol{\eta}_n$ 也是 V 的标准正交基.

这时, 若 $\boldsymbol{\varepsilon}_i=\boldsymbol{\eta}_i\ (i=1,2,\cdots,n)$, 则只要取 $\mathcal{A}_1$ 满足

$$\mathcal{A}_1\boldsymbol{\gamma}=\boldsymbol{\gamma}-2(\boldsymbol{\varepsilon}_1,\boldsymbol{\gamma})\boldsymbol{\varepsilon}_1\quad(\forall\boldsymbol{\gamma}\in V),$$

那么 $\mathcal{A}_1$ 是 V 的镜面反射且

$$\mathcal{A}_1\boldsymbol{\varepsilon}_1=-\boldsymbol{\varepsilon}_1,\quad\mathcal{A}_1\boldsymbol{\varepsilon}_i=\boldsymbol{\varepsilon}_i\quad(i=2,\cdots,n).$$

于是, 可见

$$\mathcal{A}=\mathcal{A}_1\mathcal{A}_1.$$

因此, 下面假设 $\boldsymbol{\varepsilon}_1,\boldsymbol{\varepsilon}_2,\cdots,\boldsymbol{\varepsilon}_n$ 与 $\boldsymbol{\eta}_1,\boldsymbol{\eta}_2,\cdots,\boldsymbol{\eta}_n$ 不尽相同. 对 V 的维数 n 用归纳法.

当 $n=1$ 时, $\boldsymbol{\varepsilon}_1\neq\boldsymbol{\eta}_1$. 那么, 由 (1), 存在镜面反射 $\mathcal{A}_1$ 使得 $\mathcal{A}_1(\boldsymbol{\varepsilon}_1)=\boldsymbol{\eta}_1$. 但因为 V 是一维的, 有 $\mathcal{A}_1=\mathcal{A}$, $\mathcal{A}$ 本身就是镜面反射.

假设对维数小于 n 的欧氏空间, 结论成立, 现在对 V 是 n 维的情况讨论.

不妨假设 $\boldsymbol{\varepsilon}_1\neq\boldsymbol{\eta}_1$. 那么, 由 (1), 存在镜面反射 $\mathcal{A}_1$ 使得 $\mathcal{A}_1(\boldsymbol{\varepsilon}_1)=\boldsymbol{\eta}_1$.

令 $\mathcal{A}_1\boldsymbol{\varepsilon}_i=\boldsymbol{\xi}_i\ \ (i=2,3,\cdots,n)$, 则

$$\boldsymbol{\varepsilon}_1,\boldsymbol{\varepsilon}_2,\cdots,\boldsymbol{\varepsilon}_n\xrightarrow{\mathcal{A}_1}\boldsymbol{\eta}_1,\boldsymbol{\xi}_2,\cdots,\boldsymbol{\xi}_n,$$

且 $\boldsymbol{\eta}_1,\boldsymbol{\xi}_2,\cdots,\boldsymbol{\xi}_n$ 也是 V 的一组标准正交基.

取 $\mathcal{B}_1:V\to V$ 使得

$$\mathcal{B}_1(\boldsymbol{\eta}_1)=\boldsymbol{\eta}_1,\quad\mathcal{B}_1(\boldsymbol{\xi}_i)=\boldsymbol{\eta}_i,\quad i=2,3,\cdots,n.$$

那么, $\mathcal{B}_1$ 可以线性扩张为 V 的一个正交变换, 因为 $\boldsymbol{\eta}_1,\boldsymbol{\xi}_2,\cdots,\boldsymbol{\xi}_n$ 和 $\boldsymbol{\eta}_1,\boldsymbol{\eta}_2,\cdots,\boldsymbol{\eta}_n$ 都是 V 的标准正交基. 易见

$$\mathcal{A}=\mathcal{B}_1\mathcal{A}_1.$$

这时, $V=L(\boldsymbol{\eta}_1)\oplus V_1$, 其中

$$V_1=L(\boldsymbol{\xi}_2,\boldsymbol{\xi}_3,\cdots,\boldsymbol{\xi}_n)=L(\boldsymbol{\eta}_2,\boldsymbol{\eta}_3,\cdots,\boldsymbol{\eta}_n),\quad\dim V_1=n-1.$$

因此, 易验证, 映射

$$\begin{aligned}\mathcal{B}_1|_{V_1}:\ \ V_1 &\longrightarrow V_1,\\ \boldsymbol{\alpha} &\mapsto\ \mathcal{B}_1(\boldsymbol{\alpha})\end{aligned}$$

是 V_1 上的正交变换.

若 $\boldsymbol{\xi}_i=\boldsymbol{\eta}_i\ (i=2,3,\cdots,n)$, 则由前面证明可知 $\mathcal{B}_1|_{V_1}$ 可写成 V_1 上两个同样的镜面反射的乘积. 若 $\boldsymbol{\xi}_2,\boldsymbol{\xi}_3,\cdots,\boldsymbol{\xi}_n$ 与 $\boldsymbol{\eta}_2,\boldsymbol{\eta}_3,\cdots,\boldsymbol{\eta}_n$ 不尽相同, 由归纳假设, $\mathcal{B}_1|_{V_1}$ 可以分解为 V_1 上一些镜面反射的乘积. 故不妨设

$$\mathcal{B}_1|_{V_1}=\mathcal{C}_s\mathcal{C}_{s-1}\cdots\mathcal{C}_2,$$

其中 $\mathcal{C}_j\ (j=2,3,\cdots,s)$ 均为 V_1 上的镜面反射.

对 $j=2,3,\cdots,s$, 定义映射

$$\mathcal{A}_j:V\to V$$

使得对于任意 $\boldsymbol{\alpha}=k\boldsymbol{\eta}_1+\boldsymbol{\beta}\in L(\boldsymbol{\eta}_1)+V_1=V$, 有 $\mathcal{A}_j(\boldsymbol{\alpha})=k\boldsymbol{\eta}_1+\mathcal{C}_j(\boldsymbol{\beta})$. 因为 $\mathcal{C}_j\ (j=2,3,\cdots,s)$ 均为 V_1 上的镜面反射且 $\mathcal{B}_1|_{V_1}=\mathcal{C}_s\cdots\mathcal{C}_2$, 所以 $\mathcal{A}_j\ (j=2,3,\cdots,s)$ 均为 V 上的镜面反射且

$$\mathcal{B}_1=\mathcal{A}_s\mathcal{A}_{s-1}\cdots\mathcal{A}_2.$$

从而

$$\mathcal{A}=\mathcal{A}_s\mathcal{A}_{s-1}\cdots\mathcal{A}_2\mathcal{A}_1.$$

由 $\boldsymbol{\eta}_1$ 与 $\boldsymbol{\eta}_2,\boldsymbol{\eta}_3,\cdots,\boldsymbol{\eta}_n$ 之间的正交性和镜面反射的定义, 不难理解, 对 $j=2,3,\cdots,s$, 由 $\mathcal{C}_j$ 为镜面反射导出 $\mathcal{A}_j$ 也均为镜面反射. □

习题 5.5

1. 证明: 镜面反射的逆变换还是镜面反射.

2. 假设 $\mathbb{R}^2$ 上的正交变换 $\mathcal{A}$ 在其自然基下的矩阵为 $\begin{pmatrix}\cos\theta & -\sin\theta\\ \sin\theta & \cos\theta\end{pmatrix}$. 试将 $\mathcal{A}$ 表示成镜面反射的乘积.

3. 试将 n 维欧氏空间 V 上的恒等变换表示成镜面反射的乘积.

4. 若线性变换 $\mathcal{A}$ 是幂等且对称的, 则称 $\mathcal{A}$ 为**正交投影变换**. 证明: 任何一个镜面反射都可以表示为两个正交投影变换的差.

5. 设 V 是一个 n 维欧氏空间, $n\geqslant 2$. 证明: V 上的任一个正交变换均可表示成个数不超过 n 的镜面反射之积.

5.6 旋转简介

定义 5.6.1 令 V 是以 $(\ ,\ )$ 为内积的一个有限维欧氏空间, V 上的线性变换 T 称为关于子空间 $W(\dim W \leqslant 2)$ 的**旋转**, 若 (i) $T=\mathrm{Id}_V$ 或 (ii) 存在 W 的标准正交基 $\{\boldsymbol{\alpha}_1,\boldsymbol{\alpha}_2\}$, 存在 $\theta\in\mathbb{R}$ 满足

$$T(\boldsymbol{\alpha}_1,\boldsymbol{\alpha}_2)=(\boldsymbol{\alpha}_1,\boldsymbol{\alpha}_2)\begin{pmatrix}\cos\theta & -\sin\theta\\ \sin\theta & \cos\theta\end{pmatrix},$$

并且 $T|_{W^\perp}=\mathrm{Id}_{W^\perp}$. 这里 $W^\perp$ 称为 T 的**旋转轴**.

命题 5.6.1 旋转 T 是一个正交变换.

证明 将 W 的标准正交基 $\{\boldsymbol{\alpha}_1,\boldsymbol{\alpha}_2\}$ 扩为 V 的标准正交基 $\{\boldsymbol{\alpha}_1,\boldsymbol{\alpha}_2,\cdots,\boldsymbol{\alpha}_n\}$, 则 $W^\perp=L(\boldsymbol{\alpha}_3,\boldsymbol{\alpha}_4,\cdots,\boldsymbol{\alpha}_n)$ 且

$$\begin{aligned}T(\boldsymbol{\alpha}_1,\boldsymbol{\alpha}_2,\boldsymbol{\alpha}_3,\cdots,\boldsymbol{\alpha}_n)&=(\boldsymbol{\alpha}_1,\boldsymbol{\alpha}_2,\boldsymbol{\alpha}_3,\cdots,\boldsymbol{\alpha}_n)\begin{pmatrix}\cos\theta & -\sin\theta & & & \\ \sin\theta & \cos\theta & & & \\ & & 1 & & \\ & & & \ddots & \\ & & & & 1\end{pmatrix}\\ &=(\boldsymbol{\alpha}_1,\boldsymbol{\alpha}_2,\boldsymbol{\alpha}_3,\cdots,\boldsymbol{\alpha}_n)\boldsymbol{A}.\end{aligned}$$

易见 $\boldsymbol{A}^{\mathrm{T}}\boldsymbol{A}=\boldsymbol{E}_n$, 即 $\boldsymbol{A}$ 是正交阵. 因此 $T:V\to V$ 是一个正交变换. □

由此命题及定理 5.5.2(2), 即得如下的推论.

推论 5.6.2 欧氏空间 V 上任一旋转 T 是一些反射的积, 即 $T=T_sT_{s-1}\cdots T_1$, 其中每个 T_i 均为反射.

与关于正交变换的反射分解定理 5.5.2(2) 平行的, 我们有如下的关于正交变换的旋转/反射分解定理.

定理 5.6.3 有限维欧氏空间 V 的任一正交变换 T 有分解 $T=T_sT_{s-1}\cdots T_1$, 其中 $T_i(1\leqslant i\leqslant s-1)$ 均为 V 上的旋转, T_s 是旋转或反射.

这一定理我们不再证明, 把它列为习题, 或请大家参考文献 (Friedberg et al., 2019).

习 题 5.6

1. 证明: 旋转的逆变换还是旋转.
2. 证明定理 5.6.3.

第 6 章 等距变换与几何变换

在上册, 我们主要用向量法与坐标法来研究几何学. 本章用“几何变换”的方法来研究几何学, 这种方法不仅在理论上深化了几何学的研究, 它还提供了解决几何问题的一个有效的方法. 这里要提醒的是, 几何变换不同于坐标变换, 前者变化的是几何对象 (点、几何图形) 和坐标系不变, 而后者变化的是坐标系, 几何对象并不改变. 通过本章关于欧氏性质和仿射性质的讨论, 读者将更能体会出我们何时该选用仿射坐标系, 何时该选用直角坐标系.

6.1 平面上的等距变换

6.1.1 映射

首先回顾一下几个与映射相关的概念.

设 M, N 为两个集合, 对 M 中每个元素 x, N 中都有一个确定的元素 y 与之对应, 这样的一个对应法则 σ 称为从集合 M 到集合 N 的**映射**, y 称为 x 在 σ 下的**像**, 记为 $\sigma(x)$, x 称为 y 在 σ 下的一个**原像**, 此时 σ 记为

$$\sigma : M \to N, \quad 或 \quad y = \sigma(x), \quad x \in M.$$

若对任意的 $x_1, x_2 \in M$, $x_1 \neq x_2$, 都有 $\sigma(x_1) \neq \sigma(x_2)$, 则称 σ 为**单射**; 若对任意的 $y \in N$, 都存在一元素 $x \in M$, 使得 $y = \sigma(x)$, 则称 σ 为**满射**; 若 σ 既是单射, 又是满射, 则称 σ 为**双射**或 **1–1 映射**.

设 σ, τ 分别为从集合 M 到集合 N 的映射, 对任意 $x \in M$, 都有 $\sigma(x) = \tau(x)$, 则称映射 σ 与 τ **相等**, 记作 $\sigma = \tau$.

如果 $\sigma : M \to N$, $\tau : N \to S$ 相继施行两次映射 σ 和 τ, 得到一个从 M 到 S 的映射, 称为 τ 与 σ 的**乘积**, 或称为 τ 与 σ 的**复合**. 记作 $\tau \circ \sigma$, 即

$$(\tau \circ \sigma)(x) := \tau(\sigma(x)), \quad \forall x \in S,$$

映射的乘法满足结合律, 但不满足交换律.

集合 M 到自身的映射称为 M 上的一个**变换**.

设 $\sigma : M \to M$ 是一个变换, 且对 $\forall x \in M$, $\sigma(x) = x$, 则称 σ 为 M 上的**恒等变换**或**单位变换**, 记作 id_M.

对映射 $\sigma: M \to N$, 如果存在映射 $\tau: N \to M$, 使 $\tau \circ \sigma = \mathrm{id}_M$, $\sigma \circ \tau = \mathrm{id}_N$, 则称映射 σ 是**可逆的**, 此时 τ 称为 σ 的**逆映射**, 记为 $\tau = \sigma^{-1}$.

如果 σ 可逆, 则它的逆映射是唯一的, 且 σ 可逆当且仅当 σ 是双射.

6.1.2 平面上等距变换的定义及例子

定义 6.1.1 令欧氏空间 $\mathbb{R}^n$ 的内积为 (,), 如果 $\mathbb{R}^n$ 中平面 π 上的一个变换 σ 满足

$$d(x,y) = d(\sigma(x), \sigma(y)). \tag{6.1.1}$$

则称 σ 为 π 上的**等距变换**, 其中 $d(x,y)$ 表示平面 π 上任意两点 x, y 间的距离.

设 σ 为平面 π 上的一个变换, 若存在 π 上的一点 P, 使 $\sigma(P) = P$, 则称 P 为 σ 的**不动点**, 至少有一个不动点的等距变换称为平面 π 上的**正交变换**.

显然, 对于欧氏空间 $\mathbb{R}^n$ 中关于内积 (,) 的正交变换 σ, 若平面 π 过原点且限制映射 $\sigma|_\pi$ 是 π 上的稳定变换, 即 $\sigma(\pi) \subseteq \pi$, 则 $\sigma|_\pi$ 是 π 上的等距变换且是 π 上的正交变换, 因为这时原点是 σ 的不动点.

例 6.1.1 (平移) 取定平行于平面 π 的一个向量 $\boldsymbol{v}$, 定义 π 的变换

$$\begin{aligned} P_{\boldsymbol{v}}: \ & \pi \to \pi, \\ & A \mapsto P_{\boldsymbol{v}}(A), \end{aligned}$$

其中 $P_{\boldsymbol{v}}(A)$ 是由 $\overrightarrow{AP_{\boldsymbol{v}}(A)} = \boldsymbol{v}$ 定义的点, 称 $P_{\boldsymbol{v}}$ 为平面 π 上的**平移**, $\boldsymbol{v}$ 称为 $P_{\boldsymbol{v}}$ 的平移向量. 显然 $P_{\boldsymbol{v}}$ 是可逆变换, 且 $P_{\boldsymbol{v}}^{-1} = P_{-\boldsymbol{v}}$.

设在直角坐标系 xOy 中, $\boldsymbol{u}$ 的坐标为 (x_0, y_0), 点 A 和 $P_{\boldsymbol{v}}(A)$ 的坐标分别为 (x,y), (x',y'). 由 $\overrightarrow{OP_{\boldsymbol{u}}(A)} - \overrightarrow{OA} = \overrightarrow{AP_{\boldsymbol{u}}(A)} = \boldsymbol{v}$ 可得平移变换在直角坐标系下坐标变换公式:

$$\begin{cases} x' = x_0 + x, \\ y' = y_0 + y. \end{cases} \tag{6.1.2}$$

易验证, $P_{\boldsymbol{v}}$ 是等距变换.

例 6.1.2 (旋转) 固定平面 π 上的一点 O, 取定角 θ, 定义 π 上的变换

$$r_\theta: \quad \pi \to \pi,$$

其中 $r_\theta(A)$ 是向量 $\overrightarrow{OA}$ 绕 O 点按逆时针方向旋转 θ 角所得到的点, 称变换 r_θ 为平面 π 上的**旋转**, O 称为**旋转中心**, θ 称为**旋转角**. 显然 r_θ 也是可逆变换, 且 r_θ^{-1} 是以 O 为中心, $-\theta$ 为旋转角的旋转.

若旋转中心 O 为坐标原点, 建立直角坐标系 $\{O, \boldsymbol{e}_1, \boldsymbol{e}_2\}$, 点 A 在此坐标系下的坐标为 (x, y). 设点 A 的极坐标为 (ρ, α), 则这两种坐标的关系为 $x = \rho\cos\alpha$, $y = \rho\sin\alpha$, 由 r_θ 的定义, 点 $r_\theta(A)\,(x', y')$ 的极坐标为 $(\rho, \alpha+\theta)$. 由 $x' = \rho\cos(\alpha+\theta), y' = \rho\sin(\alpha+\theta)$ 得旋转 r_θ 在直角坐标系 $\{O, \boldsymbol{e}_1, \boldsymbol{e}_2\}$ 下的点坐标表示式为

$$\begin{cases} x' = x\cos\theta - y\sin\theta, \\ y' = x\sin\theta + y\cos\theta. \end{cases} \tag{6.1.3}$$

若 r_θ 的旋转中心为 $P_0\,(x_0, y_0)$, 旋转角为 θ, 则 r_θ 在直角坐标系下坐标变换为

$$\begin{cases} x' = x_0 + (x - x_0)\cos\theta - (y - y_0)\sin\theta, \\ y' = y_0 + (x - x_0)\sin\theta + (y - y_0)\cos\theta. \end{cases} \tag{6.1.4}$$

易验证, r_θ 也是等距变换. 事实上, r_θ 是正交变换.

例 6.1.3 (反射) 固定平面 π 上的一条直线 l, 定义 π 上的变换

$$\varphi_l : \pi \to \pi,$$
$$A \mapsto \varphi_l(A),$$

其中 $\varphi_l(A)$ 是点 A 关于直线 l 的对称点, 称变换 φ_l 为平面 π 上的一个**反射**, 直线 l 称为**反射轴**. 显然 φ_l 也是可逆变换, 且 $(\varphi_l)^{-1} = \varphi_l$.

设直线 l 的法式方程为 $x\cos\alpha - y\sin\alpha + p = 0$, p 为常数, 即 $\boldsymbol{\eta} = (\cos\alpha, -\sin\alpha)$ 是 l 的垂直向量. 设点 $A(x, y)$ 在 φ_l 下的像 $\varphi_l(A)$ 的坐标为 (x', y'), 由于线段 $\overrightarrow{A\varphi_l(A)}$ 与 l 垂直, 且其中点在 l 上. 于是

$$\begin{cases} (x - x')\sin\alpha + (y - y')\cos\alpha = 0, \\ \dfrac{x + x'}{2}\cos\alpha - \dfrac{y + y'}{2}\sin\alpha + p = 0 \end{cases}$$

解得

$$\begin{cases} x' = -x\cos 2\alpha + y\sin 2\alpha - 2p\cos\alpha, \\ y' = x\sin 2\alpha + y\cos 2\alpha + 2p\sin\alpha, \end{cases} \tag{6.1.5}$$

这正是反射变换在直角坐标系下的坐标变换公式.

6.1.3 平面上等距变换的性质

命题 6.1.1 平面上等距变换 σ 把共线的三点映成共线的三点, 且保持点的顺序不变, 从而 σ 把直线映成直线, 把线段映成线段.

证明　设 A, B, C 为直线 l 上三点, 且 B 位于 A, C 之间, 则

$$d(A,B)+d(B,C)=d(A,C).$$

由于 σ 是等距变换, 则

$$d(\sigma(A),\sigma(B))+d(\sigma(B),\sigma(C))=d(\sigma(A),\sigma(C)),$$

从而 $\sigma(A),\sigma(B),\sigma(C)$ 共线, 且 $\sigma(B)$ 位于 $\sigma(A),\sigma(C)$ 之间. □

定义 6.1.2　共线三点 A, B, C 的分比定义为 $\dfrac{|\overrightarrow{AB}|}{|\overrightarrow{BC}|}$, 并记这个分比为 (A, B, C), 其中 $\overrightarrow{AB}, \overrightarrow{BC}$ 的绝对值分别为有向线段 $\overrightarrow{AB}, \overrightarrow{BC}$ 的长度, 当点 B 是线段 AC 的内点时, (A, B, C) 就是有向线段 $\overrightarrow{AB}, \overrightarrow{BC}$ 的长度之比, 是正数; 当 B 是线段 AC 的外点时, (A, B, C) 是负数, 绝对值等于有向线段 $\overrightarrow{AB}, \overrightarrow{BC}$ 的长度之比. 此时 (A, B, C) 也称为点 B 分线段 AC 的分比, 点 B 称为线段 AC 的分点. 注意 (A, B, C) 只有在 B, C 两点不同时才有意义.

由等距变换的定义直接可得

命题 6.1.2　平面上等距变换 σ 保持线段的长度、线段的分比、线段间的夹角及向量的内积不变.

由命题 6.1.1 和命题 6.1.2 直接可得.

命题 6.1.3　平面 π 上等距变换 σ 把平行直线映成平行直线.

由命题 6.1.3 知, 等距变换 σ 将一个平行四边形映成一个平行四边形, 从而诱导了 π 上的变换 $\sigma: \pi \to \pi$ 满足 $\sigma(\overrightarrow{AB}) = \overrightarrow{\sigma(A)\sigma(B)}$, 称此变换 σ 为**向量变换**. 此变换与向量 $\overrightarrow{AB}$ 的选取无关.

命题 6.1.4　平面上等距变换是可逆变换, 且其逆变换也是等距变换.

证明　设 $\sigma: \pi \to \pi$ 为等距变换, 对任意的 $A, B \in \pi$, 且 $A \neq B$, 则 $d(A,B) = d(\sigma(A),\sigma(B)) > 0$, 于是 $\sigma(A) \neq \sigma(B)$, 故 σ 为单射. 下证 σ 为满射.

$\triangle ABC$ 为平面 π 上的一个三角形, 记 $A' = \sigma(A)$, $B' = \sigma(B)$, $C' = \sigma(C)$, 则 $\triangle A'B'C'$ 与 $\triangle ABC$ 是全等的三角形. 任意取平面 π 上的一点 P, 分两种情况讨论:

(1) 若 P 点位于 $\triangle A'B'C'$ 的某条边上, 不妨设 P 点位于 $A'B'$ 上, 且 $d(P, A') = a$, 则在 $\triangle ABC$ 的 AB 边上可找到两点 D, E 使 $d(A,D) = d(A,E) = a$, 即 $d(A',\sigma(D)) = d(A',\sigma(E)) = a$, 这样点 P 与 $\sigma(D)$ 或 $\sigma(E)$ 重合. 从而找到平面 π 上的点 D 或 E, 使 $P = \sigma(D)$ 或 $\sigma(E)$.

(2) 若 P 点不落在 $\triangle A'B'C'$ 的任意一条边上, 则在 $\triangle ABC$ 的边 AB 两侧分别找到两点 D, E, 使 $\triangle ABD \cong \triangle ABE \cong \triangle A'B'P$. 这样 $\triangle A'B'\sigma(D) \cong$

$\triangle A'B'\sigma(E) \cong \triangle A'B'P$. 由于 $A'B'$ 是 $\triangle A'B'\sigma(D)$, $\triangle A'B'\sigma(E)$, $\triangle A'B'P$ 的公共边, 则必有 $P=\sigma(D)$ 或 $\sigma(E)$. 从而对 π 上任一点 P, 均可找到一个原像与之对应, 故 σ 为满射, 这样 σ 为双射, 所以 σ 是可逆变换.

设 P,Q 为平面 π 上任两点, 由于 σ 为满射, 则存在 $A=\sigma^{-1}(P), B=\sigma^{-1}(Q)$, 使 $\sigma(A)=P$, $\sigma(B)=Q$, 由 $d(\sigma^{-1}(P),\sigma^{-1}(Q))=d(A,B)=d(\sigma(A),\sigma(B))=d(P,Q)$ 得 σ^{-1} 也是等距变换. □

注 此命题也可由 6.2 节的坐标变换公式直接得证.

若变换 $\sigma:\pi\to\pi$ 满足

$$\sigma(\boldsymbol{a}+\boldsymbol{b})=\sigma(\boldsymbol{a})+\sigma(\boldsymbol{b}),$$

$$\sigma(\lambda\boldsymbol{a})=\lambda\sigma(\boldsymbol{a}),$$

其中 $\boldsymbol{a},\boldsymbol{b}$ 为平面 π 上任意两个向量, λ 为实数, 则易见 σ 是平面 π 上的线性变换.

命题 6.1.5 平面上等距变换诱导的 π 上向量变换 σ 是正交变换.

证明 首先证明 σ 是线性变换. 在空间任取一点 A, 作 $\overrightarrow{AB}=\boldsymbol{a}$, $\overrightarrow{BC}=\boldsymbol{b}$, 则 $\overrightarrow{AC}=\overrightarrow{AB}+\overrightarrow{BC}=\boldsymbol{a}+\boldsymbol{b}$. 令 $A'=\sigma(A)$, $B'=\sigma(B)$, $C'=\sigma(C)$, 则 $\overrightarrow{A'B'}=\sigma(\boldsymbol{a})$, $\overrightarrow{B'C'}=\sigma(\boldsymbol{b})$, $\overrightarrow{A'C'}=\sigma(\overrightarrow{AC})=\sigma(\boldsymbol{a}+\boldsymbol{b})$, 由向量加法的三角形法则得 $\sigma(\boldsymbol{a}+\boldsymbol{b})=\sigma(\boldsymbol{a})+\sigma(\boldsymbol{b})$.

在空间任取一点 A, 作 $\overrightarrow{AB}=\boldsymbol{a}, \overrightarrow{AC}=\boldsymbol{b}$, 使 $\boldsymbol{b}=\lambda\boldsymbol{a}$, 因此 A,B,C 三点共线, 记 $A'=\sigma(A)$, $B'=\sigma(B)$, $C'=\sigma(C)$, 则 $\overrightarrow{A'B'}=\sigma(\overrightarrow{AB})=\sigma(\boldsymbol{a})$, $\overrightarrow{A'C'}=\sigma(\overrightarrow{AC})=\sigma(\boldsymbol{b})=\sigma(\lambda\boldsymbol{a})$, 由命题 6.1.1 知 A',B',C' 三点共线, 且保持三点的顺序不变. 又由命题 6.1.2 得 $\overrightarrow{A'C'}=\lambda\overrightarrow{A'B'}$, 即 $\sigma(\lambda\boldsymbol{a})=\lambda\sigma(\boldsymbol{a})$, 故 σ 是线性变换.

再由向量变换 σ 是等距变换, 故也是保内积的, 从而是正交变换. □

6.1.4 等距变换的坐标变换公式及等距变换的分解

取平面上的一个直角坐标系 $\{O,\boldsymbol{e}_1,\boldsymbol{e}_2\}$, 由于 σ 是等距变换, 则 $\{\sigma(O),\sigma(\boldsymbol{e}_1),\sigma(\boldsymbol{e}_2)\}$ 仍为平面上的直角坐标系, 这样可设

$$\sigma(\boldsymbol{e}_1)=a_{11}\boldsymbol{e}_1+a_{21}\boldsymbol{e}_2,\quad \sigma(\boldsymbol{e}_2)=a_{12}\boldsymbol{e}_1+a_{22}\boldsymbol{e}_2,$$

即

$$(\sigma(\boldsymbol{e}_1),\sigma(\boldsymbol{e}_2))=(\boldsymbol{e}_1,\boldsymbol{e}_2)\boldsymbol{A},\tag{6.1.6}$$

其中 $\boldsymbol{A}=\begin{pmatrix}a_{11}&a_{12}\\a_{21}&a_{22}\end{pmatrix}$ 为正交矩阵.

若 $\sigma(O)=O'$ 在坐标系 $\{O,\boldsymbol{e}_1,\boldsymbol{e}_2\}$ 下的坐标为 (x_0,y_0), 平面上任意点 P 的坐标为 $(x,y),\sigma(P)$ 的坐标为 (x',y'), 则

$$\begin{aligned}\overrightarrow{O\sigma(P)}&=\overrightarrow{OO'}+\overrightarrow{O'\sigma(p)}=\overrightarrow{OO'}+\sigma(\overrightarrow{OP})\\&=(x_0\boldsymbol{e}_1+y_0\boldsymbol{e}_2)+\sigma\left(x\boldsymbol{e}_1+y\boldsymbol{e}_2\right)\\&=(x_0\boldsymbol{e}_1+y_0\boldsymbol{e}_2)+x\sigma\left(\boldsymbol{e}_1\right)+y\sigma\left(\boldsymbol{e}_2\right).\end{aligned}$$

把 (6.1.6) 式代入上式得

$$\begin{cases}x'=x_0+a_{11}x+a_{12}y,\\y'=y_0+a_{21}x+a_{22}y,\end{cases}\tag{6.1.7}$$

其中 $\boldsymbol{A}=\begin{pmatrix}a_{11}&a_{12}\\a_{21}&a_{22}\end{pmatrix}$ 为正交矩阵. 公式 (6.1.7) 称为等距变换 σ 在直角坐标系 $\{O,\boldsymbol{e}_1,\boldsymbol{e}_2\}$ 下的**坐标变换公式**, $\boldsymbol{A}$ 称为等距变换 σ 在直角坐标系 $\{O,\boldsymbol{e}_1,\boldsymbol{e}_2\}$ 下的**坐标变换矩阵**. 事实上 A 是从直角坐标系 $\{O,\boldsymbol{e}_1,\boldsymbol{e}_2\}$ 到直角坐标系 $\{\sigma(O),\sigma\left(\boldsymbol{e}_1\right),\sigma\left(\boldsymbol{e}_2\right)\}$ 的过渡矩阵.

由于 $\boldsymbol{A}$ 为正交阵, 同上册 10.6 节的讨论, $\boldsymbol{A}$ 可表示为

$$\begin{pmatrix}\cos\theta&-\sin\theta\\\sin\theta&\cos\theta\end{pmatrix}\quad\text{或}\quad\begin{pmatrix}\cos\theta&\sin\theta\\\sin\theta&-\cos\theta\end{pmatrix}.$$

这样 (6.1.7) 式可化简为

$$\begin{cases}x'=x_0+x\cos\theta-y\sin\theta,\\y'=y_0+x\sin\theta+y\cos\theta\end{cases}\tag{6.1.8}$$

或

$$\begin{cases}x'=x_0+x\cos\theta+y\sin\theta,\\y'=y_0+x\sin\theta-y\cos\theta.\end{cases}\tag{6.1.9}$$

反之, 原像点与像点坐标满足 (6.1.7) 式的变换 σ 必是等距变换. 由于 $|\boldsymbol{A}|=\pm1$, 故等距变换分为两类: 满足 $|\boldsymbol{A}|=1$ 的等距变换称为**第一类等距变换**或**刚体运动**, 满足 $|\boldsymbol{A}|=-1$ 的等距变换称为**第二类等距变换**. 第一类等距变换将右手 (左手) 直角坐标系变为右手 (左手) 直角坐标系, 而第二类等距变换将右手 (左手) 直角坐标系变为左手 (右手) 直角坐标系, 如平移与旋转是第一类的, 而反射是第二类的.

下面给出等距变换的分解.

定理 6.1.6 (1) 第一类等距变换可分解成一个绕原点的旋转和一个平移的乘积.

(2) 第二类等距变换可分解成第一类等距变换和一个反射的合成, 即可以分解成旋转、平移和反射的乘积.

证明 (1) 因第一类等距变换 σ 坐标变换公式为 (6.1.8), 故 (6.1.8) 可看成变换

$$\sigma_1:\begin{cases}x'=x_0+\bar{x},\\ y'=y_0+\bar{y}\end{cases}\quad 和 \quad \sigma_2:\begin{cases}\bar{x}=x\cos\theta-y\sin\theta,\\ \bar{y}=x\sin\theta+y\cos\theta\end{cases}$$

的合成, 其中 σ_1 正是表示以 $\boldsymbol{v}=(x_0,y_0)^{\mathrm{T}}$ 为平移向量的平移变换. σ_2 表示绕原点, 旋转角为 θ 的旋转, 故 $\sigma=\sigma_1\circ\sigma_2$.

(2) 因第二类等距变换 σ 坐标变换公式为 (6.1.9), 故 (6.1.9) 可看成变换

$$\sigma_1:\begin{cases}x'=\bar{x},\\ y'=-\bar{y}\end{cases}\quad 和 \quad \sigma_2:\begin{cases}\bar{x}=x\cos\theta+y\sin\theta+x_0,\\ \bar{y}=-x\sin\theta+y\cos\theta-y_0\end{cases}$$

的合成. 显然, σ_1 表示关于 x 轴的反射, 因 σ_2 的变换矩阵行列式为 1, 故 σ_2 是第一类等距变换. 因此 $\sigma=\sigma_1\circ\sigma_2$. □

习 题 6.1

1. 求以直线 $x+y+1=0$ 为轴的反射变换公式, 并求点 $O(0,0)$, 点 $A(1,1)$ 在此反射下的像.

2. 在右手直角坐标系中, 曲线方程 $2xy=a$, 把它绕原点逆时针旋转 $\dfrac{\pi}{4}$, 求所得的曲线方程.

3. 证明: 如果第一类等距变换没有不动点, 则它只能是一个平移.

4. 若 σ 是平面 π 上的等距变换, 且 σ 不是恒等变换, 证明

(1) 如果 σ 恰有一个不动点, 则 σ 是绕这个不动点的旋转;

(2) 如果 σ 有两个不动点, 则此两点连线上每一点都是不动点, 且 σ 是以此直线为反射轴的反射.

5. 设 r_1,r_2 是两个转角分别为 θ_1,θ_2 的旋转, 旋转中心分别为 O_1,O_2.

(1) 若 $\theta_1+\theta_2=0$ (或 2π 的整数倍), 证明 $r_2\circ r_1$ 是平移, 并求平移向量;

(2) 若 $\theta_1+\theta_2$ 不是 2π 的整数倍, 证明 $r_2\circ r_1$ 仍为旋转, 并求旋转中心和转角.

6. 设 l_1 与 l_2 是平面 π 上的两条不同直线, σ_1 和 σ_2 分别是以 l_1,l_2 为轴的反射, 问 $\sigma_2\circ\sigma_1$ 是什么变换? 并加以证明.

7. 给定平面上两个右手直角坐标系 $\{O,\boldsymbol{e}_1,\boldsymbol{e}_2\}$ 和 $I^*=\{O^*,\boldsymbol{e}_1^*,\boldsymbol{e}_2^*\}$, 则必存在唯一的平面等距变换 σ 把 I 变成 I^*.

6.2　平面上的仿射变换

6.2.1　平面上的仿射变换的定义与例子

定义 6.2.1　平面 π 上的一个可逆变换 σ, 如果将 π 上的任一条直线都映射为一条直线 (映满), 则变换 σ 称为平面 π 上的一个**仿射变换**.

由仿射变换的定义直接得:

等距变换和仿射变换的分类

命题 6.2.1　平面上仿射变换将共线点组映成共线点组, 不共线点组映成不共线点组.

反之, 我们有如下的命题.

命题 6.2.2　平面上的可逆变换 σ 如果将任意共线的三点映成共线的三点, 则该变换一定是仿射变换.

证明　首先断言 σ 一定将任意不共线的三点映成不共线的三点. 否则存在不共线的三点在 σ 下的像共线于直线 l'. 这时取 π 上不在这三点连接直线上的任一点 P_0, 这一点连接刚才三点中的任一点 A_0 产生的连线与三点的连线交于一点 Q, 由所设条件可知, A_0 和 Q 关于 σ 的像落在直线 l' 上, 从而 P_0 关于 σ 的像也落在 l' 上. 因此, σ 将整个平面 π 的点都映射到直线 l' 上, 这与 σ 在平面 π 上的单射性矛盾.

任取直线 l 上两点 A, B, 设 $\sigma(A), \sigma(B)$ 所决定的直线为 l'. 则由 σ 的定义直接得到 $\sigma(l) \subseteq l'$. 对直线 l' 上的任意一点 P', 由 σ 是可逆变换可知存在点 $P \in \pi$ 使得 $\sigma(P) = P'$. 我们断言 $P \in l$. 否则若 P 不在直线 l 上, 则 σ 将不共线的三点 A, B, P 映成了共线的三点 $\sigma(A), \sigma(B), P'$, 与 σ 的性质矛盾.

因此 $\sigma(l) = l'$, 即 σ 将直线映成直线, 故 σ 是仿射变换.　□

将命题 6.2.1 和命题 6.2.2 结合起来, 即得

推论 6.2.3　平面仿射变换的逆变换亦是平面仿射变换.

例 6.2.1　平面上的等距变换是一个仿射变换.

例 6.2.2 (伸缩变换)　取定 π 上的一条直线 l 和一个正数 λ, 定义 π 上的变换

$$\sigma: \pi \to \pi,$$

$$A \mapsto \sigma(A),$$

其中 $A \in \pi$, $\sigma(A)$ 由下列条件决定的点:

(1) $\overrightarrow{A\sigma(A)} \perp l$;

(2) $d(\sigma(A), l) = \lambda d(A, l)$;

(3) $\sigma(A)$ 与 A 在 l 的同一侧,

称变换 σ 为 π 上的一个**伸缩变换**, l 称为**伸缩轴**, λ 称为**伸缩系数**. 由仿射变换定义可以直接验证, σ 是一个仿射变换. 当 $\lambda>1$ 时, σ 称为**拉伸变换**; 当 $\lambda<1$ 时, 称 σ 为**压缩变换**; 当 $\lambda=1$ 时, σ 为恒等变换. 特别地, 当伸缩轴为 x 轴或 y 轴时, 对应的伸缩变换的坐标变换式为

$$x'=x,\ y'=\lambda y \quad \text{或} \quad x'=\lambda x,\ y'=y.$$

例 6.2.3 (位似变换) 取定平面 π 上一点 O 及一个非零实数 λ. 定义 π 上的变换

$$\begin{aligned}\sigma:\ \pi &\to \pi,\\ A &\mapsto \sigma(A),\end{aligned}$$

其中 $A\in\pi$, $\sigma(A)$ 是由等式 $\overrightarrow{O\sigma(A)}=\lambda\overrightarrow{OA}$ 所决定的点, 此时称 σ 为一个**位似变换**, 称 O 为变换 σ 的**位似中心**, λ 称为 σ 的**位似系数**.

设点 O 的坐标为 (x_0,y_0), 任点 A 的坐标为 (x,y), $\sigma(A)$ 的坐标记为 (x',y'). 由 $\overrightarrow{O\sigma(A)}=\lambda\overrightarrow{OA}$ 得到坐标变换公式:

$$\begin{cases}x'=\lambda x+(1-\lambda)x_0,\\ y'=\lambda y+(1-\lambda)y_0.\end{cases} \tag{6.2.1}$$

特别地, 点 O 为坐标原点时, σ 可表示为 $\sigma(x,y)=(\lambda x,\lambda y)$. 可直接验证, σ 是一个仿射变换, 且 σ^{-1} 也是位似变换, 位似系数为 $\dfrac{1}{\lambda}$, 因而它也是仿射变换.

例 6.2.4 (相似变换) 设 σ 为平面 π 上的一个变换, 若存在正数 λ, 对平面 π 上任两点 A,B, 都有

$$d(\sigma(A),\sigma(B))=\lambda d(A,B), \tag{6.2.2}$$

则称 σ 为**相似变换**, λ 称为**相似比**.

显然位似变换是相似变换, 若位似系数为 λ, 则相似比为 $|\lambda|$. 相似比为 1 的相似变换正是等距变换.

设 σ 是相似比为 λ 的相似变换, 作一个位似系数为 $\dfrac{1}{\lambda}$ 且以原点为位似中心的位似变换 τ, 则 $\varphi=\tau\circ\sigma$ 为相似比为 1 的相似变换, 因而是等距变换. 这样 $\sigma=\tau^{-1}\circ\varphi$, 由例 6.2.1 和例 6.2.3 知 τ^{-1},φ 均为仿射变换, 由此可知相似变换可写成位似变换与等距变换的乘积, 从而得到相似变换的坐标变换公式:

$$\begin{cases}x'=\lambda\left(a_{11}x+a_{12}y+x_0\right),\\ y'=\lambda\left(a_{21}x+a_{22}y+y_0\right),\end{cases}$$

其中 $\boldsymbol{A}=\begin{pmatrix}a_{11} & a_{12}\\ a_{21} & a_{22}\end{pmatrix}$ 为正交阵, $\lambda>0$.

6.2.2 平面上仿射变换的性质

命题 6.2.4 平面上仿射变换将平行直线映成平行直线.

证明 设 $\sigma:\pi\to\pi$ 是仿射变换. l_1,l_2 为平行直线, 记 $l_1'=\sigma(l_1), l_2'=\sigma(l_2)$. 若 l_1' 与 l_2' 相交于点 P, 因 σ 是满射, 故存在点 $A\in l_1, B\in l_2$, 使 $\sigma(A)=\sigma(B)=P$, 这与 σ 是单射矛盾. □

由命题 6.2.4 知, 平面上仿射变换将平行四边形映成平行四边形, 从而仿射变换 $\sigma:\pi\to\pi$ 诱导了平面上的向量变换, 仍记为 $\sigma:\pi\to\pi$, 定义为 $\sigma(\overrightarrow{AB})=\overrightarrow{\sigma(A)\sigma(B)}$, 其中 A,B 为 π 上任意两点. 此变换 σ 与 $\overrightarrow{AB}$ 的选取无关.

命题 6.2.5 平面上仿射变换诱导 π 上的向量变换是线性变换.

证明 先证对任意向量 $\boldsymbol{a},\boldsymbol{b}$, 仿射变换 σ 满足 $\sigma(\boldsymbol{a}+\boldsymbol{b})=\sigma(\boldsymbol{a})+\sigma(\boldsymbol{b})$.

取平面 π 上任意三点 A,B,C, 使得 $\overrightarrow{AB}=\boldsymbol{a}, \overrightarrow{BC}=\boldsymbol{b}$, 则 $\overrightarrow{AC}=\boldsymbol{a}+\boldsymbol{b}$. 由向量变换的定义得

$$\sigma(\boldsymbol{a})=\sigma(\overrightarrow{AB})=\overrightarrow{\sigma(A)\sigma(B)},\quad \sigma(\boldsymbol{b})=\sigma(\overrightarrow{BC})=\overrightarrow{\sigma(B)\sigma(C)},$$

$$\sigma(\boldsymbol{a}+\boldsymbol{b})=\sigma(\overrightarrow{AC})=\overrightarrow{\sigma(A)\sigma(B)}+\overrightarrow{\sigma(B)\sigma(C)}=\sigma(\boldsymbol{a})+\sigma(\boldsymbol{b}).$$

下面只要证明 $\sigma(\lambda\boldsymbol{a})=\lambda\sigma(\boldsymbol{a})$, λ 为实数. 为此, 作 $\overrightarrow{AB}=\boldsymbol{a}, \overrightarrow{AC}=\lambda\boldsymbol{a}$. 由于 $\overrightarrow{AC}=\lambda\overrightarrow{AB}$, 则 A,B,C 三点共线. 从而 $\sigma(A),\sigma(B),\sigma(C)$ 共线. 又

$$\sigma(\lambda\boldsymbol{a})=\sigma(\overrightarrow{AC})=\overrightarrow{\sigma(A)\sigma(C)},\quad \overrightarrow{\sigma(A)\sigma(B)}=\sigma(\boldsymbol{a}),$$

这样存在实数 μ, 使 $\sigma(\lambda\boldsymbol{a})=\mu\sigma(\boldsymbol{a})$. 下证对一切 $\boldsymbol{a}\neq\boldsymbol{\theta}$ 和任何 λ 都有 $\mu=\lambda$. 为此要证明下面的引理.

引理 6.2.6 (1) 对 $\lambda\in\mathbb{R}$, 如果存在 $\boldsymbol{a}\neq\boldsymbol{\theta}$ 和 $\mu\in\mathbb{R}$ 使得 $\sigma(\lambda\boldsymbol{a})=\mu\sigma(\boldsymbol{a})$, 则对任何向量 $\boldsymbol{b}\neq\boldsymbol{\theta}$, 都有 $\sigma(\lambda\boldsymbol{b})=\mu\sigma(\boldsymbol{b})$ (即 μ 与向量 $\boldsymbol{a}$ 无关, 仅与 λ 相关).

(2) 记 $\mu=\mu(\lambda)$, 则 $\mu(\lambda)$ 和 λ 同号.

(3) 对任意实数 λ,η, 都有

$$\mu(\lambda\pm\eta)=\mu(\lambda)\pm\mu(\eta),\quad \mu(-\lambda)=-\mu(\lambda),\quad \mu(\lambda\eta)=\mu(\lambda)\mu(\eta).$$

证明 (1) 如图 6.2.1, 如果 $\boldsymbol{b}$ 与 $\boldsymbol{a}$ 不共线. 作 $\overrightarrow{AB}=\boldsymbol{a}$, $\overrightarrow{AC}=\boldsymbol{b}$, $\overrightarrow{AD}=\lambda\boldsymbol{a}$, $\overrightarrow{AE}=\lambda\boldsymbol{b}$. 这样 $\overrightarrow{BC}/\!/\overrightarrow{DE}$. 记 $A'=\sigma(A), B'=\sigma(B), C'=\sigma(C), D'=\sigma(D), E'=\sigma(E)$.

由命题 6.2.1 得 $\overrightarrow{B'C'} /\!/ \overrightarrow{D'E'}$. 从而由 $\overrightarrow{A'D'} = \sigma(\lambda \boldsymbol{a}) = \mu\sigma(\boldsymbol{a}) = \mu\overrightarrow{A'B'}$ 得 $\overrightarrow{A'E'} = \mu\overrightarrow{A'C'}$. 故 $\sigma(\lambda \boldsymbol{b}) = \mu\sigma(\boldsymbol{b})$.

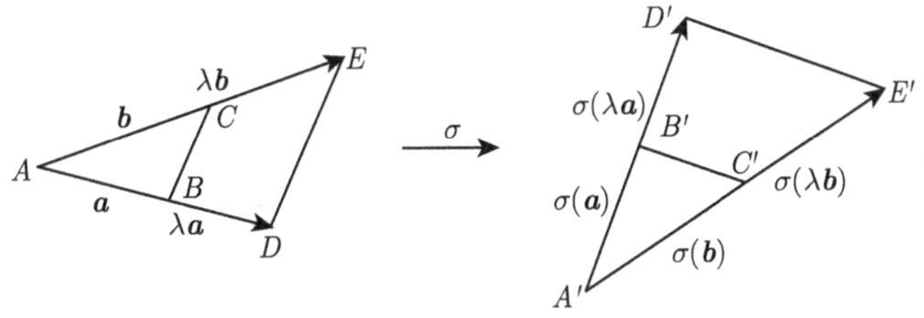

图 6.2.1

若 $\boldsymbol{b}$ 与 $\boldsymbol{a}$ 共线, 先对一个与 $\boldsymbol{a}$ 不共线的向量 $\boldsymbol{c}$ 用前面的方法证明 $\sigma(\lambda\boldsymbol{c}) = \mu\sigma(\boldsymbol{c})$, 再对 $\boldsymbol{b}, \boldsymbol{c}$ (此时 $\boldsymbol{b}, \boldsymbol{c}$ 不共线) 用同样的方法可证明 $\sigma(\lambda\boldsymbol{b}) = \mu\sigma(\boldsymbol{b})$.

(2) 不妨设 $\lambda > 0$, 设 $\sigma(\sqrt{\lambda}\boldsymbol{a}) = v\sigma(\boldsymbol{a}), v \neq 0$. 由 (1) 得 $\sigma(\lambda\boldsymbol{a}) = \mu(\lambda)\sigma(\boldsymbol{a})$, 又

$$\sigma(\lambda\boldsymbol{a}) = \sigma(\sqrt{\lambda}(\sqrt{\lambda}\boldsymbol{a})) = v\sigma(\sqrt{\lambda}\boldsymbol{a}) = v^2\sigma(\boldsymbol{a}),$$

这样 $\mu = v^2 > 0$.

(3) 由 (1) 得 $\sigma((\lambda+\eta)\boldsymbol{a}) = \mu(\lambda+\eta)\sigma(\boldsymbol{a})$, 另一方面,

$$\begin{aligned}\sigma((\lambda+\eta)\boldsymbol{a}) &= \sigma(\lambda\boldsymbol{a}+\eta\boldsymbol{a}) = \sigma(\lambda\boldsymbol{a}) + \sigma(\eta\boldsymbol{a}) \\ &= \mu(\lambda)\sigma(\boldsymbol{a}) + \mu(\eta)\sigma(\boldsymbol{a}) = (\mu(\lambda)+\mu(\eta))\sigma(\boldsymbol{a}),\end{aligned}$$

从而有 $\mu(\lambda+\eta) = \mu(\lambda) + \mu(\eta)$. 若在该式中取 $\lambda = \eta = 0$, 则 $\mu(0) = 0$. 若取 $\lambda = -\eta$, 则 $\mu(0) = \mu(\lambda) + \mu(-\lambda)$, 从而 $\mu(-\lambda) = -\mu(\lambda)$. 这样

$$\mu(\lambda-\eta) = \mu(\lambda) + \mu(-\eta) = \mu(\lambda) - \mu(\eta).$$

又

$$\sigma(\lambda\eta\boldsymbol{a}) = \sigma(\lambda(\eta\boldsymbol{a})) = \mu(\lambda)\sigma(\eta\boldsymbol{a}) = \mu(\lambda)\mu(\eta)\sigma(\boldsymbol{a}),$$

$$\sigma(\lambda\eta\boldsymbol{a}) = \mu(\lambda\eta)\sigma(\boldsymbol{a}),$$

于是 $\mu(\lambda\eta) = \mu(\lambda)\mu(\eta)$. 引理得证. □

下面回到命题 6.2.5 的证明, 即证 $\mu(\lambda) = \lambda$.

(i) 当 λ 是自然数时, 在引理 6.2.6 (3) 中, 令 $\lambda \neq 0, \eta = 1$ 得 $\mu(1) = 1$. 则有

$$\mu(\lambda) = \mu(1+1+\cdots+1) = \underbrace{\mu(1)+\mu(1)+\cdots+\mu(1)}_{\lambda\text{个}} = \lambda\mu(1) = \lambda.$$

(ii) 如果 λ 为正有理数, 并设 $\lambda=\dfrac{n}{m}$, 这里 m,n 是自然数, 则

$$m\mu(\lambda)=\mu(m)\mu(\lambda)=\mu(m\lambda)=\mu(n)=n.$$

故 $\mu(\lambda)=\dfrac{n}{m}=\lambda$.

(iii) 如果 λ 为负有理数, 并设 $\lambda=-\dfrac{n}{m}$, 则 $\mu(-\lambda)=\dfrac{n}{m}$, 又 $\mu(\lambda)+\mu(-\lambda)=\mu(\lambda+(-\lambda))=\mu(0)=0$, 所以 $\mu(\lambda)=-\mu(-\lambda)=-\dfrac{n}{m}=\lambda$.

至此, 当 λ 是有理数时, 我们已证明 $\mu(\lambda)=\lambda$ 成立.

(iv) 下面考虑 λ 为无理数的情况. 若 $\mu(\lambda)\neq\lambda$, 不妨设 $\mu(\lambda)>\lambda$ ($\mu(\lambda)<\lambda$ 的情况可类似证明), 由有理数的稠密性, 在开区间 $(\lambda,\mu(\lambda))$ 中一定有有理数 q, 使得

$$\mu(q-\lambda)=\mu(q)-\mu(\lambda)=q-\mu(\lambda)<0.$$

但由引理 6.2.6 (3) 得 $\mu(q-\lambda)=\mu(\sqrt{q-\lambda}\sqrt{q-\lambda})=\mu(\sqrt{q-\lambda})^2\geqslant 0$, 矛盾! 从而 $\mu(\lambda)=\lambda$.

至此, 完成命题 6.2.5 的证明. □

命题 6.2.7 平面上仿射变换保持共线三点的分比不变.

证明 设 A,B,C 三点共线, 且 B 为分点, 则存在实数 $\lambda\neq 0$, 使 $\overrightarrow{AB}=\lambda\overrightarrow{BC}$. 由命题 6.2.5 得 $\overrightarrow{\sigma(A)\sigma(B)}=\sigma(\overrightarrow{AB})=\lambda\sigma(\overrightarrow{BC})=\lambda\overrightarrow{\sigma(B)\sigma(C)}$, 这样 $(\sigma(A),\sigma(B),\sigma(C))=(A,B,C)$. □

命题 6.2.8 平面上的仿射变换 σ 保持平面图形的面积比不变.

证明 因平面图形的面积可用三角形面积之和来逼近, 故只要证明三角形面积之比在仿射变换下不变.

设 $\triangle A_1B_1C_1$ 两边对应的向量记为 $\overrightarrow{A_1B_1}=\boldsymbol{a}_1$, $\overrightarrow{A_1C_1}=\boldsymbol{b}_1$, $\triangle A_2B_2C_2$ 的两边对应向量记为 $\overrightarrow{A_2B_2}=\boldsymbol{a}_2$, $\overrightarrow{A_2C_2}=\boldsymbol{b}_2$, 则

$$S_{\triangle A_1B_1C_1}=\frac{1}{2}\left|\boldsymbol{a}_1\times\boldsymbol{b}_1\right|,\quad S_{\triangle A_2B_2C_2}=\frac{1}{2}\left|\boldsymbol{a}_2\times\boldsymbol{b}_2\right|,$$

令 $\boldsymbol{a}_i'=\sigma(\boldsymbol{a}_i)$, $\boldsymbol{b}_i'=\sigma(\boldsymbol{b}_i)$ $(i=1,2)$, 三点 A_i,B_i,C_i 在 σ 下的像点记为 A_i',B_i',C_i' $(i=1,2)$, 则

$$S_{\triangle A_1'B_1'C_1'}=\frac{1}{2}\left|\boldsymbol{a}_1'\times\boldsymbol{b}_1'\right|,\quad S_{\triangle A_2'B_2'C_2'}=\frac{1}{2}\left|\boldsymbol{a}_2'\times\boldsymbol{b}_2'\right|.$$

由于 $\boldsymbol{a}_2,\boldsymbol{b}_2$ 可分别由 $\boldsymbol{a}_1,\boldsymbol{b}_1$ 线性表示. 不妨设

$$\boldsymbol{a}_2=k_1\boldsymbol{a}_1+k_2\boldsymbol{b}_1,$$

$$b_2 = l_1 a_1 + l_2 b_1.$$

故

$$a_2' = \sigma(a_2) = k_1 a_1' + k_2 b_1',$$

$$b_2' = \sigma(b_2) = l_1 a_1' + l_2 b_1'.$$

这样

$$a_2 \times b_2 = (k_1 l_2 - k_2 l_1)\, a_1 \times b_1.$$

同理

$$a_2' \times b_2' = (k_1 l_2 - k_2 l_1)\, a_1' \times b_1'.$$

从而 $\dfrac{S_{\triangle A_2'B_2'C_2'}}{S_{\triangle A_1'B_1'C_1'}} = \dfrac{S_{\triangle A_2B_2C_2}}{S_{\triangle A_1B_1C_1}} = |k_1l_2 - k_2l_1|$, 即仿射变换保持平面图形的面积比不变. □

进一步, 从上述命题的证明中注意到 $\dfrac{S_{\triangle A_2'B_2'C_2'}}{S_{\triangle A_2B_2C_2}} = \dfrac{S_{\triangle A_1'B_1'C_1'}}{S_{\triangle A_1B_1C_1}}$, 即仿射变换后的图形面积与仿射变换前的图形面积的比值是固定的, 我们将此不变的面积比称为 σ 的**变积系数**.

类似计算可求出变积系数, 不妨设

$$a_1' = \sigma(a_1) = \lambda_1 a_1 + \mu_1 b_1,$$

$$b_1' = \sigma(b_1) = \lambda_2 a_1 + \mu_2 b_1,$$

则变积系数为

$$\frac{S_{\triangle A_1'B_1'C_1'}}{S_{\triangle A_1B_1C_1}} = \frac{|a_1' \times b_1'|}{|a_1 \times b_1|} = |\lambda_1\mu_2 - \lambda_2\mu_1|.$$

命题 6.2.9 任一仿射变换被不共线三点的像所唯一确定.

证明 设 A,B,C 为不共线三点, 它们的像记为 $\sigma(A),\sigma(B),\sigma(C)$. 由命题 6.2.1 知, 三点 $\sigma(A),\sigma(B),\sigma(C)$ 不共线, 希望对平面 π 上任意一点 D, 我们都能唯一定义 $\sigma(D)$. 这样 $\sigma:\pi\to\pi$ 的定义就被唯一确定了. 由于 A,B,C,D 共面, 故

$$\overrightarrow{AD} = \lambda\overrightarrow{AB} + \mu\overrightarrow{AC}.$$

由命题 6.2.7 得

$$\sigma(\overrightarrow{AD}) = \lambda\sigma(\overrightarrow{AB}) + \mu\sigma(\overrightarrow{AC}),$$

即

$$\overrightarrow{\sigma(A)\sigma(D)} = \lambda\overrightarrow{\sigma(A)\sigma(B)} + \mu\overrightarrow{\sigma(A)\sigma(C)}.$$

从而 $\sigma(D)$ 被唯一确定. □

6.2.3 仿射坐标系与仿射变换的坐标表示

设在平面 π 上有两个不共线向量 $\boldsymbol{e}_1, \boldsymbol{e}_2$. 取定平面上一点 O, 将 $\boldsymbol{e}_1, \boldsymbol{e}_2$ 的起点移到点 O 处, 这样点 O 与不共线向量 $\boldsymbol{e}_1, \boldsymbol{e}_2$ 一起构成平面上的一仿射坐标系, 记为 $\{O, \boldsymbol{e}_1, \boldsymbol{e}_2\}$. 称 O 为它的**原点**, $\boldsymbol{e}_1, \boldsymbol{e}_2$ 为它的**坐标向量**. 对平面上任意一点 P, 则 $\overrightarrow{OP}$ 与 $\boldsymbol{e}_1, \boldsymbol{e}_2$ 共面. 于是存在实数 x, y 使 $\overrightarrow{OP} = x\boldsymbol{e}_1 + y\boldsymbol{e}_2$, 称 (x, y) 为点 P 在仿射坐标系 $\{O, \boldsymbol{e}_1, \boldsymbol{e}_2\}$ 下的坐标. 显然点 P 在仿射坐标系下的坐标是唯一的.

设 σ 是平面 π 上的一个仿射变换, 在平面上任取一点 P, 它在仿射坐标系 $\{O, \boldsymbol{e}_1, \boldsymbol{e}_2\}$ 下的坐标为 (x, y), 下面要写出点 $\sigma(P)$ 在此坐标系下的坐标 (x', y') 表示. 记

$$\sigma(\boldsymbol{e}_1) = c_{11}\boldsymbol{e}_1 + c_{21}\boldsymbol{e}_2, \quad \sigma(\boldsymbol{e}_2) = c_{12}\boldsymbol{e}_1 + c_{22}\boldsymbol{e}_2,$$

因 $\boldsymbol{e}_1$, $\boldsymbol{e}_2$ 不共线, 故 $\sigma(\boldsymbol{e}_1)$ 与 $\sigma(\boldsymbol{e}_2)$ 也不共线 (否则存在非零实数 λ, 使 $\sigma(\boldsymbol{e}_2) = \lambda\sigma(\boldsymbol{e}_1)$, 于是 $\sigma(\boldsymbol{e}_2 - \lambda\boldsymbol{e}_1) = \boldsymbol{\theta}$, 这样 $\boldsymbol{e}_2 = \lambda\boldsymbol{e}_1$, 矛盾), 从而

$$\sigma(\boldsymbol{e}_1) \times \sigma(\boldsymbol{e}_2) = (c_{11}c_{22} - c_{12}c_{21})\, \boldsymbol{e}_1 \times \boldsymbol{e}_2 \neq \boldsymbol{\theta},$$

即 $|\boldsymbol{C}| = \begin{vmatrix} c_{11} & c_{12} \\ c_{21} & c_{22} \end{vmatrix} \neq 0.$

令 $\overrightarrow{O\sigma(O)} = x_0\boldsymbol{e}_1 + y_0\boldsymbol{e}_2$, 则

$$\begin{aligned} \overrightarrow{O\sigma(P)} &= \overrightarrow{O\sigma(O)} + \overrightarrow{\sigma(O)\sigma(P)} = \overrightarrow{O\sigma(O)} + \sigma(\overrightarrow{OP}) \\ &= (x_0 + c_{11}x + c_{12}y)\, \boldsymbol{e}_1 + (y_0 + c_{21}x + c_{22}y)\, \boldsymbol{e}_2. \end{aligned}$$

因而 $\sigma(P)$ 的坐标表示为

$$\begin{cases} x' = c_{11}x + c_{12}y + x_0, \\ y' = c_{21}x + c_{22}y + y_0, \end{cases} \tag{6.2.3}$$

这里矩阵 $\boldsymbol{C} = \begin{pmatrix} c_{11} & c_{12} \\ c_{21} & c_{22} \end{pmatrix}$ 是可逆矩阵, (6.2.3) 式称为平面上仿射变换 σ 在仿射坐标系 $\{O, \boldsymbol{e}_1, \boldsymbol{e}_2\}$ 中的坐标变换公式, 其中矩阵 $\boldsymbol{C}$ 称为 σ 在坐标 $\{O, \boldsymbol{e}_1, \boldsymbol{e}_2\}$ 中的变换矩阵.

反之, 若一个变换 $\sigma:\pi\to\pi$, 它把点 $P(x,y)$ 变成 $\sigma(P)\,(x',y')$, 其中 x',y' 由 (6.2.3) 定义, 则 σ 必是仿射变换. 由前面的计算知 $\sigma(\boldsymbol{e}_1)\times\sigma(\boldsymbol{e}_2)=\det(\boldsymbol{C})\boldsymbol{e}_1\times\boldsymbol{e}_2$, 故 $\det(\boldsymbol{C})$ 的符号反映了仿射坐标 $\{O,\boldsymbol{e}_1,\boldsymbol{e}_2\}$ 与 $\{\sigma(O),\sigma(\boldsymbol{e}_1),\sigma(\boldsymbol{e}_2)\}$ 的定向关系. 如 $\det(\boldsymbol{C})>0$, 称 σ 为**第一类仿射变换**, 如 $\det(\boldsymbol{C})<0$, 称 σ 为**第二类仿射变换**.

这时的比值 $\dfrac{|\sigma(\boldsymbol{e}_1)\times\sigma(\boldsymbol{e}_2)|}{|\boldsymbol{e}_1\times\boldsymbol{e}_2|}=|\det(\boldsymbol{C})|$ 就是命题 6.2.8 后定义的 σ 的变积系数.

6.2.4 平面上仿射变换的分解

定理 6.2.10 平面上任一个仿射变换 σ 可分解成 $\sigma=\sigma_1\circ\sigma_2\circ\sigma_3$, 其中 σ_1 是平移, σ_2 是保持原点不动分别沿两个互相垂直的方向的伸缩变换之积, σ_3 是保持直角坐标系原点不变的等距变换. 由命题 6.1.5, σ_3 是正交变换.

证明 设 σ 是任给定的仿射变换, 它在直角坐标系 $\{O,\boldsymbol{e}_1,\boldsymbol{e}_2\}$ 下有坐标变换公式(6.2.3). 将 (6.2.3) 看成变换

$$\sigma_1:\begin{cases}x'=x+x_0,\\ y'=y+y_0\end{cases}\tag{6.2.4}$$

与变换

$$\tau:\begin{cases}x=c_{11}x+c_{12}y,\\ y=c_{21}x+c_{22}y\end{cases}\tag{6.2.5}$$

的合成, 即 $\sigma=\sigma_1\circ\tau$, 其中 σ_1 是平移, τ 是保持原点不动的仿射变换, 且 τ 在直角坐标系 $\{O,\boldsymbol{e}_1,\boldsymbol{e}_2\}$ 中变换的矩阵为可逆矩阵 $C=(c_{ij})_{2\times 2}$.

由于 $\boldsymbol{C}^{\mathrm{T}}\boldsymbol{C}$ 为实对称矩阵, 类似上册 10.7 节的讨论, $\boldsymbol{C}^{\mathrm{T}}\boldsymbol{C}$ 必有两个相互垂直的单位特征向量 $\boldsymbol{\varepsilon}_1,\boldsymbol{\varepsilon}_2$, 对应的特征值分别为 λ_1,λ_2, 即

$$\left(\boldsymbol{C}^{\mathrm{T}}\boldsymbol{C}\right)\boldsymbol{\varepsilon}_i=\lambda_i\boldsymbol{\varepsilon}_i\quad(i=1,2).$$

记 $\tau(\boldsymbol{\varepsilon}_i)=\boldsymbol{\varepsilon}_i'(i=1,2)$, 设 $\boldsymbol{\varepsilon}_i,\boldsymbol{\varepsilon}_i'(i=1,2)$ 在原直角坐标系坐标分别为 $\begin{pmatrix}u_i\\ v_i\end{pmatrix}$, $\begin{pmatrix}u_i'\\ v_i'\end{pmatrix}$ $(i=1,2)$, 则由 (6.2.5) 得

$$\begin{pmatrix}u_i'\\ v_i'\end{pmatrix}=\boldsymbol{C}\begin{pmatrix}u_i\\ v_i\end{pmatrix}\quad(i=1,2).$$

这样

$$\boldsymbol{\varepsilon}_i' \cdot \boldsymbol{\varepsilon}_j' = (u_i', v_i') \begin{pmatrix} u_j' \\ v_j' \end{pmatrix} = (u_i, v_i) \boldsymbol{C}^{\mathrm{T}} \boldsymbol{C} \begin{pmatrix} u_j \\ v_j \end{pmatrix}$$
$$= \lambda_j \boldsymbol{\varepsilon}_i \cdot \boldsymbol{\varepsilon}_j = \lambda_j \delta_{ij},$$

即 $\boldsymbol{\varepsilon}_i', \boldsymbol{\varepsilon}_j'$ 是两个互相垂直的向量, 由上式得 $\lambda_j > 0 \ (j = 1, 2)$.

注意到定义一个线性变换, 只需要在两个不共线的向量上定义即可, 然后线性延拓可得到整个平面上的线性变换. 记 σ_3 是保持原点不变的一个线性变换, 且满足 $\sigma_3(\boldsymbol{\varepsilon}_i) = \boldsymbol{\varepsilon}_i''$, 其中 $\boldsymbol{\varepsilon}_i'' = \dfrac{\boldsymbol{\varepsilon}_i'}{\sqrt{\lambda_i}} \ (i = 1, 2)$, 则 σ_3 把单位正交向量组 $\boldsymbol{\varepsilon}_1, \boldsymbol{\varepsilon}_2$ 映成单位正交向量 $\boldsymbol{\varepsilon}_1'', \boldsymbol{\varepsilon}_2''$, 从而 σ_3 是保持原点不动的一个等距变换, 即为一个正交变换.

再令 σ_2 是保持原点不动的线性变换, 且满足 $\sigma_2(\boldsymbol{\varepsilon}_i'') = \boldsymbol{\varepsilon}_i' \ (i = 1, 2)$, 则 σ_2 可看成沿两个互相正交的方向上伸缩变换之积, 这样 $\sigma_2 \circ \sigma_3(\boldsymbol{\varepsilon}_i) = \sigma_2(\boldsymbol{\varepsilon}_i'') = \boldsymbol{\varepsilon}_i' (i = 1, 2)$. 又 $\tau(\boldsymbol{\varepsilon}_i) = \boldsymbol{\varepsilon}_i'$, $i = 1, 2$, 则 $\tau = \sigma_2 \circ \sigma_3$, 从而 $\sigma = \sigma_1 \circ \tau = \sigma_1 \circ \sigma_2 \circ \sigma_3$. □

例 6.2.5 设仿射变换 σ 在仿射坐标系 $\{O, \boldsymbol{e}_1, \boldsymbol{e}_2\}$ 的坐标变换公式为

$$\begin{cases} x' = x + 2, \\ y' = 3x - y + 1. \end{cases} \tag{6.2.6}$$

直线 l 的方程为 $2x + y - 1 = 0$, 求 $\sigma(l)$ 的方程.

解 方法一 由 (6.2.6) 得

$$\begin{cases} x = x' - 2, \\ y = 3x' - y' - 5. \end{cases} \tag{6.2.7}$$

将 (6.2.7) 代入直线 l 的方程得

$$2(x' - 2) + (3x' - y' - 5) - 1 = 0,$$

即 $5x' - y' - 10 = 0$, 这样 $\sigma(l)$ 的方程为 $5x - y - 10 = 0$.

方法二 设 $\sigma(l)$ 的方程为 $Ax + By + C = 0$, 用 (6.2.6) 式代入 $\sigma(l)$ 的方程得

$$A(x + 2) + B(3x - y + 1) + C = 0.$$

它与 $2x + y - 1 = 0$ 都是 l 的方程, 于是

$$\frac{A + 3B}{2} = \frac{-B}{1} = \frac{2A + B + C}{-1},$$

解得 $A:B:C=-5:1:10$, 从而 $\sigma(l)$ 的方程为 $5x-y-10=0$.

例 6.2.6 在仿射坐标系 $\{O,\boldsymbol{e}_1,\boldsymbol{e}_2\}$ 中, 仿射变换 σ 把直线 $2x-y=0$ 变成 $x-1=0$, 把直线 $x+2y-1=0$ 变为 $y+1=0$, 把点 $(0,1)$ 变为点 $(-1,8)$, 求仿射变换 σ 在坐标系 $\{O,\boldsymbol{e}_1,\boldsymbol{e}_2\}$ 中的坐标变换公式.

解 **方法一** (待定系数法) 设所求变换公式为

$$\begin{cases}x'=x_0+c_{11}x+c_{12}y,\\ y'=y_0+c_{21}x+c_{22}y.\end{cases}\tag{6.2.8}$$

由于 σ 把直线 $2x-y=0$ 变成 $x-1=0$, 即 $x-1=0$ 的原像方程

$$x_0+c_{11}x+c_{12}y-1=0$$

与 $2x-y=0$ 表示同一条直线, 从而

$$x_0=1,\quad c_{11}=-2c_{12}.\tag{6.2.9}$$

类似地, σ 把直线 $x+2y-1=0$ 变为 $y+1=0$, 则 $y+1=0$ 的原像方程

$$y_0+c_{21}x+c_{22}y+1=0$$

与 $x+2y-1=0$ 表示同一条直线, 从而 $\dfrac{c_{21}}{1}=\dfrac{c_{22}}{2}=\dfrac{y_0+1}{-1}$, 即

$$y_0+1=-c_{21},\quad c_{22}=2c_{21},\quad c_{22}=-2\left(y_0+1\right).\tag{6.2.10}$$

又 σ 把点 $(0,1)$ 变为点 $(-1,8)$, 则由 (6.2.8) 式得

$$\begin{cases}-1=x_0+c_{12},\\ 8=y_0+c_{22}.\end{cases}\tag{6.2.11}$$

由 (6.2.9) 式—(6.2.11) 式得 $x_0=1,c_{12}=-2,c_{11}=4,y_0=-10,c_{22}=18,c_{21}=9$. 故所求变换公式为

$$\begin{cases}x'=4x-2y+1,\\ y'=9x+18y-10.\end{cases}$$

此方法在中学里是常用的方法, 但其计算量较大. 下面给出另一解法.

方法二 如果把点 (x,y) 经过变换 σ 得到的像点的坐标 (x',y') 看成 x,y 的函数, 即 $x'=x'(x,y),y'=y'(x,y)$. 由于直线 $x-1=0$ 的原像为直线 $2x-y=0$. 从而 $x'-1=0$ 与 $2x-y=0$ 表示同一条直线, 于是存在参数 s, 使

$$x'-1=s(2x-y).$$

又 σ 把点 $(0,1)$ 变成 $(-1,8)$, 代入上式得 $s=2$. 则上式变为

$$x'=4x-2y+1.$$

同理, 直线 $y+1=0$ 的原像为直线 $x+2y-1=0$, 从而 $y'+1=0$ 与 $x+2y-1=0$ 表示同一条直线, 于是存在参数 t 使

$$y'+1=t(x+2y-10).$$

又 σ 把点 $(0,1)$ 变成 $(-1,8)$, 代入上式得 $t=9$, 则所求的坐标变换公式为

$$\begin{cases}x'=4x-2y+1,\\ y'=9x+18y-10.\end{cases}$$

例 6.2.7 证明椭圆 $\dfrac{x^2}{a^2}+\dfrac{y^2}{b^2}=1$ 的面积是 πab, 其中 $a,b>0$.

证明 作变换 $\sigma:\pi\to\pi$, 使它的坐标变换公式为

$$\begin{cases}x'=\dfrac{x}{a},\\ y'=\dfrac{y}{b}.\end{cases}$$

显然此变换为仿射变换, σ 的变积系数为 $\dfrac{1}{ab}$. 由于椭圆 $\dfrac{x^2}{a^2}+\dfrac{y^2}{b^2}=1$ 在 σ 下变为圆 $x'^2+y'^2=1$, 而圆的面积为 π, 这样 $\dfrac{1}{ab}=\dfrac{\pi}{S_{椭圆}}$, 从而 $S_{椭圆}=\pi ab$. □

习 题 6.2

1. 每个平面上每个位似系数为正的位似变换都可以分解为两个互相垂直方向的伸缩变换的乘积.

2. 证明: (1) 任何平面上相似变换可分解成一个平面等距变换和一个位似变换的乘积;

(2) 平面上相似变换是保持非零向量间的夹角不变的变换.

3. 证明: (1) 设 A, B 为平面上仿射变换 σ 的两个不动点, 则直线 AB 上的每点都是 σ 的不动点;

(2) 设 A, B, C 是平面仿射变换 σ 的不共线的三个不动点, 则平面 π 上的每点都是仿射变换 σ 下的不动点, 即 σ 是恒等变换.

4. 利用平面仿射坐标系证明:

(1) 平行四边形对角线相互平分;

(2) 三角形三条中线相交于一点.

5. 求满足下列条件的平面仿射变换的坐标变换公式:

(1) 把点 $A(1,0)$ 变成点 $A'(3,0)$, 点 $B(0,-1)$ 变成点 $B'(-2,1)$, 把点 $C(-2,1)$ 变成点 $C'(0,-5)$.

(2) 把直线 $3x+2y+1=0$ 变成直线 $x+y-3=0$, 把直线 $8x+3y+10=0$ 变成直线 $2x+3y-3=0$, 且把点 $(1,1)$ 变成点 $(3,6)$.

(3) 它有两条不变直线 $3x+2y-1=0$ 和 $x+2y+1=0$, 且把原点变为点 $(1,1)$.

6. 已知平面上仿射变换 σ 的坐标变换公式为

$$\begin{cases} x' = 2x + 4y - 1, \\ y' = 3x + 3y - 3. \end{cases}$$

(1) 求 σ 的不变直线和变积系数.

(2) 作新坐标系, 使得两条坐标轴为 σ 的不变直线, 求 σ 在此坐标系中的坐标变换公式.

7. 已知仿射变换 σ 的变换公式为

$$\begin{cases} x' = x\cos\theta - \dfrac{a\sin\theta}{b}y, \\ y' = \dfrac{b\sin\theta}{a}x + y\cos\theta. \end{cases}$$

证明:

(1) 椭圆 $\dfrac{x^2}{a^2}+\dfrac{y^2}{b^2}=1$ 在 σ 下的像是它自己.

(2) 若 σ 不是恒等变换, 则此椭圆上没有不动点.

双曲空间

6.3　空间等距变换

本章剩余内容所提空间都是指 $\mathbb{R}^3$.

定义 6.3.1　空间到自身的一个变换, 如果保持任意两点间的距离不变, 则称这个变换为**空间等距变换**. 如果空间等距变换 σ 至少有一个不动点, 则称 σ 为**空间的正交变换**.

例 6.3.1　在空间取定一个点 O, 取定一个向量 $\boldsymbol{v}$, 对任一点 P, 定义 P 在空间变换 σ 下的像 $\sigma(P)$ 满足

$$\overrightarrow{O\sigma(P)} = \overrightarrow{OP} + \boldsymbol{v} \quad 或 \quad \overrightarrow{P\sigma(P)} = \boldsymbol{v},$$

则称变换 σ 为**平移**, $\boldsymbol{v}$ 称为它的**平移向量**, 易看出, 它是等距变换, 但它不是正交变换.

例 6.3.2 空间中所有点绕一条直线 l 的旋转是正交变换.

例 6.3.3 取定一平面 π, 设变换 σ 把空间的每一点对应于它关于平面 π 的对称点, 则称 σ 为关于平面 π 的反射 (也称为镜面反射). 可直接验证, 这样定义的 σ 也是空间正交变换.

同平面上等距变换的几乎完全一样的证明, 可得如下的性质.

命题 6.3.1 空间等距变换把共线点组变成共线点组, 从而把直线映成直线.

从下面的等距变换的坐标变换公式 (6.3.3) 直接可看出下面的性质.

命题 6.3.2 空间等距变换是可逆变换, 且其逆变换还是等距变换.

因空间等距变换把直线映成直线, 又平行直线之间的距离处处相等, 故有

命题 6.3.3 空间等距变换把平行直线映射成平行直线.

同平面情况一样, 利用命题 6.3.3, 空间等距变换诱导出空间中的向量的变换, 即

$$\varphi(\overrightarrow{AB}) = \overrightarrow{\varphi(A)\varphi(B)}.$$

利用空间等距变换的定义及上面表达式, 类似于平面上的等距变换性质的证明, 我们有

命题 6.3.4 空间等距变换保持线段长度, 向量夹角与内积不变.

命题 6.3.5 空间等距变换诱导的向量变换是一个正交变换.

在空间直角坐标系 $\{O, \boldsymbol{e}_1, \boldsymbol{e}_2, \boldsymbol{e}_3\}$ 中, 设 σ 是一个等距变换, $\sigma(\boldsymbol{e}_1), \sigma(\boldsymbol{e}_2)$ 和 $\sigma(\boldsymbol{e}_3)$ 是三个互相垂直的单位向量, 设

$$\begin{cases} \sigma(\boldsymbol{e}_1) = c_{11}\boldsymbol{e}_1 + c_{21}\boldsymbol{e}_2 + c_{31}\boldsymbol{e}_3, \\ \sigma(\boldsymbol{e}_2) = c_{12}\boldsymbol{e}_1 + c_{22}\boldsymbol{e}_2 + c_{32}\boldsymbol{e}_3, \\ \sigma(\boldsymbol{e}_3) = c_{13}\boldsymbol{e}_1 + c_{23}\boldsymbol{e}_2 + c_{33}\boldsymbol{e}_3, \end{cases} \tag{6.3.1}$$

则矩阵 $\boldsymbol{C} = (c_{ij})_{3\times 3}$ 为正交矩阵, 上式可写成矩阵 $(\sigma(\boldsymbol{e}_1), \sigma(\boldsymbol{e}_2), \sigma(\boldsymbol{e}_3)) = (\boldsymbol{e}_1, \boldsymbol{e}_2, \boldsymbol{e}_3)\boldsymbol{C}$,

$$\overrightarrow{O\sigma(O)} = x_0\boldsymbol{e}_1 + y_0\boldsymbol{e}_2 + z_0\boldsymbol{e}_3. \tag{6.3.2}$$

对空间内任一点 $M(x, y, z)$, 点 $\sigma(M)$ 在直角坐标系 $\{O, \boldsymbol{e}_1, \boldsymbol{e}_2, \boldsymbol{e}_3\}$ 中的坐标为 (x', y', z'), 由

$$\begin{aligned} \overrightarrow{O\sigma(M)} &= \overrightarrow{O\sigma(O)} + \overrightarrow{\sigma(O)\sigma(M)} \\ &= \overrightarrow{O\sigma(O)} + \sigma(\overrightarrow{OM}) \end{aligned}$$

$$=\overrightarrow{O\sigma(O)}+x\sigma(\boldsymbol{e}_1)+y\sigma(\boldsymbol{e}_2)+z\sigma(\boldsymbol{e}_3).$$

利用 (6.3.1) 式、(6.3.2) 式得

$$\begin{cases}x'=c_{11}x+c_{12}y+c_{13}z+x_0,\\ y'=c_{21}x+c_{22}y+c_{23}z+y_0,\\ z'=c_{31}x+c_{32}y+c_{33}z+z_0,\end{cases} \tag{6.3.3}$$

其中 $\boldsymbol{C}=(c_{ij})_{3\times3}$ 是正交矩阵. (6.3.3) 式称为空间等距变换 σ 在直角坐标系 $\{O,\boldsymbol{e}_1,\boldsymbol{e}_2,\boldsymbol{e}_3\}$ 下坐标变换公式. $\boldsymbol{C}$ 称为 σ 在直角坐标系 $\{O,\boldsymbol{e}_1,\boldsymbol{e}_2,\boldsymbol{e}_3\}$ 下的变换矩阵, 反之, 如果空间变换 σ 的像点坐标与原像点坐标满足 (6.3.3) 式, 其中 $\boldsymbol{C}$ 为正交阵, 则 σ 必是等距变换. 由于 $|\boldsymbol{C}|=\pm1$, 这样空间等距变换分成两类: 使 $|\boldsymbol{C}|=1$ 的空间等距变换称为**第一类空间等距变换**; 使 $|\boldsymbol{C}|=-1$ 的空间等距变换称为**第二类空间等距变换**. 最后给出空间等距变换的分解.

定理 6.3.6 *第一类空间等距变换 σ 若有不动点, 则 σ 一定是绕过这个不动点的某一条直线的旋转.*

证明 **第一步** 先证明若 σ 有不动点, 则 σ 必有不动直线 l, 即 $\sigma(l)=l$. 若 σ 有不动点, 不妨设不动点为原点 (否则可建立新的空间直角坐标系, 使其原点为不动点), 则 σ 的变换矩阵 $\boldsymbol{C}$ 为正交矩阵, 且 $|\boldsymbol{C}|=1$, 此时 σ 在空间直角坐标系中的坐标变换公式为

$$\begin{cases}x'=c_{11}x+c_{12}y+c_{13}z,\\ y'=c_{21}x+c_{22}y+c_{23}z,\\ z'=c_{31}x+c_{32}y+c_{33}z.\end{cases} \tag{6.3.4}$$

写成矩阵形式为 $\boldsymbol{X}'=\boldsymbol{C}\boldsymbol{X}$, 其中 $\boldsymbol{X}=(x,y,z)^{\mathrm{T}}$, $\boldsymbol{X}'=(x',y',z')^{\mathrm{T}}$.

考虑 σ 是否还有其他不动点, 只需考察矩阵方程

$$(\boldsymbol{C}-\boldsymbol{E})\boldsymbol{X}=\boldsymbol{\theta} \tag{6.3.5}$$

是否有非零解. 由于方程 (6.3.5) 的系数矩阵为满足

$$|\boldsymbol{C}-\boldsymbol{E}|=\left|\boldsymbol{C}-\boldsymbol{C}\boldsymbol{C}^{\mathrm{T}}\right|=-|\boldsymbol{C}-\boldsymbol{E}|.$$

从而 $|\boldsymbol{C}-\boldsymbol{E}|=0$.

这样方程组 $(\boldsymbol{C}-\boldsymbol{E})\boldsymbol{X}=\boldsymbol{\theta}$ 有非零解, 且有无穷多个非零解, 这意味着 σ 有无穷多个不动点, 由等距变换的性质, 任两个不动点连线上的点均为不动点, 从而 σ 有不动直线.

第二步　因 σ 有不动直线 l, 以 l 为 z 轴, 原点保持不动, 重新建立空间直角坐标系, 记它为 $\{O,\boldsymbol{e}_1,\boldsymbol{e}_2,\boldsymbol{e}_3\}$. 于是 σ 在该新坐标系下的坐标变换公式仍为形式 (6.3.4), 但系数 $c_{ij}(1\leqslant i,j\leqslant 3)$ 有了变化. 由于 σ 将 z 轴映成 z 轴, 则必存在 $\lambda\in\mathbb{R}$, 使 $\sigma(\boldsymbol{e}_3)=\lambda\boldsymbol{e}_3$, 由于 z 轴是由 σ 的不动点构成的直线, 故 $\lambda=1$. 这样它把 z 轴上的点 $(0,0,z)$ 映成 $(0,0,z)$, 于是 $c_{13}=c_{23}=0, c_{33}=1, z'=z$. 又 $\boldsymbol{C}$ 为正交阵, 则 $c_{31}^2+c_{32}^2+c_{33}^2=1$, 于是 $c_{31}=c_{32}=0$. 故 (6.3.4) 式化简为

$$\begin{cases}x'=c_{11}x+c_{12}y,\\ y'=c_{21}x+c_{22}y,\\ z'=z,\end{cases}\tag{6.3.6}$$

其中变换矩阵 $\boldsymbol{C}=\begin{pmatrix}c_{11}&c_{12}&0\\c_{21}&c_{22}&0\\0&0&1\end{pmatrix}$ 为正交阵且 $|\boldsymbol{C}|=1$, 这样等价于 $\begin{pmatrix}c_{11}&c_{12}\\c_{21}&c_{22}\end{pmatrix}$ 为正交阵且行列式为 1, 同 6.1 节, $\begin{pmatrix}c_{11}&c_{12}\\c_{21}&c_{22}\end{pmatrix}$ 可表示为 $\begin{pmatrix}\cos\theta&-\sin\theta\\\sin\theta&\cos\theta\end{pmatrix}$, 于是 σ 在新直角坐标系下的坐标变换公式为

$$\begin{cases}x'=x\cos\theta-y\sin\theta,\\ y'=x\sin\theta+y\cos\theta,\\ z'=z.\end{cases}$$

这正表示 σ 是绕 z 轴以 θ 为旋转角的旋转, 这就完成了定理 6.3.6 的证明. □

类似于平面的情况, 我们有

定理 6.3.7　第二类空间等距变换若有不动点, 则它必是一个镜面反射与一个绕某固定直线旋转的乘积.

定理 6.3.8　(1) 第一类空间等距变换是平移与绕某固定直线旋转的乘积.

(2) 第二类空间等距变换是反射与第一类空间等距变换的乘积.

习　题　6.3

1. 验证空间变换 σ :

$$\begin{cases}x'=\dfrac{1}{2}x-\dfrac{1}{\sqrt{2}}y-\dfrac{1}{2}z,\\ y'=\dfrac{1}{2}x+\dfrac{1}{\sqrt{2}}y-\dfrac{1}{2}z,\\ z'=\dfrac{1}{\sqrt{2}}x+\dfrac{1}{\sqrt{2}}z\end{cases}$$

是第一类等距变换, 它可以绕不动直线旋转一角度来实现, 求该不动直线方程及相应的旋转角.

2. 在空间直角坐标系中, 求出使原点不动, 且把 x 轴变成直线

$$\frac{x}{l}=\frac{y}{m}=\frac{z}{n}\quad (l^2+m^2+n^2=1)$$

的等距变换公式.

3. 证明定理 6.3.7 和定理 6.3.8.

4. 证明: (1) 对于两个平行平面的镜面反射之积是一个空间平移.

(2) 对于两个相交平面的镜面反射之积是一个绕平面交线的旋转.

6.4 空间仿射变换

定义 6.4.1 空间到自身的一个可逆变换, 如果将任一平面映射成平面, 则称这个变换为空间的一个**仿射变换**.

注 与平面上仿射变换类似可证, 空间仿射变换的逆变换一定是空间仿射变换.

利用空间仿射变换的定义直接可得

命题 6.4.1 空间仿射变换把共线点组变成共线点组, 共面点组变成共面点组.

由于空间仿射变换把平面映成平面, 而直线可看成两个平面的交线, 从而空间仿射变换把直线映成直线. 又两条平行直线可决定一张平面, 由空间仿射变换的定义, 这两条平行直线在仿射变换下的像必在一张平面上, 因为空间仿射变换是可逆变换, 于是有

命题 6.4.2 空间仿射变换把直线映成直线, 平行直线映成平行直线, 平行平面映成平行平面.

由命题 6.4.2 可知, 空间仿射变换将平行四边形映成平行四边形, 从而它诱导了空间中的一个向量变换, 类似于平面仿射变换性质的证明, 我们也有

命题 6.4.3 空间仿射变换所诱导的向量变换是一个线性变换.

命题 6.4.4 空间仿射变换保持共线三点的分比不变.

命题 6.4.5 空间仿射变换保持两个平面图形的面积比不变, 也保持两个立体图形的体积比不变.

命题 6.4.6 空间仿射变换被它的不共面四点的像所唯一确定.

同样可引进空间的仿射坐标系 $\{O,\boldsymbol{e}_1,\boldsymbol{e}_2,\boldsymbol{e}_3\}$, 其中 $\boldsymbol{e}_1,\boldsymbol{e}_2,\boldsymbol{e}_3$ 是三个不共面的向量. 对空间中任一点 P, 若有

$$\overrightarrow{OP}=\overrightarrow{x}\boldsymbol{e}_1+y\boldsymbol{e}_2+z\boldsymbol{e}_3,$$

则称 (x,y,z) 为点 P 在仿射坐标系 $\{O,\boldsymbol{e}_1,\boldsymbol{e}_2,\boldsymbol{e}_3\}$ 下的坐标. 同样可得到仿射变换 σ 在仿射坐标 $\{O,\boldsymbol{e}_1,\boldsymbol{e}_2,\boldsymbol{e}_3\}$ 下的坐标变换公式:

$$\begin{cases} x' = c_{11}x + c_{12}y + c_{13}z + x_0, \\ y' = c_{21}x + c_{22}y + c_{23}z + y_0, \\ z' = c_{31}x + c_{32}y + c_{33}z + z_0, \end{cases}$$

其中 (x_0,y_0,z_0) 为 $\sigma(O)$ 在仿射坐标系 $\{O,\boldsymbol{e}_1,\boldsymbol{e}_2,\boldsymbol{e}_3\}$ 下的坐标, $\boldsymbol{C}=(c_{ij})_{3\times 3}$ 是可逆矩阵, 此矩阵 $\boldsymbol{C}$ 称为 σ 在坐标系 $\{O,\boldsymbol{e}_1,\boldsymbol{e}_2,\boldsymbol{e}_3\}$ 下的变换矩阵.

类似地, 我们也有空间仿射变换分解定理.

定理 6.4.7　*空间仿射变换可分解为空间正交变换, 沿三个相互垂直方向的伸缩变换及平移的乘积.*

习　题　6.4

1. 证明命题 6.4.1—命题 6.4.5.

2. 证明定理 6.4.7.

3. 证明: (1) 如果空间仿射变换 σ 有三个不共线的不动点, 则这点所确定的平面上的每一点都是 σ 的不动点.

(2) 如果空间仿射变换 σ 有四个不共面的不动点, 则 σ 是恒等变换.

4. 求下列空间的仿射变换:

(1) 平面 $x+y+z=1$ 上每个点都是不动点, 且把点 $(1,-1,2)$ 变成点 $(2,1,0)$;

(2) 保持平面 $x+y-1=0, y+z=0, x+z+1=0$ 不变, 且把点 $(0,0,1)$ 变成点 $(1,1,1)$.

5. 求椭球面 $\dfrac{x^2}{a^2}+\dfrac{y^2}{b^2}+\dfrac{z^2}{c^2}=1$ 所围成区域的体积.

6. 证明: 空间中任给两组不共面的四点 A_1,A_2,A_3,A_4 和 B_1,B_2,B_3,B_4, 则必存在唯一的仿射变换把 A_i 变成 B_i $(i=1,2,3,4)$.

6.5　变换群与几何学　二次曲面的度量分类和仿射分类

6.5.1　变换群与几何学

定义 6.5.1　*设 S 为一个点集, G 为 S 上的一些变换构成的非空集合, 如果集合 G 满足*

(1) 对任意 $\sigma,\tau\in G$, 则 $\sigma\circ\tau\in G$;

(2) 对任意 $\sigma\in G$, 都存在 σ 的逆变换 σ^{-1}, 且 $\sigma^{-1}\in G$,

*则称 G 为 S 上的一个***变换群***.*

由上述定义可知, 对任意 $\sigma \in G, \sigma^{-1} \in G$, 则 $\sigma \circ \sigma^{-1} = \sigma^{-1} \circ \sigma = \mathrm{id} \in G$, 于是 G 中必存在恒等变换.

例如, 平面 π 上所有平移构成集合 G, 它是一个变换群, 称之为**平移变换群**. 平面 π 上所有旋转构成变换群, 称之为**旋转变换群**.

由平面上或空间等距变换的性质知, 等距变换是可逆变换, 其逆变换的变换矩阵 $\boldsymbol{C}^{-1} = \boldsymbol{C}^{\mathrm{T}}$ 也是正交矩阵, 故等距变换的逆变换也是正交变换. 又两个等距变换的乘积的变换矩阵是这两个变换的变换矩阵 (即正交矩阵) 的乘积, 因而也是正交矩阵, 从而两个等距变换的乘积还是等距变换, 这样平面上或空间等距变换的全体构成的集合 G 是一个变换群, 称之为**欧氏群**. 类似可以验证所有第一类等距变换 (即刚体运动) 构成一个变换群, 称之为**运动群**. 运动群是欧氏群的子群 (即作为子集合也构成群), 但第二类等距变换并不构成一个变换群, 因为两个第二类等距变换的乘积是第一类等距变换.

同样, 由平面上或空间仿射变换的性质知, 仿射变换是可逆变换, 且其逆变换也是仿射变换, 又两个仿射变换的乘积的变换矩阵是这两个仿射变换的变换矩阵 (可逆矩阵) 的乘积, 因而它也是可逆矩阵, 这样, 两个仿射变换的乘积也是仿射变换. 从而由平面上或空间仿射变换的全体构成了一个变换群, 此群称为**仿射群**. 显然欧氏群是仿射群的子群.

我们把几何图形在等距变换下不变的性质称为**度量性质**, 如长度、角度、面积、体积等度量相关的性质均是度量性质. 几何图形在仿射变换下不变的性质称为**仿射性质**, 如直线的平行或相交、共线三点的分比、点的共线、三角形三条中线交于一点、平行四边形对角线互相平分等都是仿射性质. 由于等距变换是仿射变换的特殊情形, 从而图形的仿射性质一定是度量性质, 但反之则不然. 一般来说, 在一个变换群中的变换不变的性质一定是该变换群子群中的变换不变的性质, 反过来一般不成立.

我们不仅可以用变换群来区分图形的性质, 还可以用变换群来区分几何学, 研究图形的度量性质的几何学称为**度量几何学**或**欧氏几何**, 研究图形的仿射性质的几何学称为**仿射几何**. 一般来说, 有一个变换群 G, 就有一种与它相应的几何学, 研究群 G 的不变性质即为几何学的几何特征. 这种把几何学按变换群来区分的观点, 是由 19 世纪末德国数学家 F. Klein (克莱因, 1849—1925) 于 1872 年在德国埃尔朗根大学就职演讲中提出来的, 并提出: 每一种几何研究的都是图形在某个特定的变换群之下的不变性质. Klein 的思想突出了变换群在几何学中的地位, 后来被称为**埃尔朗根纲领**, 它不仅推动了几何学的发展, 且使本来互相孤立的各几何系统在变换群的观点下统一起来.

埃尔朗根纲领

6.5.2　二次曲面的度量分类和仿射分类

定义 6.5.2　*设 F_1 和 F_2 是空间中的两个几何图形, 如果存在一个等距变换 f 将 F_1 变为 F_2, 则称图形 F_1 和 F_2 是***度量等价***的; 如果存在一个仿射变换 f 将 F_1 变为 F_2, 则称图形 F_1 和 F_2 是***仿射等价***的.*

度量等价也就是几何图形全等, 两个图形度量等价, 它们也一定仿射等价, 反过来, 仿射等价不一定度量等价. 如任何两个三角形都是仿射等价的, 但只有当它们全等时才度量等价. 又如任何两个椭圆都是仿射等价的, 但只有当它们的长半轴和短半轴完全相同时才度量等价.

仿射等价和度量等价都是空间几何图形的集合中的一个**等价关系**, 即满足如下性质的一种关系 (请读者自己证明):

(1) **自反性**　每一个图形都和自己度量 (仿射) 等价;

(2) **对称性**　如果图形 F_1 和 F_2 度量 (仿射) 等价, 则图形 F_2 和 F_1 度量 (仿射) 等价;

(3) **传递性**　如果图形 F_1 和 F_2 度量 (仿射) 等价, 图形 F_2 和 F_3 度量 (仿射) 等价, 则图形 F_1 和 F_3 度量 (仿射) 等价.

因此我们可以把空间图形集合进行分类, 互相等价的图形属于一类, 不等价的图形属于不同类. 按照度量等价关系将空间几何图形集合分成若干**度量等价类**, 按照仿射等价关系将空间几何图形集合分成若干**仿射等价类**.

如全体三角形构成一个仿射等价类, 它包含了无穷多个度量等价类, 每个度量等价类中都是由互相全等的三角形构成的. 全体球面构成了一个仿射等价类, 对任取定的正数 $a \geqslant b \geqslant c$, 空间中全体长半轴为 a、中半轴为 b、短半轴为 c 的椭球面构成一个度量等价类.

在上册第 10 章当中, 我们通过坐标轴的旋转和平移将二次曲面分类成 17 种曲面. 在这 17 种曲面里, 除了一对重合的平面外, 每一种曲面的方程系数可取不同值, 因而每一种曲面中包括无穷多个彼此不同的二次曲面. 由于直角坐标变换公式和等距变换的坐标变换公式有相同的形式, 都是矩阵为正交矩阵的线性变换, 因此, 上述分类可看成按照度量等价关系来分类即**度量分类**. 在这 17 种曲面中, 除了一对重合的平面外, 每一种曲面可分成无穷个度量等价类.

类似地, 我们也可通过仿射变换, 得到二次曲面在仿射坐标系下的分类, 分类结果仍然是上述 17 种曲面, 但是这 17 种曲面中, 尽管每种曲面方程系数可不同, 但它们代表同一种曲面. 因此, 上述分类可看成按照仿射等价关系来分类即**仿射分类**. 在这 17 种曲面中, 每一种曲面只有一个仿射等价类. 这样二次曲面在仿射分类中只有 17 个仿射等价类.

第 7 章 Jordan 标准形理论

从本课程至今的研究可知, 矩阵常常是解决线性代数实际问题的关键. 因此, 即使一个方阵不可相似对角化, 找到一种方法使其相似简化为尽可能简单的一类矩阵, 也是非常重要的. 这就是 Jordan (若尔当) 标准形理论的目的. 对于有限维线性空间, 由于线性变换与方阵之间的对应关系, 因此方阵的简化也就意味着线性变换性质的刻画会被简化; 另一方面, 我们也可以通过对线性变换特点的研究, 找出矩阵简化的途径. 因而, 我们将从不变子空间入手.

7.1 不变子空间

定义 7.1.1 设 $\mathcal{A}$ 是数域 $\mathbb{F}$ 上线性空间 V 的线性变换, W 是 V 的子空间. 如果对任何 $\boldsymbol{\xi} \in W$, 有 $\mathcal{A}\boldsymbol{\xi} \in W$, 即 $\mathcal{A}W \subseteq W$, 则称 W 是 $\mathcal{A}$ 的**不变子空间**, 简称**$\mathcal{A}$-子空间**; 或说 W 具有**$\mathcal{A}$-不变性**.

从定义可见, 不变性是子空间关于某个线性变换的相对性质.

首先讨论一些特殊子空间的不变性.

例 7.1.1 任何线性空间 V 及其零子空间 $\{\boldsymbol{\theta}\}$ 均是 V 上任一线性变换 $\mathcal{A}$ 的不变子空间, 通常称之为 $\mathcal{A}$ 的**平凡**的不变子空间.

例 7.1.2 对任一线性空间 V 及其上的线性变换 $\mathcal{A}$, $\mathrm{Ker}\mathcal{A}$ 和 $\mathrm{Im}\mathcal{A}$ 必为 $\mathcal{A}$-子空间.

这是因为

$$\mathcal{A}(\mathrm{Ker}\mathcal{A}) = \{\boldsymbol{\theta}\} \subseteq \mathrm{Ker}\mathcal{A},$$
$$\mathcal{A}(\mathrm{Im}\mathcal{A}) \subseteq \mathcal{A}(V) = \mathrm{Im}\mathcal{A}.$$

例 7.1.3 当线性空间 V 的两个线性变换 $\mathcal{A}$ 与 $\mathcal{B}$ 可交换, 即 $\mathcal{A}\mathcal{B} = \mathcal{B}\mathcal{A}$ 时, 则 $\mathrm{Ker}\mathcal{B}$ 和 $\mathrm{Im}\mathcal{B}$ 必为 $\mathcal{A}$-子空间.

事实上,

$$\mathcal{B}(\mathcal{A}(\mathrm{Ker}\mathcal{B})) = (\mathcal{B}\mathcal{A})(\mathrm{Ker}\mathcal{B}) = (\mathcal{A}\mathcal{B})(\mathrm{Ker}\mathcal{B}) = \mathcal{A}(\mathcal{B}(\mathrm{Ker}\mathcal{B})) = \mathcal{A}(\{\boldsymbol{\theta}\}) = \{\boldsymbol{\theta}\}.$$

从而, $\mathcal{A}(\mathrm{Ker}\mathcal{B}) \subseteq \mathrm{Ker}\mathcal{B}$, 即 $\mathrm{Ker}\mathcal{B}$ 是 $\mathcal{A}$-子空间.

又有 $\mathcal{A}(\mathrm{Im}\mathcal{B}) = \mathcal{A}(\mathcal{B}(V)) = (\mathcal{B}\mathcal{A})(V) = \mathcal{B}(\mathcal{A}(V)) = \mathcal{B}(\mathrm{Im}\mathcal{A}) \subseteq \mathcal{B}(V) = \mathrm{Im}\mathcal{B}$, 即 $\mathrm{Im}\mathcal{B}$ 是 $\mathcal{A}$-子空间.

注 (1) 例 7.1.3 中令 $\mathcal{A}=\mathcal{B}$, 就得到例 7.1.2.

(2) 设 V 是数域 $\mathbb{F}$ 上的线性空间, $f(x)\in\mathbb{F}[x]$. 那么对于多项式线性变换 $f(\mathcal{A})$, 显然有 $\mathcal{A}f(\mathcal{A})=f(\mathcal{A})\mathcal{A}$. 故由例 7.1.3, $\mathrm{Ker}f(\mathcal{A})$ 和 $\mathrm{Im}f(\mathcal{A})$ 均是 $\mathcal{A}$-子空间.

例 7.1.4 任何一个子空间都是数乘变换的不变子空间, 因为子空间在数量乘法下是封闭的.

作为问题的另一个方面, 可以证明, 任一真子空间必为某线性变换下的非不变子空间.

事实上, 设 V_1 是有限维线性空间 V 的一个真子空间, 则存在 V 的另一个真子空间 V_2, 使得 $V=V_1\oplus V_2$. 从 $L(V_1,\ V_2)$ 和 $L(V_2,\ V_1)$ 中分别任取一个非零线性映射, 并分别记为 f 和 g. 由第 4 章线性映射与矩阵的对应知, 这样的 $f,\ g$ 必存在.

定义

$$\varphi: V=V_1\oplus V_2\longrightarrow V,$$

$$\boldsymbol{v}=\boldsymbol{v}_1+\boldsymbol{v}_2\longmapsto f(\boldsymbol{v}_1)+g(\boldsymbol{v}_2),$$

其中, $\boldsymbol{v}_1\in V_1,\ \boldsymbol{v}_2\in V_2$. 那么, 易验证, φ 是 V 的线性变换, 通常可表示为 $\varphi=f\oplus g$, 即 $(f\oplus g)(\boldsymbol{v}_1+\boldsymbol{v}_2)=f(\boldsymbol{v}_1)+g(\boldsymbol{v}_2)$. 这时, $(f\oplus g)(V_1)=f(V_1)+g(\boldsymbol{\theta})\subseteq V_2$, 故

$$(f\oplus g)(V_1)\nsubseteq V_1,$$

从而 V_1 不是 φ-不变的. 当然, 同样 V_2 也不是 φ-不变的.

针对不变子空间决定于所取线性变换这一原因, 我们可引入所谓线性变换的限制变换. 设 $\mathcal{A}$ 是线性空间 V 的线性变换, W 是 $\mathcal{A}$-不变子空间. 定义 W 上的一个线性变换 (记作 $\mathcal{A}|_W$) 如下:

$$\begin{aligned}\mathcal{A}|_W:\ W &\longrightarrow W,\\ \boldsymbol{w} &\longmapsto \mathcal{A}(\boldsymbol{w})\end{aligned}$$

对任何 $\boldsymbol{w}\in W$. 由于 W 是 $\mathcal{A}$-不变的, 有 $\mathcal{A}(W)\subseteq W$, 从而 $\mathcal{A}|_W$ 是一个 W 到 W 的映射; 又由 $\mathcal{A}$ 是 V 上的线性变换, 易见 $\mathcal{A}|_W$ 是 W 上的线性变换. 根据 $\mathcal{A}|_W$ 定义的特点, 我们称 $\mathcal{A}|_W$ 是 $\mathcal{A}$ 在 W 上的**限制变换**.

鉴于 W 中的任一个元素在映射 $\mathcal{A}|_W$ 和 $\mathcal{A}$ 下的像是相同的, 在不会产生混淆的情况下, 我们经常把 $\mathcal{A}|_W$ 仍写为 $\mathcal{A}$. 但要注意的是, 当 $W\subsetneqq V$ 时, $\mathcal{A}|_W$ 与 $\mathcal{A}$ 是必然不同的, 因为它们的定义域是不同的.

例如, 设 $\mathcal{A}$ 是 V 上的一个线性变换且不是一个数乘变换, 令 λ_0 是 $\mathcal{A}$ 的一个特征值, V_{λ_0} 是 $\mathcal{A}$ 的属于 λ_0 的特征子空间, 则 $V_{\lambda_0}\subsetneqq V$ 且对任一向量 $\boldsymbol{\xi}\in V_{\lambda_0}$, 有 $\mathcal{A}(\boldsymbol{\xi})=\lambda_0\boldsymbol{\xi}=\overline{\lambda}_0(\boldsymbol{\xi})$, 这里 $\overline{\lambda}_0$ 表示 V_{λ_0} 上由 λ_0 定义的数乘变换. 这说明, V_{λ_0}

是 $\mathcal{A}$-不变子空间, 而且 $\mathcal{A}|_{V_{\lambda_0}}=\overline{\lambda}_0$. 所以 $\mathcal{A}|_{V_{\lambda_0}}$ 是一个数乘变换. 因为 $\mathcal{A}$ 不是数乘变换, 所以 $\mathcal{A}|_W$ 与 $\mathcal{A}$ 是不同的.

又前面已知 Ker$\mathcal{A}$ 是 $\mathcal{A}$-不变的. 事实上 $\mathcal{A}(\mathrm{Ker}\mathcal{A})=\{\boldsymbol{\theta}\}$, 即 $\mathcal{A}|_{\mathrm{Ker}\mathcal{A}}=\mathcal{O}$(零变换). 但是 $\mathcal{A}$ 不是零变换 (因为零变换也是数乘变换), 所以 $\mathcal{A}|_{\mathrm{Ker}\mathcal{A}}$ 与 $\mathcal{A}$ 也是不同的.

上面提到线性变换 $\mathcal{A}$ 的任一个特征子空间总是 $\mathcal{A}$ 的不变子空间. 反过来, 我们可用 $\mathcal{A}$ 的不变子空间来判断某个向量是不是 $\mathcal{A}$ 的一个特征向量.

命题 7.1.1 设 $\mathcal{A}$ 是 $\mathbb{F}$ 上线性空间 V 的线性变换, $\boldsymbol{\theta}\neq\boldsymbol{\xi}\in V$. 那么, $\boldsymbol{\xi}$ 是 $\mathcal{A}$ 的一个特征向量当且仅当 $L(\boldsymbol{\xi})$ 是 $\mathcal{A}$-不变的.

证明 **必要性** 设 $\boldsymbol{\xi}$ 关于 $\mathcal{A}$ 的特征值是 λ_0, 即 $\mathcal{A}\boldsymbol{\xi}=\lambda_0\boldsymbol{\xi}$.

任取 $\boldsymbol{\alpha}\in L(\boldsymbol{\xi})$, 不妨设 $\boldsymbol{\alpha}=\lambda\boldsymbol{\xi},\lambda\in\mathbb{F}$, 则 $\mathcal{A}(\boldsymbol{\alpha})=\lambda\mathcal{A}(\boldsymbol{\xi})=\lambda\lambda_0\boldsymbol{\xi}\in L(\boldsymbol{\xi})$, 所以 $L(\boldsymbol{\xi})$ 是 $\mathcal{A}$-不变的.

充分性 设 $L(\boldsymbol{\xi})$ 是 $\mathcal{A}$-不变的. 由 $\boldsymbol{\xi}\in L(\boldsymbol{\xi})$, 得 $\mathcal{A}(\boldsymbol{\xi})\in L(\boldsymbol{\xi})$, 所以存在 $\lambda_0\in\mathbb{F}$ 使得 $\mathcal{A}(\boldsymbol{\xi})=\lambda_0\boldsymbol{\xi}$, 即 $\boldsymbol{\xi}$ 是 $\mathcal{A}$ 的特征值为 λ_0 的特征向量. □

下面给出不变子空间的两个性质.

命题 7.1.2 设 $\mathcal{A}$ 是线性空间 V 的线性变换, 则 V 的 $\mathcal{A}$-子空间的和与交还是 $\mathcal{A}$-子空间.

证明 设 $V_\lambda\ (\lambda\in\Lambda)$ 是 V 的 $\mathcal{A}$-子空间, Λ 是指标集. 首先, $\sum\limits_{\lambda\in\Lambda}V_\lambda$ 和 $\bigcap\limits_{\lambda\in\Lambda}V_\lambda$ 均为 V 的子空间 (关于无穷多个子空间之和的定义见 3.1 节). 又

$$\mathcal{A}\left(\sum_{\lambda\in\Lambda}V_\lambda\right)=\sum_{\lambda\in\Lambda}\mathcal{A}(V_\lambda)\subseteq\sum_{\lambda\in\Lambda}V_\lambda,$$

$$\mathcal{A}\left(\bigcap_{\lambda\in\Lambda}V_\lambda\right)\subseteq\bigcap_{\lambda\in\Lambda}\mathcal{A}(V_\lambda)\subseteq\bigcap_{\lambda\in\Lambda}V_\lambda,$$

从而 $\sum\limits_{\lambda\in\Lambda}V_\lambda$ 和 $\bigcap\limits_{\lambda\in\Lambda}V_\lambda$ 均为 $\mathcal{A}$-不变的. □

命题 7.1.3 设 W 是线性空间 V 的子空间且 $W=L(\boldsymbol{\alpha}_1,\boldsymbol{\alpha}_2,\cdots,\boldsymbol{\alpha}_s)$, 那么, W 是 $\mathcal{A}$-不变的当且仅当 $\mathcal{A}(\boldsymbol{\alpha}_i)\in W$, 对 $i=1,2,\cdots,s$.

证明 显然. 请读者自己考虑. □

不变子空间的重要性体现在它与线性变换矩阵化简之间的关系.

(1) 利用一个不变子空间将线性变换对应矩阵化简为准上三角阵的方法.

设 $\mathcal{A}$ 是 $\mathbb{F}$ 上 n 维线性空间 V 的线性变换, W 是 V 的 $\mathcal{A}$-子空间, 令 $\boldsymbol{\varepsilon}_1,\boldsymbol{\varepsilon}_2,\cdots,\boldsymbol{\varepsilon}_k$ 是 W 的一组基. 把 $\boldsymbol{\varepsilon}_1,\boldsymbol{\varepsilon}_2,\cdots,\boldsymbol{\varepsilon}_k$ 扩充为 V 的一组基 $\boldsymbol{\varepsilon}_1,\boldsymbol{\varepsilon}_2,\cdots,\boldsymbol{\varepsilon}_k,$

$\boldsymbol{\varepsilon}_{k+1},\cdots,\boldsymbol{\varepsilon}_n$, 那么

$$\begin{aligned}\mathcal{A}\boldsymbol{\varepsilon}_1 &= a_{11}\boldsymbol{\varepsilon}_1+\cdots+a_{k1}\boldsymbol{\varepsilon}_k,\\ &\cdots\cdots\\ \mathcal{A}\boldsymbol{\varepsilon}_k &= a_{1k}\boldsymbol{\varepsilon}_1+\cdots+a_{kk}\boldsymbol{\varepsilon}_k,\\ \mathcal{A}\boldsymbol{\varepsilon}_{k+1} &= a_{1,k+1}\boldsymbol{\varepsilon}_1+\cdots+a_{k,k+1}\boldsymbol{\varepsilon}_k+a_{k+1,k+1}\boldsymbol{\varepsilon}_{k+1}+\cdots+a_{n,k+1}\boldsymbol{\varepsilon}_n,\\ &\cdots\cdots\\ \mathcal{A}\boldsymbol{\varepsilon}_n &= a_{1n}\boldsymbol{\varepsilon}_1+\cdots+a_{kn}\boldsymbol{\varepsilon}_k+a_{k+1,n}\boldsymbol{\varepsilon}_{k+1}+\cdots+a_{nn}\boldsymbol{\varepsilon}_n,\end{aligned}$$

其中 $a_{ij}\in\mathbb{F}$. 于是

$$\mathcal{A}(\boldsymbol{\varepsilon}_1,\boldsymbol{\varepsilon}_2,\cdots,\boldsymbol{\varepsilon}_k,\boldsymbol{\varepsilon}_{k+1},\cdots,\boldsymbol{\varepsilon}_n)=(\boldsymbol{\varepsilon}_1,\boldsymbol{\varepsilon}_2,\cdots,\boldsymbol{\varepsilon}_k,\boldsymbol{\varepsilon}_{k+1},\cdots,\boldsymbol{\varepsilon}_n)\boldsymbol{A},$$

其中 $\boldsymbol{A}=(a_{ij})_{n\times n}=\begin{pmatrix}\boldsymbol{A}_1 & \boldsymbol{A}_3\\ \boldsymbol{O} & \boldsymbol{A}_2\end{pmatrix}$, $\boldsymbol{A}_1$ 是 $k\times k$ 的, $\boldsymbol{A}_2$ 是 $(n-k)\times(n-k)$ 的. 这包含了

$$\mathcal{A}|_W(\boldsymbol{\varepsilon}_1,\boldsymbol{\varepsilon}_2,\cdots,\boldsymbol{\varepsilon}_k)=(\boldsymbol{\varepsilon}_1,\boldsymbol{\varepsilon}_2,\cdots,\boldsymbol{\varepsilon}_k)\boldsymbol{A}_1.$$

反之, 若 $\mathcal{A}$ 在基 $\boldsymbol{\varepsilon}_1,\boldsymbol{\varepsilon}_2,\cdots,\boldsymbol{\varepsilon}_k,\boldsymbol{\varepsilon}_{k+1},\cdots,\boldsymbol{\varepsilon}_n$ 下的矩阵是 $\boldsymbol{A}=\begin{pmatrix}\boldsymbol{A}_1 & \boldsymbol{A}_3\\ \boldsymbol{O} & \boldsymbol{A}_2\end{pmatrix}$, 其中 $\boldsymbol{A}_1$ 是 $k\times k$ 的, $\boldsymbol{A}_2$ 是 $(n-k)\times(n-k)$ 的, 那么

$$\mathcal{A}(\boldsymbol{\varepsilon}_1,\boldsymbol{\varepsilon}_2,\cdots,\boldsymbol{\varepsilon}_k,\boldsymbol{\varepsilon}_{k+1},\cdots,\boldsymbol{\varepsilon}_n)=(\boldsymbol{\varepsilon}_1,\boldsymbol{\varepsilon}_2,\cdots,\boldsymbol{\varepsilon}_k,\boldsymbol{\varepsilon}_{k+1},\cdots,\boldsymbol{\varepsilon}_n)\boldsymbol{A},$$

从而

$$\begin{aligned}&(\mathcal{A}(\boldsymbol{\varepsilon}_1,\boldsymbol{\varepsilon}_2,\cdots,\boldsymbol{\varepsilon}_k),\mathcal{A}(\boldsymbol{\varepsilon}_{k+1},\cdots,\boldsymbol{\varepsilon}_n))\\ =&((\boldsymbol{\varepsilon}_1,\boldsymbol{\varepsilon}_2,\cdots,\boldsymbol{\varepsilon}_k)\boldsymbol{A}_1,(\boldsymbol{\varepsilon}_1,\boldsymbol{\varepsilon}_2,\cdots,\boldsymbol{\varepsilon}_k)\boldsymbol{A}_3+(\boldsymbol{\varepsilon}_{k+1},\cdots,\boldsymbol{\varepsilon}_n)\boldsymbol{A}_2),\end{aligned}$$

于是得

$$\mathcal{A}(\boldsymbol{\varepsilon}_1,\boldsymbol{\varepsilon}_2,\cdots,\boldsymbol{\varepsilon}_k)=(\boldsymbol{\varepsilon}_1,\boldsymbol{\varepsilon}_2,\cdots,\boldsymbol{\varepsilon}_k)\boldsymbol{A}_1,$$

这说明由 $\boldsymbol{\varepsilon}_1,\boldsymbol{\varepsilon}_2,\cdots,\boldsymbol{\varepsilon}_k$ 生成的子空间 W 是 $\mathcal{A}$-不变的. 于是, 有

定理 7.1.4 设 $\mathcal{A}$ 是 $\mathbb{F}$ 上 n 维线性空间 V 的线性变换, W 是 V 的 k 维子空间, 那么, W 是 $\mathcal{A}$-不变的当且仅当存在 V 的一组基 $\boldsymbol{\varepsilon}_1,\boldsymbol{\varepsilon}_2,\cdots,\boldsymbol{\varepsilon}_n$ 使得 $\boldsymbol{\varepsilon}_1,\boldsymbol{\varepsilon}_2,\cdots,\boldsymbol{\varepsilon}_k$ 为 W 的基并且 $\mathcal{A}$ 在基 $\boldsymbol{\varepsilon}_1,\boldsymbol{\varepsilon}_2,\cdots,\boldsymbol{\varepsilon}_n$ 下的矩阵 $\boldsymbol{A}$ 可分块为

$$\boldsymbol{A}=\begin{pmatrix}\boldsymbol{A}_1 & \boldsymbol{A}_3\\ \boldsymbol{O} & \boldsymbol{A}_2\end{pmatrix},$$

其中 $\boldsymbol{A}_1$ 是 $k\times k$ 的, $\boldsymbol{A}_2$ 是 $(n-k)\times(n-k)$ 的.

(2) 利用不变子空间直和分解将线性变换对应矩阵化简为准对角阵的方法.

设 $V=W_1\oplus W_2\oplus\cdots\oplus W_s$, 其中 W_i 均为 $\mathcal{A}$-子空间 $(i=1,2,\cdots,s)$. 取 W_i 的基 $\boldsymbol{\varepsilon}_{i1},\boldsymbol{\varepsilon}_{i2},\cdots,\boldsymbol{\varepsilon}_{in_i}$ $(i=1,2,\cdots,s)$. 那么, $\boldsymbol{\varepsilon}_{11},\cdots,\boldsymbol{\varepsilon}_{1n_1},\cdots,\boldsymbol{\varepsilon}_{s1},\cdots,\boldsymbol{\varepsilon}_{sn_s}$ 是 V 的基. 由于每个 W_i 均为 $\mathcal{A}$-不变的, 所以有

$$\mathcal{A}(\boldsymbol{\varepsilon}_{i1})=a_{11}^{(i)}\boldsymbol{\varepsilon}_{i1}+\cdots+a_{n_i1}^{(i)}\boldsymbol{\varepsilon}_{in_i},$$

$$\cdots\cdots$$

$$\mathcal{A}(\boldsymbol{\varepsilon}_{in_i})=a_{1n_i}^{(i)}\boldsymbol{\varepsilon}_{i1}+\cdots+a_{n_in_i}^{(i)}\boldsymbol{\varepsilon}_{in_i},$$

其中 $a_{uv}^{(i)}\in\mathbb{F}$. 那么

$$\mathcal{A}(\boldsymbol{\varepsilon}_{i1},\cdots,\boldsymbol{\varepsilon}_{in_i})=(\boldsymbol{\varepsilon}_{i1},\cdots,\boldsymbol{\varepsilon}_{in_i})\boldsymbol{A}_i,$$

其中, $\boldsymbol{A}_i=\begin{pmatrix} a_{11}^{(i)} & \cdots & a_{1n_i}^{(i)}\\ \vdots & & \vdots\\ a_{n_i1}^{(i)} & \cdots & a_{n_in_i}^{(i)}\end{pmatrix}$, $i=1,2,\cdots,s$. 于是,

$$\mathcal{A}(\boldsymbol{\varepsilon}_{11},\cdots,\boldsymbol{\varepsilon}_{1n_1},\cdots,\boldsymbol{\varepsilon}_{s1},\cdots,\boldsymbol{\varepsilon}_{sn_s})=(\boldsymbol{\varepsilon}_{11},\cdots,\boldsymbol{\varepsilon}_{1n_1},\cdots,\boldsymbol{\varepsilon}_{s1},\cdots,\boldsymbol{\varepsilon}_{sn_s})\boldsymbol{A},$$

其中

$$\boldsymbol{A}=\begin{pmatrix} \boldsymbol{A}_1 & & & \\ & \boldsymbol{A}_2 & & \\ & & \ddots & \\ & & & \boldsymbol{A}_s\end{pmatrix}.$$

反之, 若 $\mathcal{A}$ 在基 $\boldsymbol{\varepsilon}_{11},\cdots,\boldsymbol{\varepsilon}_{1n_1},\cdots,\boldsymbol{\varepsilon}_{s1},\cdots,\boldsymbol{\varepsilon}_{sn_s}$ 下的矩阵 $\boldsymbol{A}$ 可写为准对角阵

$$\boldsymbol{A}=\begin{pmatrix} \boldsymbol{A}_1 & & & \\ & \boldsymbol{A}_2 & & \\ & & \ddots & \\ & & & \boldsymbol{A}_s\end{pmatrix},$$

其中 $\boldsymbol{A}_i$ 是 n_i 阶方阵, 则对由 $\boldsymbol{\varepsilon}_{i1},\cdots,\boldsymbol{\varepsilon}_{in_i}$ 生成的子空间 W_i, 有

$$\mathcal{A}|_{W_i}(\boldsymbol{\varepsilon}_{i1},\cdots,\boldsymbol{\varepsilon}_{in_i})=(\boldsymbol{\varepsilon}_{i1},\cdots,\boldsymbol{\varepsilon}_{in_i})\boldsymbol{A}_i,$$

从而 W_i 是 $\mathcal{A}$-不变子空间且 $V=W_1\oplus W_2\oplus\cdots\oplus W_s$, 于是, 有

定理 7.1.5 设 $\mathcal{A}$ 是 $\mathbb{F}$ 上 n 维线性空间 V 的线性变换, 那么存在 n_i 维 $\mathcal{A}$-子空间 W_i $(i=1,2,\cdots,s)$ 使得 $V=W_1\oplus W_2\oplus\cdots\oplus W_s$ 当且仅当存在 V 的基 $\varepsilon_1,\varepsilon_2,\cdots,\varepsilon_n$, 使得 $\mathcal{A}$ 在此基下的矩阵是准对角阵

$$\boldsymbol{A}=\begin{pmatrix}\boldsymbol{A}_1 & & & \\ & \boldsymbol{A}_2 & & \\ & & \ddots & \\ & & & \boldsymbol{A}_s\end{pmatrix},$$

其中 $\boldsymbol{A}_i$ 是 $n_i\times n_i$ 的, $i=1,2,\cdots,s$, 且 $n_1+n_2+\cdots+n_s=\dim V$.

根据定理 7.1.5, 下面的定理 7.1.6 将线性空间分解成了由特征值决定的所谓根子空间的直和.

首先给出根子空间的定义. 设 λ 是 $\mathbb{F}$ 上线性空间 V 的线性变换 $\mathcal{A}$ 的特征值, V_λ 是 $\mathcal{A}$ 的属于 λ 的特征子空间. 前面已知, V_λ 是 $\mathcal{A}$-子空间, 可表示为

$$V_\lambda=\{\boldsymbol{\xi}\in V:(\mathcal{A}-\lambda\,\mathrm{id})(\boldsymbol{\xi})=\boldsymbol{\theta}\}=\mathrm{Ker}(\mathcal{A}-\lambda\,\mathrm{id}),$$

其中 id 是 V 上的恒等变换. 我们知道, λ 对于 $\mathcal{A}$ 的另一重要因素是它在 $\mathcal{A}$ 的特征多项式 $f(x)$ 中的重数. 设 λ 为 $\mathcal{A}$ 的 r 重特征根, 作为特征子空间 V_λ 的推广, 我们可以定义

$$\overline{V}_\lambda=\{\boldsymbol{\xi}\in V:(\mathcal{A}-\lambda\,\mathrm{id})^r(\boldsymbol{\xi})=\boldsymbol{\theta}\}=\mathrm{Ker}(\mathcal{A}-\lambda\,\mathrm{id})^r,$$

称其为 $\mathcal{A}$ 的属于特征值 λ 的**根子空间**或**广义特征子空间**. 显然, V_λ 是 $\overline{V}_\lambda$ 的子空间, 特别地, 当 $r=1$ 时总有 $V_\lambda=\overline{V}_\lambda$. 由例 7.1.3, 因为 $(\mathcal{A}-\lambda\mathrm{id})^r\mathcal{A}=\mathcal{A}(\mathcal{A}-\lambda\mathrm{id})^r$, 所以 $\overline{V}_\lambda$ 也是 $\mathcal{A}$-子空间.

定理 7.1.6 (根子空间分解定理) 设 $\mathbb{F}$ 上线性空间 V 有线性变换 $\mathcal{A}$, 且 $\mathcal{A}$ 的特征多项式 $f(\lambda)$ 可表示为一次因式之积, 即

$$f(\lambda)=(\lambda-\lambda_1)^{r_1}(\lambda-\lambda_2)^{r_2}\cdots(\lambda-\lambda_s)^{r_s}.$$

则

(i) 根子空间 $\overline{V}_{\lambda_i}=f_i(\mathcal{A})(V)=\mathrm{Im}f_i(\mathcal{A})$, 其中 $f_i(x)=\dfrac{f(x)}{(x-\lambda_i)^{r_i}}$;

(ii) $V=\overline{V}_{\lambda_1}\oplus\overline{V}_{\lambda_2}\oplus\cdots\oplus\overline{V}_{\lambda_s}$.

证明 (i) 因为

$$f(x)=(x-\lambda_i)^{r_i}f_i(x),$$

于是, $\mathcal{O}=f(\mathcal{A})=(\mathcal{A}-\lambda_i\mathrm{id})^{r_i}f_i(\mathcal{A})$, 进而可得

$$(\mathcal{A}-\lambda_i\mathrm{id})^{r_i}f_i(\mathcal{A})(V)=f(\mathcal{A})(V)=\{\boldsymbol{\theta}\},$$

这意味着 $f_i(\mathcal{A})(V)\subseteq \mathrm{Ker}(\mathcal{A}-\lambda_i\mathrm{id})^{r_i}=\overline{V}_{\lambda_i}$.

又 $((x-\lambda_i)^{r_i},f_i(x))=1$, 则存在 $u(x),v(x)\in\mathbb{F}[x]$ 使 $u(x)(x-\lambda_i)^{r_i}+v(x)f_i(x)=1$. 由此可得

$$u(\mathcal{A})(\mathcal{A}-\lambda_i\mathrm{id})^{r_i}(\overline{V}_{\lambda_i})+v(\mathcal{A})f_i(\mathcal{A})(\overline{V}_{\lambda_i})=\overline{V}_{\lambda_i}.$$

但是, 由 $\overline{V}_{\lambda_i}$ 定义, $(\mathcal{A}-\lambda_i\ \mathrm{id})^{r_i}(\overline{V}_{\lambda_i})=\{\boldsymbol{\theta}\}$, 所以

$$\overline{V}_{\lambda_i}=v(\mathcal{A})f_i(\mathcal{A})(\overline{V}_{\lambda_i})=f_i(\mathcal{A})v(\mathcal{A})(\overline{V}_{\lambda_i})\subseteq f_i(\mathcal{A})(V).$$

综上, $\overline{V}_{\lambda_i}=f_i(\mathcal{A})(V)=\mathrm{Im}f_i(\mathcal{A})$.

(ii) 首先证明 $V=\overline{V}_{\lambda_1}+\overline{V}_{\lambda_2}+\cdots+\overline{V}_{\lambda_s}$.

由 $f_i(x)=\dfrac{f(x)}{(x-\lambda_i)^{r_i}}$ 得 $(f_1(x),\ f_2(x),\ \cdots,\ f_s(x))=1$. 因此存在 $u_1(x)$, $u_2(x),\cdots,\ u_s(x)\in\mathbb{F}[x]$, 使 $u_1(x)f_1(x)+u_2(x)f_2(x)+\cdots+u_s(x)f_s(x)=1$. 于是

$$u_1(\mathcal{A})f_1(\mathcal{A})+u_2(\mathcal{A})f_2(\mathcal{A})+\cdots+u_s(\mathcal{A})f_s(\mathcal{A})=\mathrm{id}.$$

从而

$$\begin{aligned}V&=u_1(\mathcal{A})f_1(\mathcal{A})(V)+u_2(\mathcal{A})f_2(\mathcal{A})(V)+\cdots+u_s(\mathcal{A})f_s(\mathcal{A})(V)\\&=f_1(\mathcal{A})[u_1(\mathcal{A})(V)]+f_2(\mathcal{A})[u_2(\mathcal{A})(V)]+\cdots+f_s(\mathcal{A})[u_s(\mathcal{A})(V)]\\&\subseteq f_1(\mathcal{A})(V)+f_2(\mathcal{A})(V)+\cdots+f_s(\mathcal{A})(V)\\&=\overline{V}_{\lambda_1}+\overline{V}_{\lambda_2}+\cdots+\overline{V}_{\lambda_s}\subseteq V,\end{aligned}$$

即得 $V=\overline{V}_{\lambda_1}+\overline{V}_{\lambda_2}+\cdots+\overline{V}_{\lambda_s}$.

再证明: 若对 $\boldsymbol{\beta}_i\in\overline{V}_{\lambda_i}\,(i=1,2,\cdots,s)$, 有 $\boldsymbol{\beta}_1+\boldsymbol{\beta}_2+\cdots+\boldsymbol{\beta}_s=\boldsymbol{\theta}$, 那么 $\boldsymbol{\beta}_1=\boldsymbol{\beta}_2=\cdots=\boldsymbol{\beta}_s=\boldsymbol{\theta}$.

事实上, 若 $j\neq i$, 则 $(x-\lambda_j)^{r_j}|f_i(x)$, 故存在 $g_j(x)\in\mathbb{F}[x]$ 使 $f_i(x)=g_j(x)(x-\lambda_j)^{r_j}$, 从而

$$f_i(\mathcal{A})(\boldsymbol{\beta}_j)=g_j(\mathcal{A})(\mathcal{A}-\lambda_j\ \mathrm{id})^{r_j}(\boldsymbol{\beta}_j)=g_j(\mathcal{A})(\boldsymbol{\theta})=\boldsymbol{\theta}.$$

于是, 对 $\boldsymbol{\beta}_1+\boldsymbol{\beta}_2+\cdots+\boldsymbol{\beta}_s=\boldsymbol{\theta}$ 两边作用 $f_i(\mathcal{A})$, 对 $i=1,2,\cdots,s$, 得

$$f_i(\mathcal{A})(\boldsymbol{\beta}_i)=\boldsymbol{\theta}.$$

又由前面的 $u(x)(x-\lambda_i)^{r_i}+v(x)f_i(x)=1$, 对 $i=1,2,\cdots,s$, 得

$$\boldsymbol{\beta}_i=\mathrm{id}(\boldsymbol{\beta}_i)=u(\mathcal{A})(\mathcal{A}-\lambda_i\mathrm{id})^{r_i}(\boldsymbol{\beta}_i)+v(\mathcal{A})f_i(\mathcal{A})(\boldsymbol{\beta}_i)=\boldsymbol{\theta}+\boldsymbol{\theta}=\boldsymbol{\theta}.$$

综上, 得 $V=\overline{V}_{\lambda_1}\oplus\overline{V}_{\lambda_2}\oplus\cdots\oplus\overline{V}_{\lambda_s}$. □

对一般数域 $\mathbb{F}$, 特征多项式 $f(x)$ 分解为一次因式是不一定可做到的, 因此定理 7.1.6 中 $\mathcal{A}$ 的特征多项式 $f(\lambda)$ 可表示为一次因式之积只能是一个假设. 但是, 若 $\mathbb{F}=\mathbb{C}$, 因 $f(x)$ 的一次因式分解是必然的, 故该定理对 $\mathbb{C}$ 上任一线性变换都成立. 因为 $\mathcal{A}$ 的根子空间均是 $\mathcal{A}$-不变的, 所以必存在 V 的一组基使得 $\mathcal{A}$ 在这组基下的矩阵是一个准对角阵. 接下来我们要考虑的问题是怎么使其中的子块更简单.

习 题 7.1

1. 设 $\mathbb{R}^3$ 有一个线性变换 $\mathcal{A}$ 定义如下:

$$\mathcal{A}(x_1,x_2,x_3)=(x_1+x_2,x_3+x_2,x_3),$$

其中 $(x_1,x_2,x_3)\in\mathbb{R}^3$. $\mathbb{R}^3$ 的下列子空间哪些在 $\mathcal{A}$ 之下不变?

(1) $\{(0,0,c)|c\in\mathbb{R}\}$; (2) $\{(0,b,c)|b,c\in\mathbb{R}\}$;

(3) $\{(a,0,0)|a\in\mathbb{R}\}$; (4) $\{(a,b,0)|a,b\in\mathbb{R}\}$;

(5) $\{(a,0,c)|a,c\in\mathbb{R}\}$; (6) $\{(a,-a,0)|a\in\mathbb{R}\}$.

2. 设 $\mathcal{A}_1,\mathcal{A}_2$ 为线性空间的两个线性变换, 证明: 若 $\mathcal{A}_1$ 与 $\mathcal{A}_2$ 可交换, 则 $\mathcal{A}_1$ 的特征子空间对 $\mathcal{A}_2$ 不变.

3. 设 $\mathcal{A}$ 是 n 维线性空间 V 的一个线性变换, W 是 $\mathcal{A}$ 的一个不变子空间, 证明: 如果 $\mathcal{A}$ 可逆, 则 W 也是关于 $\mathcal{A}^{-1}$ 的一个不变子空间.

4. 设 V 是复数域上 n 维空间, $\mathcal{A},\mathcal{B}$ 为 V 的线性变换, 且 $\mathcal{A}\mathcal{B}=\mathcal{B}\mathcal{A}$, 证明:

(a) 如果 λ_0 是 $\mathcal{A}$ 的特征值, 则 V_{λ_0} 是 $\mathcal{B}$-不变子空间;

(b) $\mathcal{A},\mathcal{B}$ 至少有一个公共特征向量.

5. 设 $\mathcal{A}$ 是 n 维线性空间 V 的线性变换, 证明: V 可以分解成 $\mathcal{A}$ 的 n 个一维不变子空间的直和的充要条件是 V 有一组由 $\mathcal{A}$ 的特征向量组成的基.

6*. 设 V 是数域 $\mathbb{F}$ 上的线性空间, $\phi:V\to V$ 是线性变换, $0\neq g(x)\in\mathbb{F}[x]$ 且 $g(\phi)=O$. 设 $g(x)=\prod\limits_{i=1}^{k}g_i(x)$, $g_i(x)\in\mathbb{F}[x]$ 且两两互素, 令 $\widetilde{g_j}(x)=\prod\limits_{i\neq j}g_i(x)$, $V_i=\mathrm{Ker}\ g_i(\phi), i=1,2,\cdots,k$, 则

(1) V_i 是 ϕ-不变子空间, 且 $\mathrm{Ker}\ g_i(\phi)=\mathrm{Im}\ \widetilde{g}_i(\phi)$;

(2) $V=\bigoplus\limits_{i=1}^{k}V_i$.

7.2 Jordan 标准形的存在性和 Jordan-Chevalley 分解

本节将证明复方阵的 Jordan 标准形的存在性, 定义可对角化的线性变换和幂零线性变换, 并介绍复线性空间上的线性变换的 Jordan-Chevalley (若尔当-谢瓦莱) 分解.

在上册中我们已知, 只有在适当条件下, 线性变换对应的方阵才可能是对角阵. 那么, 对于一般的线性变换, 或说一般的方阵, 能如何简化呢? 事实上, 我们可将任一个复矩阵简化为很接近对角阵的一类矩阵, 即 Jordan 形矩阵. 这就是本节将要证明的.

定义 7.2.1 形式为

$$\boldsymbol{J}(\lambda,t)=\begin{pmatrix}\lambda & & & \\ 1 & \lambda & & \\ & \ddots & \ddots & \\ & & 1 & \lambda\end{pmatrix}_{t\times t}$$

的矩阵称为 **Jordan 块**. 若 $\boldsymbol{J}$ 是由若干个 Jordan 块组成的准对角矩阵, 即

$$\boldsymbol{J}=\begin{pmatrix}\boldsymbol{A}_1 & & & \\ & \boldsymbol{A}_2 & & \\ & & \ddots & \\ & & & \boldsymbol{A}_s\end{pmatrix}, \tag{7.2.1}$$

其中 $\boldsymbol{A}_i$ 是 $k_i\times k_i$ 的 Jordan 块 $(i=1,\cdots,s)$, 则称 $\boldsymbol{J}$ 是 **Jordan 形矩阵**.

例如,

$$\begin{pmatrix}i & 0 & 0\\ 1 & i & 0\\ 0 & 1 & i\end{pmatrix},\quad \begin{pmatrix}0 & & & \\ 1 & 0 & & \\ & 1 & 0 & \\ & & 1 & 0\end{pmatrix},\quad \begin{pmatrix}1 & & \\ 1 & 1 & \\ & 1 & 1\end{pmatrix}$$

都是 Jordan 块, 而

$$\begin{pmatrix}1 & & & & & \\ 1 & 1 & & & & \\ & & 2 & & & \\ & & & 2 & & \\ & & & 1 & 2 & \\ & & & & & -1\end{pmatrix}$$

是一个 Jordan 形矩阵.

特别地, 对角矩阵是一个 Jordan 形矩阵, 其中的 Jordan 块均为一阶方阵.

对 Jordan 形矩阵 $\boldsymbol{J}$(见 (7.2.1) 式), 设 $\boldsymbol{A}_i = \begin{pmatrix} \lambda_i & & & \\ 1 & \lambda_i & & \\ & \ddots & \ddots & \\ & & 1 & \lambda_i \end{pmatrix}$. 那么, $\boldsymbol{J}$ 的特征多项式为 $f(x) = (x-\lambda_1)^{k_1}\cdots(x-\lambda_s)^{k_s}$. 从而, $\boldsymbol{J}$ 的主对角线上元素

$$\lambda_1, \cdots, \lambda_1, \lambda_2, \cdots, \lambda_2, \cdots, \lambda_s, \cdots \lambda_s$$

恰是 $\boldsymbol{J}$ 的全部特征值 (重根按重数计算).

我们下面定义两类重要的线性变换.

定义 7.2.2 设 $\mathcal{A}$ 是 n 维线性空间 V 上的线性变换, 若 $\mathcal{A}$ 在 V 的某组基下的矩阵是对角阵, 则称 $\mathcal{A}$ **可对角化**; 若存在正整数 k 使 $\mathcal{A}^k = \mathcal{O}$, 则称 $\mathcal{A}$ **幂零**.

现在我们利用线性变换按其根子空间的直和分解来导出本节主要结论. 首先给出:

引理 7.2.1 设 $\mathcal{B}$ 是 n 维线性空间 V 的幂零线性变换, 其中 $n>0$. 那么 V 有如下形式的一组基:

$$\begin{array}{llll} \boldsymbol{\alpha}_1, & \boldsymbol{\alpha}_2, & \cdots, & \boldsymbol{\alpha}_t, \\ \mathcal{B}\boldsymbol{\alpha}_1, & \mathcal{B}\boldsymbol{\alpha}_2, & \cdots, & \mathcal{B}\boldsymbol{\alpha}_t, \\ \vdots & \vdots & & \vdots \\ \mathcal{B}^{k_1-1}\boldsymbol{\alpha}_1, & \mathcal{B}^{k_2-1}\boldsymbol{\alpha}_2, & \cdots, & \mathcal{B}^{k_t-1}\boldsymbol{\alpha}_t \end{array} \tag{7.2.2}$$

(这时 $\mathcal{B}^{k_i}\boldsymbol{\alpha}_i = \boldsymbol{\theta}$ 对 $i=1,2,\cdots,t$), 并且 $\mathcal{B}$ 在这组基下的矩阵是

$$\begin{array}{l} k_1\left\{\vphantom{\begin{matrix}0\\0\\0\\0\end{matrix}}\right. \\ k_2\left\{\vphantom{\begin{matrix}0\\0\\0\\0\end{matrix}}\right. \\ \quad\vdots \\ k_t\left\{\vphantom{\begin{matrix}0\\0\\0\\0\end{matrix}}\right. \end{array}
\begin{pmatrix} \begin{array}{|cccc|} \hline 0 & & & \\ 1 & 0 & & \\ & \ddots & \ddots & \\ & & 1 & 0 \\ \hline \end{array} & & & \\ & \begin{array}{|cccc|} \hline 0 & & & \\ 1 & 0 & & \\ & \ddots & \ddots & \\ & & 1 & 0 \\ \hline \end{array} & & \\ & & \ddots & \\ & & & \begin{array}{|cccc|} \hline 0 & & & \\ 1 & 0 & & \\ & \ddots & \ddots & \\ & & 1 & 0 \\ \hline \end{array} \end{pmatrix}_{n\times n}. \tag{7.2.3}$$

证明 对 V 的维数 n 用数学归纳法.

当 $n=1$ 时, 设 $V=L(\boldsymbol{\alpha}_1)$, 则存在 $\lambda_1\in\mathbb{C}$, 使 $\mathcal{B}\boldsymbol{\alpha}_1=\lambda_1\boldsymbol{\alpha}_1$. 因为 $\mathcal{B}^k=\mathcal{O}$, 而 $\mathcal{B}^k\boldsymbol{\alpha}_1=\lambda_1^k\boldsymbol{\alpha}_1$, 所以 $\lambda_1^k=0$, 即 $\lambda_1=0$. 于是 $\mathcal{B}$ 关于基 $\boldsymbol{\alpha}_1$ 的矩阵是 $(0)_{1\times1}$.

假设 $\dim V<n$ 时结论成立. 考虑 $\dim V=n$ 时的结论.

若 $\dim(\mathrm{Im}\,\mathcal{B})=n$, 则 $\mathcal{B}V=V$, 从而 $\{\boldsymbol{\theta}\}=\mathcal{B}^kV=\mathcal{B}^{k-1}V=\cdots=\mathcal{B}V=V$, 这与条件 "$n>0$" 矛盾.

因此, $\dim(\mathrm{Im}\,\mathcal{B})<n$. 由于 $\mathcal{B}$ 限制到 $\mathcal{B}V$ 上也是幂零线性变换, 所以由归纳假设, $\mathcal{B}V=\mathrm{Im}\mathcal{B}$ 有如下形式的基:

$$\begin{array}{llll}\boldsymbol{\varepsilon}_1, & \boldsymbol{\varepsilon}_2, & \cdots, & \boldsymbol{\varepsilon}_t,\\ \mathcal{B}\boldsymbol{\varepsilon}_1, & \mathcal{B}\boldsymbol{\varepsilon}_2, & \cdots, & \mathcal{B}\boldsymbol{\varepsilon}_t,\\ \vdots & \vdots & & \vdots\\ \mathcal{B}^{k_1-1}\boldsymbol{\varepsilon}_1, & \mathcal{B}^{k_2-1}\boldsymbol{\varepsilon}_2, & \cdots, & \mathcal{B}^{k_t-1}\boldsymbol{\varepsilon}_t,\end{array}\tag{7.2.4}$$

并且 $\mathcal{B}^{k_1}\boldsymbol{\varepsilon}_1=\mathcal{B}^{k_2}\boldsymbol{\varepsilon}_2=\cdots=\mathcal{B}^{k_t}\boldsymbol{\varepsilon}_t=\boldsymbol{\theta}$.

由于 $\boldsymbol{\varepsilon}_1,\boldsymbol{\varepsilon}_2,\cdots,\boldsymbol{\varepsilon}_t\in\mathcal{B}V$, 故存在 $\boldsymbol{\alpha}_1,\boldsymbol{\alpha}_2,\cdots,\boldsymbol{\alpha}_t\in V$, 使

$$\mathcal{B}\boldsymbol{\alpha}_1=\boldsymbol{\varepsilon}_1,\cdots,\mathcal{B}\boldsymbol{\alpha}_t=\boldsymbol{\varepsilon}_t.$$

这时, $\mathcal{B}^{k_1-1}\boldsymbol{\varepsilon}_1=\mathcal{B}^{k_1}\boldsymbol{\alpha}_1,\cdots,\mathcal{B}^{k_t-1}\boldsymbol{\varepsilon}_t=\mathcal{B}^{k_t}\boldsymbol{\alpha}_t$ 是 $\mathrm{Ker}\mathcal{B}$ 的一组线性无关向量.

设 $\dim\,(\mathrm{Ker}\mathcal{B})=s$, 则可将 $\mathcal{B}^{k_1}\boldsymbol{\alpha}_1,\cdots,\mathcal{B}^{k_t}\boldsymbol{\alpha}_t$ 扩为 $\mathrm{Ker}\mathcal{B}$ 的基, 设为

$$\mathcal{B}^{k_1}\boldsymbol{\alpha}_1,\cdots,\mathcal{B}^{k_t}\boldsymbol{\alpha}_t,\boldsymbol{\alpha}_{t+1},\cdots,\boldsymbol{\alpha}_s.\tag{7.2.5}$$

又 (7.2.4) 是 $\mathrm{Im}\mathcal{B}$ 的基, 而

$$\begin{array}{llll}\boldsymbol{\alpha}_1, & \boldsymbol{\alpha}_2, & \cdots, & \boldsymbol{\alpha}_t,\\ \mathcal{B}\boldsymbol{\alpha}_1, & \mathcal{B}\boldsymbol{\alpha}_2, & \cdots, & \mathcal{B}\boldsymbol{\alpha}_t,\\ \vdots & \vdots & & \vdots\\ \mathcal{B}^{k_1-1}\boldsymbol{\alpha}_1, & \mathcal{B}^{k_2-1}\boldsymbol{\alpha}_2, & \cdots, & \mathcal{B}^{k_t-1}\boldsymbol{\alpha}_t\end{array}\tag{7.2.6}$$

是 $\mathrm{Im}\mathcal{B}$ 的基 (7.2.4) 的原像集. 由定理 5.2.3, 将 (7.2.5) 式和 (7.2.6) 式的向量集并在一起, 就组成了 V 的一组基. 我们可将它们排列为

$$\begin{array}{llllll}\boldsymbol{\alpha}_1, & \boldsymbol{\alpha}_2, & \cdots, & \boldsymbol{\alpha}_t, & \boldsymbol{\alpha}_{t+1}, \;\cdots, & \boldsymbol{\alpha}_s,\\ \mathcal{B}\boldsymbol{\alpha}_1, & \mathcal{B}\boldsymbol{\alpha}_2, & \cdots, & \mathcal{B}\boldsymbol{\alpha}_t, & & \\ \vdots & \vdots & & \vdots & & \\ \mathcal{B}^{k_1-1}\boldsymbol{\alpha}_1, & \mathcal{B}^{k_2-1}\boldsymbol{\alpha}_2, & \cdots, & \mathcal{B}^{k_t-1}\boldsymbol{\alpha}_t, & & \\ \mathcal{B}^{k_1}\boldsymbol{\alpha}_1, & \mathcal{B}^{k_2}\boldsymbol{\alpha}_2, & \cdots, & \mathcal{B}^{k_t}\boldsymbol{\alpha}_t, & & \end{array}$$

这时可认为 $k_{t+1}=\cdots=k_s=0$, 从而 $\mathcal{B}^{k_i+1}\boldsymbol{\alpha}_i=\boldsymbol{\theta}$ 对 $i=1,2,\cdots,t,t+1,\cdots,s$.

由归纳法知, V 总有形如 (7.2.2) 式的基, 并且显然有

$$\mathcal{B}(\boldsymbol{\alpha}_1,\mathcal{B}\boldsymbol{\alpha}_1,\cdots,\mathcal{B}^{k_1-1}\boldsymbol{\alpha}_1,\boldsymbol{\alpha}_2,\mathcal{B}\boldsymbol{\alpha}_2,\cdots,\mathcal{B}^{k_2-1}\boldsymbol{\alpha}_2,\cdots,\boldsymbol{\alpha}_s,\mathcal{B}\boldsymbol{\alpha}_s,\cdots,\mathcal{B}^{k_s-1}\boldsymbol{\alpha}_s)$$
$$=(\boldsymbol{\alpha}_1,\mathcal{B}\boldsymbol{\alpha}_1,\cdots,\mathcal{B}^{k_1-1}\boldsymbol{\alpha}_1,\boldsymbol{\alpha}_2,\mathcal{B}\boldsymbol{\alpha}_2,\cdots,\mathcal{B}^{k_2-1}\boldsymbol{\alpha}_2,\cdots,\boldsymbol{\alpha}_s,\mathcal{B}\boldsymbol{\alpha}_s,\cdots,\mathcal{B}^{k_s-1}\boldsymbol{\alpha}_s)\boldsymbol{A},$$

其中 $\boldsymbol{A}$ 就是矩阵 (7.2.3). □

定理 7.2.2 设 $\mathcal{A}$ 是 $\mathbb{C}$ 上线性空间 V 的一个线性变换, 则在 V 中必定存在一组基, 使 $\mathcal{A}$ 在这组基下的矩阵是 Jordan 形矩阵.

证明 由定理 7.1.6, $V=\overline{V}_1\bigoplus\overline{V}_2\bigoplus\cdots\bigoplus\overline{V}_s$, 其中

$$\overline{V}_i=\{\boldsymbol{\xi}\in V:(\mathcal{A}-\lambda_i\mathrm{id})^{r_i}\boldsymbol{\xi}=\boldsymbol{\theta}\}$$

是 V 关于 $\mathcal{A}$ 的根子空间 $(i=1,2,\cdots,s)$, r_i 是特征根 λ_i 的重数, 且 $\lambda_i\neq\lambda_j$ 对 $i\neq j$.

令 $\mathcal{B}_i=(\mathcal{A}-\lambda_i\mathrm{id})\mid_{\overline{V}_i}$, 则 $\mathcal{B}_i^{r_i}=\mathcal{O}$, 对 $i=1,2,\cdots,s$.

令 $\dim\overline{V}_i=p_i$, 那么由引理 7.2.1, 存在 $\overline{V}_i$ 的基 $\boldsymbol{\varepsilon}_{1i},\cdots,\boldsymbol{\varepsilon}_{p_ii}$ 使 $\mathcal{B}_i$ 在此基下的矩阵是

$$\boldsymbol{B}_i=\begin{pmatrix}\begin{array}{|cccc|}\hline 0&&&\\1&0&&\\&\ddots&\ddots&\\&&1&0\\\hline\end{array}&&\\&\ddots&\\&&\begin{array}{|cccc|}\hline 0&&&\\1&0&&\\&\ddots&\ddots&\\&&1&0\\\hline\end{array}\end{pmatrix}_{p_i\times p_i},$$

而 $\lambda_i\mathrm{id}_{\overline{V}_i}$ 在基 $\boldsymbol{\varepsilon}_{1i},\cdots,\boldsymbol{\varepsilon}_{p_ii}$ 下的矩阵是 $\lambda_i\boldsymbol{E}_{p_i}=\begin{pmatrix}\lambda_i&&\\&\ddots&\\&&\lambda_i\end{pmatrix}_{p_i\times p_i}$. 所以

$\mathcal{A}\mid_{\overline{V}_i}=\mathcal{B}_i+\lambda_i\mathrm{id}_{\overline{V}_i}$ 在基 $\boldsymbol{\varepsilon}_{1i},\cdots,\boldsymbol{\varepsilon}_{p_ii}$ 下的矩阵是

$$\overline{\boldsymbol{J}}_i = \boldsymbol{B}_i + \lambda_i \boldsymbol{E}_{p_i} = \begin{pmatrix} \begin{array}{|cccc|} \hline \lambda_i & & & \\ 1 & \lambda_i & & \\ & \ddots & \ddots & \\ & & 1 & \lambda_i \\ \hline \end{array} & & \\ & \ddots & \\ & & \begin{array}{|cccc|} \hline \lambda_i & & & \\ 1 & \lambda_i & & \\ & \ddots & \ddots & \\ & & 1 & \lambda_i \\ \hline \end{array} \end{pmatrix},$$

对 $i = 1, 2, \cdots, s$, 它们都是由对角元相同的若干 Jordan 块组成的 Jordan 形矩阵.

于是 $\mathcal{A}$ 在基 $\boldsymbol{\varepsilon}_{11}, \cdots, \boldsymbol{\varepsilon}_{p_1 1}, \cdots, \boldsymbol{\varepsilon}_{1s}, \cdots, \boldsymbol{\varepsilon}_{p_s s}$ 下的矩阵是 $\boldsymbol{J} = \begin{pmatrix} \overline{\boldsymbol{J}}_1 & & \\ & \ddots & \\ & & \overline{\boldsymbol{J}}_s \end{pmatrix}$, 这是一个 Jordan 形矩阵. □

我们称定理 7.2.2 中由 $\mathcal{A}$ 导出的 Jordan 形矩阵 $\boldsymbol{J}$ 为 $\mathcal{A}$ 的 **Jordan 标准形**. 本章最后将证明, $\mathcal{A}$ 的 Jordan 标准形具有唯一性.

上述结果用矩阵表示就是

定理 7.2.3 每个 n 阶复矩阵 $\boldsymbol{A}$ 都与一个 Jordan 形矩阵相似, 称为 $\boldsymbol{A}$ 的 Jordan 标准形.

思考 由定理 7.2.3, 我们给定一个 n 阶复矩阵 $\boldsymbol{A}$, 必存在可逆矩阵 $\boldsymbol{P}$ 使得 $\boldsymbol{P}^{-1}\boldsymbol{AP}$ 是一个 Jordan 形矩阵. 那么, 如何求可逆矩阵 $\boldsymbol{P}$ 呢? 此问题可以从不同基下线性变换对应的矩阵角度来考虑, 也可以直接通过递推计算来求出 $\boldsymbol{P}$, 请读者自己考虑.

在定理 7.2.2 的证明中, 易见 λ_i 作为 $\boldsymbol{J}$ 的特征值是 p_i 重的, 而 λ_i 作为 $\mathcal{A}$ 的特征值是 r_i 重的. 但 $\boldsymbol{J}$ 是 $\mathcal{A}$ 在基下的对应矩阵, 故它们的特征值完全一致, 因此有 $p_i = r_i (i = 1, 2, \cdots, s)$. 这说明事实上, 我们有

推论 7.2.4 $\mathbb{C}$ 上有限维线性空间 V 关于线性变换 $\mathcal{A}$ 的特征值 λ 的根子空间 $\overline{V}_\lambda$ 的维数等于特征值 λ 的重数.

本节最后介绍一下 Jordan-Chevalley 分解, 它可以作为选讲内容. Jordan-Chevalley 分解是 Jordan 标准形理论的进一步发展, 形成于 20 世纪初期.

定理 7.2.5 (Jordan-Chevalley 分解) 设 $\mathcal{A}$ 是 $\mathbb{C}$ 上有限维线性空间 V 上的线性变换, 则

(1) $\mathcal{A}$ 有如下的唯一分解:

$$\mathcal{A}=\mathcal{A}_s+\mathcal{A}_n,$$

其中 $\mathcal{A}_s$ 是可对角化的, $\mathcal{A}_n$ 是幂零的, 并且有 $\mathcal{A}_s\mathcal{A}_n=\mathcal{A}_n\mathcal{A}_s$. 这个分解称为 $\mathcal{A}$ 的 Jordan-Chevalley 分解.

(2) 若 $\mathcal{A}=\mathcal{A}_s+\mathcal{A}_n$ 是 $\mathcal{A}$ 的 Jordan-Chevalley 分解, 则存在常数项为 0 的多项式 $f(x),g(x)\in\mathbb{C}[x]$ 使得 $\mathcal{A}_s=f(\mathcal{A}),\mathcal{A}_n=g(\mathcal{A})$.

这个定理的 (2) 需要用到中国剩余定理, 超出了本课程的范围, 暂时略过. 下面简要说明一下 (1) 中 Jordan-Chevalley 分解的存在性的证明.

假设 $\mathcal{A}$ 是有限维复线性空间 V 上的线性变换, 由定理 7.2.2, 存在 V 的一组基, 设为 B, 使得 $\mathcal{A}$ 在基 B 下的矩阵为 Jordan 形矩阵 $\boldsymbol{J}=(a_{ij})$. 令 $J_s=(b_{ij})$, 其中 $b_{ij}=\delta_{ij}a_{ij},i,j=1,2,\cdots,n$. 则 $\boldsymbol{J}_s$ 是对角阵, 并且它与 $\boldsymbol{J}$ 在对角线上的元素都相同. 令 $\boldsymbol{J}_n=\boldsymbol{J}-\boldsymbol{J}_s$, 显然 $\boldsymbol{J}_n$ 是一个下三角的幂零阵 (或者零矩阵). 于是 $\boldsymbol{J}=\boldsymbol{J}_s+\boldsymbol{J}_n$, 其中 $\boldsymbol{J}_s$ 为对角阵, $\boldsymbol{J}_n$ 为幂零阵, $\boldsymbol{J}_s\boldsymbol{J}_n=\boldsymbol{J}_n\boldsymbol{J}_s$.

令 $\mathcal{A}_s$ (或 $\mathcal{A}_n$) 为 V 上的在基 B 下的矩阵为 $\boldsymbol{J}_s$ (或 $\boldsymbol{J}_n$) 的线性变换. 由于 $\boldsymbol{J}_s$ 为对角阵, $\mathcal{A}_s$ 可对角化; 由于 $\boldsymbol{J}_n$ 为幂零阵, $\mathcal{A}_n$ 幂零; 而由 $\boldsymbol{J}_s\boldsymbol{J}_n=\boldsymbol{J}_n\boldsymbol{J}_s$ 可得到 $\mathcal{A}_s\mathcal{A}_n=\mathcal{A}_n\mathcal{A}_s$. 所以 $\mathcal{A}=\mathcal{A}_s+\mathcal{A}_n$ 就是 $\mathcal{A}$ 的 Jordan-Chevalley 分解.

至于 $\mathcal{A}$ 的 Jordan-Chevalley 分解的唯一性, 则可由 $\mathcal{A}$ 的 Jordan 标准形的唯一性得出. $\mathcal{A}$ 的 Jordan 标准形的唯一性将于 7.7 节证明.

线性变换的 Jordan-Chevalley 分解及其进一步推广在代数群和表示论等多个方向有着重要的应用, 在此不再赘述了.

习　题　7.2

1. 设 $\mathcal{A}$ 为复数域上线性空间 V 的线性变换.

(a) 证明: V 中有一组基 $\boldsymbol{\varepsilon}_1,\boldsymbol{\varepsilon}_2,\cdots,\boldsymbol{\varepsilon}_n$, 使得, 对 $i=1,2,\cdots,n$, $W_i=L(\boldsymbol{\varepsilon}_1,\boldsymbol{\varepsilon}_2,\cdots,\boldsymbol{\varepsilon}_i)$ 均为 V 的 $\mathcal{A}$-不变子空间且 $\mathcal{A}$ 在 $\boldsymbol{\varepsilon}_1,\boldsymbol{\varepsilon}_2,\cdots,\boldsymbol{\varepsilon}_n$ 下的矩阵为上三角阵;

(b) 对 $i=1,2,\cdots,n$, 由 $\mathcal{A}$ 诱导出 V/W_i 的线性变换 $\mathcal{A}_i$ 满足

$$\mathcal{A}_i(\boldsymbol{\alpha}+W_i)=\mathcal{A}(\boldsymbol{\alpha})+W_i.$$

证明: $\boldsymbol{\varepsilon}_{i+1}+W_i$ 为 $\mathcal{A}_i$ 的特征向量.

2. 证明: 对于复数域上的任意一个矩阵 $\boldsymbol{A}$, 均有如下分解 $\boldsymbol{A}=\boldsymbol{B}+\boldsymbol{C}$, 使得其中 $\boldsymbol{C}$ 为幂零阵, $\boldsymbol{B}$ 相似于一个对角矩阵, 且 $\boldsymbol{BC}=\boldsymbol{CB}$.

3. 设 $\phi:V\to V$ 是线性变换, 线性变换 $\phi:V\to V$ 可对角化, $V=\bigoplus\limits_{i=1}^{k}V_i$, $\phi(V_i)\subseteq V_i$ 且 $\phi|_{V_i}=a_iI$ (这些 a_i 互不相同). 求 V 的所有的 ϕ-不变子空间 W. 并证明, 对任意的 ϕ-不变子空间 W, $\phi|_W$ 作为 W 上的线性变换仍然可对角化.

4. 设 $f,g:V\to V$ 是两个可对角化的线性变换, 且 $fg=gf$, 证明: 存在 V 的一组基 B, 使得 f,g 在这组基下的矩阵均为对角阵.

5. 设 $f:V\to V$ 是幂零线性变换, 证明: $I+f$ 是可逆线性变换.

6. 设 V 是线性空间, V_i 是 V 的子空间, $i=1,2,\cdots,k;k\geqslant 2$. $V_1\times V_2\times\cdots\times V_k$ 是这些 V_i 的积空间. 令 $\phi: V_1\times V_2\times\cdots\times V_k\to V, \phi(v_1,v_2,\cdots,v_k)=v_1+v_2+\cdots+v_k$. 证明:

(1) ϕ 是线性映射, 且 $\operatorname{Im}\phi=\sum\limits_{i=1}^{k}V_i$;

(2) ϕ 是线性同构等价于 $V=\bigoplus\limits_{i=1}^{k}V_i$.

7. 设 $f:V\to V$ 是线性变换, 若对 V 的任意一个 f-不变子空间 W, 都存在一个 f-不变子空间 U, 使得 $V=W\oplus U$, 则称 f 是**半单**的. 证明: 若 f 可对角化, 则 f 是半单的.

8. 设 $f:V\to V$ 是线性变换, 若 f 既可对角化又幂零, 证明: $f=\boldsymbol{O}$.

9. 设 $f:V\to V$ 是线性变换, W 是 f-不变子空间. 证明: 若 f 可对角化 (幂零), 则 $f|_W$ 可对角化 (幂零).

10. 设 V 是数域 $\mathbb{F}$ 上的 n 维线性空间, $B=\{\boldsymbol{v}_1,\boldsymbol{v}_2,\cdots,\boldsymbol{v}_n\}$ 是 V 的一组基, $B'=\{\boldsymbol{v}_n,\boldsymbol{v}_{n-1},\cdots,\boldsymbol{v}_1\}$ 是将 B 中向量反序后得到的 V 的另一组基, $f:V\to V$ 是线性变换, f 在这两组基 B 和 B' 下的矩阵分别为 $\boldsymbol{S}=[s_{ij}]$ 和 $\boldsymbol{U}=[u_{ij}]$, 证明 : $u_{ij}=s_{n+1-i,n+1-j}$ (当 $\boldsymbol{S}$ 是 Jordan 块时, $\boldsymbol{U}=\boldsymbol{S}^{\mathrm{T}}$).

11. $\boldsymbol{A}=J(\lambda,n)$ 是一个 n 阶 Jordan 块, 寻找一个 n 阶可逆阵 $\boldsymbol{C}$, 使得 $\boldsymbol{C}^{-1}\boldsymbol{A}\boldsymbol{C}=\boldsymbol{A}^{\mathrm{T}}$.

7.3 方阵的相似对角化与最小多项式

7.2 节我们刻画了任一方阵如何相似简化为 Jordan 标准形. 但由 Jordan 形矩阵定义, 对角形矩阵是其特例, 即所有 Jordan 块均为 1×1 的 Jordan 阵就是对角阵. 因此, 一个方阵如何相似对角化就可看作相似于 Jordan 阵的问题的一种细化讨论. 这方面讨论事实上上册中已经涉及, 让我们先来回顾, 然后整理出相应的结论.

设 V 是 $\mathbb{C}$ 上 n 维线性空间, $\mathcal{A}$ 是 V 上的线性变换, 设 $\mathcal{A}$ 有不同的特征值为 $\lambda_1,\lambda_2,\cdots,\lambda_s$, 那么, 各个特征值的特征子空间均为根子空间的子空间, 即

$$V_{\lambda_i}\subseteq\overline{V}_{\lambda_i}\quad(i=1,2,\cdots,s).$$

由上册知, $\mathcal{A}$ 可对角化 (即它在某组基下的矩阵成对角形) 当且仅当

$$\sum_{i=1}^{s}\dim V_{\lambda_i}=\dim V.$$

但是, 由定理 7.1.6, 对任一 $\mathcal{A}$, 总有

$$V=\bigoplus_{i=1}^{s}\overline{V}_{\lambda_i}\supseteq\bigoplus_{i=1}^{s}V_{\lambda_i}.$$

因此, $\dim V=\sum\limits_{i=1}^{s}\dim V_{\lambda_i}$ 当且仅当 $V_{\lambda_i}=\overline{V}_{\lambda_i}$ 对 $i=1,2,\cdots,s$. 于是, 我们有

命题 7.3.1　(1) $\mathbb{C}$ 上有限维线性空间 V 的线性变换 $\mathcal{A}$ 可对角化当且仅当 $\mathcal{A}$ 的任一特征值的特征子空间等于该特征值的根子空间;

(2) $\mathbb{C}$ 上方阵 $\boldsymbol{A}$ 相似于某对角形矩阵当且仅当 $\boldsymbol{A}$ 的任一特征值的特征子空间等于该特征值的根子空间.

本节将对此相似对角化可能性作进一步更具体的刻画, 即通过使用 "最小多项式理论" 的方法进行, 使其判别法具有可操作性.

首先介绍最小多项式的概念和性质.

设 $\boldsymbol{A}$ 是数域 $\mathbb{F}$ 上的 n 阶方阵, $f(x) \in \mathbb{F}[x]$, 若 $f(\boldsymbol{A}) = \boldsymbol{O}$, 则称 $\boldsymbol{A}$ 是 $f(x)$ 的一个**根矩阵**.

以 $\boldsymbol{A}$ 为根矩阵的非零多项式总是有的, 比如, 由哈密顿-凯莱定理, 对 $\boldsymbol{A}$ 的特征多项式 $f_{\boldsymbol{A}}(x)$, 总有 $f_{\boldsymbol{A}}(\boldsymbol{A}) = \boldsymbol{O}$.

对所有这些以 $\boldsymbol{A}$ 为根矩阵的非零多项式, 我们把其中次数最低的首项为 1 的多项式称为**矩阵 $\boldsymbol{A}$ 的最小多项式**.

相应地, 设 $\mathcal{A}$ 是数域 $\mathbb{F}$ 上的 n 维线性空间 V 的一个线性变换, $f(x) \in \mathbb{F}[x]$, 若 $f(\mathcal{A}) = \mathcal{O}$, 则称 $\mathcal{A}$ 是 $f(x)$ 的一个**根变换**. 如果 $\mathcal{A}$ 在某组基下的对应矩阵为 $\boldsymbol{A}$, 那么我们把矩阵 $\boldsymbol{A}$ 的最小多项式就称为**线性变换 $\mathcal{A}$ 的最小多项式**.

下面所有关于矩阵的最小多项式的讨论和结论都可给出矩阵的对应线性变换的最小多项式的相应表达形式, 请读者自己注意.

性质 7.3.2　方阵 $\boldsymbol{A}$ 的最小多项式是唯一的.

证明　设 $g_1(x)$, $g_2(x)$ 均为 $\boldsymbol{A}$ 的最小多项式. 用带余除法, 存在 $q(x)$, $r(x) \in \mathbb{F}[x]$ 且 $r(x) = 0$ 或 $\deg(r(x)) < \deg(g_2(x))$, 使得

$$g_1(x) = q(x)g_2(x) + r(x).$$

于是

$$g_1(\boldsymbol{A}) = q(\boldsymbol{A})g_2(\boldsymbol{A}) + r(\boldsymbol{A}),$$

其中 $g_1(\boldsymbol{A}) = g_2(\boldsymbol{A}) = \boldsymbol{O}$. 所以 $r(\boldsymbol{A}) = \boldsymbol{O}$.

若 $r(x) \neq 0$, 则 $\deg(r(x)) < \deg(g_2(x))$. 但 $r(\boldsymbol{A}) = \boldsymbol{O}$, 这与 $g_2(x)$ 的最小性矛盾, 因此 $r(x) = 0$, 从而 $g_1(x) = q(x)g_2(x)$, 即 $g_2(x) \mid g_1(x)$. 同理可得 $g_1(x) \mid g_2(x)$. 又 $g_1(x), g_2(x)$ 均为首 1 的, 故 $g_1(x) = g_2(x)$. □

下面我们都用 $g_{\boldsymbol{A}}(x)$ 表示 $\boldsymbol{A}$ 的唯一的最小多项式.

性质 7.3.3　$f(x) \in \mathbb{F}[x]$ 以 $\boldsymbol{A}$ 为根矩阵当且仅当 $g_{\boldsymbol{A}}(x) \mid f(x)$.

证明　充分性显然. 必要性与性质 7.3.2 一样用带余除法即可得出. □

推论 7.3.4　对方阵 $\boldsymbol{A}$ 的特征多项式 $f_{\boldsymbol{A}}(x)$ 和最小多项式 $g_{\boldsymbol{A}}(x)$, 必有 $g_{\boldsymbol{A}}(x) \mid f_{\boldsymbol{A}}(x)$.

一些简单方阵的最小多项式是很容易看出来的. 比如, 数量阵 $k\boldsymbol{E}$ 的最小多项式是 $x-k$. 特别地, 单位阵的最小多项式是 $x-1$, 零矩阵的最小多项式是 x. 反之, 以一次多项式为最小多项式的方阵必为数量阵.

一般方阵的最小多项式 $g_{\boldsymbol{A}}(x)$ 如何求呢? 我们可以利用 $g_{\boldsymbol{A}}(x) \mid f_{\boldsymbol{A}}(x)$ 来求, 即在低于 $\deg(f_{\boldsymbol{A}})$ 的 $f_{\boldsymbol{A}}$ 的因子中去找最小次的以 $\boldsymbol{A}$ 为根矩阵的因子.

例 7.3.1 设 $\boldsymbol{A}=\left(\begin{array}{cc|c} 1 & & \\ 1 & 1 & \\ \hline & & 1 \end{array}\right)$, 求 $\boldsymbol{A}$ 的最小多项式.

解 因为 $f_{\boldsymbol{A}}(x)=|x\boldsymbol{E}-\boldsymbol{A}|=(x-1)^3$, 所以 $g_{\boldsymbol{A}}(x)$ 是 $(x-1)^3$ 的因子. 从低次到高次看,

$$\boldsymbol{A}-\boldsymbol{E}\neq\boldsymbol{O},\quad (\boldsymbol{A}-\boldsymbol{E})^2=\left(\begin{array}{cc|c} 0 & & \\ 1 & 0 & \\ \hline & & 0 \end{array}\right)^2=\boldsymbol{O}.$$

因此 $g_{\boldsymbol{A}}(x)=(x-1)^2$.

用这一方法可以证明下述性质 (留给读者作为练习),

性质 7.3.5 k 阶 Jordan 块 $\boldsymbol{J}=\begin{pmatrix} a & & & \\ 1 & a & & \\ & \ddots & \ddots & \\ & & 1 & a \end{pmatrix}$ 的最小多项式是 $(x-a)^k$.

如果方阵 $\boldsymbol{A}$ 与 $\boldsymbol{B}$ 相似, 即有可逆阵 $\boldsymbol{T}$ 使

$$\boldsymbol{B}=\boldsymbol{T}^{-1}\boldsymbol{A}\boldsymbol{T},$$

那么对任一多项式 $f(x)$, 有

$$f(\boldsymbol{B})=\boldsymbol{T}^{-1}f(\boldsymbol{A})\boldsymbol{T},$$

从而 $f(\boldsymbol{A})=\boldsymbol{O}$ 当且仅当 $f(\boldsymbol{B})=\boldsymbol{O}$. 这说明, **相似矩阵有相同的最小多项式**. 这保证了线性变换 $\mathcal{A}$ 的最小多项式 $g_{\mathcal{A}}(x)=g_{\boldsymbol{A}}(x)$ 不因基的改变而改变.

但反之不然, 即有相同最小多项式的方阵未必是相似的. 比如, 用上面说过的方法不难求出

$$A = \left(\begin{array}{cc|cc} 1 & & & \\ 1 & 1 & & \\ \hline & & 1 & \\ & & & 2 \end{array}\right) \quad 与 \quad B = \left(\begin{array}{cc|cc} 1 & & & \\ 1 & 1 & & \\ \hline & & 2 & \\ & & & 2 \end{array}\right)$$

的最小多项式都是 $(x-1)^2(x-2)$. 但

$$f_{A}(x) = (x-1)^2(x-2) \neq f_{B}(x) = (x-1)^2(x-2)^2,$$

因此 A 与 B 不相似.

根据这一事实, 由于复域 $\mathbb{C}$ 上任一方阵相似于它的 Jordan 标准形矩阵, 这样我们只要计算 Jordan 形矩阵的最小多项式, 求出的也就是原矩阵的最小多项式.

那么, 如何计算 Jordan 形矩阵的最小多项式呢? 性质 7.3.5 已给出了 Jordan 块的最小多项式, 而我们注意到每个 Jordan 形矩阵是若干个 Jordan 块组成的准对角阵. 因此下面我们给出准对角阵的最小多项式的计算方法.

性质 7.3.6 设

$$A = \begin{pmatrix} A_1 & \\ & A_2 \end{pmatrix},$$

其中 A_1, A_2 均为方阵, 则

$$g_{A}(x) = [g_{A_1}(x), g_{A_2}(x)],$$

即 $g_{A_1}(x)$ 和 $g_{A_2}(x)$ 的最小公倍式.

证明 令 $g(x) = [g_{A_1}(x),\ g_{A_2}(x)]$, 则有多项式 $s(x)$ 和 $t(x)$, 使

$$g(x) = g_{A_1}(x)s(x) = g_{A_2}(x)t(x),$$

且$(s(x),\ t(x)) = 1$, 于是

$$g(A_1) = O, \quad g(A_2) = O,$$

从而

$$g(A) = g\begin{pmatrix} A_1 & \\ & A_2 \end{pmatrix} = \begin{pmatrix} g(A_1) & \\ & g(A_2) \end{pmatrix} = \begin{pmatrix} O & \\ & O \end{pmatrix} = O.$$

由性质 7.3.3, $g_{A}(x) \mid g(x)$.

又因为

$$\boldsymbol{O}=g_{\boldsymbol{A}}(\boldsymbol{A})=g_{\boldsymbol{A}}\begin{pmatrix}\boldsymbol{A}_1 & \\ & \boldsymbol{A}_2\end{pmatrix}=\begin{pmatrix}g_{\boldsymbol{A}}(\boldsymbol{A}_1) & \\ & g_{\boldsymbol{A}}(\boldsymbol{A}_2)\end{pmatrix},$$

所以 $g_{\boldsymbol{A}}(\boldsymbol{A}_1)=\boldsymbol{O}$, $g_{\boldsymbol{A}}(\boldsymbol{A}_2)=\boldsymbol{O}$. 从而 $g_{\boldsymbol{A}_1}(x)\mid g_{\boldsymbol{A}}(x)$, $g_{\boldsymbol{A}_2}(x)\mid g_{\boldsymbol{A}}(x)$. 于是 $g(x)\mid g_{\boldsymbol{A}}(x)$. 这说明 $g_{\boldsymbol{A}}(x)=g(x)=[g_{\boldsymbol{A}_1}(x),g_{\boldsymbol{A}_2}(x)]$. □

由归纳法即得

推论 7.3.7 设

$$\boldsymbol{A}=\begin{pmatrix}\boldsymbol{A}_1 & & & \\ & \boldsymbol{A}_2 & & \\ & & \ddots & \\ & & & \boldsymbol{A}_m\end{pmatrix},$$

其中 $\boldsymbol{A}_i\ (i=1,2,\cdots,m)$ 均为方阵, 那么 $g_{\boldsymbol{A}}(x)=[g_{\boldsymbol{A}_1}(x),g_{\boldsymbol{A}_2}(x),\cdots,g_{\boldsymbol{A}_m}(x)]$.

据此可给出 $\mathbb{C}$ 上方阵 $\boldsymbol{A}$ 的最小多项式的计算方法, 即设有可逆阵 $\boldsymbol{T}$ 使

$$\boldsymbol{T}^{-1}\boldsymbol{A}\boldsymbol{T}=\boldsymbol{J}$$

为 Jordan 形矩阵, 那么

$$\boldsymbol{J}=\begin{pmatrix}\boldsymbol{J}_1 & & & \\ & \boldsymbol{J}_2 & & \\ & & \ddots & \\ & & & \boldsymbol{J}_m\end{pmatrix},$$

其中 $\boldsymbol{J}_i\ (i=1,2,\cdots,m)$ 均为 Jordan 块, 则

$$g_{\boldsymbol{A}}(x)=g_{\boldsymbol{J}}(x)=[g_{\boldsymbol{J}_1}(x),g_{\boldsymbol{J}_2}(x),\cdots,g_{\boldsymbol{J}_m}(x)].$$

例如, 上述

$$\boldsymbol{A}=\left(\begin{array}{cc|cc}1 & & & \\ 1 & 1 & & \\ \hline & & 1 & \\ & & & 2\end{array}\right),\quad \boldsymbol{B}=\left(\begin{array}{cc|cc}1 & & & \\ 1 & 1 & & \\ \hline & & 2 & \\ & & & 2\end{array}\right),$$

其中 $\begin{pmatrix} 1 & 0 \\ 1 & 1 \end{pmatrix}$, (1) 和 (2) 的最小多项式分别是 $(x-1)^2, x-1, x-2$, 则

$$g_{\boldsymbol{A}}(x) = [(x-1)^2, x-1, x-2] = (x-1)^2(x-2),$$
$$g_{\boldsymbol{B}}(x) = [(x-1)^2, x-2, x-2] = (x-1)^2(x-2).$$

现在用最小多项式给出 $\mathbb{C}$ 上方阵 $\boldsymbol{A}$ 可以相似对角化的刻画. 由前面讨论知, $\boldsymbol{A}$ 可相似对角化当且仅当它的 Jordan 标准形可相似对角化. 而可以看出的是, 一个 Jordan 形矩阵可相似对角化当且仅当它是对角阵, 这等价于说 Jordan 阵的每个 Jordan 块都是 1×1 的. 由此, 我们可以得到的结论如下:

定理 7.3.8　数域 $\mathbb{F}$ 上 n 阶方阵 $\boldsymbol{A}$ 可相似对角化当且仅当 $\boldsymbol{A}$ 的最小多项式是 $\mathbb{F}$ 上互素的一次因式的乘积.

证明　**必要性**　已知有可逆阵 $\boldsymbol{T}$ 使

$$\boldsymbol{T}^{-1}\boldsymbol{A}\boldsymbol{T} = \begin{pmatrix} \lambda_1 & & & & & & \\ & \ddots & & & & & \\ & & \lambda_1 & & & & \\ & & & \ddots & & & \\ & & & & \lambda_s & & \\ & & & & & \ddots & \\ & & & & & & \lambda_s \end{pmatrix},$$

其中对 $i \neq j$, $\lambda_i \neq \lambda_j$. 由推论 7.3.7 可见,

$$g_{\boldsymbol{A}}(x) = [x-\lambda_1, \cdots, x-\lambda_1, \cdots, x-\lambda_s, \cdots, x-\lambda_s] = (x-\lambda_1)\cdots(x-\lambda_s).$$

充分性　由上册知, $\boldsymbol{A}$ 可相似对角化当且仅当线性空间 $\mathbb{F}^n$ 有一组由 $\boldsymbol{A}$ 的特征向量组成的基. 设 $g_{\boldsymbol{A}}(x) = (x-\lambda_1)\cdots(x-\lambda_s)$, 其中当 $i \neq j$ 时, $\lambda_i \neq \lambda_j$. 因为 $g_{\boldsymbol{A}}(x) \mid f_{\boldsymbol{A}}(x)$, 所以 $\lambda_1, \lambda_2, \cdots, \lambda_s$ 均为 $\boldsymbol{A}$ 的特征值. 对 $i = 1, 2, \cdots, s$, 令 V_{λ_i} 是 λ_i 的特征子空间. 下面我们只需证明

$$\mathbb{F}^n = V_{\lambda_1} \oplus V_{\lambda_2} \oplus \cdots \oplus V_{\lambda_s},$$

从而说明了 $\mathbb{F}^n$ 有一组由 $\boldsymbol{A}$ 的特征向量组成的基.

首先, 由于不同特征值对应的特征向量总是线性无关的, 因此 $V_{\lambda_1} + V_{\lambda_2} + \cdots + V_{\lambda_s}$ 是一个直和.

令

$$g_i(x) = \frac{g_{\boldsymbol{A}}(x)}{x-\lambda_i} = \frac{(x-\lambda_1)\cdots(x-\lambda_s)}{x-\lambda_i},$$

则 $(g_1(x), g_2(x), \cdots, g_s(x)) = 1$, 从而有 $u_1(x), u_2(x), \cdots, u_s(x) \in \mathbb{F}[x]$ 使

$$u_1(x)g_1(x) + u_2(x)g_2(x) + \cdots + u_s(x)g_s(x) = 1.$$

则对任一 $\boldsymbol{\alpha} \in \mathbb{F}^n$, 有

$$\boldsymbol{\alpha} = u_1(\boldsymbol{A})g_1(\boldsymbol{A})\boldsymbol{\alpha} + u_2(\boldsymbol{A})g_2(\boldsymbol{A})\boldsymbol{\alpha} + \cdots + u_s(\boldsymbol{A})g_s(\boldsymbol{A})\boldsymbol{\alpha} = \boldsymbol{\beta}_1 + \boldsymbol{\beta}_2 + \cdots + \boldsymbol{\beta}_s,$$

其中 $\boldsymbol{\beta}_i = u_i(\boldsymbol{A})g_i(\boldsymbol{A})\boldsymbol{\alpha}\ (i = 1, 2, \cdots, s)$.

由于 $(\lambda_i\boldsymbol{E} - \boldsymbol{A})\boldsymbol{\beta}_i = (\lambda_i\boldsymbol{E} - \boldsymbol{A})u_i(\boldsymbol{A})g_i(\boldsymbol{A})\boldsymbol{\alpha} = -u_i(\boldsymbol{A})g_{\boldsymbol{A}}(\boldsymbol{A})\boldsymbol{\alpha} = u_i(\boldsymbol{A})\boldsymbol{O}\boldsymbol{\alpha} = \boldsymbol{\theta}$, 则 $\boldsymbol{\beta}_i \in V_{\lambda_i}$. 于是, 我们得 $\mathbb{F}^n = V_{\lambda_1} \bigoplus V_{\lambda_2} \bigoplus \cdots \bigoplus V_{\lambda_s}$. □

由于 $\mathbb{F} = \mathbb{C}$ 时, $g_{\boldsymbol{A}}(x)$ 总可分解为一次因式的乘积, 因此, 上述定理可表述为

推论 7.3.9 复方阵可相似对角化当且仅当 $\boldsymbol{A}$ 的最小多项式 $g_{\boldsymbol{A}}(x)$ 没有重根.

习 题 7.3

1. 求 $\boldsymbol{A} = \left(\begin{array}{ccc|cc} a & b & & & \\ & a & b & & \\ & & a & & \\ \hline & & & c & d \\ & & & & c \end{array}\right)$, 其中 $a, b, c, d \neq 0$ 的最小多项式.

2. 设 $\boldsymbol{A}$ 是数域 $\mathbb{F}$ 上的 n 级方阵, $m(\lambda), f(\lambda)$ 分别是 $\boldsymbol{A}$ 的最小多项式和特征多项式. 证明: 存在正整数 t, 使得 $f(\lambda)|m^t(\lambda)$.

3. 设 $m(x)$ 是 n 阶复矩阵 $\boldsymbol{A}$ 的最小多项式, $\varphi(x)$ 是次数大于零的复多项式. 证明: 对 $\boldsymbol{A}$ 的任一个特征值 λ 均有 $\varphi(\lambda) \neq 0$ 的充分必要条件是 $(\varphi(x),\ m(x)) = 1$.

4. 求欧氏空间 $\mathbb{R}^n$ 上的一个反射变换的最小多项式.

5. 设 $A \in \mathbb{F}^{n\times n}$, $g_A(x)$ 是它的最小多项式, 证明：若 λ 是 A 的特征值, 则 $g_A(\lambda) = O$.

6. 设 V 是 $\mathbb{F}$ 上有限维线性空间, $\phi: V \to V$ 是线性变换, 证明:

(1) 存在正整数 k, 使得 $I, \phi, \phi^2, \cdots, \phi^k$ 在 $\mathrm{End}_{\mathbb{F}}(V)$ 中线性相关;

(2) 设 k 是使得 $I, \phi, \phi^2, \cdots, \phi^k$ 线性相关的最小正整数, $a_i \in \mathbb{F}, i = 0, 1, \cdots, k$ 且 $a_k = 1$, 满足 $\sum\limits_{i=0}^{k} a_i\phi^i = 0$. 则 $g(x) = \sum\limits_{i=0}^{k} a_ix^i$ 是 ϕ 的最小多项式.

7. 设 $\boldsymbol{A} \in \mathbb{F}^{n\times n}$, $\boldsymbol{\theta} \neq \boldsymbol{v} \in \mathbb{F}^n$. 设 $f(x) = \sum\limits_{i=0}^{k} a_ix^i \in \mathbb{F}[x]\ (a_k = 1)$ 是满足 $f(\boldsymbol{A})\boldsymbol{v} = \boldsymbol{\theta}$ 的次数最低的首一多项式. 令 $B = \{\boldsymbol{v}, \boldsymbol{A}\boldsymbol{v}, \cdots, \boldsymbol{A}^{k-1}\boldsymbol{v}\}$, $W = L(B)$ 为 B 张成的子空间.

(1) 证明 W 是 $l_{\boldsymbol{A}}$-不变子空间, 且 B 是它的一组基.

(2) 写出 $l_{\boldsymbol{A}}|_W$ 在基 B 下的矩阵.

7.4 λ-矩阵及其标准形

7.2 节已经说明了复方阵 Jordan 标准形的存在性. 本节开始将围绕 Jordan 标准形的唯一性与计算问题展开, 所用方法是所谓的 λ-矩阵的方法.

设有数域 $\mathbb{F}$ 上的一元多项式环 $\mathbb{F}[\lambda]$. 如果一个矩阵的元素都是 $\mathbb{F}[\lambda]$ 的多项式, 就称此矩阵为**λ-矩阵**, 也有些数学家称之为**多项式矩阵**.

注意, 通常所说的数域 $\mathbb{F}$ 上的矩阵的元素都是数字, 故称为**数字矩阵**. 由于 $\mathbb{F} \subseteq \mathbb{F}[\lambda]$, 因此, 数字矩阵可以看成特殊的 λ-矩阵. 一般地, 数字矩阵表示为 $\boldsymbol{A} = (a_{ij})$, 其中 $a_{ij} \in \mathbb{F}$; λ-矩阵表为 $\boldsymbol{A}(\lambda) = (a_{ij}(\lambda))$, 其中 $a_{ij}(\lambda) \in \mathbb{F}[\lambda]$. 所有 $m \times n$ 的数域 $\mathbb{F}$ 上的 λ-矩阵全体构成的集合记为 $\mathbb{F}[\lambda]^{m\times n}$.

虽然 λ-矩阵与数字矩阵有很大区别, 但是还有很多相似的方面. 比如, 设

$$\boldsymbol{A}(\lambda) = (a_{ij}(\lambda))_{n\times m}, \quad \boldsymbol{B}(\lambda) = (b_{ij}(\lambda))_{n\times m}, \quad \boldsymbol{C}(\lambda) = (c_{ij}(\lambda))_{m\times k},$$

则加法定义为

$$\boldsymbol{A}(\lambda) + \boldsymbol{B}(\lambda) = (a_{ij}(\lambda) + b_{ij}(\lambda))_{n\times m};$$

乘法定义为

$$\boldsymbol{A}(\lambda)\boldsymbol{C}(\lambda) = \boldsymbol{D}(\lambda) = (d_{ij}(\lambda))_{n\times k},$$

其中 $d_{ij}(\lambda) = \sum\limits_{l=1}^{m} a_{il}(\lambda)c_{lj}(\lambda)$; 当 $n = m$ 时, $\boldsymbol{A}(\lambda)$ 的行列式

$$|\boldsymbol{A}(\lambda)| = \sum_{i_1\cdots i_n} (-1)^{\tau(i_1\cdots i_n)} a_{1i_1}(\lambda)a_{2i_2}(\lambda)\cdots a_{ni_n}(\lambda).$$

当 $n = m = k$ 时, $|\boldsymbol{A}(\lambda)\boldsymbol{C}(\lambda)| = |\boldsymbol{A}(\lambda)||\boldsymbol{C}(\lambda)|$, 其证明方法与数字矩阵的一样.

与数字矩阵一样的方法, 可以定义 λ-矩阵的子式、(代数) 余子式等概念, 并进而证明 λ-矩阵上的 Laplace (拉普拉斯) 定理.

$\boldsymbol{A}(\lambda)$ 的**秩**定义为 r, 如果 $\boldsymbol{A}(\lambda)$ 中至少有一个 $r(r \geqslant 1)$ 级子式不为零, 但所有 $r+1$ 级子式 (如果有的话) 全为零. 特别地, 零矩阵的秩规定为零. 这是数字矩阵的秩的推广.

同样地, 我们还有

定义 7.4.1 一个 n 阶 λ-矩阵 $\boldsymbol{A}(\lambda)$ 称为在 $\mathbb{F}[\lambda]^{n\times n}$ 中**可逆**, 若存在一个 $n \times n$ 的 λ-矩阵 $\boldsymbol{B}(\lambda)$ 使

$$\boldsymbol{A}(\lambda)\boldsymbol{B}(\lambda) = \boldsymbol{B}(\lambda)\boldsymbol{A}(\lambda) = \boldsymbol{E}.$$

可以证明, 这样的 $\boldsymbol{B}(\lambda)$ 是唯一的, 称 $\boldsymbol{B}(\lambda)$ 是 $\boldsymbol{A}(\lambda)$ 的**逆矩阵**, 记为 $\boldsymbol{A}^{-1}(\lambda)$.

在 λ-矩阵的情形, 其可逆的条件是

定理 7.4.1 一个 n 阶 λ-矩阵 $\boldsymbol{A}(\lambda)$ 是可逆的充要条件是行列式 $|\boldsymbol{A}(\lambda)|$ 为一个非零的数, 即 $|\boldsymbol{A}(\lambda)| \neq 0$ 且 $\deg(|\boldsymbol{A}(\lambda)|) = 0$.

证明 对于 λ-矩阵, 与数字矩阵同样的方法, 可定义 $\boldsymbol{A}(\lambda)$ 的伴随矩阵 $\boldsymbol{A}^*(\lambda)$, 其 (i,j)-元是 $\boldsymbol{A}(\lambda)$ 中 (j,i)-元的代数余子式. 由 λ-矩阵上的 Laplace 定理可得

$$\boldsymbol{A}(\lambda)\boldsymbol{A}^*(\lambda) = \boldsymbol{A}^*(\lambda)\boldsymbol{A}(\lambda) = d\boldsymbol{E},$$

其中 $d = |\boldsymbol{A}(\lambda)|$.

当 d 是非零数时, 则 $\boldsymbol{A}(\lambda)\dfrac{1}{d}\boldsymbol{A}^*(\lambda) = \dfrac{1}{d}\boldsymbol{A}^*(\lambda)\boldsymbol{A}(\lambda) = \boldsymbol{E}$, 从而 $\boldsymbol{A}(\lambda)$ 有逆矩阵 $\boldsymbol{A}^{-1}(\lambda) = \dfrac{1}{d}\boldsymbol{A}^*(\lambda)$.

反之, 当 $\boldsymbol{A}(\lambda)$ 可逆, 即有 λ-矩阵 $\boldsymbol{B}(\lambda)$ 使 $\boldsymbol{A}(\lambda)\boldsymbol{B}(\lambda) = \boldsymbol{E}$. 从而 $|\boldsymbol{A}(\lambda)||\boldsymbol{B}(\lambda)| = 1$, 得 $d = |\boldsymbol{A}(\lambda)|$ 是非零数. □

λ-矩阵的初等变换定义为如下三种变换:

(1) λ-矩阵的两行 (列) 互换位置;

(2) λ-矩阵的某一行 (列) 乘以一个非零常数;

(3) λ-矩阵的某一行 (列) 加上另一行 (列) 的 $\varphi(\lambda)$ 倍, 这里 $\varphi(\lambda)$ 是一个多项式.

与数字矩阵一样, 对 λ-矩阵作某一类初等行 (列) 变换, 相当于左 (右) 乘某个简单的 λ-矩阵, 这个对应的简单 λ-矩阵称为**初等矩阵**.

(i) 互换 i 行 (列) 和 j 行 (列) 相当于左 (右) 乘初等矩阵

$$\boldsymbol{P}(i,j) = \begin{pmatrix} 1 & & & & & & \\ & \ddots & & & & & \\ & & 0 & \cdots & 1 & & \\ & & \vdots & \ddots & \vdots & & \\ & & 1 & \cdots & 0 & & \\ & & & & & \ddots & \\ & & & & & & 1 \end{pmatrix} \begin{matrix} \\ \\ i \\ \\ j \\ \\ \\ \end{matrix};$$

(ii) i 行 (列) 乘以非零常数 c 相当于左 (右) 乘初等矩阵

$$\boldsymbol{P}(i(c)) = \begin{pmatrix} 1 & & & & \\ & \ddots & & & \\ & & c & & \\ & & & \ddots & \\ & & & & 1 \end{pmatrix} i\ ;$$

(iii) 将第 j 行乘以 $\varphi(\lambda)$ 倍加到第 i 行 (或将第 i 列乘以 $\varphi(\lambda)$ 倍加到第 j 列) 相当于左 (右) 乘初等矩阵

$$\boldsymbol{P}(i,j(\varphi(\lambda)))=\begin{pmatrix}1&&&&&&\\&\ddots&&&&&\\&&1&\cdots&\varphi(\lambda)&&\\&&&\ddots&\vdots&&\\&&&&1&&\\&&&&&\ddots&\\&&&&&&1\end{pmatrix}\begin{matrix}\\ \\ i\\ \\ j\\ \\ \\ \end{matrix}.$$

由于每个初等变换都是可逆的, 所以相应的初等矩阵也是可逆的; 逆变换对应的矩阵就是相应初等矩阵的逆矩阵. 易见

$$\boldsymbol{P}(i,j)^{-1}=\boldsymbol{P}(i,j),\quad \boldsymbol{P}(i(c))=\boldsymbol{P}\left(i\left(\frac{1}{c}\right)\right),\quad \boldsymbol{P}(i,j(\varphi(\lambda)))=\boldsymbol{P}(i,j(-\varphi(\lambda))).$$

因为次数大于 1 的多项式关于乘法总是不可逆的, 所以第二类初等变换 $\boldsymbol{P}(i(c))$ 中的 c 只能取非零常数.

定义 7.4.2　λ-矩阵 $\boldsymbol{A}(\lambda)$ 与 $\boldsymbol{B}(\lambda)$ 称为**等价**的, 若可以经过一系列的初等变换将 $\boldsymbol{A}(\lambda)$ 变成 $\boldsymbol{B}(\lambda)$.

显然, $\boldsymbol{A}(\lambda)$ 与 $\boldsymbol{B}(\lambda)$ 等价当且仅当存在一系列初等矩阵 $\boldsymbol{P}_1,\boldsymbol{P}_2,\cdots,\boldsymbol{P}_l,\boldsymbol{Q}_1,\boldsymbol{Q}_2,\cdots,\boldsymbol{Q}_t$ 使

$$\boldsymbol{B}(\lambda)=\boldsymbol{P}_1\boldsymbol{P}_2\cdots\boldsymbol{P}_l\boldsymbol{A}(\lambda)\boldsymbol{Q}_1\boldsymbol{Q}_2\cdots\boldsymbol{Q}_t.$$

因为初等阵总是可逆的, 所以 $\boldsymbol{X}=\boldsymbol{P}_1\boldsymbol{P}_2\cdots\boldsymbol{P}_l$ 与 $\boldsymbol{Y}=\boldsymbol{Q}_1\boldsymbol{Q}_2\cdots\boldsymbol{Q}_t$ 均为可逆 λ-矩阵, 于是 $\boldsymbol{B}(\lambda)=\boldsymbol{X}\boldsymbol{A}(\lambda)\boldsymbol{Y}$. 因而, 我们有

性质 7.4.2　若 λ-矩阵 $\boldsymbol{A}(\lambda)$ 与 $\boldsymbol{B}(\lambda)$ 等价, 那么

(i) 存在可逆 λ-矩阵 $\boldsymbol{X},\boldsymbol{Y}$, 使 $\boldsymbol{B}(\lambda)=\boldsymbol{X}\boldsymbol{A}(\lambda)\boldsymbol{Y}$;

(ii) $|\boldsymbol{A}(\lambda)|$ 与 $|\boldsymbol{B}(\lambda)|$ 相差一个常数倍.

下面 7.5 节中将说明性质 7.4.2 (i) 的逆命题也是成立的.

与数字矩阵情况一样, λ-矩阵间的等价也满足反身性、对称性和传递性.

上册中已证明, 任一数字矩阵经过初等变换可以化成它的标准形. 下面我们也来给出 λ-矩阵的标准形概念并证明类似的结论.

引理 7.4.3　设 λ-矩阵 $\boldsymbol{A}(\lambda)$ 的 $(1,1)$ 元素 $a_{11}(\lambda)\neq 0$, 并且 $\boldsymbol{A}(\lambda)$ 中至少有一个元素不能被 $a_{11}(\lambda)$ 整除, 那么 $\boldsymbol{A}(\lambda)$ 等价于一个 λ-矩阵 $\boldsymbol{B}(\lambda)$, 使得 $\boldsymbol{B}(\lambda)$ 的 $(1,1)$ 元素不为零且次数比 $a_{11}(\lambda)$ 的次数低.

证明 根据 $\boldsymbol{A}(\lambda)$ 中不能被 $a_{11}(\lambda)$ 整除的元素所在位置, 分三种情况讨论:

(i) 当 $\boldsymbol{A}(\lambda)$ 的第一列中有一个元素 $a_{i1}(\lambda)$ 不能被 $a_{11}(\lambda)$ 整除. 由带余除法,

$$a_{i1}(\lambda)=a_{11}(\lambda)q(\lambda)+r(\lambda),$$

其中 $r(\lambda)\neq 0$ 且 $\deg(r(\lambda))<\deg(a_{11}(\lambda))$. 那么

$$\boldsymbol{A}(\lambda)\xrightarrow{R_i-q(\lambda)R_1}\begin{pmatrix} a_{11}(\lambda) & \cdots & \cdots \\ \vdots & & \vdots \\ r(\lambda) & \cdots & \cdots \\ \vdots & & \vdots \end{pmatrix}$$

$$\xrightarrow{R_i\leftrightarrow R_1}\begin{pmatrix} r(\lambda) & \cdots & \cdots \\ \vdots & & \vdots \\ a_{11}(\lambda) & \cdots & \cdots \\ \vdots & & \vdots \end{pmatrix}=\boldsymbol{B}(\lambda),$$

即 $\boldsymbol{B}(\lambda)$ 的 $(1,1)$-元素 $r(\lambda)$ 的次数小于 $a_{11}(\lambda)$ 的次数.

(ii) 当 $\boldsymbol{A}(\lambda)$ 的第一行中有一个元素 $a_{1i}(\lambda)$ 不能被 $a_{11}(\lambda)$ 整除. 该情况与 (i) 对称, 作初等列变换即可.

(iii) 当 $\boldsymbol{A}(\lambda)$ 的第一行与第一列中元素均可以被 $a_{11}(\lambda)$ 整除.

由已知条件, 存在 $a_{ij}(\lambda)(i>1,j>1)$ 不能被 $a_{11}(\lambda)$ 整除. 由条件 (iii), $a_{11}(\lambda)$ 整除 $a_{i1}(\lambda)$, 设 $a_{i1}(\lambda)=a_{11}(\lambda)\varphi(\lambda)$. 那么

$$\boldsymbol{A}(\lambda)\xrightarrow{R_i-\varphi(\lambda)R_1}\begin{pmatrix} a_{11}(\lambda) & \cdots & a_{1j}(\lambda) & \cdots \\ \vdots & & \vdots & \\ 0 & \cdots & a_{ij}(\lambda)-a_{1j}(\lambda)\varphi(\lambda) & \cdots \\ \vdots & & \vdots & \end{pmatrix}$$

$$\xrightarrow{R_1+R_i}\begin{pmatrix} a_{11}(\lambda) & \cdots & a_{ij}(\lambda)+(1-\varphi(\lambda))a_{1j}(\lambda) & \cdots \\ \vdots & & \vdots & \\ 0 & \cdots & a_{ij}(\lambda)-a_{1j}(\lambda)\varphi(\lambda) & \cdots \\ \vdots & & \vdots & \end{pmatrix}=\boldsymbol{A}_1(\lambda),$$

这里 $\boldsymbol{A}_1(\lambda)$ 的 $(1,j)$ 元素 $a_{ij}(\lambda)+(1-\varphi(\lambda))a_{1j}(\lambda)$ 不能被 $a_{11}(\lambda)$ 整除, 因为 $a_{11}(\lambda)|a_{1j}(\lambda)$, 但 $a_{11}(\lambda)\nmid a_{ij}(\lambda)$. 这样 $\boldsymbol{A}_1(\lambda)$ 满足情况 (ii). 再由 (ii) 的讨论, 结论得证. □

定理 7.4.4 任意一个非零的 $s\times n$ 的 λ-矩阵 $\boldsymbol{A}(\lambda)$ 都等价于下述形式的 λ-矩阵:

$$\left(\begin{array}{ccc|c} d_1(\lambda) & & & \\ & \ddots & & \\ & & d_r(\lambda) & \\ \hline & & & \boldsymbol{O} \end{array}\right)_{s\times n},$$

其中 $r\geqslant 1, d_1(\lambda),\cdots,d_r(\lambda)$ 是首项系数为 1 的多项式, 且 $d_i(\lambda)|d_{i+1}(\lambda)$ $(i=1,2,\cdots,r-1)$.

证明 **第一步** 首先证明, $\boldsymbol{A}(\lambda)$ 等价于某个 λ-矩阵 $\boldsymbol{C}(\lambda)$, 使得 $\boldsymbol{C}(\lambda)$ 的 $(1,1)$-元素非零且可以整除 $\boldsymbol{C}(\lambda)$ 中的任一其他元素.

事实上, 因为 $\boldsymbol{A}(\lambda)\neq\boldsymbol{O}$, 必存在 $a_{i_0j_0}(\lambda)\neq 0$, 所以

$$\boldsymbol{A}(\lambda)\xrightarrow{R_1\leftrightarrow R_{i_0}}\begin{pmatrix} a_{i_01}(\lambda) & \cdots & a_{i_0j_0}(\lambda) & \cdots \\ \vdots & & \vdots & \\ a_{11}(\lambda) & \cdots & a_{1j_0}(\lambda) & \cdots \\ \vdots & & \vdots & \end{pmatrix}$$

$$\xrightarrow{C_1\leftrightarrow C_{j_0}}\begin{pmatrix} a_{i_0j_0}(\lambda) & \cdots & a_{i_01}(\lambda) & \cdots \\ \vdots & & \vdots & \\ a_{1j_0}(\lambda) & \cdots & a_{11}(\lambda) & \cdots \\ \vdots & & \vdots & \end{pmatrix}.$$

因此, 不妨直接假设 $\boldsymbol{A}(\lambda)$ 的 $a_{11}(\lambda)\neq 0$.

若任一 $a_{ij}(\lambda)$ 都可被 $a_{11}(\lambda)$ 整除, 即已证.

不然, 则存在 $a_{ij}(\lambda)$ 不可被 $a_{11}(\lambda)$ 整除, 那么由引理 7.4.3 得, $\boldsymbol{A}(\lambda)$ 等价于一个 λ-矩阵 $\boldsymbol{A}_1(\lambda)$, 这里 $\boldsymbol{A}_1(\lambda)$ 的 $(1,1)$-元素 $a_{11}^{(1)}(\lambda)$ 的次数小于 $\deg(a_{11}(\lambda))$.

若 $a_{11}^{(1)}(\lambda)$ 可以整除 $\boldsymbol{A}_1(\lambda)$ 的任一元素 $a_{ij}^{(1)}(\lambda)$, 则已证. 不然, 同理, $\boldsymbol{A}_1(\lambda)$ 等价于 $\boldsymbol{A}_2(\lambda)$, 这里 $\boldsymbol{A}_2(\lambda)$ 的 $(1,1)$-元素的次数小于 $\deg(a_{11}^{(1)}(\lambda))$.

依次, 我们得彼此等价的 λ-矩阵序列 $\boldsymbol{A}(\lambda),\boldsymbol{A}_1(\lambda),\cdots,\boldsymbol{A}_t(\lambda),\cdots$, 它们的 $(1,1)$-元素的次数是严格递减的. 若每个 $a_{11}^{(t)}(\lambda)$ 都不能完全整除 $\boldsymbol{A}_t(\lambda)$ 的所有元, 总可构造 $\boldsymbol{A}_{t+1}(\lambda)$, 则得一个无限序列. 这与 $a_{11}(\lambda)$ 的次数有限矛盾.

因此, 总有 $\boldsymbol{A}_t(\lambda)$, 使 $a_{11}^{(t)}(\lambda)$ 整除 $\boldsymbol{A}_t(\lambda)$ 的所有元素. 取 $\boldsymbol{C}(\lambda)=\boldsymbol{A}_t(\lambda)$ 即可.

第二步 令 $p=\min\{s,n\}$, 对 p 用归纳法, 证明 $\boldsymbol{A}(\lambda)$ 等价于形如

$$\begin{pmatrix} d_1(\lambda) & & & \\ & \ddots & & \\ & & d_r(\lambda) & \\ & & & O \end{pmatrix}_{s\times n}$$

的 λ-矩阵, 其中, $r \geqslant 1$, $d_i(\lambda)|d_{i+1}(\lambda)$ $(i=1,2,\cdots,r-1)$.

当 $p=1$ 时, 若 $s=n=1$, 则 $\boldsymbol{A}(\lambda)=(a_{11}(\lambda))$ 已有所需形式. 若 $s\neq n$, 因为 $p=1$, 不妨设 $1=s<n$, 由第一步结论, $\boldsymbol{A}(\lambda)$ 等价于某个 $\boldsymbol{C}(\lambda)$, 而 $\boldsymbol{C}(\lambda)$ 满足: 对任意 i,j 有 $c_{11}(\lambda)|c_{ij}(\lambda)$ 成立, 故 $c_{1j}(\lambda)=c_{11}(\lambda)q_{1j}(\lambda)$, 对某些 $q_{1j}(\lambda)\in\mathbb{F}[\lambda]$ $(j=1,2,\cdots,n)$, 那么

$$\boldsymbol{C}(\lambda)\xrightarrow{C_j-q_{1j}(\lambda)C_1\ \ (j=1,2,\cdots,n)}\begin{pmatrix}c_{11}(\lambda), & 0, & \cdots, & 0\end{pmatrix}_{1\times n}$$

即为所需形式.

假设当 $p=p_0$ 时, 结论成立, 下面考虑 $p=\min\{s,n\}=p_0+1$ 时的情况.

由第一步结论, $\boldsymbol{A}(\lambda)$ 等价于某 $\boldsymbol{C}(\lambda)$, 而 $\boldsymbol{C}(\lambda)$ 满足: 对任意 i,j 有 $c_{11}(\lambda)|c_{ij}(\lambda)$ 成立, 故 $c_{ij}(\lambda)=c_{11}(\lambda)q_{ij}(\lambda)$, 对某些 $q_{ij}(\lambda)\in\mathbb{F}[\lambda]$ $(i=1,2,\cdots,s;\ j=1,2,\cdots,n)$. 那么

$$\boldsymbol{C}(\lambda)\xrightarrow[R_i-q_{i1}(\lambda)R_1\ \ (i=1,2,\cdots,s)]{C_j-q_{1j}(\lambda)C_1\ \ (j=1,2,\cdots,n)}\begin{pmatrix}c_{11}(\lambda) & \\ & \boldsymbol{C}_1(\lambda)\end{pmatrix},$$

其中 $(s-1)\times(n-1)$ 的 λ-阵 $\boldsymbol{C}_1(\lambda)$ 是 $\boldsymbol{C}(\lambda)$ 中的元素通过初等变换得到的, 故每个元素都是 $\boldsymbol{C}(\lambda)$ 中元素的 $\mathbb{F}[\lambda]$-线性组合 (即对 $\boldsymbol{C}_1(\lambda)$ 中的元素 x, 总有 $\boldsymbol{C}(\lambda)$ 中的元素 $w_1,w_2,\cdots,w_h$ 使得 $x=\alpha_1w_1+\alpha_2w_2+\cdots+\alpha_hw_h$, 其中 $\alpha_1,\alpha_2,\cdots,\alpha_h\in\mathbb{F}[\lambda]$), 从而 $\boldsymbol{C}_1(\lambda)$ 的每个元素都可以被 $c_{11}(\lambda)$ 整除.

这时 $\min\{s-1,n-1\}=\min\{s,n\}-1=(p_0+1)-1=p_0$, 即 $\boldsymbol{C}_1(\lambda)$ 满足归纳假设的条件. 若 $\boldsymbol{C}_1(\lambda)=\boldsymbol{O}$ (零矩阵), 则结论已成立. 若 $\boldsymbol{C}_1(\lambda)\neq\boldsymbol{O}$, 则由归纳假设, $\boldsymbol{C}_1(\lambda)$ 等价于形如

$$\boldsymbol{D}(\lambda)=\begin{pmatrix} d_1'(\lambda) & & & \\ & \ddots & & \\ & & d_{r-1}'(\lambda) & \\ & & & O \end{pmatrix}_{(s-1)\times(n-1)},$$

的 λ-矩阵, 其中, $r-1\geqslant 1$, $d_i'(\lambda)|d_{i+1}'(\lambda)$ $(i=1,2,\cdots,r-2)$. 由于 $\boldsymbol{D}(\lambda)$ 是由 $\boldsymbol{C}_1(\lambda)$ 经初等变换得到的, 所以 $\boldsymbol{D}(\lambda)$ 的每个元素是 $\boldsymbol{C}_1(\lambda)$ 的某些元素的 $\mathbb{F}[\lambda]$-线

性组合, 而 $\boldsymbol{C}_1(\lambda)$ 的每个元素都可以被 $c_{11}(\lambda)$ 整除, 所以 $\boldsymbol{D}(\lambda)$ 的每个元素也都可以被 $c_{11}(\lambda)$ 整除. 因此, $c_{11}(\lambda)|d_i'(\lambda)\ \ (i=1,2,\cdots,r-1)$, 于是

$$\begin{pmatrix} c_{11}(\lambda) & \\ & \boldsymbol{D}(\lambda) \end{pmatrix},$$

即有我们所需的形式. 由于 $\boldsymbol{C}_1(\lambda)$ 等价于 $\boldsymbol{D}(\lambda)$, 所以

$$\begin{pmatrix} c_{11}(\lambda) & \\ & \boldsymbol{C}_1(\lambda) \end{pmatrix} \text{ 等价于 } \begin{pmatrix} c_{11}(\lambda) & \\ & \boldsymbol{D}(\lambda) \end{pmatrix}.$$

因此, $\boldsymbol{A}(\lambda)$ 等价于 $\begin{pmatrix} c_{11}(\lambda) & \\ & \boldsymbol{D}(\lambda) \end{pmatrix}$, 结论得证.

上述第二步所得结论与原定理结论仅差 “$d_1(\lambda)$, $\cdots$, $d_r(\lambda)$ 是首项系数为 1 的多项式” 这一点，而这在初等变换下显然是一样的. □

上述定理中, $\boldsymbol{A}(\lambda)$ 经初等变换转化成具有如下形式的 λ-矩阵:

$$\left(\begin{array}{ccc|c} d_1(\lambda) & & & \\ & \ddots & & \\ & & d_r(\lambda) & \\ \hline & & & \boldsymbol{O} \end{array}\right),$$

其中 $d_i(\lambda)$ 的首项系数均为 1, 且

$$d_i(\lambda)|d_{i+1}(\lambda)\ \ (i=1,2,\cdots,r-1).$$

上述 λ-矩阵被称为 $\boldsymbol{A}(\lambda)$ 的**标准形**. (有很多数学家称之为 $\boldsymbol{A}(\lambda)$ 的 **Smith 标准形**.) 定理 7.4.4 实际上给出了 $\boldsymbol{A}(\lambda)$ 的标准形的存在性.

7.5 节我们再证明标准形的唯一性.

例 7.4.1　给出 $\boldsymbol{A}(\lambda)=\begin{pmatrix} 1-\lambda & 2\lambda-1 & \lambda \\ \lambda & \lambda^2 & -\lambda \\ 1+\lambda^2 & \lambda^3+\lambda-1 & -\lambda^2 \end{pmatrix}$ 的标准形.

解　因为

$$\boldsymbol{A}(\lambda)\xrightarrow{C_3+C_1}\begin{pmatrix} 1-\lambda & 2\lambda-1 & 1 \\ \lambda & \lambda^2 & 0 \\ 1+\lambda^2 & \lambda^3+\lambda-1 & 1 \end{pmatrix}$$

$$\xrightarrow{C_1\leftrightarrow C_3}\begin{pmatrix}1 & 2\lambda-1 & 1-\lambda\\ 0 & \lambda^2 & \lambda\\ 1 & \lambda^3+\lambda-1 & 1+\lambda^2\end{pmatrix}\text{(即使左上角元素可以整除所有其他元素)}$$

$$\xrightarrow{R_3-R_1}\begin{pmatrix}1 & 2\lambda-1 & 1-\lambda\\ 0 & \lambda^2 & \lambda\\ 0 & \lambda^3-\lambda & \lambda^2+\lambda\end{pmatrix}\xrightarrow[C_3-(1-\lambda)C_1]{C_2-(2\lambda-1)C_1}\begin{pmatrix}1 & 0 & 0\\ 0 & \lambda^2 & \lambda\\ 0 & \lambda^3-\lambda & \lambda^2+\lambda\end{pmatrix}$$

$$\xrightarrow{C_2\leftrightarrow C_3}\begin{pmatrix}1 & 0 & 0\\ 0 & \lambda & \lambda^2\\ 0 & \lambda^2+\lambda & \lambda^3-\lambda\end{pmatrix}\xrightarrow{C_3-\lambda C_2}\begin{pmatrix}1 & 0 & 0\\ 0 & \lambda & 0\\ 0 & \lambda^2+\lambda & -\lambda^2-\lambda\end{pmatrix}$$

$$\xrightarrow{R_3-(\lambda+1)R_2}\begin{pmatrix}1 & 0 & 0\\ 0 & \lambda & 0\\ 0 & 0 & -(\lambda^2+\lambda)\end{pmatrix}\xrightarrow{-R_3}\begin{pmatrix}1 & 0 & 0\\ 0 & \lambda & 0\\ 0 & 0 & \lambda^2+\lambda\end{pmatrix}=\boldsymbol{B}(\lambda),$$

所以 $\boldsymbol{B}(\lambda)$ 是 $\boldsymbol{A}(\lambda)$ 的标准形.

习 题 7.4

1. 已知 λ-矩阵

$$\boldsymbol{A}(\lambda)=\begin{pmatrix}\lambda & 2\lambda+1 & 1\\ 1 & \lambda+1 & \lambda^2+1\\ \lambda-1 & \lambda & -\lambda^2\end{pmatrix},\quad \boldsymbol{B}(\lambda)=\begin{pmatrix}1 & 0 & 1\\ 1 & \lambda+1 & \lambda\\ 1 & 1 & \lambda^2\end{pmatrix},$$

$$\boldsymbol{C}(\lambda)=\begin{pmatrix}1 & \lambda & 0\\ 2 & \lambda & 1\\ \lambda^2+1 & 2 & \lambda^2+1\end{pmatrix},\qquad \boldsymbol{D}(\lambda)=\begin{pmatrix}\lambda^2-1 & \lambda & \lambda & 0\\ \lambda^2 & 1 & 0 & \lambda\\ 0 & 0 & \lambda^2-1 & \lambda\\ 0 & 0 & \lambda^2 & 1\end{pmatrix}.$$

(1) 试求上述 λ-矩阵的秩并指出哪些是满秩的;

(2) 上述 λ-矩阵哪个是可逆的? 求出其逆矩阵.

2. 化下列 λ-矩阵成标准形:

(1) $\begin{pmatrix}\lambda^3-\lambda & 2\lambda^2\\ \lambda^2+5\lambda & 3\lambda\end{pmatrix}$; (2) $\begin{pmatrix}1-\lambda & \lambda^2 & \lambda\\ \lambda & \lambda & -\lambda\\ 1+\lambda^2 & \lambda^2 & -\lambda^2\end{pmatrix}$.

3. 证明: 两个等价的 λ-矩阵 $\boldsymbol{A}(\lambda)$ 和 $\boldsymbol{B}(\lambda)$ 的行列式只差一个非零常数.

4. 将可逆 λ-矩阵 $\boldsymbol{A}(\lambda)=\begin{pmatrix}\lambda^2 & \lambda & 1\\ 0 & 1 & 0\\ 1 & 0 & 0\end{pmatrix}$ 表示为初等 λ-矩阵的乘积.

5. $\boldsymbol{A}(x)$ 是实多项式矩阵, 证明: 它的秩 $r(\boldsymbol{A}(x)) = \max\{r(\boldsymbol{A}(x)) : x \in \mathbb{R}\}$.

6. 设 $\boldsymbol{A} \in \mathbb{F}^{n\times n}$, (1) 证明: $x\boldsymbol{E}_n - \boldsymbol{A}$ 在 $\mathbb{F}[x]^{n\times n}$ 中不可逆.

(2) 问: 对哪些 $x \in \mathbb{F}, x\boldsymbol{E}_n - \boldsymbol{A}$ 在 $\mathbb{F}^{n\times n}$ 中不可逆?

7. 设 $\boldsymbol{A}(x) \in \mathbb{C}[x]^{n\times n}$. 证明: $\boldsymbol{A}(x)$ 在 $\mathbb{C}[x]^{n\times n}$ 中可逆等价于对任意 $x \in \mathbb{C}$, $\boldsymbol{A}(x)$ 在 $\mathbb{C}^{n\times n}$ 中可逆.

7.5　行列式因子与标准形的唯一性

本节将引入 λ-矩阵的行列式因子、不变因子、初等因子等这些在初等变换下不变的概念. 它们是本节讨论标准形唯一性的主要工具, 也是我们理解整个 λ-矩阵理论的关键.

定义 7.5.1　设 λ-矩阵 $\boldsymbol{A}(\lambda)$ 的秩为 r, 对于正整数 k, $1 \leqslant k \leqslant r$, $\boldsymbol{A}(\lambda)$ 中所有非零的 k 级子式的首项系数为 1 的最大公因式 $D_k(\lambda)$ 称为 $\boldsymbol{A}(\lambda)$ 的 **k 级行列式因子**.

由秩的定义可见, 秩为 r 的 λ-矩阵的行列式因子共有 r 个, 设为

$$D_1(\lambda),\ D_2(\lambda),\ \cdots,\ D_r(\lambda),$$

由行列式因子定义知它们都不为零.

行列式因子的意义在于, 它是初等变换下的不变量, 即我们有

定理 7.5.1　等价的两个 λ-矩阵的秩及对应的各级行列式因子必为相同的.

证明　只需证明, λ-矩阵 $\boldsymbol{A}(\lambda)$ 经过一次初等变换成为 $\boldsymbol{B}(\lambda)$ 后, 秩与行列式因子都是不变的. 设 $\boldsymbol{A}(\lambda)$ 和 $\boldsymbol{B}(\lambda)$ 的秩分别是 r 和 s, $\boldsymbol{A}(\lambda)$ 和 $\boldsymbol{B}(\lambda)$ 的 k 级行列式因子分别是 $f(\lambda)$ 和 $g(\lambda)$. 下面根据三类初等行变换, 分三种情况讨论:

(i) $\boldsymbol{A}(\lambda) \xrightarrow{R_i \leftrightarrow R_j} \boldsymbol{B}(\lambda)$.

这时, $\boldsymbol{B}(\lambda)$ 的每个 k 级子式或者等于 $\boldsymbol{A}(\lambda)$ 的某个 k 级子式或者与 $\boldsymbol{A}(\lambda)$ 的某个 k 级子式反号. 因此 $f(\lambda)$ 整除 $\boldsymbol{B}(\lambda)$ 的所有 k 级子式, 从而 $f(\lambda)|g(\lambda)$. 再由秩的定义, 得 $r \geqslant s$.

(ii) $\boldsymbol{A}(\lambda) \xrightarrow{cR_i} \boldsymbol{B}(\lambda)$.

这时, $\boldsymbol{B}(\lambda)$ 的每个 k 级子式或者等于 $\boldsymbol{A}(\lambda)$ 的某个 k 级子式或者等于 $\boldsymbol{A}(\lambda)$ 的某个 k 级子式的 c 倍. 因此, $f(\lambda)$ 也整除 $\boldsymbol{B}(\lambda)$ 的所有 k 级子式, 从而 $f(\lambda)|g(\lambda)$. 同样由秩的定义, 可得 $r \geqslant s$.

(iii) $\boldsymbol{A}(\lambda) \xrightarrow{R_i+\varphi(\lambda)R_j} \boldsymbol{B}(\lambda)$.

这时, $\boldsymbol{B}(\lambda)$ 中那些包含 i 行与 j 行的 k 级子式和不包含 i 行的 k 级子式都等于 $\boldsymbol{A}(\lambda)$ 中的某个 k 级子式; $\boldsymbol{B}(\lambda)$ 中那些包含 i 行但不包含 j 行的 k 级子式可按原 i 行拆分为 $\boldsymbol{A}(\lambda)$ 的一个 k 级子式与另一个 k 级子式的 $\pm\varphi(\lambda)$ 倍的

和. 因此 $f(\lambda)$ 也整除 $\boldsymbol{B}(\lambda)$ 的所有 k 级子式, 从而 $f(\lambda)|g(\lambda)$. 同理, 关于秩也有 $r \geqslant s$.

由于初等变换是可逆的, 即有 $\boldsymbol{B}(\lambda) \to \boldsymbol{A}(\lambda)$. 同理, 有 $g(\lambda)|f(\lambda)$ 且 $s \geqslant r$. 于是, $f(\lambda) = g(\lambda)$. 从而 $s = r$. □

由定理 7.4.4, 任一 λ-矩阵等价于它的标准形, 设为

$$\boldsymbol{B}(\lambda) = \left(\begin{array}{cccc|c} d_1(\lambda) & & & & \\ & d_2(\lambda) & & & \\ & & \ddots & & \\ & & & d_r(\lambda) & \\ \hline & & & & \boldsymbol{O} \end{array}\right),$$

其中 $d_i(\lambda)|d_{i+1}(\lambda)$, $i = 1, 2, \cdots, r-1$. 那么根据定理 7.5.1, $\boldsymbol{A}(\lambda)$ 与 $\boldsymbol{B}(\lambda)$ 的行列式因子相同, 而 $\boldsymbol{B}(\lambda)$ 比较简单, 所以我们只要算 $\boldsymbol{B}(\lambda)$ 的行列式因子就可以了.

$\boldsymbol{B}(\lambda)$ 中的 k 级子式表示为 $M\begin{pmatrix} i_1 & \cdots & i_k \\ j_1 & \cdots & j_k \end{pmatrix}$. 由 $\boldsymbol{B}(\lambda)$ 的定义不难看出

当存在 $p = 1, \cdots, k$ 使 $i_p \neq j_p$ 时, $M\begin{pmatrix} i_1 & \cdots & i_k \\ j_1 & \cdots & j_k \end{pmatrix} = 0$;

当 $i_p = j_p$, 对 $p = 1, \cdots, k$ 时, $M\begin{pmatrix} i_1 & \cdots & i_k \\ j_1 & \cdots & j_k \end{pmatrix} = d_{i_1}(\lambda)\cdots d_{i_k}(\lambda)$.

因为

$$d_i(\lambda)|d_{i+1}(\lambda), \quad i = 1, \cdots, r-1,$$

所以, 当 $i_1 \geqslant 1, \cdots, i_k \geqslant k$ 时, 有

$$(d_1(\lambda)\cdots d_k(\lambda))|(d_{i_1}(\lambda)\cdots d_{i_k}(\lambda)).$$

这说明 $\boldsymbol{B}(\lambda)$ 的所有 k 级子式的最大公因式是 $d_1(\lambda)\cdots d_k(\lambda)$, 这也就是 $\boldsymbol{B}(\lambda)$ 的 k 级行列式因子.

因此 $\boldsymbol{B}(\lambda)$ 的 $1, 2, \cdots, r$ 级行列式因子分别是

$$d_1(\lambda), d_1(\lambda)d_2(\lambda), \cdots, d_1(\lambda)d_2(\lambda)\cdots d_r(\lambda).$$

现在令 $\boldsymbol{A}(\lambda)$ 的 l 级行列式因子是 $D_l(\lambda)(l = 1, 2, \cdots, r)$, 那么由定理 7.5.1,

$$D_l(\lambda) = d_1(\lambda)d_2(\lambda)\cdots d_l(\lambda), \quad 对 \quad l = 1, 2, \cdots, r.$$

于是, 当 $2 \leqslant l \leqslant r$ 时,

$$D_l(\lambda) = D_{l-1}(\lambda)d_l(\lambda),$$

从而

$$D_{l-1}(\lambda)|D_l(\lambda)\quad \text{且}\quad d_l(\lambda)=\frac{D_l(\lambda)}{D_{l-1}(\lambda)},\quad d_1(\lambda)=D_1(\lambda).$$

由行列式因子的定义, $\boldsymbol{A}(\lambda)$ 的各级行列式因子总是唯一的, 因此 $\boldsymbol{B}(\lambda)$ 被 $\boldsymbol{A}(\lambda)$ 唯一决定, 即我们已证:

定理 7.5.2 λ-矩阵的标准形是唯一的.

由上讨论, 任一 λ-矩阵 $\boldsymbol{A}(\lambda)$ 的唯一标准形

$$\boldsymbol{B}(\lambda)=\left(\begin{array}{cccc|c} d_1(\lambda) & & & & \\ & d_2(\lambda) & & & \\ & & \ddots & & \\ & & & d_r(\lambda) & \\ \hline & & & & \boldsymbol{O} \end{array}\right)$$

的主对角线上非零元 $d_1(\lambda),d_2(\lambda),\cdots,d_r(\lambda)$ 对于 $\boldsymbol{A}(\lambda)$ 也是唯一的, 即对 $2\leqslant l\leqslant r$,

$$d_l(\lambda)=\frac{D_l(\lambda)}{D_{l-1}(\lambda)},\quad \text{且}\quad d_1(\lambda)=D_1(\lambda),$$

称这些 $d_1(\lambda),d_2(\lambda),\cdots,d_r(\lambda)$ 是 $\boldsymbol{A}(\lambda)$ 的**不变因子**. 进一步, 当 $\mathbb{F}=\mathbb{C}$ 时, 即 $\boldsymbol{A}(\lambda)$ 是复数域 $\mathbb{C}$ 上的 λ-矩阵. 这时 $\boldsymbol{A}(\lambda)$ 所决定的不变因子 $d_l(\lambda)$ 可完全分解为一次因子方幂的乘积. 这些一次因式的方幂称为 $\boldsymbol{A}(\lambda)$ 的**初等因子** (相同的按出现次数计算).

显然, $\boldsymbol{A}(\lambda)$ 的行列式因子反过来也是由不变因子唯一决定的.

由上已知, $\boldsymbol{A}(\lambda)$ 的行列式因子、不变因子都是初等变换下的不变量; 因此, 我们有

推论 7.5.3 两个 λ-矩阵等价当且仅当它们是同型矩阵 (即有相同的行数和列数) 且有相同的秩和行列式因子 (或不变因子).

证明　必要性　见上面说明.

充分性　令 $\boldsymbol{A}(\lambda)$ 的标准形为

$$\left(\begin{array}{cccc|c} d_1(\lambda) & & & & \\ & d_2(\lambda) & & & \\ & & \ddots & & \\ & & & d_r(\lambda) & \\ \hline & & & & \boldsymbol{O} \end{array}\right),$$

$\boldsymbol{B}(\lambda)$ 的标准形为

$$\left(\begin{array}{cccc:c} \hat{d}_1(\lambda) & & & & \\ & \hat{d}_2(\lambda) & & & \\ & & \ddots & & \\ & & & \hat{d}_{r_1}(\lambda) & \\ \hdashline & & & & \boldsymbol{O} \end{array}\right).$$

设 $\boldsymbol{A}(\lambda)$ 与 $\boldsymbol{B}(\lambda)$ 的行列式因子相同, 因为 $r=r_1$, 且

$$D_k(\lambda)=d_1(\lambda)d_2(\lambda)\cdots d_k(\lambda)=\hat{d}_1(\lambda)\hat{d}_2(\lambda)\cdots\hat{d}_k(\lambda)$$

对 $k=1,2,\cdots,r$. 从而 $d_i(\lambda)=\hat{d}_i(\lambda)$, 对 $i=1,2,\cdots,r$. 于是, $\boldsymbol{A}(\lambda)$ 和 $\boldsymbol{B}(\lambda)$ 都与

$$\left(\begin{array}{cccc:c} d_1(\lambda) & & & & \\ & d_2(\lambda) & & & \\ & & \ddots & & \\ & & & d_r(\lambda) & \\ \hdashline & & & & \boldsymbol{O} \end{array}\right)$$

等价, 因而 $\boldsymbol{A}(\lambda)$ 和 $\boldsymbol{B}(\lambda)$ 等价.

设 $\boldsymbol{A}(\lambda)$ 与 $\boldsymbol{B}(\lambda)$ 的不变因子相同, 因为它们是同型矩阵, 所以 $\boldsymbol{A}(\lambda)$ 与 $\boldsymbol{B}(\lambda)$ 的标准形相同, 进而两者等价. □

在秩为 r 的 λ-矩阵 $\boldsymbol{A}(\lambda)$ 中, 当 $k=1,2,\cdots,r-1$ 时, $D_k(\lambda)|D_{k+1}(\lambda)$. 具体计算 λ-矩阵的行列式因子时, 如果不先通过初等变换求出标准形的方法来计算, 较方便的是先计算最高阶的行列式因子. 这样, 由整除关系 $D_k(\lambda)|D_{k+1}(\lambda)$, 就可大致确定低阶行列式因子的范围. 求出行列式因子后, 就可求出不变因子 $d_k(\lambda)=\dfrac{D_k(\lambda)}{D_{k-1}(\lambda)}$.

下面以求可逆 λ-矩阵的标准形为例来说明上述方法.

设 $\boldsymbol{A}(\lambda)$ 是一个 $n\times n$ 可逆矩阵, 由定理 7.4.1, $|\boldsymbol{A}(\lambda)|=d$, 这是一个非零常数. 这说明 $\boldsymbol{A}(\lambda)$ 的秩为 n, 而 $D_n(\lambda)=1$. 于是, 由 $D_k(\lambda)|D_{k+1}(\lambda)$ 得

$$D_k(\lambda)=1,\quad k=1,2,\cdots,n.$$

从而

$$d_1(\lambda)=D_1(\lambda)=1,\quad d_k(\lambda)=\frac{D_k(\lambda)}{D_{k-1}(\lambda)}=1,\quad k=2,3,\cdots,n.$$

这时 $\boldsymbol{A}(\lambda)$ 没有初等因子. 因此, $\boldsymbol{A}(\lambda)$ 的标准形是 $\boldsymbol{E}$.

反之, 设 $\boldsymbol{A}(\lambda)$ 与 $\boldsymbol{E}$ 等价, 那么存在初等矩阵 $\boldsymbol{P}_1, \boldsymbol{P}_2, \cdots, \boldsymbol{P}_l, \boldsymbol{Q}_1, \boldsymbol{Q}_2, \cdots, \boldsymbol{Q}_t$, 使

$$\boldsymbol{P}_1\boldsymbol{P}_2\cdots\boldsymbol{P}_l\boldsymbol{A}(\lambda)\boldsymbol{Q}_1\boldsymbol{Q}_2\cdots\boldsymbol{Q}_t=\boldsymbol{E}.$$

从而

$$|\boldsymbol{P}_1\boldsymbol{P}_2\cdots\boldsymbol{P}_l||\boldsymbol{A}(\lambda)||\boldsymbol{Q}_1\boldsymbol{Q}_2\cdots\boldsymbol{Q}_t|=1,$$

所以 $|\boldsymbol{A}(\lambda)|$ 是非零常数. 于是 $\boldsymbol{A}(\lambda)$ 是可逆 λ-矩阵, 并且,

$$\boldsymbol{A}(\lambda)=\boldsymbol{P}_l^{-1}\cdots\boldsymbol{P}_2^{-1}\boldsymbol{P}_1^{-1}\boldsymbol{Q}_t^{-1}\cdots\boldsymbol{Q}_2^{-1}\boldsymbol{Q}_1^{-1}.$$

亦即, 我们得:

定理 7.5.4　λ-方阵 $\boldsymbol{A}(\lambda)$ 是可逆的当且仅当 $\boldsymbol{A}(\lambda)$ 的标准形是单位矩阵, 当且仅当 $\boldsymbol{A}(\lambda)$ 可表示成一些初等矩阵的乘积.

于是, 结合 λ-矩阵等价的定义知, 两个 λ-矩阵 $\boldsymbol{A}(\lambda)$ 与 $\boldsymbol{B}(\lambda)$ 等价当且仅当存在可逆 λ-矩阵 $\boldsymbol{X},\boldsymbol{Y}$, 使 $\boldsymbol{B}(\lambda)=\boldsymbol{X}\boldsymbol{A}(\lambda)\boldsymbol{Y}$.

最后, 来说明初等因子与不变因子的关系, 从而体现初等因子也是初等变换下的不变量.

显然, 不变因子确定以后, 在复数域上完全的因式分解将确定该 λ-矩阵的初等因子集. 这从一个例子即可看出:

例 7.5.1　设 12 阶 λ-矩阵 $\boldsymbol{A}(\lambda)$ 的标准形

$$\boldsymbol{B}(\lambda)=\begin{pmatrix}1&&&&&&&&&&&\\&1&&&&&&&&&&\\&&1&&&&&&&&&\\&&&1&&&&&&&&\\&&&&1&&&&&&&\\&&&&&1&&&&&&\\&&&&&&d_1(\lambda)&&&&&\\&&&&&&&d_2(\lambda)&&&&\\&&&&&&&&d_3(\lambda)&&&\\&&&&&&&&&0&&\\&&&&&&&&&&0&\\&&&&&&&&&&&0\end{pmatrix},$$

这里,

$$d_1(\lambda)=(\lambda-1)^2,\ d_2(\lambda)=(\lambda-1)^2(\lambda+1),\ d_3(\lambda)=(\lambda-1)^2(\lambda+1)^2(\lambda^2+1)^2.$$

那么 $\boldsymbol{A}(\lambda)$ 的不变因子是

$$1,1,1,1,1,1,(\lambda-1)^2,(\lambda-1)^2(\lambda+1),(\lambda-1)^2(\lambda+1)^2(\lambda^2+1)^2,$$

行列式因子是

$$1,1,1,1,1,1,(\lambda-1)^2,(\lambda-1)^4(\lambda+1),(\lambda-1)^6(\lambda+1)^3(\lambda^2+1)^2.$$

把 $\boldsymbol{A}(\lambda)$ 看作是 $\mathbb{C}$ 上的 λ–矩阵, 那么

$$(\lambda-1)^2(\lambda+1)^2(\lambda^2+1)^2=(\lambda-1)^2(\lambda+1)^2(\lambda+\mathrm{i})^2(\lambda-\mathrm{i})^2,$$

从而初等因子有

$$(\lambda-1)^2,(\lambda-1)^2,(\lambda-1)^2,\lambda+1,(\lambda+1)^2,(\lambda+\mathrm{i})^2,(\lambda-\mathrm{i})^2.$$

反过来, 我们可以用这些初等因子构建出唯一的不变因子组吗?

现在我们从一般情况开始分析.

假设 $\mathbb{C}$ 上的 λ-矩阵是 $n\times m$ 的, 且秩为 r, $\boldsymbol{A}(\lambda)$ 的不变因子是 $d_1(\lambda),d_2(\lambda),\cdots,d_r(\lambda)$. 将 $d_i(\lambda)(i=1,2,\cdots,n)$ 分解成互不相同的一次因式方幂的乘积:

$$d_1(\lambda)=(\lambda-\lambda_1)^{k_{11}}(\lambda-\lambda_2)^{k_{12}}\cdots(\lambda-\lambda_s)^{k_{1s}},$$

$$d_2(\lambda)=(\lambda-\lambda_1)^{k_{21}}(\lambda-\lambda_2)^{k_{22}}\cdots(\lambda-\lambda_s)^{k_{2s}},$$

$$\cdots\cdots$$

$$d_r(\lambda)=(\lambda-\lambda_1)^{k_{r1}}(\lambda-\lambda_2)^{k_{r2}}\cdots(\lambda-\lambda_s)^{k_{rs}},$$

其中可能有些 $k_{ij}=0$, 这是为了统一表达式. 这样, $\boldsymbol{A}(\lambda)$ 的全部初等因子是

$$\{(\lambda-\lambda_j)^{k_{ij}}:\ 若\ k_{ij}\geqslant 1\ 对\ i=1,2,\cdots,r,j=1,2,\cdots,s\}.$$

因为 $d_i(\lambda)|d_{i+1}(\lambda),i=1,2,\cdots,n-1$, 所以

$$(\lambda-\lambda_j)^{k_{ij}}|(\lambda-\lambda_j)^{k_{i+1,j}},\quad 对\quad i=1,2,\cdots,r-1,\ j=1,2,\cdots,s.$$

因此, 在 $d_1(\lambda),d_2(\lambda),\cdots,d_r(\lambda)$ 的分解式中, 属于同一个一次因式的方幂的指数有递升的性质, 即

$$k_{1j}\leqslant k_{2j}\leqslant\cdots\leqslant k_{rj}\quad(j=1,2,\cdots,s).$$

这说明, 同一个一次因式的方幂作成的初等因子中, 方幂最高的必定出现在 $d_r(\lambda)$ 的分解中, 次高的出现在 $d_{r-1}(\lambda)$ 的分解中. 如此顺推下去, 可知属于同一个一次因式的方幂的初等因子在那些不变因子的分解式中出现的位置是唯一确定的.

于是, 由上述分析我们可给出如何从给定的初等因子和已知的矩阵的秩作出不变因子的方法. 具体如下:

设一个 $n\times m$ 且秩为 r 的 λ-矩阵的全部初等因子已知. 在全部初等因子中将同一个一次因式 $(\lambda-\lambda_j)(j=1,2,\cdots,s)$ 的方幂的那些初等因子按降幂排列, 而且当这些初等因子的个数不足 r 时, 就在后面补上适当个数的 1, 使得凑成 r 个. 一般地, 所得排列写为

$$(\lambda-\lambda_j)^{k_{rj}},(\lambda-\lambda_j)^{k_{r-1,j}},\cdots,(\lambda-\lambda_j)^{k_{1j}},$$

对 $j=1,2,\cdots,s$. 其中最后一些项的指数可能为零.

于是最高次不变因子

$$d_r(\lambda)=(\lambda-\lambda_1)^{k_{r1}}(\lambda-\lambda_2)^{k_{r2}}\cdots(\lambda-\lambda_s)^{k_{rs}},$$

次高次不变因子

$$d_{r-1}(\lambda)=(\lambda-\lambda_1)^{k_{r-1,1}}(\lambda-\lambda_2)^{k_{r-1,2}}\cdots(\lambda-\lambda_s)^{k_{r-1,s}},$$

依次, 一般地,

$$d_i(\lambda)=(\lambda-\lambda_1)^{k_{i1}}(\lambda-\lambda_2)^{k_{i2}}\cdots(\lambda-\lambda_s)^{k_{is}},$$

对 $i=1,2,\cdots,r$. 由此所得 $d_1(\lambda),d_2(\lambda),\cdots,d_r(\lambda)$ 就是 $\boldsymbol{A}(\lambda)$ 的不变因子, 且 $d_i(\lambda)|d_{i+1}(\lambda)$ 对 $i=1,2,\cdots,r-1$.

这时, $\boldsymbol{A}(\lambda)$ 的标准形是

$$\left(\begin{array}{cccc|c} d_1(\lambda) & & & & \\ & d_2(\lambda) & & & \\ & & \ddots & & \\ & & & d_r(\lambda) & \\ \hline & & & & \boldsymbol{O} \end{array}\right)_{n\times m}.$$

我们可以表达为如下命题:

命题 7.5.5　对于已知阶数的 λ-矩阵 $\boldsymbol{A}(\lambda)$, 在固定秩为 r 的情况下, 由 $\boldsymbol{A}(\lambda)$ 的所有初等因子可以唯一地决定 $\boldsymbol{A}(\lambda)$ 的所有不变因子.

这些讨论说明了, 当 $\boldsymbol{A}(\lambda)$ 与 $\boldsymbol{B}(\lambda)$ 有相同的初等因子时, 它们就有相同的不变因子; 反之亦然.

例 7.5.2 设 4 阶 λ-矩阵 $\boldsymbol{A}(\lambda)$ 的秩 3, 初等因子组是 $\lambda^2, \lambda^4, (\lambda-1)^2, (\lambda-1)^3, \lambda+1$. 求出 $\boldsymbol{A}(\lambda)$ 的标准形.

解 把这些初等因子作为不同一次因式的方幂来分类, 并根据秩为 3, 同一类初等因子个数不够 3 个时, 补上适当个数的 1, 那么它们可如下降幂排出:

$$\begin{array}{lll} \lambda^4, & \lambda^2, & 1; \\ (\lambda-1)^3, & (\lambda-1)^2, & 1; \\ \lambda+1, & 1, & 1. \end{array}$$

于是, 不变因子有

$$\begin{aligned} d_3(\lambda) &= \lambda^4(\lambda-1)^3(\lambda+1), \\ d_2(\lambda) &= \lambda^2(\lambda-1)^2, \\ d_1(\lambda) &= 1. \end{aligned}$$

于是得 $\boldsymbol{A}(\lambda)$ 的标准形为

$$\begin{pmatrix} 1 & & & \\ & \lambda^2(\lambda-1)^2 & & \\ & & \lambda^4(\lambda-1)^3(\lambda+1) & \\ & & & 0 \end{pmatrix}.$$

由于不变因子是等价不变量, 故初等因子也是, 即

命题 7.5.6 $\mathbb{C}$ 上两个 λ–矩阵等价当且仅当它们是同型的且有相同的初等因子和秩.

现在我们知道, 要证明两个 λ-矩阵是否等价, 只要比较它们的秩是否相同以及行列式因子、不变因子或初等因子三者中的任一组是否相同. 那么, 究竟是先求出哪一组进行比较较为方便呢？或者说, 对实际问题是否真有必要完全求出 λ-矩阵的标准形再比较吗？

接下来我们可以看到, 不需要完全求出标准形, 只要求出与 λ-矩阵等价的任一对角矩阵, 就可直接求出 λ-矩阵的所有初等因子. 由此, 根据需要, 可直接比较原 λ-矩阵是否等价, 或再由初等因子求其不变因子、行列式因子等, 这样相对就简单些.

为此, 先需要多项式最大公因式的性质.

引理 7.5.7 设多项式 $f_i(\lambda)$, $g_j(\lambda)$ $(i,j=1,2)$ 的首项系数均为 1 且对任意 $i,j=1,2$, $f_i(\lambda)$ 与 $g_j(\lambda)$ 均互素, 则

(i) $(f_1(\lambda)g_1(\lambda), f_2(\lambda)g_2(\lambda)) = (f_1(\lambda), f_2(\lambda))(g_1(\lambda), g_2(\lambda))$;

(ii) λ-矩阵

$$\boldsymbol{A}(\lambda) = \begin{pmatrix} f_1(\lambda)g_1(\lambda) & \\ & f_2(\lambda)g_2(\lambda) \end{pmatrix} \quad 与 \quad \boldsymbol{B}(\lambda) = \begin{pmatrix} f_2(\lambda)g_1(\lambda) & \\ & f_1(\lambda)g_2(\lambda) \end{pmatrix}$$

等价.

证明 (i) 见第 1 章补充题第 5 题, 证明略.

(ii) 只要证明它们的行列式因子相同即可. 显然, 它们的二阶行列式因子都是

$$D_2(\lambda) = |\boldsymbol{A}(\lambda)| = |\boldsymbol{B}(\lambda)| = f_1(\lambda)f_2(\lambda)g_1(\lambda)g_2(\lambda).$$

因为 $\boldsymbol{A}(\lambda)$ 的一阶行列式因子是

$$D_1(\lambda) = (f_1(\lambda)g_1(\lambda), f_2(\lambda)g_2(\lambda)),$$

$\boldsymbol{B}(\lambda)$ 的一阶行列式因子是

$$D_1'(\lambda) = (f_2(\lambda)g_1(\lambda), f_1(\lambda)g_2(\lambda)),$$

由引理 7.5.7 知 $D_1(\lambda) = D_1'(\lambda)$, 从而 $\boldsymbol{A}(\lambda)$ 与 $\boldsymbol{B}(\lambda)$ 等价. □

定理 7.5.8 设有 $\mathbb{C}$ 上 λ-对角阵

$$\boldsymbol{D}(\lambda) = \begin{pmatrix} h_1(\lambda) & & & & & \\ & \ddots & & & & \\ & & h_r(\lambda) & & & \\ & & & 0 & & \\ & & & & \ddots & \\ & & & & & 0 \end{pmatrix}_{n\times n}.$$

那么 $h_i(\lambda)(i = 1, 2, \cdots, r)$ 的所有一次因式方幂 (相同的按出现次数计算) 就是 $\boldsymbol{D}(\lambda)$ 的所有初等因子.

证明 将 $h_i(\lambda)$ 分解成互不相同一次因式方幂的乘积, 对 $i = 1, 2, \cdots, r$,

$$h_i(\lambda) = (\lambda - \lambda_1)^{k_{i1}}(\lambda - \lambda_2)^{k_{i2}} \cdots (\lambda - \lambda_s)^{k_{is}}.$$

现在要说明: 对每个相同的一次因式的方幂

$$(\lambda - \lambda_j)^{k_{1j}}, (\lambda - \lambda_j)^{k_{2j}}, \cdots, (\lambda - \lambda_j)^{k_{rj}},$$

在 $\boldsymbol{D}(\lambda)$ 的主对角线上按递升幂次重排后, 得到的新对角矩阵 $\boldsymbol{D}'(\lambda)$ 与 $\boldsymbol{D}(\lambda)$ 等价, 此时 $\boldsymbol{D}'(\lambda)$ 就是 $\boldsymbol{D}(\lambda)$ 的标准形, 而且所有不为 1 的 $(\lambda-\lambda_j)^{k_{ij}}$ 就是 $\boldsymbol{D}(\lambda)$ 的全部初等因子.

先对 $\lambda-\lambda_1$ 的方幂讨论. 对 $i=1,2,\cdots,r$, 令

$$g_i(\lambda)=(\lambda-\lambda_2)^{k_{i2}}(\lambda-\lambda_3)^{k_{i3}}\cdots(\lambda-\lambda_s)^{k_{is}}.$$

于是 $h_i(\lambda)=(\lambda-\lambda_1)^{k_{i1}}g_i(\lambda)$ $(i=1,2,\cdots,r)$ 而且对每个 $j=1,2,\cdots,r$, 有

$$((\lambda-\lambda_1)^{k_{i1}},\quad g_j(\lambda))=1.$$

若有相邻一对指数 $k_{i1}>k_{i+1,1}$, 则在 $\boldsymbol{D}(\lambda)$ 中将 $(\lambda-\lambda_1)^{k_{i1}}$ 与 $(\lambda-\lambda_1)^{k_{i+1,1}}$ 对调位置, 而其余因式保持不动. 由引理 7.5.7,

$$\begin{pmatrix}(\lambda-\lambda_1)^{k_{i1}}g_i(\lambda) & 0\\ 0 & (\lambda-\lambda_1)^{k_{i+1,1}}g_{i+1}(\lambda)\end{pmatrix}$$

与

$$\begin{pmatrix}(\lambda-\lambda_1)^{k_{i+1,1}}g_i(\lambda) & 0\\ 0 & (\lambda-\lambda_1)^{k_{i1}}g_{i+1}(\lambda)\end{pmatrix}$$

等价, 从而 $\boldsymbol{D}(\lambda)$ 与对角矩阵

$$\begin{pmatrix}(\lambda-\lambda_1)^{k_{11}}g_1(\lambda) & & & & & \\ & \ddots & & & & \\ & & (\lambda-\lambda_1)^{k_{i+1,1}}g_i(\lambda) & & & \\ & & & (\lambda-\lambda_1)^{k_{i1}}g_{i+1}(\lambda) & & \\ & & & & \ddots & \\ & & & & & (\lambda-\lambda_1)^{k_{n1}}g_n(\lambda)\end{pmatrix}$$

等价. 用 $\boldsymbol{D}_1(\lambda)$ 表示此矩阵, 然后继续对 $\boldsymbol{D}_1(\lambda)$ 作如上讨论, 直到对角阵主对角线上元素所含 $(\lambda-\lambda_1)$ 的方幂是按递升幂次排列为止.

依次对 $\lambda-\lambda_2,\cdots,\lambda-\lambda_s$ 作同样处理, 最后得到与 $\boldsymbol{D}(\lambda)$ 等价的对角阵 $\boldsymbol{D}'(\lambda)$, 它的主对角线上所含一次因式的方幂都按递升幂次排列.

由定义知, $\boldsymbol{D}'(\lambda)$ 就成为 $\boldsymbol{D}(\lambda)$ 的标准形. □

由此定理 7.5.8, 任一 λ-矩阵 $\boldsymbol{A}(\lambda)$ 只要等价地化为对角 λ-矩阵, 那么对角线上每个元的一次因式的幂的全体就是 $\boldsymbol{A}(\lambda)$ 的全部初等因子.

习　题　7.5

1. 求下列 λ-矩阵的各阶行列式因子:

(1) $\begin{pmatrix} 2\lambda & 1 & 0 \\ 0 & -\lambda(\lambda+2) & -3 \\ 0 & 0 & \lambda^2-1 \end{pmatrix}$;　　(2) $\begin{pmatrix} \lambda & 0 & 0 & 5 \\ -1 & \lambda & 0 & 4 \\ 0 & -1 & \lambda & 3 \\ 0 & 0 & -1 & \lambda+2 \end{pmatrix}$;

(3) $\begin{pmatrix} 1-\lambda & 2\lambda-1 & \lambda \\ \lambda & \lambda^2 & -\lambda \\ 1+\lambda^2 & \lambda^2+\lambda-1 & -\lambda^2 \end{pmatrix}$;　(4) $\begin{pmatrix} \lambda & 1 & 0 & 0 \\ 0 & \lambda & 1 & 0 \\ 0 & 1 & \lambda & 0 \\ 0 & 0 & 1 & \lambda \end{pmatrix}$.

2. 求 1 题中各 λ-矩阵的不变因子.

3. 求 1 题中各 λ-矩阵的初等因子.

4. 设 $\boldsymbol{A}(\lambda)$ 为一个 5 阶方阵, 其秩为 4, 初等因子组是

$$\lambda,\ \lambda^2,\ \lambda^2,\ \lambda-1,\ \lambda-1,\ \lambda+1,\ (\lambda+1)^3.$$

试求 $\boldsymbol{A}(\lambda)$ 的标准形.

5. 已知 n 阶方阵

$$\boldsymbol{A}=\begin{pmatrix} 0 & & & -a_0 \\ 1 & \ddots & & -a_1 \\ & \ddots & 0 & \vdots \\ & & 1 & -a_{n-1} \end{pmatrix}.$$

证明: $\boldsymbol{A}$ 的不变因子为 $\overbrace{1,\ 1,\ \cdots,\ 1}^{n-1个}$, $d_n(\lambda)=\lambda^n+a_{n-1}\lambda^{n-1}+\cdots+a_1\lambda+a_0$.

6. 已知

$$\boldsymbol{A}(\lambda)=\begin{pmatrix} \lambda-a & 0 & -1 & 0 \\ 0 & \lambda-a & 0 & -1 \\ \beta^2 & 1 & \lambda-a & 0 \\ 0 & \beta^2 & 0 & \lambda-a \end{pmatrix},$$

$$\boldsymbol{B}(\lambda)=\begin{pmatrix} 1 & 0 & 0 & 0 \\ 0 & 1 & 0 & 0 \\ 0 & 0 & (\lambda-\alpha)^2+\beta^2 & 0 \\ 0 & 0 & 0 & (\lambda-\alpha)^2+\beta^2 \end{pmatrix}.$$

判断 $\boldsymbol{A}(\lambda)$ 与 $\boldsymbol{B}(\lambda)$ 是否等价.

7. 判断 $\boldsymbol{A}(\lambda)$ 与 $\boldsymbol{B}(\lambda)$ 是否等价, 这里

(1) $\boldsymbol{A}(\lambda)=\begin{pmatrix} \lambda & 1 \\ 0 & \lambda \end{pmatrix}, \boldsymbol{B}(\lambda)=\begin{pmatrix} 1 & -\lambda \\ 1 & \lambda \end{pmatrix}$;

(2) $\boldsymbol{A}(\lambda)=\begin{pmatrix}\lambda(\lambda+1) & 0 & 0\\ 0 & \lambda & 0\\ 0 & 0 & (\lambda+1)^2\end{pmatrix}, \boldsymbol{B}(\lambda)=\begin{pmatrix}0 & 0 & \lambda+1\\ 0 & 2\lambda & 0\\ \lambda(\lambda+1)^2 & 0 & 0\end{pmatrix}$.

8. 证明: 若多项式 $f(\lambda)$ 与 $g(\lambda)$ 互素, 则下列 λ-矩阵彼此等价:

$\boldsymbol{A}(\lambda)=\begin{pmatrix}f(\lambda) & 0\\ 0 & g(\lambda)\end{pmatrix}, \quad \boldsymbol{B}(\lambda)=\begin{pmatrix}g(\lambda) & 0\\ 0 & f(\lambda)\end{pmatrix}, \quad \boldsymbol{C}(\lambda)=\begin{pmatrix}1 & 0\\ 0 & f(\lambda)g(\lambda)\end{pmatrix}$.

9. 设 $\boldsymbol{A}\in\mathbb{F}^{n\times n}$, $A=\mathrm{diag}(\boldsymbol{A}_1,\boldsymbol{A}_2,\cdots,\boldsymbol{A}_k)$ 为分块对角阵. 证明: $\boldsymbol{A}$ 的初等因子组为所有的 $\boldsymbol{A}_i(i=1,2,\cdots,k)$ 的初等因子组的并集.

7.6 数字矩阵相似的刻画

本节我们将发现, 虽然 λ-矩阵看来和数字矩阵很不同, 但它恰恰可用于数字矩阵一些性质的刻画. 比如关于数字矩阵的相似, 将提供一种与完全用数字矩阵讨论很不相同的方法, 即通过 λ-矩阵的等价关系来讨论.

注意, 本节和 7.7 节中所谈的矩阵都是方阵.

定义 7.6.1 对于数字方阵 $\boldsymbol{A}$, λ-矩阵 $\lambda\boldsymbol{E}-\boldsymbol{A}$ 称为 $\boldsymbol{A}$ 的**特征矩阵**.

这样称呼的原因自然是因为它的行列式 $|\lambda\boldsymbol{E}-\boldsymbol{A}|$ 就是 $\boldsymbol{A}$ 的特征多项式. 事实上, 特征矩阵是我们将主要用到的 λ-矩阵.

本节的主要结论就是: 数字矩阵 $\boldsymbol{A}$ 与 $\boldsymbol{B}$ 相似当且仅当 $\lambda\boldsymbol{E}-\boldsymbol{A}$ 与 $\lambda\boldsymbol{E}-\boldsymbol{B}$ 等价.

我们的一个基本方法是: 设 λ-矩阵 $\boldsymbol{A}(\lambda)=(a_{ij}(\lambda))_{k\times t}$ 中所有 $a_{ij}(\lambda)$ 的最高次是 m, 那么 $\boldsymbol{A}(\lambda)$ 可表示为

$$\boldsymbol{A}(\lambda)=\lambda^m\boldsymbol{A}_0+\lambda^{m-1}\boldsymbol{A}_1+\cdots+\lambda\boldsymbol{A}_{m-1}+\boldsymbol{A}_m,$$

其中系数矩阵 $\boldsymbol{A}_i$ 都是数字矩阵. 然后通过比较多项式的系数矩阵进行讨论. 以后称 $m=\max\{\deg(a_{ij}(\lambda))|1\leqslant i\leqslant k,\ 1\leqslant j\leqslant t\}$ 是$\boldsymbol{A}(\lambda)$ **的次数**, 记 $m=\deg(\boldsymbol{A}(\lambda))$.

引理 7.6.1 设有 $n\times n$ 数字矩阵 $\boldsymbol{A}$ 和 $\boldsymbol{B}$, 若存在数字矩阵 $\boldsymbol{P}_0$, $\boldsymbol{Q}_0$, 使

$$\lambda\boldsymbol{E}-\boldsymbol{A}=\boldsymbol{P}_0(\lambda\boldsymbol{E}-\boldsymbol{B})\boldsymbol{Q}_0,$$

则 $\boldsymbol{A}$ 与 $\boldsymbol{B}$ 相似.

证明 由已知条件得 $\lambda\boldsymbol{E}-\boldsymbol{A}=\boldsymbol{P}_0\boldsymbol{Q}_0\lambda-\boldsymbol{P}_0\boldsymbol{B}\boldsymbol{Q}_0$ 比较两边系数矩阵, 得

$$\boldsymbol{E}=\boldsymbol{P}_0\boldsymbol{Q}_0,\quad \boldsymbol{A}=\boldsymbol{P}_0\boldsymbol{B}\boldsymbol{Q}_0.$$

于是, $\boldsymbol{Q}_0=\boldsymbol{P}_0^{-1}$, $\boldsymbol{A}=\boldsymbol{P}_0\boldsymbol{B}\boldsymbol{P}_0^{-1}$, 从而 $\boldsymbol{B}$ 与 $\boldsymbol{A}$ 相似. □

引理 7.6.2　对 $n\times n$ 数字矩阵 $\boldsymbol{A}$ 和 λ-矩阵 $\boldsymbol{U}(\lambda)$, 存在唯一的 λ-矩阵 $\boldsymbol{Q}(\lambda)$ 与 $\boldsymbol{R}(\lambda)$ 以及数字矩阵 $\boldsymbol{U}_0$ 与 $\boldsymbol{V}_0$, 使

$$\boldsymbol{U}(\lambda)=(\lambda\boldsymbol{E}-\boldsymbol{A})\boldsymbol{Q}(\lambda)+\boldsymbol{U}_0, \tag{7.6.1}$$

$$\boldsymbol{U}(\lambda)=\boldsymbol{R}(\lambda)(\lambda\boldsymbol{E}-\boldsymbol{A})+\boldsymbol{V}_0. \tag{7.6.2}$$

证明　令 $m=\deg(\boldsymbol{U}(\lambda))$, 那么存在数字矩阵 $\boldsymbol{D}_0\neq\boldsymbol{O},\boldsymbol{D}_1,\cdots,\boldsymbol{D}_m$, 使得

$$\boldsymbol{U}(\lambda)=\lambda^m\boldsymbol{D}_0+\lambda^{m-1}\boldsymbol{D}_1+\cdots+\lambda\boldsymbol{D}_{m-1}+\boldsymbol{D}_m.$$

下面只证 (7.6.1) 式, (7.6.2) 式可类似证明.

当 $m=0$ 时, 取 $\boldsymbol{Q}(\lambda)=\boldsymbol{O},\boldsymbol{U}_0=\boldsymbol{U}(\lambda)=\boldsymbol{D}_0$ 即可.

当 $m>0$ 时, 令 $\boldsymbol{Q}(\lambda)=\lambda^{m-1}\boldsymbol{Q}_0+\lambda^{m-2}\boldsymbol{Q}_1+\cdots+\boldsymbol{Q}_{m-1}$. 将 $\boldsymbol{U}(\lambda)$ 与 $\boldsymbol{Q}(\lambda)$ 的展开式都代入 (7.6.1) 式得

$$\begin{aligned}&\lambda^m\boldsymbol{D}_0+\lambda^{m-1}\boldsymbol{D}_1+\cdots+\lambda\boldsymbol{D}_{m-1}+\boldsymbol{D}_m\\=&\lambda^m\boldsymbol{Q}_0+\lambda^{m-1}(\boldsymbol{Q}_1-\boldsymbol{A}\boldsymbol{Q}_0)+\cdots+\lambda^{m-k}(\boldsymbol{Q}_k-\boldsymbol{A}\boldsymbol{Q}_{k-1})\\&+\cdots+\lambda(\boldsymbol{Q}_{m-1}-\boldsymbol{A}\boldsymbol{Q}_{m-2})-\boldsymbol{A}\boldsymbol{Q}_{m-1}+\boldsymbol{U}_0.\end{aligned}$$

比较两边系数矩阵, 得

$$\begin{cases}\boldsymbol{D}_0=\boldsymbol{Q}_0,\\ \boldsymbol{D}_1=\boldsymbol{Q}_1-\boldsymbol{A}\boldsymbol{Q}_0,\\ \qquad\cdots\cdots\\ \boldsymbol{D}_k=\boldsymbol{Q}_k-\boldsymbol{A}\boldsymbol{Q}_{k-1},\\ \qquad\cdots\cdots\\ \boldsymbol{D}_{m-1}=\boldsymbol{Q}_{m-1}-\boldsymbol{A}\boldsymbol{Q}_{m-2},\\ \boldsymbol{D}_m=-\boldsymbol{A}\boldsymbol{Q}_{m-1}+\boldsymbol{U}_0,\end{cases}$$

从而

$$\begin{cases}\boldsymbol{Q}_0=\boldsymbol{D}_0,\\ \boldsymbol{Q}_1=\boldsymbol{D}_1+\boldsymbol{A}\boldsymbol{Q}_0,\\ \qquad\cdots\cdots\\ \boldsymbol{Q}_k=\boldsymbol{D}_k+\boldsymbol{A}\boldsymbol{Q}_{k-1},\\ \qquad\cdots\cdots\\ \boldsymbol{Q}_{m-1}=\boldsymbol{D}_{m-1}+\boldsymbol{A}\boldsymbol{Q}_{m-2},\\ \boldsymbol{U}_0=\boldsymbol{D}_m+\boldsymbol{A}\boldsymbol{Q}_{m-1},\end{cases}$$

即由此递推公式, 可求出唯一的 $\boldsymbol{Q}(\lambda)$ 和 $\boldsymbol{U}_0$ 满足 (7.6.1) 式. □

注 (7.6.1) 式与 (7.6.2) 式其实可以理解为 λ-矩阵, 也就是系数是矩阵的多项式的带余除法, 只是除式的次数被限制于一次的. 由于矩阵乘法的非交换性, 这时带余除法有左右之分. 据此, 读者可自己讨论下面的一般结论是否成立.

对 $n\times n$ 矩阵 $\boldsymbol{A}(\lambda)$ 和 $\boldsymbol{U}(\lambda)$, 那么存在 λ-矩阵 $\boldsymbol{Q}(\lambda)$ 与 $\boldsymbol{R}(\lambda)$ 以及 $\boldsymbol{U}_0(\lambda)$ 与 $\boldsymbol{V}_0(\lambda)$, 使

$$\boldsymbol{U}(\lambda)=\boldsymbol{A}(\lambda)\boldsymbol{Q}(\lambda)+\boldsymbol{U}_0(\lambda),$$

$$\boldsymbol{U}(\lambda)=\boldsymbol{R}(\lambda)\boldsymbol{A}(\lambda)+\boldsymbol{V}_0(\lambda),$$

其中或 $\boldsymbol{U}_0(\lambda)=\boldsymbol{O}$ 或 $\deg(\boldsymbol{U}_0(\lambda))<\deg(\boldsymbol{A}(\lambda))$ 或 $\boldsymbol{V}_0(\lambda)=\boldsymbol{O}$ 或 $\deg(\boldsymbol{V}_0(\lambda))<\deg(\boldsymbol{A}(\lambda))$.

定理 7.6.3 设 $\boldsymbol{A}$ 和 $\boldsymbol{B}$ 是数域 $\mathbb{F}$ 上两个 $n\times n$ 矩阵, 那么 $\boldsymbol{A}$ 与 $\boldsymbol{B}$ 相似当且仅当它们的特征矩阵 $\lambda\boldsymbol{E}-\boldsymbol{A}$ 与 $\lambda\boldsymbol{E}-\boldsymbol{B}$ 等价.

证明 **必要性** 存在可逆阵 $\boldsymbol{T}$ 使得 $\boldsymbol{A}=\boldsymbol{T}^{-1}\boldsymbol{B}\boldsymbol{T}$, 则

$$\lambda\boldsymbol{E}-\boldsymbol{A}=\lambda\boldsymbol{E}-\boldsymbol{T}^{-1}\boldsymbol{B}\boldsymbol{T}=\boldsymbol{T}^{-1}(\lambda\boldsymbol{E}-\boldsymbol{B})\boldsymbol{T},$$

这说明 $\lambda\boldsymbol{E}-\boldsymbol{A}$ 与 $\lambda\boldsymbol{E}-\boldsymbol{B}$ 等价.

充分性 由 7.3 节知, 存在可逆 λ-矩阵 $\boldsymbol{U}(\lambda)$ 和 $\boldsymbol{V}(\lambda)$ 使

$$\lambda\boldsymbol{E}-\boldsymbol{A}=\boldsymbol{U}(\lambda)(\lambda\boldsymbol{E}-\boldsymbol{B})\boldsymbol{V}(\lambda). \tag{7.6.3}$$

由引理 7.6.2, 存在 λ-矩阵 $\boldsymbol{Q}(\lambda)$ 和 $\boldsymbol{R}(\lambda)$ 及数字矩阵 $\boldsymbol{U}_0$ 和 $\boldsymbol{V}_0$ 使

$$\boldsymbol{U}(\lambda)=(\lambda\boldsymbol{E}-\boldsymbol{A})\boldsymbol{Q}(\lambda)+\boldsymbol{U}_0, \tag{7.6.4}$$

$$\boldsymbol{V}(\lambda)=\boldsymbol{R}(\lambda)(\lambda\boldsymbol{E}-\boldsymbol{A})+\boldsymbol{V}_0. \tag{7.6.5}$$

由 (7.6.3) 式得

$$\boldsymbol{U}(\lambda)^{-1}(\lambda\boldsymbol{E}-\boldsymbol{A})=(\lambda\boldsymbol{E}-\boldsymbol{B})\boldsymbol{V}(\lambda).$$

将 (7.6.5) 式代入得

$$\boldsymbol{U}(\lambda)^{-1}(\lambda\boldsymbol{E}-\boldsymbol{A})=(\lambda\boldsymbol{E}-\boldsymbol{B})\boldsymbol{R}(\lambda)(\lambda\boldsymbol{E}-\boldsymbol{A})+(\lambda\boldsymbol{E}-\boldsymbol{B})\boldsymbol{V}_0.$$

于是

$$(\boldsymbol{U}(\lambda)^{-1}-(\lambda\boldsymbol{E}-\boldsymbol{B})\boldsymbol{R}(\lambda))(\lambda\boldsymbol{E}-\boldsymbol{A})=(\lambda\boldsymbol{E}-\boldsymbol{B})\boldsymbol{V}_0.$$

比较两边次数, 因 $\boldsymbol{V}_0$ 是数字矩阵, 故 $\boldsymbol{U}(\lambda)^{-1}-(\lambda\boldsymbol{E}-\boldsymbol{B})\boldsymbol{R}(\lambda)$ 也必须是数字阵. 令其为 $\boldsymbol{T}_0$, 则

$$\boldsymbol{T}_0(\lambda\boldsymbol{E}-\boldsymbol{A})=(\lambda\boldsymbol{E}-\boldsymbol{B})\boldsymbol{V}_0. \tag{7.6.6}$$

又因 $\boldsymbol{T}_0=\boldsymbol{U}(\lambda)^{-1}-(\lambda\boldsymbol{E}-\boldsymbol{B})\boldsymbol{R}(\lambda)$，故

$$\boldsymbol{U}(\lambda)\boldsymbol{T}_0=\boldsymbol{E}-\boldsymbol{U}(\lambda)(\lambda\boldsymbol{E}-\boldsymbol{B})\boldsymbol{R}(\lambda),$$

得

$$\begin{aligned}\boldsymbol{E}&=\boldsymbol{U}(\lambda)\boldsymbol{T}_0+\boldsymbol{U}(\lambda)(\lambda\boldsymbol{E}-\boldsymbol{B})\boldsymbol{R}(\lambda)\\&=\boldsymbol{U}(\lambda)\boldsymbol{T}_0+(\lambda\boldsymbol{E}-\boldsymbol{A})\boldsymbol{V}(\lambda)^{-1}\boldsymbol{R}(\lambda)\\&=((\lambda\boldsymbol{E}-\boldsymbol{A})\boldsymbol{Q}(\lambda)+\boldsymbol{U}_0)\boldsymbol{T}_0+(\lambda\boldsymbol{E}-\boldsymbol{A})\boldsymbol{V}(\lambda)^{-1}\boldsymbol{R}(\lambda)\\&=\boldsymbol{U}_0\boldsymbol{T}_0+(\lambda\boldsymbol{E}-\boldsymbol{A})(\boldsymbol{Q}(\lambda)\boldsymbol{T}_0+\boldsymbol{V}(\lambda)^{-1}\boldsymbol{R}(\lambda)).\end{aligned}$$

比较 $\boldsymbol{E}=\boldsymbol{U}_0\boldsymbol{T}_0+(\lambda\boldsymbol{E}-\boldsymbol{A})(\boldsymbol{Q}(\lambda)\boldsymbol{T}_0+\boldsymbol{V}(\lambda)^{-1}\boldsymbol{R}(\lambda))$ 两边的次数, 得

$$\boldsymbol{Q}(\lambda)\boldsymbol{T}_0+\boldsymbol{V}(\lambda)^{-1}\boldsymbol{R}(\lambda)=\boldsymbol{O}.$$

于是, $\boldsymbol{E}=\boldsymbol{U}_0\boldsymbol{T}_0$, 即 $\boldsymbol{U}_0=\boldsymbol{T}_0^{-1}$ 可逆. 代入 (7.6.6) 式, 得

$$\lambda\boldsymbol{E}-\boldsymbol{A}=\boldsymbol{U}_0(\lambda\boldsymbol{E}-\boldsymbol{B})\boldsymbol{V}_0.$$

由引理 7.6.1, 得 $\boldsymbol{A}$ 与 $\boldsymbol{B}$ 相似. □

这个定理说明数字矩阵 $\boldsymbol{A}$ 的性质可以由它的特征矩阵 $\lambda\boldsymbol{E}-\boldsymbol{A}$ 来决定, 所以我们以后主要研究矩阵 $\lambda\boldsymbol{E}-\boldsymbol{A}$, 并且把 $\lambda\boldsymbol{E}-\boldsymbol{A}$ 的行列式因子、不变因子、初等因子等分别称为 **$\boldsymbol{A}$ 的行列式因子、不变因子、初等因子** 等.

前面已知, 两个 λ-矩阵等价当且仅当它们有相同的行列式因子、不变因子、初等因子等. 因此得

推论 7.6.4 *两个数字阵 $\boldsymbol{A}$ 与 $\boldsymbol{B}$ 相似当且仅当它们有相同的不变因子 (或行列式因子、初等因子).*

这一结论说明, 不变因子、行列式因子、初等因子都是数字矩阵的相似不变量. 因而可以把一个线性变换的任一矩阵的不变因子、行列式因子、初等因子, 定义为此线性变换的**不变因子、行列式因子、初等因子**.

特别要注意的是, n 阶数字矩阵 $\boldsymbol{A}$ 的特征矩阵 $\lambda\boldsymbol{E}-\boldsymbol{A}$ 的 n 阶子式就是 $\boldsymbol{A}$ 的特征多项式 $|\lambda\boldsymbol{E}-\boldsymbol{A}|\neq 0$, 因而 $\lambda\boldsymbol{E}-\boldsymbol{A}$ 的秩总是 n 且 n 阶行列式因子

$$D_n(\lambda)=|\lambda\boldsymbol{E}-\boldsymbol{A}|=f_{\boldsymbol{A}}(\lambda),$$

从而 $\boldsymbol{A}$ 的不变因子恰有 n 个, 设为 $d_1(\lambda),d_2(\lambda),\cdots,d_n(\lambda)$, 那么

$$d_1(\lambda)d_2(\lambda)\cdots d_n(\lambda)=D_n(\lambda)=f_{\boldsymbol{A}}(\lambda).$$

从上面我们知道, 要讨论两个 λ-矩阵是否等价只要看它们的行列式因子、不变因子、初等因子是否相同. 而由定理 7.5.8, 讨论两个 $n\times n$ 数字方阵 $\boldsymbol{A}$ 和 $\boldsymbol{B}$ 是否相似, 只要将 $\lambda\boldsymbol{E}-\boldsymbol{A}$ 与 $\lambda\boldsymbol{E}-\boldsymbol{B}$ 都通过初等变换化为对角阵, 再看它们的对角元完全分解后所得一次因子的幂的完全集是否一致.

习 题 7.6

1. 证明: n 阶方阵 $\boldsymbol{A}$ 与 $\boldsymbol{A}^{\mathrm{T}}$ 相似.

2. 下列矩阵哪些相似? 哪些不相似?

$$\boldsymbol{A}=\begin{pmatrix}-1&1&0\\-4&3&0\\1&0&2\end{pmatrix},\quad \boldsymbol{B}=\begin{pmatrix}3&0&8\\3&-1&6\\-2&0&-5\end{pmatrix},\quad \boldsymbol{C}=\begin{pmatrix}2&0&0\\0&1&1\\1&0&1\end{pmatrix}.$$

3. 设 $\boldsymbol{A},\boldsymbol{B}$ 是数域 $\mathbb{F}$ 上两个 n 阶方阵, $f_i(\lambda),\ g_i(\lambda)\in\mathbb{F}[\lambda]$ 对 $i=1,2,\cdots,n$, 并且

$$(f_1(\lambda)f_2(\lambda)\cdots f_n(\lambda),\ g_1(\lambda)g_2(\lambda)\cdots g_n(\lambda))=1,$$

$$\lambda\boldsymbol{E}-\boldsymbol{A}\simeq\begin{pmatrix}f_1(\lambda)g_1(\lambda)&&\\&\ddots&\\&&f_n(\lambda)g_n(\lambda)\end{pmatrix},$$

$$\lambda\boldsymbol{E}-\boldsymbol{B}\simeq\begin{pmatrix}f_{i_1}(\lambda)g_{j_1}(\lambda)&&\\&\ddots&\\&&f_{i_n}(\lambda)g_{j_n}(\lambda)\end{pmatrix},$$

其中 $\simeq$ 表示 λ-矩阵等价, $i_1i_2\cdots i_n$ 和 $j_1j_2\cdots j_n$ 是任意两个 n 阶排列, 证明: $\boldsymbol{A}$ 与 $\boldsymbol{B}$ 相似.

4. 设 a,b,c 是实数,

$$\boldsymbol{A}=\begin{pmatrix}b&c&a\\c&a&b\\a&b&c\end{pmatrix},\quad \boldsymbol{B}=\begin{pmatrix}c&a&b\\a&b&c\\b&c&a\end{pmatrix},\quad \boldsymbol{C}=\begin{pmatrix}a&b&c\\b&c&a\\c&a&b\end{pmatrix}.$$

证明:

(a) $\boldsymbol{A},\boldsymbol{B},\boldsymbol{C}$ 彼此相似;

(b) 如果 $\boldsymbol{BC}=\boldsymbol{CB}$, 那么 $\boldsymbol{A}$ 至少有两个特征根等于 0.

5. 求下列矩阵的 Jordan 标准形:

(1) $\boldsymbol{A}=\begin{pmatrix}-1&1&1\\-5&21&17\\6&26&-21\end{pmatrix}$; (2) $\boldsymbol{B}=\begin{pmatrix}1&2&0\\0&2&0\\-2&-2&-1\end{pmatrix}$;

(3) $\boldsymbol{C}=\begin{pmatrix}3&0&8\\3&-1&6\\-2&0&-5\end{pmatrix}$; (4) $\boldsymbol{D}=\begin{pmatrix}3&-4&0&0\\4&-5&0&0\\0&0&3&-2\\0&0&2&-1\end{pmatrix}$.

6. 设 $n\times n$ 矩阵

$$\boldsymbol{A}=\begin{pmatrix}0&&&1\\1&0&&\\&\ddots&\ddots&\\&&1&0\end{pmatrix}.$$

求:

(a) $\boldsymbol{A}$ 的行列式因子组、不变因子组和初等因子组;

(b) $\boldsymbol{A}$ 的 Jordan 标准形.

7. 设复矩阵 $\boldsymbol{A}=\begin{pmatrix}2&0&0\\a&2&0\\b&c&-1\end{pmatrix}$, 问矩阵 $\boldsymbol{A}$ 可能有什么样的 Jordan 标准形? 并求 $\boldsymbol{A}$ 相似于对角矩阵的充要条件.

7.7 Jordan 标准形的唯一性和计算

由 7.1 节, 我们知道 $\mathbb{C}$ 上任一 n 阶数字方阵都可相似于它的 Jordan 标准形. 现在, 利用对 λ-矩阵理论已得到的结论, 我们可以很方便地解决这样的 Jordan 标准形的唯一性和具体计算问题.

引理 7.7.1 设 $\boldsymbol{J}_0$ 是一个 Jordan 块. 则

$$\boldsymbol{J}_0=\begin{pmatrix}\lambda_0&&&\\1&\lambda_0&&\\&\ddots&\ddots&\\&&1&\lambda_0\end{pmatrix}_{n\times n}$$

当且仅当 $\boldsymbol{J}_0$ 的初等因子是 $(\lambda-\lambda_0)^n$.

证明 首先证明必要性.

若 Jordan 块

$$\boldsymbol{J}_0=\begin{pmatrix}\lambda_0&&&\\1&\lambda_0&&\\&\ddots&\ddots&\\&&1&\lambda_0\end{pmatrix}_{n\times n},$$

则它的特征矩阵是

$$\lambda \boldsymbol{E}-\boldsymbol{J}_0=\begin{pmatrix}\lambda-\lambda_0 & & & \\ -1 & \lambda-\lambda_0 & & \\ & \ddots & \ddots & \\ & & -1 & \lambda-\lambda_0\end{pmatrix}_{n\times n},$$

从而它的 n 阶行列式因子

$$D_n=|\lambda \boldsymbol{E}-\boldsymbol{J}_0|=(\lambda-\lambda_0)^n.$$

但 $\boldsymbol{J}_0$ 有一个 $n-1$ 阶子式是

$$\begin{vmatrix}-1 & \lambda-\lambda_0 & & \\ & -1 & \ddots & \\ & & \ddots & \lambda-\lambda_0 \\ & & & -1\end{vmatrix}=(-1)^{n-1},$$

因此 $n-1$ 阶行列式因子

$$D_{n-1}=1.$$

进一步, 因为任一 i 阶行列式因子 $D_i|D_{n-1}(i\leqslant n-1)$. 所以

$$D_1=D_2=\cdots=D_{n-1}=1,\quad D_n=(\lambda-\lambda_0)^n.$$

由于第 i 个不变因子 $d_i(\lambda)=\dfrac{D_i}{D_{i-1}}$, 故

$$d_n(\lambda)=(\lambda-\lambda_0)^n,\quad d_{n-1}(\lambda)=\cdots=d_1(\lambda)=1.$$

这样, $\lambda\boldsymbol{E}-\boldsymbol{J}_0$ 的初等因子只有一个, 就是 $(\lambda-\lambda_0)^n$.

由必要性的证明易知不同的 Jordan 块的初等因子是不同的, 从而充分性成立.

□

引理 7.7.2 设有一个自然数分拆 $n=k_1+k_2+\cdots+k_s$ 和 $i=1,2,\cdots,s$. 令

$$\boldsymbol{J}_i=\begin{pmatrix}\lambda_i & & & \\ 1 & \lambda_i & & \\ & \ddots & \ddots & \\ & & 1 & \lambda_i\end{pmatrix}_{k_i\times k_i}, \tag{7.7.1}$$

那么矩阵 $\boldsymbol{J}=\begin{pmatrix}\boldsymbol{J}_1 & & \\ & \ddots & \\ & & \boldsymbol{J}_s\end{pmatrix}_{n\times n}$ 的初等因子集是 $\{(\lambda-\lambda_1)^{k_1},\cdots,(\lambda-\lambda_s)^{k_s}\}$.

反之, 任给一组初等因子 $\{(\lambda-\lambda_1)^{k_1},\cdots,(\lambda-\lambda_s)^{k_s}\}$, 不考虑 Jordan 块顺序时, 可得唯一的 $n\times n$ 的 Jordan 形矩阵 $\boldsymbol{J}=\begin{pmatrix}\boldsymbol{J}_1 & & \\ & \ddots & \\ & & \boldsymbol{J}_s\end{pmatrix}$, 其中 $\boldsymbol{J}_i$ 满足 (7.7.1) 式.

证明　设 $\boldsymbol{J}=\begin{pmatrix}\boldsymbol{J}_1 & & \\ & \ddots & \\ & & \boldsymbol{J}_s\end{pmatrix}$, 其中 $\boldsymbol{J}_i$ 满足 (7.7.1) 式. 由引理 7.7.1, $\lambda\boldsymbol{E}_{k_i}-\boldsymbol{J}_i$ 的初等因子是 $(\lambda-\lambda_i)^{k_i}$. 因为 λ-矩阵 $\boldsymbol{A}(\lambda)_i=\begin{pmatrix}1 & & & & \\ & 1 & & & \\ & & \ddots & & \\ & & & 1 & \\ & & & & (\lambda-\lambda_i)^{k_i}\end{pmatrix}_{k_i\times k_i}$ 的初等因子也是 $(\lambda-\lambda_i)^{k_i}$, 由命题 7.5.6 可知, $\lambda\boldsymbol{E}_{k_i}-\boldsymbol{J}_i$ 与 $\boldsymbol{A}(\lambda)_i$ 是等价的. 所以作为准对角 λ-矩阵,

$$\lambda\boldsymbol{E}-\boldsymbol{J}=\begin{pmatrix}\lambda\boldsymbol{E}_{k_1}-\boldsymbol{J}_1 & & \\ & \ddots & \\ & & \lambda\boldsymbol{E}_{k_s}-\boldsymbol{J}_s\end{pmatrix}$$

与

$$\begin{pmatrix}\boldsymbol{A}(\lambda)_1 & & \\ & \ddots & \\ & & \boldsymbol{A}(\lambda)_s\end{pmatrix}$$

是等价的. 由定理 7.5.8, 后者的初等因子有 $(\lambda-\lambda_1)^{k_1},\cdots,(\lambda-\lambda_s)^{k_s}$. 因此, 由命题 7.5.6 可得 $\boldsymbol{J}$ 的初等因子集是 $\{(\lambda-\lambda_1)^{k_1},\cdots,(\lambda-\lambda_s)^{k_s}\}$.

反之, 给定一组初等因子 $\{(\lambda-\lambda_1)^{k_1},\cdots,(\lambda-\lambda_s)^{k_s}\}$, 由引理 7.7.1, 每个初等因子 $(\lambda-\lambda_i)^{k_i}$ 均唯一对应 Jordan 块 $\boldsymbol{J}_i$. 由上面 Jordan 形矩阵的初等因子的计算过程可知, Jordan 形矩阵中的每个 Jordan 块恰好提供一个初等因子. 因此, 不考虑 Jordan 块顺序时, 由给定的一组初等因子可得唯一的 $n\times n$ 的 Jordan

形矩阵

$$\boldsymbol{J}=\begin{pmatrix}\boldsymbol{J}_1 & & \\ & \ddots & \\ & & \boldsymbol{J}_s\end{pmatrix},$$

其中 $\boldsymbol{J}_i(i=1,2,\cdots,s)$ 满足 (7.7.1) 式. □

注 在 $\boldsymbol{J}$ 中, 不同的 $\boldsymbol{J}_i$ 的对角元 λ_i 可以是相同的.

定理 7.7.3 在不考虑 Jordan 块排列顺序时, n 阶复矩阵 $\boldsymbol{A}$ 相似于唯一的一个 Jordan 形矩阵 $\boldsymbol{J_A}$. 这个 $\boldsymbol{J_A}$ 称为 $\boldsymbol{A}$ 的 **Jordan 标准形**.

证明 先求出特征矩阵 $\lambda\boldsymbol{E}-\boldsymbol{A}$ 的标准形 $\begin{pmatrix}d_1(\lambda) & & & \\ & d_2(\lambda) & & \\ & & \ddots & \\ & & & d_n(\lambda)\end{pmatrix}$, 其中 $d_i(\lambda)|d_{i+1}(\lambda)$, 对 $i=1,2,\cdots,n-1$. 将 $d_i(\lambda)$ 在 $\mathbb{C}$ 上完全分解, 得所有初等因子, 设为

$$(\lambda-\lambda_1)^{k_1},(\lambda-\lambda_2)^{k_2},\cdots,(\lambda-\lambda_s)^{k_s}.$$

那么, 由不变因子与初等因子关系知

$$d_1(\lambda)d_2(\lambda)\cdots d_n(\lambda)=(\lambda-\lambda_1)^{k_1}(\lambda-\lambda_2)^{k_2}\cdots(\lambda-\lambda_s)^{k_s}.$$

因而

$$\begin{aligned}n&=\deg(|\lambda\boldsymbol{E}-\boldsymbol{A}|)=\deg(d_1(\lambda)d_2(\lambda)\cdots d_n(\lambda))\\&=\deg((\lambda-\lambda_1)^{k_1}\cdots(\lambda-\lambda_s)^{k_s})=k_1+k_2+\cdots+k_s.\end{aligned}$$

构作 $\boldsymbol{J}=\begin{pmatrix}\boldsymbol{J}_1 & & \\ & \ddots & \\ & & \boldsymbol{J}_s\end{pmatrix}$, 其中

$$\boldsymbol{J}_i=\begin{pmatrix}\lambda_i & & & \\ 1 & \lambda_i & & \\ & \ddots & \ddots & \\ & & 1 & \lambda_i\end{pmatrix}_{k_i\times k_i}.$$

则 $\boldsymbol{J}$ 与 $\boldsymbol{A}$ 均为 $n\times n$ 复方阵, 且由引理 7.7.2, $\boldsymbol{J}$ 的初等因子集也是

$$\{(\lambda-\lambda_1)^{k_1},(\lambda-\lambda_2)^{k_2},\cdots,(\lambda-\lambda_s)^{k_s}\},$$

与 $\boldsymbol{A}$ 的完全一样, 这说明 $\boldsymbol{A}$ 与 $\boldsymbol{J}$ 相似. 因此, $\boldsymbol{J}$ 就是 $\boldsymbol{A}$ 的 Jordan 标准形.

再证其唯一性. 由于 $\boldsymbol{A}$ 的特征矩阵是唯一的, 因此它的初等因子集也是唯一的. 据引理 7.7.2, 在不考虑 Jordan 块顺序时, 由这组初等因子决定的 Jordan 形矩阵 $\boldsymbol{J}$ 是唯一的. □

说明: 定理 7.2.3 也给出了矩阵 $\boldsymbol{A}$ 的 Jordan 标准形的存在性, 但方法与定理 7.7.3 给出的不同. 相比定理 7.2.3 而言, 定理 7.7.3 的证明给出了 $\boldsymbol{A}$ 的 Jordan 标准形的一个较为简单的算法. 下面我们通过例子来说明.

例 7.7.1　求矩阵 $\boldsymbol{A}=\begin{pmatrix}-1&-2&6\\-1&0&3\\-1&-1&4\end{pmatrix}$ 的 Jordan 标准形.

解　首先求出 $\boldsymbol{A}$ 的初等因子:

$$\lambda\boldsymbol{E}-\boldsymbol{A}=\begin{pmatrix}\lambda+1&2&-6\\1&\lambda&-3\\1&1&\lambda-4\end{pmatrix}\to\begin{pmatrix}0&-\lambda+1&-\lambda^2+3\lambda-2\\0&\lambda-1&-\lambda+1\\1&1&\lambda-4\end{pmatrix}$$
$$\to\begin{pmatrix}1&0&0\\0&\lambda-1&-\lambda+1\\0&-\lambda+1&-\lambda^2+3\lambda-2\end{pmatrix}\to\begin{pmatrix}1&0&0\\0&\lambda-1&-\lambda+1\\0&0&-\lambda^2+2\lambda-1\end{pmatrix}$$
$$\to\begin{pmatrix}1&0&0\\0&\lambda-1&0\\0&0&(\lambda-1)^2\end{pmatrix}.$$

因此, $\boldsymbol{A}$ 的初等因子有 $\lambda-1,(\lambda-1)^2$. 由定理 7.7.3 证明中给出的方法, $\boldsymbol{A}$ 的 Jordan 标准形是

有理标准型简介

$$\begin{pmatrix}1&0&0\\0&1&0\\0&1&1\end{pmatrix}.$$

用线性变换来表述定理 7.7.3, 即为

推论 7.7.4　设 $\mathcal{A}$ 是复域 $\mathbb{C}$ 上 n 维线性空间 V 的线性变换, 则存在 V 的一组基, 使 $\mathcal{A}$ 在这组基下的矩阵是 Jordan 形矩阵, 并且这个 Jordan 形矩阵在不考虑 Jordan 块的排列次序时是由 $\mathcal{A}$ 唯一决定的.

证明　任取 V 的基 $\boldsymbol{\varepsilon}_1,\boldsymbol{\varepsilon}_2,\cdots,\boldsymbol{\varepsilon}_n$, 设 $\mathcal{A}$ 在这组基下的矩阵是 $\boldsymbol{A}$. 由定理 7.7.3, 存在可逆矩阵 $\boldsymbol{T}$ 使

$$\boldsymbol{J}=\boldsymbol{T}^{-1}\boldsymbol{A}\boldsymbol{T}$$

为 Jordan 阵, 并且在不考虑 Jordan 块排列次序时, $\boldsymbol{J}$ 是唯一的. 这时, 令

$$(\boldsymbol{\eta}_1,\boldsymbol{\eta}_2,\cdots,\boldsymbol{\eta}_n)=(\boldsymbol{\varepsilon}_1,\boldsymbol{\varepsilon}_2,\cdots,\boldsymbol{\varepsilon}_n)\boldsymbol{T},$$

那么 $\boldsymbol{\eta}_1,\boldsymbol{\eta}_2,\cdots,\boldsymbol{\eta}_n$ 是 V 的基且 $\mathcal{A}$ 在这组基下的矩阵是 $\boldsymbol{J}$. □

作为定理 7.7.3 的应用, 我们可以给出复方阵的最小多项式的具体求法如下.

命题 7.7.5 设 $\boldsymbol{A}$ 是 n 阶复方阵, 那么 $\boldsymbol{A}$ 的最小多项式等于 $\boldsymbol{A}$ 的特征矩阵 $x\boldsymbol{E}_n-\boldsymbol{A}$ 的最高次不变因子.

证明 设 $\boldsymbol{J}=\begin{pmatrix}\boldsymbol{J}_1&&\\&\ddots&\\&&\boldsymbol{J}_s\end{pmatrix}$, 其中 $\boldsymbol{J}_i=\begin{pmatrix}\lambda_i&&&\\1&\lambda_i&&\\&\ddots&\ddots&\\&&1&\lambda_i\end{pmatrix}_{k_i\times k_i}$, 是 $\boldsymbol{A}$ 的 Jordan 标准形矩阵, 那么 $\boldsymbol{A}$ 的最小多项式 $g_{\boldsymbol{A}}(x)$ 等于 $\boldsymbol{J}$ 的最小多项式 $g_{\boldsymbol{J}}(x)$.

由推论 7.3.7, $g_{\boldsymbol{J}}(x)=[g_{\boldsymbol{J}_1}(x),g_{\boldsymbol{J}_2}(x),\cdots,g_{\boldsymbol{J}_s}(x)]$. 而由最小多项式的定义易得, 对每个 $i=1,2,\cdots,s$, $g_{\boldsymbol{J}_i}(x)=(x-\lambda_i)^{k_i}$. 根据 $\boldsymbol{J}$ (也就是 $x\boldsymbol{E}_n-\boldsymbol{J}$) 的不变因子和初等因子的关系, $[g_{\boldsymbol{J}_1}(x),g_{\boldsymbol{J}_2}(x),\cdots,g_{\boldsymbol{J}_s}(x)]$ 就是最高次不变因子. 由定理 7.6.3, 这也就是 $x\boldsymbol{E}_n-\boldsymbol{A}$ 的最高次不变因子. □

对角阵是特殊的 Jordan 阵, 即 Jordan 块均为一阶的, 或等价地说, 初等因子均为一次的. 又由于不变因子是初等因子之积. 因此, 我们有

命题 7.7.6 对 $\mathbb{C}$ 上方阵 $\boldsymbol{A}$, 下列各命题等价:

(i) $\boldsymbol{A}$ 可相似对角化;

(ii) $\boldsymbol{A}$ 的初等因子均为一次的;

(iii) $\boldsymbol{A}$ 的不变因子均无重根;

(iv) $\boldsymbol{A}$ 的最小多项式是互素一次因式的乘积.

该命题中的 (iv) 直接由定理 7.3.8 即可得.

另一方面, 在 $\mathbb{C}$ 上, 定理 7.3.8 的证明由命题 7.7.5 很容易得到, 请读者自己考虑.

习 题 7.7

1. 设 $\boldsymbol{A}$ 是数域 $\mathbb{F}$ 上 n 阶方阵, 证明: $m(\lambda)=d_n(\lambda)$, 即 $\boldsymbol{A}$ 的最小多项式等于 $\boldsymbol{A}$ 的最后一个不变因子.

2. 给定矩阵

$$\boldsymbol{A}=\begin{pmatrix}2&1&1\\-2&4&1\\1&0&3\end{pmatrix}.$$

(1) 求 $\boldsymbol{A}$ 的初等因子和不变因子.

(2) 写出 $\boldsymbol{A}$ 的 Jordan 标准形 $\boldsymbol{J}$, 并求可逆矩阵 $\boldsymbol{T}$, 使得 $\boldsymbol{T}^{-1}\boldsymbol{A}\boldsymbol{T}=\boldsymbol{J}$ 成立.

本章拓展题

1. 设 $f:V\to V$ 是线性变换, W 是 V 的非平凡子空间且 f-不变, 令 $g=f|_W:W\to W$, $\overline{f}:V/W\to V/W,\overline{v}\mapsto\overline{f(v)}$. 证明：$f$ 的特征多项式等于 g 和 $\overline{f}$ 的特征多项式之积, g 和 $\overline{f}$ 的特征值均为 f 的特征值.

2. $\boldsymbol{AX}=\boldsymbol{XB}$, $\boldsymbol{A},\boldsymbol{B},\boldsymbol{X}$ 皆为 n 阶复方阵, $\boldsymbol{X}\neq\boldsymbol{O}$, 证明 $\boldsymbol{A},\boldsymbol{B}$ 有共同的特征值.

3. 设 $f:V\to V$ 是线性变换, $\boldsymbol{v}\in V$. 构造包含 $\boldsymbol{v}$ 的最小的 f-不变子空间 W, 并证明你的结论.

4. $n\geqslant 2$, 令 $\boldsymbol{E}_{i,j}$ 表示第 (i,j) 元素为 1, 其他元素均为 0 的 n 阶方阵, $\boldsymbol{K}=\sum\limits_{i=1}^{n-1}\boldsymbol{E}_{i+1,i}\in\mathbb{F}^{n\times n}$, $\boldsymbol{J}=\lambda\boldsymbol{E}_n+\boldsymbol{K}$. 设 $n=4$.

(1) 求 $\mathbb{F}^n$ 的所有 $l_{\boldsymbol{J}}$-不变子空间 W;

(2) 对每个 $l_{\boldsymbol{J}}$-不变子空间 W, 写出 $l_{\boldsymbol{J}}$ 诱导的在商空间 $\mathbb{F}^n/W$ 上的线性变换.

5. 设 V 是数域 $\mathbb{F}$ 上的线性空间, $\phi:V\to V$ 是线性变换, ϕ 的特征多项式为 $f(x)$. 证明:

(1) 若 $f(x)$ 在 $\mathbb{F}$ 上不可约, 则 ϕ 没有非平凡的不变子空间;

(2) 若 $f(x)$ 在 $\mathbb{F}$ 上不可约, 则 ϕ 的最小多项式是 $f(x)$.

第 8 章　线性函数与欧氏空间的推广

在上册中, 我们已经介绍了欧氏空间的基本理论. 在本册的第 4 章和第 5 章, 我们又通过进一步的工具和方法, 对欧氏空间有了更深入的理解. 可以看出, 欧氏空间结构是线性代数中非常完善漂亮的部分, 对几何性质的实现更体现了它的重要性. 但它的局限性也是明显的, 就是只能在实数域上讨论. 因此, 如何将欧氏空间的思想在广泛的线性空间上实现, 是一个很自然, 并且尤为重要的问题. 这就是我们将在本章要完成的工作. 其中最重要的三类为一般数域上的正交空间、辛空间、复数域上的酉空间.

8.1　线性函数与对偶空间

对于数域 $\mathbb{F}$ 上的线性空间 V 与 W, 如果我们把线性映射 $f: V \to W$ 中的 W 取作特殊情况: $W = \mathbb{F}$, 那么就等于给出了 V 上的一个满足线性关系的函数, 即我们有如下定义.

定义 8.1.1　设 V 是数域 $\mathbb{F}$ 上的线性空间, f 是 V 到 $\mathbb{F}$ 的一个映射, 且满足

(i) $f(\boldsymbol{\alpha}+\boldsymbol{\beta}) = f(\boldsymbol{\alpha}) + f(\boldsymbol{\beta})$;

(ii) $f(k\boldsymbol{\alpha}) = kf(\boldsymbol{\alpha})$,

对任意 $\boldsymbol{\alpha}, \boldsymbol{\beta} \in V, k \in \mathbb{F}$, 则称 f 是 V 上的一个**线性函数**.

将 V 上所有线性函数的集合表示为 $L(V,\mathbb{F})$, 将 $\mathbb{F}$ 看作它自身上的线性空间, 那么由此定义, 线性函数就是从 V 到 $\mathbb{F}$ 上的线性映射, 即 $L(V,\mathbb{F}) = \mathrm{Hom}_{\mathbb{F}}(V,\mathbb{F})$. 因此, 线性函数满足线性映射的所有性质, 比如, $f(\boldsymbol{\theta}) = 0, f(-\boldsymbol{\alpha}) = -f(\boldsymbol{\alpha})$, $f(\sum k_i\boldsymbol{\alpha}_i) = \sum k_i f(\boldsymbol{\alpha}_i)$ 等.

设 $\{\boldsymbol{\varepsilon}_i\}_{i\in\Lambda}$ 是 V 的一组基, 那么任一 $\boldsymbol{\alpha} \in V$ 可表示为 $\boldsymbol{\alpha} = \sum\limits_{i\in\Lambda} k_i\boldsymbol{\varepsilon}_i$, 其中只有有限个 $k_i \in \mathbb{F}$ 是非零的. 于是, $f(\boldsymbol{\alpha}) = f\left(\sum\limits_{i\in\Lambda} k_i\boldsymbol{\varepsilon}_i\right) = \sum\limits_{i\in\Lambda} k_i f(\boldsymbol{\varepsilon}_i)$. 令 $a_i = f(\boldsymbol{\varepsilon}_i)$ 对 $i \in \Lambda$, 则

$$f(\boldsymbol{\alpha}) = \sum_{i\in\Lambda} k_i a_i.$$

反之, 对任一组数 $\{a_i\}_{i\in\Lambda}$, 其中 $a_i \in \mathbb{F}$, 定义 $f: V \to \mathbb{F}$, 使对任一 $\boldsymbol{\alpha} = \sum k_i\boldsymbol{\varepsilon}_i$ 满足 $f(\boldsymbol{\alpha}) = \sum k_i a_i$, 那么易证 f 确为 V 上的一个线性函数, 且有

$$f(\boldsymbol{\varepsilon}_i)=a_i,\quad \text{对任一 } i\in\Lambda.$$

从而, 我们有

定理 8.1.1 (i) 设 V 是 $\mathbb{F}$ 上线性空间, 有基 $\{\boldsymbol{\varepsilon}_i\}_{i\in\Lambda}$, 那么, 一个映射 $f:V\to\mathbb{F}$ 是 V 上的线性函数, 当且仅当存在一组数 $\{a_i\}_{i\in\Lambda}\subseteq\mathbb{F}$, 使得对任一 $\boldsymbol{\alpha}=\sum\limits_{i\in\Lambda}k_i\boldsymbol{\varepsilon}_i\in V$, 有

$$f(\boldsymbol{\alpha})=\sum_{i\in\Lambda}k_ia_i.$$

这时, 对任一 $i\in\Lambda, f(\boldsymbol{\varepsilon}_i)=a_i$.

(ii) 将 $\mathbb{F}$ 中所有数组 $\{a_i\}_{i\in\Lambda}$ 的集合表示为 $\prod\limits_{\lambda\in\Lambda}\mathbb{F}$, 其中可能 $a_i=a_j$, 对 $i\neq j$, 且 $\{a_i\}_{i\in\Lambda}=\{b_i\}_{i\in\Lambda}$ 当且仅当 $a_i=b_i$ 对任一 $i\in\Lambda$. 那么映射

$$\begin{aligned}\pi:\quad L(V,\ \mathbb{F})&\longrightarrow\prod_{\lambda\in\Lambda}\mathbb{F},\\ f&\longmapsto\{f(\boldsymbol{\varepsilon}_i)\}_{i\in\Lambda}\end{aligned}$$

建立了两个集合之间的 1-1 对应.

证明 (i) 前述已证明.

(ii) 首先, 由 (i) 可见, π 确是一个映射, 并且是满的.

若有线性函数 $f,\ g\in L(V,\ \mathbb{F})$ 使 $\pi(f)=\pi(g)$, 即 $\{f(\boldsymbol{\varepsilon}_i)\}_{i\in\Lambda}=\{g(\boldsymbol{\varepsilon}_i)\}_{i\in\Lambda}$, 则 $f(\boldsymbol{\varepsilon}_i)=g(\boldsymbol{\varepsilon}_i)$, 对任一 $i\in\Lambda$, 从而对任一 $\boldsymbol{\alpha}=\sum k_i\boldsymbol{\varepsilon}_i\in V$,

$$f(\boldsymbol{\alpha})=\sum k_if(\boldsymbol{\varepsilon}_i)=\sum k_ig(\boldsymbol{\varepsilon}_i)=g(\boldsymbol{\alpha}),$$

得 $f=g$, 这说明 π 是单的. □

在这个定理中, 我们甚至可以让 Λ 是任一指标集. 若 Λ 是有限集, 即 $|\Lambda|<+\infty$, 则就得

推论 8.1.2 设 V 是 $\mathbb{F}$ 上的 n 维线性空间, $\boldsymbol{\varepsilon}_1,\boldsymbol{\varepsilon}_2,\cdots,\boldsymbol{\varepsilon}_n$ 是 V 的一组基, $a_1,a_2,\cdots,a_n$ 是 $\mathbb{F}$ 中任意 n 个数, 那么存在唯一的 V 上线性函数 f 使

$$f(\boldsymbol{\varepsilon}_i)=a_i,\quad i=1,2,\cdots,n.$$

例 8.1.1 **零函数** $\theta:V\to\mathbb{F}$ 使 $\theta(\boldsymbol{\alpha})=0$ 对任一 $\boldsymbol{\alpha}\in V$.

例 8.1.2 令 $V=\mathbb{F}^n$, 对任意 $a_1,a_2,\cdots,a_n\in\mathbb{F}$, 定义

$$f(\boldsymbol{z})=f(x_1,x_2,\cdots,x_n)=a_1x_1+a_2x_2+\cdots+a_nx_n$$

对任一 $\boldsymbol{z}=(x_1,x_2,\cdots,x_n)\in\mathbb{F}^n$, 则 $f\in L(\mathbb{F}^n,\mathbb{F})$.

例 8.1.3 设 $\mathbb{F}^{n\times n}$ 表示数域 $\mathbb{F}$ 上 $n\times n$ 的全矩阵线性空间, 定义 $\mathrm{tr}:\mathbb{F}^{n\times n}\to\mathbb{F}$ 使得

$$\operatorname{tr}(\boldsymbol{A})=a_{11}+a_{22}+\cdots+a_{nn},\quad 对任一\boldsymbol{A}=(a_{ij})\in\mathbb{F}^{n\times n}.$$

那么 $\operatorname{tr}\in L(\mathbb{F}^{n\times n},\mathbb{F})$. 这时, 对于 $\mathbb{F}^{n\times n}$ 的基 $\{\boldsymbol{E}_{ij}\}_{i,j\in\{1,2,\cdots,n\}}$,

$$\operatorname{tr}(\boldsymbol{E}_{ij})=\begin{cases}1, & i=j,\\ 0, & i\neq j.\end{cases}$$

故

$$\operatorname{tr}(\boldsymbol{A})=a_{11}+a_{22}+\cdots+a_{nn}=a_{11}\cdot 1+a_{22}\cdot 1+\cdots+a_{nn}\cdot 1+\sum_{i\neq j}a_{ij}\cdot 0,$$

即 tr 对应于数组 $\{1,\cdots,1,0,\cdots,0\}$. 我们称 tr 为 n 阶矩阵的**迹函数**.

例 8.1.4 对于 $V=\mathbb{F}[x]$, $t\in\mathbb{F}$, 定义 $L_t:\mathbb{F}[x]\to\mathbb{F}$ 使得 $f(x)\mapsto f(t)$. 直接验证可得 $L_t\in L(\mathbb{F}[x],\ \mathbb{F})$. 对任一 x^n, $L_t(x^n)=t^n$, 所以对 $f(x)=\sum a_ix^i$ 有 $L_t(f(x))=\sum a_it^i$, 即 L_t 对应于数组 $\{1,t,t^2,\cdots,t^n,\cdots\}$.

由上册, $L(V,\mathbb{F})=\operatorname{Hom}_{\mathbb{F}}(V,\mathbb{F})$ 是一个线性空间, 其加法和数乘如下:

对 $f,\ g\in L(V,\mathbb{F})$, $f+g$ 满足

$$(f+g)(\boldsymbol{\alpha})=f(\boldsymbol{\alpha})+g(\boldsymbol{\alpha}),\quad 对任一\boldsymbol{\alpha}\in V.$$

对 $f\in L(V,\mathbb{F}),k\in\mathbb{F}$, kf 满足

$$(kf)(\boldsymbol{\alpha})=kf(\boldsymbol{\alpha}),\quad 对任一\boldsymbol{\alpha}\in V.$$

称 $L(V,\mathbb{F})$ 为 V 的**对偶空间**, 简单地记为 V^*.

根据上述定义和定理 8.1.1, 我们有如下推论.

推论 8.1.3 π 是线性空间 $L(V,\mathbb{F})$ 到 $\prod\limits_{\lambda\in\varLambda}\mathbb{F}$ 的一个同构映射.

设 $\{\boldsymbol{\varepsilon}_i\}_{i\in\varLambda}$ 是 V 的一组基, 定义 V 上一组线性函数 $\{f_i\}_{i\in\varLambda}$ 满足

$$f_i(\boldsymbol{\varepsilon}_j)=\begin{cases}1, & i=j,\\ 0, & i\neq j,\end{cases}$$

对于 $i,j\in\varLambda$, 由定理 8.1.1, 这样的线性函数 f_i 存在且唯一, 就是对应数组 $\{a_j^{(i)}\}_{j\in\varLambda}$ 的那一个, 其中

$$a_j^{(i)}=\begin{cases}1, & i=j,\\ 0, & i\neq j.\end{cases}$$

对于任一 $\boldsymbol{\alpha}=\sum\limits_{j\in\varLambda}x_j\boldsymbol{\varepsilon}_j\in V$, 有

$$f_i(\boldsymbol{\alpha})=\sum_{j\in\varLambda}x_jf_i(\boldsymbol{\varepsilon}_j)=x_if_i(\boldsymbol{\varepsilon}_i)=x_i,\tag{8.1.1}$$

即 $f_i(\boldsymbol{\alpha})$ 实际上就是 $\boldsymbol{\alpha}$ 的第 i 个坐标的值. 于是, 有 $\boldsymbol{\alpha} = \sum\limits_{i\in\Lambda} f_i(\boldsymbol{\alpha})\boldsymbol{\varepsilon}_i$.

在叙述下一个结果之前, 我们需要将线性相关和线性无关的概念推广到线性空间中任意一组 (可以无穷多个) 向量.

定义 8.1.2 设 W 是数域 $\mathbb{F}$ 上的线性空间, S 是 W 的非空子集. 若 S 中的任意有限多个向量都是线性无关的, 则称 S 中的向量**线性无关**; 否则, 称 S 中的向量**线性相关**.

我们有

定理 8.1.4 取线性空间 V 的一组基 $\{\boldsymbol{\varepsilon}_i\}_{i\in\Lambda}$ 及如上定义的对偶组 $\{f_i\}_{i\in\Lambda}$, 那么

(i) 对于任一 $\boldsymbol{\alpha} \in V$, 有 $\boldsymbol{\alpha} = \sum\limits_{i\in\Lambda} f_i(\boldsymbol{\alpha})\boldsymbol{\varepsilon}_i$;

(ii) $\{f_i\}_{i\in\Lambda}$ 是线性空间 V^* 中的一个线性无关的向量组;

(iii) 当 $\dim V < \infty$ 时, 对于任一 $f \in V^*$, 有 $f = \sum\limits_{i\in\Lambda} f(\boldsymbol{\varepsilon}_i) f_i$;

(iv) 当 $\dim V < \infty$ 时, $\{f_i\}_{i\in\Lambda}$ 是 V^* 的一组基, 从而 $\dim V^* = \dim V$.

证明 (i) 由 (8.1.1) 式即得.

(ii) 任取 $\{f_i\}_{i\in\Lambda}$ 中的一个仅含有有限个向量的子向量组, 设为 $f_1, f_2, \cdots, f_n$. 下面只要证明 $f_1, f_2, \cdots, f_n$ 是线性无关组即可. 假设存在数组 $c_1, c_2, \cdots, c_n$ 使

$$\sum_{i=1}^{n} c_i f_i = 0.$$

两边作用到 $\boldsymbol{\varepsilon}_j (j = 1, 2, \cdots, n)$ 上, 得

$$\sum_{i=1}^{n} c_i f_i(\boldsymbol{\varepsilon}_j) = 0.$$

但

$$f_i(\boldsymbol{\varepsilon}_j) = \begin{cases} 1, & i = j, \\ 0, & i \neq j, \end{cases}$$

故

$$\sum_{i=1}^{n} c_i f_i(\boldsymbol{\varepsilon}_j) = c_j f_j(\boldsymbol{\varepsilon}_j) = c_j.$$

从而 , $c_j = 0$ 对任何 $j = 1, 2, \cdots, n$. 这说明 $f_1, f_2, \cdots, f_n$ 是线性无关组.

(iii) 由 $\dim V = n < \infty$, 不妨设 $\Lambda = \{1,\ 2,\ \cdots,\ n\}$. 对于任一 $\boldsymbol{\alpha} \in V$, 有

$$\left(\sum_{i=1}^{n} f(\boldsymbol{\varepsilon}_i)f_i\right)(\boldsymbol{\alpha}) = \sum_{i=1}^{n} f(\boldsymbol{\varepsilon}_i)f_i(\boldsymbol{\alpha}) = f\left(\sum_{i=1}^{n} f_i(\boldsymbol{\alpha})\boldsymbol{\varepsilon}_i\right) = f(\boldsymbol{\alpha}),$$

其中最后一个等式由 (i) 即得. 根据 $\boldsymbol{\alpha}$ 的任意性得

$$f = \sum_{i=1}^{n} f(\boldsymbol{\varepsilon}_i)f_i.$$

(iv) 由 (ii) 和 (iii) 易得. □

注 当 $\dim V = \infty$ 时, 由上面定理, 虽然向量组 $\{f_i\}_{i\in\Lambda}$ 是线性空间 V^* 中的一个线性无关的向量组, 但是 V^* 中的向量并不总能被向量组 $\{f_i\}_{i\in\Lambda}$ 中的有限个向量线性表示. 因此向量组 $\{f_i\}_{i\in\Lambda}$ 不是线性空间 V^* 的一组基.

基于定理 8.1.4 (iii), 当 $\dim V = n < \infty$ 时, 我们把上述定义的 V^* 的基 $f_1, f_2, \cdots, f_n$ 称为 V 的基 $\boldsymbol{\varepsilon}_1, \boldsymbol{\varepsilon}_2, \cdots, \boldsymbol{\varepsilon}_n$ 的**对偶基**.

例 8.1.5 设 $V = \mathbb{F}[x]_n$, 则 $\dim \mathbb{F}[x]_n = n$, 取不同的 $a_1, a_2, \cdots, a_n \in \mathbb{F}$, 对数组

$$\{0,\ \cdots,\ \underset{i}{1},\ \cdots,\ 0\},$$

用 Lagrange 插值公式, 对 $i = 1, 2, \cdots, n$, 得到 n 个多项式为

$$p_i(x) = \frac{(x-a_1)\cdots(x-a_{i-1})(x-a_{i+1})\cdots(x-a_n)}{(a_i-a_1)\cdots(a_i-a_{i-1})(a_i-a_{i+1})\cdots(a_i-a_n)}$$

且满足

$$p_i(a_j) = \begin{cases} 1, & i = j, \\ 0, & i \neq j. \end{cases}$$

设有 $c_1, c_2, \cdots, c_n \in \mathbb{F}$ 使

$$c_1p_1(x) + c_2p_2(x) + \cdots + c_np_n(x) = 0.$$

用 $x = a_i$ 代入, 得

$$0 = \sum_{k=1}^{n} c_kp_k(a_i) = c_ip_i(a_i) = c_i, \quad \text{对 } i = 1, 2, \cdots, n.$$

因此, $p_1(x), p_2(x), \cdots, p_n(x)$ 是线性无关的, 从而它们是 n 维线性空间 $\mathbb{F}[x]_n$ 的一组基.

与例 8.1.4 一样, 取 $\mathbb{F}[x]_n$ 上的线性函数 L_{a_i}:

$$L_{a_i}(p(x)) = p(a_i), \quad \text{对任一 } p(x) \in \mathbb{F}[x]_n.$$

那么, 对 $p_1(x), p_2(x), \cdots, p_n(x)$, 有

$$L_{a_i}(p_j(x))=p_j(a_i)=\begin{cases}1, & i=j,\\ 0, & i\neq j,\end{cases}$$

这说明 $L_{a_1},L_{a_2},\cdots,L_{a_n}$ 是 $p_1(x),p_2(x),\cdots,p_n(x)$ 的对偶基.

有限维线性空间上不同基之间可以通过过渡矩阵联系. 下面, 讨论这不同基的对偶基的相互关系.

设 V 是数域 $\mathbb{F}$ 上有限维线性空间, $\boldsymbol{\varepsilon}_1,\boldsymbol{\varepsilon}_2,\cdots,\boldsymbol{\varepsilon}_n$ 与 $\boldsymbol{\eta}_1,\boldsymbol{\eta}_2,\cdots,\boldsymbol{\eta}_n$ 是 V 的两组基, 它们的对偶基分别是 $f_1,f_2,\cdots,f_n$ 与 $g_1,g_2,\cdots,g_n$.

再设它们在 V 和 V^* 中的过渡阵分别是 $\boldsymbol{A}=(a_{ij})_{n\times n},\boldsymbol{B}=(b_{ij})_{n\times n}$, 即设

$$(\boldsymbol{\eta}_1,\boldsymbol{\eta}_2,\cdots,\boldsymbol{\eta}_n)=(\boldsymbol{\varepsilon}_1,\boldsymbol{\varepsilon}_2,\cdots,\boldsymbol{\varepsilon}_n)\boldsymbol{A},$$

$$(g_1,g_2,\cdots,g_n)=(f_1,f_2,\cdots,f_n)\boldsymbol{B}.$$

那么对 $i,j=1,2,\cdots,n$, 有

$$\boldsymbol{\eta}_i=a_{1i}\boldsymbol{\varepsilon}_1+a_{2i}\boldsymbol{\varepsilon}_2+\cdots+a_{ni}\boldsymbol{\varepsilon}_n,$$

$$g_j=b_{1j}f_1+b_{2j}f_2+\cdots+b_{nj}f_n.$$

因为 $\boldsymbol{\varepsilon}_1,\boldsymbol{\varepsilon}_2,\cdots,\boldsymbol{\varepsilon}_n$ 和 $f_1,f_2,\cdots,f_n$ 是对偶基, 所以

$$\begin{aligned}g_j(\boldsymbol{\eta}_i)&=(b_{1j}f_1+b_{2j}f_2+\cdots+b_{nj}f_n)(a_{1i}\boldsymbol{\varepsilon}_1+a_{2i}\boldsymbol{\varepsilon}_2+\cdots+a_{ni}\boldsymbol{\varepsilon}_n)\\&=\sum_{s,t=1}^{n}b_{sj}a_{ti}f_s(\boldsymbol{\varepsilon}_t)=b_{1j}a_{1i}+b_{2j}a_{2i}+\cdots+b_{nj}a_{ni}.\end{aligned}$$

又 $\boldsymbol{\eta}_1,\boldsymbol{\eta}_2,\cdots,\boldsymbol{\eta}_n$ 和 $g_1,g_2,\cdots,g_n$ 是对偶基, 故

$$g_j(\boldsymbol{\eta}_i)=\begin{cases}1, & i=j,\\ 0, & i\neq j.\end{cases}$$

于是,

$$b_{1j}a_{1i}+b_{2j}a_{2i}+\cdots+b_{nj}a_{ni}=\begin{cases}1, & i=j,\\ 0, & i\neq j,\end{cases}$$

由此得 $\boldsymbol{B}^{\mathrm{T}}\boldsymbol{A}=\boldsymbol{E},\boldsymbol{B}^{\mathrm{T}}=\boldsymbol{A}^{-1}$, 从而 $\boldsymbol{B}=(\boldsymbol{A}^{-1})^{\mathrm{T}}=(\boldsymbol{A}^{\mathrm{T}})^{-1}$, 即得

定理 8.1.5　设 $\boldsymbol{\varepsilon}_1$, $\boldsymbol{\varepsilon}_2$, $\cdots$, $\boldsymbol{\varepsilon}_n$ 和 $\boldsymbol{\eta}_1$, $\boldsymbol{\eta}_2$, $\cdots$, $\boldsymbol{\eta}_n$ 是 V 的两组基, 又设它们的对偶基分别是 f_1, f_2, $\cdots$, f_n 和 g_1, g_2, $\cdots$, g_n. 那么当 $\boldsymbol{\varepsilon}_1$, $\boldsymbol{\varepsilon}_2$, $\cdots$, $\boldsymbol{\varepsilon}_n$ 到 $\boldsymbol{\eta}_1$, $\boldsymbol{\eta}_2$, $\cdots$, $\boldsymbol{\eta}_n$ 的过渡阵是 $\boldsymbol{A}$ 时, f_1, f_2, $\cdots$, f_n 到 g_1, g_2, $\cdots$, g_n 的过渡阵是 $(\boldsymbol{A}^{\mathrm{T}})^{-1}$.

现在研究如何把两个线性空间之间的线性映射, 诱导为它们的对偶空间之间的线性映射. 设 U,V 是 $\mathbb{F}$ 上线性空间, φ 是 U 到 V 的线性映射, 由上已知, U,V 分别有对偶空间 U^*,V^*. 这时, 任取 $f\in V^*$, 则 $f\varphi: U\to V\to\mathbb{F}$, 即 $f\varphi\in U^*$, 或者说, $f\varphi$ 是 U 上的线性函数. 我们可定义如下:

$$\begin{aligned}\varphi^*:\ V^* &\to U^*,\\ f &\mapsto f\varphi,\end{aligned}$$

即 $\varphi^*(f)=f\varphi$. 显然, φ^* 是一个映射, 且对 $f,g\in V^*, k\in\mathbb{F}$, 有

$$\begin{aligned}&\varphi^*(f+g)=(f+g)\varphi=f\varphi+g\varphi=\varphi^*(f)+\varphi^*(g),\\ &\varphi^*(kf)=(kf)\varphi=k(f\varphi)=k\varphi^*(f),\end{aligned}$$

因此 φ^* 是 V^* 到 U^* 的线性映射. 由于 φ^* 是由 φ 决定的, 称 φ^* 是线性映射 φ 的**对偶映射**.

性质 8.1.6 设 U,V,W 是数域 $\mathbb{F}$ 上线性空间, φ,ψ 分别是 U 到 V 和 V 到 W 的线性映射, φ^*,ψ^* 分别是它们的对偶映射, 那么

(1) $(\psi\varphi)^*=\varphi^*\psi^*$;

(2) $(\mathrm{id}_V)^*=\mathrm{id}_{V^*}$.

证明 (1) $(\psi\varphi)^*$ 与 $\varphi^*\psi^*$ 都是 W^* 到 U^* 的, 所以任取 $g\in W^*$, 有

$$(\psi\varphi)^*(g)=g(\psi\varphi)=(g\psi)\varphi=(\psi^*(g))(\varphi)=\varphi^*(\psi^*(g))=(\varphi^*\psi^*)(g),$$

即得 $(\psi\varphi)^*=\varphi^*\psi^*$.

(2) 直接验证, 显然. □

对 $\mathbb{F}$ 上线性空间 V, 其对偶空间 V^* 也是 $\mathbb{F}$ 上的, 因此 V^* 也可作其相应的对偶空间 $(V^*)^*$, 表示为 V^{**}. 下面我们来讨论 V 和 V^{**} 之间的关系.

取 $\boldsymbol{\alpha}\in V$, 定义 $\boldsymbol{\alpha}^{**}$ 如下:

$$\boldsymbol{\alpha}^{**}(f)=f(\boldsymbol{\alpha}),$$

对任一 $f\in V^*$. 易验证, $\boldsymbol{\alpha}^{**}$ 是 V^* 上的一个线性函数, 即 $\boldsymbol{\alpha}^{**}\in V^{**}$. 于是, 可定义映射 $l:V\to V^{**}$ 使 $\boldsymbol{\alpha}\mapsto\boldsymbol{\alpha}^{**}$. 对此, 我们有

定理 8.1.7 对数域 $\mathbb{F}$ 上线性空间 V 及 $V^{**}=(V^*)^*$, 定义映射

$$\begin{aligned}l:\ V &\to V^{**},\\ \boldsymbol{\alpha} &\mapsto \boldsymbol{\alpha}^{**},\end{aligned}$$

那么, l 是 V 到 V^{**} 的单线性映射, 即 V 通过 l 嵌入 V^{**}.

特别地, 当 $\dim V<+\infty$ 时, $V\overset{l}{\cong}V^{**}$.

证明 对任意 $\boldsymbol{\alpha}_1,\boldsymbol{\alpha}_2\in V, f\in V^*, k\in\mathbb{F}$, 有

$$\begin{aligned}(\boldsymbol{\alpha}_1+\boldsymbol{\alpha}_2)^{**}(f)&=f(\boldsymbol{\alpha}_1+\boldsymbol{\alpha}_2)=f(\boldsymbol{\alpha}_1)+f(\boldsymbol{\alpha}_2)\\&=\boldsymbol{\alpha}_1^{**}(f)+\boldsymbol{\alpha}_2^{**}(f)\\&=(\boldsymbol{\alpha}_1^{**}+\boldsymbol{\alpha}_2^{**})(f),\\(k\boldsymbol{\alpha}_1)^{**}(f)&=f(k\boldsymbol{\alpha}_1)=kf(\boldsymbol{\alpha}_1)=k\boldsymbol{\alpha}_1^{**}(f)=(k\boldsymbol{\alpha}_1^{**})(f),\end{aligned}$$

于是

$$(\boldsymbol{\alpha}_1+\boldsymbol{\alpha}_2)^{**}=\boldsymbol{\alpha}_1^{**}+\boldsymbol{\alpha}_2^{**},\quad (k\boldsymbol{\alpha}_1)^{**}=k\boldsymbol{\alpha}_1^{**},$$

即 l 是 $V\to V^{**}$ 的线性映射.

下面证明 l 是单的.

事实上, 设对 $\boldsymbol{\alpha}\in V$, 有 $l(\boldsymbol{\alpha})=0$, 即 $\boldsymbol{\alpha}^{**}=0$, 则对任何 $f\in V^*$, 有 $\boldsymbol{\alpha}^{**}(f)=0$, 进而可得

$$f(\boldsymbol{\alpha})=0. \tag{8.1.2}$$

取 $\{\boldsymbol{\varepsilon}_i\}_{i\in\Lambda}$ 是 V 的基, $\{f_i\}_{i\in\Lambda}$ 是 $\{\boldsymbol{\varepsilon}_i\}_{i\in\Lambda}$ 的对偶基. 由 (8.1.2) 式我们得 $f_i(\boldsymbol{\alpha})=0$ 对任一 $i\in\Lambda$. 又由定理 8.1.4(i) 可得, $\boldsymbol{\alpha}=\sum\limits_{i\in\Lambda}f_i(\boldsymbol{\alpha})\boldsymbol{\varepsilon}_i$, 从而 $\boldsymbol{\alpha}=\mathbf{0}$. 这说明 l 是单的.

特别地, 当 $\dim V<+\infty$ 时, 有

$$\dim V^{**}=\dim V^*=\dim V.$$

由第 5 章性质知, 这时 l 事实上是一个同构. □

定理 8.1.7 说明, 当 V 是有限维时, $V\cong V^{**}$, 即 V 可看作是 V^* 的线性函数空间, V 与 V^* 实际上是互为线性函数空间的, 这就是对偶空间的意义. 这也说明, 任一有限维线性空间都可看作某个线性空间的线性函数空间. 这个看法是多重线性代数理论中的重要观点.

习 题 8.1

1. 设 $\boldsymbol{\varepsilon}_1,\boldsymbol{\varepsilon}_2,\boldsymbol{\varepsilon}_3$ 是数域 $\mathbb{F}$ 上线性空间 V 的一组基, f 是 V 上的一个线性函数, 且

$$f(\boldsymbol{\varepsilon}_1-2\boldsymbol{\varepsilon}_2+\boldsymbol{\varepsilon}_3)=4,\quad f(\boldsymbol{\varepsilon}_1+\boldsymbol{\varepsilon}_2)=4,\quad f(-\boldsymbol{\varepsilon}_1+\boldsymbol{\varepsilon}_2+\boldsymbol{\varepsilon}_3)=-2.$$

对 $x_1,x_2,x_3\in\mathbb{F}$, 求 $f(x_1\boldsymbol{\varepsilon}_1+x_2\boldsymbol{\varepsilon}_2+x_3\boldsymbol{\varepsilon}_3)$.

2. V 是数域 $\mathbb{F}$ 上一个三维线性空间, $\boldsymbol{\varepsilon}_1,\boldsymbol{\varepsilon}_2,\boldsymbol{\varepsilon}_3$ 是它的一组基, f 是 V 上的一个线性函数, 已知

$$f(\boldsymbol{\varepsilon}_1+\boldsymbol{\varepsilon}_3)=1,\quad f(\boldsymbol{\varepsilon}_2-2\boldsymbol{\varepsilon}_3)=-1,\quad f(\boldsymbol{\varepsilon}_1+\boldsymbol{\varepsilon}_2)=-3,$$

对 $x_1,x_2,x_3\in\mathbb{F}$, 求 $f(x_1\boldsymbol{\varepsilon}_1+x_2\boldsymbol{\varepsilon}_2+x_3\boldsymbol{\varepsilon}_3)$.

3. V 及 $\boldsymbol{\varepsilon}_1,\boldsymbol{\varepsilon}_2,\boldsymbol{\varepsilon}_3$ 同 2 题, 试找出一个线性函数 f, 使

$$f(\boldsymbol{\varepsilon}_1+\boldsymbol{\varepsilon}_3)=f(\boldsymbol{\varepsilon}_2-2\boldsymbol{\varepsilon}_3)=0,\quad f(\boldsymbol{\varepsilon}_1+\boldsymbol{\varepsilon}_2)=1.$$

4. 把 $\mathbb{F}^{n\times n}$ 看作是数域 $\mathbb{F}$ 上的线性空间, $\boldsymbol{X}$, $\boldsymbol{A}\in\mathbb{F}^{n\times n}$, 定义由 $\mathbb{F}^{n\times n}$ 到 $\mathbb{F}$ 的映射 f 为 $f(\boldsymbol{X})=\mathrm{tr}(\boldsymbol{AX})$, 问 f 是否为 V 上的线性函数? 为什么?

5. 设 V 是数域 $\mathbb{F}$ 上的 n 维线性空间, f 是 V 上的一个非零线性函数, 证明: $f^{-1}(0)=\{\boldsymbol{\alpha}\in V:f(\boldsymbol{\alpha})=0\}$ 是 V 的一个 $n-1$ 维子空间.

6. 求 $\mathbb{F}^3$ 的基 $\boldsymbol{\alpha}_1=(1,-1,3)$, $\boldsymbol{\alpha}_2=(0,1,-1)$, $\boldsymbol{\alpha}_3=(0,3,-2)$ 的对偶基 f_1, f_2, f_3.

7. 设 $\boldsymbol{\alpha}_1,\boldsymbol{\alpha}_2,\boldsymbol{\alpha}_3$ 是数域 $\mathbb{F}$ 上线性空间 V 的一组基, f_1,f_2,f_3 是 $\boldsymbol{\alpha}_1,\boldsymbol{\alpha}_2,\boldsymbol{\alpha}_3$ 的对偶基, 令 $\boldsymbol{\beta}_1=\boldsymbol{\alpha}_1+\boldsymbol{\alpha}_2+\boldsymbol{\alpha}_3,\boldsymbol{\beta}_2=\boldsymbol{\alpha}_2+\boldsymbol{\alpha}_3,\boldsymbol{\beta}_3=\boldsymbol{\alpha}_3$.

(1) 证明: $\boldsymbol{\beta}_1,\boldsymbol{\beta}_2,\boldsymbol{\beta}_3$ 是 V 的基;

(2) 求 $\boldsymbol{\beta}_1,\boldsymbol{\beta}_2,\boldsymbol{\beta}_3$ 的对偶基, 并用 f_1,f_2,f_3 表示 $\boldsymbol{\beta}_1,\boldsymbol{\beta}_2,\boldsymbol{\beta}_3$ 的对偶基.

8. 证明: n 维线性空间 V 的对偶空间 V^* 中的任一组基均为 V 中某一组基的对偶基.

9. 假如 V 是数域 $\mathbb{F}$ 上的线性空间, f_1,f_2 都是线性空间 V 到 $\mathbb{F}$ 的线性函数. V 到 $\mathbb{F}$ 的函数 ψ: $\boldsymbol{\alpha}\mapsto f_1(\boldsymbol{\alpha})f_2(\boldsymbol{\alpha})$ 对任何 $\boldsymbol{\alpha}\in V$. 证明: ψ 是零函数时, f_1 或 f_2 是零函数.

10. 设 U,V 均为有限维线性空间. 证明:

(1) $\pi:L(U,V)\to L(V^*,U^*)$, $\varphi\mapsto\varphi^*$ 是双射.

(2) φ 是单/满射、同构分别等价于 φ^* 是满/单射、同构.

11. 设 U_i 是数域 $\mathbb{F}$ 上的有限维线性空间, $i=1,2$; 设 B_i 是 U_i 的一组基, B_i^* 是对偶空间 U_i^* 的关于 B_i 的对偶基, $i=1,2$. 设 $\phi:U_1\to U_2$ 是线性映射, $\phi^*:U_2^*\to U_1^*$ 是对偶映射. 若 ϕ 在基对 B_1,B_2 下的矩阵为 $\boldsymbol{A}$, 则证明: ϕ^* 在基对 B_2^*,B_1^* 下的矩阵为 $\boldsymbol{A}^{\mathrm{T}}$.

12. 设 V,W 是数域 $\mathbb{F}$ 上的 n 维线性空间, $B=\{\boldsymbol{v}_1,\boldsymbol{v}_2,\cdots,\boldsymbol{v}_n\}$ 是 V 的一组基, $C=\{\boldsymbol{u}_1,\boldsymbol{u}_2,\cdots,\boldsymbol{u}_n\}$ 是 W 的一组基. $\phi:V\to W$ 是线性同构, 且 $\phi(\boldsymbol{v}_i)=\boldsymbol{u}_i,i=1,2,\cdots,n$, $\phi^*:W^*\to V^*$ 是其对偶映射. 设 $B^*=\{\boldsymbol{v}_1^*,\boldsymbol{v}_2^*,\cdots,\boldsymbol{v}_n^*\}$, $C^*=\{\boldsymbol{u}_1^*,\boldsymbol{u}_2^*,\cdots,\boldsymbol{u}_n^*\}$ 分别是 B 和 C 的对偶基, 证明: $\phi^*(\boldsymbol{u}_i^*)=\boldsymbol{v}_i^*,i=1,2,\cdots,n$.

13. 设 $V=\mathbb{F}^2$, V 的标准基 $\boldsymbol{e}_1,\boldsymbol{e}_2$ 的对偶基为 x_1,x_2, 设 $\boldsymbol{\alpha}=(1,2)\in V,ax_1+bx_2\in V^*$. 求 $\boldsymbol{e}_1^{**}(ax_1+bx_2);\boldsymbol{\alpha}^{**}(ax_1+bx_2)$.

8.2 双线性函数

在欧氏空间 V 中, 由内积公理可知, 有

$$(\boldsymbol{\alpha},k_1\boldsymbol{\beta}_1+k_2\boldsymbol{\beta}_2)=k_1(\boldsymbol{\alpha},\boldsymbol{\beta}_1)+k_2(\boldsymbol{\alpha},\boldsymbol{\beta}_2),$$

$$(k_1\boldsymbol{\alpha}_1+k_2\boldsymbol{\alpha}_2,\boldsymbol{\beta})=k_1(\boldsymbol{\alpha}_1,\boldsymbol{\beta})+k_2(\boldsymbol{\alpha}_2,\boldsymbol{\beta}).$$

它们对于欧氏空间性质的讨论是很关键的. 现在我们把这样的性质推广到更一般的线性空间 V 和映射 $f: V\times V\to\mathbb{F}$ 上, 从而给出与欧氏空间有类似结构但更广泛的线性空间类.

定义 8.2.1 设 V 是数域 $\mathbb{F}$ 上的一个线性空间, 映射 $f: V\times V\to\mathbb{F}$, 使得 $(\boldsymbol{\alpha},\boldsymbol{\beta})\mapsto f(\boldsymbol{\alpha},\boldsymbol{\beta})$ 满足

(1) $f(\boldsymbol{\alpha},k_1\boldsymbol{\beta}_1+k_2\boldsymbol{\beta}_2)=k_1f(\boldsymbol{\alpha},\boldsymbol{\beta}_1)+k_2f(\boldsymbol{\alpha},\boldsymbol{\beta}_2)$;

(2) $f(k_1\boldsymbol{\alpha}_1+k_2\boldsymbol{\alpha}_2,\boldsymbol{\beta})=k_1f(\boldsymbol{\alpha}_1,\boldsymbol{\beta})+k_2f(\boldsymbol{\alpha}_2,\boldsymbol{\beta})$,

其中 $\boldsymbol{\alpha}_1,\boldsymbol{\alpha}_2,\boldsymbol{\alpha},\boldsymbol{\beta}_1,\boldsymbol{\beta}_2,\boldsymbol{\beta}\in V$, $k_1,k_2\in\mathbb{F}$, 则称 f 是 V 上的一个**双线性函数**或**双线性型**.

当固定 $\boldsymbol{\alpha}\in V$ 时, 可得对变元 $\boldsymbol{\beta}$ 的线性函数 $f(\boldsymbol{\alpha},-): V\to\mathbb{F}$ 使 $f(\boldsymbol{\alpha},-)(\boldsymbol{\beta})=f(\boldsymbol{\alpha},\boldsymbol{\beta})$; 对称地, 当固定 $\boldsymbol{\beta}\in V$ 时, 可得对变元 $\boldsymbol{\alpha}$ 的线性函数.

显然, 欧氏空间的内积是特殊的双线性函数.

例 8.2.1 设 $f_1(\boldsymbol{\alpha}),f_2(\boldsymbol{\alpha})$ 是线性空间 V 上的两个线性函数, 定义 $f: V\times V\to\mathbb{F}$ 使 $f(\boldsymbol{\alpha},\boldsymbol{\beta})=f_1(\boldsymbol{\alpha})f_2(\boldsymbol{\beta})$ 对任意 $\boldsymbol{\alpha},\boldsymbol{\beta}\in V$, 则 f 是 V 上的一个双线性函数.

8.2.1 双线性函数的矩阵表达

回忆一下, 欧氏空间中内积 (,) 取决于取定基后的度量矩阵. 另一方面, 任一正定阵在这一取定基下也可以决定一个内积. 事实上, 同样的关系, 对一般双线性函数也可以建立.

首先看一个例子.

例 8.2.2 对于数域 $\mathbb{F}$ 上 n 维向量空间 $\mathbb{F}^n$, 其向量均表示为列向量. 设 $\boldsymbol{X},\boldsymbol{Y}\in\mathbb{F}^n,\boldsymbol{A}\in\mathbb{F}^{n\times n}$, 令 $f:\mathbb{F}^n\times\mathbb{F}^n\to\mathbb{F}$ 使 $f(\boldsymbol{X},\boldsymbol{Y})=\boldsymbol{X}^{\mathrm{T}}\boldsymbol{A}\boldsymbol{Y}$, 则 f 是 $\mathbb{F}^n$ 上一个双线性函数.

显然, 这里 $\boldsymbol{X}^{\mathrm{T}}\boldsymbol{A}\boldsymbol{Y}$ 中的 $\boldsymbol{X}$, $\boldsymbol{Y}$ 可以看作是 $f(\boldsymbol{X},\ \boldsymbol{Y})$ 中的 $\boldsymbol{X}$, $\boldsymbol{Y}$ 关于向量空间 $\mathbb{F}^n$ 的常用基 $\boldsymbol{e}_1$, $\boldsymbol{e}_2$, $\cdots$, $\boldsymbol{e}_n$ 的坐标, 其中 $\boldsymbol{e}_i=(0,\cdots,0,1,0,\cdots,0)^{\mathrm{T}}$ 对 $i=1,2,\cdots,n$.

对于 $\mathbb{F}$ 上一般的 n 维线性空间 V, 设 f 是 V 上的一个双线性函数, $\boldsymbol{\varepsilon}_1,\boldsymbol{\varepsilon}_2,\cdots,\boldsymbol{\varepsilon}_n$ 是 V 的基, $\boldsymbol{\alpha}=(\boldsymbol{\varepsilon}_1,\boldsymbol{\varepsilon}_2,\cdots,\boldsymbol{\varepsilon}_n)\boldsymbol{X},\boldsymbol{\beta}=(\boldsymbol{\varepsilon}_1,\boldsymbol{\varepsilon}_2,\cdots,\boldsymbol{\varepsilon}_n)\boldsymbol{Y}\in V$, 其中 $\boldsymbol{X}=\begin{pmatrix}x_1\\ \vdots\\ x_n\end{pmatrix},\boldsymbol{Y}=\begin{pmatrix}y_1\\ \vdots\\ y_n\end{pmatrix}\in\mathbb{F}^n$, 则有

$$f(\boldsymbol{\alpha},\boldsymbol{\beta})=f\left(\sum_{i=1}^{n}x_i\boldsymbol{\varepsilon}_i,\sum_{j=1}^{n}y_j\boldsymbol{\varepsilon}_j\right)=\sum_{i,j=1}^{n}x_iy_jf(\boldsymbol{\varepsilon}_i,\boldsymbol{\varepsilon}_j). \tag{8.2.1}$$

于是, 我们称

$$\boldsymbol{A}=\begin{pmatrix} f(\boldsymbol{\varepsilon}_1,\boldsymbol{\varepsilon}_1) & \cdots & f(\boldsymbol{\varepsilon}_1,\boldsymbol{\varepsilon}_n) \\ \vdots & & \vdots \\ f(\boldsymbol{\varepsilon}_n,\boldsymbol{\varepsilon}_1) & \cdots & f(\boldsymbol{\varepsilon}_n,\boldsymbol{\varepsilon}_n) \end{pmatrix}$$

是双线性函数 f 在基 $\boldsymbol{\varepsilon}_1,\cdots,\boldsymbol{\varepsilon}_n$ 下的**度量矩阵**, 于是 (8.2.1) 式可以表示为

$$f(\boldsymbol{\alpha},\boldsymbol{\beta})=\boldsymbol{X}^{\mathrm{T}}\boldsymbol{A}\boldsymbol{Y},$$

这里 X,Y 分别是 $\boldsymbol{\alpha},\boldsymbol{\beta}$ 在这组基下的坐标. 我们可以用一个交换图来表示这个等式.

$$\begin{array}{ccc} V\times V & \xrightarrow{f(\boldsymbol{\alpha},\boldsymbol{\beta})} & \mathbb{F} \\ \phi\downarrow & & \downarrow I \\ \mathbb{F}^n\times\mathbb{F}^n & \xrightarrow{\boldsymbol{X}^{\mathrm{T}}\boldsymbol{A}\boldsymbol{Y}} & \mathbb{F} \end{array}$$

而这里的映射 $\phi: V\times V\to\mathbb{F}^n\times\mathbb{F}^n, \phi(\boldsymbol{\alpha},\boldsymbol{\beta})=(\boldsymbol{X},\boldsymbol{Y})$, $\boldsymbol{X},\boldsymbol{Y}$ 分别是 $\boldsymbol{\alpha},\boldsymbol{\beta}$ 在这组基下的坐标.

反过来, 任取一个 $\boldsymbol{A}\in\mathbb{F}^{n\times n}$, 可定义 $f:V\times V\to\mathbb{F}$ 使 $f(\boldsymbol{\alpha},\boldsymbol{\beta})=\boldsymbol{X}^{\mathrm{T}}\boldsymbol{A}\boldsymbol{Y}$ 对任一向量 $\boldsymbol{\alpha}=(\boldsymbol{\varepsilon}_1,\boldsymbol{\varepsilon}_2,\cdots,\boldsymbol{\varepsilon}_n)\boldsymbol{X}$, $\boldsymbol{\beta}=(\boldsymbol{\varepsilon}_1,\boldsymbol{\varepsilon}_2,\cdots,\boldsymbol{\varepsilon}_n)\boldsymbol{Y}\in V$. 易证, 这个 f 是 V 上的双线性函数. 这时, $f(\boldsymbol{\alpha},\boldsymbol{\beta})=f\left(\sum\limits_{i=1}^n x_i\boldsymbol{\varepsilon}_i,\sum\limits_{j=1}^n y_j\boldsymbol{\varepsilon}_j\right)=\sum\limits_{i,j=1}^n f(\boldsymbol{\varepsilon}_i,\boldsymbol{\varepsilon}_j)x_iy_j=\boldsymbol{X}^{\mathrm{T}}(f(\boldsymbol{\varepsilon}_i,\boldsymbol{\varepsilon}_j))_{i,j=1,2,\cdots,n}\boldsymbol{Y}$, 从而 $\boldsymbol{X}^{\mathrm{T}}\boldsymbol{A}\boldsymbol{Y}=\boldsymbol{X}^{\mathrm{T}}(f(\boldsymbol{\varepsilon}_i,\boldsymbol{\varepsilon}_j))_{i,j=1,2,\cdots,n}\boldsymbol{Y}$ 对任何 $\boldsymbol{X}$, $\boldsymbol{Y}\in\mathbb{F}^n$. 于是可得

$$\boldsymbol{A}=(f(\boldsymbol{\varepsilon}_i,\boldsymbol{\varepsilon}_j))_{i,j=1,2,\cdots,n},$$

即 $\boldsymbol{A}$ 是 f 的度量矩阵. 由此, 有

定理 8.2.1 设 $\boldsymbol{\varepsilon}_1,\boldsymbol{\varepsilon}_2,\cdots,\boldsymbol{\varepsilon}_n$ 是 $\mathbb{F}$ 上线性空间 V 的一组基, 则 V 上的双线性函数集与 $\mathbb{F}^{n\times n}$ 之间通过度量矩阵建立了一一对应关系 $\pi: f\mapsto\boldsymbol{A}=(f(\boldsymbol{\varepsilon}_i,\boldsymbol{\varepsilon}_j))_{i,j=1,2,\cdots,n}$.

证明 上面的讨论已经说明了这样的对应是一个映射, 并且是一个满射. 现在来说明还是一个单射, 即: 若有双线性函数 f_1,f_2 使得 $\pi(f_1)=\pi(f_2)$, 则 $f_1=f_2$.

事实上,

$$\pi(f_1)=\pi(f_2)\Rightarrow(f_1(\boldsymbol{\varepsilon}_i,\boldsymbol{\varepsilon}_j))_{i,j=1,2,\cdots,n}=(f_2(\boldsymbol{\varepsilon}_i,\boldsymbol{\varepsilon}_j))_{i,j=1,2,\cdots,n}$$

$$\Rightarrow \forall i,j=1,2,\cdots,n, f_1(\boldsymbol{\varepsilon}_i,\boldsymbol{\varepsilon}_j)=f_2(\boldsymbol{\varepsilon}_i,\boldsymbol{\varepsilon}_j)$$

$$\Rightarrow \forall \boldsymbol{\alpha}=\sum x_i\boldsymbol{\varepsilon}_i, \boldsymbol{\beta}=\sum y_j\boldsymbol{\varepsilon}_j\in V,$$

$$f_1(\boldsymbol{\alpha},\boldsymbol{\beta})=\sum x_iy_jf_1(\boldsymbol{\varepsilon}_i,\boldsymbol{\varepsilon}_j)=\sum x_iy_jf_2(\boldsymbol{\varepsilon}_i,\boldsymbol{\varepsilon}_j)=f_2(\boldsymbol{\alpha},\boldsymbol{\beta})$$

$$\Rightarrow f_1=f_2.$$ □

8.2.2 不同基下双线性函数度量矩阵的关系

这与欧氏空间中完全类似.

设 $\boldsymbol{\varepsilon}_1,\boldsymbol{\varepsilon}_2,\cdots,\boldsymbol{\varepsilon}_n$ 和 $\boldsymbol{\eta}_1,\boldsymbol{\eta}_2,\cdots,\boldsymbol{\eta}_n$ 是 V 的两组不同基, 过渡阵是可逆阵 $\boldsymbol{C}$, 即

$$(\boldsymbol{\eta}_1,\boldsymbol{\eta}_2,\cdots,\boldsymbol{\eta}_n)=(\boldsymbol{\varepsilon}_1,\boldsymbol{\varepsilon}_2,\cdots,\boldsymbol{\varepsilon}_n)\boldsymbol{C}.$$

令 V 上双线性函数 f 关于基 $\boldsymbol{\varepsilon}_1,\boldsymbol{\varepsilon}_2,\cdots,\boldsymbol{\varepsilon}_n$ 和 $\boldsymbol{\eta}_1,\boldsymbol{\eta}_2,\cdots,\boldsymbol{\eta}_n$ 的度量阵分别是 $\boldsymbol{A}$ 和 $\boldsymbol{B}$. 对 $\boldsymbol{\alpha},\boldsymbol{\beta}\in V$, 又令

$$\boldsymbol{\alpha}=(\boldsymbol{\varepsilon}_1,\boldsymbol{\varepsilon}_2,\cdots,\boldsymbol{\varepsilon}_n)\boldsymbol{X}_1,\quad \boldsymbol{\beta}=(\boldsymbol{\varepsilon}_1,\boldsymbol{\varepsilon}_2,\cdots,\boldsymbol{\varepsilon}_n)\boldsymbol{Y}_1,$$
$$\boldsymbol{\alpha}=(\boldsymbol{\eta}_1,\boldsymbol{\eta}_2,\cdots,\boldsymbol{\eta}_n)\boldsymbol{X}_2,\quad \boldsymbol{\beta}=(\boldsymbol{\eta}_1,\boldsymbol{\eta}_2,\cdots,\boldsymbol{\eta}_n)\boldsymbol{Y}_2,$$

其中 $\boldsymbol{X}_1,\boldsymbol{X}_2,\boldsymbol{Y}_1,\boldsymbol{Y}_2\in\mathbb{F}^n$, 则 $\boldsymbol{X}_1=\boldsymbol{C}\boldsymbol{X}_2, \boldsymbol{Y}_1=\boldsymbol{C}\boldsymbol{Y}_2$. 于是 $f(\boldsymbol{\alpha},\boldsymbol{\beta})=\boldsymbol{X}_1^{\mathrm{T}}\boldsymbol{A}\boldsymbol{Y}_1$ 且 $f(\boldsymbol{\alpha},\boldsymbol{\beta})=\boldsymbol{X}_2^{\mathrm{T}}\boldsymbol{B}\boldsymbol{Y}_2$, 但 $\boldsymbol{X}_1^{\mathrm{T}}\boldsymbol{A}\boldsymbol{Y}_1=(\boldsymbol{C}\boldsymbol{X}_2)^{\mathrm{T}}\boldsymbol{A}(\boldsymbol{C}\boldsymbol{Y}_2)=\boldsymbol{X}_2^{\mathrm{T}}\boldsymbol{C}^{\mathrm{T}}\boldsymbol{A}\boldsymbol{C}\boldsymbol{Y}_2$. 从而, 对任意的 $\boldsymbol{X}_2,\boldsymbol{Y}_2\in\mathbb{F}^n$, 有 $\boldsymbol{X}_2^{\mathrm{T}}\boldsymbol{B}\boldsymbol{Y}_2=\boldsymbol{X}_2^{\mathrm{T}}\boldsymbol{C}^{\mathrm{T}}\boldsymbol{A}\boldsymbol{C}\boldsymbol{Y}_2$, 则 $\boldsymbol{B}=\boldsymbol{C}^{\mathrm{T}}\boldsymbol{A}\boldsymbol{C}$, 即在不同基下的双线性函数的不同度量矩阵之间是合同的, 其合同过渡阵就是基之间的过渡阵.

因为一个双线性函数在不同基下的度量矩阵相互合同, 所以具有相同的秩, 所以我们有如下定义.

定义 8.2.2 设 f 是有限维线性空间 V 上的一个双线性函数, f 在 V 的某组基下的度量矩阵为 $\boldsymbol{A}$, 则双线性函数 f 的秩 $r(f)$ 定义为 $\boldsymbol{A}$ 的秩.

8.2.3 非退化双线性函数

双线性函数定义推广了欧氏空间内积公理的双线性性. 但内积公理的其他两条, 即 $(\boldsymbol{\alpha},\boldsymbol{\alpha})\geqslant 0$ 且 $(\boldsymbol{\alpha},\boldsymbol{\alpha})=0$ 当且仅当 $\boldsymbol{\alpha}=\boldsymbol{\theta}$ 以及 $(\boldsymbol{\alpha},\boldsymbol{\beta})=(\boldsymbol{\beta},\boldsymbol{\alpha})$, 并没有反映在一般双线性函数中. 下面我们来看看, 对一般双线性函数如何定义相应的条件, 以及定义后该特殊双线性函数会如何影响空间的结构?

定义 8.2.3 称线性空间 V 上的一个双线性函数 f 是**非退化的**, 如果 f 满足下述条件:

设 $\boldsymbol{\alpha}\in V$, 若对任意 $\boldsymbol{\beta}\in V$ 有 $f(\boldsymbol{\alpha},\boldsymbol{\beta})=0$, 则必有 $\boldsymbol{\alpha}=\boldsymbol{\theta}$.

注 (1) 由公理 $(\boldsymbol{\alpha},\boldsymbol{\alpha})=0\Rightarrow\boldsymbol{\alpha}=\boldsymbol{\theta}$ 即可推出欧氏空间的内积作为双线性函数总是非退化的. 因此, 非退化性可以看作欧氏空间中这一内积公理的推广.

(2) 由上册可知欧氏空间的内积在某一组基下的度量矩阵必为正定矩阵, 而由定理 8.2.2 可知, 非退化双线性函数的度量矩阵只要非退化即可. 因此, 非退化双线性函数一般不能作为欧氏空间的内积.

不难给出非退化性定义的对称性和矩阵刻画如下.

定理 8.2.2 设 f 是 $\mathbb{F}$ 上 n 维线性空间 V 的双线性函数, 下列陈述等价:

(i) f 是非退化的;

(ii) f 的度量矩阵 (在任意基下) 必为非退化的, 即 $r(f)=n$;

(iii) 对 $\boldsymbol{\beta}\in V$, 若 $f(\boldsymbol{\alpha},\boldsymbol{\beta})=0,\forall\boldsymbol{\alpha}\in V$, 则必 $\boldsymbol{\beta}=\boldsymbol{\theta}$.

证明 (i) $\Leftrightarrow$ (ii): 取 $\boldsymbol{\varepsilon}_1,\boldsymbol{\varepsilon}_2,\cdots,\boldsymbol{\varepsilon}_n$ 是 V 的基, 设 $\boldsymbol{A}$ 是 f 在该基下的度量矩阵, 即对

$$\boldsymbol{\alpha}=(\boldsymbol{\varepsilon}_1,\boldsymbol{\varepsilon}_2,\cdots,\boldsymbol{\varepsilon}_n)\boldsymbol{X}\in V,\quad \boldsymbol{\beta}=(\boldsymbol{\varepsilon}_1,\boldsymbol{\varepsilon}_2,\cdots,\boldsymbol{\varepsilon}_n)\boldsymbol{Y}\in V,$$

有

$$f(\boldsymbol{\alpha},\boldsymbol{\beta})=\boldsymbol{X}^{\mathrm{T}}\boldsymbol{A}\boldsymbol{Y}.$$

于是, 我们有下面的等价陈述:

(i) 即对 $\boldsymbol{\alpha}\in V$, 若 $f(\boldsymbol{\alpha},\boldsymbol{\beta})=0,\forall\boldsymbol{\beta}\in V$, 必有 $\boldsymbol{\alpha}=\boldsymbol{\theta}$;

$$\Leftrightarrow \text{对 } \boldsymbol{X}\in\mathbb{F}^n, \text{若 } \boldsymbol{X}^{\mathrm{T}}\boldsymbol{A}\boldsymbol{Y}=0,\forall\boldsymbol{Y}\in\mathbb{F}^n, \text{必有 } \boldsymbol{X}=\boldsymbol{\theta}. \tag{$*$}$$

但易见

$$\boldsymbol{X}^{\mathrm{T}}\boldsymbol{A}\boldsymbol{Y}=0,\ \forall\boldsymbol{Y}\in\mathbb{F}^n\Leftrightarrow\boldsymbol{X}^{\mathrm{T}}\boldsymbol{A}=\boldsymbol{\theta},$$

因此, 我们有

$$\begin{aligned}\text{上面陈述 }(*)&\Leftrightarrow \text{若}\boldsymbol{X}^{\mathrm{T}}\boldsymbol{A}=\boldsymbol{\theta},\text{ 则必有}\boldsymbol{X}=\boldsymbol{\theta}\\&\Leftrightarrow \boldsymbol{A}^{\mathrm{T}}\boldsymbol{X}=\boldsymbol{\theta}\text{只有零解}\\&\Leftrightarrow \boldsymbol{A}\text{是可逆矩阵},\end{aligned}$$

于是得 (i) $\Leftrightarrow$ 度量矩阵 $\boldsymbol{A}$ 是可逆的.

(ii) $\Leftrightarrow$ (iii): 由于 (iii) 的陈述是 f 为非退化定义的对称说法, 所以同理可证 (ii) $\Leftrightarrow$ (iii). □

8.2.4 对称/反对称双线性函数

一般的双线性函数对应的度量矩阵未必是对称矩阵, 因此无法通过改变基使得度量矩阵进行合同化而化简为对角矩阵. 但如果我们和欧氏空间内积一样要求满足对称性公理, 即 $(\boldsymbol{\alpha},\boldsymbol{\beta})=(\boldsymbol{\beta},\boldsymbol{\alpha})$, 也就可以做到同样的事. 同时, 对双线性函

数来说, 我们可以有另一选择, 即反对称性, 这时其度量阵就可以合同于某个简单的反对称阵. 这种具有反对称性的双线性函数的空间结构 (见下文), 也是有实际意义的, 在几何、物理等各领域都很重要.

定义 8.2.4 设 f 是 $\mathbb{F}$ 上线性空间 V 的一个双线性函数.

(i) 若对任意 $\boldsymbol{\alpha},\boldsymbol{\beta}\in V$, 有 $f(\boldsymbol{\alpha},\boldsymbol{\beta})=f(\boldsymbol{\beta},\boldsymbol{\alpha})$, 则称 f 是**对称双线性函数**;

(ii) 若对任意 $\boldsymbol{\alpha},\boldsymbol{\beta}\in V$, 有 $f(\boldsymbol{\alpha},\boldsymbol{\beta})=-f(\boldsymbol{\beta},\boldsymbol{\alpha})$, 则称 f 是**反对称双线性函数**.

注 f 为反对称双线性函数的一个等价说法是: 对任一 $\boldsymbol{\alpha}\in V$, 有 $f(\boldsymbol{\alpha},\boldsymbol{\alpha})=0$.

事实上, 由 $f(\boldsymbol{\alpha},\ \boldsymbol{\alpha})=-f(\boldsymbol{\alpha},\ \boldsymbol{\alpha})$ 易知 $f(\boldsymbol{\alpha},\ \boldsymbol{\alpha})=0$; 反之, 若对任一 $\boldsymbol{\alpha}\in V$, 均有 $f(\boldsymbol{\alpha},\ \boldsymbol{\alpha})=0$, 则 $f(\boldsymbol{\alpha}+\boldsymbol{\beta},\boldsymbol{\alpha}+\boldsymbol{\beta})=0$, 由此即可推出 $f(\boldsymbol{\alpha},\boldsymbol{\beta})=-f(\boldsymbol{\beta},\boldsymbol{\alpha})$.

作为这一概念的矩阵刻画, 我们有:

命题 8.2.3 设 f 是线性空间 V 上的一个双线性函数, $\boldsymbol{\varepsilon}_1,\boldsymbol{\varepsilon}_2,\cdots,\boldsymbol{\varepsilon}_n$ 是 V 的基, f 在该基下的度量矩阵是 $\boldsymbol{A}$. 那么

(i) f 是对称的当且仅当 $\boldsymbol{A}$ 是对称矩阵;

(ii) f 是反对称的当且仅当 $\boldsymbol{A}$ 是反对称矩阵.

证明 令

$$\boldsymbol{\alpha}=(\boldsymbol{\varepsilon}_1,\boldsymbol{\varepsilon}_2,\cdots,\boldsymbol{\varepsilon}_n)\boldsymbol{X},\quad \boldsymbol{\beta}=(\boldsymbol{\varepsilon}_1,\boldsymbol{\varepsilon}_2,\cdots,\boldsymbol{\varepsilon}_n)\boldsymbol{Y}\in V,$$

其中 $\boldsymbol{X},\boldsymbol{Y}\in\mathbb{F}^n$.

(i) 因为 $f(\boldsymbol{\alpha},\boldsymbol{\beta})=\boldsymbol{X}^{\mathrm{T}}\boldsymbol{A}\boldsymbol{Y}$, $f(\boldsymbol{\beta},\boldsymbol{\alpha})=\boldsymbol{Y}^{\mathrm{T}}\boldsymbol{A}\boldsymbol{X}$, 但

$$\boldsymbol{Y}^{\mathrm{T}}\boldsymbol{A}^{\mathrm{T}}\boldsymbol{X}=(\boldsymbol{X}^{\mathrm{T}}\boldsymbol{A}\boldsymbol{Y})^{\mathrm{T}}=\boldsymbol{X}^{\mathrm{T}}\boldsymbol{A}\boldsymbol{Y},$$

所以

$$\begin{aligned}\forall\boldsymbol{\alpha},\boldsymbol{\beta}\in V,\ f(\boldsymbol{\alpha},\boldsymbol{\beta})=f(\boldsymbol{\beta},\boldsymbol{\alpha})&\Leftrightarrow\forall\boldsymbol{X},\boldsymbol{Y}\in\mathbb{F}^n,\boldsymbol{Y}^{\mathrm{T}}\boldsymbol{A}\boldsymbol{X}=\boldsymbol{Y}^{\mathrm{T}}\boldsymbol{A}^{\mathrm{T}}\boldsymbol{X}\\&\Leftrightarrow\boldsymbol{A}=\boldsymbol{A}^{\mathrm{T}}.\end{aligned}$$

(ii) 同理可证. □

由此命题, 反对称双线性函数和对称双线性函数的关系如同反对称矩阵和对称矩阵的关系一样, 有许多可以类比但又不同的性质, 在下文的讨论中可以逐步看得更清楚这一点. 下面, 我们先讨论对称双线性函数.

若 f 是对称双线性函数, 则 $f(\boldsymbol{\alpha},\boldsymbol{\alpha})=\boldsymbol{X}^{\mathrm{T}}\boldsymbol{A}\boldsymbol{X}$ 就成为 $\mathbb{F}$ 上一个二次型.

由上册我们知, 一个二次型总能化简为标准形, 或等价地说, 一个对称矩阵总能合同于一个对角矩阵, 也即, 存在可逆矩阵 $\boldsymbol{C}$, 使

$$\boldsymbol{C}^{\mathrm{T}}\boldsymbol{A}\boldsymbol{C}=\begin{pmatrix} a_1 & & \\ & \ddots & \\ & & a_n \end{pmatrix}.$$

令

$$(\boldsymbol{\eta}_1,\boldsymbol{\eta}_2,\cdots,\boldsymbol{\eta}_n)=(\boldsymbol{\varepsilon}_1,\boldsymbol{\varepsilon}_2,\cdots,\boldsymbol{\varepsilon}_n)\boldsymbol{C},$$

则 $\boldsymbol{\eta}_1,\boldsymbol{\eta}_2,\cdots,\boldsymbol{\eta}_n$ 是 V 上的一组新的基. 在这组基下,

$$\boldsymbol{\alpha}=(\boldsymbol{\eta}_1,\boldsymbol{\eta}_2,\cdots,\boldsymbol{\eta}_n)\boldsymbol{C}^{-1}\boldsymbol{X},\quad \boldsymbol{\beta}=(\boldsymbol{\eta}_1,\boldsymbol{\eta}_2,\cdots,\boldsymbol{\eta}_n)\boldsymbol{C}^{-1}\boldsymbol{Y}.$$

这时,

$$\begin{aligned} f(\boldsymbol{\alpha},\boldsymbol{\beta})&=\boldsymbol{X}^{\mathrm{T}}\boldsymbol{A}\boldsymbol{Y}=(\boldsymbol{C}^{-1}\boldsymbol{X})^{\mathrm{T}}\boldsymbol{C}^{\mathrm{T}}\boldsymbol{A}\boldsymbol{C}(\boldsymbol{C}^{-1}\boldsymbol{Y})\\ &=(\boldsymbol{C}^{-1}\boldsymbol{X})^{\mathrm{T}}\begin{pmatrix} a_1 & & \\ & \ddots & \\ & & a_n \end{pmatrix}(\boldsymbol{C}^{-1}\boldsymbol{Y}), \end{aligned}$$

即 f 在基 $\boldsymbol{\eta}_1,\boldsymbol{\eta}_2,\cdots,\boldsymbol{\eta}_n$ 下的度量矩阵是对角矩阵 $\begin{pmatrix} a_1 & & \\ & \ddots & \\ & & a_n \end{pmatrix}$. 于是, 我们有

定理 8.2.4 设 f 是 n 维线性空间 V 上的对称双线性函数, 则存在 V 的一组基, 使 f 在该组基下的度量矩阵为对角矩阵.

推论 8.2.5 (i) 设 f 是复数域上 n 维线性空间 V 的对称双线性函数, 则存在 V 的一组基 $\boldsymbol{\varepsilon}_1,\boldsymbol{\varepsilon}_2,\cdots,\boldsymbol{\varepsilon}_n$, 使得 f 在这组基下的度量矩阵形如

$$\begin{pmatrix} \boldsymbol{E}_r & \\ & \boldsymbol{O} \end{pmatrix}_{n\times n};$$

(ii) 设 f 是实数域上 n 维线性空间 V 的对称双线性函数, 则存在 V 的一组基 $\boldsymbol{\varepsilon}_1,\boldsymbol{\varepsilon}_2,\cdots,\boldsymbol{\varepsilon}_n$, 使得 f 在这组基下的度量矩阵形如

$$\begin{pmatrix} \boldsymbol{E}_p & & \\ & -\boldsymbol{E}_q & \\ & & \boldsymbol{O} \end{pmatrix}_{n\times n}.$$

证明 由上册第 10 章复二次型和实二次型的规范形可知, 本推论显然成立. □

当然, 这个推论中 (ii) 的 p 和 q 就是 $\boldsymbol{A}$ 的正惯性指标和负惯性指标.

上面这些性质如果都加入一个双线性函数, 它的特点就会与欧氏空间的内积更类似了. 这由下面讨论可见.

令 f 是 V 上的非退化对称双线性函数. 如果对 $\boldsymbol{\alpha},\boldsymbol{\beta}\in V$ 满足

$$f(\boldsymbol{\alpha},\boldsymbol{\beta})=0,$$

则称 $\boldsymbol{\alpha}$ 和 $\boldsymbol{\beta}$ 关于 f 是**正交**的. 由定理 8.2.4, 存在 V 的基 $\boldsymbol{\varepsilon}_1,\boldsymbol{\varepsilon}_2,\cdots,\boldsymbol{\varepsilon}_n$ 使 f 的度量矩阵

$$\boldsymbol{A}=(f(\boldsymbol{\varepsilon}_i,\boldsymbol{\varepsilon}_j))_{i,j=1,2,\cdots,n}$$

是对角矩阵, 即 $f(\boldsymbol{\varepsilon}_i,\boldsymbol{\varepsilon}_j)=0$ 当 $i\neq j$; 而由定理 8.2.2, $\boldsymbol{A}$ 必为非退化的, 即 $\boldsymbol{A}$ 的对角元 $f(\boldsymbol{\varepsilon}_i,\boldsymbol{\varepsilon}_i)\neq 0$ 对任一个 i. 综上所述, 对于基 $\boldsymbol{\varepsilon}_1,\boldsymbol{\varepsilon}_2,\cdots,\boldsymbol{\varepsilon}_n$, 我们有

$$\begin{cases} f(\boldsymbol{\varepsilon}_i,\boldsymbol{\varepsilon}_i)\neq 0, & i=1,2,\cdots,n,\\ f(\boldsymbol{\varepsilon}_i,\boldsymbol{\varepsilon}_j)=0, & i\neq j. \end{cases}$$

称这样的基 $\boldsymbol{\varepsilon}_1,\boldsymbol{\varepsilon}_2,\cdots,\boldsymbol{\varepsilon}_n$ 是 V 关于 f 的**正交基**.

显然, 欧氏空间中的正交基是关于一般双线性函数的正交基的特例. 事实上, 对非退化对称双线性函数, 我们可以利用其正交基对空间的结构作类似于欧氏空间的讨论. 这方面我们不再深入.

现在, 讨论一下双线性函数和二次齐次函数 (即二次型) 的关系. 由第 1 章已知二次齐次函数就是形如

$$f(x_1,x_2,\cdots,x_n)=\sum_{i,j=1,2,\cdots,n}a_{ij}x_ix_j$$

的多元多项式函数. 对 $\boldsymbol{X}=(x_1,x_2,\cdots,x_n)^{\mathrm{T}}$, 我们总有

$$f(\boldsymbol{X})=\boldsymbol{X}^{\mathrm{T}}\boldsymbol{A}\boldsymbol{X},$$

其中 $\boldsymbol{A}=(a_{ij})_{n\times n}$ 未必是对称矩阵.

对 $\boldsymbol{\alpha}=(\boldsymbol{\varepsilon}_1,\boldsymbol{\varepsilon}_2,\cdots,\boldsymbol{\varepsilon}_n)\boldsymbol{X},\boldsymbol{\beta}=(\boldsymbol{\varepsilon}_1,\boldsymbol{\varepsilon}_2,\cdots,\boldsymbol{\varepsilon}_n)\boldsymbol{Y}\in\mathbb{F}^n$ 及一个双线性函数 $f(\boldsymbol{\alpha},\boldsymbol{\beta})=\boldsymbol{X}^{\mathrm{T}}\boldsymbol{A}\boldsymbol{Y}$. 当取 $\boldsymbol{\alpha}=\boldsymbol{\beta}$ 时, 得 $f(\boldsymbol{\alpha},\boldsymbol{\alpha})=\boldsymbol{X}^{\mathrm{T}}\boldsymbol{A}\boldsymbol{X}$, 称为 $f(\boldsymbol{\alpha},\boldsymbol{\beta})$ **对应的二次齐次函数** (或**二次型**).

若 f 是非对称的双线性函数, 则 $\boldsymbol{A}$ 不是对称矩阵. 对任意 i,j, 令

$$c_{ij}=\frac{1}{2}(a_{ij}+a_{ji}),\quad \boldsymbol{C}=(c_{ij})_{n\times n}.$$

则 $\boldsymbol{C}$ 是对称矩阵且

$$f(\boldsymbol{\alpha},\boldsymbol{\alpha})=\boldsymbol{X}^{\mathrm{T}}\boldsymbol{A}\boldsymbol{X}=\boldsymbol{X}^{\mathrm{T}}\boldsymbol{C}\boldsymbol{X}.$$

但是, 双线性函数

$$f(\boldsymbol{\alpha},\boldsymbol{\beta})=\boldsymbol{X}^{\mathrm{T}}\boldsymbol{A}\boldsymbol{Y}\neq\boldsymbol{X}^{\mathrm{T}}\boldsymbol{C}\boldsymbol{Y}.$$

因此不同的双线性函数可以对应相同的二次齐次函数.

但如果我们限定讨论对称双线性函数 $h(\boldsymbol{\alpha},\boldsymbol{\beta})=\boldsymbol{X}^{\mathrm{T}}\boldsymbol{C}\boldsymbol{Y}$, 那么其对应的二次齐次函数 $\boldsymbol{X}^{\mathrm{T}}\boldsymbol{C}\boldsymbol{X}$ 是唯一的. 若有另一个对称双线性函数 $g(\boldsymbol{\alpha},\boldsymbol{\beta})=\boldsymbol{X}^{\mathrm{T}}\boldsymbol{D}\boldsymbol{Y}$ 使得其对应二次型

$$\boldsymbol{X}^{\mathrm{T}}\boldsymbol{D}\boldsymbol{X}=\boldsymbol{X}^{\mathrm{T}}\boldsymbol{C}\boldsymbol{X}\quad(\forall\boldsymbol{X}\in\mathbb{F}^n),$$

因为此时 $\boldsymbol{C}$, $\boldsymbol{D}$ 都是对称矩阵, 由上册第 10 章可知, 必有 $\boldsymbol{C}=\boldsymbol{D}$, 从而 $g(\boldsymbol{\alpha},\boldsymbol{\beta})=h(\boldsymbol{\alpha},\boldsymbol{\beta})$.

综之, 对称双线性函数与二次齐次函数 (二次型) 是一一对应的.

在这部分的最后, 我们来讨论一下反对称双线性函数的简化问题.

定理 8.2.6 设 f 是 $\mathbb{F}$ 上 n 维线性空间 V 的反对称双线性函数, 则存在整数 $r\geqslant 0$ 使得 $2r\leqslant n$, 且存在 V 的一组基

$$\boldsymbol{\varepsilon}_1,\boldsymbol{\varepsilon}_{-1},\cdots,\boldsymbol{\varepsilon}_r,\boldsymbol{\varepsilon}_{-r},\boldsymbol{\eta}_1,\cdots,\boldsymbol{\eta}_s,$$

使得 f 在这组基下的度量矩阵具有形式

$$\boldsymbol{A}=\left(\begin{array}{cccccccc}\begin{array}{|cc|}\hline 0&1\\-1&0\\\hline\end{array}&&&&&\\&\ddots&&&&\\&&\begin{array}{|cc|}\hline 0&1\\-1&0\\\hline\end{array}&&&\\&&&0&&\\&&&&\ddots&\\&&&&&0\end{array}\right)\begin{array}{l}\left.\vphantom{\begin{array}{c}1\\1\\1\\1\\1\\1\end{array}}\right\}2r\\\left.\vphantom{\begin{array}{c}1\\1\\1\end{array}}\right\}s\end{array},\qquad(8.2.2)$$

其中 r 表示 $\begin{pmatrix}0&1\\-1&0\end{pmatrix}$ 的个数, s 表示 0 的个数. 所以 f 的秩 $r(f)=2r$ 为偶数.

证明 对 V 的维数 n 用数学归纳法.

当 $n=1$ 时, 设 $\boldsymbol{\varepsilon}_1$ 是 V 的基, 则 $f(\boldsymbol{\varepsilon}_1,\boldsymbol{\varepsilon}_1)=0$, 得 $f=0$, 所以可取 $\boldsymbol{A}=\boldsymbol{O}$.

假设 $\dim V < n$ 时结论成立, 下面考虑 $\dim V = n$ 的情况.

当 $f = 0$ 时, 取 $\boldsymbol{A} = \boldsymbol{O}$ 即可.

当 $f \neq 0$ 时, 存在 $\boldsymbol{\alpha}, \boldsymbol{\beta} \in V$, 使得 $f(\boldsymbol{\alpha}, \boldsymbol{\beta}) \neq 0$.

令

$$f(\boldsymbol{\alpha}, \boldsymbol{\beta}) = k, \quad \boldsymbol{\varepsilon}_1 = \boldsymbol{\alpha}, \quad \boldsymbol{\varepsilon}_{-1} = \frac{1}{k}\boldsymbol{\beta},$$

则 $f(\boldsymbol{\varepsilon}_1, \boldsymbol{\varepsilon}_{-1}) = 1$.

可见, $\boldsymbol{\varepsilon}_1, \boldsymbol{\varepsilon}_{-1}$ 是线性无关的 (不然, $\boldsymbol{\varepsilon}_1 = l\boldsymbol{\varepsilon}_{-1}$, 则 $f(\boldsymbol{\varepsilon}_1, \boldsymbol{\varepsilon}_{-1}) = lf(\boldsymbol{\varepsilon}_{-1}, \boldsymbol{\varepsilon}_{-1}) = 0$, 矛盾).

将 $\boldsymbol{\varepsilon}_1, \boldsymbol{\varepsilon}_{-1}$ 扩充为 V 的基 $\boldsymbol{\varepsilon}_1, \boldsymbol{\varepsilon}_{-1}, \boldsymbol{\beta}_3', \cdots, \boldsymbol{\beta}_n'$.

令

$$\boldsymbol{\beta}_i = \boldsymbol{\beta}_i' - f(\boldsymbol{\beta}_i', \boldsymbol{\varepsilon}_{-1})\boldsymbol{\varepsilon}_1 + f(\boldsymbol{\beta}_i', \boldsymbol{\varepsilon}_1)\boldsymbol{\varepsilon}_{-1},$$

对 $i = 3, 4, \cdots, n$, 验证得 $f(\boldsymbol{\beta}_i, \boldsymbol{\varepsilon}_1) = f(\boldsymbol{\beta}_i, \boldsymbol{\varepsilon}_{-1}) = 0$ 且 $\boldsymbol{\varepsilon}_1, \boldsymbol{\varepsilon}_{-1}, \boldsymbol{\beta}_3, \cdots, \boldsymbol{\beta}_n$ 是 V 的基. 于是

$$V = L(\boldsymbol{\varepsilon}_1, \boldsymbol{\varepsilon}_{-1}) \oplus L(\boldsymbol{\beta}_3, \cdots, \boldsymbol{\beta}_n).$$

这时 $V_1 = L(\boldsymbol{\beta}_3, \boldsymbol{\beta}_4, \cdots, \boldsymbol{\beta}_n)$ 是 $n-2$ 维的且与子空间 $L(\boldsymbol{\varepsilon}_1, \boldsymbol{\varepsilon}_{-1})$ 是正交的, f 在 V_1 上也是反对称双线性函数. 因此由归纳假设, 存在 V_1 的基

$$\boldsymbol{\varepsilon}_2, \boldsymbol{\varepsilon}_{-2}, \cdots, \boldsymbol{\varepsilon}_r, \boldsymbol{\varepsilon}_{-r}, \boldsymbol{\eta}_1, \cdots, \boldsymbol{\eta}_s,$$

使得 f 在 V_1 上的度量矩阵形式为

$$\left.\begin{pmatrix} \begin{array}{cc} 0 & 1 \\ -1 & 0 \end{array} & & & & & \\ & \ddots & & & & \\ & & \begin{array}{cc} 0 & 1 \\ -1 & 0 \end{array} & & & \\ & & & 0 & & \\ & & & & \ddots & \\ & & & & & 0 \end{pmatrix}\right. \begin{array}{l} \left.\vphantom{\begin{array}{c}1\\1\\1\\1\\1\end{array}}\right\} 2(r-1) \\ \left.\vphantom{\begin{array}{c}1\\1\\1\end{array}}\right\} s \end{array},$$

其中 $r-1$ 表示 $\begin{pmatrix} 0 & 1 \\ -1 & 0 \end{pmatrix}$ 的个数, s 表示 0 的个数. 这时函数 f 在 $L(\boldsymbol{\varepsilon}_1, \boldsymbol{\varepsilon}_{-1})$ 上关于基 $\boldsymbol{\varepsilon}_1, \boldsymbol{\varepsilon}_{-1}$ 的度量矩阵是 $\begin{pmatrix} 0 & 1 \\ -1 & 0 \end{pmatrix}$. 于是, f 在 $V = L(\boldsymbol{\varepsilon}_1, \boldsymbol{\varepsilon}_{-1}) \oplus V_1$ 上关于基

$$\boldsymbol{\varepsilon}_1, \boldsymbol{\varepsilon}_{-1}, \boldsymbol{\varepsilon}_2, \boldsymbol{\varepsilon}_{-2}, \cdots, \boldsymbol{\varepsilon}_r, \boldsymbol{\varepsilon}_{-r}, \boldsymbol{\eta}_1, \cdots, \boldsymbol{\eta}_s$$

的度量矩阵是

$$\left.\begin{pmatrix} \begin{array}{|cc|} 0 & 1 \\ -1 & 0 \end{array} & & & & & \\ & \ddots & & & & \\ & & \begin{array}{|cc|} 0 & 1 \\ -1 & 0 \end{array} & & & \\ & & & 0 & & \\ & & & & \ddots & \\ & & & & & 0 \end{pmatrix}\right. \begin{array}{l} \left.\vphantom{\begin{array}{c}1\\1\\1\\1\\1\end{array}}\right\} 2r \\ \left.\vphantom{\begin{array}{c}1\\1\\1\end{array}}\right\} s \end{array},$$

其中 r 表示 $\begin{pmatrix} 0 & 1 \\ -1 & 0 \end{pmatrix}$ 的个数, s 表示 0 的个数. □

注意到该定理证明中构作 $\boldsymbol{\beta}_i$ 的方法事实上就是欧氏空间中用 Schmidt (施密特) 正交化方法构作正交基的类似方法.

在该定理中, 所得的基为

$$\boldsymbol{\varepsilon}_1, \boldsymbol{\varepsilon}_{-1}, \cdots, \boldsymbol{\varepsilon}_r, \boldsymbol{\varepsilon}_{-r}, \boldsymbol{\eta}_1, \cdots, \boldsymbol{\eta}_s.$$

这时 (8.2.2) 式作为度量矩阵等价地给出了如下关系:

$$\begin{cases} f(\boldsymbol{\varepsilon}_i, \boldsymbol{\varepsilon}_{-i}) = 1, & i = 1, 2, \cdots, r, \\ f(\boldsymbol{\varepsilon}_i, \boldsymbol{\varepsilon}_j) = 0, & i + j \neq 0, \\ f(\boldsymbol{\alpha}, \boldsymbol{\eta}_k) = 0, & \boldsymbol{\alpha} \in V, k = 1, 2, \cdots, s. \end{cases}$$

显然地, 反对称双线性函数 f 是非退化的当且仅当矩阵 (8.2.2) 中的后 s 个 0 不出现, 当且仅当定理 8.2.6 的基中 $\boldsymbol{\eta}_1, \boldsymbol{\eta}_2, \cdots, \boldsymbol{\eta}_s$ 不出现. 也即

推论 8.2.7 设 f 是 n 维线性空间 V 上的非退化反对称双线性函数, 则 V 必为偶数维的且存在 V 的一组基 $\boldsymbol{\varepsilon}_1, \boldsymbol{\varepsilon}_{-1}, \cdots, \boldsymbol{\varepsilon}_m, \boldsymbol{\varepsilon}_{-m}$ 使得 f 在这组基下的度量阵形如

$$\begin{pmatrix} \begin{array}{|cc|} 0 & 1 \\ -1 & 0 \end{array} & & \\ & \ddots & \\ & & \begin{array}{|cc|} 0 & 1 \\ -1 & 0 \end{array} \end{pmatrix},$$

其中 $m=\dfrac{n}{2}$, 二阶子矩阵 $\begin{pmatrix} 0 & 1 \\ -1 & 0 \end{pmatrix}$ 有 m 个.

此推论中的基类似于对称双线性函数下线性空间中的正交基, 在 8.4 节中我们将称之为**辛正交基**.

反过来, 任给 $\mathbb{F}$ 上一个 $n\times n$ 的反对称阵 $\boldsymbol{A}$, 我们可以在 $\mathbb{F}$ 上有基 $\boldsymbol{\mu}_1,\boldsymbol{\mu}_2,\cdots,\boldsymbol{\mu}_n$ 的 n 维线性空间 V 上定义一个反对称双线性函数 $f:V\times V\to\mathbb{F}$, 使

$$f(\boldsymbol{\alpha},\boldsymbol{\beta})=\boldsymbol{X}^{\mathrm{T}}\boldsymbol{A}\boldsymbol{Y},$$

其中 $\boldsymbol{\alpha}=(\boldsymbol{\mu}_1,\boldsymbol{\mu}_2,\cdots,\boldsymbol{\mu}_n)\boldsymbol{X},\boldsymbol{\beta}=(\boldsymbol{\mu}_1,\boldsymbol{\mu}_2,\cdots,\boldsymbol{\mu}_n)\boldsymbol{Y}\in V$. 由定理 8.2.6, 存在基

$$\boldsymbol{\varepsilon}_1,\boldsymbol{\varepsilon}_{-1},\cdots,\boldsymbol{\varepsilon}_r,\boldsymbol{\varepsilon}_{-r},\boldsymbol{\eta}_1,\cdots,\boldsymbol{\eta}_s$$

使 f 在该基下的矩阵为

$$\boldsymbol{C}=\begin{pmatrix} \begin{array}{|cc|}\hline 0 & 1 \\ -1 & 0 \\ \hline\end{array} & & & & & \\ & \ddots & & & & \\ & & \begin{array}{|cc|}\hline 0 & 1 \\ -1 & 0 \\ \hline\end{array} & & & \\ & & & 0 & & \\ & & & & \ddots & \\ & & & & & 0 \end{pmatrix}.$$

于是, $\boldsymbol{A}$ 与矩阵 $\boldsymbol{C}$ 合同. 因此有

命题 8.2.8 数域 $\mathbb{F}$ 上任一 $n\times n$ 的反对称阵 $\boldsymbol{A}$ 合同于矩阵

$$\begin{pmatrix} \begin{array}{|cc|}\hline 0 & 1 \\ -1 & 0 \\ \hline\end{array} & & & & & \\ & \ddots & & & & \\ & & \begin{array}{|cc|}\hline 0 & 1 \\ -1 & 0 \\ \hline\end{array} & & & \\ & & & 0 & & \\ & & & & \ddots & \\ & & & & & 0 \end{pmatrix}\begin{matrix} \left.\vphantom{\begin{matrix}1\\1\\1\\1\\1\end{matrix}}\right\}2r \\ \left.\vphantom{\begin{matrix}1\\1\\1\end{matrix}}\right\}s \end{matrix},$$

其中 r 表示 $\begin{pmatrix} 0 & 1 \\ -1 & 0 \end{pmatrix}$ 的个数, s 表示 0 的个数, 有 $2r+s=n$.

这个命题是对称阵合同于对角阵这一性质的类似结论, 在上册中我们已用配方法证明过. 但这里的证明体现了反对称双线性函数的本质. 由推论 8.2.7, 有

推论 8.2.9 数域 $\mathbb{F}$ 上任一 $n\times n$ 的非退化反对称阵 $\boldsymbol{A}$ 一定是偶数阶的且合同于矩阵

$$\begin{pmatrix} \begin{matrix} 0 & 1 \\ -1 & 0 \end{matrix} & & \\ & \ddots & \\ & & \begin{matrix} 0 & 1 \\ -1 & 0 \end{matrix} \end{pmatrix},$$

张量积简介

其中二阶子矩阵 $\begin{pmatrix} 0 & 1 \\ -1 & 0 \end{pmatrix}$ 有 $m=\dfrac{n}{2}$ 个.

习 题 8.2

1. 证明: 函数 $f(\boldsymbol{X},\boldsymbol{Y}) = \mathrm{tr}(\boldsymbol{XY})\,(\forall \boldsymbol{X},\boldsymbol{Y} \in \mathbb{F}^{n\times n})$ 是 $\mathbb{F}^{n\times n}$ 上的一个非退化双线性函数.

2. 设 $f(\boldsymbol{\alpha},\boldsymbol{\beta})$ 是 n 维线性空间 V 上的非退化对称双线性函数, 对 V 中一个元素 $\boldsymbol{\alpha}$, 定义 V^* 中一个元素 $\boldsymbol{\alpha}^*$ 满足 $\boldsymbol{\alpha}^*(\boldsymbol{\beta}) = f(\boldsymbol{\alpha},\ \boldsymbol{\beta})$ 对任一 $\boldsymbol{\beta}\in V$. 证明:

(1) V 到 V^* 的映射 $\boldsymbol{\alpha}\to\boldsymbol{\alpha}^*$ 是一个同构映射;

(2) 对 V 的每组基 $\boldsymbol{\varepsilon}_1,\boldsymbol{\varepsilon}_2,\cdots,\boldsymbol{\varepsilon}_n$, 有 V 的另一唯一一组基 $\boldsymbol{\varepsilon}_1',\boldsymbol{\varepsilon}_2',\cdots,\boldsymbol{\varepsilon}_n'$ 使得 $f(\boldsymbol{\varepsilon}_i,\boldsymbol{\varepsilon}_j') = \delta_{ij}$(Kronecker (克罗内克) 符号);

(3) 如果 V 是复数域上的 n 维线性空间, 则有 V 的一组基 $\boldsymbol{\eta}_1,\boldsymbol{\eta}_2,\cdots,\boldsymbol{\eta}_n$, 使对 $i=1,2,\cdots,n$, 有 $\boldsymbol{\eta}_i=\boldsymbol{\eta}_i'$.

3. 设 $V=\mathbb{R}[x]_n$, 定义 V 上的二元函数如下:

$$\psi(f(x),g(x)) = \int_{-1}^{1} f(x)g(x)\mathrm{d}x,\quad \forall f(x),g(x)\in\mathbb{R}[x]_n.$$

(1) 证明: ψ 是 V 上的一个双线性函数.

(2) 当 $n=4$ 时, 求 ψ 在基 1, x, x^2, x^3 下的度量矩阵.

(3) 证明: ψ 是非退化的.

4. 设 V 是数域 $\mathbb{F}$ 上的 n 维线性空间.

(1) 证明: V 上的一个对称双线性函数 $f(\boldsymbol{\alpha},\boldsymbol{\beta})$ 由它对应的二次齐次函数 $q(\boldsymbol{\alpha})$ 完全确定.

(2) 问 V 上的一个非对称双线性函数能否由它对应的二次齐次函数唯一确定? 若能, 证明之; 若不能, 试举一反例.

5. 在 $\mathbb{F}^4$ 中定义一个双线性函数 $f(\boldsymbol{X},\boldsymbol{Y})$, 使得对 $\boldsymbol{X}=(x_1,x_2,x_3,x_4)^{\mathrm{T}}$, $\boldsymbol{Y}=(y_1,y_2,y_3,y_4)^{\mathrm{T}}$, 有

$$f(\boldsymbol{X},\boldsymbol{Y}) = 3x_1y_2-5x_2y_1+x_3y_4-4x_4y_3.$$

(1) 给出 $\mathbb{F}^4$ 的一组基

$$\boldsymbol{\varepsilon}_1=(1,-2,-1,0),\quad \boldsymbol{\varepsilon}_2=(1,-1,1,0),$$

$$\boldsymbol{\varepsilon}_3=(-1,2,1,1),\qquad \boldsymbol{\varepsilon}_4=(-1,-1,0,1),$$

求出 $f(\boldsymbol{X},\boldsymbol{Y})$ 在这组基下的度量矩阵;

(2) 另取一组基 $\boldsymbol{\eta}_1,\boldsymbol{\eta}_2,\boldsymbol{\eta}_3,\boldsymbol{\eta}_4$ 使得 $(\boldsymbol{\eta}_1,\boldsymbol{\eta}_2,\boldsymbol{\eta}_3,\boldsymbol{\eta}_4)=(\boldsymbol{\varepsilon}_1,\boldsymbol{\varepsilon}_2,\boldsymbol{\varepsilon}_3,\boldsymbol{\varepsilon}_4)\boldsymbol{C}$, 其中

$$\boldsymbol{C}=\begin{pmatrix}1&1&1&1\\1&1&-1&-1\\1&-1&1&-1\\1&-1&-1&1\end{pmatrix},$$

求 $f(\boldsymbol{X},\boldsymbol{Y})$ 在 $\boldsymbol{\eta}_1,\boldsymbol{\eta}_2,\boldsymbol{\eta}_3,\boldsymbol{\eta}_4$ 下的度量矩阵.

6. 设 V 是复数域上的 n 维线性空间, 其维数 $n\geqslant 2$, $f(\boldsymbol{\alpha},\boldsymbol{\beta})$ 是 V 上一个对称双线性函数. 证明:

(1) V 中有非零元素 $\boldsymbol{\xi}$, 使 $f(\boldsymbol{\xi},\boldsymbol{\xi})=0$.

(2) 若 $f(\boldsymbol{\alpha},\boldsymbol{\beta})$ 是非退化的, 则存在线性无关的元素 $\boldsymbol{\xi},\boldsymbol{\eta}$ 满足

$$f(\boldsymbol{\xi},\boldsymbol{\eta})=1,\quad f(\boldsymbol{\xi},\boldsymbol{\xi})=f(\boldsymbol{\eta},\boldsymbol{\eta})=0.$$

(3) 如果 $f(\boldsymbol{\alpha},\boldsymbol{\beta})$ 是非退化的, 是否存在 $\boldsymbol{\xi}_1,\ \boldsymbol{\xi}_2,\ \cdots,\ \boldsymbol{\xi}_n$ 使得对任意的 $i\neq j$ 有 $f(\boldsymbol{\xi}_i,\ \boldsymbol{\xi}_j)=1$, $f(\boldsymbol{\xi}_i,\ \boldsymbol{\xi}_i)=0$?

7. 设 V 是实数域上的 n 维线性空间, f 为 V 上的正定 (即对任一 $\boldsymbol{\alpha}\in V$, 有 $f(\boldsymbol{\alpha},\ \boldsymbol{\alpha})\geqslant 0$ 且等号成立当且仅当 $\boldsymbol{\alpha}=\boldsymbol{\theta}$) 的对称双线性函数, W 是 V 的子空间, 令 $W^{\perp}=\{\boldsymbol{\alpha}\in V|f(\boldsymbol{\alpha},\boldsymbol{\beta})=0,\forall\boldsymbol{\beta}\in W\}$. 证明:

(1) $W^{\perp}$ 是 V 的子空间;

(2) $V=W\oplus W^{\perp}$.

8. 证明: 任意一个双线性函数都可唯一表示为一个对称双线性函数和一个反对称双线性函数之和.

9. 证明: 线性空间 V 上双线性函数 $f(\boldsymbol{\alpha},\boldsymbol{\beta})$ 为反对称的充要条件是对任意 $\boldsymbol{\alpha}\in V$ 都有 $f(\boldsymbol{\alpha},\boldsymbol{\alpha})=0$.

10. 已知 $\mathbb{F}^4$ 上的双线性函数 $f(\boldsymbol{\alpha},\boldsymbol{\beta})=-2x_1y_2+4x_1y_3-6x_1y_4+2x_2y_1-x_2y_3+2x_2y_4-4x_3y_1+x_3y_2+x_3y_4+6x_4y_1-2x_4y_2-x_4y_3$, 其中 $\boldsymbol{\alpha}=(x_1,x_2,x_3,x_4),\boldsymbol{\beta}=(y_1,y_2,y_3,y_4)\in\mathbb{F}^4$.

(1) 证明: $f(\boldsymbol{\alpha},\boldsymbol{\beta})$ 是 $\mathbb{F}^4$ 上的反对称双线性函数.

(2) 求 $\mathbb{F}^4$ 的一组基 $\boldsymbol{\alpha}_1,\boldsymbol{\alpha}_{-1},\boldsymbol{\alpha}_2,\boldsymbol{\alpha}_{-2}$, 使得

$$f(\boldsymbol{\alpha}_i,\boldsymbol{\alpha}_{-i})=1\ (i=1,2),\quad f(\boldsymbol{\alpha}_i,\boldsymbol{\alpha}_j)=0\ (i+j\neq 0).$$

11. 设 f 是 $\mathbb{F}^n$ 上的双线性函数, 证明: 存在 $\mathbb{F}$ 上的 n 阶方阵 $\boldsymbol{A}$, $f(\boldsymbol{X},\boldsymbol{Y})=\boldsymbol{X}^{\mathrm{T}}\boldsymbol{A}\boldsymbol{Y}$.

12. 设 V 是数域 $\mathbb{F}$ 上的 n 维线性空间, W 为 V 上的双线性函数全体构成的集合, 在 W 上定义合适的加法与数乘运算, 使得 W 成为一个 $\mathbb{F}$ 上的线性空间, 并说明你给出的定义是合理的.

13. 设 f 是 n 维线性空间 V 上的对称 (或反对称) 双线性函数, 令 $\mathrm{Rad}(f)=\{v\in V: f(v,w)=0,\forall w\in V\}$. 证明: $\mathrm{Rad}(f)$ 是 V 的子空间, 且 $\dim\,(\mathrm{Rad}(f))+r(f)=n$.

8.3 欧氏空间的推广

由 8.2 节的讨论可知, 对于具有双线性函数 f 的线性空间 V, f 可以看成欧氏空间的内积的推广. 在 f 满足进一步的一些条件时, 可以得到空间的一些类似于欧氏空间的性质特征, 比如类似意义下的度量性质、正交性、正交基等, 虽然一般情况下, 长度、角度等概念很难推广建立. 本节主要就是根据 8.2 节的讨论, 给出线性空间在不同双线性函数下对欧氏空间的几类不同的推广概念.

定义 8.3.1 设 V 是数域 $\mathbb{F}$ 上的线性空间, f 是 V 上的一个双线性函数, 表示为 (V,f).

(i) 当 f 是非退化的时, 称 V 是一个**双线性度量空间**;

(ii) 当 f 是非退化且对称的时, 称 V 是一个**正交空间**;

(iii) 当 V 关于 f 是正交空间且 $\mathbb{F}$ 是实数域时, 称 V 是一个**准欧氏空间**;

(iv) 当 f 是非退化且反对称的时, 称 V 是一个**辛空间**.

设 V 是关于双线性函数 f 的准欧氏空间且对任意 $\boldsymbol{\alpha}\in V$, 有 $f(\boldsymbol{\alpha},\boldsymbol{\alpha})\geqslant 0$, 并且 $f(\boldsymbol{\alpha},\boldsymbol{\alpha})=0$ 必有 $\boldsymbol{\alpha}=\boldsymbol{\theta}$. 那么, f 构成 V 的一个内积映射, (V,f) 是一个欧氏空间.

我们有如下关系:

$$\begin{array}{ccccc} \text{辛空间} & \Rightarrow & \text{双线性度量空间} & \Rightarrow & \text{线性空间} \\ & & \Uparrow & & \\ \text{欧氏空间} \Rightarrow \text{准欧氏空间} & \Rightarrow & \text{正交空间} & & \end{array}$$

其中 “$A\Rightarrow B$” 表示定义 A 一定满足定义 B (后面亦这样).

作为接近欧氏空间的结构, 我们先来探讨正交空间. 事实上, 正交空间的许多基本性质与欧氏空间是相仿的.

定义 8.3.2 设有限维正交空间 V_1 和 V_2 各自的非退化对称双线性函数是 f_1 和 f_2. 若存在 V_1 到 V_2 的线性映射 η, 使对任何 $\boldsymbol{\alpha},\boldsymbol{\beta}\in V_1$ 有 $f_2(\eta(\boldsymbol{\alpha}),\eta(\boldsymbol{\beta}))=f_1(\boldsymbol{\alpha},\boldsymbol{\beta})$, 则称 $\eta:V_1\to V_2$ 是**保距映射**. 当 $V_1=V_2$ 且 $f_1=f_2$ 时, 称保距映射 η 是 V 上的一个**正交变换**.

由定义逐一验证可得

命题 8.3.1 如下结论成立:

(i) 正交空间之间的保距映射必为单射;

(ii) 有限维正交空间上的正交变换必为同构;

(iii) 正交空间的两个正交变换之积仍为正交变换;

(iv) 正交空间的恒等映射是正交变换;

(v) 正交空间的正交变换的逆变换也是正交变换.

在 8.2 节已指出, 有限维正交空间 (V, f) 总有正交基 $\boldsymbol{\varepsilon}_1, \boldsymbol{\varepsilon}_2, \cdots, \boldsymbol{\varepsilon}_n$ 满足

$$\begin{cases} f(\boldsymbol{\varepsilon}_i, \boldsymbol{\varepsilon}_i) \neq 0, & \forall i = 1, 2, \cdots, n, \\ f(\boldsymbol{\varepsilon}_i, \boldsymbol{\varepsilon}_j) = 0, & \forall i \neq j. \end{cases}$$

事实上, 可以用欧氏空间中类似 Schmidt 正交化方法来构造正交空间的正交基, 从而给出定理 8.2.4 的另一证明.

正交空间当然有与欧氏空间明显不同之处. 其中一点就是迷向向量的存在性.

定义 8.3.3 设 f 是线性空间 V 上的非退化双线性函数. 若 $\boldsymbol{\theta} \neq \boldsymbol{\alpha} \in V$ 有 $f(\boldsymbol{\alpha}, \boldsymbol{\alpha}) = 0$, 称 $\boldsymbol{\alpha}$ 是 V 上关于 f 的**迷向向量**.

由定义可知, 对反对称双线性函数 f 而言, V 中任一非零向量 $\boldsymbol{\alpha}$ 都是迷向向量, 即总有 $f(\boldsymbol{\alpha}, \boldsymbol{\alpha}) = 0$. 这是空间的一种极端情况.

另一极端情况是整个空间没有任何迷向向量. 最典型的就是我们已经学过的欧氏空间 V 中的内积 $f = (\quad,\quad)$, 即对任意 $\boldsymbol{\alpha} \in V$, 若 $(\boldsymbol{\alpha}, \boldsymbol{\alpha}) = 0$, 则必 $\boldsymbol{\alpha} = \boldsymbol{\theta}$.

但在正交空间 V 中, 非零向量有一部分可以是迷向向量, 也有一部分可以不是迷向的. 这也说明正交空间是欧氏空间的真推广.

一个双线性度量空间 (V, f) (未必正交空间) 的子空间 W 称为**迷向子空间**, 若对任何 $\boldsymbol{\alpha}, \boldsymbol{\beta} \in W$, 有 $f(\boldsymbol{\alpha}, \boldsymbol{\beta}) = 0$.

例 8.3.1 设数域 $\mathbb{F}$ 上 $2n$ 维线性空间 V 有一个非退化对称双线性函数 f, 且这个 f 在某组基 $\boldsymbol{\varepsilon}_1, \boldsymbol{\varepsilon}_2, \cdots, \boldsymbol{\varepsilon}_{2n}$ 下的度量矩阵是

$$\begin{pmatrix} 0 & 1 & & & \\ 1 & 0 & 1 & & \\ & 1 & \ddots & \ddots & \\ & & \ddots & \ddots & 1 \\ & & & 1 & 0 \end{pmatrix}_{2n \times 2n}.$$

那么, (V, f) 是一个正交空间, 且每个 $\boldsymbol{\varepsilon}_i$ $(i = 1, 2, \cdots, 2n)$ 都是迷向向量, 但当 $|i - j| = 1$ 时, $\boldsymbol{\varepsilon}_i + \boldsymbol{\varepsilon}_j$ 不是迷向向量.

事实上, 读者可证, $\begin{vmatrix} 0 & 1 & & & \\ 1 & 0 & 1 & & \\ & 1 & \ddots & \ddots & \\ & & \ddots & \ddots & 1 \\ & & & 1 & 0 \end{vmatrix}_{2n\times 2n} \neq 0$, 即上述度量矩阵是非退化对称阵, 从而由定理 8.2.2 和命题 8.2.3, (V,f) 是正交空间. 显然, $f(\varepsilon_i,\varepsilon_i)=0$ 对 $i=1,2,\cdots,n$, 即 ε_i 都是迷向的. 但当 $|i-j|=1$ 时, $f(\varepsilon_i+\varepsilon_j,\varepsilon_i+\varepsilon_j)=f(\varepsilon_i,\varepsilon_i)+f(\varepsilon_j,\varepsilon_j)+f(\varepsilon_i,\varepsilon_j)+f(\varepsilon_j,\varepsilon_i)=2\neq 0$, 即 $\varepsilon_i+\varepsilon_j$ 不是迷向的.

作为练习, 请读者考虑这类正交空间的基本性质:

(1) 任何两个这类正交空间皆保距同构;

(2) 任何一个这类正交空间有且仅有 n 个迷向子空间, 且都是一维的.

当例 8.3.1 中的 $\dim V-2$ 时, 称 V 是一个**双曲平面**.

下面我们给出一个准欧氏空间的例子.

例 8.3.2 设实数域 $\mathbb{R}$ 上的四维线性空间 V 有一个非退化对称双线性函数 g 且在 V 的适当基 $\varepsilon_1,\varepsilon_2,\varepsilon_3,\varepsilon_4$ 下 g 的度量矩阵为

$$\begin{pmatrix} 1 & & & \\ & 1 & & \\ & & 1 & \\ & & & -1 \end{pmatrix},$$

则称 (V,g) 是一个 **Minkowski** (闵可夫斯基) **空间**. 该度量阵显然是非退化对称的, 而 V 在 $\mathbb{R}$ 上, 所以 (V,g) 是一个准欧氏空间. (V,g) 不是欧氏空间, 因为 $g(\varepsilon_4,\varepsilon_4)=-1<0$.

Minkowski 空间 (V,g) 的正交变换称为 **Lorentz** (洛伦兹) **变换**, 其中的迷向向量称为**光向量**, 满足 $g(\boldsymbol{\alpha},\boldsymbol{\alpha})>0$ 的向量 $\boldsymbol{\alpha}$ 称为**空间向量**, 满足 $g(\boldsymbol{\beta},\boldsymbol{\beta})<0$ 的向量 $\boldsymbol{\beta}$ 称为**时间向量**.

Minkowski 空间是相对论中的一类重要空间.

由上面讨论我们已知辛空间是不同于欧氏空间推广的双线性度量空间的另一极端情况, 有重要的理论意义. 我们将在 8.4 节专门讨论.

现在我们来看看, 作为欧氏空间另一种推广的酉空间与用双线性函数理论建立的欧氏空间推广之间的关系. 先回忆酉空间的定义 (见上册).

定义 8.3.4 设 V 是复数域 $\mathbb{C}$ 上的线性空间, 一个映射 $(\ ,\ ):V\times V\to\mathbb{C}$ 称为 V 的**内积**, 若它满足

(1) $(\boldsymbol{\alpha},\boldsymbol{\beta})=\overline{(\boldsymbol{\beta},\boldsymbol{\alpha})}$, $\forall\boldsymbol{\alpha},\boldsymbol{\beta}\in V$;

(2) $\forall \boldsymbol{\alpha} \in V, (\boldsymbol{\alpha}, \boldsymbol{\alpha}) \geqslant 0, (\boldsymbol{\alpha}, \boldsymbol{\alpha}) = 0 \Leftrightarrow \boldsymbol{\alpha} = \boldsymbol{\theta}$;

(3) $(k\boldsymbol{\alpha}, \boldsymbol{\beta}) = k(\boldsymbol{\alpha}, \boldsymbol{\beta}), \forall k \in \mathbb{C},\ \forall \boldsymbol{\alpha}, \boldsymbol{\beta} \in V$;

(4) $(\boldsymbol{\alpha} + \boldsymbol{\beta}, \boldsymbol{\gamma}) = (\boldsymbol{\alpha}, \boldsymbol{\gamma}) + (\boldsymbol{\beta}, \boldsymbol{\gamma}),\ \forall \boldsymbol{\alpha}, \boldsymbol{\beta}, \boldsymbol{\gamma} \in V$,

称为 V 关于内积 $(\ ,\ )$ 是**酉空间**.

定义 8.3.4 能导出

$$(k_1\boldsymbol{\alpha} + k_2\boldsymbol{\beta}, \boldsymbol{\gamma}) = k_1(\boldsymbol{\alpha}, \boldsymbol{\gamma}) + k_2(\boldsymbol{\beta}, \boldsymbol{\gamma});$$

$$(\boldsymbol{\alpha}, k_1\boldsymbol{\beta} + k_2\boldsymbol{\gamma}) = \bar{k}_1(\boldsymbol{\alpha}, \boldsymbol{\beta}) + \bar{k}_2(\boldsymbol{\alpha}, \boldsymbol{\gamma}).$$

后一式说明 $(\ ,\ )$ 不是双线性函数, 因此酉空间不能统一到双线性函数理论给出的欧氏空间推广的范围内, 其关键是定义 8.3.4 的 (1): $(\boldsymbol{\alpha}, \boldsymbol{\beta}) = \overline{(\boldsymbol{\beta}, \boldsymbol{\alpha})}$, 我们把它称为酉空间的**酉对称性**. 由此原因, 我们又称酉空间的内积为**酉内积**.

把酉内积的本质和双线性函数的想法结合起来, 我们可以引入下述概念.

定义 8.3.5 设 V 是 $\mathbb{C}$ 上的线性空间, 映射 $f\colon V \times V \to \mathbb{C}$, $(\boldsymbol{\alpha}, \boldsymbol{\beta}) \mapsto f(\boldsymbol{\alpha}, \boldsymbol{\beta})$.

(i) 若对任何 $\boldsymbol{\alpha}, \boldsymbol{\beta}, \boldsymbol{\alpha}_1, \boldsymbol{\alpha}_2, \boldsymbol{\beta}_1, \boldsymbol{\beta}_2 \in V, k_1, k_2 \in \mathbb{C}$, 有

$$f(k_1\boldsymbol{\alpha}_1 + k_2\boldsymbol{\alpha}_2, \boldsymbol{\beta}) = k_1 f(\boldsymbol{\alpha}_1, \boldsymbol{\beta}) + k_2 f(\boldsymbol{\alpha}_2, \boldsymbol{\beta}),$$

$$f(\boldsymbol{\alpha}, k_1\boldsymbol{\beta}_1 + k_2\boldsymbol{\beta}_2) = \bar{k}_1 f(\boldsymbol{\alpha}, \boldsymbol{\beta}_1) + \bar{k}_2 f(\boldsymbol{\alpha}, \boldsymbol{\beta}_2),$$

则称 f 是**酉双线性函数**;

(ii) 当 f 是酉双线性函数, $\boldsymbol{\alpha} \in V$ 时, 若 $f(\boldsymbol{\alpha}, \boldsymbol{\beta}) = 0,\ \forall \boldsymbol{\beta} \in V \Rightarrow \boldsymbol{\alpha} = \boldsymbol{\theta}$, 则称 f 是**非退化的**, 称 (V, f) 是**酉双线性度量空间**;

(iii) 当 f 是酉双线性函数时, 若 $f(\boldsymbol{\alpha},\ \boldsymbol{\beta}) = \overline{f(\boldsymbol{\beta},\ \boldsymbol{\alpha})}$ 对任何 $\boldsymbol{\alpha},\ \boldsymbol{\beta} \in V$, 则称 f 是**酉对称的**;

(iv) 当 f 是酉双线性函数时, 若 $f(\boldsymbol{\alpha}, \boldsymbol{\beta}) = -\overline{f(\boldsymbol{\beta}, \boldsymbol{\alpha})}$ 对任何 $\boldsymbol{\alpha}, \boldsymbol{\beta} \in V$, 则称 f 是**酉反对称的**;

(v) 当 f 是非退化酉对称酉双线性函数时, 则称 (V, f) 是**酉正交空间**或**准酉空间**;

(vi) 当 (V, f) 是非退化酉反对称酉双线性函数时, 则称 (V, f) 是**酉辛空间**.

显然, 有如下关系:

$$\text{酉辛空间} \Rightarrow \text{酉双线性度量空间} \Rightarrow \text{线性空间}$$

$$\Uparrow$$

$$\text{酉空间} \Rightarrow \text{准酉空间}$$

可以对这些酉空间的推广进行欧氏空间推广的类似讨论, 其结论会有相仿和不同之处, 是上册介绍酉空间理论的自然推广. 从方法论上说, 都源于欧氏空间理论.

8.4 节我们专门讨论辛空间, 但读者也可同时考虑酉辛空间会怎样.

习 题 8.3

1. 设 V 是对于非退化对称双线性函数 $f(\boldsymbol{\alpha},\boldsymbol{\beta})$ 的 n 维准欧氏空间. 对于 V 的一组基 $\boldsymbol{\varepsilon}_1,\boldsymbol{\varepsilon}_2,\cdots,\boldsymbol{\varepsilon}_n$, 如果满足

$$f(\boldsymbol{\varepsilon}_i,\boldsymbol{\varepsilon}_i)=1,\quad i=1,2,\cdots,p;$$

$$f(\boldsymbol{\varepsilon}_i,\boldsymbol{\varepsilon}_i)=-1,\quad i=p+1,p+2,\cdots,n;$$

$$f(\boldsymbol{\varepsilon}_i,\boldsymbol{\varepsilon}_j)=0,\quad i\neq j,$$

那么称之为 V 的一组准正交基. 如果 V 上的线性变换 $\mathcal{A}$ 满足

$$f(\mathcal{A}\boldsymbol{\alpha},\mathcal{A}\boldsymbol{\beta})=f(\boldsymbol{\alpha},\boldsymbol{\beta})\quad(\boldsymbol{\alpha},\boldsymbol{\beta}\in V),$$

那么称 $\mathcal{A}$ 为 V 的一个**准正交变换**. 证明:

(1) 准正交变换是可逆的, 且逆变换是准正交变换;

(2) 准正交变换的乘积仍是准正交变换;

(3) 准正交变换的特征向量若非迷向向量, 则对应的特征值等于 1 或 −1;

(4) 准正交变换在准正交基下的矩阵 $\boldsymbol{C}$ 满足

$$\boldsymbol{C}^{\mathrm{T}}\begin{pmatrix}1&&&&&\\&\ddots&&&&\\&&1&&&\\&&&-1&&\\&&&&\ddots&\\&&&&&-1\end{pmatrix}\boldsymbol{C}=\begin{pmatrix}1&&&&&\\&\ddots&&&&\\&&1&&&\\&&&-1&&\\&&&&\ddots&\\&&&&&-1\end{pmatrix}.$$

2. 证明: Minkowski 空间的性质:

(1) 任意两个时间向量不可能相互正交;

(2) 任意一个时间向量都不可能正交于一个光向量;

(3) 两个光向量正交的充要条件是它们线性相关.

3. 证明: 设 (V_1,f_1) 和 (V_2,f_2) 是 $\mathbb{F}$ 上有限维辛空间, $V_1\overset{\pi}{\cong}V_2$ 是线性空间同构. 那么, 下面陈述等价:

(1) $(V_1,f_1)\overset{\pi}{\cong}(V_2,f_2)$ 是辛同构;

(2) 若 $\boldsymbol{\varepsilon}_1,\boldsymbol{\varepsilon}_{-1},\cdots,\boldsymbol{\varepsilon}_n,\boldsymbol{\varepsilon}_{-n}$ 是 (V_1,f_1) 的辛正交基, 则

$$\pi(\boldsymbol{\varepsilon}_1),\pi(\boldsymbol{\varepsilon}_{-1}),\cdots,\pi(\boldsymbol{\varepsilon}_n),\pi(\boldsymbol{\varepsilon}_{-n})$$

是 (V_2,f_2) 的辛正交基.

8.4 辛 空 间

定义 8.3.1 说 (V,f) 是辛空间, 若 f 是非退化反对称双线性函数. 由推论 8.2.7, V 必为偶数维的 (令 $\dim V = n = 2m$) 且存在基 $\boldsymbol{\varepsilon}_1, \boldsymbol{\varepsilon}_{-1}, \cdots, \boldsymbol{\varepsilon}_m, \boldsymbol{\varepsilon}_{-m}$, 使得 f 在该基下的度量矩阵为

$$\begin{pmatrix} \begin{array}{|cc|} \hline 0 & 1 \\ -1 & 0 \\ \hline \end{array} & & \\ & \ddots & \\ & & \begin{array}{|cc|} \hline 0 & 1 \\ -1 & 0 \\ \hline \end{array} \end{pmatrix}_{n\times n},$$

这时称 $\boldsymbol{\varepsilon}_1, \boldsymbol{\varepsilon}_{-1}, \cdots, \boldsymbol{\varepsilon}_m, \boldsymbol{\varepsilon}_{-m}$ 是**辛正交基**.

事实上, 反过来, 我们有

命题 8.4.1 数域 $\mathbb{F}$ 上任一偶数维线性空间 V 都可以定义非退化反对称双线性函数 f 使 V 成为辛空间.

证明 取定 V 的一组基 $\boldsymbol{\eta}_1, \boldsymbol{\eta}_2, \cdots, \boldsymbol{\eta}_n$, 任给 $\mathbb{F}$ 上一个 n 阶非退化反对称阵 $\boldsymbol{A}$, 就可定义 V 上的非退化反对称双线性函数 $f: V\times V\to\mathbb{F}$, 使 $f(\boldsymbol{\alpha},\boldsymbol{\beta}) = \boldsymbol{X}^{\mathrm{T}}\boldsymbol{A}\boldsymbol{Y}$, 其中 $\boldsymbol{\alpha} = (\boldsymbol{\eta}_1, \boldsymbol{\eta}_2, \cdots, \boldsymbol{\eta}_n)\boldsymbol{X}, \boldsymbol{\beta} = (\boldsymbol{\eta}_1, \boldsymbol{\eta}_2, \cdots, \boldsymbol{\eta}_n)\boldsymbol{Y} \in V$. □

定义 8.4.1 设 (V_1, f_1) 和 (V_2, f_2) 是 $\mathbb{F}$ 上的两个辛空间, π 是 V_1 到 V_2 的线性空间同构.

(i) 若对任意 $\boldsymbol{\alpha},\boldsymbol{\beta}\in V_1$, 满足 $f_1(\boldsymbol{\alpha},\boldsymbol{\beta}) = f_2(\pi(\boldsymbol{\alpha}),\pi(\boldsymbol{\beta}))$, 则称 π 是 (V_1,f_1) 到 (V_2,f_2) 的**辛同构**, 表示为 $(V_1,f_1)\overset{\pi}{\cong}(V_2,f_2)$;

(ii) 若 $(V_1,f_1)\overset{\pi}{\cong}(V_2,f_2)$ 且 $V_1 = V_2, f_1 = f_2$, 则称 π 是 (V_1,f_1) 上的**辛变换**.

命题 8.4.2 设 (V_1,f_1) 和 (V_2,f_2) 是 $\mathbb{F}$ 上的有限维辛空间, $V_1\overset{\pi}{\cong}V_2$ 是线性空间同构. 那么, 下面陈述等价:

(i) $(V_1,f_1)\overset{\pi}{\cong}(V_2,f_2)$ 是辛同构;

(ii) 若 $\boldsymbol{\varepsilon}_1, \boldsymbol{\varepsilon}_{-1}, \cdots, \boldsymbol{\varepsilon}_n, \boldsymbol{\varepsilon}_{-n}$ 是 (V_1,f_1) 的辛正交基, 则

$$\pi(\boldsymbol{\varepsilon}_1), \pi(\boldsymbol{\varepsilon}_{-1}), \cdots, \pi(\boldsymbol{\varepsilon}_n), \pi(\boldsymbol{\varepsilon}_{-n})$$

是 (V_2,f_2) 的辛正交基.

证明留作习题.

命题 8.4.3 辛空间 (V_1,f_1) 和 (V_2,f_2) 是辛同构的当且仅当 $\dim V_1 = \dim V_2$.

证明 **必要性** 由定义 8.4.1 即知.

充分性 当 $\dim V_1 = \dim V_2$ 时, 设 (V_1, f_1) 的辛正交基是 $\boldsymbol{\varepsilon}_1, \boldsymbol{\varepsilon}_{-1}, \cdots, \boldsymbol{\varepsilon}_m, \boldsymbol{\varepsilon}_{-m}$, 设 (V_2, f_2) 的辛正交基是 $\boldsymbol{\delta}_1, \boldsymbol{\delta}_{-1}, \cdots, \boldsymbol{\delta}_m, \boldsymbol{\delta}_{-m}$. 定义 $\pi: V_1 \to V_2$ 使 $\pi(\boldsymbol{\varepsilon}_i) = \boldsymbol{\delta}_i$ 对 $i = \pm 1, \pm 2, \cdots, \pm m$, 再把 π 线性扩张到整个 V_1 上. 由命题 8.4.2 即得 $(V_1, f_1) \overset{\pi}{\cong} (V_2, f_2)$. □

命题 8.4.4 (i) 辛同构的乘积和逆同构皆为辛同构;

(ii) 辛变换的乘积和逆同构皆为辛变换.

证明 由命题 8.4.2 即知. □

下面给出辛变换的矩阵刻画.

数域 $\mathbb{F}$ 上 $2m$ 阶矩阵 $\boldsymbol{A}$ 如果满足 $\boldsymbol{A}^{\mathrm{T}}\boldsymbol{J}\boldsymbol{A} = \boldsymbol{J}$, 则称 $\boldsymbol{A}$ 为**辛方阵**. 记 $Sp(m, \mathbb{F})$ 为数域 $\mathbb{F}$ 上 $2m$ 阶辛方阵全体构成的集合. 可证 $Sp(m, \mathbb{F})$ 关于矩阵的乘法是封闭的, 且每个辛方阵的逆矩阵也是辛方阵. 通常, $Sp(m, \mathbb{F})$ 称为 $2m$ 阶**辛群**.

命题 8.4.5 设 (V, f) 是辛空间, 则 V 的自同构是辛变换当且仅当自同构在辛正交基下的对应方阵是辛方阵.

证明 由推论 8.2.7, 把辛空间 (V, f) 的辛正交基 $\boldsymbol{\varepsilon}_1, \boldsymbol{\varepsilon}_2, \boldsymbol{\varepsilon}_{-1}, \cdots, \boldsymbol{\varepsilon}_{-2}, \boldsymbol{\varepsilon}_m, \boldsymbol{\varepsilon}_{-m}$ 重新排列为

$$\boldsymbol{\varepsilon}_1, \boldsymbol{\varepsilon}_2, \cdots, \boldsymbol{\varepsilon}_m, \boldsymbol{\varepsilon}_{-1}, \boldsymbol{\varepsilon}_{-2}, \cdots, \boldsymbol{\varepsilon}_{-m},$$

则 f 的度量矩阵这时成为 $\boldsymbol{J} = \begin{pmatrix} \boldsymbol{O} & \boldsymbol{E}_m \\ -\boldsymbol{E}_m & \boldsymbol{O} \end{pmatrix}$.

令 π 是 V 上的线性自同构, 对应可逆矩阵是 $\boldsymbol{K}$, 则

$$\begin{aligned} \pi(\boldsymbol{\varepsilon}_1, \boldsymbol{\varepsilon}_2, \cdots, \boldsymbol{\varepsilon}_m, \boldsymbol{\varepsilon}_{-1}, \boldsymbol{\varepsilon}_{-2}, \cdots, \boldsymbol{\varepsilon}_{-m}) &= (\pi\boldsymbol{\varepsilon}_1, \pi\boldsymbol{\varepsilon}_2, \cdots, \pi\boldsymbol{\varepsilon}_m, \pi\boldsymbol{\varepsilon}_{-1}, \pi\boldsymbol{\varepsilon}_{-2}, \cdots, \pi\boldsymbol{\varepsilon}_{-m}) \\ &= (\boldsymbol{\varepsilon}_1, \boldsymbol{\varepsilon}_2, \cdots, \boldsymbol{\varepsilon}_m, \boldsymbol{\varepsilon}_{-1}, \boldsymbol{\varepsilon}_{-2}, \cdots, \boldsymbol{\varepsilon}_{-m})\boldsymbol{K}. \end{aligned}$$

设由 π 所得到的基 $\pi\boldsymbol{\varepsilon}_1, \cdots, \pi\boldsymbol{\varepsilon}_m, \pi\boldsymbol{\varepsilon}_{-1}, \cdots, \pi\boldsymbol{\varepsilon}_{-m}$ 的度量矩阵是 $\boldsymbol{C}$, 则 $\boldsymbol{K}^{\mathrm{T}}\boldsymbol{J}\boldsymbol{K} = \boldsymbol{C}$. 于是, π 是辛变换当且仅当 $\pi\boldsymbol{\varepsilon}_1, \cdots, \pi\boldsymbol{\varepsilon}_m, \pi\boldsymbol{\varepsilon}_{-1}, \cdots, \pi\boldsymbol{\varepsilon}_{-m}$ 是以 $\boldsymbol{J}$ 为度量矩阵的辛正交基, 当且仅当 $\boldsymbol{C} = \boldsymbol{J}$, 当且仅当 $\boldsymbol{K}^{\mathrm{T}}\boldsymbol{J}\boldsymbol{K} = \boldsymbol{J}$. □

令 $\boldsymbol{K} = \begin{pmatrix} \boldsymbol{A} & \boldsymbol{B} \\ \boldsymbol{C} & \boldsymbol{D} \end{pmatrix}$, 其中 $\boldsymbol{A}, \boldsymbol{B}, \boldsymbol{C}, \boldsymbol{D}$ 均为 m 阶方阵, 则 $\boldsymbol{K}^{\mathrm{T}}\boldsymbol{J}\boldsymbol{K} = \boldsymbol{J}$ 当且仅当 $\boldsymbol{C}^{\mathrm{T}}\boldsymbol{A} = \boldsymbol{A}^{\mathrm{T}}\boldsymbol{C}$, $\boldsymbol{D}^{\mathrm{T}}\boldsymbol{B} = \boldsymbol{B}^{\mathrm{T}}\boldsymbol{D}$, $\boldsymbol{A}^{\mathrm{T}}\boldsymbol{D} - \boldsymbol{C}^{\mathrm{T}}\boldsymbol{B} = \boldsymbol{E}_m$. 因此, 有

定理 8.4.6 设辛空间 (V, f) 有辛正交基 $\boldsymbol{\varepsilon}_1, \boldsymbol{\varepsilon}_2, \cdots, \boldsymbol{\varepsilon}_m, \boldsymbol{\varepsilon}_{-1}, \boldsymbol{\varepsilon}_{-2}, \cdots, \boldsymbol{\varepsilon}_{-m}$, 其度量矩阵为 $\boldsymbol{J} = \begin{pmatrix} \boldsymbol{O} & \boldsymbol{E}_m \\ -\boldsymbol{E}_m & \boldsymbol{O} \end{pmatrix}$. 令 π 是 V 的自同构, 其关于上述辛正交基

的对应可逆矩阵是 $\boldsymbol{K}=\begin{pmatrix}\boldsymbol{A} & \boldsymbol{B}\\ \boldsymbol{C} & \boldsymbol{D}\end{pmatrix}$, 其中 $\boldsymbol{A},\boldsymbol{B},\boldsymbol{C},\boldsymbol{D}$ 都是 m 阶方阵. 那么, π 是 (V,f) 的辛变换当且仅当 $\boldsymbol{C}^{\mathrm{T}}\boldsymbol{A}$ 和 $\boldsymbol{D}^{\mathrm{T}}\boldsymbol{B}$ 是对称矩阵且 $\boldsymbol{A}^{\mathrm{T}}\boldsymbol{D}-\boldsymbol{C}^{\mathrm{T}}\boldsymbol{B}=\boldsymbol{E}_m$.

定义 8.4.2 设 (V,f) 是辛空间.

(i) 若 $\boldsymbol{u},\boldsymbol{v}\in V$ 满足 $f(\boldsymbol{u},\boldsymbol{v})=0$, 则称 $\boldsymbol{u},\boldsymbol{v}$ 是**辛正交**的;

(ii) 设 W 是 V 的子空间, 令 $W^{\perp}=\{\boldsymbol{u}\in V: f(\boldsymbol{u},\boldsymbol{w})=0,\forall \boldsymbol{w}\in W\}$, 则可证 $W^{\perp}$ 是 V 的子空间, 称 $W^{\perp}$ 是 W 的**辛正交补空间**;

(iii) 若 $W\subseteq W^{\perp}$(即等价于 $f(\boldsymbol{u},\boldsymbol{v})=0,\ \forall \boldsymbol{u},\boldsymbol{v}\in W$), 则称 W 是 (V,f) 的**迷向子空间**;

(iv) 若 $W=W^{\perp}$, 则称 W 是 (V,f) 的 **Lagrange 子空间**;

(v) 若子空间 W 满足 $W\cap W^{\perp}=\{\boldsymbol{\theta}\}$, 则称 W 是 V 的**辛子空间**.

由此定义可见, 辛子空间和 Lagrange 子空间是辛空间中两类极端情况的子空间. 在一般情况下, V 的子空间 W_0 有 $W_0\cap W_0^{\perp}\neq\theta$ 且 $W_0\neq W_0^{\perp}$. 下面我们要说明, 辛空间的结构就是由这两类子空间决定的.

定理 8.4.7 设 (V,f) 是辛空间, W 是 V 的子空间, 则

$$\dim V=\dim W+\dim W^{\perp}.$$

证明 取 V 的基 $\boldsymbol{\varepsilon}_1,\boldsymbol{\varepsilon}_2,\cdots,\boldsymbol{\varepsilon}_n$, W 的基 $\boldsymbol{\eta}_1,\boldsymbol{\eta}_2,\cdots,\boldsymbol{\eta}_k$. 令 f 在基 $\boldsymbol{\varepsilon}_1,\boldsymbol{\varepsilon}_2,\cdots,\boldsymbol{\varepsilon}_n$ 下的度量矩阵为 $\boldsymbol{A}$, $\boldsymbol{\alpha}=(\boldsymbol{\varepsilon}_1,\boldsymbol{\varepsilon}_2,\cdots,\boldsymbol{\varepsilon}_n)\boldsymbol{X}$, $\boldsymbol{\beta}=(\boldsymbol{\varepsilon}_1,\boldsymbol{\varepsilon}_2,\cdots,\boldsymbol{\varepsilon}_n)\boldsymbol{Y}$ 是 V 的任意向量, 则

$$f(\boldsymbol{\alpha},\boldsymbol{\beta})=\boldsymbol{X}^{\mathrm{T}}\boldsymbol{A}\boldsymbol{Y},$$

其中 $\boldsymbol{A}$ 的秩是 n.

又设对 $i=1,2,\cdots,k,\boldsymbol{\eta}_i=(\boldsymbol{\varepsilon}_1,\boldsymbol{\varepsilon}_2,\cdots,\boldsymbol{\varepsilon}_n)\boldsymbol{X}_i$. 那么

$$\begin{aligned}\boldsymbol{\beta}\in W^{\perp}&\Leftrightarrow f(\boldsymbol{\eta}_i,\boldsymbol{\beta})=0,\quad \forall i=1,2,\cdots,k\\&\Leftrightarrow \boldsymbol{X}_i^{\mathrm{T}}\boldsymbol{A}\boldsymbol{Y}=0,\quad \forall i=1,2,\cdots,k\\&\Leftrightarrow \begin{pmatrix}\boldsymbol{X}_1^{\mathrm{T}}\\ \vdots\\ \boldsymbol{X}_k^{\mathrm{T}}\end{pmatrix}\boldsymbol{A}\boldsymbol{Y}=\mathbf{0}\\&\Leftrightarrow \boldsymbol{Y}\text{属于方程组 }\boldsymbol{B}\boldsymbol{y}=\boldsymbol{\theta}\text{ 的解空间},\end{aligned}$$

其中 $\boldsymbol{B}=\begin{pmatrix}\boldsymbol{X}_1^{\mathrm{T}}\\ \vdots\\ \boldsymbol{X}_k^{\mathrm{T}}\end{pmatrix}\boldsymbol{A}$. 因而, $\dim W^{\perp}$ 等于 $\boldsymbol{B}\boldsymbol{y}=\boldsymbol{\theta}$ 的解空间的维数. 于是

$$\dim W^{\perp} = n - r(\boldsymbol{B}).$$

但 $\boldsymbol{\eta}_1, \boldsymbol{\eta}_2, \cdots, \boldsymbol{\eta}_k$ 线性无关, 所以它们的坐标向量 $\boldsymbol{X}_1^{\mathrm{T}}, \boldsymbol{X}_2^{\mathrm{T}}, \cdots, \boldsymbol{X}_k^{\mathrm{T}}$ 线性无关, 从而 $r(\boldsymbol{B}) = r\left(\begin{pmatrix} \boldsymbol{X}_1^{\mathrm{T}} \\ \vdots \\ \boldsymbol{X}_k^{\mathrm{T}} \end{pmatrix}\right) = k = \dim W$. 最后, 我们得到 $\dim W^{\perp} = n - \dim W$. □

注 维数关系 $\dim V = \dim W^{\perp} + \dim W$ 并不意味着 $W \cap W^{\perp} = \theta$, 即不一定有 $V = W \oplus W^{\perp}$, 除非 W 是 V 的辛子空间.

由此基本定理, 首先给出一些基本性质.

性质 8.4.8 设 W, U 是辛空间 (V, f) 的子空间, 则有

(1) $(W^{\perp})^{\perp} = W$;

(2) $U \subseteq W \Rightarrow W^{\perp} \subseteq U^{\perp}$;

(3) W 是 (V, f) 的辛子空间, 则 $V = W \oplus W^{\perp}$;

(4) W 是 (V, f) 的迷向子空间, 则 $\dim W \leqslant \dfrac{1}{2}\dim V$;

(5) W 是 (V, f) 的 Lagrange 子空间, 则 $\dim W = \dfrac{1}{2}\dim V$.

证明 (1) 由 $W^{\perp}$ 的定义, $f(W, W^{\perp}) = 0$, 这也就说明 $W \subset (W^{\perp})^{\perp}$. 又由定理 8.4.7,

$$\dim W^{\perp} = \dim V - \dim W,$$

$$\dim (W^{\perp})^{\perp} = \dim V - \dim W^{\perp}.$$

从而, $\dim W = \dim (W^{\perp})^{\perp}$. 因此 $W = (W^{\perp})^{\perp}$.

(2) 由定义直接得.

(3) 由定理 8.4.7 和辛子空间的定义, 即得.

(4) 因为 $W \subset W^{\perp}$, 所以

$$\dim W \leqslant \dim W^{\perp} = \dim V - \dim W,$$

得 $\dim W \leqslant \dfrac{1}{2}\dim V$.

(5) 由定理 8.4.7 和 $\dim W = \dim W^{\perp}$ 即得. □

引理 8.4.9 设 W 是辛空间 (V, f) 的迷向子空间, 即 $W \subseteq W^{\perp}$. 如果 W 不是 V 的 Lagrange 子空间, 则存在 $1 + \dim W$ 维迷向子空间 $W_1 = W \oplus W'$, 其中 W' 是一维子空间, 具有基元 $\boldsymbol{\alpha}' \in W^{\perp} \backslash W$.

证明　任取 $\boldsymbol{\alpha}' \in W^{\perp}\backslash W$, 则 $f(\boldsymbol{\alpha}', \boldsymbol{\alpha}') = 0$, $f(W, \boldsymbol{\alpha}') = 0$. 又 W 是迷向子空间, 故 $f(W, W) = 0$. 令 $W' = \mathbb{F}\boldsymbol{\alpha}'$, $W_1 = W \oplus W'$, 则 $f(W_1, W_1) = 0$. 这说明 W_1 是 $1 + \dim W$ 维迷向子空间. □

性质 8.4.10　设 W 是 $2m$ 维辛空间 (V, f) 的迷向子空间. 那么, W 是 V 的 Lagrange 子空间当且仅当 W 是 V 的极大迷向子空间 (在集合包含关系下的极大性).

证明　**必要性**　若存在迷向子空间 $U \supseteq W$, 则 $U^{\perp} \supseteq U$, 得 $U^{\perp} \supseteq W$. 由性质 8.4.8, 得 $W = W^{\perp} \supseteq (U^{\perp})^{\perp} = U$. 从而, $W = U$, 即 W 是极大的.

充分性　若 $W \subsetneqq W^{\perp}$, 则由引理 8.4.9, W 不是极大迷向子空间. 这是矛盾的. □

性质 8.4.11　设 W 是辛空间 (V, f) 的辛子空间, 则

(i) $(W, f|_W)$ 是辛空间, 其中 $f|_W$ 表示 f 在 $W \times W$ 上的限制;

(ii) $W^{\perp}$ 也是 (V, f) 辛子空间.

证明　(i) 由性质 8.4.8, $V = W \oplus W^{\perp}$, 则由 f 在 V 上的非退化性可导出 f 在 W 上的非退化性.

(ii) 由于 $(W^{\perp})^{\perp} = W$, 所以 $W^{\perp} \cap (W^{\perp})^{\perp} = W^{\perp} \cap W = \theta$, 故 $W^{\perp}$ 也是 (V, f) 的辛子空间. □

由此性质可知, 辛子空间相当于欧氏空间中的欧氏子空间.

例 8.4.1　设辛空间 (V, f) 有辛正交基

$$\boldsymbol{\varepsilon}_1, \boldsymbol{\varepsilon}_2, \cdots, \boldsymbol{\varepsilon}_m, \boldsymbol{\varepsilon}_{-1}, \boldsymbol{\varepsilon}_{-2}, \cdots, \boldsymbol{\varepsilon}_{-m}.$$

对 $1 \leqslant k \leqslant m$, 令

$$W_k^+ = L(\boldsymbol{\varepsilon}_1, \boldsymbol{\varepsilon}_2, \cdots, \boldsymbol{\varepsilon}_k), \quad W_k^- = L(\boldsymbol{\varepsilon}_{-1}, \boldsymbol{\varepsilon}_{-2}, \cdots, \boldsymbol{\varepsilon}_{-k}).$$

由于 $f(\boldsymbol{\varepsilon}_i, \boldsymbol{\varepsilon}_j) = 0, f(\boldsymbol{\varepsilon}_{-i}, \boldsymbol{\varepsilon}_{-j}) = 0$, $\forall i, j = 1, 2, \cdots, k$, 故有

(i) W_k^+, W_k^- $(k = 1, 2, \cdots, m)$ 都是 V 的迷向子空间.

当 $k = m$ 时, 考虑 $(W_m^+)^{\perp}$ 和 $(W_m^-)^{\perp}$. 令

$$\boldsymbol{\alpha} = a_1\boldsymbol{\varepsilon}_1 + a_2\boldsymbol{\varepsilon}_2 + \cdots + a_m\boldsymbol{\varepsilon}_m + b_1\boldsymbol{\varepsilon}_{-1} + \cdots + b_m\boldsymbol{\varepsilon}_{-m} \in (W_m^+)^{\perp},$$

则 $\forall i = 1, 2, \cdots, m$, 有 $0 = f(\boldsymbol{\varepsilon}_i, \boldsymbol{\alpha}) = b_i f(\boldsymbol{\varepsilon}_i, \boldsymbol{\varepsilon}_{-i}) = b_i$, 得

$$\boldsymbol{\alpha} = a_1\boldsymbol{\varepsilon}_1 + a_2\boldsymbol{\varepsilon}_2 + \cdots + a_m\boldsymbol{\varepsilon}_m \in W_m^+,$$

即对 $k = 1, 2, \cdots, m$, 总有 $(W_m^+)^{\perp} \supseteq W_m^+$, 因此, $W_m^+ = (W_m^+)^{\perp}$.

同理可得 $W_m^- = (W_m^-)^\perp$.

(ii) W_m^+, W_m^- 是 (V,f) 的 Lagrange 子空间.

令 $S_k = W_k^+ \oplus W_k^- = L(\varepsilon_1, \varepsilon_2, \cdots, \varepsilon_k, \varepsilon_{-1}, \varepsilon_{-2}, \cdots, \varepsilon_{-k})$, 对 $k = 1, 2, \cdots, m$. 由辛正交基定义可得 $S_k^\perp = L(\varepsilon_{k+1}, \varepsilon_{k+2}, \cdots, \varepsilon_m, \varepsilon_{-k-1}, \varepsilon_{-k-2}, \cdots, \varepsilon_{-m})$. 因此, $S_k^\perp \cap S_k = 0$.

(iii) $S_k = L(\varepsilon_1, \varepsilon_2, \cdots, \varepsilon_k, \varepsilon_{-1}, \varepsilon_{-2}, \cdots, \varepsilon_{-k})$ $\forall k = 1, 2, \cdots, m$ 是 V 的辛子空间.

这个例子给出了辛空间在取定辛正交基后的一些辛子空间和 Lagrange 子空间. 进一步, 下面我们实际上可以证明, 这样形式的 $W_k^+, W_k^-; W_m^+, W_m^-; S_k$ 就是辛空间 (V,f) 中的所有迷向子空间、Lagrange 子空间、辛子空间.

定理 8.4.12 设 L 是 n 维辛空间 (V,f) 的 Lagrange 子空间, $\varepsilon_1, \varepsilon_2, \cdots, \varepsilon_m$ 是 L 的一组基, 则 $m = \dfrac{1}{2}n$ 且这组基可以扩充为 (V,f) 的一组辛正交基 $\varepsilon_1, \varepsilon_2, \cdots, \varepsilon_m, \varepsilon_{-1}, \varepsilon_{-2}, \cdots, \varepsilon_{-m}$.

证明 由性质 8.4.8 的 (5), $m = \dfrac{1}{2}n$.

对任一给定的 $i = 1, 2, \cdots, m$, 令

$$L_i = L(\varepsilon_1, \varepsilon_2, \cdots, \varepsilon_{i-1}, \varepsilon_{i+1} \cdots, \varepsilon_m),$$

则 $\dim L_i = m - 1$, 且 $L_i \subseteq L \Rightarrow L_i^\perp \supseteq L^\perp = L$. 但

$$\dim L_i^\perp = \dim V - \dim L_i = 2m - (m-1) = m + 1.$$

因此 $L \subsetneqq L_i^\perp$. 特别地, 存在 $\varepsilon'_{-i} \in L_i^\perp \setminus L$.

由 $\varepsilon'_{-i} \in L_i^\perp$ 可知

$$f(\varepsilon_j, \varepsilon'_{-i}) = 0, \quad \forall\ j = 1, 2, \cdots, i-1, i+1, \cdots, m.$$

假设 $f(\varepsilon_i, \varepsilon'_{-i}) = 0$, 则 $\forall\ \boldsymbol{\alpha} \in L = L(\varepsilon_1, \varepsilon_2, \cdots, \varepsilon_m)$, 有 $f(\boldsymbol{\alpha}, \varepsilon'_{-i}) = 0$, 即 $\varepsilon'_{-i} \in L^\perp = L$. 这与 $\varepsilon'_{-i} \notin L$ 矛盾.

因此, $f(\varepsilon_i, \varepsilon'_{-i}) \neq 0$. 不妨设 $f(\varepsilon_i, \varepsilon'_{-i}) = 1$.

由上, 我们得到了向量组 $\varepsilon'_{-1}, \varepsilon'_{-2}, \cdots, \varepsilon'_{-m}$ 使得对任意的 $1 \leqslant i \leqslant m$ 有

$$f(\varepsilon_i, \varepsilon'_{-i}) = 1, \tag{8.4.1}$$

且对任意的 $1 \leqslant i \neq j \leqslant m$ 有

$$f(\varepsilon_j, \varepsilon'_{-i}) = 0. \tag{8.4.2}$$

但是为了构造辛正交基, 还得为 $\varepsilon'_{-1}, \varepsilon'_{-2}, \cdots, \varepsilon'_{-m}$ 找一组替代的向量 $\varepsilon_{-1}, \varepsilon_{-2}, \cdots, \varepsilon_{-m}$, 使 (8.4.1) 和 (8.4.2) 成立的同时有

$$f(\boldsymbol{\varepsilon}_{-i},\boldsymbol{\varepsilon}_{-j})=0,\quad \forall\ i,j=1,2,\cdots,m.$$

我们用递推方法求 $\boldsymbol{\varepsilon}_{-1},\boldsymbol{\varepsilon}_{-2},\cdots,\boldsymbol{\varepsilon}_{-m}$.

令 $\boldsymbol{\varepsilon}_{-1}=\boldsymbol{\varepsilon}'_{-1}$.

设 $f(\boldsymbol{\varepsilon}_{-1},\boldsymbol{\varepsilon}'_{-2})=a$, 令

$$\boldsymbol{\varepsilon}_{-2}=a\boldsymbol{\varepsilon}_1+\boldsymbol{\varepsilon}'_{-2},$$

则

$$\begin{aligned}&f(\boldsymbol{\varepsilon}_{-1},\boldsymbol{\varepsilon}_{-2})=af(\boldsymbol{\varepsilon}_{-1},\boldsymbol{\varepsilon}_1)+f(\boldsymbol{\varepsilon}_{-1},\boldsymbol{\varepsilon}'_{-2})=-a+a=0,\\&f(\boldsymbol{\varepsilon}_{-2},\boldsymbol{\varepsilon}_{-2})=0,\end{aligned}$$

同时仍有

$$\begin{aligned}&f(\boldsymbol{\varepsilon}_2,\boldsymbol{\varepsilon}_{-2})=af(\boldsymbol{\varepsilon}_2,\boldsymbol{\varepsilon}_1)+f(\boldsymbol{\varepsilon}_2,\boldsymbol{\varepsilon}'_{-2})=a\cdot 0+1=1,\\&f(\boldsymbol{\varepsilon}_j,\boldsymbol{\varepsilon}_{-2})=af(\boldsymbol{\varepsilon}_j,\boldsymbol{\varepsilon}_1)+f(\boldsymbol{\varepsilon}_j,\boldsymbol{\varepsilon}'_{-2})=a\cdot 0+0=0,\quad \forall j\neq 2.\end{aligned}$$

故 $\boldsymbol{\varepsilon}_{-2}$ 是所要求的.

依次下去, 设已求得要求的 $\boldsymbol{\varepsilon}_{-1},\boldsymbol{\varepsilon}_{-2},\cdots,\boldsymbol{\varepsilon}_{-(m-1)}$, 令

$$\boldsymbol{\varepsilon}_{-m}=a_1\boldsymbol{\varepsilon}_1+\cdots+a_{m-1}\boldsymbol{\varepsilon}_{m-1}+\boldsymbol{\varepsilon}'_{-m},$$

其中 $a_i=f(\boldsymbol{\varepsilon}_{-i},\boldsymbol{\varepsilon}'_{-m}),i=1,2,\cdots,m-1$, 则

$$\begin{aligned}f(\boldsymbol{\varepsilon}_{-i},\boldsymbol{\varepsilon}_{-m})&=f(\boldsymbol{\varepsilon}_{-i},\ a_1\boldsymbol{\varepsilon}_1+\cdots+a_{m-1}\boldsymbol{\varepsilon}_{m-1}+\boldsymbol{\varepsilon}'_{-m})\\&=a_if(\boldsymbol{\varepsilon}_{-i},\boldsymbol{\varepsilon}_i)+f(\boldsymbol{\varepsilon}_{-i},\boldsymbol{\varepsilon}'_{-m})\\&=-a_i+a_i\\&=0,\end{aligned}$$

以及 $f(\boldsymbol{\varepsilon}_{-m},\boldsymbol{\varepsilon}_{-m})=0$, 同时仍有

$$\begin{aligned}&f(\boldsymbol{\varepsilon}_m,\boldsymbol{\varepsilon}_{-m})=\sum_{i=1}^{m-1}a_if(\boldsymbol{\varepsilon}_m,\boldsymbol{\varepsilon}_i)+f(\boldsymbol{\varepsilon}_m,\boldsymbol{\varepsilon}'_{-m})=1,\\&f(\boldsymbol{\varepsilon}_j,\boldsymbol{\varepsilon}_{-m})=\sum_{i=1}^{m-1}a_if(\boldsymbol{\varepsilon}_j,\boldsymbol{\varepsilon}_i)+f(\boldsymbol{\varepsilon}_j,\boldsymbol{\varepsilon}'_{-m})=0,\ \forall j\neq m.\end{aligned}$$

综上, 得到辛正交基 $\boldsymbol{\varepsilon}_1,\boldsymbol{\varepsilon}_2,\cdots,\boldsymbol{\varepsilon}_m,\boldsymbol{\varepsilon}_{-1},\boldsymbol{\varepsilon}_{-2},\cdots,\boldsymbol{\varepsilon}_{-m}$. □

定理 8.4.13 辛空间 (V,f) 的辛子空间 $(U,f|_U)$ 的一组辛正交基可扩充为 (V,f) 的辛正交基.

证明 由性质 8.4.11, $(U, f|_U)$ 和 $(U^{\perp}, f|_{U^{\perp}})$ 是辛空间. 令 $\boldsymbol{\varepsilon}_1, \boldsymbol{\varepsilon}_2, \cdots, \boldsymbol{\varepsilon}_k, \boldsymbol{\varepsilon}_{-1}, \boldsymbol{\varepsilon}_{-2}, \cdots, \boldsymbol{\varepsilon}_{-k}$ 是 U 的辛正交基, $\boldsymbol{\varepsilon}_{k+1}, \cdots, \boldsymbol{\varepsilon}_m, \boldsymbol{\varepsilon}_{-k-1}, \cdots, \boldsymbol{\varepsilon}_{-m}$ 是 $U^{\perp}$ 的辛正交基. 由性质 8.4.8, $V = U \oplus U^{\perp}$. 因此,

$$\boldsymbol{\varepsilon}_1, \cdots, \boldsymbol{\varepsilon}_k, \boldsymbol{\varepsilon}_{k+1}, \cdots, \boldsymbol{\varepsilon}_m, \boldsymbol{\varepsilon}_{-1}, \cdots, \boldsymbol{\varepsilon}_{-k}, \boldsymbol{\varepsilon}_{-k-1}, \cdots, \boldsymbol{\varepsilon}_{-m}$$

是 V 的基. 由 U 与 $U^{\perp}$ 中的向量相互辛正交, 即知 $\boldsymbol{\varepsilon}_1, \boldsymbol{\varepsilon}_2, \cdots, \boldsymbol{\varepsilon}_m, \boldsymbol{\varepsilon}_{-1}, \boldsymbol{\varepsilon}_{-2}, \cdots, \boldsymbol{\varepsilon}_{-m}$ 是 V 的辛正交基. □

现在讨论辛空间的辛变换.

设辛空间 (V, f) 有两个同构的子空间 U 与 W, 同构映射是 $\phi: U \to W$. 若 ϕ 满足

$$f(\boldsymbol{u}, \boldsymbol{v}) = f(\phi(\boldsymbol{u}), \phi(\boldsymbol{v})),$$

对任何 $\boldsymbol{u}, \boldsymbol{v} \in U$, 则称 ϕ 是 U 与 W 间的**保距同构**.

定理 8.4.14 (Witt 定理) 若辛空间 (V, f) 的两个子空间之间有保距同构 ϕ, 则 ϕ 可以扩张成 V 上的一个辛变换.

该定理的证明超出了本课程范围, 故略去. 但我们给出它的一个特例的证明.

假设两个空间 U 和 W 同时为 (V, f) 的迷向子空间或辛子空间且 $\dim U = \dim V$, 令 $\boldsymbol{\varepsilon}_1, \boldsymbol{\varepsilon}_2, \cdots, \boldsymbol{\varepsilon}_k$ 和 $\boldsymbol{\eta}_1, \boldsymbol{\eta}_2, \cdots, \boldsymbol{\eta}_k$ 分别是 U 和 W 的基. 由定理 8.4.12 和定理 8.4.13, 它们分别可扩充为 (V, f) 的辛正交基 $\boldsymbol{\varepsilon}_1, \boldsymbol{\varepsilon}_2, \cdots, \boldsymbol{\varepsilon}_k, \boldsymbol{\varepsilon}_{k+1}, \cdots, \boldsymbol{\varepsilon}_n$ 和 $\boldsymbol{\eta}_1, \boldsymbol{\eta}_2, \cdots, \boldsymbol{\eta}_k, \boldsymbol{\eta}_{k+1}, \cdots, \boldsymbol{\eta}_n$. 由于 U 和 W 同时是迷向子空间或辛子空间, 可以构作一个双射 $\phi: \boldsymbol{\varepsilon}_i \mapsto \boldsymbol{\eta}_i$, 使 $f(\boldsymbol{\varepsilon}_i, \boldsymbol{\varepsilon}_j) = f(\phi(\boldsymbol{\varepsilon}_i), \phi(\boldsymbol{\varepsilon}_j)) = f(\boldsymbol{\eta}_i, \boldsymbol{\eta}_j)$(若必要, 可把 $\boldsymbol{\eta}_{k+1}, \cdots, \boldsymbol{\eta}_n$ 的排序调整), 则 ϕ 可以线性扩张为 (V, f) 的辛变换, 且 $\phi(U) = W$.

综上, 有

定理 8.4.15 令辛空间 (V, f) 有两个同维子空间 U 和 W, 同时为迷向子空间或辛子空间, 则有 (V, f) 的辛变换把 U 变成 W.

该定理显然是 Witt 定理的特例.

辛几何与物理

本章拓展题

1. 设 V 是复数域上的有限维酉空间, $\phi: V \to V$ 是复线性算子, 证明:

(1) 存在唯一的复线性算子 $\widetilde{\phi}: V \to V$, 满足

$$(\phi(u), v) = (u, \widetilde{\phi}(v)), \quad \forall \boldsymbol{u}, \boldsymbol{v} \in V.$$

(注 $\widetilde{\phi}$ 称为 ϕ 的**伴随算子**.)

(2) $\widetilde{\phi}$ 的伴随算子就是 ϕ.

2*. (谱定理) 设 V 是复数域上的有限维酉空间, $\phi: V \to V$ 是复线性算子, $\widetilde{\phi}$ 是 ϕ 的伴随算子, 若 $\phi\widetilde{\phi} = \widetilde{\phi}\phi$, 则称 ϕ 是 V 上的**正规算子**. 设 ϕ 是 V 上的正规算子, 证明: V 有一组单位正交基, 每个基向量既是 ϕ 的特征向量, 也是 $\widetilde{\phi}$ 的特征向量.

3*. (本题需要拓扑学知识) 令 $y: \mathbb{C}^n \to \mathbb{C}^{n^2}$, $(a_{ij})_n \to (a_{11}, \cdots, a_{1n}, \cdots, a_{n1}, \cdots, a_{nn})$. 则 φ 是线性双射. 将 $\mathbb{C}^{n^2}$ 的欧氏拓扑通过 φ 赋予 $\mathbb{C}^{n\times n}$, 即 $U(\subseteq \mathbb{C}^{n\times n})$ 的开集当且仅当 $\varphi(U)$ 是 $\mathbb{C}^{n^2}$ 的开集. 令 $S = \{A \in \mathbb{C}^{n\times n} : \boldsymbol{A}$ 可对角化$\}$. 证明: S 在 $\mathbb{C}^{n\times n}$ 中稠密.

第 9 章　射影几何初步

9.1　扩大的欧氏平面

在平面几何里, 任何两条不同的直线或者相交, 或者平行. 如图 9.1.1, 给定平面上一条直线 a 和直线外的一点 P. 过点 P 作直线 l, l 与直线 a 交于一点 M. 当直线 l 绕 P 旋转到与直线平行的位置 a^* 时, 点 M 沿着直线 a 越走越远, 直到"无穷远". 过点 P 的所有直线构成以 P 点为中心的线束, 直线 a 上所有的点称为以 a 为底的"点列". 按上面的例子, 线束 P 中除了一条与 a 平行的直线 a^* 外, 都可与点列 a 上的点可以建立一一对应. 若在直线 a 上添加一点唯一的"无穷远点"(或称"理想点") M_∞, 则上述定义的线束 P 到点列 a 就是一个一一对应. 直线 a 添加了无穷远点 M_∞ 之后, 就称为**扩大的直线**. 扩大直线是一条闭合的直线. 两条平行线无论沿两个方向中的哪一个, 都相交于同一个无穷远点.

假设 l_1 和 l_2 是通过无穷远点 M_∞ 的两条平行线, P 是不在 l_1 和 l_2 上的任意普通点. 设点 P 和 M_∞ 决定的唯一直线为 l_3. 由于 l_3 与 l_2 不可能第二次相交, 所以直线 l_3 必定平行于 l_1 和 l_2, 从而无穷远点 M_∞ 在这三条平行直线上. 同理可以证明 M_∞ 必定在所有与 l_1 平行的直线上.

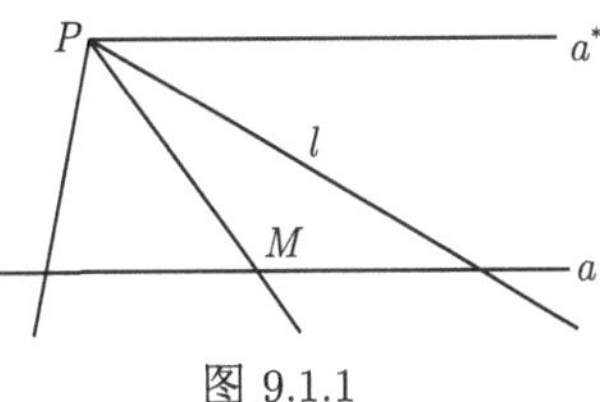

图 9.1.1

不同的无穷远点在不同的平行直线族上. 事实上, 若令 m_1 是与 l_1 交于普通一点的一条直线, 作与直线 m_1 平行的直线 m_2, 则 m_1 与 m_2 必交于不同于无穷远点 M_∞ 的另外一点 M_∞^*. 否则 m_1 与 l_1 同时交于普通点和无穷远点 M_∞, 则 m_1 与 l_1 是同一条直线. 与已知矛盾.

由两个不同的无穷远点 M_∞ 和 M_∞^* 决定的直线记为 l_∞. 显然 l_∞ 不可能通过任何一个普通点 P, 因为由 P 和 M_∞ 决定的直线 l_1 与由 P 和 M_∞^* 决定的直线 m_1 是两条不同的普通直线, 若 P, M_∞ 和 M_∞^* 三点共线, 则 l_1 和 m_1 是同一条直线, 得到矛盾. 因此, 由 M_∞ 和 M_∞^* 决定的直线 l_∞ 是"理想直线", 我们称它为**无穷远直线**.

一个平面上只能有一条无穷远直线. 假设 l_∞ 和 l_∞^* 是两条相交于 M_∞^* 的无穷远直线. 另有一条通过普通点上的直线 l 与 l_∞ 和 l_∞^* 交于 $\overline{M}_\infty$ 和 M_∞, 于是

直线 l 上除有 $\overline{M}_\infty, M_\infty$ 两个无穷远点之外, 还有普通点 P, 这与前面所得的结果矛盾.

经过上述讨论, 我们已经在每一族平行线上添加了一个无穷远点, 而这些无穷远点的全体看成一条不包含任何普通点的无穷远直线. 于是在这个扩大的平面上, 任何两个不同点确定唯一直线, 任何两条不同的直线都交于唯一三个点. 添加了一条无穷远直线的普通平面称为**扩大平面**.

现在, 我们利用代数的方法讨论怎样表示无穷远点. 设在扩大的平面上已经建立了一个直角坐标系 $\overline{x}O\overline{y}$. 平面上的两条直线 l_1, l_2 由方程

$$u_1\overline{x} + v_1\overline{y} + w_1 = 0, \quad u_2\overline{x} + v_2\overline{y} + w_2 = 0$$

表示. 若 l_1, l_2 表示同一条直线, 则 $u_1 : v_1 : w_1 = u_2 : v_2 : w_2$, 即存在一个非零的常数 λ, 满足 $(u_2, v_2, w_2) = (\lambda u_1, \lambda v_1, \lambda w_1)$. 因此, 对于任意 $\lambda \neq 0$, 有序三数组 (u_1, v_1, w_1) 与 (u_2, v_2, w_2) 表示同一条直线.

若 l_1 与 l_2 不平行, 易知这两条直线有唯一的交点 $(\overline{x}, \overline{y})$:

$$\overline{x} = \frac{\begin{vmatrix} v_1 & w_1 \\ v_2 & w_2 \end{vmatrix}}{\begin{vmatrix} u_1 & v_1 \\ u_2 & v_2 \end{vmatrix}}, \quad \overline{y} = \frac{\begin{vmatrix} w_1 & u_1 \\ w_2 & u_2 \end{vmatrix}}{\begin{vmatrix} u_1 & v_1 \\ u_2 & v_2 \end{vmatrix}}, \quad \begin{vmatrix} u_1 & v_1 \\ u_2 & v_2 \end{vmatrix} \neq 0. \tag{9.1.1}$$

因此

$$\overline{x} : \overline{y} : 1 = \begin{vmatrix} v_1 & w_1 \\ v_2 & w_2 \end{vmatrix} : \begin{vmatrix} w_1 & u_1 \\ w_2 & u_2 \end{vmatrix} : \begin{vmatrix} u_1 & v_1 \\ u_2 & v_2 \end{vmatrix}. \tag{9.1.2}$$

若 l_1 与 l_2 平行但不重合, 则三数组 (u_1, v_1, w_1) 与 (u_2, v_2, w_2) 不成比例, 但 (u_1, v_1) 与 (u_2, v_2) 成比例. 这在 (9.1.2) 式中表现为右边的第三个行列式为 0, 但其余的至少有一个不为零. 这就是无穷远点的情况. 在这种情况下, (9.1.1) 式是无意义的, 而 (9.1.2) 式就提供了无穷远点的表示方法.

规定三数组 $(x, y, z) \neq (0, 0, 0)$ 表示一个点的坐标, 任何与 (x, y, z) 成比例的三数组 $(\lambda x, \lambda y, \lambda z)$ $(\lambda \neq 0)$ 表示同一个点. 我们把过去的点的坐标 $(\overline{x}, \overline{y})$ 改写成为三数组 (x, y, z) 的形式, 用 $(x, y, 1)$ 或 $(\lambda x, \lambda y, \lambda)$ $(\lambda \neq 0)$ 表示. 这样一个点 (x, y, z) 在原来的坐标下就是 $(\overline{x}, \overline{y})$, 其中 $\overline{x} = \dfrac{x}{z}$, $\overline{y} = \dfrac{y}{z}$, $z \neq 0$. 从这里也可以知道, 一个普通点在现在的三元数组中, 第三个数 $z \neq 0$, 而无穷远点, 在现在的三数组中, 可以表示为 $(x, y, 0)$, 其中 x, y 至少有一个不为 0.

若 (u_1, v_1, w_1) 和 (u_2, v_2, w_2) 表示两条不同的直线, 则由 (9.1.2) 式可知, 它们的交点的坐标为

$$\left(\begin{vmatrix} v_1 & w_1 \\ v_2 & w_2 \end{vmatrix}, \begin{vmatrix} w_1 & u_1 \\ w_2 & u_2 \end{vmatrix}, \begin{vmatrix} u_1 & v_1 \\ u_2 & v_2 \end{vmatrix}\right),$$

不管这两条直线是相交还是平行.

这样, 在扩大的平面上的任何一点, 都可以由 (x, y, z)(x, y, z 不全为零) 表示; 反之, 任何除去 $(0, 0, 0)$ 外的三元数组 (x, y, z) 都表示一个扩大平面上的点, 并且成比例的三数组表示相同的点. 无穷远直线上的点仅仅是那些满足方程 $z = 0$ 的点. 这个方程可以写成 $0 \cdot x + 0 \cdot y + 1 \cdot z = 0$, 所以表示无穷远直线的三数组 (u, v, w) 是 $(0, 0, 1)$.

射影几何和射影空间

9.2 射 影 平 面

为了便于对上述扩大平面上点的表示进行一般化处理, 从而给出射影平面的定义, 我们用 (x_1, x_2, x_3) 来代替 (x, y, z). 对于直线, 我们用 (ξ_1, ξ_2, ξ_3) 来代替 (u, v, w). 对任意给定的两个实数 λ 和 μ, 以及任意两个三元数组 $\boldsymbol{a} = (a_1, a_2, a_3)$, $\boldsymbol{b} = (b_1, b_2, b_3)$, 规定 ①

$$\lambda \boldsymbol{a} + \mu \boldsymbol{b} = (\lambda a_1 + \mu b_1, \lambda a_2 + \mu b_2, \lambda a_3 + \mu b_3), \tag{9.2.1}$$

$$\boldsymbol{a} \cdot \boldsymbol{b} = a_1 b_1 + a_2 b_2 + a_3 b_3 = \sum_{i=1}^{3} a_i b_i, \tag{9.2.2}$$

$$\boldsymbol{a} \times \boldsymbol{b} = \left(\begin{vmatrix} a_2 & a_3 \\ b_2 & b_3 \end{vmatrix}, \begin{vmatrix} a_3 & a_1 \\ b_3 & b_1 \end{vmatrix}, \begin{vmatrix} a_1 & a_2 \\ b_1 & b_2 \end{vmatrix}\right). \tag{9.2.3}$$

这样, 显然有

$$\boldsymbol{a} \cdot \boldsymbol{b} = \boldsymbol{b} \cdot \boldsymbol{a}, \tag{9.2.4}$$

$$(\lambda \boldsymbol{a} + \mu \boldsymbol{b}) \cdot (\lambda' \boldsymbol{a}' + \mu' \boldsymbol{b}') = \lambda\lambda' (\boldsymbol{a} \cdot \boldsymbol{a}') + \lambda\mu' (\boldsymbol{a} \cdot \boldsymbol{b}') + \lambda'\mu (\boldsymbol{a}' \cdot \boldsymbol{b}) + \mu\mu' (\boldsymbol{b} \cdot \boldsymbol{b}'), \tag{9.2.5}$$

$$(\lambda \boldsymbol{a} + \mu \boldsymbol{b}) \times (\lambda' \boldsymbol{a}' + \mu' \boldsymbol{b}') = \lambda\lambda' (\boldsymbol{a} \times \boldsymbol{a}') + \lambda\mu' (\boldsymbol{a} \times \boldsymbol{b}') + \lambda'\mu (\boldsymbol{b} \times \boldsymbol{a}') + \mu\mu' (\boldsymbol{b} \times \boldsymbol{b}'). \tag{9.2.6}$$

若另有 $\boldsymbol{c} = (c_1, c_2, c_3)$, 规定

① 这里我们将 $\boldsymbol{a}, \boldsymbol{b}, \cdots$ 看成三维欧氏空间中的向量, 它们的运算满足上册第 5 章中在直角坐标系下向量的运算公式.

$$|\boldsymbol{a},\boldsymbol{b},\boldsymbol{c}|=\begin{vmatrix}a_1 & a_2 & a_3\\ b_1 & b_2 & b_3\\ c_1 & c_2 & c_3\end{vmatrix},$$

于是

$$\boldsymbol{a}\cdot(\boldsymbol{b}\times\boldsymbol{c})=(\boldsymbol{a}\times\boldsymbol{b})\cdot\boldsymbol{c}=|\boldsymbol{a},\boldsymbol{b},\boldsymbol{c}|.$$

设 $\boldsymbol{x}=(x_1,x_2,x_3)$ 是任意的三元数组, 用 $[x]$ 表示所有的三元数组 $\lambda x(\lambda\neq 0)$ 的类①, 即 $[\boldsymbol{x}]=\{y=\lambda\boldsymbol{x}:\lambda\neq 0\}$. 显然, 如果两个类有相同的三元数组, 则它们是相同的. 若 $\boldsymbol{x}$ 和 $\boldsymbol{y}$ 属于同一类时, 用 $\boldsymbol{x}\sim\boldsymbol{y}$ 表示, 否则就记为 $\boldsymbol{x}\nsim\boldsymbol{y}$, 每一类 (除 $\mathbf{0}=(0,0,0)$ 外) 都含有无穷多不同的三元数组, 并且被其中的任一三元数组所唯一决定.

定义 9.2.1　除零类 $[\mathbf{0}]$ 外, 所有的类 $[\boldsymbol{x}]$ 的集合, 称为**射影平面** (或**二维射影空间**). 类 $[\boldsymbol{x}]$ 称为射影平面上的一个点.

我们用 $[\boldsymbol{x}],[\boldsymbol{y}],\cdots$ 表示射影平面上的点, 用 $\boldsymbol{x}=(x_1,x_2,x_3)$ 表示点 $[\boldsymbol{x}]$ 中一个代表元 $\boldsymbol{x}$ 的坐标. 下面读者将会发现, 在不引起误解的情况下, 我们有时也会用 $\boldsymbol{x}$ 表示点 $[\boldsymbol{x}]$, 以后不再一一说明.

在 9.1 节中我们已经提供了一个射影平面的例子. 但对于普通的欧氏平面上的度量性质, 如两点间的距离、图形的面积、两直线的夹角等, 以及一些仿射性质, 如直线的平行、直线上的三点的分比等, 在射影平面上都没有定义.

我们这里讨论的数 $x_i, i=1,2,3$ 都是实数, 这样得到的平面称为实射影平面, 用 P^2 或 $\mathbb{R}P^2$ 表示. 若 $x_i, i=1,2,3$ 都是复数, 则得到的平面称为复射影平面, 用 $\mathbb{C}P^2$ 表示. 对于复射影平面, 我们将在以后的课程 (如微分流形、黎曼几何) 中进一步讨论.

除了 9.1 节的扩大的欧氏平面是 P^2 的一个模型外, 还有如下常见的例子.

例 9.2.1　在过普通三维欧氏空间 $\mathbb{R}^3$ 的原点 $(0,0,0)$ 的直线 L 上任取一点 $(x_1,x_2,x_3)\neq(0,0,0)$, 则

$$L\cap\left(\mathbb{R}^3-\{(0,0,0)\}\right)=\{(\lambda x_1,\lambda x_2,\lambda x_3):\lambda\in\mathbb{R},\lambda\neq 0\}.$$

记

$$[(x_1,x_2,x_3)]=\{(\lambda x_1,\lambda x_2,\lambda x_3):\lambda\in\mathbb{R},\lambda\neq 0\},$$

则

$$\left\{[(x_1,x_2,x_3)]:(x_1,x_2,x_3)\in\mathbb{R}^3-\{(0,0,0)\}\right\}$$

---

① 这里的类以及 9.3 节出现的类就是在其他数学课程 (如点集拓扑、抽象代数等) 中定义的等价类, 但是我们并不打算在这里介绍等价类的性质. 有兴趣的读者可以参考相关的教材.

就是一个实射影平面 $\mathbb{R}P^2$，这个例子中相当于我们将 $\mathbb{R}^3$ 内 $L\cap(\mathbb{R}^3-\{(0,0,0)\})$ 的全部点“压缩”成 $\mathbb{R}P^2$ 内一个点.

例9.2.2 设 $S^2(1)$ 是球心在原点的单位球面. 对球面上任何一点 (x_1,x_2,x_3)，定义

$$[(x_1,x_2,x_3)]=\{(x_1,x_2,x_3),(-x_1,-x_2,-x_3)\},$$

则 $\{[(x_1,x_2,x_3)]:(x_1,x_2,x_3)\in S^2(1)\}$ 也是一个实射影平面. 这个实射影平面中的任何一个点就是由单位球面的两个对径点叠合而得的.

在射影平面上的一条直线定义为满足形如

$$\xi_1x_1+\xi_2x_2+\xi_3x_3=0 \quad 或 \quad \boldsymbol{x}\cdot\boldsymbol{\xi}=0 \tag{9.2.7}$$

的线性方程的点 $\boldsymbol{x}$ 的轨迹, 其中系数 $\boldsymbol{\xi}=(\xi_1,\xi_2,\xi_3)\neq\mathbf{0}$. 三数组 (ξ_1,ξ_2,ξ_3) 和 $\lambda\boldsymbol{\xi}=(\lambda\xi_1,\lambda\xi_2,\lambda\xi_3)$ 表示同一条直线, 所以直线 (9.2.7) 可以用 $[\boldsymbol{\xi}]$ 表示, ξ 是直线 $[\boldsymbol{\xi}]$ 的一个代表元. 有时我们也简称直线 $\boldsymbol{\xi}$, 这一点, 与射影平面上点的情况相类似.

两条直线 $\boldsymbol{\xi}\cdot\boldsymbol{x}=0,\boldsymbol{\eta}\cdot\boldsymbol{x}=0$ 的交点为 $\boldsymbol{x}=\boldsymbol{\xi}\times\boldsymbol{\eta}$; 两点 $\boldsymbol{x},\boldsymbol{y}$ 的连线 $\boldsymbol{\xi}=\boldsymbol{x}\times\boldsymbol{y}$. 三点 $\boldsymbol{x},\boldsymbol{y},\boldsymbol{z}$ 共线的充要条件是 $(\boldsymbol{x},\boldsymbol{y},\boldsymbol{z})=0$; 三直线 $\boldsymbol{\xi},\boldsymbol{\eta},\boldsymbol{\zeta}$ 共点的充要条件是 $(\boldsymbol{\xi},\boldsymbol{\eta},\boldsymbol{\zeta})=0$. 这些结论, 可直接由上册第 5 章向量的结论得到.

习 题 9.2

1. 在三维笛卡儿空间中, 过原点的直线的方向数构成一类三数组, 过原点的平面方程的系数也构成一类三数组. 证明: 若这两类三数组分别取作“点”和“直线”, 它们定义一个二维射影空间.

2. 证明点 $\boldsymbol{a}^*=(2,3,-2),\boldsymbol{b}^*=(1,2,-4),\boldsymbol{c}^*=(0,1,-6)$ 共线. 求 λ 和 μ, 使得 $\boldsymbol{a}^*=\lambda\boldsymbol{b}^*+\mu\boldsymbol{c}^*$; 求 $\boldsymbol{b}$ 和 $\boldsymbol{c}$ 的代表 $\boldsymbol{b}'^*$ 和 $\boldsymbol{c}'^*$, 使得 $\boldsymbol{a}^*=\boldsymbol{b}'^*-\boldsymbol{c}'^*$.

3. 设 ξ,η,ζ,φ 分别是直线 $x_1-x_3=0,\ x_2+x_3=0,\ 2x_1+x_2-x_3=0,\ x_1+x_2+2x_3=0$, 运用三数组符号, 求直线 $(\xi\times\eta)\times(\zeta\times\varphi)$, 并写出它的方程.

9.3 射影坐标

由 9.2 节知, 给定射影平面上的任意两个不同点 $[y]$ 和 $[z]$, 这两点就决定唯一的直线 $y\times z$, 若点 $[x]$ 在 $[y]$ 和 $[z]$ 所决定的直线 $y\times z$ 上, 则 $|x,y,z|=0$. 这意味着存在两个实数 λ,μ 满足

$$x=\lambda y+\mu z. \tag{9.3.1}$$

在 (9.3.1) 式中, 我们分别选取了点 $[y]$ 和 $[z]$ 的代表元 y 和 z. 若在 $[y],[z]$ 中取另外的代表元 $y'=\lambda'y,z'=\mu'y$, 则 $x'=\lambda y'+\mu z'$ 仍然是直线 $y\times z$ 上的一点, 但

一般 x' 与 x 不同 (坐标不同). 为了得到唯一的点的表示, 我们采用以下的记号. $[y]$ 是表示类, y 是 $[y]$ 中一个变动的三元数组, y^* 表示 $[y]$ 中取定的一个三元数组. 于是对于类 $[x],[y]$ 和 $[z]$, $[y]\neq[z]$, x^*,y^*,z^* 表示三个类中取定的三个代表元, 则当 x 在 $y\times z$ 上时, 存在唯一的数组 λ,μ 满足

$$x^*=\lambda y^*+\mu z^*. \tag{9.3.2}$$

$[x]$ 中任意一个成员 $\sigma x^*(\sigma\neq 0)$, 满足 $\sigma x^*=\sigma\lambda y^*+\sigma\mu z^*$, 所以系数比仍为 $\lambda:\mu$. 因此这个比确定了点 $[x]$, 于是可以作为点 $[x]$ 在直线 $\xi=y\times z$ 上的坐标. 反之, 对于任何不等于 $(0,0)$ 的数对 (λ,μ), $\lambda y^*+\mu z^*$ 是 $y\times z$ 上的一个点. 当 λ 和 μ 的比值 $\lambda:\mu$ 不变时, 表示同一个点. 因此一旦取定了 $[y]$ 和 $[z]$ 的代表元 y^*,z^*, 点 $[x]$ 就确定了比值 $\lambda:\mu$, 而且 $[x]$ 的固定代表 x^* 不仅确定比值 $\lambda:\mu$, 还确定 λ,μ 两个数本身.

除去 $(0,0)$ 的数对 (λ,μ) 称为直线 $\xi=y\times z$ 上的点的**射影坐标**. 显然, 数对 $(\sigma\lambda,\sigma\mu)$ $(\sigma\neq 0)$ 与 (λ,μ) 表示相同的点. 我们用类 $[(\lambda,\mu)]$ 表示这样的点, 具有坐标 λ,μ 的射影直线 ξ 称为**一维射影空间**. $[y]$ 和 $[z]$ 称为**射影坐标的基点**. 此时, $[y],[z]$ 的射影坐标分别为 $[(1,0)]$ 和 $[(0,1)]$.

这样一个点的射影坐标可由 y^* 和 z^* (或者它们的相同倍数 σy^* 和 σz^*) 来确定. 但是当我们用 $\overline{y}^*=\sigma y^*,\overline{z}^*=\tau z^*(\tau\neq\sigma)$ 来代替 y^*,z^* 时, 尽管 y,z 的坐标仍是 $[(1,0)],[(0,1)]$, 但是其余点的射影坐标发生了变化. 例如, 由 (9.3.2) 式有

$$x^*=\lambda y^*+\mu z^*=\frac{\lambda}{\sigma}\overline{y}^*+\frac{\mu}{\tau}\overline{z}^*, \tag{9.3.3}$$

这里, $\lambda:\mu\neq\left(\dfrac{\lambda}{\sigma}\right):\left(\dfrac{\mu}{\tau}\right)$. 这说明使 y 和 z 有坐标 $[(1,0)]$ 和 $[(0,1)]$ 的坐标系不是唯一的. 如果我们还要求 ξ 上的一个第三点 u 有坐标 $[(1,1)]$, 就可唯一地决定 y^*,z^*, 从而唯一地决定了射影坐标系. 因为总有 u,y 和 z 的代表元 u^*,y^*,z^* 满足

$$u^*=y^*+z^*.$$

如果还有 $\sigma_1,\sigma_2,\sigma_3$ (全不为零), 满足

$$\sigma_1u^*=\sigma_2y^*+\sigma_3z^*.$$

则由 $y\not\sim z$ 可以导出 $\sigma_1=\sigma_2=\sigma_3$, 从而 y^*,z^* 和 $\sigma_2y^*,\sigma_3z^*\,(=\sigma_2z^*)$ 是同一个坐标系.

这就得出如下结论: **在直线上给定三个不同的点 y,z 和 u, 有且仅有一个射影坐标系以 $y[(1,0)],z[(0,1)]$ 和 $u[(1,1)]$ 为基点.**

下面考虑在同一直线上的两个射影坐标系之间的坐标变换公式. 设 (λ,μ) 是 x 点关于 y^* 和 z^* 的坐标, 而 $(\overline{\lambda},\overline{\mu})$ 是同一点 x 关于 $\overline{y}^*,\overline{z}^*$ 的坐标, 即

$$x^*=\lambda y^*+\mu z^*=\overline{\lambda}\overline{y}^*+\overline{\mu}\overline{z}^*. \tag{9.3.4}$$

设 y^* 和 z^* 关于 $\overline{y}^*$ 和 $\overline{z}^*$ 的坐标分别是 (a_{11},a_{21}) 和 (a_{12},a_{22}), 即

$$\rho y^*=a_{11}\overline{y}^*+a_{21}\overline{z}^*,\quad \rho z^*=a_{12}\overline{y}^*+a_{22}\overline{z}^*,\quad \rho\neq 0. \tag{9.3.5}$$

由于 $y\not\sim z$, 所以 $\begin{vmatrix}a_{11} & a_{12}\\ a_{21} & a_{22}\end{vmatrix}\neq 0$. 将 (9.3.5) 式代入 (9.3.4) 式, 得

$$x^*=\overline{\lambda}\overline{y}^*+\overline{\mu}\overline{z}^*=\frac{1}{\rho}(\lambda a_{11}+\mu a_{12})\overline{y}^*+\frac{1}{\rho}(\lambda a_{21}+\mu a_{22})\overline{z}^*.$$

由此得

$$\begin{cases}\rho\overline{\lambda}=\lambda a_{11}+\mu a_{12},\\ \rho\overline{\mu}=\lambda a_{21}+\mu a_{22},\end{cases}\quad \begin{vmatrix}a_{11} & a_{12}\\ a_{21} & a_{22}\end{vmatrix}\neq 0,\quad \rho\neq 0. \tag{9.3.6}$$

这就是同一条直线上的两个射影坐标系之间的坐标变换公式. 反之, 若 λ 和 μ 是射影坐标, 则由 (9.3.6) 式可以确定 $\overline{\lambda},\overline{\mu}$ 也是射影坐标.

在射影平面上过一个公共点的直线形成一个线束, 若 x 是公共点, 就称为线束 x. 在以上的讨论中, 若将直线 ξ 换成定点 x,ξ 上的定点 y 和 z 换成过 x 的定直线 η 和 ζ,ξ 上的动点 x, 换成过 x 点的动直线 ξ, 则由同样的讨论可得: 若 η 和 ζ 是过 x 的不同直线, 而 η^*,ζ^* 是两直线 η 和 ζ 的两个取定的代表元, 则对于任意 $(\lambda,\mu)\neq(0,0)$,

$$\xi=\lambda\eta^*+\mu\zeta^*$$

是线束 x 中的一般直线, λ,μ 是 ξ 在线束 x 中的射影坐标. 不同比值 $\lambda:\mu$ 表示线束 x 中的不同直线, 若 λ,μ 变化时, $\lambda:\mu$ 保持不变, 则 ξ 只是在类 $[\xi]$ 中变化. $[(\lambda,\mu)]=\{(\sigma\lambda,\sigma\mu):\sigma\neq 0\}$ 称为线束 x 中的直线 ξ 关于 η^*,ζ^* 的射影坐标. 在线束 x 中, 类似于直线 (点列) 的情形, 有且仅有一个坐标系使得线束中给定的三条不同的直线分别用 $[(1,0)],[(0,1)],[(1,1)]$ 表示. 这三条直线称为射影坐标系的基线. 在这样的射影坐标系下, 直线的射影坐标唯一确定.

在射影平面上, 也能以同样的方式引入射影坐标系. 在射影平面上, 取定四点, 其中任意三点不共线, 则必定有唯一的射影坐标系, 使得这四点分别有坐标 $[(1,0,0)],[(0,1,0)],[(0,0,1)]$ 和 $[(1,1,1)]$. 这四点称为坐标系的四个基点, 第四个点称为单位点. 在这个射影坐标下, 平面上的任意一点, 有三元数组 (λ,μ,v) 确定,

比值 $\lambda:\mu:v$ 是唯一的. 因此, 称 $[(\lambda,\mu,v)]$ 为这个点在该射影坐标系下的射影坐标.

若射影平面上有两个射影坐标系 $[p_1],[p_2],[p_3],[p_4]$ 和 $[\overline{p}_1],[\overline{p}_2],[\overline{p}_3],[\overline{p}_4]$, 相应的代表元分别取为 p_1^*,p_2^*,p_3^*,p_4^* 和 $\overline{p}_1^*,\overline{p}_2^*,\overline{p}_3^*,\overline{p}_4^*$, 其中 p_4^* 和 $\overline{p}_4^*$ 分别为两个射影坐标下的单位点. $\{p_1^*,p_2^*,p_3^*\}$ 与 $\{\overline{p}_1^*,\overline{p}_2^*,\overline{p}_3^*\}$ 之间有关系式

$$p_i^*=a_{1i}\overline{p}_1^*+a_{2i}\overline{p}_2^*+a_{3i}\overline{p}_3^*\quad(i=1,2,3),\tag{9.3.7}$$

其中

$$|\boldsymbol{A}|=|(a_{ij})|=\begin{vmatrix}a_{11}&a_{12}&a_{13}\\a_{21}&a_{22}&a_{23}\\a_{31}&a_{32}&a_{33}\end{vmatrix}\neq 0.$$

点 x 关于坐标系 $\{p_1^*,p_2^*,p_3^*\}$ 的坐标为 $[(x_1,x_2,x_3)]$, 关于坐标系 $\{\overline{p}_1^*,\overline{p}_2^*,\overline{p}_3^*\}$ 的坐标为 $[(x_1',x_2',x_3')]$, 则有如下的坐标变化公式

$$\rho x_i'=\sum_{k=1}^{3}a_{ik}x_k,\qquad i=1,2,3,\tag{9.3.8}$$

其中 ρ 是只与 (x_1,x_2,x_3) 有关, 而与 (x_1',x_2',x_3') 无关的非零常数. 在坐标系 $\{p_1^*,p_2^*,p_3^*\}$ 中直线的方程为 $\xi\cdot x=0$, 经变换 (9.3.8) 后, 变成 $\{\overline{p}_1^*,\overline{p}_2^*,\overline{p}_3^*\}$ 下的方程

$$\xi'\cdot x'=0,$$

其中 ξ 与 ξ' 之间有如下关系:

$$\sigma\xi_i'=\sum_{k=1}^{3}A_{ik}\xi_k,\quad i=1,2,3,\tag{9.3.9}$$

其中, A_{ik} 是矩阵 $\boldsymbol{A}=(a_{ij})$ 中元素 a_{ik} 的代数余子式, σ 是一个非零常数.

下面我们利用射影坐标系来证明 Pappus (帕普斯) 定理.

例 9.3.1 (Pappus 定理)　设 A_1,B_1,C_1 与 A_2,B_2,C_2 为同一平面内两直线 ξ_1 与 ξ_2 的两组点. $B_1C_2\times B_2C_1=L, C_1A_2\times C_2A_1=M, A_1B_2\times A_2B_1=N$. 则三点 L,M,N 共线 (L,M,N 所在的直线称为 Pappus 线).

证明　在射影平面 $\mathbb{R}P^2$ 上建立射影坐标系, 使得点 B_1 的射影坐标为 $[(1,0,0)]$, 点 C_1 的射影坐标为 $[(0,1,0)]$, 点 B_2 的射影坐标为 $[(0,0,1)]$, 点 C_2 的射影坐标为 $[(1,1,1)]$. 这样点 A_1,B_1,C_1 所在直线 l_1 的射影坐标是 $[(1,0,0)\times(0,1,0)]=[(0,0,1)]$, 点 A_2,B_2,C_2 所在直线 l_2 的射影坐标是 $[(0,0,1)\times(1,1,1)]=[(-1,1,0)]$.

现在可以假设点 A_1 的射影坐标是 $[(x_1,y_1,0)]$, 点 A_2 的射影坐标是 $[(x_2,x_2,y_2)]$, 则可以计算得到点 B_1 与 C_2 的连线的射影坐标为 $[(1,0,0)\times(1,1,1)]=[(0,-1,1)]$, 点 C_1 与点 B_2 的连线的射影坐标为 $[(0,1,0)\times(0,0,1)]=[(1,0,0)]$. 由此可计算得出点 $L=B_1C_2\times B_2C_1$ 的射影坐标为 $[(0,-1,1)\times(1,0,0)]=[(0,1,1)]$. 按照类似的方法, 我们可以求出点 $M=C_1A_2\times C_2A_1$ 的射影坐标为 $[(x_1x_2,y_1x_2-y_2(y_1-x_1),x_1y_2)]$, 点 $N=A_1B_2\times A_2B_1$ 的射影坐标为 $[(-x_1x_2,-y_1x_2,-y_1y_2)]$. 由于

$$\begin{vmatrix} 0 & 1 & 1 \\ x_1x_2 & y_1x_2-y_2(y_1-x_1) & x_1y_2 \\ -x_1x_2 & -y_1x_2 & -y_1y_2 \end{vmatrix}=0,$$

所以三点 L,M,N 共线. □

习 题 9.3

1. 设一直线的基点为 $(1,-1,2)$, $(3,2,1)$, $(0,-1,1)$. 求 $(5,2,3)$ 的射影坐标, 若 $(1,1,0)$, $(-1,2,-3)$, $(1,-3,4)$ 是第二个坐标的基点.
2. 证明: 若 λ,μ 是一直线上的射影坐标, $\overline{\lambda},\overline{\mu}$ 由 (9.3.6) 式定义, 则 $\overline{\lambda},\overline{\mu}$ 是射影坐标.
3. 证明: 若 $d_1\times a,d_2\times b,d_3\times c$ 共点于 e, 则 $(d_1\times d_2)\times(a\times b),(d_2\times d_3)\times(b\times c)$, $(d_3\times d_1)\times(c\times a)$ 共线 (Desargues (德萨格) 定理).
4. 证明: 若 a_1,a_2,a_3,b 是四边形点集, $c_i=(b\times a_i)\times(a_j\times a_k)$, 这里 i,j,k 取值 $(1,2,3),(2,3,1)$ 和 $(3,2,1)$, 则三点 $(c_i\times c_j)\times(a_i\times a_j)$ 共线.
5. 若 $(1,2,1),(1,1,0),(2,1,1),(0,1,7)$ 是一个坐标系的四个基点, 求 $(1,1,1)$ 的坐标.
6. 求由 $\xi_1'=2\xi_1-\xi_2+\xi_3,\xi_2'=4\xi_1+2\xi_2-6\xi_3,\xi_3'=\xi_1+\xi_2-3\xi_3$ 诱导的点的坐标变换, 并求它的逆变换.

9.4 射影几何的内容 对偶原则

在平面射影几何里, 若 $x\cdot\xi=0$, 则点 x 和直线 ξ 称为是**结合**的. 平面射影几何就是研究关于点与直线相结合所表达的各种关系. 一个仅仅由点、直线以及点于直线相结合所表达的命题, 称为射影命题. 例如, 当从平面 π 外一点 w 出发, 作平面 π 到另一平面 π' 的投射, 如图 9.4.1, π 上的一点 A 以及与 A 结合的直线 ξ, 分别被投射到 π' 上的点 A' 及与 A' 结合的直线 ξ'. 因此, 射影命题经投影后, 仍是射影命题. 又如勾股定理, 含有长度和角度概念, 因此不是射影命题.

下面我们介绍两个例子. 第一个是 Desargues (德萨格) 定理.

定理 9.4.1 *若两个三角形的对应顶点的连线共点, 则对应边的交点共线.*

证明 设 $\triangle xyz$ 和 $\triangle x'y'z'$ 的对应点的连线是

$$\alpha\sim x\times x',\quad \beta\sim y\times y',\quad \gamma\sim z\times z'.$$

这三条直线 α, β, γ 交于一点 w. 三对对应边分别为 $\xi \sim y \times z$, $\xi' \sim y' \times z'$; $\eta \sim z \times x$, $\eta' \sim z' \times x'$; $\zeta \sim x \times y$, $\zeta' \sim x' \times y'$. 对应边的交点 $P = \eta \times \eta', Q = \xi \times \xi', R = \zeta \times \zeta'$. 如图 9.4.2. 我们要证明 P, Q, R 三点共线. 下面分两种情况证明.

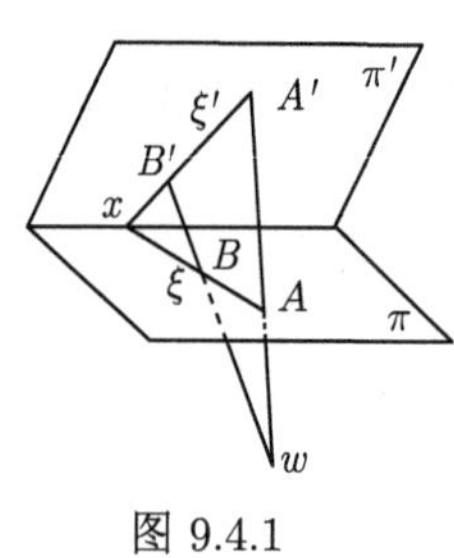

图 9.4.1

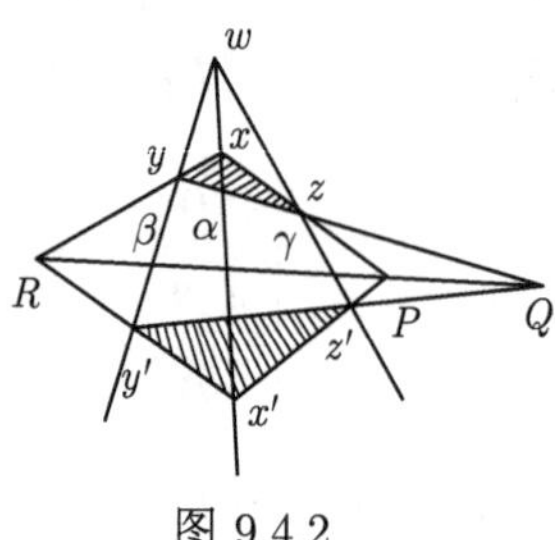

图 9.4.2

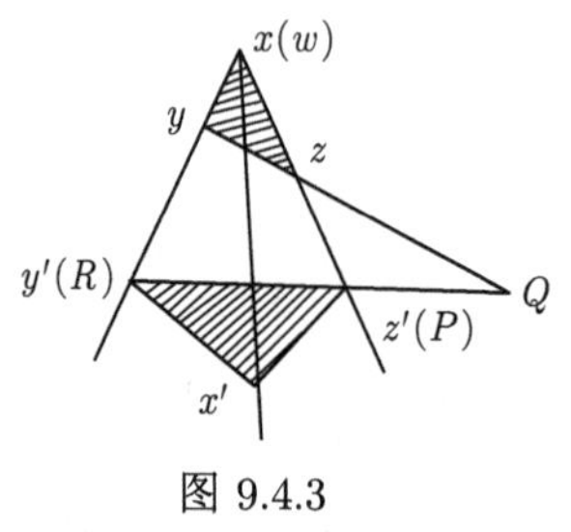

图 9.4.3

(1) 点 w 重合于这两个三角形的某个顶点. 不妨设点 w 重合于点 x (图 9.4.3), 这时候点 x 与 y 的连线就是点 y' 与 y 的连线. y, y' 与 w 在同一直线上, 点 y' 在 x 与 y 的连线. 点 y 也在 x' 与 y' 的连线上, 从而点 y' 就是 $\zeta(\sim x \times y)$ 与 $\zeta'(\sim x' \times y')$ 的交点, 即 $y' \sim R$. 同理可知 $z' \sim P \sim \eta \times \eta'$. 现在 $Q \sim \xi \times \xi'$, 所以, Q 在 $\xi' \sim y' \times z'$ 上, 从而 $P(z'), R(y'), Q$ 共线于 ξ'.

(2) 点 w 不重合于这两个三角形中的任意一个顶点. 记 x^*, y^*, z^*; x'^*, y'^*, z'^* 分别为 x, y, z; x', y', z' 的一个取定的代表元, 存在非零的实数 $\lambda, \lambda', \mu, \mu', v, v'$, 满足

$$w^* = \lambda x^* - \lambda' x'^* = \mu y^* - \mu' y'^* = v z^* - v' z'^*.$$

由此可知

$$\lambda x^* - \mu y^* = \lambda' x'^* - \mu' y'^*.$$

上述的左边表示点 x 与 y 的连线 ζ 上的一点, 右边表示点 x' 与 y' 连线上的一点. 因此等式表示 $\zeta \times \zeta'$, 即 R 点. 同理, 我们有

$$\lambda x^* - v z^* = \lambda' x'^* - v' z'^* \sim \eta \times \eta' \sim P,$$

$$\mu y^* - v z^* = \mu' y'^* - v' z'^* \sim \xi \times \xi' \sim Q.$$

由于

$$1 \cdot (\lambda x^* - \mu y^*) - 1 \cdot (\lambda x^* - v z^*) + 1 \cdot (\mu y^* - v z^*) = 0.$$

这表明 P, Q, R 三点共线. Desargues 定理证明完毕. □

Desargues 定理的代数形式是 $|x\times x', y\times y', z\times z'| = 0 \implies$

$$|(y\times z)\times(y'\times z'), (z\times x)\times(z'\times x'), (x\times y)\times(x'\times y')| = 0. \tag{9.4.1}$$

在 (9.4.1) 式中若用直线 ξ, η 和 ζ 依次代替 x, y 和 z, 所设的定理依然成立, 即由 $|\xi\times\xi', \eta\times\eta', \zeta\times\zeta'| = 0$ 可得

$$|(\eta\times\zeta)\times(\eta'\times\zeta'), (\zeta\times\xi)\times(\zeta'\times\xi'), (\xi\times\eta)\times(\xi'\times\eta')| = 0. \tag{9.4.2}$$

若令 $\eta\times\zeta\sim x$, $\eta'\times\zeta'\sim x'$, 等等, 就可以得到下面 Desargues 定理的逆定理.

定理 9.4.2 *若两个三角形对应边交点共线, 则对应顶点的连线共点.*

在给出第二个例子之前, 我们先介绍所谓"第四调和点"的概念. 在直线 ξ 上, 给定三个不同的点 x, y, u. 以这三个点为基点 $[(1,0)], [(0,1)], [(1,1)]$ 的射影坐标系下, 若存在以 $[(1,-1)]$ 为射影坐标的点 v, 则称 v 为直线 ξ 上三点 x, y, u 的**第四调和点**.

第二个例子是 Desargues 定理的一个推论: 在直线 ξ 上, 对给定的三个不同的已知点 x, y, u, 存在唯一的第四调和点 v, 这个第四调和点的作法如下: 如图 9.4.4 所示, 在直线 ξ 外任取一点 w. 在 $x\times w$ 上任取不同于 x 和 w 的点 z, 设 $y\times z$ 与 $u\times w$ 交于 t, $x\times t$ 和 $y\times w$ 交于 s, 则 $z\times s$ 与 ξ 的交点就是 v.

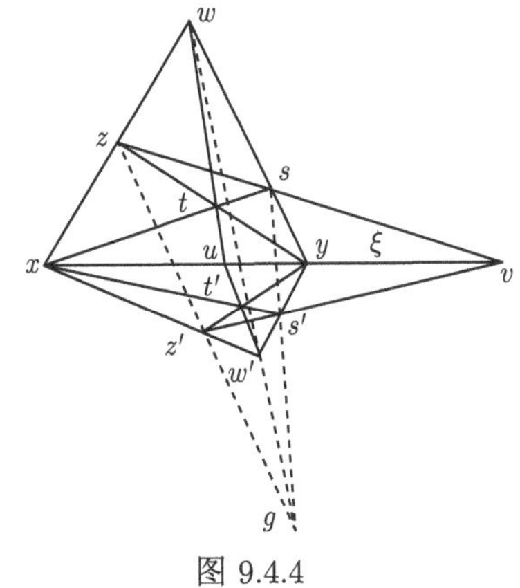

图 9.4.4

这里, v 的确定与 w, z 的选取无关. 事实上, 另取 w' 和 z', 由此得到 t' 和 s'. 三角形 w, s, t 和 w', s', t' 的对应边交于点 x, y 和 u.

由 Desargues 定理的逆定理, 这两个三角形对应顶点的连线 $w\times w'$, $s\times s'$, $t\times t'$ 交于一点 g, 考虑三角形 w, z, t 和 w', z', t', 同样得出三直线 $w\times w', s\times s'$ 和 $t\times t'$ 交于一点. 这一点必定是 g, 现在三角形 z, w, s 和 z', w', s' 满足 Desargues 定理的条件, 点 $x\sim(w\times z)\times(w'\times z')$, $y\sim(w\times s)\times(w'\times s')$, 所以最后一对对应边 $z\times s$ 和 $z'\times s'$ 必在 $x\times y\sim\xi$ 上. 但 $z\times s$ 与 ξ 交于 v, 由此得出 $v'\sim\xi\times(z'\times s')\sim v$.

为了解析地证明第四调和点的唯一性, 我们选取坐标系 $w[(1,0,0)], x[(0,1,0)], y[(0,0,1)]$ 和 $t[(1,1,1)]$, 则直线 $\xi = [(0,1,0)\times(0,0,1)] = [(1,0,0)]$.

点 w 和 t 的连线 $w\times t = [(1,0,0)\times(1,1,1)] = [(0,-1,1)]$.

点 $u = [(1,0,0)\times(0,-1,1)] = [(0,1,1)]$.

点 x 与点 w 的连线 $x \times w = [(0,1,0) \times (1,0,0)] = [(0,0,1)]$.
点 y 与点 t 的连线 $y \times t = [(0,0,1) \times (1,1,1)] = [(-1,1,0)]$.
点 $z = [(0,0,-1) \times (-1,1,0)] = [(1,1,0)]$.
点 w 与点 y 的连线 $w \times y = [(1,0,0) \times (0,0,1)] = [(0,-1,0)]$.
点 x 与点 t 的连线 $x \times t = [(0,1,0) \times (1,1,1)] = [(1,0,-1)]$.
点 $s = [(0,-1,0) \times (1,0,-1)] = [(1,0,1)]$.
点 z 与点 s 的连线 $z \times s = [(1,1,0) \times (1,0,1)] = [(1,-1,-1)]$.
点 $v = [(1,0,0) \times (1,-1,-1)] = [(0,1,-1)]$.

这样在直线 $\xi : x_1 = 0$ 上建立射影坐标系, 使得 x, y, u 的射影坐标分别是 $[(1,0)], [(0,1)], [(1,1)]$, 则从上面的计算可以看出, 点 v 的射影坐标是 $[(1,-1)]$, 所以点 v 就是直线 ξ 上关于点 x, y, u 的第四调和点. 它只与点 x, y, u 的位置有关, 与 w 和 z 的位置无关.

用纯代数的语言, 对于给定的共线的三点 x, y 和 u 的第四调和点 v 的唯一性, 可叙述如下: 设 x, y, u 为三个不同点, 且 $|x, y, u| = 0$. 取 $w^i\,(i = 1, 2)$, 使 $|w^i, x, y| \neq 0$; 取 $z^i\,(i = 1, 2)$, 使得 z^i 异于 w^i 和 x, 但 $|w^i, z^i, x| = 0\,(i = 1, 2)$. 令 $t^i = (w^i \times u) \times (z^i \times y)$, $s^i = (t^i \times x) \times (w^i \times y)$, $i = 1, 2$. 则 $\big|x \times y, z^1 \times s^1, z^2 \times s^2\big| = 0$.

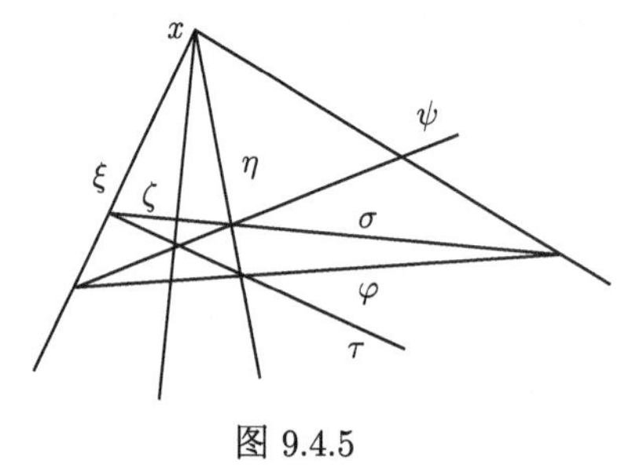

图 9.4.5

现在我们将点 $x, y, u, w^i, z^i, t^i, s^i$ 依次换为线 $\xi, \eta, \zeta, \psi^i, \varphi^i, \tau^i, \sigma^i$, 上述代数式同样成立. 其几何意义是 (图 9.4.5): 设 ξ, η, ζ 为线束 x 的不同直线, 取任意不过 x 点的直线 ψ, 取 φ 为过点 $\xi \times \psi$ 而又异于 ψ, ξ 的直线. 点 $\eta \times \varphi$ 与 $\psi \times \zeta$ 确定一直线 τ, 点 $\xi \times \tau$ 与 $\psi \times \eta$ 确定一直线 σ, 于是连接 x 与 $\varphi \times \sigma$ 的直线 ω 与 ψ, φ 的选取无关, ω 称为 ξ, η, ζ 的第四调和线. 如果以线束 x 中的直线 ξ, η, ζ 为基线, 建立线束 x 的射影坐标系, 并设它们的射影坐标分别为 $[(1,0)], [(0,1)], [(1,1)]$, 则容易证明由上述方法得到的第四调和线 ω 的射影坐标为 $[(1,-1)]$.

在上面的两个例子中, 形式地交换点和直线的位置, 就产生了新的几何定理. 由于点和线有共同的代数形式, 一个射影命题中涉及的点与直线的结合关系: $x \cdot \xi = 0$ 关于 x 和 ξ 的地位是对等的. 所以在一个射影定理内把点和线交换后, 并不影响命题的正确性. 但一般来说, 改变了几何内容, 得到了新的射影定理. 这个原理称为对偶原理.

对偶原理　如果一个射影定理中点和直线的位置互换以后, 我们就得到了另一个新定理. 这个新定理称为原定理的 "对偶定理".

注　这个原理, 在欧氏几何中并不成立. 在研究一个定理的对偶定理以前, 我们可以列举如下的对偶对象:

点 (线束)	直线 (点列)
共线点 (与一直线结合的点)	共点线 (与一点结合的直线)
直线 $x \times y$ 连接 x, y	点 $\xi \times \eta$ 是直线 ξ, η 的交
(直线与 x, y 的结合)	(点与 ξ, η 的结合)
直线作为点的轨迹	线束通过一个点

虽然对偶原理在欧氏几何中并不成立, 有的欧氏定理的对偶命题也成立, 但需要单独加以证明. 也常有这样的情况发生, 即一个很难理解的定理, 但其对偶定理却易于接受. 例如, 第四调和线的作图比第四调和点的作图难想得多.

习　题　9.4

1. 根据基本的结合关系 $x \cdot \xi = 0$, 完整地叙述德萨格定理, 并叙述它的对偶命题.

2. 不直接用对偶原则, 证明第四调和线的唯一性.

3. 若在线束 x 中, φ 是 ξ, η, ζ 的第四调和线, 不在此线束中的直线 α 截四直线于点 a, b, c, d, 证明 d 是 a, b, c 的第四调和点.

9.5　交　　比

射影平面上的直线 (点列) 和线束, 称为射影平面上的一维射影图形. 本节先讨论一维射影图形上四点 (线) 的交比的性质和一维射影图形上的射影变换, 再讨论二维射影图形 (即射影平面) 上的射影变换.

9.5.1　交比的定义和性质

设 $[y], [z], [u], [v]$ 为射影直线 ξ 上不同四点, y, z, u, v 分别为这四点的代表. 则 $u = \lambda_1 y + \lambda_2 z, v = \mu_1 y + \mu_2 z$. 我们定义这四点按这样的顺序的**交比**为

$$R(y, z; u, v) = \frac{\mu_1}{\mu_2} \Big/ \frac{\lambda_1}{\lambda_2} = \frac{\mu_1 \lambda_2}{\mu_2 \lambda_1}. \tag{9.5.1}$$

我们首先说明这样定义的四点的比值, 与四个点的代表元的选取无关. 设 $\overline{y} = \sigma y, \overline{z} = \delta z$ 为 $[y], [z]$ 的另外两个代表, 则

$$u = \frac{\lambda_1}{\sigma} \overline{y} + \frac{\lambda_2}{\delta} \overline{z}, \quad v = \frac{\mu_1}{\sigma} \overline{y} + \frac{\mu_2}{\delta} \overline{z},$$

从而

$$\frac{\frac{\mu_1}{\sigma}}{\frac{\mu_2}{\delta}}\Bigg/\frac{\frac{\lambda_1}{\sigma}}{\frac{\lambda_2}{\delta}}=\frac{\mu_1}{\mu_2}\Big/\frac{\lambda_1}{\lambda_2}.$$

此即说明四点的交比与点的代表元选取无关. 我们还要说明这四点的交比与坐标系的选择无关. 设新的坐标系由变换

$$x_i'=\sum_{k=1}^{3}a_{ik}x_k,\quad i=1,2,3,\quad |a_{ik}|\neq 0$$

得到. 令

$$y'=(y_1',y_2',y_3'),\quad z'=(z_1',z_2',z_3'),\quad u'=(u_1',u_2',u_3'),\quad v'=(v_1',v_2',v_3')$$

表示 $[y],[z],[u],[v]$ 在新的坐标下的代表元. 于是

$$y_i'=\sum_{k=1}^{3}a_{ik}y_k,$$

$$z_i'=\sum_{k=1}^{3}a_{ik}z_k,$$

$$u_i'=\sum_{k=1}^{3}a_{ik}u_k=\sum_{k=1}^{3}a_{ik}\left(\lambda_1y_k+\lambda_2z_k\right)=\lambda_1\sum_{k=1}^{3}a_{ik}y_k+\lambda_2\sum_{k=1}^{3}a_{ik}z_k=\lambda_1y_i'+\lambda_2z_i',$$

$$v_i'=\sum_{k=1}^{3}a_{ik}u_k=\sum_{k=1}^{3}a_{ik}\left(\lambda_1y_k+\lambda_2z_k\right)=\mu_1\sum_{k=1}^{3}a_{ik}y_k+\mu_2\sum_{k=1}^{3}a_{ik}z_k=\mu_1y_i'+\mu_2z_i'.$$

这样, 四点可以写为

$$y',\quad z',\quad \lambda_1y'+\lambda_2z',\quad \mu_1y'+\mu_2z'.$$

按照交比的定义, 这四点的交比不变.

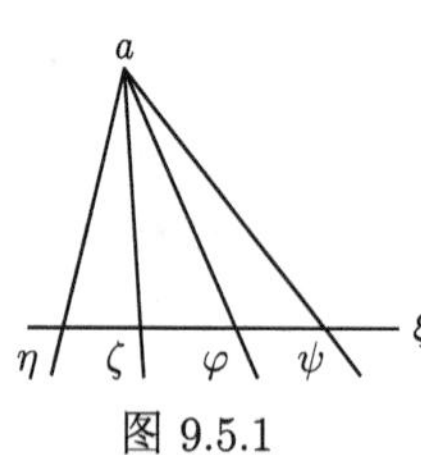

图 9.5.1

对偶地, 我们可以定义一个线束中四线的交比. 设 η,ζ,φ,ψ 是线束 $[a]$ 中四条不同直线 (图 9.5.1), 且 $\varphi=\lambda_1\eta+\lambda_2\zeta,\psi=\mu_1\eta+\mu_2\zeta$, 则四线在给定的顺序下的交比的定义为

$$R(\eta,\zeta;\varphi,\psi)=\frac{\mu_1}{\mu_2}\Big/\frac{\lambda_1}{\lambda_2}=\frac{\mu_1\lambda_2}{\mu_2\lambda_1}.$$

由于在代数上点和直线的表达式相同, 因此有关四个共线点的交比的性质, 对于共点四直线的交比, 同样成立, 即共点四线的交比与这四条直线的代表元的选取, 也与坐标系的选取无关.

点与直线的交比有如下关系.

定理 9.5.1 设 η,ζ,φ,ψ 是共点于 a 的四条不同直线, 直线 ξ 分别与这四条直线相交于四个不同的点 y,z,u,v, 则

$$R(y,z;u,v)=R(\eta,\zeta;\varphi,\psi).$$

证明 令 $u=\lambda_1y+\lambda_2z$, $v=\mu_1y+\mu_2z$. 由于交比与代表元选取无关, 我们取 $\eta=a\times y$, $\zeta=a\times z$, 则

$$\varphi=a\times u=a\times(\lambda_1y+\lambda_2z)=\lambda_1(a\times y)+\lambda_2(a\times z)=\lambda_1\eta+\lambda_2\zeta,$$

$$\psi=a\times v=a\times(\mu_1y+\mu_2z)=\mu_1(a\times y)+\mu_2(a\times z)=\mu_1\eta+\mu_2\zeta.$$

所以

$$R(y,z;u,v)=\frac{\mu_1\lambda_2}{\mu_2\lambda_1}=R(\eta,\zeta;\varphi,\psi).$$

下面我们来研究交比所具有的性质. 首先, 对于不同点 $y,z,u=\lambda_1y+\lambda_2z,v=\mu_1y+\mu_2z$, 我们有

$$R(y,z;v,u)=\frac{\mu_2\lambda_1}{\mu_1\lambda_2}=\frac{1}{R(y,z;u,v)}. \tag{9.5.2}$$

又因为 u,v 不同, $\delta=\begin{vmatrix}\lambda_1 & \lambda_2\\ \mu_1 & \mu_2\end{vmatrix}=\mu_2\lambda_1-\mu_1\lambda_2\neq 0$, 所以有

$$y=\frac{\mu_2}{\delta}u-\frac{\lambda_2}{\delta}v,\quad z=-\frac{\mu_1}{\delta}u+\frac{\lambda_1}{\delta}v.$$

因此

$$R(u,v;y,z)=\left(-\frac{\mu_1}{\delta}\right)\left(-\frac{\lambda_2}{\delta}\right)\Big/\left(-\frac{\mu_2}{\delta}\right)\left(-\frac{\lambda_1}{\delta}\right)=\frac{\mu_1\lambda_2}{\mu_2\lambda_1}=R(y,z;u,v). \tag{9.5.3}$$

又

$$z=-\frac{\lambda_1}{\lambda_2}y+\frac{1}{\lambda_2}u.$$

$$v=\mu_1y+\mu_2z=\mu_1y+\mu_2\left(-\frac{\lambda_1}{\lambda_2}y+\frac{1}{\lambda_2}u\right)=\left(\mu_1-\frac{\lambda_1\mu_2}{\lambda_2}\right)y+\frac{\mu_2}{\lambda_2}u.$$

利用交比的定义, 有

$$R(y,u;z,v)=\frac{\left(\mu_1-\dfrac{\lambda_1\mu_2}{\lambda_2}\right)\dfrac{1}{\lambda_2}}{\dfrac{\mu_2}{\lambda_2}\left(-\dfrac{\lambda_1}{\lambda_2}\right)}=1-\frac{\mu_1\lambda_2}{\mu_2\lambda_1}=1-R(y,z;u,v). \tag{9.5.4}$$

由(9.5.2)—(9.5.4) 式, 我们可得到如下结论.

定理 9.5.2 对于不同共线的四点 (共点的四线) 的交比 $R(y,z;u,v)=\alpha$, 有如下性质:

(1) $R(y,z;u,v)=R(u,v;y,z)=R(z,y;v,u)=R(v,u;z,y)=\alpha$.

(2) $R(z,y;u,v)=R(u,v;z,y)=R(y,z;v,u)=R(v,u;y,z)=\dfrac{1}{\alpha}$.

(3) $R(y,u;z,v)=R(z,v;y,u)=R(u,y;v,z)=R(v,z;u,y)=1-\alpha$.

(4) $R(z,u;y,v)=R(y,v;z,u)=R(u,z;v,y)=R(v,y;u,z)=1-\dfrac{1}{\alpha}$.

(5) $R(y,u;v,z)=R(v,z;y,u)=R(u,y;z,v)=R(z,v;u,y)=\dfrac{1}{1-\alpha}$.

(6) $R(z,u;v,y)=R(v,y;z,u)=R(u,z;y,v)=R(y,v;u,z)=\dfrac{\alpha}{\alpha-1}$.

这样对于任意给定的四点 y,z,u,v 的全部不同排列共有 $4!=24$ 个, 对应的 24 个交比的值中, 最多可以给出 6 个不同的交比的值. 对与共点的不同四线, 也有类似的性质. 如果 v 是关于共线三点 y,z,u 的第四调和点, 则由 9.4 节知,

$$\begin{aligned}&u=y+z,v=y-z,\\&R(y,z;u,v)=-1.\end{aligned} \tag{9.5.5}$$

当 u 是 v,y,z 的第四调和点时, 我们也说 u,v 点对调和分割点对 y,z; 或者点对 y,z 调和分割 u,v. 若 y,z 和 u 是直线上射影坐标系的基点, 即 $y=[(1,0)],z=[(0,1)],u=[(1,1)]$. v 是坐标为 $[(\lambda_1,\lambda_2)]$ 的第四点, 则 $u=y+z,v=\lambda_1y+\lambda_2z$, 于是有

$$R(y,z;u,v)=\frac{\lambda_1}{\lambda_2}. \tag{9.5.6}$$

所以, $R(y,z;u,v)$ 的值就确定了 v. 根据 (9.5.6)式, 我们可以把四点的交比推广到有两个点重合的情况, 因为 $u=y+z$, 定义

$$R(y,z;u,u)=R(y,y;u,v)=1.$$

因为 z 的坐标是 $(0,1)$, 令

$$R(y,z,u,z)=R(z,y;z,u)=0.$$

因为 y 的坐标是 $(1,0)$, 取

$$R(y,z;u,y)=R(u,y;y,z)=\infty,$$

为了得到一般的射影坐标下交比的表达式, 假设 a,b,c 为直线 ξ 的三个基点, y,z,u,v 在这个射影坐标系分别为 $(y_1,y_2),(z_1,z_2),(u_1,u_2),(v_1,v_2)$. 利用解线性方程组的方法, 容易求得

$$u=\frac{\begin{vmatrix}u_1 & u_2\\ z_1 & z_2\end{vmatrix}}{\begin{vmatrix}y_1 & y_2\\ z_1 & z_2\end{vmatrix}}y+\frac{\begin{vmatrix}y_1 & y_2\\ u_1 & u_2\end{vmatrix}}{\begin{vmatrix}y_1 & y_2\\ z_1 & z_2\end{vmatrix}}z,$$

$$v=\frac{\begin{vmatrix}v_1 & v_2\\ z_1 & z_2\end{vmatrix}}{\begin{vmatrix}y_1 & y_2\\ z_1 & z_2\end{vmatrix}}y+\frac{\begin{vmatrix}y_1 & y_2\\ v_1 & v_2\end{vmatrix}}{\begin{vmatrix}y_1 & y_2\\ z_1 & z_2\end{vmatrix}}z.$$

因此

$$R(y,z;u,v)=\frac{\begin{vmatrix}z_1 & z_2\\ v_1 & v_2\end{vmatrix}\begin{vmatrix}y_1 & y_2\\ u_1 & u_2\end{vmatrix}}{\begin{vmatrix}y_1 & y_2\\ v_1 & v_2\end{vmatrix}\begin{vmatrix}z_1 & z_2\\ u_1 & u_2\end{vmatrix}}. \tag{9.5.7}$$

如果用非齐次坐标

$$\overline{y}=\frac{y_1}{y_2}$$

来表示点 y, 相应地, z,u,v 的非齐次坐标为 $\overline{z},\overline{u},\overline{v}$, 则四点的交比为

$$R(y,z;u,v)=\frac{(\overline{u}-\overline{y})(\overline{v}-\overline{z})}{(\overline{u}-\overline{z})(\overline{v}-\overline{y})}. \tag{9.5.8}$$

例 9.5.1 在射影平面上, 给定 $\triangle A_1A_2A_3$. 设 P_1,P_2,P_3 依次在三边 A_2A_3, A_3A_1,A_1A_2 上, 但都不与 A_1,A_2,A_3 重合, Q_1,Q_2,Q_3 依次为三边所在直线上关于 A_2,A_3,P_1; A_3,A_1,P_2 ; A_1,A_2,P_3 的第四调和点. 则 P_1,P_2,P_3 共线的充要条件是 A_1Q_1,A_2Q_2,A_3Q_3 共点.

证明　如图 9.5.2, 取 A_1, A_2, A_3 为平面射影坐标系的三个基点 $[(1,0,0)], [(0,1,0)], [(0,0,1)]$. 设 P_1, P_2, P_3 的坐标依次为 $[(0,\lambda_1,\mu_1)], [(\mu_2,0,\lambda_2)], [(\lambda_3,\mu_3,0)]$, 则三点 P_1, P_2, P_3 共线的充要条件是

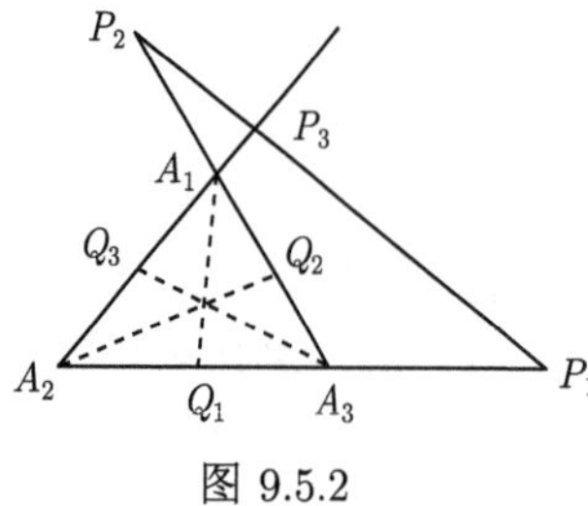

图 9.5.2

$$\begin{vmatrix} 0 & \lambda_1 & \mu_1 \\ \mu_2 & 0 & \lambda_2 \\ \lambda_3 & \mu_3 & 0 \end{vmatrix} = \lambda_1\lambda_2\lambda_3 + \mu_1\mu_2\mu_3 = 0.$$

另一个方面, Q_1, Q_2, Q_3 三点的坐标依次为 $[(0,\lambda_1,-\mu_1)], [(-\mu_2,0,\lambda_2)], [(\lambda_3,-\mu_3,0)]$. 因此

$$A_1Q_1 = [(1,0,0)\times(0,\lambda_1,-\mu_1)] = [(0,\mu_1,\lambda_1)],$$

$$A_2Q_2 = [(0,1,0)\times(-\mu_2,0,\lambda_2)] = [(\lambda_2,0,\mu_2)],$$

$$A_3Q_3 = [(0,0,1)\times(\lambda_3,-\mu_3,0)] = [(\mu_3,\lambda_3,0)].$$

三线共点的充要条件是

$$\begin{vmatrix} 0 & \mu_1 & \lambda_1 \\ \lambda_2 & 0 & \mu_2 \\ \mu_3 & \lambda_3 & 0 \end{vmatrix} = \lambda_1\lambda_2\lambda_3 + \mu_1\mu_2\mu_3 = 0.$$

这与 P_1, P_2, P_3 三点共线的条件一致. □

9.5.2　一维射影变换

定义 9.5.1　*射影直线 ξ 到 ξ' 的一个变换 π, 如果对应点的射影坐标 $x(\lambda_1,\lambda_2)$ 和 $x'(\lambda_1',\lambda_2')$ 之间满足*

$$\begin{cases} \rho\lambda_1' = a_{11}\lambda_1 + a_{12}\lambda_2, \\ \rho\lambda_2' = a_{21}\lambda_1 + a_{22}\lambda_2, \end{cases} \quad \rho\begin{vmatrix} a_{11} & a_{12} \\ a_{21} & a_{22} \end{vmatrix} \neq 0, \tag{9.5.9}$$

那么称变换 π 为 ξ **到** *ξ'* **的射影变换**, *简称***射影**.

首先, 很容易可以说明任意的两个射影 $\pi_1 : \xi_1 \to \xi_2, \pi_2 : \xi_2 \to \xi_3$ 的乘积仍然是射影, 即 $\pi_2 \circ \pi_1 : \xi_1 \to \xi_3$ 仍是射影. 因此直线到自身的射影变换的全体构成一个群.

其次, 我们可以证明, 把直线 ξ 上任意指定的三个不同点分别变为 ξ' 上三个不同点的射影存在且唯一, 即

定理 9.5.3　将一条直线 ξ 上任意指定的三个不同的点 y,z,u 依次映为射影直线 ξ' 上任意指定的三个不同的点 y',z',u' 的射影变换 π 存在且唯一.

证明　在 ξ 上取 y,z,u 作为射影坐标系的三个基点 $[(1,0)],[(0,1)],[(1,1)]$. 在 ξ' 上取以 y',z',u' 为基点的射影坐标系, 即 $y'=[(1,0)],z'=[(0,1)],u'=[(1,1)]$. 设 π 为从 ξ 到 ξ' 的形如 (5.5.10) 式的射影变换. 将三对对应点的射影坐标分别代入 (9.5.9) 式的两边, 有

$$\begin{cases}\rho_1=a_{11},\\ 0=a_{21},\end{cases}\qquad \begin{cases}0=a_{12},\\ \rho_2=a_{22},\end{cases}\qquad \begin{cases}\rho_3=a_{11}+a_{12},\\ \rho_3=a_{21}+a_{22}.\end{cases}$$

由此解得

$$\rho_1=a_{11},\quad \rho_2=a_{22},\quad a_{11}=\rho_3=a_{22},$$

即

$$a_{11}=a_{22}=\rho_1=\rho_2=\rho_3\neq 0,$$

从而存在唯一确定的射影

$$\begin{cases}\rho\lambda_1'=\lambda_1,\\ \rho\lambda_2'=\lambda_2,\end{cases}$$

将 ξ 上射影坐标为 $[(\lambda_1,\lambda_2)]$ 的点映为 ξ' 上射影坐标为 $[(\lambda_1,\lambda_2)]$ 的点. □

利用对偶原理, 我们立刻可以将直线上的射影对偶地导出线束上的射影. 我们也可以类似地叙述直线到线束之间的射影变换或线束到直线之间的射影变换.

在 9.5.1 节中, 我们已经证明了直线上四点的交比在坐标系的变换下是不变的. 现在还可以说明一直线上的四个点的交比在射影变换下是不变的, 即

定理 9.5.4　在一条射影直线 ξ 到一条射影直线 ξ' 的射影变换 π 下, 对应四点的交比保持不变.

证明　设 y,z,u,v 是 ξ 上四点, 对应的射影坐标分别是

$$[(y_1,y_2)],\quad [(z_1,z_2)],\quad [(u_1,u_2)],\quad [(v_1,v_2)].$$

在射影变换 π

$$\begin{cases}\rho\lambda_1'=a_{11}\lambda_1+a_{12}\lambda_2,\\ \rho\lambda_2'=a_{21}\lambda_1+a_{22}\lambda_2,\end{cases}\quad \rho\begin{vmatrix}a_{11}&a_{12}\\a_{21}&a_{22}\end{vmatrix}\neq 0$$

下变为直线 ξ' 上四点 $y'\,[(y_1',y_2')]\,,z'\,[(z_1',z_2')]\,,u'\,[(u_1',u_2')]\,,v'\,[(v_1',v_2')]$.

$$\rho_y\rho_z\begin{vmatrix}y_1'&y_2'\\z_1'&z_2'\end{vmatrix}=\rho_y\rho_z\begin{vmatrix}y_1'&z_1'\\y_2'&z_2'\end{vmatrix}=\begin{vmatrix}a_{11}&a_{12}\\a_{21}&a_{22}\end{vmatrix}\begin{vmatrix}y_1&z_1\\y_2&z_2\end{vmatrix},$$

其中 ρ_y, ρ_z 分别为由 $[(y_1, y_2)], [(z_1, z_2)]$ 决定的非零常数. 类似可得出其他的四个行列式

$$\rho_y\rho_u\begin{vmatrix} y_1' & y_2' \\ u_1' & u_2' \end{vmatrix}, \quad \rho_y\rho_v\begin{vmatrix} y_1' & y_2' \\ v_1' & v_2' \end{vmatrix}, \quad \rho_z\rho_u\begin{vmatrix} z_1' & z_2' \\ u_1' & u_2' \end{vmatrix}, \quad \rho_y\rho_z\begin{vmatrix} z_1' & z_2' \\ v_1' & v_2' \end{vmatrix}.$$

利用公式 (9.5.7) 即可以证得

$$R(y, z; u, v) = R(y', z'; u', v').$$

定理 9.5.4 说明了**交比是一个射影不变量**. 由 (9.5.6) 式我们容易证明

定理 9.5.5 直线 ξ 到 ξ' 的保持交比不变的一一映射是射影 (留作练习).

定理 9.5.6 点 v 是 y, z, u 的第四调和点的充要条件是 $R(y, z; u, v) = -1$.

更进一步, 我们有

定理 9.5.7 直线 ξ 到 ξ' 的一个把第四调和点变为第四调和点的一一映射 π 一定是射影变换.

证明省略. 有兴趣的读者可参考文献 (尤承业, 2004).

9.5.3 二维射影变换 (直射)

我们现在考虑射影平面 P^2 到射影平面 P'^2 的点与点之间的对应关系.

定义 9.5.2 射影平面 P^2 到射影平面 P'^2 的点与点之间的映射 π, 如果对应点的射影坐标满足 $\pi[(x_1, x_2, x_3)] = [(x_1', x_2', x_3')]$, 其中

$$\rho x_i' = \sum_{k=1}^{3} a_{ik}x_k, \quad i = 1, 2, 3, \quad \rho\,|a_{ik}| \neq 0. \tag{9.5.10}$$

则射影 $\pi : P^2 \to P'^2$ 称为**直射变换**, 简称**直射**. 有时也称之为射影平面到射影平面的**射影变换**.

从定义 9.5.2, 我们容易看出, 直射变换经过射影平面 P^2 (或 P'^2) 上的坐标变换, 仍为直射变换. 并且直射变换是既单又满的映射. 因此, 它的逆变换 π' :

$$\tau x_i = \sum_{k=1}^{3} A_{ki}x_k' \tag{9.5.11}$$

仍是直射, 其中 A_{ik} 是 a_{ik} 在方阵 (a_{ik}) 中的代数余子式.

直射还有以下性质.

定理 9.5.8 直射 $\pi : P^2 \to P'^2$ 将射影直线 $\xi \subset P^2$ 上的点映为 $\pi(\xi) \subset P'^2$ 上的点, 即直射保持点与直线的结合性.

证明　设直线 $\xi=[(\xi_1,\xi_2,\xi_3)]$. 直线 ξ 的方程为

$$\xi_1x_1+\xi_2x_2+\xi_3x_3=0, \tag{9.5.12}$$

其中 $x=[(x_1,x_2,x_3)]$ 为 ξ 上的一点. 在直射 $\pi:P^2\subset P'^2$ 下, $\pi(x)=[(x_1',x_2',x_3')]$ 满足 (9.5.10) 式 (或 (9.5.11) 式). 利用 (9.5.11) 式, (9.5.12) 式变为

$$\sum_{i=1}^{3}\xi_i\sum_{k=1}^{3}A_{ki}x_k'=0.$$

$$\xi_k'=\sum_{i=1}^{3}A_{ki}\xi_i.$$

则

$$\sum_{k=1}^{3}\xi_k'x_k'=0.$$

记直线 $\xi'=[(\xi_1',\xi_2',\xi_3')]$, 则 $\pi(x)$ 在直线 ξ' 上. □

定理 9.5.9　直射 $\pi:P^2\to P'^2$ 限制在 P^2 中的直线 ξ 上, 成为 ξ 到 $\pi(\xi)$ 的射影变换.

证明　不失一般性, 假定 $x_3=0$ 和 $x_3'=0$ 是直射变换的一对对应直线. 利用直射变换公式 (9.5.10), 直线 $x_3=0$ 上的点 $[(x_1,x_2,0)]$ 变为 $x_3'=0$ 上的点 $[(x_1',x_2',0)]$, 我们有

$$\begin{cases}\rho x_1'=a_{11}x_1+a_{12}x_2,\\ \rho x_2'=a_{21}x_1+a_{22}x_2,\\ 0=a_{31}x_1+a_{32}x_2.\end{cases} \tag{9.5.13}$$

由 (9.5.13) 的第三式知, $a_{31}=a_{32}=0$. 因为 $|a_{ij}|\neq 0$, 所以 $a_{33}\neq 0$, 并且

$$\begin{vmatrix}a_{11} & a_{12}\\ a_{21} & a_{22}\end{vmatrix}\neq 0.$$

所以当 π 限制在直线 $x_3=0$ 上时, 我们从 (9.5.13) 的第一、二式就得

$$\begin{cases}\rho x_1'=a_{11}x_1+a_{12}x_2,\\ \rho x_2'=a_{21}x_1+a_{22}x_2.\end{cases}$$

此即为直线 $x_3=0$ 到 $x_3'=0$ 的射影变换. □

由此可以推出, 平面 P^2 到 P'^2 的直射变换保持共线的点的交比不变. 对偶地, 也保持共点四线的交比不变.

类似于一维射影变换的情形 (见定理 9.5.3), 在二维射影变换中, 我们有

定理 9.5.10　给定两个射影平面 P^2 和 P'^2, 并且在 P^2 中任意给定四个不同点 $[x_1],[x_2],[x_3],[x_4]$, 其中无三点共线; 在 P'^2 中任意给定四个不同的点 $[x'_1],[x'_2],[x'_3],[x'_4]$, 其中也无三点共线. 则从 P^2 到 P'^2 存在唯一的直射 π, 使得 $[x_i]$ 对应于 $[x'_i]\,(i=1,2,3,4)$.

这个定理称为 Möbius (默比乌斯) 定理. 定理的证明从略, 请读者自证.

习　题　9.5

1. 证明: 点 $x=(1,4,1), y=(0,1,1), z=(2,2,-4)$ 共线于 ξ, 求 ξ 上的点 w, 使得 $R(x,y;z,w)=-4$.

2. 设 x,y,u,v 是欧氏平面内 ξ 上的四个不同点. p 是这平面内不在 ξ 上的点, (x,y) 表示 $p\times x, p\times y$ 之间两个角较小者, 证明:

$$|R(x,y;u,v)|=\sin(x,u)\sin(y,v)\csc(x,v)\csc(y,u).$$

3. 证明: 交比有少于 6 个不同值的充要条件是某一顺序的点构成调和集.

4. 设 p_1,p_2,p_3 是三角形的顶点, g_i,g'_i 是 $p_i, i=1,2,3$ 的对边上的点, $k_i=R(g_i,g'_i;p_j,p_k)$, 这里 i,j,k 分别取值 $(1,2,3),(2,3,1),(3,1,2)$, 证明: 若 g_1,g_2,g_3 共线, 则 g'_1,g'_2,g'_3 共线的充要条件是 $k_1k_2k_3=1$.

5. 证明定理 9.5.5.

6. 证明: 存在 ξ 到自身的一个射影把不同点 a,b,c,d 分别变成 b,a,c,d 的充要条件是这四个点构成调和点集.

9.6　透　　视

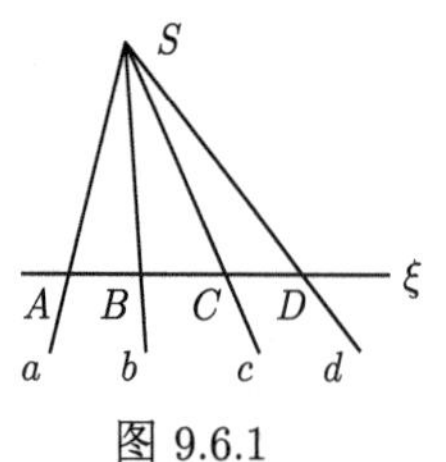

图 9.6.1

定义 9.6.1　如果一个点列与一个线束的元素之间建立了一个一一对应, 且对应元素是结合的, 则这个对应称为**透视对应**, 简称**透视**.

如图 9.6.1, 点列 $\xi(A,B,C,D,\cdots)$ 与线束 $S(a,b,c,d,\cdots)$ 是透视的, 我们将这样的透视记为

$$\xi(A,B,C,D,\cdots)\,\overline{\wedge}\,S(a,b,c,d,\cdots).$$

显然点列与线束之间的透视关系具有对称性. 由定理 9.5.1 知, 点列 $\xi(A,B,C,D,\cdots)$ 上任何四点的交比与线束 $S(a,b,c,d,\cdots)$ 中对应四直线的交比相等, 因此由定理 9.5.5 知, 透视是一种特殊的射影变换.

定义 9.6.2 如图 9.6.2, 点列 ξ 与 ξ' 对应点的连线交于一点 S, 也就是这两个点列与同一线束 S 成透视对应, 则称这两个点列为**透视点列**, 点 S 称为**透视中心**, 记为

$$\xi(A,B,C,D,\cdots)\overset{S}{\overline{\wedge}}\xi'\left(A',B',C',D',\cdots\right).$$

定义 9.6.3 如图 9.6.3, 线束 S 与 S' 对应直线的交点在一直线 ξ 上, 也就是说这两个线束与同一点列成透视, 则称这两个线束成为**透视线束**. 直线 ξ 称为**透视轴**, 记为

$$S(a,b,c,d,\cdots)\overset{(\xi)}{\overline{\wedge}}S'\left(a',b',c',d',\cdots\right).$$

显然点列与点列、线束与线束的透视关系都具有对称性, 由定理 9.5.1 及定理 9.5.5 可知, 这样的透视都是射影变换.

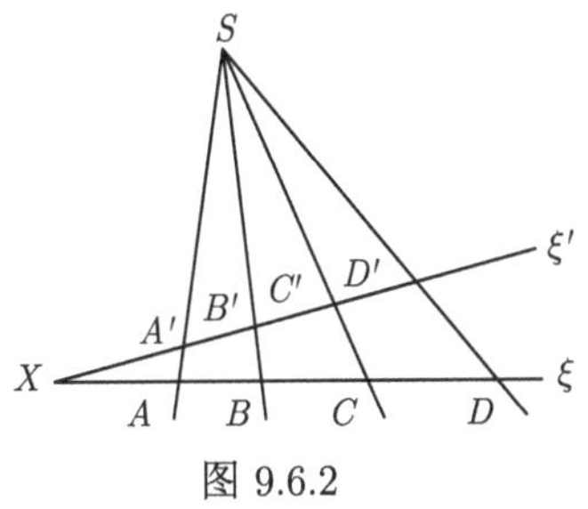

图 9.6.2

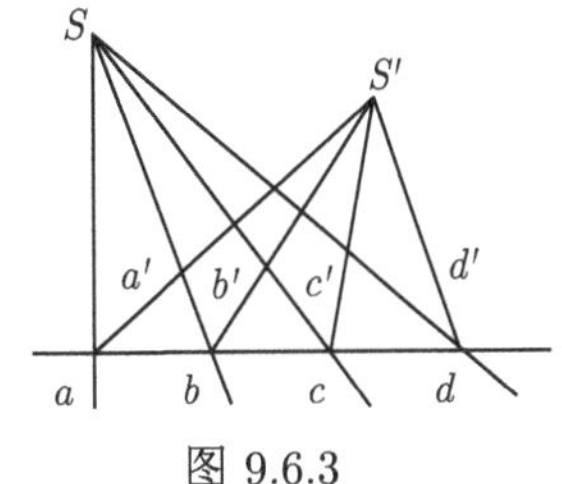

图 9.6.3

思考题 透视与透视的乘积是否仍为透视?

我们已经知道, 透视是一种特殊的射影. 那么一个射影在什么情况下是透视呢?

我们首先考虑, 如果两个点列 ξ 与 ξ' 之间, 存在一个透视对应 π, 其中 S 为透视中心, X 为 ξ 与 ξ' 的交点. 因为直线 SX 与两直线 ξ,ξ' 交于同一点 X, 所以在 π 下, X 是自对应点, 如图 9.6.4.

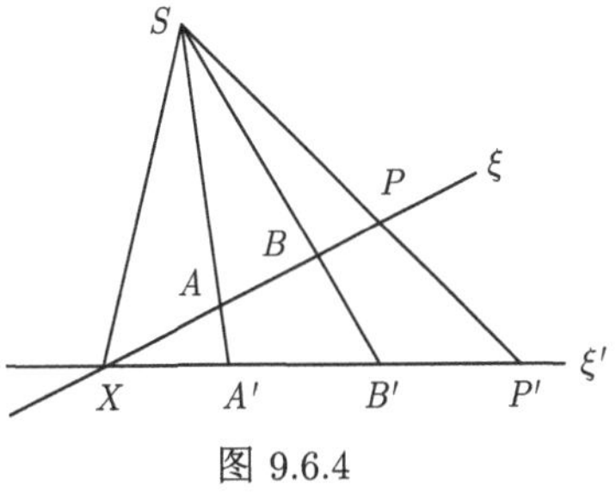

图 9.6.4

反过来, 设点列 ξ 与 ξ' 之间的射影对应 π, $\pi(P)=P'$, 使 ξ 与 ξ' 的交点 X 成为自对应点, 即 $\pi(X)=X$. 在 ξ 上任取两点 A,B, 设其对应点分别为 $A'=\pi(A),B'=\pi(B)$. 令 AA' 与 BB' 交于点 S,SP 与 ξ' 交于点 P^*. 如图 9.6.4, 设对应 $\pi^*(P)=P^*$ 是以 S 为透视中心的点列 $\xi(P)$ 到 $\xi'\left(P'\right)$ 的透视对应, 则 π^* 是射影. 但是在 π^* 下, 三点 A,B,X 分别对应于 A',B',X. 于是射影变换 π 与 π^*

有三对对应点完全相同. 由定理 9.5.3 知, $\pi=\pi^*$, 从而 P' 与 P^* 重合. 因此 π 是透视.

综上所述, 我们有

定理 9.6.1　两个点列间的射影变换是透视的充要条件是这两条直线的交点是自对应点.

对偶地, 我们有

定理 9.6.2　两个线束间的射影变换是透视的充要条件是这两个线束的中心的连线是自对应直线.

下面我们对 9.3 节中的例题 (Pappus 定理) 用另一种方法进行证明.

例 9.6.1　设 A_1,B_1,C_1 与 A_2,B_2,C_2 为同一平面内两直线 ξ_1 与 ξ_2 的两组点,

$$B_1C_2\times B_2C_1=L,\quad C_1A_2\times C_2A_1=M,\quad A_1B_2\times A_2B_1=N.$$

如图 9.6.5. 则三点 L,M,N 共线.

证明　如图 9.6.5,

$$(B_1,D,N,A_2)\overset{(A_1)}{\overline{\overline{\wedge}}}(O,C_2,B_2,A_2)\overset{(A_2)}{\overline{\overline{\wedge}}}(B_1,C_2,L,E).$$

所以, 两个点列 (B_1,D,N,A_2) 与 (B_1,C_2,L,E) 之间成射影变换, 我们记为

$$(B_1,D,N,A_2)\,\overline{\wedge}\,(B_1,C_2,L,E).$$

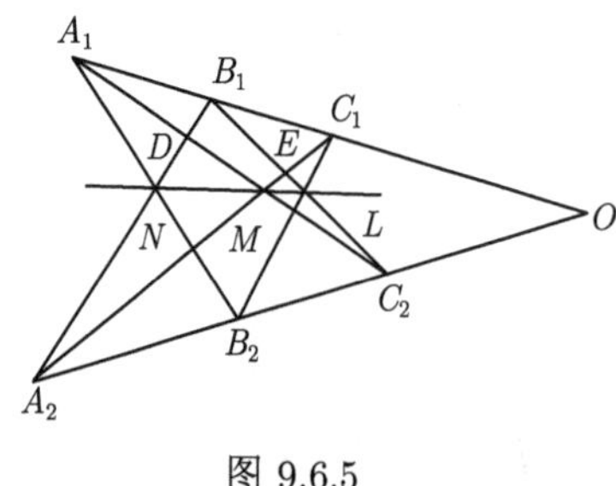

图 9.6.5

但是这两个成射影对应的点列中, 它们的交点 B_1 是自对应点, 由定理 9.6.1 知, 这个射影变换是一个透视, 即

$$(B_1,D,N,A_2)\,\overline{\overline{\wedge}}\,(B_1,C_2,L,E).$$

因此, 对应点的连线 DC_2,NL,A_2E 共点, 即 L,M,N 共线. □

由于透视是射影, 因此两个透视的乘积也是射影, 但未必是透视 (见思考题). 现在我们的问题是: 任何一个射影, 能否用几次透视的乘积来实现? 最多可以用几次? 下面我们仅以直线到直线的射影为例来说明这个问题. 关于线束到线束, 以及直线 (点列) 到线束的射影, 读者完全可以得出类似的结论. 在以下证明有关射影几何的命题时, 采用例 9.6.1 中证明的记号, $\overline{\overline{\wedge}}$ 表示透视, $\overline{\wedge}$ 表示射影. 以后不再一一说明.

定理 9.6.3　两条不同直线间的非透视的射影是两个透视的乘积.

证明 如图 9.6.6, 设 $\pi:\xi_1\to\xi_2$ 是两条不同直线 ξ_1,ξ_2 之间的射影, 但不是透视, 在 ξ_1 上选取若干不同点 A_1, B_1, C_1, D_1, $\cdots$, 在射影 π 下, 对应点为 A_2, B_2, C_2, D_2, $\cdots$. 于是

$$\xi_1\left(A_1,B_1,C_1,D_1,\cdots\right)\barwedge\xi_2\left(A_2,B_2,C_2,D_2,\cdots\right).$$

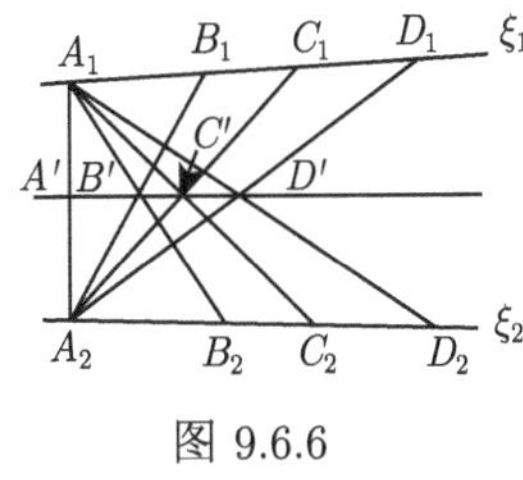

图 9.6.6

现在, 线束 $A_1\left(A_1A_2,A_1B_2,A_1C_2,A_1D_2,\cdots\right)$ 与点列 $\xi_2\left(A_2,B_2,C_2,D_2,\cdots\right)$ 之间有一个自然透视

$$\pi_1:A_1\left(A_1A_2,A_1B_2,A_1C_2,A_1D_2,\cdots\right)\overset{=}{\barwedge}\xi_2\left(A_2,B_2,C_2,D_2,\cdots\right).$$

同理, 线束 $A_2\left(A_2A_2,A_2B_2,A_2C_2,A_2D_2,\cdots\right)$ 与点列 $\xi_1\left(A_1,B_1,C_1,D_1,\cdots\right)$ 之间也有一个透视

$$\pi_2:A_2\left(A_2A_1,A_2B_1,A_2C_1,A_2D_1,\cdots\right)\overset{=}{\barwedge}\xi_1\left(A_1,B_1,C_1,D_1,\cdots\right).$$

于是两个线束 $A_1\left(A_1A_2,A_1B_2,A_1C_2,A_1D_2,\cdots\right)$ 与 $A_2(A_2A_1,A_2B_1,A_2C_1,A_2D_1,\cdots)$ 之间有一个射影 $\pi_2^{-1}\circ\pi^{-1}\circ\pi_1=\pi'$,

$$A_1\left(A_1A_2,A_1B_2,A_1C_2,A_1D_2,\cdots\right)\barwedge A_2\left(A_2A_1,A_2B_1,A_2C_1,A_2D_1,\cdots\right),$$

这两个线束中心的连线 A_1A_2 又是自对应直线, 由定理 9.6.2 知这个射影 π' 是透视. 如图 9.6.6. 因此这个透视对应直线的交点共线, 记 $B'=A_1B_2\times A_2B_1$, $C'=A_1C_2\times A_2C_1$, $D'=A_1D_2\times A_2D_1$, B',C',D' 共线于 ξ', 记 $A'=\xi'\times A_1A_2$. 现在射影 $\pi:\xi_1\to\xi_2$ 可以经过透视

$$f:\xi_1\left(A_1,B_1,C_1,D_1,\cdots\right)\overset{(A_2)}{\overset{=}{\barwedge}}\xi'\left(A',B',C',D',\cdots\right)$$

和

$$g:\xi'\left(A',B',C',D',\cdots\right)\overset{(A_1)}{\overset{=}{\barwedge}}\xi_2\left(A_2,B_2,C_2,D_2,\cdots\right)$$

来实现, 即 $\pi=g\circ f$. □

如果 π 是直线 ξ 到自身的非透视的射影, 即 $\pi:\xi\to\xi$. 我们可以通过一个透视 π', 将直线 ξ 映到另一条直线 ξ' 上, 再利用定理 9.6.3, 可得

定理 9.6.4 同一条直线上的一个非透视射影, 是三个 (或者更少) 的透视的乘积.

习 题 9.6

1. 写出 Pappus 定理的对偶定理及其证明.

2. 已知 $x_1'=x_1\cos\alpha+x_2\sin\alpha, x_2'=-x_1\sin\alpha+x_2\cos\alpha, x_3'=x_3$ 是透射, 求 α 的值.

3. 如果三角形 ABC 的边 BC, CA, AB 分别通过在同一直线上的三点 P, Q, R, 又顶点 B, C 各在一条定直线上. 求证: 顶点 A 也在一条定直线上.

9.7 配　　极

本节我们考虑一种特殊的二维射影变换. 从代数的观点来看, 直射 (9.5.10) 是一个把三元数组变为另一个三元数组的齐次线性变换. 若把原来的三元数组看成点的坐标, 而把像的三元数组看成线的坐标, 即这个射影改写为

$$\rho\xi_i'=\sum_{k=1}^{3}a_{ik}x_k,\quad |a_{ik}|\neq 0,\quad i=1,2,3. \tag{9.7.1}$$

这样定义了一个从射影平面中 P^2 的点到射影平面 P'^2 中的直线的到上的映射, 这个映射称为**逆射影变换**, 简称**逆射**. 有些书上也称**对射**. 逆射一般来说没有直射重要, 但一些特殊的逆射是非常重要的, 它与二次曲线有密切的联系.

设 $\pi: P^2\to P'^2$ 是由 (9.7.1) 定义的逆射, 由 π 可诱导出 P^2 的直线到 P'^2 的点的逆射. 事实上, 设直线 $\xi'=[(\xi_1',\xi_2',\xi_3')]$ 上任意一点 $x'=[(x_1',x_2',x_3')]$, 则有

$$\sum_{k=1}^{3}\xi_i'x_i'=0.$$

利用 (9.7.1), 我们有

$$\sum_{i,k=1}^{3}a_{ik}x_kx_i'=0.$$

记

$$\sigma\xi_k=\sum_{i=1}^{3}a_{ik}x_i',\quad k=1,2,3,\quad \sigma\neq 0. \tag{9.7.2}$$

则上式变为

$$\sum_{k=1}^{3}\xi_kx_k=0,$$

即点 $x=[(x_1,x_2,x_3)]$ 在直线 $\xi=[(\xi_1,\xi_2,\xi_3)]$ 上. 从 (9.7.2) 我们可以反解出 x_i',

$$\tau x_k' = \sum_{k=1}^{3} A_{ki}\xi_i, \quad k=1,2,3, \quad \tau \neq 0, \tag{9.7.3}$$

其中 A_{ki} 是 a_{ki} 在矩阵 (a_{ij}) 中的代数余子式. 这里 (9.7.3) 就是由 (9.7.1) 诱导的从 P^2 的直线到 P'^2 的点的逆射, 记这个逆射为 $\pi': P^2 \to P'^2$. (9.7.1) 是 (9.7.3) 的逆映射 π'^{-1}. (9.7.1) 的逆映射 π^{-1} 为

$$\delta x_k = \sum_{k=1}^{3} A_{ik}\xi_i', \quad \delta \neq 0. \tag{9.7.4}$$

易知, 逆射 (9.7.1)—(9.7.3) 都保持点与直线的结合性. 利用这一性质, 我们容易得到

定理 9.7.1 若 $[a],[b],[c],[d]$ 是平面上四点, 其中无三点共线, $[\alpha'],[\beta'],[\gamma'],[\varphi']$ 是 P'^2 上的四直线, 其中无三线共点, 则恰好存在一个从 P^2 到 P'^2 的逆射 π, 使得 $\pi([a])=[\alpha'],\pi([b])=[\beta'],\pi([c])=[\gamma'],\pi([d])=[\varphi']$. 每一个 P^2 上的点到 P'^2 上的直线的保持点与直线结合性的一一映射 $x\to\xi'$ 都是逆射.

现在我们考虑 $P^2=P'^2$ 的情形. $\pi: P^2\to P^2, \pi': P^2\to P^2$ 分别为满足 (9.7.1)—(9.7.3) 的逆射, 于是 $\pi'\circ\pi$ 也是从 P^2 的点到 P^2 的点一一到上的映射即直射, 一般来说, $\pi'\circ\pi\neq \mathrm{id}_{P^2}$.

定义 9.7.1 设 $\pi: P^2\to P^2$ 是满足 (9.7.1) 的逆射, $\pi': P^2\to P^2$ 是由 π 诱导的满足 (9.7.3) 的逆射, 则满足 $\pi'\circ\pi=\mathrm{id}_{P^2}$ 的逆射 π 称为 P^2 上的一个**配极**. 点 x 称为像直线 ξ 的**极点**, 而直线 ξ 称为原像 x 的**极线**.

下面我们求出一个逆射 (9.7.1) 成为配极的重要条件. 假设有配极 $\pi: P^2\to P^2$, 满足

$$\rho\xi_i = \sum_{j=1}^{3} a_{ij}x_j, \quad \sigma x_i = \sum_{k=1}^{3} A_{ik}\xi_k, \quad \sigma\rho\,|a_{ij}|\neq 0. \tag{9.7.5}$$

则

$$\begin{aligned}\rho\sigma\sum_{i=1}^{3} a_{ij}x_i &= \rho\sum_{i,k=1}^{3} a_{ij}A_{ik}\xi_k = \rho\sum_{k=1}^{3}\Delta\delta_{jk}\xi_k \\ &= \rho\Delta\xi_j = \Delta\sum_{i=1}^{3} a_{ji}x_i.\end{aligned}$$

这里 $\Delta=|a_{ij}|$, δ_{jk} 为 Kronecker 符号, 即

$$\delta_{jk} = \begin{cases} 1, & j = k, \\ 0, & j \neq k. \end{cases}$$

因此我们有

$$\sum_{i=1}^{3} \left(a_{ij} - \frac{\Delta}{\rho\sigma} a_{ji} \right) x_i = 0, \quad j = 1, 2, 3.$$

由于 $a_{ij} - \dfrac{\Delta}{\rho\sigma} a_{ji}\ (i, j = 1, 2, 3)$ 是不依赖于 x_1, x_2, x_3 的常数, 而 x_1, x_2, x_3 是任意不全为零的数, 所以我们有

$$a_{ij} = \frac{\Delta}{\rho\sigma} a_{ji}. \tag{9.7.6}$$

连续两次运用 (9.7.6), 我们有

$$a_{ij} = \left(\frac{\Delta}{\rho\sigma} \right)^2 a_{ij}.$$

由于 a_{ij} 不全为零, 所以

$$\frac{\Delta}{\rho\sigma} = \pm 1.$$

如果 $\dfrac{\Delta}{\rho\sigma} = -1$, 则由 (9.7.6) 知 $a_{ij} = -a_{ji}$, 由此可导致 $\Delta = 0$. 与已知 π 是配极, 从而是逆射 (9.7.1) 矛盾. 因此 $\dfrac{\Delta}{\rho\sigma} = 1$. 于是

$$a_{ij} = a_{ji}, \quad i, j = 1, 2, 3. \tag{9.7.7}$$

反之, 当(9.7.7)成立之时, 容易知道

$$\begin{aligned} \rho\sigma x_i &= \rho \sum_{k=1}^{3} A_{ik} \xi_k = \sum_{j,k=1}^{3} A_{ik} a_{kj} x_j = \sum_{j,k=1}^{3} A_{ik} a_{jk} x_j \\ &= \Delta \sum_{j,k=1}^{3} \delta_{ij} x_j = \Delta x_i. \end{aligned}$$

由定义 9.7.1 知, π 是配极. 由此我们得

定理 9.7.2 定义在射影平面 P^2 上的逆射 (9.7.5) 是配极的充要条件是(9.7.5)中变换的系数矩阵 (a_{ij}) 是对称矩阵.

当 π 是 P^2 上的配极时, 如果直线 $\eta=[(\eta_1,\eta_2,\eta_3)]$ 是点 $y=[(y_1,y_2,y_3)]$ 的极线, 则

$$\rho\eta_i=\sum_{j=1}^{3}a_{ij}y_j,\quad i=1,2,3.$$

如果点 $x=[(x_1,x_2,x_3)]$ 在直线 η 上, 则称点 x 共轭于点 y. 极线 η 是共轭于点 y 的所有点的轨迹. 由点 x 在 η 上, 我们就有 x 与 y 共轭的条件是

$$\sum_{i,j=1}^{3}a_{ij}x_iy_j=0. \tag{9.7.8}$$

利用对称性 $a_{ij}=a_{ji}$ 可得 y 也共轭于 x. 记

$$\zeta_j=\sum_{j=1}^{3}a_{ij}y_j.$$

则直线 $\varsigma=[(\varsigma_1,\varsigma_2,\varsigma_3)]$ 是点 $x=[(x_1,x_2,x_3)]$ 的极线. (9.7.8) 式说明 y 点在 x 点的极线上. 因此, 当 x 在 y 点的极线上时, y 也在 x 的极线上. 由 (9.7.8) 知, 一个点 x 的共轭于自己 (简称自共轭) 的充要条件为

$$\sum_{i,j=1}^{3}a_{ij}x_ix_j=0. \tag{9.7.9}$$

由于自共轭点满足一个二次方程, 它们图像构成一条二次曲线.

现在我们介绍有关配极的对偶情形. 若直线 ξ 经过直线 η 的极点 y, 则称直线 ξ 共轭于直线 η, 线束 y 是与 η 共轭的直线的轨迹. ξ 与 η 共轭的条件是

$$\sum_{i,j=1}^{3}A_{ik}\xi_i\eta_k=0. \tag{9.7.10}$$

这样, ξ 是自共轭直线的充要条件是

$$\sum_{i,j=1}^{3}A_{ik}\xi_i\xi_k=0. \tag{9.7.11}$$

(9.7.11) 是关于直线 ξ 的二次方程. 我们称方程 (9.7.11) 所表示的曲线为二次曲线 (9.7.9) 的**二级曲线**. 这时方程 (9.7.9) 习惯上称为**二阶曲线**. 在 (9.7.11) 中, A_{ij} 是方阵 (a_{ij}) 的元素 a_{ij} 的代数余子式.

我们考虑配极 $\pi: P^2 \to P^2$ 将线束 x 映为点列 ξ, 点 x 和直线 ξ 互为极点和极线. 若 y,z,u,v 是 ξ 上的任意四点, η,ζ,φ,ψ 分别是它们的极线, 即

$$\eta_i=\sum_{j=1}^{3}a_{ij}y_j,\quad \zeta_i=\sum_{j=1}^{3}a_{ij}z_j,\quad \varphi_i=\sum_{j=1}^{3}a_{ij}u_j,\quad \psi_i=\sum_{j=1}^{3}a_{ij}v_j.$$

这里我们已经选择了四线 η,ζ,φ,ψ 中合适的齐次坐标, 使得 (9.7.5) 的系数 ρ 都取 1. 设 $u=\lambda_1 y+\lambda_2 z$, $v=\mu_1 y+\mu_2 z$, 则易知

$$\varphi=\lambda_1\eta+\lambda_2 z,\quad \psi=\mu_1\eta+\mu_2\zeta.$$

于是

$$R(y,z;u,v)=R(\eta,\zeta;\varphi,\psi).$$

若 ξ 不是自共轭的, 则 ξ 不通过 x 点, 因此 ξ 与 η,ζ,φ,ψ 交于 y',z',u',v'. 由上述结果和定理 9.5.1 可得

$$R(y,z;u,v)=R\left(y',z';u',v'\right).$$

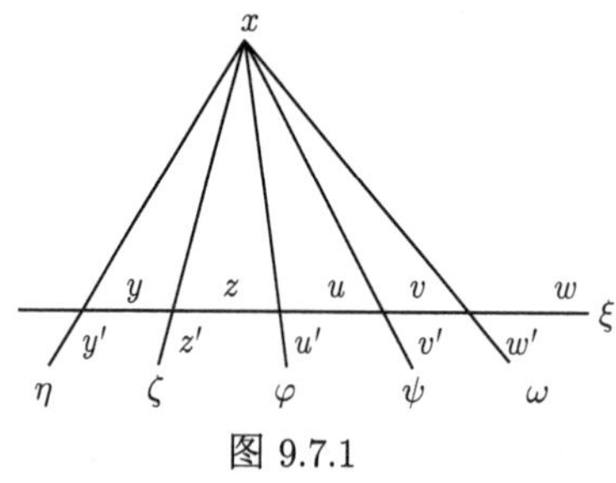

图 9.7.1

若点 w 在 ξ 上, w' 是 ξ 与 w 的极线的交点, 如图 9.7.1, 则映射 $f: w\to w'$ 是 $\xi\to\xi$ 的射影. 这个射影将 ξ 上的每一个点映为与它共轭的点. 于是这个映射的像与原像互为共轭点对. 类似地, 射影 f 诱导了一个以 ξ 的极点 x 为中心的线束上的射影 g : 线束 $x\to$ 线束 x, g 将过 x 的直线 η 映为与 η 共轭的直线 $g(\eta)$.

如果 ξ 上二次曲线 C 有两个交点 u,v, 则这两个交点是自共轭点. 设在 ξ 上有一对互为共轭的对应点对 z 和 z' , 则由上知 $f(z)=z'$, $f\left(z'\right)=z$. 因此

$$R\left(u,v;z,z'\right)=R\left(u,v;z',z\right)=\frac{1}{R\left(u,v;z,z'\right)},$$

从而

$$R\left(u,v;z,z'\right)=\pm 1.$$

但是由于 u,v,z,z' 是互不相同的四个点, 所以 $R\left(u,v;z,z'\right)\neq 1$. 这就说明 u,v 与 z,z' 是两对调和点对. 我们将这个结论叙述为

定理 9.7.3　设 ξ 与二次曲线 C 交于两个点 u,v, 则 ξ 上的任意一对共轭点对 z,z' 调和分割 u,v.

现在我们还可以证明

定理 9.7.4 自共轭点 x 的极线上只有一个自共轭点.

证明 用反证法, 如果 ξ 上还通过另一个自共轭点 y. 由于 x 是自共轭点, 所以 $x \in \xi$. 设 y 的极线是 η. 由于 y 是自共轭点, 所以 $y \in \eta$, 又 x 与 y 共轭, 所以 $x \in \eta$, 即 $\eta = x \times y$. 但 $\xi = x \times y$, 所以 $\eta = \xi$. 由于配极是一一的, 所以 $x = y$. 这与假设矛盾. □

定理 9.7.4 说明自共轭点的极线, 过这个点, 且与二次曲线只交于这个点. 因此我们把过自共轭点 x 的极线称为点 x 处的二次曲线的**切线**. 定理 9.7.4 的对偶, 还说明切线是一条自共轭线.

若直线 ξ 上有两个自共轭点 y, z, 我们可以证明 ξ 上除了这两个自共轭点之外, 不会有第三个自共轭点. 事实上, 我们可以取一个射影坐标系 $y[(1,0,0)], z = [(0,0,1)]$, 则 ξ 的方程为 $x_2 = 0$. 二次曲线 C 的方程为

$$\sum_{i,j=1}^{3} a_{ij}x_ix_j = 0, \quad a_{ij} = a_{ji}, \quad j = 1,2,3. \tag{9.7.12}$$

由于 y, z 都在 C 上, 将它们的坐标代入 (9.7.12), 可得

$$a_{11} = a_{33} = 0.$$

(9.7.12) 变为

$$a_{22}x_2^2 + 2a_{12}x_1x_2 + a_{13}x_1x_3 + a_{23}x_2x_3 = 0. \tag{9.7.13}$$

假定直线 ξ 上另有一个异于 y, z 的点 $w\,[(w_1, 0, w_3)]$ 在 C 上. 显然 $w_1w_3 \neq 0$. 将 w 点坐标代入 (9.7.13) 得

$$a_{13}x_1x_3 = 0.$$

从而有 $a_{13} = 0$. (9.7.13) 变为

$$a_{22}x_2^2 + 2a_{12}x_1x_2 + 2a_{23}x_2x_3 = 0.$$

这时

$$|a_{ij}| = \begin{vmatrix} 0 & a_{12} & 0 \\ a_{12} & a_{22} & a_{23} \\ 0 & a_{23} & 0 \end{vmatrix} = 0.$$

这与已知矛盾. 因此两个自共轭点的连线与二次曲线 C 只交于这两个自共轭点.

到目前为止, 我们已经知道, 直线对于二次曲线来说, 可以分为三类: 切线、与曲线 C 相交于两点的割线、与 C 不相交的直线.

方程为 (9.7.9) 的二次曲线 C 的对偶情形是二级曲线 (9.7.11). 上面叙述的结论在二级曲线时, 有相应的结论. 特别需要指出, 二级曲线 (9.7.11) 实际上是由二次曲线 (9.7.9) 的切线形成的“包络”.

习　题　9.7

1. 已知配极 $\xi_1 = 2x_1 - x_3, \xi_2 = x_2 + x_3, \xi_3 = -x_1 + x_2$, 求自共轭点的轨迹. 并求直线 $\varepsilon = (1,1,1)$ 的极点.

2. 在射影平面上有 5 点, 其中任意 3 点不共线, 求证: 有且仅有一条二次曲线通过这 5 点.

3. 如果一个四边形内接于一条二次曲线. 求证: 它的 3 对对边的交点形成一个自共轭三角形.

4. 在射影平面上, 有一条二次曲线 C, 不在二次曲线上的点 A 和 B 是关于这条二次曲线共轭的两点. 过点 A 的一条射影直线交这条二次曲线于点 Q 和 R. 如果 BQ 和 BR 分别再交这条二次曲线于点 S 和 P. 求证: A, P, S 三点共线.

5. 在射影平面上, 有一条二次曲线 C, 点 P 和 Q 是这条二次曲线 C 上两个给定点. 通过点 P 作一条动直线 L, 动点 X 是动直线 L 关于这条二次曲线的极点. 记动点 Y 是动直线 L 与直线 QX 的交点. 求证: 动点 Y 在一条二次曲线上.

6. 求确定二次曲线 $x_1^2 - x_2^2 - x_3^2 = 0$ 的配极, 把直线划分为无切线点和二切线点.

7. 设 $\omega(x,y) = \sum_{i,k} a_{ik}x_iy_k$, $a_{ik} = a_{ki}$, 验证

$$\omega(\lambda x + \mu y, \lambda x + \mu y) = \lambda^2\omega(x,x) + 2\lambda\mu\omega(x,y) + \mu^2\omega(y,y).$$

8. 利用第 7 题证明: 若 $\omega(x,x) = 0$ 表二次曲线 C, 则 $x \times y$ 是 C 的割线、切线和不相交线, 取决于 $\omega(x,x)\cdot\omega(y,y) - \omega^2(x,y) < 0, = 0, > 0$.

9. 利用第 8 题证明: 若 y 是二次曲线 $\omega(x,x) = 0$ 的二切线点, 则从 y 向这条二次曲线所引的切线组成的退化的二次曲线具有方程 $\omega(x,x)\cdot\omega(y,y) - \omega^2(x,y) = 0$.

10. 利用第 9 题, 过点 $(4,3,0)$ 作 $2x_1^2 + 4x_2^2 - x_3^2 = 0$ 的切线.

11. 在射影平面上, 有一条二次曲线 C. 三点 P, Q, R 在二次曲线 C 上. 求证: 共轭于射影直线 PQ 的任一直线 L 必交射影直线 PR 和 QR 于共轭点.

9.8　Steiner 定理和 Pascal 定理

在这一节中我们介绍二次曲线的两个重要的定理: Steiner (斯坦纳) 定理和 Pascal (帕斯卡) 定理.

定理 9.8.1 (Steiner)　*若 a 和 a' 是二次曲线 C 上的两个不同的点, z 是 C 上的一个动点, 则由线束 a 到线束 a' 的映射 $\pi(a \times z) = a' \times z$ 是一个非透视的射影. 这里, 我们约定 $\pi(a \times a') = a'$ 处的切线, $\pi(a$ 的切线$) = a' \times a$.*

证明　如图 9.8.1, 在射影平面上建立一个射影坐标系, 使得 $a = [(1,0,0)]$, $a' = [(0,0,1)]$. 设 b 为 C 在 a, a' 两点处切线的交点, 并且令 $b = [(0,1,0)]$. 在 C 上任取一个异于 a, a' 的点 e 作为单位点 $[(1,1,1)]$. 若二次曲线 C 的方程设为

$$\sum_{i,j=1}^{3} a_{ij}x_ix_j = 0, \quad a_{ij} = a_{ji},$$

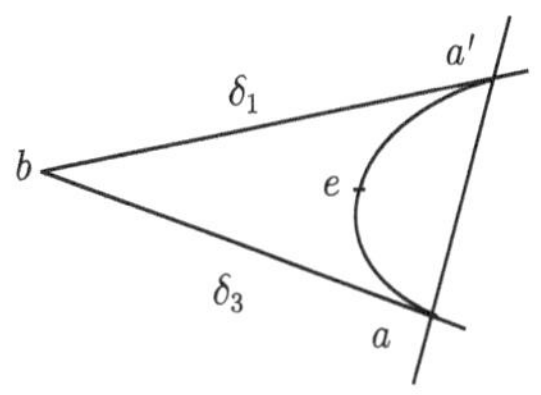

图 9.8.1

则由 a, a' 在曲线 C 上, 可导出

$$a_{11} = a_{33} = 0.$$

设 δ_1, δ_3 分别为 a, a' 的极点 (即切线). 它们的坐标分别为

$$\delta_1 = [(0,0,1) \times (0,1,0)] = [(1,0,0)],$$

$$\delta_3 = [(1,0,0) \times (0,1,0)] = [(0,0,1)].$$

再用配极公式 (9.7.9), 我们可以求得

$$a_{12} = a_{23} = 0.$$

这时, 二次曲线 C 的方程变为

$$a_{22}x_2^2 + 2a_{13}x_1x_3 = 0.$$

由 e 点在曲线 C 上, 得

$$a_{22} + 2a_{13} = 0, \quad \text{即} \quad a_{22} = -2a_{13}.$$

又由于

$$|(a_{ij})| = \begin{vmatrix} 0 & 0 & a_{13} \\ 0 & a_{22} & 0 \\ a_{13} & 0 & 0 \end{vmatrix} = -a_{13}^2 a_{22} \neq 0,$$

所以二次曲线的方程可以简化为

$$x_2^2 - x_1x_3 = 0. \tag{9.8.1}$$

对于 C 上任一异于 a, a' 的点 $z = [(z_1, z_2, z_3)]$, 显然 z_1, z_2, z_3 都不为零 (否则, 由 $z_2^2 = z_1z_3$ 可以导出矛盾). 由 $z_2^2 = z_1z_3$ 得

$$\frac{z_2}{z_1} = \frac{z_3}{z_2}. \tag{9.8.2}$$

另一方面, 直线

$$a \times z = [(1,0,0) \times (z_1, z_2, z_3)] = [(0, -z_3, z_2)]$$

$$= -z_3\delta_2 + z_2\delta_3,$$

这里 $\delta_2 = a \times a' = [(0,1,0)]$, 又直线

$$a' \times z = [(0,0,1) \times (z_1, z_2, z_3)] = [(-z_2, z_1, 0)]$$
$$= -z_2\delta_1 + z_1\delta_2.$$

从而

$$\pi(-z_3\delta_2 + z_2\delta_3) = -z_2\delta_1 + z_1\delta_2.$$

利用已知条件, 我们又有

$$\pi(\delta_2) = \delta_1, \quad \pi(\delta_3) = \delta_2, \quad \pi(\delta_2 + \delta_3) = \delta_1 + \delta_2.$$

于是关于线束 a, 交比

$$R(\delta_2, \delta_3; \delta_2 + \delta_3, -z_3\delta_2 + z_2\delta_3) = -\frac{z_3}{z_2}.$$

关于线束 a', 交比

$$R(\delta_1, \delta_2; \delta_1 + \delta_2, -z_2\delta_1 + z_1\delta_2) = -\frac{z_2}{z_1}.$$

由 (9.8.2) 知, π 保持交比. 因此 π 是一个射影变换, 又 $a \times a'$ 不是自对应直线, 所以 π 不是透视. □

定理 9.8.2 (Steiner 逆定理) 设两个不同线束之间有一个非透视的射影, 则对应线交点的轨迹是一条二次曲线.

证明 设 π 是线束 a 到 a' 的射影. 取射影坐标系 $a=[(1,0,0)], a'=[(0,0,1)]$, 记 $\delta_2 = a' \times a, \pi(\delta_2) = \delta_1, \pi^{-1}(\delta_2) = \delta_3$, 设 $\delta_1 \times \delta_3 = b = [(0,1,0)]$, 由于 π 不是透视, δ_1, δ_3 都不会与 δ_2 重合. 在线束 a 中取一条直线 (不同于 δ_2, δ_3), 该直线与对应直线的交点必定不在直线 δ_1, δ_2 或 δ_3 上. 设该交点为 e, 射影坐标为 $[(1,1,1)]$. 此时,

$$a \times e = [(0,-1,1)], \quad \delta_1 = a' \times b = [(1,0,0)],$$
$$a' \times e = [(-1,1,0)], \quad \delta_3 = a \times b = [(0,0,1)].$$

在轨道上取一个定点 $g = [(-1,1,-1)]$, 于是 π 把 $a \times g$ 映为 $a' \times g$, 即

$$a \times g = [(1,0,0) \times (-1,1,-1)] = [(0,1,1)] = \delta_2 + \delta_3,$$
$$\pi(a \times g) = a' \times g = [(0,0,1) \times (-1,1,-1)] = [(1,1,0)] = \delta_1 + \delta_2.$$

由于 π 保持交比的值, 所以 π 把 $\mu\delta_2-\lambda\delta_3$ 变为 $\mu\delta_1-\lambda\delta_2$. 这两条直线方程分别为

$$\mu x_2-\lambda x_3=0, \quad \mu x_1-\lambda x_2=0.$$

这两条直线的交点满足

$$x_2^2-x_1x_3=0.$$

这是一条二次曲线. □

利用 Steiner 定理, 可以得到二次曲线的一系列性质.

性质 9.8.3 设 A,B,C,D 是二次曲线上的四点, X 是其上的一个动点, 则交比

$$R(XA,XB,XC,XD)=\text{定值}. \tag{9.8.3}$$

反之, 已知 A,B,C,D, 其中任意三点不共线, 那么满足 (9.8.3) 的点 X 的轨迹是一条二次曲线.

性质 9.8.4 任何三点都不共线的五点, 恰好在唯一的一条二次曲线上.

性质 9.8.5 四点和通过其中一点的切线, 或者三点和通过其中两点的切线, 都唯一地决定一条二次曲线.

上述性质的证明留给读者. 下面我们利用 Steiner 定理来证明 Pascal 定理.

定理 9.8.6 (Pascal) 一条二次曲线的内接六角形的三对对边的交点在一条直线上.

证明 设 a_1,a_2,a_3,a_4,a_5,a_6 是二次曲线 C 的内接六角形的顶点. 如图 9.8.2. 令

$$l_{ij}=a_i\times a_j \quad (i,j=1,2,3,4,5,6; i\neq j),$$
$$a=l_{12}\times l_{45}, \quad b=l_{23}\times l_{56}, \quad c=l_{34}\times l_{61}.$$

需要证明 a,b,c 三点共线. 根据 Steiner 定理, 线束 a_1 和线束 a_5 之间的映射

$$a_1\times z\to a_5\times z, \quad \forall z\in C$$

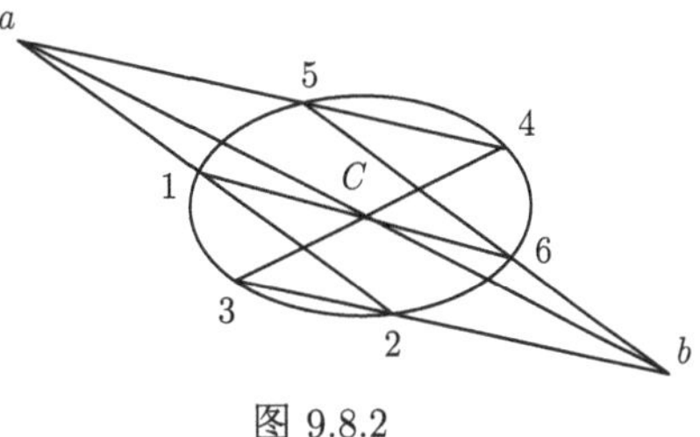

图 9.8.2

是射影变换. 所以有

$$R\left(l_{12},l_{13};l_{14},l_{16}\right)=R\left(l_{52},l_{53};l_{54},l_{56}\right). \tag{9.8.4}$$

利用线束 a_1 到直线 l_{34} 的透视, 有

$$\begin{aligned}R\left(l_{12},l_{13};l_{14},l_{16}\right)&=R\left(l_{12}\times l_{34},l_{13}\times l_{34};l_{14}\times l_{34},l_{16}\times l_{34}\right)\\&=R\left(l_{12}\times l_{34},a_3;a_4,c\right).\end{aligned}$$

利用线束 a_5 到直线 l_{23} 的之间的透视, 有

$$R(l_{52},l_{53};l_{54},l_{56})=R(l_{52}\times l_{23},l_{53}\times l_{23};l_{54}\times l_{23},l_{56}\times l_{23})$$
$$=R(a_2,a_3;l_{54}\times l_{23},b).$$

结合 (9.8.4) 式, 我们有

$$R(l_{12}\times l_{34},a_3;a_4,c)=R(a_2,a_3;l_{54}\times l_{23},b).$$

从而

$$l_{34}(l_{12}\times l_{34},a_3;a_4,c)\,\overline{\wedge}\,l_{23}(a_2,a_3;l_{54}\times l_{23},b).$$

由于 l_{34} 到 l_{23} 的射影变换中, a_3 是自对应点, 所以这个射影变换是一个透视. 由透视的性质知, 对应点的连线共点. 现在

$$(l_{12}\times l_{34})\times a_2=l_{12},$$

$$a_4\times(l_{54}\times l_{23})=l_{54},$$

而 $l_{12}\times l_{54}=a$, 因此 a,b,c 共线. □

Pascal 定理的对偶是 Brianchon (布里昂雄) 定理.

定理 9.8.7 (Brianchon) *二次曲线的外切六边形的三对对应顶点的连线共点.*

习 题 9.8

1. 求线束 $a:(1,0,1)$ 和线束 $b:(1,1,0)$ 之间被二次曲线 $x_1^2-x_2^2-x_3^2=0$ 所确定的射影, 验证它不是透视, 且验证这个射影在 a 处的切线对应于线束 b 中的 $a\times b$.

2. 若一个四点形在一条二次曲线上, 则三对对边的交点组成一个自极三角形 (即这个三角形每个顶点是其对边的极点).

3. 求过点 $(1,0,1),(0,1,1),(0,-1,1)$ 且以 $x_1-x_3=0$ 和 $x_2-x_3=0$ 为切线的二次曲线.

4. 证明: 若把二次曲线 C 上的四个定点和 C 上的一个动点连成直线, 则这四条直线的交比是常数. 写出对偶命题.

5. 证明 Pascal 定理的逆命题.

6. 已知二次曲线上的四个点和其中一个点上的切线, 求作另三点上的切线.

7. 写出切于 $\delta_1,\delta_2,\delta_3$ 的二次曲线在点坐标系里和线坐标系里的一般形式.

8. Pappus 定理是关于退化的点二次曲线的 Pascal 定理. 类似地叙述关于二次曲线 Brianchon 定理.

9. 在射影平面上, 设有 3 个顶点都变动的三角形, 其中两个顶点分别在两条定直线上移动. 三角形的 3 边各通过一个定点, 这里 3 个定点中无一点在上述两条定直线上, 这两条定直线的焦点与上述 3 个定点组成的 4 点中无 3 点共线. 求证: 上述变动的三角形的第三顶点心在一条二次曲线上, 而且这条二次曲线通过 3 个定点中的两个定点.

9.9 非欧几何简介

9.9.1 射影测度

从欧氏几何的观点看, 在 9.1 节中介绍的扩大的欧氏平面上, 除去无穷远直线, 平面上的任何两点的距离都是存在的. 平行线也存在, 任何两条平行线交于无穷远直线. 从射影几何的角度来看, 在这个平面上, 平行性和距离两者都不存在, 无穷远直线的特殊性也完全消失了. 在这两个极端之间, 如果我们在平面上特殊化一条直线, 把它当作无穷远直线, 但不引进距离的概念, 这样所得的平面, 既不是欧氏的, 也不是射影平面. 我们称它为仿射平面. 研究仿射平面的性质, 构成仿射平面几何的内容. 在第 6 章中, 我们利用变换群的观点, 来说明欧氏几何与仿射几何的关系. 我们同样可以用射影变换群的观点来说明射影几何与其他几何的关系.

可以证明射影平面 P^2 上的直射变换

$$\rho x_i' = \sum_{k=1}^{3} a_{ik} x_k, \quad i = 1, 2, 3, \quad \rho\, |a_{ik}| \neq 0 \tag{9.9.1}$$

的全体构成一个变换群. 事实上, 我们容易证明:

(1) 恒同变换 $\rho x_i' = x_i (i = 1, 2, 3)$ 属于这个集合;

(2) 对于任一变换 (9.9.1), 它有逆变换

$$\tau x_k = \sum_{k=1}^{3} A_{ik} x_i', \quad k = 1, 2, 3,$$

其中矩阵 (A_{ik}) 是矩阵 (a_{ik}) 的伴随矩阵;

(3) 若另有一变换

$$\sigma x_j'' = \sum_{k=1}^{3} b_{ji} x_i', \quad j = 1, 2, 3, \quad \sigma\, |b_{ji}| \neq 0,$$

则这个变换与变换 (9.9.1) 的乘积

$$\begin{aligned} \rho\sigma x_j'' &= \sum_{i=1}^{3} b_{ji} \left(\sum_{k=1}^{3} a_{ik} x_k \right) = \sum_{k=1}^{3} \left(\sum_{k=1}^{3} b_{ji} a_{ik} \right) x_k \\ &\triangleq \sum_{k=1}^{3} c_{jk} x_k \end{aligned}$$

满足

$$|c_{jk}| = |b_{ji}|\,|a_{ik}| \neq 0, \quad \rho\sigma \neq 0.$$

因此这个乘积仍然属于由 (9.9.1) 定义的直射变换的集合中.

由 (1)—(3) 可知 P^2 上的直射变换的全体构成一个群, 这个群称为**射影变换群**. 射影几何就是研究在射影变换群下的不变性质的几何.

一般地, 群 G 的一个子集 H, 如果按照 G 中元素的乘法, 也构成一个群, 那么 H 称为 G 的一个**子群**. 例如, 在由 (9.9.1) 定义的射影变换群中, 将直射变换限制为把 $x_3=0$ 变为 $x_3=0$ 的直射

$$\begin{cases}\rho x_1' = a_{11}x_1 + a_{12}x_2 + a_{13}x_3, \\ \rho x_2' = a_{21}x_1 + a_{22}x_2 + a_{23}x_3, \\ \rho x_3' = a_{33}x_3,\end{cases} \quad a_{33}\cdot\rho\begin{vmatrix} a_{11} & a_{12} \\ a_{21} & a_{22}\end{vmatrix} \neq 0, \tag{9.9.2}$$

并将 $x_3=0$ 看作无穷远直线, 对其余点引入非齐次坐标

$$x = \frac{x_1}{x_3}, \quad y = \frac{x_2}{x_3}.$$

则 (9.9.2) 可化为

$$\begin{cases}x' = a_1x + a_2y + a_3, \\ y' = b_1x + b_2y + b_3,\end{cases} \quad \begin{vmatrix} a_1 & a_2 \\ b_1 & b_2\end{vmatrix} \neq 0. \tag{9.9.3}$$

变换 (9.9.3) 全体就构成仿射变换群. 因此仿射变换群是射影变换群的子群. 若对变换 (9.9.3) 再加上限制

$$\begin{vmatrix} a_1 & a_2 \\ b_1 & b_2\end{vmatrix} = \pm 1.$$

这种变换的全体也构成一个群, 称为**等积仿射群**. 它是仿射变换群的子群. 若我们取一种特殊形式的等积仿射变换

$$\begin{cases}x' = x\cos\theta - y\sin\theta + a, \\ y' = \pm x\sin\theta \pm y\cos\theta + b,\end{cases} \tag{9.9.4}$$

则这种变换的全体也构成一个子群, 称为**运动群**. 它也是等积仿射群的子群. (9.9.4) 式的齐次坐标表达式为

$$\begin{cases}\rho x_1' = x_1\cos\theta - x_2\sin\theta + ax_3,\\ \rho x_2' = \pm x_1\sin\theta \pm x_2\cos\theta + bx_3,\\ \rho x_3' = x_3.\end{cases} \tag{9.9.5}$$

容易直接验证, 变换 (9.9.5) 把满足

$$x_1^2 + x_2^2 = 0, \quad x_3 = 0 \tag{9.9.6}$$

的图形变成自身. 在变换 (9.9.5)下, 图形 (9.9.6) 上有两个点 $I(1,\mathrm{i},0)$ 和 $J(1,-\mathrm{i},0)$, 它们或者保持不动, 或者互换. 这两个共轭虚点, 称为**圆点**. 因此运动群中的任一变换 (9.9.5)是使 (9.9.6) 不变的等积仿射变换. 反之, 任何一个使 (9.9.6) 不变的等积仿射变换, 必定可写成 (9.9.5) 的形式 (请读者自证).

在射影平面 P^2 上射影变换群的子群的另一个重要的例子是**非欧运动群**, 它是把一条二次曲线 C 变到自身的直射变换的全体. 讨论 P^2 上非欧运动群下不变的几何性质, 就构成了非欧几何的内容, 因此非欧几何是射影几何的子几何.

在射影平面上取定一条直线, 使之特殊化, 就导出了仿射平面, 从而恢复了平行的概念. 用什么方式来恢复"度量"的概念呢? 我们需要用"度量"这个概念计算两点间的距离和两直线间的夹角.

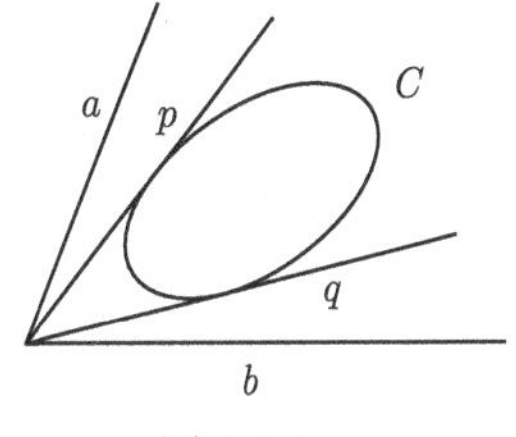

图 9.9.1

现在我们用以下方式来定义射影测度.

在射影平面 P^2 内取一非退化的二次曲线 C, 另选定一非零的常数 k. 从任意两直线 a,b 的交点出发, 作这条二次曲线的切线 p,q (图 9.9.1). 则

$$\theta(a,b) = k\log R(a,b;p,q) \tag{9.9.7}$$

是两直线 a,b 的函数, 根据交比 R 的性质, 函数 θ 满足以下的性质:

(1) $\theta(a,a)=0$;

(2) $\theta(b,a)=-\theta(a,b)$ $(a\neq b)$;

(3) $\theta(a,b)+\theta(b,c)=\theta(a,c)$,

其中直线 a,b,c 交于一点. 我们引入以下定义.

定义 9.9.1 由 (9.9.7) 式定义的函数 $\theta(a,b)$ 称为两直线 a,b 的所成的角的**射影测度**, 预先取定的非退化的二次曲线 C 称为这个测度的**绝对形**, k 称为**测度系数**.

对偶地, 我们可以定义两点间的距离的射影测度. 在射影平面 P^2 内取定一条非退化的二次曲线 C, 再取定一非零常数 k. 设任意两点 A,B 的连线与二次曲线

C 交于 P, Q 两点 (图 9.9.2) 则

$$d(A, B) = k \log R(A, B; P, Q) \tag{9.9.8}$$

是两点 A, B 的函数, 这个函数与 A, B 两点的次序有关, 且满足以下性质:

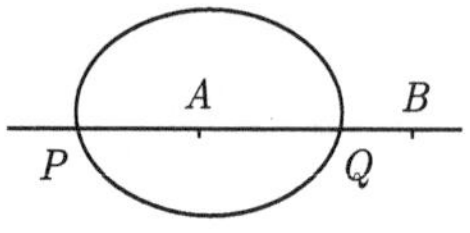

图 9.9.2

(1) $d(A, A) = 0$;

(2) $d(B, A) = -d(A, B)$ (当 $A \neq B$ 时);

(3) $d(A, B) + d(B, C) = d(A, C)$, 其中 A, B, C 三点共线.

由此我们可以引入以下定义.

定义 9.9.2　由 (9.9.8) 定义的射影平面 P^2 上点的二元函数 $d(A, B)$ 称为两点 A, B 间距离的**射影测度**. 预先取定的非退化的二次曲线 C 称为这个测度的**绝对形**, k 称为**测度系数**.

利用交比的性质 (见 9.5 节及习题) 容易证明:

定理 9.9.1　如果射影平面上两直线的交点在绝对形上, 那么它们的夹角的射影测度为零.

定理 9.9.2　射影平面上任何一点到绝对形上任何点的距离的射影测度等于 ∞.

从定理 9.9.2 可知, 作为绝对形的二次曲线等价于仿射平面上的无穷远直线. 下面我们来求两点间的距离的射影测度. 设非退化的二次曲线 C 的方程为

$$\sum_{i,j=1}^{3} a_{ij} x_i x_j = 0, \quad a_{ij} = a_{ji}, \quad |a_{ij}| \neq 0. \tag{9.9.9}$$

$A(y_1, y_2, y_3), B(z_1, z_2, z_3)$ 为射影平面 P^2 上的两点. 则直线 AB 与二次曲线 C 的两个交点 P, Q 的坐标可以写为 $\rho x_i = y_i + \lambda z_i$, $i = 1, 2, 3$. 由 P, Q 在二次曲线 C 上, 我们有

$$\sum_{i,j=1}^{3} a_{ij} (y_i + \lambda z_i)(y_j + \lambda z_j) = 0.$$

记

$$U = \sum_{i,j=1}^{3} a_{ij} y_i y_j, \quad V = \sum_{i,j=1}^{3} a_{ij} y_i z_j, \quad W = \sum_{i,j=1}^{3} a_{ij} z_i z_j,$$

则上述关于 λ 的方程变为

$$U + 2\lambda V + \lambda^2 W = 0.$$

解此方程得

$$\lambda = \frac{-V \pm \sqrt{V^2 - UW}}{W}, \tag{9.9.10}$$

所以

$$R(A,B;P,Q)=\frac{\lambda_1}{\lambda_2}=\left(\frac{V-\sqrt{V^2-UW}}{V+\sqrt{V^2-UW}}\right)^{\pm 1}.$$

这里, 指数上的 ± 1 可以选取一种. 于是由 (9.9.8), 我们可以求得

$$\begin{aligned}d(A,B)&=\pm k\log\frac{V-\sqrt{V^2-UW}}{V+\sqrt{V^2-UW}}\\&=\pm 2k\log\frac{V-\sqrt{V^2-UW}}{\sqrt{UW}}.\end{aligned}\tag{9.9.11}$$

类似地, 我们可以求出相交两直线夹角的射影测度.

我们考察相应于二次曲线 C 的二级曲线 (见 (9.7.11)).

$$\sum_{i,j=1}^{3}A_{ij}\xi_i\xi_j=0.\tag{9.9.12}$$

设 $a(\eta_1,\eta_2,\eta_3),b(\xi_1,\xi_2,\xi_3)$ 为射影平面 P^2 的两直线, 相交于 M, 由 M 作二次曲线 C 的切线 p,q, 则 p,q 的坐标可以设为 $\tau\xi_i=\eta_i+\lambda\zeta_i$, $i=1,2,3$. 由于 p,q 都是 C 的切线, 因此满足

$$\sum_{i,j=1}^{3}A_{ij}\left(\eta_i+\lambda\zeta_i\right)\left(\eta_j+\lambda\zeta_j\right)=0.$$

记

$$u=\sum_{i,j=1}^{3}A_{ij}\eta_i\eta_j,\quad v=\sum_{i,j=1}^{3}A_{ij}\eta_i\zeta_j,\quad w=\sum_{i,j=1}^{3}A_{ij}\zeta_i\zeta_j.$$

则有

$$u+2\lambda v+w\lambda^2=0.$$

解得

$$\lambda=\frac{-v\pm\sqrt{v^2-uw}}{w}.$$

所以有

$$R(a,b;p,q)=\frac{\lambda_1}{\lambda_2}=\left(\frac{v-\sqrt{v^2-uw}}{v+\sqrt{v^2-uw}}\right)^{\pm 1},\tag{9.9.13}$$

$$\theta(A,B)=\pm 2k\log\frac{v-\sqrt{v^2-uw}}{\sqrt{uw}}.\tag{9.9.14}$$

射影测度的概念是 Cayley (凯莱) 于 1859 年首先建立的. 在前面我们引入的射影平面上, 包含了实和虚两元素. 在实际讨论时, 我们并没有刻意区别. 同样二次曲线有实和虚两种情况. 若绝对形为实二次曲线, 则可以构成罗巴切夫斯基几何, 简称为罗氏几何 (或双曲几何); 若绝对形为虚二次曲线, 则可以构成椭圆几何. 罗氏几何和椭圆几何统称为非欧几何. 非欧几何可以通过射影平面上的射影测度导出, 而射影测度由交比 (射影概念) 定义, 因此非欧几何可以从射影几何导出.

9.9.2 非欧几何

非欧几何的研究是从对欧几里得平行公理 (第五公设) 的研究开始的. 人们试图用其他公理去推出平行公理, 结果都没有成功. 又有人试图用其他公理代替平行公理, 最后才导致非欧几何的创立.

欧几里得平行公理 在平面上通过一直线 l 外一点 A , 只能引一条直线与直线 l 平行.

罗巴切夫斯基和 Bolyai 于 1830 年左右创立了一种新的几何学, 它除了平行公理以外, 满足欧氏几何的一切公理, 而平行公理换成如下的公理 (**罗氏平行公理**).

在平面上, 通过一直线 l 外的一点 A 存在两直线与该直线不相交.

罗氏几何是非欧几何的一种. 1871 年, Klein 利用 Cayley 创立的射影测度的概念来说明非欧几何学, 构成了罗氏几何的 **Klein 模型**.

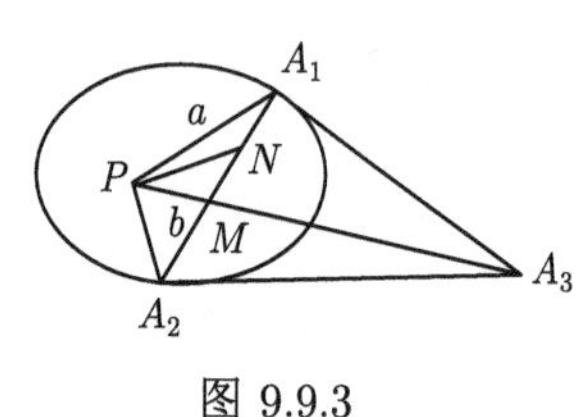

图 9.9.3

在射影平面上取定一条实非退化的二次曲线 C (图 9.9.3) 为绝对形, 我们规定绝对形 C 内部的点称为双曲点, 绝对形的弦称为双曲直线. 因为绝对形 C 上的点不是双曲几何的点, 所以双曲直线是开的. 根据这样的规定, 任意两个双曲点决定唯一一条双曲直线. 现在我们利用公式 (9.9.7) 和 (9.9.8) 定义的角度与距离, 说明双曲点关于这样的角度和距离所具有的一些基本性质.

由定理 9.9.2 知任何一个双曲点到绝对形上的点的距离无限大, 并且由定理 9.9.1, 我们称交点在绝对形上的两直线为平行直线. 设直线 l 交双曲线 C 于 A_1, A_2 两点, 过直线 l 外的一点 P, 可引两条直线 PA_1, PA_2 与直线 l 平行, 这就实现了罗氏平行公理.

根据这样的讨论, 我们建立了罗巴切夫斯基几何的射影模型, 这个模型称为 Klein 模型. 以下我们就在 Klein 模型上计算三角形三内角之和.

从 P 点引直线 l 的垂线 PM (图 9.9.3), $\angle A_1PM$ 和 $\angle A_2PM$ 称为平行角. 我们可以证明 $\angle A_1PM = \angle A_2PM = \theta$, 并且 θ 是 P 到 l 的距离 $d = d(P, M)$ 的函数 $\theta = \theta(d)$.

选取合适的坐标系 $A_1(1,0,0), A_2(0,0,1), A_3(0,1,0)$, 使得二次曲线 C 的方程为 $x_1x_3 - x_2^2 = 0$ (见 9.8 节). 这里点 A_3 为二次曲线上两点 A_1, A_2 的切线 (即极线) 的交点. 相应的二级曲线为 $4\xi_1\xi_3 - \xi_2^2 = 0$. 任何一个双曲点 $[(x_1, x_2, x_3)]$ 都满足

$$x_1x_3 - x_2^2 > 0.$$

从而 $P(a_1, a_2, a_3)$ 的坐标满足 $a_1a_3 - a_2^2 > 0$. 直线 $PA_1 = a : (0, a_3, -a_2)$, 直线 $PA_2 = (a_2, -a_1, 0)$, 直线 $l = A_1A_2 : (0,1,0)$, 直线 $PA_3 = PM = b : (-a_3, 0, a_1)$. 自 P 点向二次曲线 C 所作的切线为虚直线.

所以 (9.9.13) 中 $v^2 - uw < 0$, 其中 $u = \sum A_{ij}\eta_i\eta_j = -a_3^2, w = \sum A_{ij}\zeta_i\zeta_j = -4a_1a_3$, $v = \sum A_{ij}\eta_i\zeta_j = 2a_2a_3$. 故

$$v^2 - uw = 4a_2^2a_3^2 - 4a_1a_3^3 = 4a_3^3\left(a_2^2 - a_1a_3\right) < 0.$$

由于 $\theta = \theta(a,b) = \theta(PA_1, PM)$ 为实数, 我们在 (9.9.13) 中取 $k = \dfrac{\mathrm{i}}{2}$. 这时 (只取其中一个角)

$$\begin{aligned}\theta(a,b) &= \mathrm{i}\log\frac{2a_2a_3 - \sqrt{4a_3^2\left(a_2^2 - a_1a_3\right)}}{\sqrt{4a_1a_3^3}}\\ &= \mathrm{i}\log\frac{a_2a_3 - \mathrm{i}\sqrt{a_3^2\left(a_1a_3 - a_2^2\right)}}{\sqrt{a_1a_3^3}}.\end{aligned}$$

所以

$$\mathrm{e}^{-\mathrm{i}\theta} = \frac{a_2a_3 - \mathrm{i}\sqrt{a_3^2\left(a_1a_3 - a_2^2\right)}}{\sqrt{a_1a_3^3}}.$$

因此

$$\cos\theta = \frac{a_2a_3}{\sqrt{a_1a_3^3}} = \frac{a_2}{\sqrt{a_1a_3}}. \tag{9.9.15}$$

我们同样可以计算两点 $P(a_1, a_2, a_3)$ 和 $M(a_1, 0, a_3)$ 之间的距离. 利用 (9.9.10), $U = \sum a_{ij}y_iy_j = -a_2^2 + a_1a_3$, $W = \sum a_{ij}z_iz_j = a_1a_3$, $V = \sum a_{ij}y_iz_j = a_1a_3$. 由于两个实点的距离是实数, 所以 $V^2 - UV > 0$. 取 $k = \dfrac{\alpha}{2}$, α 是实数, 则

$$d(P,M) = \alpha\log\frac{a_1a_3 - \sqrt{a_1a_3a_2^2}}{\sqrt{a_1a_3\left(a_1a_3 - a_2^2\right)}} = \alpha\log\frac{\sqrt{a_1a_3} - a_2}{\sqrt{a_1a_3 - a_2^2}}.$$

从而

$$\mathrm{e}^{\frac{d}{\alpha}} = \frac{\sqrt{a_1 a_3} - a_2}{\sqrt{a_1 a_3 - a_2^2}}.$$

由此可计算出

$$\cosh \frac{d}{\alpha} = \frac{\sqrt{a_1 a_3}}{\sqrt{a_1 a_3 - a_2^2}}, \quad \sinh \frac{d}{\alpha} = \frac{a_2}{\sqrt{a_1 a_3 - a_2^2}}$$

或

$$\tanh \frac{d}{\alpha} = \frac{a_2}{\sqrt{a_1 a_3}}. \tag{9.9.16}$$

比较 (9.9.15), (9.9.16) 可知

$$\tanh \frac{d}{\alpha} = \cos\theta,$$

$$\tan \frac{\theta}{2} = \frac{\sin\theta}{1 + \cos\theta} = \mathrm{e}^{-\frac{d}{\alpha}}.$$

所以

$$\theta(d) = 2\arctan(\mathrm{e}^{-\frac{d}{\alpha}}). \tag{9.9.17}$$

事实上可以证明这个结果与坐标系的选取无关. 同时可以看到当 $d \to 0$ 时, $\theta(d) \to \frac{\pi}{2}$. 当 p 取非零有限值时, $\theta = \theta(d) < \frac{\pi}{2}$.

现在我们来计算三角形的三内角和. 先看图 9.9.3 中直角三角形 NPM. 当 N 由 A_1 移向 M 时, $\angle MNP$ 由 0 增加到 $\frac{\pi}{2}$, 同时 $\angle NPM$ 由 $\theta(d)$ 减少到 0, 但由于 $\theta(d) < \frac{\pi}{2}$, 所以 $\angle MNP$ 增加的幅度 $\left(0, \frac{\pi}{2}\right)$ 大于 $\angle NPM$ 减少的幅度 $(\theta(d), 0)$, 从而三角形 $\triangle NPM$ 的三内角和

$$\begin{aligned}
&\angle MNP + \angle NPM + \angle NMP \\
=& \angle MNP + \angle NPM + \frac{\pi}{2} \\
<& \frac{\pi}{2} + \frac{\pi}{2} = \pi.
\end{aligned}$$

所以在绝对形内, 任何一个直角三角形的三内角和小于 π. 因为任何三角形都可以看成两个直角三角形构成. 所以绝对形内 (罗氏几何中) 任何一个三角形的三内角和小于 π.

最后我们简要地介绍一下**椭圆几何**.

取虚的非退化的二次曲线 C 为绝对形. 在射影平面 P^2 上取 (9.9.7), (9.9.8) 定义的射影测度. 我们规定射影平面上的点为点, 直线为直线. 这时射影平面上的点和直线关于这个射影测度, 也构成一种几何, 我们称这种几何为椭圆几何. 它具有以下的性质.

由于 C 上没有实点, 因此任何两实直线的交点均不在 C 上, 在这种几何里, 没有平行线. 所以过直线外一点, 不存在与已知直线平行的直线. 对于任意两点 $A(y_1, y_2, y_3), B(z_1, z_2, z_3)$ 的连线, 它与给定的虚二次曲线 (绝对形) C 的交点 P, Q 也是虚的. 如图 9.9.4, 设 P, Q 两点的坐标为 $y_i + \lambda_1 z_i$ 和 $y_i + \lambda_2 z$, $i = 1, 2, 3$, 其中 λ_1, λ_2 是共轭虚数. 为了使由 (9.9.11) 得到的两点间的距离是实数, 在 (9.9.11) 中, 取 $k = \dfrac{\mathrm{i}\alpha}{2}, \alpha$ 为实数. 则由 (9.9.11) 得

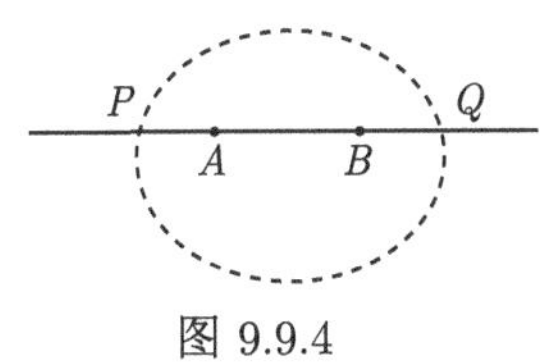

图 9.9.4

$$d(A, B) = \mathrm{i}\alpha \log \frac{V - \sqrt{V^2 - UW}}{\sqrt{UW}}$$
$$= \mathrm{i}\alpha \log \frac{V \pm \mathrm{i}\sqrt{UW - V^2}}{\sqrt{UW}}.$$

所以

$$\mathrm{e}^{-\mathrm{i}\frac{d}{\alpha}} = \frac{V + \mathrm{i}\sqrt{UW - V^2}}{\sqrt{UW}}, \quad \mathrm{e}^{\mathrm{i}\frac{d}{\alpha}} = \frac{V - \mathrm{i}\sqrt{UW - V^2}}{\sqrt{UW}}.$$

从而

$$\cos \frac{d}{\alpha} = \frac{V}{\sqrt{UW}}.$$

取定 A 点, 当 B 点与 A 点重合时, $U = V = W$, 所以 $d = 0$. 当 B 点移动到 A 点的极线上时, $V = \sum a_{ij} y_i z_j = 0$. 这时, $\cos \dfrac{d}{\alpha} = 0, d = \dfrac{\alpha\pi}{2}$. 所以 A 点到它的极线上的点之间的距离等于常数 $\dfrac{\alpha\pi}{2}$. 当 B 继续移动, 与 A 点的距离达到 $\alpha\pi$ 时, $\left|\cos \dfrac{d}{\alpha}\right| = 1$. 这时 $V^2 = UW$. 由此可得

$$\mathrm{e}^{-\mathrm{i}\frac{d}{\alpha}} = \mathrm{e}^{\mathrm{i}\frac{d}{\alpha}}.$$

所以 $d = 0$. 此即说明 B 点又返回到 A 点. 这一现象说明, 在椭圆几何里, 没有无穷远点. 并且所有的直线都是封闭的, 它们的长度为 $\alpha\pi$.

考察由两实直线 a,b 的交点 A 所引的二次曲线的两条切线 p,q. 由于二次曲线是虚的, 所以两条切线 p,q 也是虚的. 为了使 a,b 的交角 $\theta(a,b)$ 是实数, 在 (9.9.7), 或者 (9.9.13) 中取 $k=\frac{\mathrm{i}}{2}$, 则由 (9.9.13) 得

$$\theta(a,b)=\pm\mathrm{i}\log\frac{v-\sqrt{v^2-uw}}{\sqrt{uw}}=\pm\mathrm{i}\log\frac{v\pm\mathrm{i}\sqrt{uw-v^2}}{\sqrt{uw}}.$$

现在我们就取

$$\theta(a,b)=\mathrm{i}\log\frac{v+\mathrm{i}\sqrt{uw-v^2}}{\sqrt{uw}}.$$

由此可以解得

$$\mathrm{e}^{-\mathrm{i}\theta}=\frac{v+\mathrm{i}\sqrt{uw-v^2}}{\sqrt{uw}},\quad \mathrm{e}^{\mathrm{i}\theta}=\frac{v-\mathrm{i}\sqrt{uw-v^2}}{\sqrt{uw}}.$$

因此 $\cos\theta=\frac{v}{\sqrt{uw}}$. 当 $v=0$, 即 a 与 b 互为共轭时, $\cos\theta=0$, $\theta=\frac{\pi}{2}$. 所以共轭直线彼此垂直.

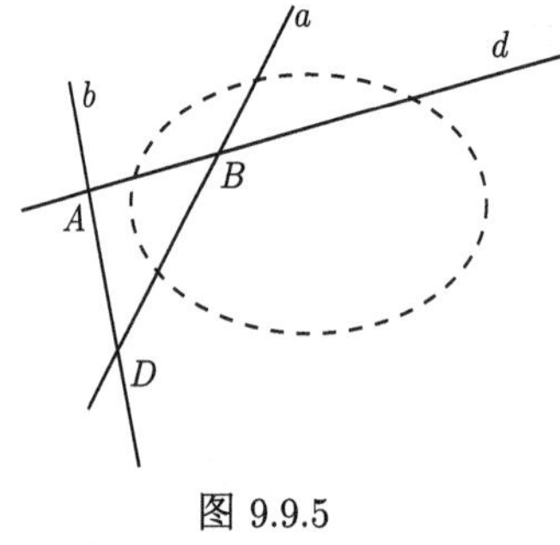

图 9.9.5

如图 9.9.5, 现在在平面 P^2 上任取一点 A, A 的关于绝对形 C 的极线为 a. 在直线 a 上分别取两个不同的点 B,D, 分别作这两点关于绝对形 C 的极线 b,d. 则这两条直线都通过 A 点. 这样我们就得到一个自共轭三角形 ABD, 这个三角形中每个内角都是 $\frac{\pi}{2}$, 所以三角形的三内角和为 $\frac{3\pi}{2}$. 一般地, 可以证明, 在椭圆几何里, 任何的一个三角形的三内角之和大于 π, 这正是椭圆几何与欧氏几何、罗氏几何的最重要的区别.

参 考 文 献

北京大学数学系几何代数教研室前代数小组. 2019. 高等代数. 5 版. 王萼芳, 石生明修订. 北京: 高等教育出版社.

陈志杰. 2008. 高等代数与解析几何 (上册). 2 版. 北京: 高等教育出版社.

D. 希尔伯特. 1995. 几何基础. 2 版. 江泽涵, 朱鼎勋译. 北京: 科学出版社.

丰宁欣, 孙贤铭, 郭孝英, 等. 1982. 空间解析几何. 杭州: 浙江科学技术出版社.

关蔼雯. 1990. 吴方法系列讲座. 北京: 北京理工大学.

郭聿琦, 岑嘉评, 徐贵桐. 2001. 线性代数导引. 北京: 科学出版社.

黄宣国. 2003. 空间解析几何与微分几何. 天津: 复旦大学出版社.

黄兆镇, 孙晟昊. 2022. 点集拓扑初步. 北京: 高等教育出版社.

黄止达, 李方, 温道伟, 等. 2013. 高等代数 (上册). 2 版. 杭州: 浙江大学出版社.

柯斯特利金 A И. 2006. 基础代数. 2 版//代数学引论 (第一卷). 张英伯译. 北京: 高等教育出版社.

李方, 黄正达, 温道伟, 等. 2013. 高等代数 (下册). 杭州: 浙江大学出版社.

李尚志. 2007. 线性代数 (数学专业用). 北京: 高等教育出版社.

吕林根, 许子道. 2019. 解析几何. 5 版. 北京: 高等教育出版社.

孟道骥. 2014. 高等代数与解析几何 (上下册). 3 版. 北京: 科学出版社.

丘维声. 2013. 高等代数. 北京: 科学出版社.

丘维声. 2015. 解析几何. 3 版. 北京: 北京大学出版社.

沈一兵, 盛为民, 张希, 等. 2008. 解析几何学. 杭州: 浙江大学出版社.

石赫. 1998. 机械化数学引论. 长沙: 湖南教育出版社.

苏步青, 华宣积, 忻元龙, 等. 1984. 空间解析几何. 上海: 上海科学技术出版社.

萧树铁, 居余马, 李海中. 2006. 大学数学——代数与几何. 北京: 高等教育出版社.

谢启鸿, 姚慕生, 吴泉水. 2022. 高等代数学. 4 版. 上海: 复旦大学出版社.

许以超. 2008. 线性代数与矩阵论. 2 版. 北京: 高等教育出版社.

尤承业. 2004. 解析几何. 北京: 北京大学出版社.

张禾瑞, 郝鈵新. 2007. 高等代数. 5 版. 北京: 高等教育出版社.

Lay D C. 2007. 线性代数及其应用. 3 版修订版. 沈复兴等译. 北京: 人民邮电出版社.

Busemann H, Kelly P. 2005. Projective Geometry and Projective Metrics. New York: Academic Press Inc.

Friedberg S H, Insel A J, Spence L E. Linear Algebra. 2019. 5th ed. Illinois: Pearson Education Inc.

附　录　B

B.1　几何基础简介

几何学的研究对象是图形，在研究这些图形时必然要用到人们的空间直观性. 可是直观性也有缺令客观性的情况, 因此在明确地规定了定义和公理的基础上, 排除直观, 建立纯粹的合乎逻辑的几何学的思想, 在古希腊时代就已经开始了. 欧几里得的《几何原本》就是在这种思想的指导下完成的. 虽然长期以来,《几何原本》被视为完善的逻辑体系的典范, 但是随着时代的进步, 人们注意到《几何原本》中的逻辑性存在许多缺陷. 一个简单例子在《几何原本》第 1 卷中, 如下:

命题 B.1.1　*三角形的任意一个外角大于任何一个不相邻的内角.*

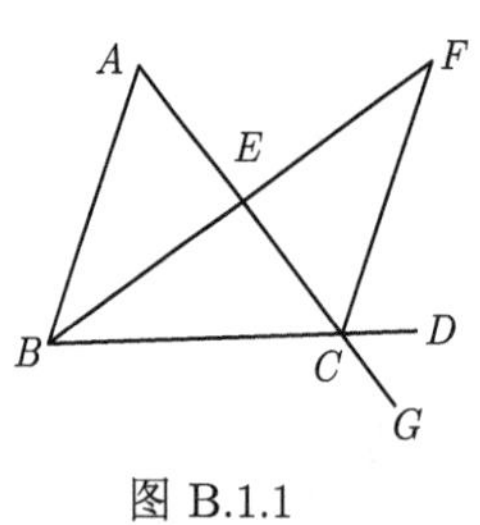

图 B.1.1

证明　如图 B.1.1, 设 ABC 是一个三角形, 延长 BC 到 D, 则可证外角 $\angle ACD$ 大于内对角 $\angle CBA$, $\angle BAC$ 的任何一个. 设 AC 被 E 点平分, 连 BE 并延长至 F, 使 EF 等于 BE, 连 FC, 延长 AC 至 G. 易证 ΔABE 全等于 ΔCFE, 所以角 $\angle BAE$ 等于 $\angle ECF$, 因 $\angle ECD$ 大于 $\angle ECF$, 故 $\angle ACD$ 大于 $\angle BAE$. 类似地, BC 被平分, $\angle BCG$, 即 $\angle ACD$ 可证明大于 $\angle ABC$. □

这个证明貌似逻辑严密, 其实它在很大程度上依赖了直观性, 问题出在 "$\angle ECD$ 大于 $\angle ECF$", 理论依据何在? 根据公理 5, 整体大于部分. 何谓整体? 难道只许把 $\angle ECD$ 视为整体, 就不准把 $\angle ECF$ 作整体吗?

这个例子说明了直观性缺乏客观性, 更暴露出《几何原本》的公理体系本身的不完备. 而且这样的例子在几何原本中可谓比比皆是. 到 19 世纪后半叶, 许多数学家提出了可用以代替《几何原本》公理体系的在逻辑上完善的公理体系. 其中, Hilbert 提出的公理体系是考虑最周到的. Hilbert 为欧几里得几何学给出的公理体系——《几何基础》出版后, 立即引起了整个数学界的关注, 并被视为一部经典的著作. Hilbert 上述工作的意义远超出了几何基础的范围, 以 Hilbert 的工作为先导, 在 20 世纪初, 在数学的各个领域, 形成了所谓的公理化运动, 使公理化方法渗透到数学的各种理论中. 公理化运动不仅使许多旧的和新的数学分支的逻辑基架得以建立, 而且也确立了每个分支的数学基础. 从这个意义上, 我们说希尔伯特是现代公理化方法的奠基人.

B.1.1 公理法简介

公理法的内容由四个方面组成.

1. 基本概念

基本概念是不加以定义的原始概念, 它是一切定义的基础. 它包括“基本元素”和“基本关系”. 欧氏几何的基本元素是“点”、“直线”和“平面”, 基本关系有“结合关系”、“顺序关系”、“合同关系”等等.

2. 定义

定义是揭示某个概念的本质属性, 以区别于其他概念. 从开始定义的一些原始概念出发, 可以定义一些新的概念. 在严格的逻辑演绎体系里, 除了基本概念, 其他的概念都必须由定义给出.

3. 公理

所谓公理, 就是作为该理论的逻辑论证的基础, 而本身不加证明的命题. 用公理法建立一个数学理论系统时, 最重要的问题是确定该理论的公理系统. 公理系统由若干条公理给出.

4. 定理的叙述与证明

从原始概念、定义和公理出发, 经逻辑推理可以证明的命题是定理. 从定义、公理和已知的定理出发又可以证明新的定理, 由此形成了一套数学理论.

在 Hilbert 的《几何基础》中, 他首次精确地提出公理体系应有相容性、独立性和完备性这三个基本问题.

1. 相容性

一个公理体系的公理以及由此导出的所有命题, 不会发生任何矛盾. 这就是公理体系的相容性, 也称为和谐性或无矛盾性. 任何公理体系都必须是相容的, 否则就不能成为公理体系.

2. 独立性

独立性就是要求公理体系中的每一条公理都是独立的, 即每一条公理都不是由其他的公理推导出来的. 独立性使公理体系中的公理个数最少. 严格地说, 每个公理体系应当包含最少的公理. 但是, 有的时候, 为了使系统更为简单明确, 有的系统放弃了这个要求. 因此, 通常不将独立性作为公理体系的必要条件.

3. 完备性

一个公理体系允许有不同的模型. 如果所有的模型都是同构的, 则说这个公理体系是完备的体系. 所谓同构就是指两个模型的所有元素之间有一一对应关系, 基本关系之间也有一一对应的关系, 而且元素间的关系也构成对应.

B.1.2 欧氏几何公理体系

空间内的点、直线、平面是欧氏几何的基本对象. 我们分别以 $A, B, C, \cdots$ 表示点, 以 $a, b, c, \cdots$ 表示直线, 以 $\alpha, \beta, \gamma, \cdots$ 表示平面. 为了叙述方便, 当我们说两点、三直线、四平面时, 指的是互异的点、直线、平面. 下面我们将按照 Hilbert 的《几何基础》(第七版) (1930 年) 来叙述欧氏几何公理体系. 这里我们将连续公理中的第二个公理 (完备公理) 换为比较容易理解的康托尔公理.

下面是 Hilbert 的五组二十条公理表.

第一组结合公理

I-1 通过任意给定的两点有一直线.

I-2 通过任意给定的两点至多有一条直线.

I-3 每一直线上至少有两点; 至少有三点不同在一直线上.

I-4 通过任意给定的不共线三点有一平面; 每一平面上至少有一点.

I-5 至多有一平面通过任意给定的不共线三点.

I-6 若直线 a 的两点 A, B 在平面 α 上, 则 a 上所有点都在平面 α 上. 这时直线 a 称为在平面 α 上, 或平面 α 通过或含有直线 a.

I-7 若两平面有一公共点, 则至少还有一公共点.

I-8 至少有四点不同在一平面上.

第二组顺序公理

II-1 若点 B 介于两点 A, B 之间, 则 A, B, C 是一直线上的互异点, 且 B 也介于 C, A 之间.

II-2 对于任意两点 A, B, 直线 AB 上至少有一点 C 存在, 使得 B 介于 A, C 之间.

II-3 在共线三点中, 一点介于其他两点的情况不多于一次.

II-4 (帕施公理) 设 A, B, C 是不共线的三点, a 是平面 ABC 上不通过 A, B, C 中任一点的直线, 则若 a 上有一点介于 A, B 之间, 则 a 上必还有一点介于 A, C 或 B, C 之间.

第三组合同公理

III-1 设 A, B 为一直线 a 上两点, A' 为同一或另一直线 a' 上的点, 则在 a' 上一点 A' 的给定一侧有且只有一点 B' 使线段 AB 合同于或等于线段 $A'B'$: $AB = A'B'$. 并且对于每一线段, 要求 $AB = BA$.

III-2 设线段 $A'B' = AB, A''B'' = AB$, 则也有 $A'B' = A''B''$.

III-3 设 AB 和 BC 是直线 a 上没有公共内点的两个线段, 而 $A'B'$ 和 $B'C'$ 是同一或另一直线 a' 上两个线段, 也没有公共内点. 如果这时有 $AB = A'B', BC = B'C'$, 则也有 $AC = A'C'$.

III-4 在平面 α 上给定角 $\angle(h,k)$, 其中 h,k 是平面 α 上从 O 点出发的两射线, 在同一或另一平面 α' 上给定直线 a', 而且在平面 α' 上指定了关于直线 a' 的一侧. 设 h' 是直线 a' 上以一点 O' 为原点的射线. 那么在平面 α' 上直线 a' 的指定一侧, 有且仅有一条以 O' 为原点的射线 k' 使得 $\angle(h,k)=\angle(h',k')$. 每个角都要求与自身合同, 即 $\angle(h,k)=\angle(h,k)$ 以及 $\angle(h,k)=\angle(k,h)$.

III-5 设 A,B,C 是不共线的三点, 而 A',B',C' 也是不共线的三点. 如果这时有

$$AB=A'B',\quad AC=A'C',\quad \angle BAC=\angle B'A'C',$$

那么也就有

$$\angle ABC=\angle A'B'C',\quad \angle ACB=\angle A'C'B'.$$

第四组连续公理

IV-1 (阿基米德公理) 设 AB 和 CD 是任两线段, 那么在直线 AB 上存在着有限个点 $A_1,A_2,\cdots,A_n$, 排成如下次序：A_1 介于 A 和 A_2 之间, A_2 介于 A_1 和 A_3 之间, 以此类推, 并且线段 $AA_1,A_1A_2,\cdots,A_{n-1}A_n$ 都合同于线段 CD, 而且 B 介于 A 和 A_n 之间.

IV-2 (康托尔公理) 设在一直线 a 上有一个由线段组成的无穷序列 A_1B_1, $A_2B_2,\cdots$, 其中在后面的每一段都包含在前一个线段的内部, 并且任意给定一线段, 总有一下标 n 使得线段 A_nB_n 比它小. 那么在直线 a 上存在一点 X 落在每个线段 $A_1B_1,A_2B_2,\cdots$ 的内部.

第五组平行公理

V 通过直线外一点至多可引一直线平行于该直线.

注 在以上公理表中有些词句的意义 (例如, 线段、线段的内点、一直线在其上某点的指定一侧等等), 我们没有一一给出, 它们可以用“介于”的概念解释清楚.

由公理组 I—IV 及其推论构成的几何称为**绝对几何**. 因此 I—IV 是绝对几何公理体系. 在绝对几何中, 中学几何课本中的很多命题成立, 但是也有许多命题在绝对几何中不能证明. 例如, 命题“三角形的任意一个外角大于任何一个不相邻的内角”在绝对几何中成立, 但是绝对几何不能肯定“外角等于不相邻的两个内角之和”, 因而不能得出“三角形的内角之和等于两个直角”这一重要命题. 实际上, 这样的命题都与平行线有关. 如果在绝对几何的公理体系上增加一条新的公理——平行公理 V, 就构成了欧氏几何公理体系, 那么上述问题就完全解决了.

B.1.3 非欧几何公理体系

正如前面的介绍, 非欧几何是在人们力图证明欧氏平行公理 V 失败后产生的. 保留欧氏几何学的前四组公理, 将其第五组公理换成罗巴切夫斯基的平行公理, 就

构成了非欧的罗巴切夫斯基几何学的公理体系, 即绝对几何学的公理体系加上罗巴切夫斯基平行公理, 就构成罗巴切夫斯基几何的公理体系. 因此, 绝对几何学的全部定理在罗巴切夫斯基几何中成立, 只有那些必须用罗巴切夫斯基平行公理才能推出的结论才真正反映了罗巴切夫斯基几何学的特征.

罗巴切夫斯基平行公理 V* 在平面上通过直线外一点, 至少有两条直线与已知直线不相交.

下面列举几个与欧氏几何命题明显不同的罗巴切夫斯基几何的命题作为例子.

(1) 一平面上两条不相交的直线被第三条直线所截, 同位角 (或内错角) 不一定相等.

(2) 三角形内角和小于两个直角.

(3) 不存在相似而不全等的三角形.

(4) 三角形的三条高不一定交于一点.

欧氏平行公理与罗氏平行公理的差别在于过直线外一点是“存在唯一一条直线”还是“至少有两条直线”与已知直线不相交. 显然还有第三种可能, 即“不存在直线”与已知直线不相交. 用第三种可能作为一条公理代替欧氏平行公理或罗氏平行公理, 这样建立起来的几何学就是所谓的 (狭义的) 黎曼几何 (或椭球几何)(在平面情形, 在第 9 章中, 我们称之为椭圆几何).

黎曼平行公理 V** 通过直线外一点, 不存在直线与已知直线不相交.

绝对几何学的公理体系添加黎曼平行公理 V**, 就构成狭义的黎曼几何公理体系, 用它们建立起来的几何体系称为 (狭义的) **黎曼几何**. 在黎曼几何中, 三角形内角和大于两直角.

B.2 整数理论的一些基本性质

整数理论的一些基本性质在中小学数学里已经部分地接触过, 但一些重要的基本性质没有给出, 已给出的可能缺乏严格的证明. 针对本书, 特别是多项式理论的需要, 这一节我们将就这些性质展开讨论. 阅读本节的一个关键点是, 注意到整数和多项式之间基于理论内在联系, 在结论与方法上的类同点. 本节内容主要参考了文献 (张禾瑞和郝鈵新, 2007).

设 a, b 是两个整数. 如果存在一个整数 d, 使得 $b=ad$, 则称 a **整除** b (或称 b **被** a **整除**), 记为 $a|b$. 这时称 a 为 b 的一个**因数**, 称 b 为 a 的一个**倍数**. 如果 a 不整除 b, 那么就记作 $a\nmid b$.

下面我们列出整除的一些基本性质:

(1) $a|b,\ b|c \Rightarrow a|c$.

(2) $a|b,\ a|c \Rightarrow a|(b+c)$.

(3) $a|b$ 且 $c \in \mathbb{Z} \Rightarrow a|bc$.

(4) $a|b_i$ 且 $c_i \in \mathbb{Z}$, $i = 1, 2, \cdots, t \Rightarrow a|(b_1c_1 + b_2c_2 + \cdots + b_tc_t)$.

(5) 每一个整数都可以被 1 和 -1 整除.

(6) 每一个整数 a 都可以被它自己和它的相反数 $-a$ 整除.

(7) $a|b$ 且 $b|a \Rightarrow b = a$ 或 $b = -a$.

这些性质都是显然的. 这里我们只证明最后一个, 其余请读者自证.

因为 $a|b$ 且 $b|a$, 由定义可得, 存在 $c, d \in \mathbb{Z}$, 使得 $b = ac$, $a = bd$. 于是 $a = acd$. 如果 $a = 0$, 那么 $b = ac = 0 = a$; 如果 $a \neq 0$, 那么 $cd = 1$. 从而 $c = d = 1$ 或 $c = d = -1$. 所以 $b = a$ 或 $b = -a$.

整数的带余除法在整数的整除性理论中占有重要的地位, 下面我们给出证明.

定理 B.2.1 (带余除法) 设 a, b 是整数且 $a \neq 0$. 则存在一对整数 q 和 r 使得

$$b = aq + r, \quad 且 \quad 0 \leqslant r < |a|.$$

而且, 满足以上条件的整数 q, r 是由 a, b 所唯一确定的.

证明 令 $S = \{b - ax \mid x \in \mathbb{Z}, b - ax \geqslant 0\}$. 因为 $a \neq 0$, 所以 S 是 $\mathbb{N}$ 的一个非空子集. 根据最小数原理 (对于 $\mathbb{N}$), S 含有一个最小数 r, 也就是说, $r \in S$, 且对任一 $r' \in S$, 有 $r \leqslant r'$. 特别地, 存在 $q \in \mathbb{Z}$ 使得 $b = aq + r$.

如果 $r \geqslant |a|$, 令 $r' = r - |a|$, 则 $r' \geqslant 0$, 且

$$r' = \begin{cases} b - a(q+1), & a > 0, \\ b - a(q-1), & a < 0. \end{cases}$$

所以 $r' \in S$ 且 $r' < r$. 这与 “r 是 s 中的最小数” 这一事实矛盾. 因此 $r < |a|$.

假设还有 $q_0, r_0 \in \mathbb{Z}$ 使得

$$b = aq_0 + r_0, \quad 且 \quad 0 \leqslant r_0 < |a|,$$

则 $a(q - q_0) = r_0 - r$. 如果 $q - q_0 \neq 0$, 那么有

$$|r_0 - r| = |a(q - q_0)| \geqslant |a|.$$

由此 $r_0 \geqslant |a| + r \geqslant |a|$, 或者 $r \geqslant |a| + r_0 \geqslant |a|$. 不论是哪一种情形, 都将导致矛盾. 从而, 必有 $q - q_0 = 0$, 进而 $r_0 - r = 0$, 即 $q = q_0$, $r = r_0$. □

定理 B.2.1 中唯一确定的整数 q 和 r 分别被称为 a 除 b 所得的**商**和**余数**.

例如, $a = -3$, $b = 16$, 那么 $q = -5$, $r = 1$; $a = -3$, $b = -16$, 那么 $q = 6$, $r = 2$.

对任给的整数 a, b, 我们都可以根据带余除法判断 a 能否整除 b. 事实上, 如果 $a=0$, 那么 a 只能整除 0; 如果 $a\neq 0$, 那么 $a|b$ 当且仅当 a 除 b 的余数 $r=0$.

下面介绍整数的最大公因数的概念.

设 a, b 是两个整数. 称满足下列条件的整数 d 为 a 与 b 的一个**最大公因数**:

(1) $d|a$ 且 $d|b$;

(2) 如果 $c\in\mathbb{Z}$ 且 $c|a$, $c|b$, 那么 $c|d$.

一般地, 设 $a_1,a_2,\cdots,a_n$ 是 n 个整数. 称满足下列条件的整数 d 为 $a_1,a_2,\cdots,a_n$ 的一个**最大公因数**.

(1) $d|a_i$, $i=1, 2, \cdots, n$;

(2) 如果 $c\in\mathbb{Z}$ 且 $c|a_i$, $i=1, 2, \cdots, n$, 那么 $c|d$.

关于最大公因数, 我们有

定理 B.2.2 设 $a_1,a_2,\cdots,a_n\in\mathbb{Z}$, 其中 $n\geqslant 2$. 则

(1) $a_1,a_2,\cdots,a_n$ 的最大公因数必存在;

(2) 如果 d 是 a_1, a_2, $\cdots$, a_n 的一个最大公因数, 那么 $-d$ 也是一个最大公因数;

(3) a_1, a_2, $\cdots$, a_n 的任两个最大公因数最多相差一个符号.

证明 由最大公因数的定义和整除的基本性质，结论 (3) 显然成立.

(1) 如果 $a_1=a_2=\cdots=a_n=0$, 那么 0 显然是 $a_1,a_2,\cdots,a_n$ 的最大公因数.

设 $a_1,a_2,\cdots,a_n$ 不全为零. 我们考虑 $\mathbb{Z}$ 的子集

$$I=\{t_1a_1+t_2a_2+\cdots+t_na_n|t_i\in\mathbb{Z},\ 1\leqslant i\leqslant n\}.$$

显然 I 不是空集. 因为对任一 i, 有

$$a_i=0\cdot a_1+\cdots+0\cdot a_{i-1}+1\cdot a_i+0\cdot a_{i+1}+\cdots+0\cdot a_n\in I.$$

因为 a_1, a_2, $\cdots$, a_n 不全为零, 所以 I 含有非零整数. 因此

$$I^+\triangleq\{s|s\in I \text{ 且 } s>0\}$$

是正整数集的一个非空子集. 于是由最小数原理, I^+ 有一个最小数 d. 下面证明 d 就是 $a_1,a_2,\cdots,a_n$ 的一个最大公因数.

首先, 因为 $d\in I^+$, 所以 $d>0$ 并且 d 有形式

$$d=t_1a_1+t_2a_2+\cdots+t_na_n,\quad t_i\in\mathbb{Z}\ (1\leqslant i\leqslant n).$$

又由带余除法, 有

$$a_i=dq_i+r_i,\quad 0\leqslant r_i<d\ (1\leqslant i\leqslant n).$$

如果某一 $r_i > 0$, 不妨设 $r_1 > 0$, 那么

$$r_1 = a_1 - dq_1 = (1 - t_1q_1)a_1 - t_2q_1a_2 - \cdots - t_nq_1a_n \in I^+.$$

则 $r_1 < d$ 与 "d 是 I^+ 中的最小数" 这一事实矛盾. 故对 $1 \leqslant i \leqslant n$, 必有 $r_i = 0$, 即 $d|a_i$, $1 \leqslant i \leqslant n$.

其次, 如果 $c \in \mathbb{Z}$ 且 $c|a_i$, $1 \leqslant i \leqslant n$, 那么 $c|(t_1a_1 + t_2a_2 + \cdots + t_na_n)$, 即 $c|d$. 这就证明了 d 是 $a_1, a_2, \cdots, a_n$ 的一个最大公因数.

(2) 由 (1) 显然可得. □

这个定理告诉我们, 任意 n 个整数的最大公因数一定存在，并且在可以相差一个符号的意义下是唯一的. 我们把 n 个整数 $a_1, a_2, \cdots, a_n$ 的非负最大公因数记作 $(a_1, a_2, \cdots, a_n)$.

由定理 B.2.2 的证明, 我们还可以得出最大公因数的一个重要性质. 这就是

定理 B.2.3 设 d 是整数 $a_1, a_2, \cdots, a_n$ 的一个最大公因数. 则存在整数 $t_1, t_2, \cdots, t_n$, 使得

$$t_1a_1 + t_2a_2 + \cdots + t_na_n = d.$$

设 a, b 是两个整数. 如果 $(a, b) = 1$, 则称 a 与 b **互素**. 一般地, 设 $a_1, a_2, \cdots, a_n$ 是 n 个整数. 如果 $(a_1, a_2, \cdots, a_n) = 1$, 则称这 n 个整数 $a_1, a_2, \cdots, a_n$ **互素**. 例如, 6 与 7 是一对互素的整数; 3, 8, 15 是三个互素的整数.

由定理 B.2.3, 我们有

定理B.2.4 整数 $a_1, a_2, \cdots, a_n$ 互素的充要条件是存在整数 $t_1, t_2, \cdots, t_n$, 使得

$$t_1a_1 + t_2a_2 + \cdots + t_na_n = 1.$$

与最大公因数对偶的一个概念是最小公倍数.

设 a, b 是两个整数. 称整数 m 为 a 与 b 的一个**最小公倍数**, 如果

(1) $a|m$ 且 $b|m$;

(2) 如果 $c \in \mathbb{Z}$ 且 $a|c$, $b|c$, 那么 $m|c$.

当 a, b 不全为零时, 有 $(a, b) \neq 0$ 且 $(a, b)|ab$. 此时我们可以证明 $\dfrac{ab}{(a, b)}$ 是 a 与 b 的一个最小公倍数 (请读者自己完成证明). 又由定义容易得到: 如果 m 是 a 与 b 的一个最小公倍数, 则 $-m$ 也是 a 与 b 的一个最小公倍数, 而且 a 与 b 没有其他的最小公倍数. 我们以 $[a, b]$ 表示 a 与 b 的那个唯一的非负最小公倍数. 显然, 我们有

$$[a, b](a, b) = |ab|.$$

最后介绍关于素数的一些简单性质.

称整数 p 为一个**素数**, 如果 $p>1$ 且其因数只有 ±1 和 $\pm p$.

根据这个定义, 如果 p 是一个素数而 a 是任意一个整数, 那么 $(a,\ p)=p$ 或者 $(a,\ p)=1$. 在前一种情形下, $p|a$; 在后一种情形, $p\nmid a$.

另外, 每一个不等于 0 和 ±1 的整数一定可以被某一个素数整除. 事实上, 设 $a\in\mathbb{Z}$, $a\neq0$, $a\neq\pm1$. 如果 $|a|$ 就是一个素数, 这时自然有 $|a|\mid a$; 如果 $|a|$ 不是素数, 那么必有一个因数 d 使得 $d>1$ 且 $d<|a|$. 如果 d 不是素数, 那么 d 又有一个因数 d_1 使得 $1<d_1<d$. 自然 d_1 也是 a 的一个因数. 由自然数的最小数原理, 这个过程不能无限地进行下去. 因此最后一定有一个素数 p 且 $p|a$.

下面的定理是素数的一个基本性质.

定理 B.2.5 一个素数如果整除 a 与 b 的乘积, 那么它至少整除 a 与 b 中的一个.

证明 设 p 是一个素数. 如果 $p|ab$ 但 $p\nmid a$, 那么由上面指出的素数的性质, 必定有 $(p,\ a)=1$. 于是由定理 B.2.4, 存在整数 s 和 t, 使得

$$sp+ta=1.$$

把这个等式两端同乘以 b 可得

$$spb+tab=b.$$

上式左端第一项显然能被 p 整除; 又因为 $p|ab$, 所以左端第二项也能被 p 整除. 于是 p 整除左端两项的和, 从而 $p|b$. □

B.3 等价关系与商集

为了对某一集合中的对象有更多的认识, 人们常常对该集合的元素进行分类. 等价关系就是对集合的元素进行分类所采用的数学语言.

定义 B.3.1 设 A 是非空集合, $A\times A$ 的一个子集称为 A 中的一个二元关系.

定义 B.3.2 设 $R\subseteq A\times A$ 是 A 中的一个二元关系. 为了符号上的方便, 若 $(a,b)\in R$, 则记为 $a\sim b$. 如果它满足

(1) 对任意 $a\in A$, $a\sim a$ (**自反性**);

(2) 对任意 $a,b\in A$, 若 $a\sim b$, 则 $b\sim a$ (**对称性**);

(3) 对任意 $a,b,c\in A$, 若 $a\sim b$, $b\sim c$, 则 $a\sim c$ (**传递性**),

则称 R (或 $\sim$) 是 A 中的一个**等价关系**.

下面设 $R\subseteq A\times A$ 是 A 中的一个等价关系. 对 $a,b\in R$, 记 $a\sim b$ 当且仅当 $(a,b)\in R$.

定义 B.3.3 (1) 对任意 $a \in A$, 称集合

$$\overline{a} = \{b \in A \,|\, a \sim b\}$$

为 A 在等价关系 R 下的一个**等价类**, a 是该等价类的一个**代表元**.

(2) 令

$$A/\sim = \{\overline{a} \,|\, a \in A\},$$

即 A 在等价关系 R 下的所有等价类全体, 称为 A 关于该等价关系的**商集**. 注意, 每个等价类在 $A/\sim$ 中只出现一次, 对不同的 $a, b \in A$, 若 $\overline{a} = \overline{b}$ 则 $\overline{a}$ (也就是 $\overline{b}$) 在 $A/\sim$ 中只出现一次!

(3) 称映射

$$\pi : A \to A/\sim,$$

$$\pi(a) = \overline{a}$$

为 A 关于等价关系 $\sim$ 的**自然映射**.

注 一个等价类有"双重身份", 它既是 A 的一个子集, 又是商集 $A/\sim$ 中的一个元素!

例 B.3.1 (整数模 n 的同余关系) 设 n 是某固定的正整数. 对于 $a, b \in \mathbb{Z}$, 定义 $a \sim b$ 当且仅当存在 $k \in \mathbb{Z}$, $a - b = kn$. 可直接验证 $\sim$ 定义了 $\mathbb{Z}$ 上一个等价关系. 相应的集合 $R \subseteq \mathbb{Z} \times \mathbb{Z}$ 为 $R = \{(a, b) \in \mathbb{Z} \times \mathbb{Z} \,|\, 存在\ k \in \mathbb{Z}, a - b = kn\}$. 在这个等价关系下, $\mathbb{Z}$ 有 n 个不同的等价类, 其商集为

$$\mathbb{Z}/\sim = \{\overline{i} \,|\, i = 0, 1, \cdots, n-1\},$$

其中

$$\overline{i} = \{kn + i \,|\, k \in \mathbb{Z}\}.$$

并且

$$\mathbb{Z} = \bigcup_{i=0}^{n-1} \overline{i}.$$

相应的自然映射为

$$\pi : \mathbb{Z} \to \mathbb{Z}/\sim,$$

$$n \to \overline{n}.$$

定义 B.3.4 如果集合 A 有一族非空子集 $A_k(k\in K)$, 满足

(1) $A=\bigcup\limits_{k\in K}A_k$;

(2) 若 $k,s\in K$ 且 $k\neq s$, 则 $A_k\cap A_s=\varnothing$,

则称 $\{A_k\,|\,k\in K\}$ 构成 A 的一个划分.

引理 B.3.1 设 $\sim$ 是集合 A 中的一个等价关系. 对任意 $a,b\in A$, 下面两种情况有且仅有一种成立:

(1) $\overline{a}\cap\overline{b}=\varnothing$;

(2) $\overline{a}=\overline{b}$.

该引理可由等价关系的定义直接证明, 故省略.

等价关系理论的一个主要结果是下述定理.

定理 B.3.2 (1) 设 $\sim$ 是非空集合 A 中的一个等价关系, 则 A 关于 $\sim$ 的等价类全体构成 A 的一个划分;

(2) 若 $\{A_k\,|\,k\in K\}$ 是非空集合 A 的一个划分, 则存在唯一的 A 中的等价关系 $\sim$, 其所有的等价类刚好是 $\{A_k\,|\,k\in K\}$.

证明 (1) 令 $A/\sim=\{\overline{a}\mid a\in A\}$ 为 A 关于该等价关系的商集. 每个等价类在 $A/\sim$ 中只出现一次, 我们对每个等价类选取一个代表元, 所有这些代表元组成 G 的一个子集 $\{a_k|k\in K\}$, 则 $A/\sim=\{\overline{a_k}|k\in K\}$, 且对互异的 $k,s\in K$, $\overline{a_k}\neq\overline{a_s}$, 于是由引理 B.3.1 可知, 此时 $\overline{a_k}\cap\overline{a_s}=\varnothing$. 因为对任意 $a\in A$ 都会出现在某个等价类 $\overline{a_k}$ 中, 所以

$$A=\bigcup_{k\in K}\overline{a_k}$$

是个无交并. 于是 $A/\sim$ 中的所有等价类构成 A 的一个划分.

(2) 对任意 $a,b\in A$, 定义 $a\sim b$ 当且仅当存在 $k\in K$, $a\in A_k$, $b\in A_k$. 则可直接验证 $\sim$ 定义了 A 上的一个等价关系, 且 A 关于 $\sim$ 的商集 $A/\sim=\{A_k|k\in K\}$. □

下面是几个等价关系的例子. 大家可以自己写出其相应的商集和自然映射.

例 B.3.2 (三角形之间的相似关系) 令 A 为所有三角形组成的集合, 任意两个三角形 $a,b\in A$, $a\sim b$ 当且仅当 a 与 b 相似.

例 B.3.3 (由映射决定的等价关系) 设 $f:X\to Y$ 为一个映射, 则集合 X 上有如下关系: 任意 $a,b\in X$, $a\sim b$ 当且仅当 $f(a)=f(b)$.

当同学们学完线性空间的子空间后会遇到下面这个等价关系的例子.

例 B.3.4 设 W 是线性空间 V 的子空间, 任意 $u,v\in V$, $u\sim v$ 当且仅当 $u-v\in W$.

除了等价关系, 大家今后还会遇到其他类型的关系, 如偏序关系等等. 本章不再赘述了.

附录的这部分内容参考了维基百科和文献 (黄兆镇和孙晟昊, 2022).

习 题 B.3

证明下面的例子中所定义的关系是等价关系, 并写出其商集及自然映射.

1. 集合 A 为某班的所有学生, 任意两个学生 $a, b \in A$ (两个学生可以相同), $a \sim b$ 当且仅当 a 与 b 同性别.

2. $A = \mathbb{R}^2$, 任意 $a, b \in \mathbb{R}^2$, $a \sim b$ 当且仅当 a 与 b 到原点的距离相等.

3. $A = \mathbb{C}$, 任意 $a, b \in \mathbb{C}$, $a \sim b$ 当且仅当 $a = b$ 或 $a = \overline{b}$.